# Panorama der Mathematik

Andreas Loos · Rainer Sinn · Günter M. Ziegler

# Panorama der Mathematik

 Springer

Andreas Loos
Berlin, Deutschland

Günter M. Ziegler
Freie Universität Berlin
Berlin, Deutschland
https://orcid.org/0000-0003-1502-1915

Rainer Sinn
Universität Leipzig
Leipzig, Deutschland

ISBN 978-3-662-54872-1      ISBN 978-3-662-54873-8   (eBook)
https://doi.org/10.1007/978-3-662-54873-8

Die Deutsche Nationalbibliothek verzeichnet diese Publikation in der Deutschen Nationalbibliografie; detaillierte bibliografische Daten sind im Internet über http://dnb.d-nb.de abrufbar.

Planung/Lektorat: Andreas Rüdinger
Zeichnungen: Katrin Gloggengiesser
Satz: Christoph Eyrich
Springer ist ein Imprint der eingetragenen Gesellschaft Springer-Verlag GmbH, DE und ist ein Teil von Springer Nature.
Die Anschrift der Gesellschaft ist: Heidelberger Platz 3, 14197 Berlin, Germany

# Inhaltsverzeichnis

# Vorwort

*Was ist Mathematik?* Und wo zeigt sie sich: Nur in unseren
Köpfen? An Tafeln? In Büchern und Aufsätzen, gesammelt in
Bibliotheken? In Technik und Natur? Und entdeckt man sie,
als Teil der Natur oder wird sie erfunden, „gemacht", passend
für Anwendungen? Passiert das irgendwie systematisch und
zielgerichtet, oder ist das eine Mischung von Wachstum und
Entwicklung, Zufall und Wildwuchs? Gibt es eine große Ka-
thedrale der Mathematik, die Stein auf Stein errichtet wird,
mit Zement aus Beweisen dazwischen? Oder ist das Haus der

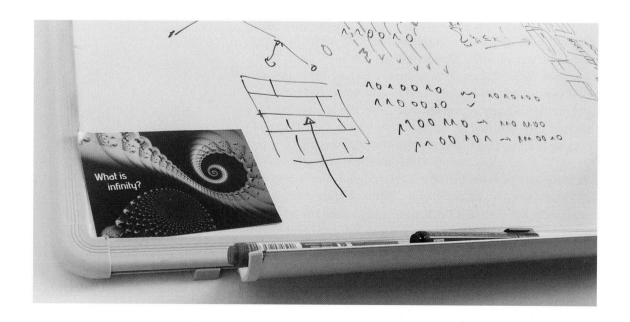

Mathematik eher eine Villa Kunterbunt – mit vielen An- und Umbauten, die alle unterschiedlichsten Zwecken dienen und immer wieder umgewidmet werden, und mit Fundamenten, von denen niemand sagen kann, ob sie das Gebäude in alle Ewigkeiten tragen können, obwohl sie es seit Jahrtausenden tun?

*Was ist Mathematik?* Sie halten mit diesem Band unsere persönliche Antwort auf diese Frage in Händen. Es ist ein dickes Buch mit sehr unterschiedlichen Teilen und Themen geworden, das die Vielfalt unserer Ideen und Erfahrungen, Entdeckungen und Erkundungen widerspiegelt. Das Ganze ist als ein Lese- und Schmökerbuch gedacht, das kreuz und quer gelesen werden kann und soll. Es kann und soll aber auch Grundlage für eine Vorlesung für Studierende der Anfangssemester sein, die zum Beispiel *Panorama der Mathematik* heißen kann, und die an der Freien Universität Berlin über viele Jahre gehalten worden ist. Die Vorlesung soll Bachelorstudierende zu der Entdeckung einladen, dass Mathematik viel mehr ist als ein Buch oder ein Klassenzimmer oder ein Vorlesungssaal, wo man „Analysis I, II, III", „Lineare Algebra I und II", „Diskrete Mathematik" oder „Numerik" in kleinen, sorgfältig zubereiteten Lektionen präsentiert bekommt.

Mathematik ist eine gewaltige Landschaft, in der sich weltweit und jeden Tag viele sehr unterschiedliche Menschen tummeln, forschen, arbeiten. Das Schmökerbuch soll Geschichten aus dieser Welt erzählen, Fragen aufwerfen und Lust machen, selbst dieses Land zu betreten und es zu erforschen. Es soll Lust machen, Erkundungen anzustellen in die Welten der Mathematik, ihre Geschichte, Probleme, Anwendungen, und ihre Protagonistinnen und Protagonisten kennenzulernen.

Die Erkundung der bunten Welt der Mathematik, für die wir in diesem Buch ein Panorama entwerfen, haben wir in drei Teile gegliedert. Der erste Teil heißt *Was ist Mathematik?*, wie ein berühmtes gleichnamiges Buch von Richard Courant und Herbert Robbins [101], in dem es um den Zugang zur Mathematik, ihre Probleme, mathematische Forschung, Beweise, Bilder und die Philosophie der Mathematik geht. Dann kommt ein zweiter Teil, in dem wir uns beispielhaft Konzepte vornehmen, etwa Zahlen, Dimensionen, Zufall und die Unendlichkeit. Im dritten Teil geht es (trotz „Mathematik ist nicht Rechnen") um das Rechnen, Algorithmen, Anwendungen und um das Bild der Mathematik in der Öffentlichkeit.

Weil es zu jedem unserer drei Teile und fünfzehn Kapitel (fast) unendlich viel zu erzählen gibt und die Auswahl der Aspekte und Geschichten und Perspektiven doch eine sehr persönliche und teils auch zufällige ist, fassen wir in jedem Kapitel zunächst „das Wesentliche" in einem Abschnitt zusammen, der mit „Thema" betitelt ist. Hier haben wir versucht, auf wenigen Seiten zusammenzufassen, „was man wissen sollte". Diesen Teilen folgen jeweils die „Variationen", in denen wir uns aus lockerer Perspektive (und manchmal auch ein bisschen journalistisch) denselben Themen nähern und erzählen, erläutern, illustrieren. Dann kommt jeweils eine kurze kommentierte Liste von „Partituren": Das sind weniger Quellenangaben als Lesehinweise und Tipps für weitere Erkundungen. Jedes Kapitel schließt dann mit „Etüden" ab – die man als Übungsaufgaben verwenden kann, aber mehr noch als Ausgangspunkte für eigene Erkundungen. Immerhin hat ein weiser Mathematiker (nämlich George Pólya in [393]) mal behauptet, Mathematik sei kein Zuschauersport, und da ist natürlich etwas Wahres dran, wenn es auch natürlich keine vollständige Antwort ist.

Insgesamt ist das Buch als ein Lesebuch gedacht, das *erzählt*, aber nur in sehr kleinem Umfang Mathematik *erklärt*. Aber – etwas Mathematik illustrieren und *vorführen* müssen und wollen wir eben doch. Und so steigen wir in manchen Passagen etwas tiefer in ein Thema ein, zum Beispiel mit einem komplexeren Beweis. Um das Überspringen solcher Passagen zu erleichtern, markieren wir unser „Hinein-" und „Herauszoomen" mit Symbolen am Rand.

Lebensdaten zu den Personen und Protagonisten in diesem Band finden sich im Anhang, ebenso wie ein Stichwortverzeichnis und ein ausführliches Literaturverzeichnis, das hoffentlich zum Weiterlesen animiert.

Man sieht diesem Buch sicher an, dass wir sehr viele Jahre daran gearbeitet haben – mehr als elf. Trotz aller Mühe und versuchter Sorgfalt gibt es sicher noch Fehler und Ungenauigkeiten: Hinweise darauf interessieren uns genauso wie Kritik und Verbesserungsvorschläge. Gleichzeitig sind wir all denen ausgesprochen dankbar, die über die Jahre die Arbeit an diesem Buch begleitet haben, mit Korrekturen und wertvollen Hinweisen, im Großen zum Konzept wie auch zu Tausenden Details. Besonders genannt seien dafür, neben den vielen Studentinnen und Studenten in unseren Panorama-Vorlesungen und -Seminaren an der Freien Universität Berlin, Moritz Firsching, Jonathan Kliem und Johanna Steinmeyer sowie Joshua Aaron, Daniel Ambrée, Baltus Baumbauer, Dirk Frettlöh, Anna Hartkopf, Annette März-Löwenhaupt, David Muschke, Karsten Pfaff, Daniel Plaumann, Moritz W. Schmidt, Thomas Schmidt, Jan Schneider, Jonathan Spreer, Hannes Stoppel und Thomas Vogt. Klaus Haße hat das Projekt über Jahre hinweg mit unzähligen klugen und aufmunternden Hinweisen begleitet, Alexander Schulte verdanken wir viele der wunderbaren Graphiken in diesem Buch, Katrin Gloggengiesser gebührt herzlicher Dank für die Portraitzeichnungen und Andreas Rüdinger bei Springer-Spektrum für Unterstützung, viele wertvolle Kommentare und die jahrelange Geduld. Schließlich danken wir für nachhaltige Unterstützung dieses Projekts über viele Jahre der Freien Universität Berlin sowie der Deutschen Forschungsgemeinschaft im Rahmen des Berliner Forschungszentrums MATHEON „Mathematik für Schlüsseltechnologien" und des Berlin-Münchener Sonderforschungsbereichs „Diskretisierung in Geometrie und Dynamik".

Andreas Loos, Rainer Sinn und Günter M. Ziegler
Berlin/Leipzig/Berlin, Mai 2022

# Teil I
# Was ist Mathematik?

# Was ist Mathematik?

„Was ist Mathematik?" Das ist die zentrale Frage dieses Buches. In diesem Kapitel präsentieren wir einige Definitionsversuche, skizzieren Beschreibungen aus sehr unterschiedlichen Perspektiven und tauchen damit ein in die Vielfalt und Komplexität all dessen, was unter dem Begriff „Mathematik" zusammengefasst wird.

© Der/die Autor(en) 2022
A. Loos et al., *Panorama der Mathematik*,
https://doi.org/10.1007/978-3-662-54873-8_1

## THEMA

*Was ist Mathematik?* Eine Definition ist offenbar schwierig, wie der Eintrag in *Wikipedia* zeigt:

> Die Mathematik [...] ist eine Wissenschaft, die aus der Untersuchung von geometrischen Figuren und dem Rechnen mit Zahlen entstand. Für Mathematik gibt es keine allgemein anerkannte Definition; heute wird sie üblicherweise als eine Wissenschaft beschrieben, die durch logische Definitionen selbstgeschaffene abstrakte Strukturen mittels der Logik auf ihre Eigenschaften und Muster untersucht. [Version vom 26. Dezember 2020]

In der Tat entstand die Mathematik historisch aus „Zahlen und Figuren", aber das beschreibt nicht die Untersuchungsgegenstände der modernen Wissenschaft Mathematik. Diese riesige moderne Wissenschaft lässt sich nicht klar umreißen, also *definieren*. Stattdessen weichen die Autoren in Wikipedia auf eine vagere Beschreibung aus, die ihrerseits problematisch ist: Wenn Mathematik nur „selbstgeschaffene abstrakte Strukturen" betrachtet, wieso kann sie dann interessant sein? Überrascht dann nicht die offenkundige Widerspruchsfreiheit der Mathematik? Und wie kann dann Mathematik relevant sein für die Welt, für Physik, Chemie, Technik und Wirtschaft, sogar für die Kunst?

Ein Teil der Schwierigkeit besteht darin, dass der Begriff „Mathematik" mindestens drei unterschiedliche – aber eng miteinander verbundene und voneinander abhängige – Aspekte vermischt:

1. Mathematik als Teil der Kultur,
2. Mathematik als Werkzeugkasten, ein Reservoir von Hilfsmitteln für den Alltag, und
3. Mathematik als hochentwickelte, eigenständige, aktive Wissenschaft, eine essenzielle Grundlage für Informatik, Naturwissenschaften und Technik.

### Mathematik als Teil der Kultur

Mathematik ist ein entscheidendes Hilfsmittel zum Verständnis der Welt, trägt wesentlich bei zur Gestaltung des Lebens, ist ein integraler (nicht abtrennbarer) Teil der Kultur. Wir alle haben Mathematik als Schulfach kennengelernt und dadurch einen (mitunter sehr subjektiven) Eindruck bekommen. Darüberhinaus ist sie auch Studienfach mit exzellenten Berufsaussichten. Sie ist aber um einiges bunter und vielfältiger, als man nach der Schule oder dem Studium vielleicht denkt.

*Anfänge der Kultur.* Mathematik ist so alt wie die menschliche Kultur: Wir finden geometrische Muster auf steinzeitlichen Fundstücken; zum Beispiel Markierungen in Gruppen von 11, 13, 17 und 19 Kerben (Zahlen? Bestandteil eines Kalenders? Oder wirklich Primzahlen?) auf dem etwa 22 000 Jahre alten „Ishango-Knochen", der in Zentralafrika gefunden wurde. In der ägyptischen Hochkultur wurde Geometrie entwickelt, um das Niltal nach Überschwemmungen neu zu vermessen und die Pyramiden nach den Gestirnen aus-zurichten. Aus Mesopotamien sind vor fast 4000 Jahren Untersuchungen etwa zu Brüchen und zu quadratischen und kubischen Gleichungen belegt. Seit der klassischen griechi-schen Hochkultur gibt es die Mathematik als Wissenschaft, mit Definitionen, Lehrsätzen und Beweisen – und mit bemerkenswerten Ergebnissen, die auch heute noch klassisches Wissen der Mathematik sind, darunter die Unendlichkeit der Primzahlen, der Satz von Pythagoras, der euklidische Algorithmus und die Klassifikation der platonischen Körper.

*Schlüssel zum Verständnis der Welt.*   Mathematik wurde entwickelt, um die Welt zu be-schreiben und zu erklären – und ist dabei ausgesprochen erfolgreich. Galileo Galilei be-hauptete 1623 in seiner Schrift *Il Saggiatore*, das Buch der Natur sei in der Sprache der Ma-thematik geschrieben. In der Tat ist die Mathematik heutzutage die Sprache, in der die Mo-delle in den quantitativen Wissenschaften geschrieben sind. Der Physik-Nobelpreisträger Eugene Wigner sprach in einem berühmten Vortrag 1959 in New York von der „unvernünf-tigen Effektivität der Mathematik in den Naturwissenschaften", der vielleicht überraschen-den Nützlichkeit der Mathematik dabei, diese Modelle zu formulieren und die Natur zu verstehen. Darauf werden wir im Kapitel „Anwendungen" (S. 335 ff.) zurückkommen.

*Ästhetik und Schönheit.*   Mathematik, mathematische Formeln, Strukturen und Beweise werden vielfach als schön beschrieben: Die Mathematik hat ihre eigene Ästhetik. Sie wird aber auch in der Ausführung und zur Analyse verschiedener Künste verwendet, zur Be-schreibung von musikalischen Harmonien (schon bei Platon!), in der Proportionenlehre (Stichwort „Goldener Schnitt" $\frac{1}{2}(1 + \sqrt{5})$), der Entwicklung der Perspektive (hierzu hat Albrecht Dürer 1525 ein Standardwerk verfasst), aber auch in der Architektur (praktisch bei Kühltürmen von Kraftwerken oder auch ästhetisch bei biomorphen Spannkonstruk-tionen wie dem Zeltdach des Münchner Olympiastadions, bis zu den mathematisch-konstruierten „Freiformen" von Frank Gehry). Mathematik ist ein Baustein von Schön-heit!

## Mathematik als Werkzeugkasten

Die Anfänge der Mathematik sind verbunden mit der Lösung von Alltagsproblemen, etwa der Landvermessung, dem Zählen und Ordnen usw. Aus antiker Zeit kennt man hochent-wickelte Kalender, Maßeinheiten, astronomische Geräte und Abschätzungen.

Das *Rechenbüchlein* von Adam Ries (erste Auflage: 1522) war ein Bestseller, in dem all-gemein verständlich, auf Deutsch, die Mathematik erklärt wurde, die damals zur Bewäl-tigung des Alltags nötig war: Zahlen in Dezimaldarstellung, Brüche, Dreisatz, Zins und Zinseszins, das Umrechnen von vielfältigen Maßeinheiten, dazu etwas Geometrie. Damit konnte der Kaufmann auf dem Markt seine Geschäfte selbst in die Hand nehmen, anstatt auf den Rechenmeister zu warten: ein möglicherweise entscheidender Beitrag zum wirtschaftlichen Aufschwung im Deutschland des 16. Jahrhunderts!

Bis heute liefert der Teil der Mathematik, den man auf der Schule lernt, wichtige Hilfsmittel mit großer wirtschaftlicher Bedeutung. Dazu gehören auch der Umgang mit Wahrscheinlichkeiten und Statistiken, sowie algorithmische Fähigkeiten, etwa Sortieren, Routenplanung etc. Das Spektrum von mathematischen Methoden, denen wir im Alltag begegnen, ist aber weitaus größer – auch wenn sie oft versteckt bleiben. Zum Beispiel kommen bei der Bewältigung großer Datenmengen auch Ergebnisse aktueller Forschung zum Einsatz: Für die Verarbeitung von *Big Data* wird komplizierte neue Mathematik entwickelt (Beispiel: „Compressed Sensing"). Die Geschäftsmodelle von Firmen wie Microsoft, Google, Amazon oder Facebook basieren nicht nur auf effektiver (mathematischer!) Analyse und Optimierung von Daten, sondern auch darin, anderen Firmen Wissen und Infrastruktur für die Auswertung deren Daten zur Verfügung zu stellen.

Dass und mit welch großem Einfluss auf die Gesellschaft heute Daten ausgewertet werden, ist Gegenstand wachsender Kritik – beispielhaft seien *Weapons of Math Destruction* von Cathy O'Neil, das Buch *Counting: How We Use Numbers to Decide What Matters* der Politologin Deborah Stone oder Brian Christians *The Alignment Problem* genannt. Auch die Debatte um den Einfluss von Computer-Algorithmen in sozialen Netzen und die Beeinflussung von Wahlen hat also einen mathematischen Hintergrund.

Die Mathematik im Alltag bleibt aber vielfach unter der Oberfläche verborgen: In Wetterbericht und Klimaprognosen stecken modernste Numerik, Statistik und große Datenmengen und Rechnerleistungen. „Computer-Aided Design" heißt, dass geometrische Formen (etwa Automobilkarosserien) zuerst im Computer entstehen. Und bei Computergraphiken, wie sie in Kinofilmen (im Animationsfilm oder im Realfilm) zum Einsatz kommen, ist die Unsichtbarkeit der mathematischen Hilfsmittel sogar entscheidend! Haben wir ein Gefühl für die Macht der Mathematik unter der Oberfläche?

*Mathematik als Wissenschaft.* Mathematik (als Wissenschaft) ist schwierig – sie verallgemeinert und destilliert Strukturen und Eigenschaften, löst sie von beobachteten Phänomenen und Objekten, studiert und konstruiert abstrakte Strukturen. Dabei bauen neue Theorien systematisch auf früheren Erkenntnissen auf. Es entstehen Theoriegebäude, die man zum Verständnis systematisch, ein Stockwerk nach dem anderen, erarbeiten muss. Mathematik stellt also die schwierigsten intellektuellen Probleme der Welt; manche brauchen Jahrhunderte von der Formulierung bis zur Lösung. In der Schwierigkeit liegt gleichzeitig der Reiz, die Herausforderung: Mathematik liefert große Ziele für gemeinsame Anstrengung.

Die Geschichte der Mathematik über 6000 Jahre hat der Mathematikhistoriker Hans Wußing 2008/2009 in zwei gewichtigen Bänden [539, 540] dokumentiert: In diesem Kapitel können daher nur große Bögen skizziert werden. Um ein umfassendes Bild zu bekommen, muss die Geschichte der Mathematik aus vielen verschiedenen Perspektiven betrachtet werden. Zu diesen gehören, mit großen Veränderungen und Entwicklung über die Jahrhunderte,

◇ die Motivation für die Forschung,
◇ die Gegenstände und die zugehörigen Teilgebiete, und darin die großen, zentralen Probleme,
◇ die gelösten Probleme und erzielten Resultate als „Meilensteine",
◇ die Mathematiker und erst später dann auch Mathematikerinnen, die Wesentliches beigetragen oder Forschungsrichtungen motiviert und initiiert haben,
◇ die Arbeitsweisen und Hilfsmittel, etwa die Rolle der Messgeräte, Rechenmaschinen und Computer,
◇ die wachsenden Ansprüche an und Fortschritte in Hinblick auf Formalisierung und Präzision, beim Bau und der Sicherung der Fundamente der Mathematik, sowie
◇ die sozialen Rahmenbedingungen für das Betreiben von Mathematik als Hobby oder als Beruf, an Akademien und Universitäten, an Schulen und in der Industrie.

*Das Werden der Wissenschaft.* Aus den frühen Hochkulturen in Ägypten und Mesopotamien sind trickreiche Rechnungen und geometrische Konstruktionen dokumentiert. Mathematik als Wissenschaft mit dem Anspruch der Formulierung von Aussagen mit unbestreitbar gültigen Beweisen ist allerdings eine Leistung der griechischen Antike – dokumentiert in den *Elementen* des Euklid aus dem dritten Jahrhundert vor Christus, in denen das Wissen ihrer Zeit systematisch zusammengefasst ist und die noch bis in die Neuzeit als Lehrbuch verwendet wurden. Seit Euklid wird Mathematik ausgehend von Axiomen (Grundannahmen) entwickelt, es werden Theoreme (Hauptsätze), Propositionen (Lehrsätze) und Lemmata (Hilfssätze) formuliert und dann formal bewiesen.

*Entwicklung als moderne Wissenschaft.* Mathematik als moderne Wissenschaft wird ab dem 17. Jahrhundert betrieben: Methoden der Zahlentheorie werden systematisch entwickelt und führen zur Algebra. Alltagsbeobachtungen führen zu den Anfängen von Wahrscheinlichkeitstheorie und Statistik. Motiviert auch durch physikalische und astronomische Fragenstellungen begründen Newton und Leibniz die Analysis (Differential- und Integralrechnung); Euler und Cauchy gießen sie später in einflussreiche Lehrbücher.

*Professionalisierung und Präzisierung.* Erst ab dem 18. Jahrhundert bieten Akademien und später dann Universitäten, technische Hochschulen und Gymnasien die Möglichkeit, Mathematik als Beruf zu betreiben. Gleichzeitig beginnt die Entwicklung der Mathematik als *eigenständige* Wissenschaft, die auch losgelöst von externen Fragestellungen, etwa der

Astronomie und Physik, betrieben wird: Es werden „abstrakte" Strukturen konstruiert und studiert und man beschäftigt sich mit ihrer eigenen Struktur und ihren Grundlagen. Parallel dazu werden ab dem 19. Jahrhundert die modernen Standards an Präzision und an Ausformulierung der gültigen Grundlagen für große Bereiche der Mathematik geschaffen: So verbindet man

◇  mit dem Namen von Weierstraß die in „Weierstraß'scher Strenge" entwickelte Analysis (mit dem „$\varepsilon$-$\delta$-Kalkül"),
◇  mit Dedekind grundlegende Betrachtungen über „Was sind und was sollen die Zahlen?",
◇  mit Cantor die Entwicklung der Mengenlehre,
◇  mit Boole, Frege und anderen die Formalisierung der Logik, und
◇  mit Riemann, Klein und Hilbert die Grundlegungen der modernen Geometrie.

Mit Hilfe von algebraischen Theoriebildungen werden in dieser Zeit große klassische Probleme der Antike gelöst: Carl Friedrich Gauß hat gezeigt, dass das regelmäßige $n$-Eck nur für ganz spezielle Werte von $n$ mit Zirkel und Lineal konstruiert werden kann. Und es wird bewiesen, dass die Verdopplung des Würfels, die Dreiteilung des Winkels und die Quadratur des Kreises mit Zirkel und Lineal *nicht* exakt gelöst werden können.

*20. und 21. Jahrhundert.*   Das 20. Jahrhundert wird mit den von David Hilbert auf dem Internationalen Mathematiker-Kongress 1900 in Paris vorgestellten 23 „Hilbert'schen Problemen" eröffnet. Hoffnungen auf eine vollständige Mechanisierbarkeit oder auch nur theoretische Vollständigkeit der Mathematik werden durch die von Kurt Gödel 1930 in Königsberg präsentierten Unvollständigkeitssätze zerstört: Die Widerspruchsfreiheit der Grundlagen der Mathematik ist prinzipiell nicht beweisbar und in jeder hinreichend komplexen Theorie gibt es nichtentscheidbare Sätze.

Andererseits verzeichnet das 20. Jahrhundert die Konstruktion gigantischer neuer Theoriegebäude, etwa der Algebraischen Topologie, der Algebraischen Geometrie sowie der Analytischen und der Algebraischen Zahlentheorie, mit denen fundamentale Probleme gelöst werden. Es kommt insbesondere nach dem Zweiten Weltkrieg zu einer Wissensexplosion: Inzwischen verzeichnet man mehr als 100 000 Forschungsbeiträge pro Jahr, die in Dutzende große Teilgebiete mit vielfältigen Verästelungen eingeteilt werden, etwa nach der Mathematics Subject Classification (MSC) in der aktuellen Version von 2020 in 63 große Teilgebiete und mehr als 6000 einzelne Themenbereiche [134].

Gleichzeitig wird Mathematik zu einer unverzichtbaren Grundlage der Hochtechnologie: moderne Physik, Informatik, Technik, Industrie und Wirtschaft sind ohne ihre mathematischen Grundlagen und ohne hochentwickelte mathematische Methoden und Verfahren nicht denkbar. Daher kann man große Bereiche von Wirtschaft und Technik, wie etwa die

Logistik, die Telekommunikationsindustrie, Versicherungs- und Finanzwirtschaft, mit einigem Recht als „mathematische Industrie" auffassen.

Neue Themen verändern aktuell das Gesicht der Mathematik, darunter die Zusammenarbeit vieler hunderter Mathematikerinnen und Mathematiker im Internet in „Polymath-Projekten" und die systematische Konstruktion von Computer-überprüfbaren „formalen Beweisen".

Es bleibt viel zu tun: Zu den großen offenen Problemen der Mathematik gehören sechs der sieben im Jahr 2000 verkündeten „Millenniumsprobleme" der *Clay*-Stiftung, von denen bisher nur ein einziges (nämlich die Poincaré-Vermutung durch Grigori Perelman) gelöst wurde, darunter

◊ die *Riemann'sche Vermutung* aus der Zahlentheorie, die sehr genaue Abschätzungen über die Verteilung der Primzahlen liefern würde,

◊ die $\mathcal{P} \neq \mathcal{NP}$*-Vermutung* der Komplexitätstheorie, wonach Probleme, für die Lösungen schnell überprüft werden können, nicht unbedingt selbst schnell lösbar sind, sowie

◊ eine Lösungstheorie für die *Navier-Stokes-Gleichungen*, die strömende Flüssigkeiten beschreiben.

## Mathematik als Studienfach und als Beruf

Wie viele Mathematikerinnen und Mathematiker gibt es? Wenn damit die promovierten Mathematikerinnen und Mathematiker weltweit und aller Zeiten gemeint sind, dann liefert das *Mathematics Genealogy Project* (www.genealogy.ams.org) einen Anhaltspunkt: Anfang 2022 führte es schon mehr als 275 000 Mathematikerinnen und Mathematiker auf, die meisten davon aus den letzten fünfzig Jahren.

Betrachtet man die gegenwärtigen Mitgliederzahlen der Fachverbände, so kommt man weltweit auf weit mehr als 100 000 „organisierte" Mathematikerinnen und Mathematiker: So hat die *Deutsche Mathematiker-Vereinigung* DMV rund 5000 Mitglieder. Von den drei großen mathematischen Gesellschaften der USA, die alle auch viele internationale Mitglieder haben, ist die *American Mathematical Society* AMS die größte (rund 30 000 Mitglieder), gefolgt von der *Mathematical Association of America* MAA (mehr als 25 000) und der *Society for Industrial and Applied Mathematics* SIAM (knapp 15 000).

Mathematik ist ein kleineres Studienfach, für das die Statistiken relativ hohe Abbrecherzahlen ausweisen. Andererseits sind die Berufsaussichten für die Absolventinnen und Absolventen sehr gut und ausgesprochen vielfältig: Viele von ihnen unterrichten später an Schulen und Hochschulen oder arbeiten für Beratungsunternehmen und in der Software-, Finanz- und Versicherungsindustrie.

## VARIATIONEN

*Mathematik als Teil der Kultur*

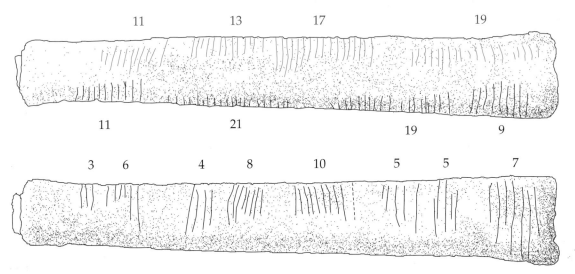

Die beiden Seiten des etwa 22 000 Jahre alten Ishango-Knochens. Was hier gezählt wurde, bleibt ein Geheimnis. Entdeckte ein Urmensch die Primzahlen zwischen 10 und 20? (Mehr zur Geschichte des Knochens im Kapitel „Primzahlen", S. 155, und Ziegler [548])

*Anfänge der Kultur*

Proklos, ein antiker Philosoph sagt: ‚Das aber ist Mathematik: Sie erinnert dich an die unsichtbaren Formen der Seele; sie gebiert ihre eigenen Entdeckungen; sie erweckt den Geist und reinigt den Intellekt; sie erleuchtet die uns innewohnenden Ideen; sie vernichtet das Vergessen und die Ahnungslosigkeit, die uns mit der Geburt zu eigen sind …' Aber ich mag Mathematik einfach, weil sie Spaß macht.

So beginnt Terence Tao sein Buch *Solving Mathematical Problems* [492] über Strategien zur Lösung mathematischer Wettbewerbsaufgaben. Tao ist einer der wichtigsten Mathematiker der Gegenwart. 2006 wurde er mit der Fields-Medaille gewürdigt, die häufig als „Nobelpreis der Mathematik" bezeichnet wird. Er war einer der jüngsten Teilnehmer und Preisträger der Internationalen Mathematik-Olympiade aller Zeiten: Mit noch nicht einmal elf Jahren hielt er seine erste Bronzemedaille in Händen, ein Jahr darauf holte er Silber und dann Gold.

Das Zitat von Proklos deckt bereits eine ganze Reihe von Blickwinkeln auf die Mathematik ab. In seiner Charakterisierung der Mathematik als einer Schule des Denkens greift er auf seinen Vordenker Platon zurück, der etwa sechshundert Jahre vor Proklos in seiner *Politeia* Ähnliches behauptete – und zudem den Nutzen der Angewandten Mathematik andeutet:

> Also, Bester, wäre sie [die Geometrie] auch eine Leitung der Seele zur Wahrheit hin und ein Bildungsmittel philosophischer Gesinnung. [...] So sehr als möglich müssen wir also, sprach ich, darauf halten, dass dir die Leute in deinem Schönstaate der Geometrie nicht unkundig seien. Und auch der Nebengewinn davon ist nicht unbedeutend [...] ja auch bei allen andern Kenntnissen, um sie vollkommener aufzufassen, wird ein gewaltiger Unterschied sein zwischen denen, die sich mit Geometrie abgegeben haben und denen, die nicht. (Platon, *Politeia* VII 107d527)

*Ästhetik und Schönheit.* „Sie gebiert ihre eigenen Entdeckungen", schreibt Proklos über die Mathematik. Mathematik haftet etwas Irreales an, eine Existenz unabhängig von der Welt, in der wir leben. Und warum konnte es schon Proklos so vorkommen, als ob man beim Forschen einen abgeschlossenen, fertigen Kosmos aus Zahlen, Strukturen und Verknüpfungen durchkämmt, der auf wundersame Weise in sich schlüssig erscheint? (Mehr dazu im Kapitel „Philosophie der Mathematik", S. 123 ff.)

Vielen Mathematikerinnen und Mathematikern scheint die rätselhafte tiefe Schlüssigkeit der Mathematik eine Befriedigung zu verschaffen; sie empfinden sie deshalb als „schön". Carl Friedrich Gauß etwa schrieb:

> Der Geschmack an den abstrakten Wissenschaften im allgemeinen und im besonderen an den Geheimnissen der Zahlen ist äußerst selten, darüber braucht man sich nicht zu wundern: Die reizenden Zauber dieser erhabenen Wissenschaft enthüllen sich in ihrer ganzen Schönheit nur denen, die den Mut haben, sie gründlich zu untersuchen. [541, S. 125]

Diese Zeilen stammen aus einem Brief an Sophie Germain, die ihn zuvor über mehrere Jahre hinweg über ihre wahre Identität getäuscht hatte: Die mathematische Autodidaktin hatte 1804 nach der Lektüre von Gauß' Lehrbuch zur Zahlentheorie *Disquisitiones Arithmeticae* mit ihm eine Korrespondenz über ihre

Terence Chi-Shen Tao (*1975) wurde in Adelaide in Australien geboren und ist heute an der University of California in Los Angeles tätig. Er fiel schon früh als mathematisches Wunderkind auf: Er besuchte schon mit 9 Jahren mathematische Vorlesungen und nahm schon mit 10 Jahren an der Internationalen Mathematik-Olympiade teil, zuerst ohne Auszeichnung. Er gewann aber mit 11 Jahren eine Bronze-, mit 12 eine Silber- und mit 13 eine Goldmedaille. Seine mathematische Karriere ging steil weiter: Er veröffentlichte seine erste wissenschaftliche Arbeit mit 15, machte seinen Masterabschluss mit 16 und promovierte dann an der Princeton University mit 21. Er wurde im Alter von 31 Jahren mit einer Fields-Medaille ausgezeichnet (und gewann viele andere Preise und Auszeichnungen). Kolleginnen und Kollegen, die ihn persönlich kennen, äußern sich beeindruckt von der Breite und auch der Tiefe seines mathematischen Wissens. Neben den vielen wichtigen wissenschaftlichen Arbeiten und Fachbüchern zu modernen Gebieten der Mathematik, die er geschrieben hat, ist er der mathematischen Öffentlichkeit auch durch seinen aktiven (und auch für die Forschung einflussreichen) Blog zur Mathematik bekannt.

mathematischen Forschungsthemen begonnen und sich dabei
als „Monsieur Le Blanc" ausgegeben.

Ein anderes Beispiel: Eduard Kummer, ein Zeitgenosse von
Gauß, hielt 1867 eine Festrede vor der Berliner Akademie der
Wissenschaften. Es war das Jahr nach Leibniz' 150. Todestag
und so behandelte Kummer in seiner Rede Leibniz' Entdeckung der unendlichen Reihe

$$\frac{\pi}{4} = 1 - \frac{1}{3} + \frac{1}{5} - \frac{1}{7} + \frac{1}{9} - \cdots$$

Kummer erwähnte, Leibniz habe dieser Reihe in seiner ersten
Veröffentlichung den Satz *numero deus impari gaudet* angefügt,
also: „Gott erfreut sich an der ungeraden Zahl", und fährt fort:

> Wir erkennen aus dieser Äußerung zunächst, daß Leibniz selbst
> die neue unendliche Reihe in ihrer einfachen und dabei unendlich
> mannichfaltigen Form mit Staunen und mit Verwunderung ange-
> schaut hat, und daß dieselbe auf ihn in ähnlicher Weise gewirkt
> hat, wie der Anblick des Meeres in seiner Unbegränztheit, oder
> der Anblick einer großartigen Gebirgsgegend auf den Menschen
> wirkt. Solcher Eindrücke wird auch jeder Mathematiker sich be-
> wußt sein, denn in dem Reiche des Mathematischen herrscht eine
> eigenthümliche Schönheit, welche nicht sowohl mit der Schön-
> heit der Kunstwerke, als vielmehr mit der Schönheit der Natur
> übereinstimmt und welche auf den sinnigen Menschen, der das
> Verständniß dafür gewonnen hat, ganz in ähnlicher Weise ein-
> wirkt, wie diese. Daß aber Leibniz ausruft Gott freut sich über die
> ungraden Zahlen, hat einen noch tieferen Sinn, denn es spricht
> sich hierin das Bewußtsein darüber aus, daß das Reich des Mathe-
> matischen mit seinem ganzen unendlich mannigfaltigen Inhalte
> nicht menschliches Machwerk ist, sondern ebenso als Gottes
> Schöpfung uns objectiv entgegentritt wie die äußere Natur. [293]

*Rätsel, Herausforderung, Wettbewerb.* Mathematik ist aber auch
eine Art Sport. Proklos' obiges Zitat findet sich am Anfang
von Taos Buch über das Lösen von Aufgaben aus Mathematik-
Olympiaden. Tatsächlich ist Mathematik für viele Menschen
(auch) eine Herausforderung zum Knobeln, zum Rätseln
und Problemlösen. Jedes Jahr treten rund 600 Schülerinnen
und Schüler aus mehr als 100 Ländern zur Internationalen
Mathematik-Olympiade an (höchstens sechs aus jedem Land).
Der Frauenanteil liegt bei etwa 10 %.

*Eine typische Olympiade-Aufgabe, aus dem Jahr 2010*
Es sei $\mathbb{N}$ die Menge der positiven ganzen Zahlen. Man bestimme alle Funktionen $g : \mathbb{N} \to \mathbb{N}$, so dass die Zahl $g(m) + nm + g(n)$ für alle $m, n \in \mathbb{N}$ eine Quadratzahl ist.

Weniger spezialisiert, aber mit viel Begeisterung: Weit mehr als 100 000 Schülerinnen und Schüler lösen jedes Jahr die 24 vorweihnachtlichen Knobelaufgaben des mathematischen Adventskalender unter www.mathekalender.de. Und mehr als sechs Millionen Schülerinnen und Schüler nehmen jedes Jahr am Schulwettbewerb „Känguru der Mathematik" teil; diese Schülerwettbewerbe haben rund 50 % weibliche Teilnehmer.

## Mathematik als Werkzeugkasten

Tom Lehrer, ein amerikanischer Kabarettist mit Mathematik-Abschluss von der Harvard University, schrieb in den 1990er Jahren seine eigene Antwort auf unsere Titelfrage als Titelsong für eine Kinderfernsehsendung über Mathematik. Er stellt einen weiteren Aspekt der Mathematik in den Vordergrund, die praktische Anwendbarkeit:

*Counting sheep*
*When you're trying to sleep,*
*Being fair*
*When there's something to share,*
*Being neat*
*When you're folding a sheet,*
*That's mathematics!*

*When a ball*
*Bounces off of a wall,*
*When you cook*
*From a recipe book,*
*When you know*
*How much money you owe,*
*That's mathematics!*

*How much gold can you hold*
*in an elephant's ear?*
*When it's noon on the moon,*
*then what time is it here?*
*If you could count for a year,*
*would you get to infinity,*
*Or somewhere in that vicinity?*

Schäfchen zu zählen,
wenn man einschlafen will,
gerecht zu sein,
wenn es was zu teilen gibt,
ordentlich zu sein,
wenn man ein Bettlaken faltet –
das ist Mathematik!

Wenn ein Ball
von der Wand abprallt,
wenn du nach
Kochbuch kochst,
wenn du weißt,
wie viel Geld du schuldest –
das ist Mathematik!

Wie viel Gold kannst du in einem
Elefantenohr halten?
Wie viel Uhr ist es hier,
wenn es auf dem Mond Mittag schlägt?
Wenn man ein Jahr lang zählt,
kommt man dann bis unendlich
oder zumindest in die Nähe davon?

*That's Mathematics*
© 1995 Tom Lehrer, Übersetzung und Abdruck mit freundlicher Genehmigung

| | |
|---|---|
| *When you choose* | Wenn du heraussuchst, |
| *How much postage to use,* | wie viel Porto du brauchst, |
| *When you know* | wenn du weißt, |
| *What's the chance it will snow,* | wie wahrscheinlich es schneit, |
| *When you bet* | wenn du wettest, |
| *And you end up in debt,* | und am Ende mit Schulden dasitzt – |
| *Oh try as you may,* | oh, dreh's wie du willst, |
| *You just can't get away* | du entkommst ihr einfach nicht, |
| *From mathematics!* | der Mathematik! |
| | |
| *Andrew Wiles gently smiles* | Andrew Wiles lächelt fein |
| *Does his thing and voilà.* | macht sein Ding und voilà. |
| *QED we agree and we all* | QED, wir stimmen ein und schreien |
| *shout horrah,* | alle Hurra! |
| *As he confirms what Fermat* | wenn er bestätigt, was Fermat |
| *Jotted down in that margin* | auf einem Rand notierte, |
| *Which could've used some enlargin'.* | der ein Stück breiter hätte sein können. |
| | |
| *Tap your feet,* | Wippe mit dem Fuß, |
| *Keepin' time to a beat,* | um den Takt zu halten, |
| *Of a song* | bei einem Lied, |
| *While you're singing along,* | bei dem du mitsingst, |
| *Harmonize* | stimme dich ab, |
| *With the rest of the guys,* | mit dem Rest der Leute – |
| *Yes, try as you may,* | ja, dreh's wie du willst, |
| *You just can't get away* | du entkommst ihr einfach nicht, |
| *From mathematics!* | der Mathematik! |

Mathematik ist ohne Zweifel nützlich – im Alltag begegnen wir alle verschiedensten Formen von Mathematik, sehen und benutzen sie. Wirtschaft und Industrie, Ingenieurwesen und Produktion, Logistik und Technologie basieren heutzutage sämtlich auf hochentwickelter Mathematik. (Mehr dazu im Kapitel „Anwendungen", S. 335 ff.)

Was ist also Mathematik?

Diese Frage kann nicht durch philosophische Allgemeinheiten, semantische Definitionen oder journalistische Umschreibungen befriedigend beantwortet werden. Beschreibungen dieser Art werden ja auch der Musik oder der Malerei nicht gerecht[,]

schrieb der namhafte Mathematiker Richard Courant 1964 [98].
Und weiter:

> Wie so oft gesagt wird, zielt die Mathematik auf fortschreitende
> Abstraktion, logisch strenge, axiomatische Deduktion und im-
> mer größere Verallgemeinerung. Eine solche Charakterisierung
> entspricht der Wahrheit, jedoch nicht der ganzen Wahrheit; sie
> ist einseitig, nahezu eine Karikatur der lebendigen Realität. [ . . . ]
> Die Wechselwirkung zwischen Allgemeinheit und Individualität,
> Deduktion und Konstruktion, Logik und Imagination – das ist
> das fundamentale Wesen der lebendigen Mathematik. Jeder ein-
> zelne dieser Aspekte der Mathematik kann im Mittelpunkt einer
> gegebenen Leistung stehen. Bei einer weitreichenden Entwicklung
> werden alle beteiligt sein. [98]

## Mathematik als Wissenschaft

*Das Werden der Wissenschaft.* Die Mathematik wächst – so rasant, dass heute niemand mehr einen kompletten Überblick
über sie haben kann. Inzwischen wird man schier von der Mas-
se erschlagen: Mehr als 100 000 Veröffentlichungen pro Jahr
registriert inzwischen das zbMATH. Dieses Projekt, 1931 als
*Zentralblatt für Mathematik und ihre Grenzgebiete* gegründet, hat
die Aufgabe, mathematische Veröffentlichungen aufzuführen
und, wenn sie wichtig sind, in Kurzzusammenfassungen darzustellen. Inzwischen ist das Zentralblatt als Datenbank unter
zbmath.org im Internet zugreifbar: Es hat mehr als 4,3 Millionen Einträge aus fast zweihundert Jahren gesammelt, wobei
weit über 90 % der Einträge in den letzten 50 Jahren hinzugekommen sind.

Doch auch schon viel früher war es nicht leicht, einen Überblick über weite Bereiche der mathematischen Forschung zu
erarbeiten, was etwa um 1900 nur noch einzelnen großen Köpfen wie David Hilbert und Henri Poincaré gelang.

Vor 200 oder 300 Jahren hat sich in Europa nur eine relativ
kleine Elite mit Mathematik beschäftigt, die ihr Wissen in der
Regel auf dem Postweg teilte. Erst allmählich veränderte sich
im 18. Jahrhundert der Wissensaustausch. Die ersten Journale
entstanden und Mathematik wurde zunächst gleichberechtigt
neben anderen Wissenschaften behandelt. Das erste Wissen-
schaftsjournal, die 1682 gegründete *Acta Eruditorum*, kann

Richard Courant (1888–1972), Na-
mensgeber eines der bekanntesten
mathematischen Fachbereiche, des
*Courant Institute for Mathematical
Sciences* an der New York Universi-
ty (NYU), wurde 1888 in Schlesien
geboren. Promoviert wurde er in
Göttingen als Assistent von David
Hilbert. 1933 emigrierte er nach New
York.

Bekannt ist Courant nicht nur für
seine Forschung, sondern auch für
sein Buch *What is Mathematics?*, das
in großen Teilen der jüngere Topologe
Herbert Robbins in Rücksprache
mit Courant schrieb. Courant hatte
Geschäftssinn – so nahm er bereit-
willig Thomas Manns Ratschlag an,
das Buch nicht *Mathematische Untersuchungen grundlegender elementarer
Probleme für das allgemeine Publikum* zu
nennen.

Die erste Auflage brachte Courant
1941 im Selbstverlag heraus – und
ließ auf den Probedrucken Robbins
als Autor weg, was zu einem Zer-
würfnis der beiden führte. Robbins
bekannte später: „Als ich dieses Ti-
telblatt sah, schoss es mir durch den
Kopf: ‚Mein Gott, dieser Mann ist ein
Gauner!‘ " [414]

man sich wie eine Briefsammlung vorstellen. Der Literatur-
wissenschaftler Olaf Simons zählt darin zwischen 10 und 15 %
mathematische Beiträge; die Mathematik lag damit weit hinter
der Philosophie und der Medizin.

Unter anderem die – im Vergleich zu heute – schwierige
Kommunikation und die fehlenden Suchmöglichkeiten führten
dazu, dass viele Entdeckungen mehrmals gemacht wurden,
bevor sie zu Allgemeingut wurden. Oft ist es nicht einmal
klar, wer was wann beigetragen hat und ab wann man davon
sprechen kann, dass der Geburtsvorgang einer Theorie oder
eines Objektes abgeschlossen war.

Die Professionalisierung der Wissenschaften setzte erst allmählich ein, mit einer Beschleunigung um 1800. Dazu trug vor
allem die Einrichtung von Wissenschaftsakademien und – in
napoleonischer Zeit – polytechnischen Hochschulen bei. Viele
Namen derer, die dort im ausgehenden 18. und beginnenden
19. Jahrhundert forschten und lehrten, kennt man noch heute: Leonhard Euler, Augustin-Louis Cauchy, Joseph Fourier,
Pierre-Simon de Laplace, Joseph-Louis Lagrange und Carl
Friedrich Gauß. Aus derselben Zeit stammt auch die erste Fachzeitschrift, die allein mathematischer Forschung gewidmet ist
(in der Anfangszeit neben Aufsätzen aber auch viele Briefe
publiziert hat) und auch heute noch weitergeführt wird: Das
*Journal für die reine und angewandte Mathematik*, 1826 von August
Leopold Crelle gegründet und noch heute unter dem Namen
Crelles Journal bekannt.

Die Mathematik fand erst langsam zu dem, was heute in der
Literatur als „Strenge" (rigor) bezeichnet wird. Wie nötig es
ist, Aussagen und Beweise klar (auch typographisch) zu trennen, Annahmen und Voraussetzungen explizit zu formulieren
und Beweise sauber durchzuführen, wurde erst im Laufe der
vergangenen 200 Jahren klar. Diese Entwicklung ist noch nicht
abgeschlossen: Seit einigen Jahren werben Mathematiker wie
Georges Gonthier oder Leslie Lamport oder der 2017 verstor-
bene Vladimir Voevodsky dafür, Beweise standardmäßig so
aufzuschreiben (zu formalisieren), dass sie mit Computerhilfe
auf Richtigkeit überprüft werden können.

Wer glaubt, dass Mathematik ein Gebäude ist, das ohne
Fehler und Lücken Stein auf Stein nach einem großen Plan

errichtet wird, der irrt. Mathematische Begriffe wandeln sich: Was wir heute als „Menge" kennen, hieß zum Beispiel eine Zeit lang „System" und zu anderer Zeit „Mannigfaltigkeit". Die „Gruppen", die der jugendliche Evariste Galois in der ersten Hälfte des 19. Jahrhunderts betrachtete, machen nur einen Teil dessen aus, was wir heute unter „Gruppen" verstehen. Der publizierte und allgemein anerkannte Beweis eines Theorems kann aus hunderten oder tausenden Teilbeweisen bestehen, von denen manche auch falsch oder zumindest unvollständig oder unverständlich sein könnten. Große Forschungsprojekte wie die Klassifikation der endlichen einfachen Gruppen oder der Beweis der Fermat'schen Vermutung basieren auf der Arbeit vieler Autorinnen und Autoren, die über viele Jahrzehnte hinweg entstanden sind. Es ist mindestens schwierig, über solche Mammutprojekte in ihrer Gesamtheit einen Überblick zu gewinnen und sich von der Richtigkeit, Vollständigkeit und Stimmigkeit der Hauptergebnisse zu überzeugen. Kurz: Die Mathematik und ihre Geschichte sind verzweigt und verzwickt.

Versuchen wir dennoch einen groben Überblick. Wie sah die mathematische Forschung vor 100 Jahren aus? Was hat man vor 500 Jahren erforscht? Keith Devlin, ein britischer Mathematiker, Buchautor und Wissenschaftsjournalist, entwarf vor einigen Jahren einen Kurzabriss der Mathematik [123], auf dem wir hier aufbauen; wir erweitern und ergänzen Devlins Kurzgliederung:

◇ Bis 500 v. Chr.: Mathematik ist „Wissenschaft von den Zahlen", dominiert von praktischer Anwendung.
◇ 500–300 v. Chr.: Griechische Mathematik nimmt Zahlen vornehmlich als (Längen-)Maße wahr. Die Griechen haben einen geometrischen Blick auf die Dinge. Anwendungen sind nicht mehr der einzige Grund, um Mathematik zu studieren: Sie wird zu einer intellektuellen Beschäftigung, die religiöse und ästhetische Elemente in sich vereint.
◇ 9.–17. Jahrhundert: Allmählich entstehen die Anfänge der Algebra, vor allem durch Einflüsse aus dem arabischen Raum. So entdeckt man zum Beispiel neue systematische Wege, Gleichungen zu lösen. Allmählich entsteht die Basis der modernen Notation.

„Ich arbeite auf einer Reihe von Gebieten, aber ich sehe sie nicht als unzusammenhängend an; ich tendiere dazu, Mathematik als ein ungeteiltes Fach anzusehen und bin besonders froh, wenn ich Gelegenheit habe, an einem Projekt zu arbeiten, in dem mehrere Arbeitsfelder zusammenkommen." – Terence Tao [491]

„Mathematik macht Spaß, solange du dich dabei nicht von Mathematikern rumschubsen lässt." – Jack Edmonds, A Glimpse of Heaven [316, S. 35]

◇ 17. Jahrhundert: Die Entwicklung der Differential- und Integralrechnung führt zu einem neuen, gewaltigen Schub in den Anwendungen, denn nun können erstmals nichtstatische Probleme angepackt werden (z. B. die Newtonschen Gesetze in der Mechanik). „Nach Newton und Leibniz wurde Mathematik zu einem Studium von Zahlen, Formen, Bewegung, Änderung und Raum." (Devlin [123])

◇ 18./19. Jahrhundert: Die Mathematik beginnt sich in der Folge von der Physik abzulösen und zu einer eigenständigen Wissenschaft zu entwickeln, die die mathematischen Werkzeuge untersucht, die in der Zeit zuvor entwickelt wurden.

◇ 20. Jahrhundert: Es findet eine Wissensexplosion statt.

Die moderne Mathematik lässt sich in eine Unmenge verschiedener Teilgebiete aufgliedern. An einer Klassifizierung dieser Teilgebiete arbeiten unter anderem das zbMATH und die Mathematical Reviews, die zwei großen Referateorgane der Mathematik, gemeinsam seit dem Jahr 2000. Aktuell gliedern sie die Mathematik nach dem Standard der Mathematics Subject Classification 2020 (MSC2020) in einer Baumstruktur in drei

Die Größe der mathematischen Fachgebiete nach der MSC-Klassifikation, gemessen an der Zahl der in der Datenbank des zbMATH aufgeführten Arbeiten im Jahr 2011.

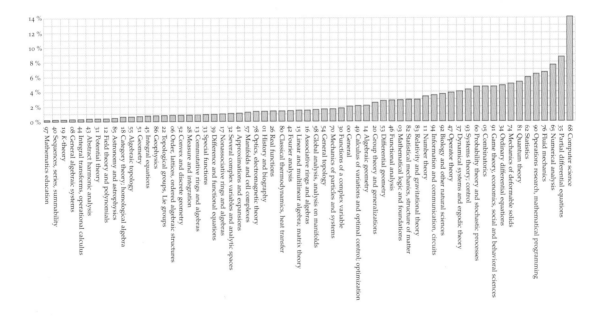

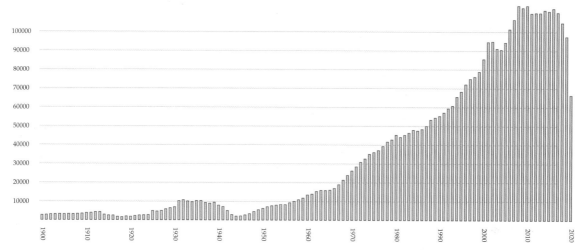

Vom zbMATH bis Dezember 2020 registrierte mathematische Veröffentlichungen 1900–2020. Man beachte, dass das Zentralblatt MATH seit seiner Gründung 1931 mehrere andere Referenzorgane „geschluckt" hat, wobei Dopplungen nicht eliminiert wurden. Dadurch werden Arbeiten doppelt gezählt, was die Statistik besonders in den 1930er und 1940er Jahren verfälscht. Zudem sind die Arbeiten aus den letzten Jahren noch nicht vollständig registriert.

Ebenen. Es gibt 63 große Forschungsfelder. Aus historischen Gründen sind sie von 00 bis 97 durchnummeriert.

In den Ebenen darunter gliedert sich die Mathematik in mehr als 6000 Unterklassen auf. Im Forschungsgebiet 52 geht es zum Beispiel um „Convex and discrete geometry", also Konvexgeometrie und Diskrete Geometrie. Dieses wird aufgeteilt in Übersichtsdarstellungen, Lehrbücher, Historisches, Software, Daten, usw., und ansonsten die drei großen Teile 52A „General convexity", 52B „Polytopes and polyhedra" sowie 52C „Discrete geometry", zu dem wiederum zum Beispiel 34M03 gehört: „Quasicrystals and aperiodic tilings in discrete geometry", also Quasikristalle und andere aperiodische Pflasterungen.

MSC ist jedoch nicht die einzige Gliederungsschema für die Mathematik. Auf dem größten und bekanntesten Preprint-Server für Mathematik, Informatik und Physik, dem arXiv, das unter arXiv.org frei zugänglich ist, werden mathematische Arbeiten in 32 andere Themengebiete eingeteilt; „Konvexgeometrie" und „Diskrete Geometrie" (MSC-Gebiet 52) sind hier zum Beispiel gar nicht explizit aufgeführt; die Aufsätze aus diesen Gebieten finden sich im arXiv hauptsächlich unter „Combinatorics" und „Metric Geometry". Im arXiv, das seit 1991 existiert, stehen aktuell (Anfang 2022) über 2 Millionen wissenschaftliche Aufsätze frei zum Abruf bereit, um gelesen und vielleicht auch diskutiert zu werden. Ein knappes Drittel davon ist aus der Mathematik; insgesamt wurden im Jahr 2021 insgesamt fast 380 Millionen Downloads registriert.

*Entwicklung als moderne Wissenschaft.*    Will man die Entwicklung der modernen Mathematik seit dem Beginn des 19. Jahrhunderts etwas detaillierter beschreiben, kommt man an einem Namen nicht vorbei: Augustin-Louis Cauchy. Von der Ausbildung her war er eigentlich Ingenieur – und damit ein Kind seiner Zeit. In den Jahren um 1800 wurden in Frankreich die Anwendungen der Mathematik gefördert, weil die Revolution vielen Intellektuellen buchstäblich Kopf und Kragen gekostet hatte. So herrschte ein Fachkräftemangel. Gleichzeitig waren die Universitäten nicht mehr „modern" genug zur fachlichen Ausbildung der künftigen Beamten und Militärs, die der neuen (bald: napoleonischen) Verwaltung dienen konnten. 1794 wurde daher in Paris die *École Centrale des Travaux Publics* (Zentrale Schule für öffentliche Arbeiten) gegründet und im folgenden

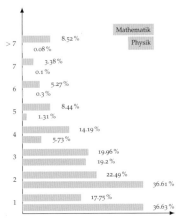

Autorenzahl pro Arbeit im arXiv. Erfasst wurde hier der Zeitraum Januar 2012 bis Dezember 2013. In der Physik sind Arbeiten mit mehreren Autorinnen und Autoren verbreiteter als in der Mathematik.

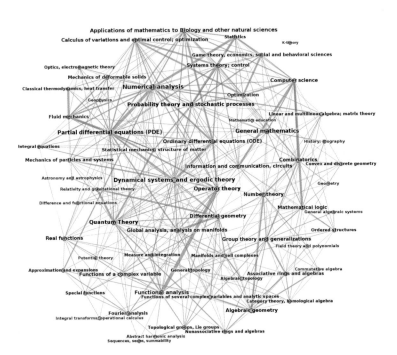

Ein Bild der modernen Mathematik, wie es sich im zbMATH widerspiegelt. Gezeigt werden die Oberbegriffe aus dem MSC-Schema. Die Stärke der Kanten zwischen zwei Bereichen deutet an, wie viele Arbeiten es gibt, die in beiden Gebieten eingeordnet sind. Die Schriftgröße deutet die Anzahl der Arbeiten im jeweiligen Feld an.

Jahr in *École Polytechnique* (Polytechnikum) umbenannt; bis heute ist sie dem Verteidigungsministerium untergliedert. Sie wurde für die Mathematik besonders wichtig, auch, weil 1815 Cauchy dort zu lehren begann. 1821 veröffentlichte er mit seinem *Cours d'Analyse de l'École Polytechnique* ein Lehrbuch, das sehr schnell zum Standardwerk für die Analysis avancierte. Es liest sich sehr anders als die Vorläufer: klar, knapp, konzentriert. Cauchy versucht, alle Begriffe, die er benötigt, exakt zu fassen, und erfindet dafür auch neue Notation – Beispiel: Mehrwertige Funktionen bezeichnet Cauchy mit Doppelklammern, etwa bei der Wurzelfunktion $((x))^{\frac{1}{a}}$.

Die Differential- und Integralrechnung hatte im 18. Jahrhundert völlig neue Möglichkeiten in der Physik und Ingenieurskunst eröffnet. Was nun, zu Anfang des 19. Jahrhunderts, gebraucht wurde, war: Analysis, eine Lösungstheorie für Differentialgleichungen und Methoden zur Integration.

Augustin-Louis Cauchy (1789–1857) wurde mitten in die Französische Revolution geboren. Er lernte an der jungen École Polytechnique von 1805–1807 und arbeitete ab 1810 am Bau des Militärhafens von Cherbourg mit. In der Mathematik untersuchte er zunächst – privatim – Polyeder und veröffentlichte dazu ab 1812 mehrere Arbeiten. Seine Interessen wandelten sich aber allmählich in Richtung Integralrechnung, Funktionen und Analysis. Immer wieder und mit wachsender Verzweiflung bewarb er sich um einen akademischen Posten in Paris. Seine schwierige Persönlichkeit, sein strenger Katholizismus und seine Herkunft aus royalistischem Elternhaus machten es ihm indessen in Revolutionszeiten nicht leicht, im akademischen Bereich Fuß zu fassen. 1815 erhielt er endlich einen Lehrstuhl an der École Polytechnique, der Beginn der ersehnten Laufbahn als akademischer Forscher und Lehrer. 1821 veröffentlichte Cauchy die ersten Früchte dieser Lehre, den *Cours d'Analyse*. 1830 musste er aber aus politischen Gründen aus Frankreich emigrieren und verbrachte die folgenden zehn Jahre in Freiburg, Turin und Prag. 1839 konnte er nach Paris zurückkehren.

Ein Bild der modernen Mathematik, wie es sich im arXiv widerspiegelt. Gezeigt sind die 32 arXiv-Klassen der Mathematik (blau) und die angrenzenden Gebiete (rot: Informatik, lila: Physik, grün: Statistik). Die Stärke der Kanten deutet an, wie viele Arbeiten es gibt, die in jeweils beiden Gebieten eingeordnet sind. Die Größe der Schrift reflektiert die Anzahl der Arbeiten im jeweiligen Gebiet.

Anwendungen gab es allerorten. Beispiel: 1820, als Cauchy noch an seinem Lehrbuch arbeitete, formulierte sein Kollege Claude-Louis Navier, Professor an der École des Ponts et Chaussées (Schule für Brücken und Landstraßen), die heute nach ihm benannten Differentialgleichungen zur Beschreibung der Bewegung von Flüssigkeiten. Einige Jahre später sollte Navier Cauchy an der École Polytechnique ablösen, als dieser ins Exil ging. An einer Lösungstheorie der Navier-Stokes-Gleichungen wird heute noch gearbeitet; sie ist eines der Millenniumsprobleme, auf die eine Million Dollar ausgeschrieben sind.

Cauchys *Cours d'Analyse* wurde zu einem wichtigen und einflussreichen Werk. Viel ehrgeiziger, aber heute kaum mehr als eine Randnotiz der Mathematik, war dagegen das Vorhaben Martin Ohms, des älteren Bruders des bekannten Physikers Georg Simon Ohm. Martin wurde 1821 Privatdozent für Mathematik in Berlin und unternahm bis 1855 einen „ohngefähr auf

*Naviers Brücke.* Naviers ehrgeizigstes Projekt war der Bau einer Hängebrücke über die Seine. Nach jahrelanger Planung begannen die Arbeiten im August 1824. In der Nacht vom 6. zum 7. September 1826, wenige Wochen vor der geplanten Eröffnung, wurde einer der Pfeiler unterspült und brach. Die Brücke wurde unbenutzt wieder abgerissen [72] – eine herbe Enttäuschung für Navier.

Die Navier-Gleichungen, unabhängig auch von George Stokes formuliert, beschreiben, wie eine Flüssigkeit in zwei oder drei Dimensionen unter Einbeziehung von Wärmefluss und Reibung strömt. Sie bestehen aus drei Teilen: der *Kontinuitätsgleichung* (Flüssigkeit geht nirgendwo „verloren" oder wird aus dem Nichts erzeugt), den *Impulsgleichungen* (Impulserhaltung) und den *Energiegleichungen* (Energieerhaltung).

Navier-Gleichungen werden in Physik und Technik zwar oft numerisch gelöst, eine allgemeine Lösungstheorie fehlt aber noch immer: Eines der *Millennium-Probleme* des Clay Mathematics Institutes dreht sich um die Frage, unter welchen Bedingungen es eindeutige stetige Lösungen für das Gleichungssystem gibt, wann die Gleichungen also die Strömung eindeutig festlegen.

Die Bilder zeigen sich mischende Flüssigkeiten gleicher Viskosität, die quasi aufeinander gleiten und dabei ineinander wirbeln. Die Farben kodieren die Wirbelstärke: Je stärker die Wirbel, desto dunkler das Grün. (Bilder: Volker John, WIAS/FU Berlin)

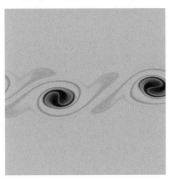
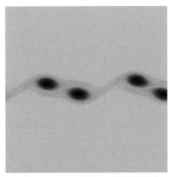
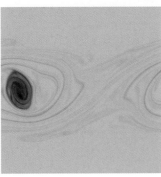

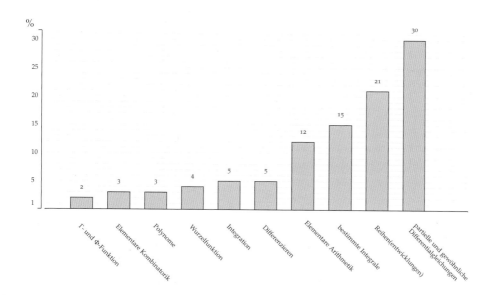

%

Der ungefähre Platz, den Ohm
den einzelnen Teilgebieten der
Mathematik einräumt

8–9 Theile berechneten" *Versuch eines vollkommenen, consequenten Systems der Mathematik* [367]. Insgesamt wurden es neun Bände mit einem deutlichen Schwerpunkt auf Analysis und der Lösung (partieller) Differentialgleichungen – insofern bildet es genau den Trend der Zeit ab. Ohm steckt aber schon in der Vorrede zur zweiten Auflage seine Ziele weiter: Er wolle

> für die gesammte Mathematik das zu geben, wodurch Euklid's Elemente für das Studium der Geometrie so wichtig geworden sind. In Erwägung aber, daß hinsichtlich des Umfanges, die Elemente der Geometrie zur gesammten Mathematik, und allein schon zum Kalkul, sich verhalten – wie ein Wassertropfen zum großen Weltmeere, scheint das Unternehmen die Kräfte des Einzelnen weit zu übersteigen, und der Verf. hat daher diese Leistung mit Vorbedacht einen Versuch genannt. [367]

Ohms Definition für Mathematik:

> (2) Jedes Ding, welches selbst keine Zahl, dagegen ein Vielfaches irgendeines anderen Dinges ist, oder als ein solches betrachtet werden kann oder muß, heißt eine Größe. [...]
> (3) Die Wissenschaft, welche sich mit den Zahlen und den Größen beschäftigt, und welche lehrt, wie aus gegebenen Zahlen und

Größen andere Zahlen und Größen bestimmten Zwecken gemäß abgeleitet werden, heißt Mathematik. [...] Die Mathematik zerfällt daher 1) in die Zahlenlehre, welche ihr allgemeinster Theil ist, und 2) in die Größenlehre, welche bloß als eine Anwendung der Zahlenlehre auf die Größen erscheint.

Ohms Bücher geben wieder, was man – zumindest in den Anfängervorlesungen – in der ersten Hälfte des 19. Jahrhunderts an Universitäten an Mathematik lehrte. Die Forschung war indes ein gutes Stück weiter: Zum Beispiel gab es erste Anfänge in der Gruppentheorie und damit der Algebra, es wuchs die Funktionentheorie – also die Analysis komplexwertiger Funktionen – und es entwickelten sich die Anfänge der Topologie.

Dabei ist ein Name besonders wichtig: Carl Friedrich Gauß. Er war sicher der einflussreichste Mathematiker des 19. Jahrhunderts.

Gauß war alles andere als weltfremd. Als Professor für Astronomie gehörten Anwendungen der Mathematik zu seinem Metier. Im März/April 1833 spannte er zusammen mit dem Physiker Wilhelm Weber einen Doppeldraht von mehr als einem Kilometer Länge über die Häuser Göttingens, vom Physikalischen Kabinett zu Gauß' Büro. Damit bauten die beiden den ersten elektromagnetischen Telegraphen der Welt. Zu dieser Zeit war Gauß unter Physikern schon lange berühmt, unter anderem, weil er 1801 die Bahn des Asteroiden Ceres berechnet und so geholfen hatte, den verlorenen Asteroiden am Himmel wiederzufinden. In der Folge entwickelte er dabei Grundlagen für die moderne Statistik. Er kümmerte sich um die Vermessung des Königreichs Hannover. Zudem gab er die Richtung vor, in die sich die Mathematik seiner Zeit entwickelte. Das fundamentale Zahlentheorie-Buch *Disquisitiones Arithmeticae* von Gauß, das ebenfalls im Jahr 1801 erschien, wurde zu seiner Zeit hingegen kaum gelesen und verstanden – hat aber substanziellen Anteil am Nachruhm von Gauß.

Geist der Zeit war auch, vage Definitionen und intuitive Begriffe loszuwerden und die Dinge grundsätzlicher anzugehen: George Boole, von der Ausbildung her eigentlich Lehrer, veröffentlichte 1847 die *Mathematical Analysis of Logic* und 1854 *An Investigation of the Laws of Thought*; Karl Weierstraß, ursprünglich ein Gymnasiallehrer, machte sich unter anderem durch die

Carl Friedrich Gauß (1777–1855) wurde in recht einfachen Verhältnissen in Braunschweig geboren. Er fiel schon früh durch seine Leistungen in Mathematik auf und wurde mit 14 dem Herzog von Braunschweig als Wunderknabe vorgestellt. Die finanzielle Unterstützung des Herzogs machte ihm das Studium in Braunschweig und Göttingen möglich. Promoviert wurde er mit 22 Jahren in Helmstedt. Nach dem Tod des Herzogs von Braunschweig wurde er Professor an der Universität in Göttingen. Schon mit 18 Jahren wurde er berühmt, weil er ein antikes Problem löste: Er fand eine Konstruktion des regelmäßigen 17-Ecks mit Zirkel und Lineal. Es folgten viele weitere wichtige Beiträge zur modernen Mathematik. Resultate von Gauß waren grundlegend für die weitere Entwicklung der Zahlentheorie, Algebra, Differentialgeometrie und Statistik. Er beschäftigte sich auch mit Physik, Astronomie und Landvermessung. Zu seinen Schülern gehören Richard Dedekind und Bernhard Riemann. Schon kurz nach seinem Tod ließ der König von Hannover Medaillen zu seinen Ehren mit der Aufschrift „Mathematicorum Principi" (dem Fürsten der Mathematik) prägen.

Einführung des „strengen" $\varepsilon$-$\delta$-Kalküls einen Namen, Georg
Cantor schuf die moderne Mengenlehre und entwickelte ein
Konzept von Unendlichkeit, während er gemeinsam mit Richard Dedekind grundsätzliche Eigenschaften der Zahlenmengen auslotete. Gottlob Frege entwickelte eine formale Sprache
und versuchte, wie später auch Bertrand Russell, die Arithmetik aus der Logik herzuleiten. Und es entstand allmählich das
System von Axiomen, auf dem die moderne Mathematik basiert: „ZFC". (Mehr dazu im Kapitel „Unendlichkeit", S. 213 ff.)

Gleichzeitig blühten neue mathematische Gebiete auf: Die
*Topologie* zum Beispiel (zu Anfang unter dem Namen „Analysis situs"), die sich mit den Eigenschaften mathematischer
Strukturen befasst, welche unter stetigen Abbildungen erhalten
bleiben, die Theorie der kontinuierlichen Symmetrien (*Lie-Gruppen*), die für die Quantenmechanik wichtig werden sollte,
und auch die *Funktionalanalysis* entstanden Ende des 19. und
Anfang des 20. Jahrhunderts.

In dieser Aufbruchstimmung wurde abermals ein Versuch
unternommen, die Mathematik als Ganzes darzustellen – dieses
Mal von einem ganzen Team von Mathematikern. Die Idee
dazu entstand 1894 auf einer gemeinsamen Harzreise von Felix
Klein, Heinrich Weber und Wilhelm Franz Meyer.

Alle drei waren aktiv in der frisch gegründeten Deutschen
Mathematiker-Vereinigung (DMV): Weber sollte 1895 der dritte
Vorsitzende der DMV werden, war sogar zweimal Vorsitzender
(noch einmal 1904), Klein gar dreimal: 1897, 1903 und 1908
und dazwischen (im Jahr 1902) sollte auch Meyer die DMV
leiten. Die drei planten ein Lexikon, das die fundamentalen
Begriffe des mathematischen Wissens zusammenstellen und
charakterisieren sollte [278, I–1, Einleitender Bericht].

Das Werk erschien ab 1898 bis 1935 unter dem Titel *Encyklopädie der mathematischen Wissenschaften mit Einschluss ihrer
Anwendungen* [278]. (Es wurde ab 1939 von einem neuen Herausgeberquartett fortgesetzt [220].)

*20. Jahrhundert.* Einer der Menschen, die in dieser Zeit der
Mathematik besonders wichtige Impulse gaben, war David
Hilbert, ein mathematischer Visionär. Am 8. August 1900 hielt
er – mit 38 Jahren – eine Rede vor dem zweiten internationalen

*Das Axiomensystem ZFC*
Ernst Zermelo und Abraham Fraenkel definierten ein System von grundlegenden Aussagen, die Basis für die
Mengenlehre. Gemeinsam entwickelten sie es zwischen 1907 und 1930
zu dem heute verwendeten Axiomensystem. Das C steht für *Axiom of
Choice*, das Auswahlaxiom, das man
dem System hinzufügen kann (aber
nicht muss). Die Axiome legen fest,
welche prinzipiellen Eigenschaften
Mengen haben und was man mit
ihnen tun kann. Beispiel: Enthalten
zwei Mengen dieselben Elemente,
sind sie gleich. Oder: Es gibt eine
leere Menge, die gar keine Elemente
enthält.

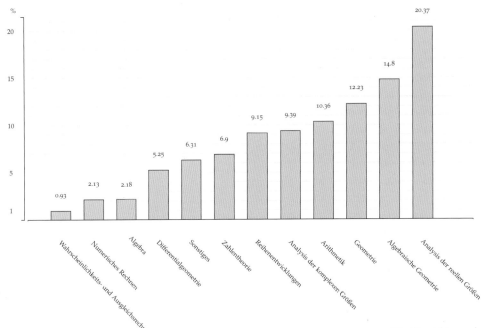

Die Gewichtung der mathematischen Gebiete in der *Encyklopädie der mathematischen Wissenschaften* gemessen am Seitenumfang, wobei die Bände zur Physik nicht einbezogen wurden. Gegenüber Martin Ohms Darstellung der Mathematik sind die Algebraische Geometrie, Differentialgeometrie und die Komplexe und die Reelle Analysis als eigenständige, wesentliche Gebiete neu dazugekommen.

Mathematiker-Kongress in Paris und präsentierte den Teilnehmern eine Liste von 23 mathematischen Problemen, die sich allmählich zu einem regelrechten Forschungsprogramm für die europäische Mathematik entwickelte [64].

Problem Nummer 1 auf Hilberts Liste – die Kontinuumshypothese – war damals 22 Jahre alt: Georg Cantor hatte sie 1878 aufgestellt, als er sich mit unendlichen Mengen unterschiedlicher Größe beschäftigt hatte (mehr im Kapitel „Unendlichkeit", S. 213 ff.).

Hilberts Problem Nummer 2 war nicht minder schwer: Sind die arithmetischen Axiome widerspruchsfrei? Man wusste zwar in dieser Zeit, wie sich aus den Mengenaxiomen die Arithmetik „erzeugen" lässt, doch es war unklar, ob sich in den Axiomen vielleicht ein Widerspruch verbarg. Man könnte sagen, dass die Geschlossenheit der Axiome Hilberts Lebensthema war. Drei Jahre nach seinem Vortrag veröffentlichte er 1903 die

*Grundlagen der Geometrie* als Buch – seit Euklid das erste Mal, dass die Geometrie wieder auf einen axiomatischen Untergrund gestellt wurde.

Damit lag Hilbert im Trend. Die erste Hälfte des 20. Jahrhunderts war geprägt von der Suche nach einer großen „Strukturierung" der Mathematik. Wo zuvor in einzelnen Feldern ziemlich unabhängig gearbeitet worden war, wollte man nun die große Idee der Mathematik herausarbeiten. Seit Hilbert und Dedekind wissen wir sehr gut, dass sich große Teile der Mathematik logisch und fruchtbar aus einer kleinen Menge wohlgewählter Axiome entwickeln lassen.

> Wenn die Basis der Theorie in einer axiomatischen Form gegeben ist, können wir die ganze Theorie verständlicher entwickeln als ohne axiomatische Form

schrieb der französische Mathematiker Jean Dieudonné [127] in einem Aufsatz über „Das Werk des Nicolas Bourbaki", der sich um die Strukturierung der Mathematik besonders verdient gemacht hat.

Dieser Nicolas Bourbaki ist zugleich einer der kuriosesten Mathematiker überhaupt: Er wies es weit von sich, neue Theoreme beweisen zu wollen und er hat sechs Väter – denn tatsächlich handelt es sich um eine fiktive Gestalt, das Pseudonym für eine Mathematikergruppe. Dieudonné erinnert sich an die Zeit des ersten Weltkriegs:

> Die Deutschen steckten ihre Wissenschaftler in die wissenschaftliche Arbeit, um die militärischen Möglichkeiten durch Entdeckungen und die Verbesserungen von Erfindungen oder Prozessen zu steigern, was im Gegenzug die deutsche Kampfstärke steigerte. Die Franzosen fühlten dagegen zumindest in den ersten ein oder zwei Kriegsjahren, dass jeder an die Front sollte; so leisteten junge Wissenschaftler, ebenso wie der Rest Frankreichs, ihren Dienst an der Frontlinie. Das bewies einen Geist von Demokratie und Patriotismus, den wir nur respektieren können, aber das Ergebnis war ein fürchterliches Blutopfer unter den jungen französischen Wissenschaftlern. [...] So hatten wir exzellente Professoren, die uns die Mathematik bis, sagen wir, 1900 lehren konnten, aber wir wussten nicht viel über die Mathematik von 1920. [127]

Der in Analysis erfahrene, aber schon relativ alte Mathematiker Jacques Hadamard versuchte, diese Lücke zu schließen: Er bot

David Hilbert (1862–1943) studierte in seiner Geburtsstadt Königsberg ab 1880 Mathematik. 1885 wurde er promoviert und im darauffolgenden Jahr habilitierte er sich. Es folgten einige Jahre, in denen Hilbert an unterschiedlichen Universitäten arbeitete, bis er 1895 nach Göttingen berufen wurde, wo der preußische Staatssekretär Friedrich Althoff und der dort lehrende Felix Klein (1849–1925) ein Zentrum für Mathematik aufzubauen versuchten. Klein hatte Hilbert in seiner Zeit in Leipzig kennen- und schätzen gelernt. Beide teilten viele mathematische Interessen, darunter die Geometrie und die breite Vernetzung und Strukturierung bestehender Gebiete. Hilbert hatte so maßgeblichen Anteil daran, dass Göttingen zum Nabel der mathematischen Welt wurde. Er setzte sich unter anderem auch für die Berufung von Frauen ein (darunter Emmy Noether). Allerdings musste er nach seiner Emeritierung 1930 auch den Untergang „seines" Institutes in der Nazizeit miterleben, als durch die Entlassung, Vertreibung und Emigration zahlreicher jüdischer Mathematiker Göttingen mathematisch verwaiste. [38, 413]

am *Collège de France* ein Seminar über die aktuelle Analysis an. Nach Hadamards Emeritierung 1934 setzte Gaston Julia das Seminar fort und behandelte darüberhinaus auch andere Gebiete, zum Beispiel Algebra, Variationsrechnung und Topologie.

Doch die Seminarteilnehmer trafen sich nicht nur in den Räumen des Collège, sondern auch privat – zum Beispiel am 10. Dezember 1934 im Café Capoulade im Quartier Latin. Dieser 10. Dezember sollte in die Geschichte der Mathematik eingehen. Bei Kohlsuppe und gegrilltem Fleisch beschlossen Henri Cartan, Claude Chevalley, Jean Delsarte, René de Possel, Jean Dieudonné und André Weil, eine komplett neue, *moderne* Version der Analysis-Bücher von Cauchy und von Édouard Goursat zu schreiben, die beide *Cours d'Analyse* betitelt waren. 1000 Seiten werde das Werk umfassen, schätzte einer der Teilnehmer, man werde sechs Monate dafür brauchen, glaubte ein anderer.

Die Gruppe hatte noch ein anderes Vorbild aus Papier: das Buch *Moderne Algebra* von Bartel van der Waerden, einem Schüler von Emmy Noether. Van der Waerden hatte Vorlesungen von Emil Artin und Emmy Noether aus den Jahren 1924 bis 1928 zu einem zweibändigen Werk ausgebaut und 1930/31 veröffentlicht. Die Algebra stellte er strukturiert dar, von Gruppen über Ideale und Ringe bis hin zu Körpern (heute noch werden Algebra-Vorlesungen nach dieser Struktur gehalten).

Offiziell wirkt Bourbaki als *l'Association des Collaborateurs de Nicolas Bourbaki* noch immer und organisiert regelmäßig das *Séminaire Bourbaki* am Institut Henri Poincaré in Paris. Bedeutende Veröffentlichungen gab es aber nach 1998 keine mehr – bis dann 2016 ein Band über Algebraische Topologie erschien. Bourbaki lebt und publiziert!

Bourbaki wurde zum Synonym für eine äußerst strenge, strukturierte und axiomatische Darstellung der Mathematik. Gleichzeitig wollte Bourbaki aber verstanden werden. Er hasste Abkürzungen:

> Wir glauben, dass Tinte billig genug ist, um die Dinge auszuschreiben, mit einem sorgfältig gewählten Vokabular. [127]

Und er musste sich zu Anfang auch seiner kreativen und anschaulichen Sprache wegen Kritik gefallen lassen – Bourbaki sagte „boule" (Kugel) statt „hypersphéroide" und „pavé" (Pflasterstein) statt „parallélotope".

Emmy Noether (1882–1935) war Tochter des Mathematikers Max Noether aus Erlangen und prägte die Algebra des 20. Jahrhunderts. Sie ist berühmt für Sätze, die einen Zusammenhang zwischen Symmetrien und Erhaltungsgrößen in der theoretischen Physik herstellen. Noether promovierte 1907 bei Paul Gordan und erhielt (trotz der Fürsprache durch David Hilbert) keine Professur in Göttingen. 1933 verlor sie ihre Position an der Universität wegen ihrer jüdischen Familiengeschichte und emigrierte in die USA, wo sie nur zwei Jahre später starb.

Heute gilt der Stil von Bourbaki dennoch als extrem trocken; sein Ansatz hat sich totgelaufen.

> Man kann die ersten Bücher von Bourbaki als Enzyklopädie ansehen; wenn man sie als Lehrbücher liest, dann sind sie ein Desaster

fand Pierre Cartier, Bourbakist zwischen 1955 und 1983, im Jahre 1997 [456]. Allerdings beeinflusste Bourbaki mindestens eine Generation von Mathematikerinnen und Mathematikern grundlegend.

Wenige Jahre vor der „Geburt" von Nicolas Bourbaki als Mathematiker im Jahre 1935 gab es einen anderen tiefen Einschnitt in der modernen Mathematik: 1930 bewies Kurt Gödel, dass man Hilberts zweites Problem nicht lösen kann. Seine Unvollständigkeitssätze besagen, dass es in jedem hinreichend komplexen formalen System (wie dem der natürlichen Zahlen, mit denen man rechnen kann) Aussagen geben muss, die sich nicht beweisen lassen, falls man annimmt, dass die Axiome widerspruchsfrei sind. Die Axiome der Arithmetik sind also in diesem Sinne unvollständig. Und Gödel hatte noch mehr im Gepäck, nämlich ein Beispiel für eine fundamentale Aussage, die sich nicht beweisen oder widerlegen lässt: Sie besagt, dass das Axiomensystem, das der Arithmetik zugrunde liegt, widerspruchsfrei sei.

Seine Ideen stellte er in einer Rohform auf der „Zweiten Tagung für Erkenntnislehre der exakten Wissenschaften" Anfang September 1930 in Königsberg vor, im Anschluss an die 91. Versammlung deutscher Naturforscher und Ärzte, in deren Rahmen auch die DMV ihre Jahrestagung abhielt. Natürlich war auch David Hilbert bei den Tagungen anwesend; erst zwei Jahre zuvor hatte er zusammen mit dem Gymnasiallehrer Wilhelm Ackermann das Lehrbuch *Grundzüge der theoretischen Logik* veröffentlicht [239] und er wurde am Rande der Tagungen mit der Königsberger Ehrenbürgerwürde ausgezeichnet. In einer Radiorede zu diesem Anlass behauptete er: „Für uns gibt es kein Ignorabimus", d. h. alle mathematischen Aussagen können entweder widerlegt oder bewiesen werden. Die Mathematik hatte ihn jedoch überholt: Tatsächlich hatte Gödel bewiesen, dass wir manchmal etwas doch nicht wissen können. Ein tiefer Schlag

Kurt Gödel (1906–1978) wurde in Brünn (heute Brno) in Österreich-Ungarn als Sohn eines Textilunternehmers geboren. Er studierte in Wien zunächst Theoretische Physik, beschäftigte sich aber schon früh mit Mathematik und Philosophie. Vor allem der Wiener Kreis um Moritz Schlick war eine Inspiration für ihn.

Nach mehreren Gastaufenthalten in den USA emigrierte er schließlich 1940 wegen antisemitischer Diskriminierungen und lebte für den Rest seines Lebens in Princeton. Dort war er unter anderem eng mit Albert Einstein befreundet.

Das Album [462] illustriert eindrucksvoll sein Leben.

für alle, die auf einen *vollständigen* Aufbau der Mathematik
hofften.

Später ging Gödel auch Hilberts erstes Problem an, die Kontinuumshypothese. 1940 zeigte er, dass man sie nicht mit den
Axiomen von Zermelo und Fraenkel widerlegen kann. 1963
bewies Paul Cohen, dass man sie damit auch nicht beweisen
kann. Damit ist die Kontinuumshypothese tatsächlich unabhängig von Zermelos und Fraenkels Axiomen: Man kann sie als
weiteres Axiom hinzunehmen – oder eben ihr Gegenteil, und
erhält dann eine andere Mathematik.

Nicht alle Probleme auf Hilberts Liste waren unlösbar oder
extrem schwierig: So wurde das dritte Problem auf der Liste,
über die Zerlegungsgleichheit von Tetraedern gleichen Volumens, schon sehr bald von Hilberts Schüler Max Dehn gelöst,
und die Lösung ist ohne große Spezialkenntnisse nachvollziehbar; siehe [6].

Andererseits sind auch heute noch nicht alle Probleme auf
Hilberts Liste gelöst – die Riemann'sche Vermutung etwa (siehe
Kapitel „Primzahlen", S. 155 ff.) steht noch aus. Doch es sind
viele neue Fragen hinzugekommen, auch, weil Zweige der Mathematik neu entstanden sind oder gewaltig wuchsen. In den
1950er und 1960er Jahren blühte zum Beispiel die Algebraische
Geometrie auf, die die Algebra – die Strukturen von Gruppen,
Ringen oder Körpern also – mit Geometrie verbindet. Kurz gesagt geht es darum, die Mengen von Nullstellen algebraischer
Gleichungen strukturell zu beschreiben (mehr dazu im Kapitel
„Zahlenbereiche", S. 181 ff.). Die Kombinatorik, die noch bis
1940 ein Schattendasein geführt hatte, wuchs plötzlich, als die
ersten Computer gebaut wurden – und zwar rasant.

So sieht die Mathematik des Jahres 2000 ganz anders aus
als die von 1900 oder von 1800. Wie anders, das zeigt ein Buch,
das wieder einmal zusammenfasst, was Mathematik ist: der
*Princeton Companion to Mathematics* [192], den der Träger der
Fields-Medaille Timothy Gowers im Jahr 2008 herausgegeben
hat.

Anders als die bisher erwähnten Darstellungen der Mathematik seziert dieses Buch die Wissenschaft nicht mehr, um sie
in Sub-Wissenschaften zu zergliedern, sondern enthält auch
große Teile, in denen übergreifend Konzepte, Ideen und wichti-

*Kein Ignorabimus.* Hilbert war keineswegs allein in seiner Abscheu
vor dem „Ignorabimus": Henri Poincaré, der französische Hilbert, wie
er manchmal genannt wird (und
Hilberts Gegenpart in manchen
philosophischen Fragen, siehe das
Kapitel „Philosophie der Mathematik", S. 123 ff.) schrieb in seinen
*Letzten Gedanken* (*Dernières Pensées*):
„Tout théorème de mathématiques
doit pouvoir être vérifié." (Jedes
Theorem der Mathematik muss verifiziert werden können.) Und er
fährt fort: „Wenn ich ein Theorem
formuliere, dann glaube ich fest, dass
alle Verifikationen, die ich machen
werde, gelingen werden; und sogar
wenn eine dieser Verifikationen soviel
Arbeit bedeutet, dass sie die Kräfte
eines einzelnen Menschen übersteigt,
glaube ich fest, dass weitere Genera-
tionen, 100, wenn es sein muss, sich
bei dieser Verifikation zusammentun
werden und sie doch noch gelingen
wird." [382]

Hilberts Grab in Göttingen, mit
der Aufschrift „Wir müssen
wissen. Wir werden wissen."
(Foto: Kassandro/Wikipedia)

ge Sätze aus der Mathematik – von der Kontinuumshypothese bis zum Simplex-Algorithmus, von der Projektiven Ebene über die ABC-Vermutung bis zu Hilberts Nullstellensatz – behandelt werden. Die Botschaft ist klar: Mathematik lässt sich nicht einfach in angewandt und rein oder von Algebra bis Zahlentheorie zerlegen. Mathematik ist vielfältig und bunt.

## Schulfach, Studienfach, Arbeitsmarkt

*Beruf Mathematik.* Es lohnt sich, Mathematik zu studieren: Nicht nur bietet sie den Einstieg in einen Kernbereich der Wissenschaft oder in den Lehrberuf, sondern sie öffnet auch den Weg in verschiedenste Berufsmöglichkeiten von der Finanz- und Versicherungsbranche (als Versicherungsmathematiker oder „Aktuar") und der Softwareindustrie bis hin zu Unternehmensberatungen.

Wie viele Menschen arbeiten eigentlich derzeit als Mathematikerin oder Mathematiker? Diese Frage kann man mit Hilfe des Mikrozensus des Statistischen Bundesamts beantworten – einer repräsentativen Studie, bei der seit 1957 alljährlich ein Prozent der Bevölkerung (also etwa 370 000 Haushalte mit insgesamt etwa 830 000 Personen) zu sozialer Lage, Lebensgemeinschaften, Erwerbstätigkeit, Altersvorsorge oder Bildungsstand befragt wird.

Im Bericht aus dem Jahr 2020 wird aus diesen Zahlen unter anderem hochgerechnet, wie viele Menschen 2019 von sich sagen konnten, einen Universitätsabschluss in Mathematik bzw. einer Naturwissenschaft gemacht zu haben. (Kein Eintrag bedeutet, dass die Zahl zu klein ist, um sichere Aussagen zu erlauben.) Demnach gibt es also rund 155 000 Menschen in der Bevölkerung, die Mathematik studiert haben.

Akademische Abschlüsse in Deutschland (in Tausend). Die unter Diplom angegebene Zahl beinhaltet auch Lehramtsprüfung, Staatsprüfung, Magister und vergleichbare Abschlüsse. (Quelle: Statistisches Bundesamt (Destatis), Bildungsstand der Bevölkerung – Ergebnisse des Mikrozensus 2019, Ausgabe 2020)

| | insgesamt, in Tsd., gerundet | | | | | davon weiblich, in Tsd., gerundet | | | | |
|---|---|---|---|---|---|---|---|---|---|---|
| | Gesamt | Bachelor | Master | Diplom | Dr. | Gesamt | Bachelor | Master | Diplom | Dr. |
| Mathematik | 155 | 14 | 19 | 103 | 19 | 59 | 6 | 8 | 40 | |
| Informatik | 560 | 147 | 102 | 292 | 18 | 103 | 29 | 18 | 53 | |
| Physik, Astronomie | 161 | 13 | 18 | 76 | 53 | 27 | | | 14 | 7 |
| Chemie | 172 | 12 | 18 | 78 | 63 | 64 | 6 | 7 | 32 | 19 |
| Biologie, Biochemie etc. | 206 | 27 | 38 | 87 | 54 | 124 | 17 | 24 | 55 | 28 |

Interessant: Seit Jahren schon kommen auf eine Physikerin zwei Mathematikerinnen! Interessant ist auch, dass die Mathematik zu den kleinsten Fachrichtungen im Mikrozensus gehört. Vergleichbar groß sind die Agrarwissenschaften (ca. 173 000 Menschen), die Physik (ca. 161 000 Menschen) und die Chemie (ca. 172.000 Menschen). Zum Vergleich: Humanmedizin (ohne Zahnmedizin) haben 624 000 Menschen studiert und es sind sogar 511 000 Menschen in Kunst oder Kunstwissenschaften. Immerhin scheint die Zahl der Mathematikerinnen und Mathematiker in letzter Zeit zu wachsen (2006 waren es 96 000, 2010 schon 102 000, und 2015 dann 125 000). Die Daten findet man in [474–476].

Die Statistik weist auch aus, wie viele Erwerbstätige Mathematik studiert haben. Erwerbstätige sind „Personen im Alter von 15 Jahren und mehr, die im Berichtszeitraum wenigstens 1 Stunde gegen Entgelt irgendeiner beruflichen Tätigkeit nachgehen bzw. in einem Arbeitsverhältnis stehen (einschließlich Soldaten und Soldatinnen sowie mithelfender Familienangehöriger), selbstständig ein Gewerbe oder eine Landwirtschaft betreiben oder einen Freien Beruf ausüben." [476]

Für die Erwerbslosen liegen die Zahlen für alle Gruppen unterhalb der Messgenauigkeit – etwas, das für die anderen Fächer nicht unbedingt der Fall ist. Mathematikerinnen und Mathematiker bekommen offenbar immer noch leicht einen Arbeitsplatz – aber nicht unbedingt „in der Mathematik".

Das statistische Bundesamt zählt im Mikrozensus auch, wie viele Menschen in den Bereichen Mathematik und Statistik *arbeiten* und welche Bildungsabschlüsse sie haben. In dieser Berufsgruppe tauchen plötzlich nur 19 000 Mathematiker und 7000 Mathematikerinnen auf, die übrigens fast alle (18 000 bzw. 7000) über einen Fachhochschul- bzw. Hochschulabschluss verfügen [477]. Die Mehrzahl der in Mathematik hochschulgebildeten Menschen scheint nicht als „Berufsmathematiker" oder an Universitäten zu arbeiten, sondern unterrichtet an Schulen oder arbeitet in anderen Berufsfeldern. Miriam Dieter und Günter Törner von der Universität Duisburg-Essen haben vor einigen Jahren sehr detailliert Berufsstatistiken zur Mathematik ausgewertet. Sie kommentieren das so:

*Mathematik, Frauen und Vorurteile.* In Mathematik ist über ein Drittel der Hochschulabsolventen weiblich. Mathematik ist traditionell eines der Top-Ten-Studienfächer bei Frauen. Auch, wenn im Beruf der Anteil der Männer immer noch deutlich überwiegt, zeigen Studien, dass sich der „Gender Gap" allmählich schließt [263], was die Vorurteile von der „männlichen Mathematikbegabung" mehr und mehr widerlegt [36]. Diese Vorurteile haben eine lange Vorgeschichte, zu deren Tiefpunkten die berüchtigten Werke des Neurologen und bekennenden Mathematik-Ignoranten Paul Julius Möbius gehören, darunter *Vom physiologischen Schwachsinn des Weibes* und *Über die Anlage zur Mathematik* [347]. Tatsächlich bewies Möbius damit gehörig Ignoranz: Schon lange vor seiner Zeit waren mathematisch interessierte Frauen bekannt, etwa Maria Agnesi, Laura Bassi oder Sophie Germain, und Mathematik konnte auch zum Hobby für Frauen werden: Von 1704 bis 1841 erschien beispielsweise in London das erfolgreiche *The Ladies' Diary: or, Woman's Almanack* eine Sammlung astronomischer Daten und mathematischer Rätsel für höhere Damen [318].

Bildlich gesprochen erscheint uns der Arbeitsmarkt wie ein ‚Bermuda-Dreieck', in dem jedes Jahr mehr als 1500 Mathematikabsolventen verschwinden und nur selten als Mathematiker wieder auftauchen. [499]

| | insgesamt, in Tsd., gerundet | | | | | davon weiblich, in Tsd., gerundet | | | | |
|---|---|---|---|---|---|---|---|---|---|---|
| | Gesamt | Bachelor | Master | Diplom | Dr. | Gesamt | Bachelor | Master | Diplom | Dr. |
| Mathematik | 109 | 9 | 17 | 69 | 14 | 43 | | 7 | 29 | |
| Informatik | 492 | 128 | 95 | 252 | 18 | 79 | 21 | 14 | 41 | |
| Physik, Astronomie | 117 | 8 | 16 | 53 | 40 | 20 | | | 9 | 6 |
| Chemie | 116 | 8 | 15 | 47 | 47 | 44 | | 6 | 19 | 15 |
| Biologie, Biochemie etc. | 162 | 18 | 32 | 69 | 43 | 97 | 11 | 21 | 42 | 23 |

Entsprechend gibt es für die Mathematik nicht nur eine Berufsvertretung, sondern gleich mehrere. Die größte und älteste ist die Deutsche Mathematiker-Vereinigung (DMV). Sie ist, verglichen mit anderen Berufsverbänden, mit nur rund 5000 Mitgliedern relativ klein und bedient traditionell vorwiegend die Akademikerinnen und Akademiker in der Mathematik, die an Universitäten und Forschungseinrichtungen arbeiten. Ihre Mitglieder vertritt die DMV auch in der European Mathematical Society (EMS) und dem weltweiten Verband der Mathematiker, der International Mathematical Union (IMU). Daneben gibt es die Gesellschaft für Angewandte Mathematik und Mechanik (GAMM, rund 2000 Mitglieder), die 1922 von dem Ingenieur Ludwig Prandtl und dem Mathematiker Richard von Mises gegründet wurde. Viele Mathematikerinnen und Mathematiker sind auch Mitglieder der Deutschen Physikalischen Gesellschaft (DPG, 60 000 Mitglieder) oder der Gesellschaft für Informatik (GI, 20 000 Mitglieder). Zwei weitere Vereine kümmern sich in Deutschland um die Mathematik an Schulen: der Deutsche Verein zur Förderung des mathematischen und naturwissenschaftlichen Unterrichts, in neuer Kurzform „Verband zur Förderung des MINT-Unterrichts" (MNU, rund 6000 Mitglieder, davon rund 3500 Mathematiklehrerinnen und -lehrer) und die Gesellschaft für Didaktik der Mathematik (GDM, etwa 1000 Mitglieder).

Akademische Abschlüsse von Erwerbstätigen in Deutschland (in Tausend). Die unter Diplom angegebene Zahl beinhaltet auch Lehramtsprüfung, Staatsprüfung, Magister und vergleichbare Abschlüsse. (Quelle: Statistisches Bundesamt (Destatis), Bildungsstand der Bevölkerung – Ergebnisse des Mikrozensus 2019, Ausgabe 2020)

Deutsche Mathematiker-Vereinigung

EUROPEAN MATHEMATICAL SOCIETY

*Studienfach.*    Das Studium der Mathematik beginnt an fast jeder Universität und vielen Fachhochschulen in Deutschland gleich, nämlich mit Grundvorlesungen in Analysis und in Linearer Algebra. Gleichzeitig oder danach kommen üblicherweise Vorlesungen in Algebra/Zahlentheorie, in Wahrscheinlichkeitsrechnung/Stochastik, oft ein Programmierkurs, dann eine Auswahl aus anderen Teilgebieten wie Geometrie, Topologie, Differentialgleichungen oder Numerik. Spätestens nach dem Bachelor-Abschluss öffnet sich die große Vielfalt an mathematischen Teilgebieten – und auch an Anwendungsgebieten in Richtung Optimierung/Operations Research, Daten/Statistik, Ingenieurwissenschaften, Physik, Biologie und Medizin; und so weiter.

Doch der Weg durch das Mathematikstudium ist offenbar ein steiniger. Egal, wie man „Studienabbruch" und „Mathematikstudium" definiert – ob man also zum Beispiel erst den Master als Studienabschluss wertet, wie es einige Autoren tun, und welche Hochschulen und Hochschularten man ein- oder ausschließt – stets zeigen die Zahlen, dass ein Studium in Mathematik weit überdurchschnittlich oft abgebrochen wird.

Ulrich Heublein und Johanna Richter untersuchen zum Beispiel seit Jahren am Deutschen Zentrum für Hochschul- und Wissenschaftsforschung DZHW Bildungsverlauf und Studienabbruch. Als Studienabbruch gilt hier, wenn eine Person sich für ein Erststudium an einer deutschen Hochschule einschreibt und diese (oder eine andere Hochschule) dann ohne Abschluss endgültig verlässt; ein Fach- oder Hochschulwechsel ist also nach dieser Definition kein Abbruch. Die Berechnung der *Abbruchquoten* für einzelne Fächer erfolgt beim DZHW in einem eigens entwickelten „Kohortenverfahren" (siehe zum Beispiel [230]): Für jeweils ein Jahr wird untersucht, aus welchen Anteilen von Anfängerjahrgängen welcher Fächer sich die Absolventinnen und Absolventen eines Faches zusammensetzen, wobei auch die Größe der Jahrgänge in die Rechnung eingeht. So lässt sich vergleichen, wie viele Absolventinnen es nach Größe der Anfängerjahrgänge geben sollte, und wie viele im Vergleich tatsächlich da sind. (Zu beachten ist, dass hierbei zum Beispiel ein Studienfachwechsel aus einem Ingenieurfach in die Germanistik mit anschließendem Studienabbruch als Abbruch im Ingenieurfach gezählt wird.)

In ihrer Untersuchung zur *Entwicklung der Studienabbruch-quoten in Deutschland* von 2020 (zum Absolventenjahrgang 2018) stellen Ulrich Heublein, Johanna Richter und Robert Schmelzer fest, dass im Schnitt über alle Studienfächer rund 27 % der Bachelor-Studierenden ihr Studium abbrechen [230]. In Mathematik sind es mehr als doppelt so viele: 58 %, also etwa drei von fünf Studierenden. Für das Diplomstudium kamen mehr als zehn Jahre zuvor Günter Törner und Miriam Dieter [499] zu noch drastischeren Zahlen; Miriam Dieter errechnet in ihrer Doktorarbeit für die Diplom-Jahrgänge 2005 bis 2008 eine Erfolgsquote von nur 21,3 % für männliche und 17,4 % für weibliche Studierende [126].

In Abbrecher-Studien werden oft Mathematik und Naturwissenschaften zu einer Fächergruppe zusammengefasst, trotz aller Unterschiede. Für den Bachelor (ohne Lehramt) errechnet das DZHW in dieser Fächergruppe eine Abbruchquote von 43 % – die höchste Quote aller Fächergruppen. Das Statistische Bundesamt kommt zu ähnlichen Ergebnissen, obwohl man anders rechnet: Hier werden Absolventinnen und Absolventen per Matrikelnummer einem Bildungsverlauf zugeordnet und entstehende Datenfehler statistisch korrigiert, um so Erfolgsquoten zu berechnen ([473], hier auch eine Diskussion der Verfahren). Als Studienabschluss gilt beim Statistischen Bundesamt im Wesentlichen der Bachelor, jedenfalls kein Master oder Lehramtsabschluss. Für den Abschlussjahrgang 2019 ergeben sich so für Mathematik und Naturwissenschaften Erfolgsquoten von zwischen 63,8 und 69,7 %, je nach Anfängerjahrgang. (Das sind die niedrigsten Quoten aller Fächergruppen. Über alle Fächer hinweg kommt das Statistische Bundesamt auf Erfolgsquoten von zwischen 76,7 und 80,3 %.)

Die Gründe, ein Studium abzubrechen, sind vielfältig und weder im Allgemeinen noch für Mathematik im Speziellen genau bekannt; man muss sich einen Studienabbruch „als einen längeren, kumulativen biographischen Entscheidungs-, Orientierungs- und Suchprozess" vorstellen [231]. Dass andere Fächer niedrigere Abbruchquoten haben, ist zum Teil wohl systematisch begründet: In Fächern wie Medizin wird zum

Beispiel durch den *Test für Medizinische Studiengänge* die Abbruchquote auf wenige Prozent gesenkt. Zum Teil liegt die hohe Abbruchquote in Mathematik aber wohl auch daran, dass Mathematik eben ein schwieriges Studienfach ist. Defizite in Schulmathematik erhöhen in jedem Studienfach das Risiko für einen Studienabbruch [231] – um so mehr in Mathematik selbst. Vielleicht liegt es aber auch daran, dass Mathematik als akademisches Forschungsfach so überraschend anders ist als das gleichnamige Schulfach.

## PARTITUREN

◇ Herbert Robbins und Richard Courant, *What is Mathematics*, Oxford University Press (1941), deutsch: *Was ist Mathematik?* Springer (2010)

Der Klassiker

◇ Piergiorgio Odifreddi, *The Mathematical Century: The 30 Greatest Problems of the Last 100 Years*, Princeton University Press (2006)

Eine schöne Überblicksdarstellung aktuellerer Mathematik

◇ Hans Wußing, *6000 Jahre Mathematik. Band 1: Von den Anfängen bis Leibniz und Newton* und *Band 2: Von Euler bis zur Gegenwart*, Springer Spektrum (2008/2009)

Eine beeindruckende, lesenswerte (monumentale) Gesamtdarstellung der Geschichte der Mathematik

◇ Thomas Sonar, *3000 Jahre Analysis. Geschichte – Kulturen – Menschen*, 2. Auflage, Springer Spektrum (2016)

Heinz-Wilhelm Alten, Alireza Djafari Naini, Menso Folkerts, Hartmut Schlosser, Karl-Heinz Schlote, Hans Wußing, *4000 Jahre Algebra. Geschichte – Kulturen – Menschen*, 2. Auflage, Springer Spektrum (2014)

Christoph J. Scriba, Peter Schreiber, *5000 Jahre Geometrie. Geschichte, Kulturen, Menschen*, Springer (2010)

Die Tausende-Jahre-Reihe von Springer unter dem Serientitel „Vom Zählstein zum Computer" ergibt eine breit angelegte Darstellung der Geschichte großer Bereiche der Mathematik.

◇ Hans Niels Jahnke (Hrsg.), *Geschichte der Analysis*, Spektrum Akademischer Verlag (1999)

Spezieller und tiefer als *3000 Jahre Analysis*, von mehreren Autoren

◇ Keith Devlin, *The Math Gene: How Mathematical Thinking Evolved and Why Numbers Are Like Gossip*, Basic Books (2000)

Lockere Lektüre

◇ Armand Borel, *Twenty-Five Years with Nicolas Bourbaki, 1949–1973*, Notices of the American Mathematical Society 45 (1998), 373–380

Zeitzeugenbericht eines Bourbakisten

◇ Maurice Mashaal, *Bourbaki: A Secret Society of Mathematicians*, American Mathematical Society (2006)

Die spannende Geschichte des Nicolas Bourbaki

◇ James R. Newman, *The World of Mathematics*, vier Bände, George Allen and Unwin Ltd., London (1956)

Eine hervorragende Zusammenfassung einer Vielzahl interessanter Aufsätze rund um die Mathematik als Forschungsgebiet: eine klassische Sammlung aus dem Jahr 1956.

## ETÜDEN

◇ *Wikipedia* spricht am Anfang des Eintrags zu „Mathematik" von Zahlen und Figuren – und zitiert damit (vielleicht unbewusst) ein berühmtes Gedicht von Novalis. Finden Sie das Novalis-Gedicht. Welches Bild der Mathematik vermittelt es? Sammeln Sie weitere Gedichte mit Mathematik-Bezug. Welche Bereiche und Aspekte von Mathematik finden sich in Gedichten, eignen sich offenbar für lyrische Übungen? Beschäftigen Sie sich mit den Mathematik-Gedichten von Hans Magnus Enzensberger und denen in der Sammlung *Lob des Fünfecks* [448] von Alfred Schreiber.

◇ In der Version vom Januar 2022 des „Mathematik"-Eintrags von Wikipedia heißt es, Mathematik sei eine „Formalwissenschaft". Was soll das heißen? Stimmt das, ist das überzeugend?

◇ Vergleichen Sie die *Wikipedia*-Beiträge über „Mathematik" in verschiedenen Sprachen mit klassischen Lexikon-Einträgen, etwa aus dem *Brockhaus, Meyers Konversations-Lexikon* oder der *Encyclopedia Britannica* aus unterschiedlichen Jahrzehnten.
Wo liegen die Schwerpunkte? Welche Aspekte der Mathematik werden besonders betont? Welche fehlen? Ist zu beobachten, dass sich die Mathematik im Laufe des 20. Jahrhunderts „in Form und Inhalt" stark verändert hat?

◇ In diesem und den folgenden Kapiteln finden Sie Äußerungen mehrerer Mathematikerinnen und Mathematikern über die Mathematik als Wissenschaft. Welches Bild zeichnen sie von der Mathematik? Finden Sie Widersprüche und Übereinstimmungen. Hier einige Beispiele:

- Maryam Mirzakhani: „Die Schönheit der Mathematik offenbart sich nur den geduldigeren Anhängern."
- Terence Tao: „[I]ch mag Mathematik einfach, weil sie Spaß macht."
- Carl Friedrich Gauß: „Der Geschmack an den abstrakten Wissenschaften im allgemeinen und im besonderen an den Geheimnissen der Zahlen ist äußerst selten, darüber braucht man sich nicht zu wundern: Die reizenden Zauber dieser erhabenen Wissenschaft enthüllen sich in ihrer ganzen Schönheit nur denen, die den Mut haben, sie gründlich zu untersuchen."
- Bertrand Russell: „Sämtliche Mathematik ist symbolische Logik."
- Sofia Kowalewskaja: „In Wirklichkeit ist die Mathematik eine Wissenschaft, die die größte Phantasie verlangt."
- Hermann Weyl: „Will man zum Schluß ein kurzes Schlagwort, welches den lebendigen Mittelpunkt der Mathematik trifft, so darf man wohl sagen: sie ist die Wissenschaft vom Unendlichen."
- G. H. Hardy: „Ein Mathematiker stellt, wie ein Maler oder Dichter, Muster her. Falls seine Muster länger halten als ihre, dann liegt das daran, dass sie aus Ideen gemacht sind. Die Muster der Mathematiker müssen, wie die der Maler und Dichter auch, schön sein; die Ideen, wie die Farben oder die Wörter, müssen in Harmonie zusammenpassen. Schönheit ist der erste Test: es gibt keinen dauerhaften Raum auf der Welt für hässliche Mathematik."
  István Lénárt: „Ich hasse das Zitat. Mathematik ist eine menschliche Schöpfung, warm und freundlich, fehlerhaft und reparierbar, ganz wie die Kunst."

◇ In unserer Kurzfassung der Mathematikgeschichte kamen Indien und China nicht vor. Welchen Beitrag haben Mathematiker aus diesen Regionen zur Mathematik in ihrer Frühgeschichte und im weiteren Verlauf geleistet?

◇ In diesem Kapitel war von der Entdeckung der Leibniz-Reihe

$$1 - \frac{1}{3} + \frac{1}{5} - \frac{1}{7} \pm \cdots = \frac{\pi}{4}$$

die Rede. Wo und wie hat Leibniz sie publiziert? Wie hat er sie bewiesen? Hat er dafür das „Leibniz-Kriterium" verwendet? Die Reihe taucht in der Literatur auch als Gregory-Reihe auf, warum? Wer hat die Reihe als Erster gefunden und publiziert?

◇ Recherchieren Sie folgende Arbeiten (im Internet bzw. einer Bibliothek Ihrer Wahl):

  ○ Euklids *Elemente* (in einer Ausgabe Ihrer Wahl),
  ○ einen von Gauß' Beweisen des quadratischen Reziprozitätsgesetzes,
  ○ Eulers Arbeiten über befreundete Zahlen,
  ○ die erste Formulierung der Riemann-Vermutung,
  ○ Hardys Vorlesungen über Ramanujan,
  ○ Turings Aufarbeitung von Gödels Unvollständigkeitssatz,
  ○ Claude E. Shannon: *A Mathematical Theory of Communication*,
  ○ Jack Edmonds: *Paths, Trees and Flowers*,
  ○ Andrew J. Wiles: *Modular elliptic curves and Fermat's Last Theorem*,
  ○ Grigorij Perelmans Arbeiten zur Poincaré-Vermutung,
  ○ den Beweis der Kepler-Vermutung durch Tom Hales et al.

Wie lautet die korrekte und vollständige Literaturangabe für jede dieser Arbeiten? Warum gilt die jeweilige Arbeit als interessant? In welchem Kontext ist sie entstanden?

◇ Diskutieren Sie den Serientitel „Vom Zählstein zum Computer" für die Springer Spektrum-Bände zur Mathematikgeschichte: Welche Bereiche der Mathematikgeschichte fangen mit Zählsteinen an? Welche Rolle(n) spielen in den Bereichen die Computer?

◇ In seinem Aufsatz „Mathematik und/oder Mathe (in der Schule) – ein Vorschlag zur Unterscheidung" [297] schlägt

Anselm Lambert vor, die Mathematik mit Blick auf die Ziel-
gruppen aufzuteilen: Die Mathematik, die in der Schule
präsentiert wird, sei etwas anderes, als das Studienfach
(wobei er auch davon ausgeht, das Studienfach richte sich
hauptsächlich an zukünftige Mathematiker/innen). Wie beurteilen Sie das? Welches Bild der Mathematik, und welchen
Ausschnitt aus der Welt der Mathematik, können Schul-
Lehrpläne auswählen/darstellen?

◇ Nehmen Sie sich den von Tim Gowers herausgegebenen
*Princeton Companion to Mathematics* [192] aus dem Jahr 2008
vor. Vergleichen Sie die dort behandelten Themen mit der
Klassifizierung MSC 2010, MSC 2020 oder der von arXiv.org.
Welches Bild von Mathematik wird in diesem Werk vermittelt, welche Bereiche der Mathematik werden besonders
stark betont?

◇ Nehmen Sie sich den von Nicholas J. Higham herausgegebenen *Princeton Companion to Applied Mathematics* [234] aus
dem Jahr 2015 vor. Welche Themen stehen hier im Mittelpunkt und nehmen viel Platz ein? Welches Bild von Angewandter Mathematik wird hier vermittelt? Wie passen die
beiden *Princeton Companion*-Bände zusammen?

◇ Wie wird die Mathematik in Gebiete/Sektionen eingeteilt
auf
  ○ den Jahrestagungen der Deutschen Mathematiker-Vereini-
    gung 2020 in Chemnitz und 2021 in Passau,
  ○ dem *8th European Congress of Mathematics* 2021 in Potorož,
    Slowenien (www.8ecm.si) und
  ○ dem *International Congress of Mathematics* ICM2022 in
    St. Petersburg, Russland (icm2022.org).
Aus welchen Gebieten stammen jeweils die Hauptvorträge?
Wie viel „reine Mathematik" können Sie erkennen, wie viel
wird über Anwendungen vorgetragen?

◇ Wladimir I. Arnold hat mit 19 Jahren Hilberts 13. Problem
zum Teil gelöst. Etwa hundert Jahre nach Hilberts berühmter
Problemliste rief er Kollegen auf, für das 21. Jahrhundert

eine neue Problemliste zu verfassen. Der Fields-Medaillist
Stephen Smale antwortete auf diesen Vorschlag im Jahr 1998
mit einer Liste „einfach formulierbarer" Probleme „für das
nächste Jahrhundert" [468]. Auch wenn Smales Liste bei
Weitem nicht so einflussreich wurde wie Hilberts, ist sie
doch interessant. Welche Probleme von Smale kommen
schon bei Hilbert vor? Welche sind neu? Von wann sind sie?
Worum geht es?

◇ In der unter genealogy.math.ndsu.nodak.edu auffindbaren
Datenbank wird ein gigantischer „Stammbaum der Mathematik" präsentiert, der inzwischen weit über 250 000 promovierte Mathematikerinnen und Mathematiker mit ihren
Doktormüttern bzw. -vätern aufführt. Erkunden Sie den
Stammbaum! Beschäftigen Sie sich auch mit den Statistiken dazu: wie bildet sich das „exponenzielle Wachstum" in
der Mathematik des zwanzigsten Jahrhunderts ab? Suchen
Sie nach Mathematikerinnen und Mathematikern, die Sie
kennen!
Studieren Sie auch die Graphik auf der Startseite des Projekts, und zwar sehr kritisch. Wie sah damals „Promotions-
betreuung" aus? In welchem Sinne hat, zum Beispiel, Gauß
bei Gudermann promoviert, oder was ist zu der Linie
Euler—Lagrange—Fourier zu sagen?

◇ Haben die berühmtesten Mathematikerinnen und Mathematiker auch interessante Biographien oder sind sie wegen ihrer außergewöhnlichen Lebensgeschichte berühmt? Sammeln
Sie Beispiele! Einen Ausgangspunkt könnten die Namen
bilden, die in diesem Kapitel genannt wurden.

# Mathematische Forschung

*Wie funktioniert mathematische Forschung? Dieses Kapitel skizziert den Prozess von der Wahl der Fragestellungen und Probleme über die Problemlösung und das Aufschreiben bis zur Publikation.*

© Der/die Autor(en) 2022
A. Loos et al., *Panorama der Mathematik*,
https://doi.org/10.1007/978-3-662-54873-8_2

## THEMA: MATHEMATISCHE FORSCHUNG

Im Zentrum von modernen mathematischen Forschungsarbeiten stehen Beweise (siehe Kapitel „Beweise", S. 69 ff.). Zum Beispiel kann man beweisen, dass es unendlich viele Primzahlen gibt. Aber welche Aussagen will die Forschungsmathematik eigentlich beweisen? Wie werden die Probleme gefunden oder ausgewählt, an denen dann gearbeitet wird? Und wie geht es weiter, sobald die Frage feststeht?

### Themen, Fragen und Probleme

Interessante mathematische Forschungsthemen sind nicht beliebig, sie fallen auch nicht vom Himmel, sondern haben üblicherweise einen Kontext, aus dem heraus man die Frage „Warum ist das interessant?" klar beantworten kann.

Oft lässt sich die Herkunft von Problemen klar benennen: Manche entstehen durch Variation oder Erweiterung bekannter Resultate. Zum Beispiel ist es wohl bei Fermats letztem Satz so gewesen: Die Gleichung $x^2 + y^2 = z^2$ hat unendliche viele Lösungen für ganzzahlige $x$, $y$ und $z$, was seit der Antike bekannt war. Pierre de Fermat hat dieses klassische Resultat studiert, probehalber den Exponenten 2 erhöht und die gleiche Frage gestellt – eine klassische Variation eines bekannten Satzes. Auch Autorinnen und Autoren eines Forschungsaufsatzes machen das oft und formulieren Vermutungen („Conjectures") oder benennen die nächsten möglichen Schritte (oft in einem Abschnitt „Further Problems" am Ende ihrer Arbeiten).

Fundamentale Probleme ergeben sich oft auch aus der Entwicklung von mathematischen Theorien, wenn man Strukturen besser verstehen und systematisch Fragen über sie beantworten will. Üblicherweise ist dabei das Ziel, mit Hilfe der Theorie fundamentale Probleme der mathematischen Teildisziplin und lange offene Vermutungen zu lösen. Das war zum Beispiel bei der Poincaré-Vermutung so, die wir als *Millennium-Problem* schon aus dem ersten Kapitel, „Was ist Mathematik?", kennen. (Letztlich wurde sie von Grigori Perelman in einem viel umfassenderen Rahmen gelöst, als Spezialfall des von William Thurston postulierten *Geometrisierungssatzes* für 3-dimensionale Mannigfaltigkeiten.)

Andere Fragen kommen aus Anwendungen (siehe Kapitel „Anwendungen", S. 335 ff.), am Endpunkt einer „Modellbildung" für reale oder zumindest realistische Situationen – wobei zu den Strukturfragen die Berechenbarkeitsfragen kommen: Was lässt sich schnell, genau, verlässlich berechnen (siehe Kapitel „Algorithmen und Komplexität", S. 395 ff.)? Zum Beispiel sind die Navier-Stokes-Gleichungen durch Übersetzung physikalischer Beobachtungen in ein Differenzialgleichungssystem entstanden. Das zentrale offene Problem ist es, die Existenz, die Eindeutigkeit und die Eigenschaften von Lösungen dieser Gleichungen zu verstehen. Natürlich fragt man sich auch, wie effektiv und wie verlässlich sich Lösungen durch numerische Verfahren näherungsweise ausrechnen lassen.

Es ist ein wesentlicher Teil der Forschung, gute Fragen zu finden, also die zentralen und relevanten Fragen eines Fachgebiets herauszuarbeiten und klar zu formulieren. Als wichtig und schwierig erkannt, stellen sie dann Herausforderungen dar, die zum Wissen des Faches gehören und zu Lösungsversuchen einladen. Dazu gehören auch die „berühmten alten Probleme", etwa Hilberts Liste (siehe Kapitel „Was ist Mathematik?", S. 3 ff.). Besonders reizvoll sind aber auch Fragen, die einfach zu formulieren sind, aber offenbar keine einfache Lösung haben – und Probleme, von denen man weiß, dass an ihnen schon einige Anläufe gescheitert sind. (Gescheiterte Anläufe werden üblicherweise nicht publiziert und oft auch nicht bekannt gemacht, Teillösungen und Ansätze manchmal schon.)

Wer eine ernsthafte Forschungsanstrengung vor sich hat, muss die Probleme, die er/sie sich vornimmt, auch taxieren: Erscheint das machbar? Ist das zentral? Ist das bekannt? Haben schon viele daran gearbeitet? Ist es realistisch, dass ich das in den Griff bekomme? Kenne und beherrsche ich die (vermutlich) nötige Theorie dafür? Habe ich einen Ansatz? Könnte der neu sein oder wurde er wohl schon vielfältig ausprobiert?

Dabei ist Realismus gefragt: Gerade bei den schon lange studierten, berühmten Problemen ist klar, dass es keine einfachen, elementaren Lösungen geben kann – auch wenn die Problemstellung leicht zu formulieren ist (wie zum Beispiel die Goldbach-Vermutung: Jede gerade Zahl $N \geq 4$ ist eine Summe von zwei Primzahlen; siehe Kapitel „Primzahlen", S. 155 ff.). Oft weiß man aus langjähriger Forschung, dass und warum elementare Problemlösungen nicht funktionieren können. Bei der $\mathcal{P} \neq \mathcal{NP}$-Vermutung, einem weiteren der Clay-Millenniumsprobleme, gibt es sogar eine ganze Reihe von nicht unbedingt naheliegenden, aber sehr plausiblen Lösungsstrategien, von denen inzwischen aber *bewiesen* ist, dass sie nicht funktionieren können.

## Der Stand der Dinge

Um eine Forschungsfrage zu formulieren und auch mögliche Strategien zu ihrer Lösung zu entwickeln, stellt sich die Frage, was andere sich zu dem Thema schon überlegt haben; der Stand der Dinge will recherchiert werden. Das klassische Wissen über Probleme, Ergebnisse und Theoriegebäude der Mathematik ist in Büchern (Monographien, Lehrbüchern, Enzyklopädien, Konferenzbänden, gesammelten Werken etc.) dargestellt und in Bibliotheken zugreifbar. Neuere Resultate sind primär in Fachzeitschriften dokumentiert. Zur Recherche stehen wiederum zwei große Referateorgane zur Verfügung, die Kurzzusammenfassungen und bibliographische Einordnungen bieten:

◇ Das *Zentralblatt für Mathematik und ihre Grenzgebiete*, das seit 1931 alle relevanten mathematischen Beiträge (Aufsätze, Bücher etc.) mit ihren bibliographischen Daten (welche Arbeiten werden zitiert? Welche Arbeiten wiederum zitieren diese?) aufführt und mitunter auch Kurzreferate des Inhalts anbietet. Seit 1996 stehen die Inhalte des Zentralblatts auch als Datenbank *zbMATH* unter zbmath.org im Internet zur Verfügung –

insgesamt über 4,3 Millionen Literaturverweise, die inzwischen auch das *Jahrbuch über die Fortschritte der Mathematik* (1868–1942) beinhalten und damit die gesamte mathematische Literatur bis weit zurück ins 19. Jahrhundert umfassen.

◇ Die *Mathematical Reviews* werden seit 1940 in den USA herausgegeben und leisten Ähnliches wie das Zentralblatt. Sie sind als Datenbank *MathSciNet* unter mathscinet.ams.org zu erreichen.

In beiden Datenbanken sind die meisten Beiträge sehr bald nach Veröffentlichung aufgeführt. Noch nicht veröffentlichte – und auch noch nicht auf Korrektheit und Relevanz begutachtete – Ergebnisse finden sich häufig in der Datenbank arXiv unter arXiv.org. Alle dort hochgeladenen Aufsätze sind weltweit kostenfrei und ohne Zugangsschranken verfügbar. Man kann sich auch dafür anmelden, täglich per E-Mail eine Übersicht über die neuen arXiv-Einreichungen in ausgewählten Fachgebieten zu erhalten – und so versuchen, über die neuesten Beiträge auf dem Laufenden zu bleiben.

Unter Verwendung dieser Quellen, kombiniert mit Suche im Internet und evtl. Korrespondenz mit Fachleuten, kann man den „Stand der Dinge" zu konkreten Forschungsfragen recherchieren und damit die Gefahr verringern, dass man Zeit und Energie für Ergebnisse aufwendet, die sich dann nachträglich als „nicht neu" herausstellen. Innovativität und Originalität sind nämlich zwei zentrale Qualitätsmerkmale mathematischer Forschungsarbeiten.

## Probleme lösen

Mathematik ist schwierig – und für das Lösen mathematischer Probleme gibt es kein Patentrezept. Es gibt aber Techniken, die man ausprobieren, üben und perfektionieren kann. Dazu gehören das Ausarbeiten von Beispielen, das Studium von Spezialfällen, das Verallgemeinern, das Austesten von Bedingungen, das Entwickeln von Analogien usw. – diese können und sollen hier nicht entwickelt werden. Wir verweisen dazu auf drei Bücher: den Klassiker *How to Solve It* von George Pólya [393], die *Problem Solving Strategies* von Arthur Engel (aus den Vorbereitungsmaterialien der deutschen Mannschaft zur Internationalen Mathematik-Olympiade entstanden) [144], sowie *Solving Mathematical Problems* von Terence Tao [492]. Die Psychologie des mathematischen Entdeckens hat der bedeutende Mathematiker Henri Poincaré zu Beginn des 20. Jahrhunderts erkundet und ausführlich dargestellt [387].

Zu den klassischen Hilfsmitteln des mathematischen Arbeitens – Papier und Bleistift, Kreide und Tafel, Hinzuziehen von Büchern, Formelsammlungen etc. – sind schrittweise mächtige Computer-Hilfsmittel gekommen, darunter Computeralgebra-Pakete wie *Maple*, *Mathematica* und *SageMath*, in denen umfangreiches mathematisches Wissen und Rechenverfahren enthalten sind. Mit solcher Software lassen sich Formeln präzise manipulieren und numerische Rechnungen durchführen. Das löst üblicherweise keine schwierigen mathematischen Probleme, kann aber bei der Problemlösung und für „Experimente" hilfreich sein. Die systematische Verwendung von Computerrechnungen im Forschungsprozess wird als „Experimentelle Mathematik" bezeichnet, etwa von Borwein und Devlin [56].

Während Mathematik früher überwiegend von Einzelnen entwickelt wurde, manchmal im Briefkontakt mit Kolleginnen und Kollegen, wird mit modernen Kommunikationsmedien (von E-Mail bis Facetime, Skype, Webex und Zoom) die Zusammenarbeit in kleinen und größeren Gruppen immer häufiger. Mit *Mathoverflow* steht unter mathoverflow.net seit 2009 eine breit angelegte und intensiv genutzte, mathematische Diskussionsplattform zur Verfügung, auf der vielfältige Forschungsfragen aus allen Bereichen der Mathematik gestellt und Ideen ausgetauscht werden.

Eine recht neue Entwicklung ist die „massive" Zusammenarbeit von Mathematikerinnen und Mathematikern auf einer Wiki-Plattform im Internet, wobei Hunderte gleichzeitig mitarbeiten und mitdiskutieren können: Diese Möglichkeit wurde durch den Fields-Medaillisten Tim Gowers 2009 in einem Blogeintrag „Is massively collaborative mathematics possible?" [191] unter dem Namen „Polymath-Projekt" vorgeschlagen und kurz darauf erstmals (erfolgreich) umgesetzt. Darauffolgende, weitere Polymath-Projekte waren weniger erfolgreich: Das Konzept ist sicher noch nicht hinreichend ausgetestet, also auch noch nicht ganz ausgereift – aber auch noch lange nicht ausgereizt.

*Aufschreiben*

Mathematische Forschung wird heutzutage ganz überwiegend auf Englisch aufgeschrieben und publiziert. Dabei steht nicht die Eleganz von geschliffenen Formulierungen im Vordergrund (in Geistes- und Literaturwissenschaften ist das teilweise anders), Klarheit und Präzision aber schon. („The international language of science is broken English" behauptet der griechische Informatiker Christos Papadimitriou, der an der UC Berkeley forscht und lehrt.) Mathematik lässt sich auf Englisch schön und klar auch mit einem beschränkten Vokabular und einfachem Satzbau darstellen.

Dabei hat sich bei Fachaufsätzen eine Standard-Gliederung eingebürgert, in der die Ergebnisse nicht in der Reihenfolge der Entdeckung, sondern möglichst klar und geradlinig präsentiert werden: Nach Titel und kurzer Zusammenfassung („Abstract") kommt zunächst eine Einleitung, die auch die Hauptergebnisse aufführt. Nach einem möglichen Abschnitt über Grundlagen und Notation folgt dann der Hauptteil, in dem die Themen des Aufsatzes möglichst linear (also ohne Vorwärtsverweise) in Definitionen, Hilfssätzen („Lemmata"), Sätzen („Theoremen"), und Schlussfolgerungen („Korollaren") entwickelt werden, jeder einzelne Baustein jeweils gleich gefolgt von einem Beweis. Fußnoten für Literaturangaben sind unüblich, stattdessen wird auf ein Literaturverzeichnis am Ende verwiesen.

Als Textsatzsystem hat sich quer durch die Mathematik LATEX zum Standard entwickelt: ein System, das in der Grundversion TEX ursprünglich von dem Informatiker (und Mathematiker) Donald E. Knuth geschrieben und heutzutage in der von Leslie Lamport initiierten Ausgestaltung LATEX mit vielen vorbereiteten Textformaten und zusätzlichen Hilfspaketen relativ einfach professionellen mathematischen Text- und Formelsatz erlaubt. Heutzutage werden fast alle Aufsätze, aber auch fast alle Bücher (auch dieses) in LATEX gesetzt. Vielfach erledigen das die Autorinnen und Autoren selbst, so dass die Texte vom Verlag nur noch (wenn überhaupt) leicht redigiert, endgültig formatiert und für die digitale Publikation vorbereitet werden.

## Publizieren

Neue Forschungsergebnisse werden traditionell in Seminaren, Kolloquien und auf Konferenzen präsentiert und diskutiert. Seit den 1990er Jahren gibt es für die Diskussion aber ein Forum mit viel größerer Reichweite: Sobald die Ergebnisse aufgeschrieben sind, kann man sie als noch nicht begutachtete „Preprints" im Internet zur Diskussion zu stellen. (Der Name kommt tatsächlich daher, dass es sich um Arbeiten handelt, die noch nicht gedruckt sind, d. h. noch nicht von einer Zeitschrift angenommen wurden.) In der Mathematik ist es üblich geworden, Preprints nicht nur auf der eigenen Homepage, sondern auch im arXiv zu präsentieren, weil sie auf diesem Wege schnell und weltweit große Beachtung finden können.

Als „publiziert" gilt ein Aufsatz aber erst, wenn er zur Publikation in einer Zeitschrift (seltener auch in einem Konferenzband) eingereicht, dort begutachtet und schließlich zur Publikation angenommen und veröffentlicht worden ist. Allein für die fünf für die Mathematik wichtigsten Verlage, SpringerNature, Elsevier, De Gruyter, Taylor & Francis sowie Wiley weist das *Zentralblatt* insgesamt fast 1200 mathematische Fachzeitschriften aus. Die deutsche Nationalbibliothek listet unter dem Stichwort „Mathematik" fast 6000, die British Library fast 3500 Zeitschriften auf. Darunter finden sich allgemeine Mathematikzeitschriften wie *Crelles Journal*, die *Mathematischen Annalen* oder die *Inventiones mathematicae*, aber auch Fachjournale für einzelne Disziplinen wie das *Journal of Number Theory*, das *Journal of Algebra* oder *Discrete & Computational Geometry*. Die Einreichungen werden von den Herausgeberinnen oder Herausgebern an Fachleute weitergeleitet, die üblicherweise die Arbeit anonym beurteilen (also ohne dass die Autoren die Namen dieser Gutachter erfahren), Verbesserungsvorschläge machen, Korrekturen fordern und schließlich (eventuell nach einer oder mehreren Korrektur- und Überarbeitungsrunden) empfehlen, den Aufsatz zu publizieren oder abzulehnen; die Entscheidung zur Publikation treffen schließlich die Herausgeber. In selteneren Fällen werden umfangreiche neue Forschungsergebnisse gleich als Buch („Forschungsmonographie") publiziert.

Oft vergehen dann Jahrzehnte, bis die einzelnen neuen Forschungsergebnisse aus Zeitschriftenaufsätzen gesichtet und in Lehrbüchern zusammengefasst präsentiert werden. Mathematisches Wissen wird also erst in weiteren Schritten eingeordnet, in einen breiteren Kontext gesetzt, und dann in Büchern publiziert: Bücher dienen also der Übersicht wie auch der Lehre. Daher ist „neuestes Wissen" üblicherweise nicht in Lehrbüchern zugreifbar – den aktuellen Stand zu konkreten Fragen findet man viel eher in Zeitschriften, mit Hilfe von *Zentralblatt* oder *MathSciNet*, im arXiv, oder auch auf der Frage- und Diskussionsplattform mathoverflow.net.

## VARIATIONEN: MATHEMATISCHE FORSCHUNG

### Themen, Fragen und Probleme

„Der Anfang aller Philosophie ist Staunen", lässt Platon seinen Lehrer Sokrates sagen [381, Theaitetos §155d]. Die Philosophie schloss zu Platons Zeiten auch die Mathematik ein. Bis heute gilt, dass gute Mathematik stets mit guten Fragen beginnt. Mathematikerinnen und Mathematiker sind eben Leute, die gerne über ihre Probleme reden.

Zum Beispiel beim Abendessen, wie etwa in Calgary, Kanada, zur Jahreswende 1970/71. Getroffen haben sich ein paar Freunde, vor allem Mathematiker, die an der Universität Calgary forschen oder zu Gast sind, und deren Gattinnen. Gastgeber ist der aus Österreich stammende Kombinatoriker Norbert W. Sauer; unter den Gästen sind der berühmte Paul Erdős, der auch seine 90-jährige Mutter Anna mitgebracht hat (sie begleitet ihn auf all seinen Reisen, seit sie 84 ist), Eric C. Milner und der Ungar András Hajnal, der durch den Beweis einer Vermutung von Erdős bekannt geworden ist: Zusammen mit seinem Landsmann Endre Szemerédi hat er bewiesen, dass jeder Graph mit Maximalgrad $\leqslant r$ eine balancierte $(r+1)$-Färbung besitzt, wie auf der folgenden Seite illustriert wird.

Die Unterhaltung nach dem Essen lässt sich gut an. Es geht natürlich viel um Graphentheorie, ein Leib- und Magenthema der Mathematiker in der Runde. Doch dann greift Müdigkeit um sich. Da versucht Norbert Sauer, die Gespräche wieder anzuregen. „Mir fiel dann eben diese Vermutung ein", erinnert er sich in einer Email, „Hat jeder einfache 4-reguläre Graph stets einen 3-regulären Teilgraphen?"

Die Mathematiker sind elektrisiert. Warum? Eine Kernaufgabe der Graphentheorie, ein Teilgebiet der Kombinatorik, besteht darin, die unendlich vielen möglichen Graphen zu sortieren, zu strukturieren, zu ordnen. Dazu muss man Klassen von Graphen bilden und sie voneinander abgrenzen. Was aber unterscheidet einen 4-regulären Graphen, also einen Graphen, in dem von jedem Knoten genau vier Kanten ausgehen, von einem 3-regulären Graphen? Kann man Graphen irgendwie hierarchisch gliedern? Enthält vielleicht jeder 4-reguläre Graph einen 3-regulären Teilgraphen?

Paul Erdős (1913–1996) wurde in Budapest (damals in Österreich-Ungarn) geboren. Seine Eltern waren beide Mathematiklehrer. Er hat schon als Kind eigenständig die Schulbücher für Mathematik seiner Eltern gelesen, begann mit 17 Jahren das Studium an der Universität in Budapest und wurde nur vier Jahre später mit 21 Jahren promoviert. Als nächstes ging er in die USA wegen des wachsenden Antisemitismus in Ungarn und kam erst 1948 wieder zu Besuch.

Danach hielt es ihn nie lange an einem Ort. Er hatte zwar mehrere Stellen, aber er war immer unterwegs, übernachtete bei Kollegen und lebte aus seinem Koffer. Auf diese Art hat er mit unheimlich vielen Menschen zusammengearbeitet, über 1500 Arbeiten in seiner Karriere geschrieben und unzählige kleinere und größere Vermutungen aufgestellt. Für manche seiner Vermutungen hat er Preisgelder ausgelobt, je nach Schwierigkeit des Problems von 25 bis 10 000 Dollar. Einige sind auch heute noch offen.

Der Dokumentarfilm „N is a Number" von George Paul Csicsery ist eine schöne Möglichkeit, Erdős persönlich kennenzulernen.

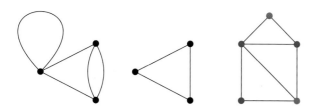

Ein einfacher Graph besitzt keine doppelten Kanten und Schleifen; oben links ein nichteinfacher, oben rechts ein einfacher Graph. Der rechte Graph ist 2-regulär, d. h. von jedem Knoten gehen genau zwei Kanten aus. Unten: Ein gefärbter Graph; sein Maximalgrad ist 4, weil höchstens vier Kanten von einem Knoten ausgehen. In der Färbung sind nur unterschiedlich eingefärbte Knoten mit einer Kante verbunden. Die Färbung ist obendrein balanciert: Die Größen der Farbklassen unterscheiden sich höchstens um 1.

„Ich war überzeugt, dass wir die Frage in Kürze lösen würden und war zunächst ein wenig besorgt, dass das Problem zu einfach sein könnte", schreibt Sauer weiter. Doch es stellt sich als verzwickter heraus als gedacht. „Wir schieden dann mit der Übereinstimmung, dass dies ein wahrscheinlich ernsthaftes Problem sein könnte", so Sauer. Aber Norbert Sauer und seine Freunde kamen erstmal nicht weiter. Zudem stellte sich Jahre später heraus, dass sich unabhängig von der Runde in Calgary schon früher der Franzose Claude Berge damit befasst hatte – und ebenfalls gescheitert war. Die Berge-Sauer-Vermutung erwies sich also als ziemlich knifflig.

Erst Anfang der 1980er Jahre wurde das Problem von einem jungen Russen geknackt: Vladimir Aleksandrovich Tashkinov kündigte 1982 einen Beweis in der russischen Zeitschrift *Soviet Mathematics Doklady* an, 1984 veröffentlichte er ihn auf Russisch in der Zeitschrift *Mat. Zametki*; noch im selben Jahr erscheint er auch in englischer Übersetzung [494]. Ein Jahr später erschien

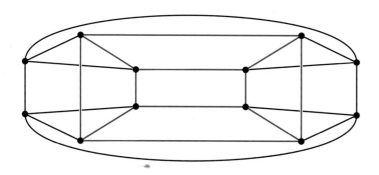

Ein 4-regulärer Graph: Von jedem Knoten gehen genau vier Kanten aus. Rot ist ein 3-regulärer Teilgraph eingezeichnet.

ein zweiter Beweis in einem wenig bekannten chinesischen Journal aus der Feder von Limin Zhang [547].

Es entstehen natürlicherweise immer wieder neue Probleme, wenn man mathematisch arbeitet: Fragen und Staunen sind der Anfang aller Mathematik. Man könnte sagen, in der „Wissenschaft vom Unendlichen" (siehe Kapitel „Unendlichkeit", S. 213 ff.) ergeben sich unendlich viele Möglichkeiten, neue Fragen zu stellen – und die werden genutzt!

Grob kann man die Forschungsfragen der Mathematik in drei Klassen einteilen:

1. Einzelne Fragen, wie sie durch Verallgemeinerung oder Weiterdenken beantworteter mathematischer Fragen entstehen;
2. Strukturprobleme, die sich beim Aufbau von Theorien ergeben und wichtig dafür sein können, die Welt der Mathematik zu gliedern und zu strukturieren; sowie
3. Fragestellungen, die sich in anderen Gebieten ergeben und „von außen" an die Mathematik herangetragen werden.

Ein Beispiel für den ersten Typ von Fragen war die Berge-Sauer-Vermutung. Aber auch die Fermat'sche Vermutung gehört in die erste Klasse: Pierre de Fermat, im Hauptberuf Jurist, beschäftigte sich mit einer griechischen Ausgabe der *Arithmetik* des Diophant, in der die Lösbarkeit von (Polynom-) Gleichungen in natürlichen Zahlen mit vielen Beispielen/ Aufgaben diskutiert und vorgeführt wird. Dabei ist die Theorie der Lösungen der Gleichung $x^2 + y^2 = z^2$ in natürlichen Zahlen, der sogenannten pythagoreischen Tripel, schon in der Antike bekannt gewesen. In diesem Kontext ist Fermats Behauptung, die Summe zweier Kuben könne nie ein Kubus, die Summe zweier Biquadrate könne nie ein Biquadrat sein und so weiter, naheliegend: Er behauptet also, dass $x^n + y^n = z^n$ für $n \geq 3$ keine Lösungen in natürlichen Zahlen hat – die Fermat'sche Vermutung. Fermat notiert sie auf den Rand des Buches von Diophant, mit der berühmt gewordenen Behauptung, er habe dafür einen wahrhaft wunderbaren Beweis, der Rand sei aber zu schmal, um ihn zu fassen. Die Diophant-Ausgabe mit den Randbemerkungen von Fermat wurde später von dessen Sohn Samuel publiziert, der angebliche Beweis war allerdings mit den Methoden, die Fermat zur Verfügung standen, ziemlich sicher nicht möglich. Die Behauptung wurde aber berühmt, fand sich auf Hilberts Liste von 23 Problemen aus dem Jahr 1900, und wurde erst 1995 von Andrew Wiles und Richard Taylor bewiesen; siehe [463].

Ein weiteres klassisches Beispiel für eine Frage vom ersten Typ ist das Basler Problem. Seit dem Mittelalter war bekannt, dass die harmonische Reihe

$$1 + \frac{1}{2} + \frac{1}{3} + \frac{1}{4} + \frac{1}{5} + \cdots$$

über alle Grenzen hinaus wächst; in modernen Worten würden wir sagen, dass sie divergiert. Wenn man unendliche Reihen studiert, im Kontext der Entwicklung der Analysis, dann ist es eine sehr natürliche nächste Frage, welchen Wert denn die unendliche Reihe

$$1 + \frac{1}{2^2} + \frac{1}{3^2} + \frac{1}{4^2} + \frac{1}{5^2} + \cdots$$

erreicht. Diese Frage wurde offenbar erstmals 1644 von dem Italiener Pietro Mengoli gestellt. Es ist leicht zu zeigen, dass die Summe nicht divergiert, sie konvergiert – aber welchen Wert nimmt sie an? Daniel Bernoulli, Mitglied einer berühmten Mathematiker-Familie in Basel, hat 1689 über das Problem publiziert: Ab diesem Zeitpunkt war das „Basler Problem" als ein schwieriges offenes Problem bekannt. Gelöst wurde es schließlich von Leonhard Euler, der ebenfalls aus Basel stammte: Euler hat in einem ersten Schritt den Wert der Summe auf etliche Stellen bestimmt, wofür er neue numerische Verfahren entwickeln musste. In einem zweiten Schritt erkannte er (wie, wissen wir nicht), dass die Summe $\pi^2/6$ ergibt. Und dann brauchte er noch mehrere Jahre, um zu beweisen, dass dies wirklich der richtige Wert ist. C. Edward Sandifer hat in [438] rekonstruiert, wie Euler das gemacht hat – und erklärt auch, dass Eulers Beweis nach heutigen Maßstäben unvollständig war.

Allerdings hat Euler weitergefragt und weiterbewiesen: So konnte er auch

$$1 + \frac{1}{2^4} + \frac{1}{3^4} + \frac{1}{4^4} + \frac{1}{5^4} + \cdots = \frac{\pi^4}{90}$$

beweisen, und allgemeiner für alle geraden Zahlen $k = 2, 4, 6, 8, \ldots$ den Wert der Reihe

$$1 + \frac{1}{2^k} + \frac{1}{3^k} + \frac{1}{4^k} + \frac{1}{5^k} + \cdots$$

Einem gängigen Vorurteil zufolge haben Mathematikerinnen und Mathematiker ein besonderes Faible für Kaffee [532].

Der israelische Spieltheoretiker Ariel Rubinstein etwa bewertet seit Jahren Kaffeehäuser unter dem Motto „Coffee places where you can think" [433].

Eine Gruppe von Mathematikern um Stefan Banach, Stanisław Ulam und Stanisław Mazur traf sich in den 1920er Jahren zur Arbeit im Schottischen Café in Lemberg in der heutigen West-Ukraine (polnischer Name: Lwów, heutiger Name: Lwiw) [336]. Vier Jahrzehnte zuvor erfuhr Henri Poincaré eine heftige Reaktion auf eine Tasse Kaffee: „Eines Abends trank ich entgegen meiner Gewohnheit eine Tasse schwarzen Kaffee und konnte nicht schlafen. Eine Menge Ideen überfluteten meinen Kopf; ich konnte schier fühlen, wie sie sich drängelten, bis sich zwei von ihnen sozusagen vereinigten, um eine stabile Verbindung einzugehen. Im Morgengrauen hatte ich die Existenz einer Klasse Fuchs'scher Funktionen bewiesen [. . .]." [386, Book I, Chapter III]

Berühmt ist Paul Erdős' Behauptung, sein Kollege Alfréd Rényi habe Mathematiker definiert als „Maschinen, die Kaffee in Theoreme verwandeln". Erdős glaubte so sehr an die inspirierende Wirkung von Kaffee, dass er auch schon den mathematisch hochbegabten 14-jährigen Lajos Pósa mit einem „kleinen starken Kaffee" beim Problemlösen unterstützt hat. [146]

bestimmen. Bis heute ist dagegen über die Werte für $k = 3, 5, 7, \ldots$ sehr wenig bekannt.

Es stellt sich aber auch heraus, dass die Summe

$$\zeta(s) := 1 + \frac{1}{2^s} + \frac{1}{3^s} + \frac{1}{4^s} + \frac{1}{5^s} + \cdots$$

für alle *reellen* Zahlen $s > 1$ konvergiert. Diese Summe hat auch schon Euler betrachtet und mit der Theorie der Primzahlen verbunden, und Bernhard Riemann hat sie als Funktion in der Variablen $s$ studiert, und so eine Brücke zur Funktionentheorie gebaut, an deren Ende die Riemann'sche Vermutung steht (siehe Kapitel „Primzahlen", S. 155 ff.).

Ein Beispiel aus der dritten Klasse offener Probleme ist die $\mathcal{P} \neq \mathcal{NP}$-Vermutung: eine Frage, die aus der Komplexitätstheorie, also der Informatik, in die Mathematik kam (mehr dazu im Kapitel „Algorithmen und Komplexität", S. 395 ff.). Ein anderes Beispiel, mit Ursprung in Physik und Ingenieurwissenschaften, ist die Suche nach der Lösungstheorie der Navier-Stokes-Gleichungen aus der Strömungsmechanik, von der schon im Kapitel „Was ist Mathematik?" die Rede war.

Nicht selten tauchen Vermutungen auch dabei auf, dass man in gewissen Forschungssituationen kleine Beispiele im Computer konstruiert oder berechnet, um ein Gefühl für interessante Eigenschaften zu entwickeln. Einige Mathematikerinnen und Mathematiker definieren das in den letzten Jahrzehnten sogar als eigenes Forschungsfeld der Mathematik, die „Experimentelle Mathematik" – so etwa die Brüder Peter und Jonathan Borwein, die sehr aktiv in dieser Sache Werbung betreiben. Die beiden sehen in der computerunterstützten Suche viel mehr als nur ein Herumprobieren auf dem Weg zum Beweis:

> Was die experimentelle Mathematik (als Gesamtvorhaben) vom klassischen Konzept und der mathematischen Praxis unterscheidet, ist, dass der Prozess des Experimentes nicht als Vorläufer eines Experiments begriffen wird, um hinterher in private Notizbücher verschoben zu werden und vielleicht aus historischem Interesse hervorgekramt zu werden, wenn ein Beweis gefunden wurde. Stattdessen wird das Experimentieren als eigenständiger Teil der Mathematik wahrgenommen, der veröffentlicht und von anderen begutachtet wird, und (das ist besonders wichtig) zum gesamten mathematischen Wissen beiträgt. [57]

Es muss keineswegs immer Kaffee sein. Cédric Villani schreibt etwa: „Als ich entdecke, dass kein Tee mehr im Haus ist, werde ich von einer panischen Angst erfasst. Ohne die Unterstützung der Blätter von *Camelia sinensis* kann ich mir einfach nicht vorstellen, mich in die sich abzeichnenden, stundenlangen Rechnungen zu vertiefen." [510, Kap. 28].

„Mathematik ist eine experimentelle Wissenschaft, Definitionen kommen nicht am Anfang, sondern später. Sie entstehen von selbst, wenn sich erst einmal die Natur der Sache entfaltet hat." – Oliver Heaviside [225]

| | | | | |
|---|---|---|---|---|
| I. | $2^7.5.11$ | & | $2^7.71$ | |
| II. | $2^4.23.47$ | & | $2^4.1151$ | |
| III. | $2^7.191.383$ | & | $2^7.73727$ | |
| IV. | $2^2.23.5.137$ | & | $2^2.23\,827$ | |
| V. | $3^2.5.13.11.19$ | & | $3^2.5.13.239$ | |
| VI. | $3^2.7.13.5.17$ | & | $3^2.7.13.107$ | |
| VII. | $3^2.7^2.13.5.41$ | & | $3^2.7^2.13.251$ | |
| VIII. | $2^4.5.131$ | & | $2^4.17.43$ | |
| IX. | $2^4.5.251$ | & | $2^4.13.107$ | |
| X. | $2^3.17.79$ | & | $2^3.23.59$ | |
| XI. | $2^4.23.1367$ | & | $2^4.53.607$ | |
| XII. | $2^4.17.10303$ | & | $2^4.167.1103$ | |
| XIII. | $2^4.19.8563$ | & | $2^4.83.2039$ | |
| XIV. | $2^4.17.5119$ | & | $2^4.239.383$ | |
| XV. | $2^5.59.1103$ | & | $2^5.79.827$ | |
| XVI. | $2^5.37.12671$ | & | $2^5.227.2111$ | |
| XVII | $2^5.53.10559$ | & | $2^5.79.7127$ | |
| XVIII. | $2^6.79.11087$ | & | $2^6.383.2309$ | |
| XIX. | $2^3.11.17.263$ | & | $2^3.11.43.107$ | |
| XX. | $3^3.5.7.71$ | & | $3^3.5.17.31$ | |
| XXI. | $3^2.5.13.29.79$ | & | $3^2.5.13.11.199$ | |
| XXII. | $3^2.5.13.19.47$ | & | $3^2.5.13.29.31$ | |
| XXIII. | $3^2.5.13.19.37.1583$ | & | $3^2.5.13.19.227.263$ | |
| XXIV. | $3^3.5.31.89$ | & | $3^3.5.7.11.29$ | |
| XXV. | $2.5.7.60659$ | & | $2.5.23.29.673$ | |
| XXVI. | $2^3.31.11807$ | & | $2^3.11.163.191$ | |
| XXVII. | $3^2.7.13.23.79.1103$ | & | $3^2.7.13.23.11.19.367$ | |
| XXVIII. | $2^3.47.2609$ | & | $2^3.11.59.173$ | |
| XXIX. | $3^3.5.23.79.1103$ | & | $3^3.5.23.11.19.367$ | |
| XXX. | $3^2.5^2.11.59.179$ | & | $3^2.5^2.17.19.359$ | |

DE
SINGVLARI RATIONE
## DIFFERENTIANDI & INTEGRANDI
QVAE IN SVMMIS SERIERVM OCCVRRIT.

Auctore

L. EVLERO.

Conuent. exhib. die 18 Mart. 1776.

§. 1.

Si $\Sigma x^n$ denotet summam progressionis cuius terminus generalis est potestas $x^n$, ita vt sit

$$\Sigma x^n = 1^n + 2^n + 3^n + 4^n + \ldots\ldots + x^n$$

passim expositum reperitur quomodo ex qualibet summa potestatum inferiorum summae superiorum formari queant, dum scilicet singuli termini formulae quae pro $\Sigma x^n$ fuerit inuenta, per certas fractiones multiplicantur, vt hoc modo summa sequentis potestatis $\Sigma x^{n+1}$ obtineatur. Quod quo clarius appareat a potestate infima $x^0$ continuo ad altiores ascendamus et singulis terminis cuiusque summae subscribamus multiplicatores quibus sequens summa producitur, hoc modo:

$$\Sigma x^0 = x$$
Mult. $\tfrac{1}{2}x, \tfrac{1}{2}x$

$$\Sigma x^1 = \tfrac{1}{2}xx + \tfrac{1}{2}x$$
Mult. $\tfrac{1}{3}x, \tfrac{1}{3}x, :\tfrac{1}{3}x$

$$\Sigma x^2 = \tfrac{1}{3}x^3 + \tfrac{1}{2}xx + \tfrac{1}{6}x$$
Mult. $\tfrac{1}{4}x, \tfrac{1}{4}x, \tfrac{1}{4}x, \tfrac{1}{4}x$

$$\Sigma x^3 = \tfrac{1}{4}x^4 + \tfrac{1}{2}x^3 + \tfrac{1}{4}xx + *$$
Mult. $\tfrac{1}{5}x, \tfrac{1}{5}x, \tfrac{1}{5}x, \tfrac{1}{5}x, \tfrac{1}{5}x$

$$\Sigma x^4 = \tfrac{1}{5}x^5 + \tfrac{1}{4}x^4 + \tfrac{1}{3}x^3 + * - \tfrac{1}{30}x$$
Mult. $\tfrac{1}{6}x, \tfrac{1}{6}x, \tfrac{1}{6}x, \tfrac{1}{6}x, \tfrac{1}{6}x, \tfrac{1}{6}x$

$$\Sigma x^5 = \tfrac{1}{6}x^6 + \tfrac{1}{2}x^5 + \tfrac{5}{12}x^4 + * - \tfrac{1}{12}x^3 + * + \tfrac{1}{12}x$$
Mult. $\tfrac{1}{7}x, \tfrac{1}{7}x, \tfrac{1}{7}x, \tfrac{1}{7}x, \tfrac{1}{7}x, \tfrac{1}{7}x, \tfrac{1}{7}x$

$$\Sigma x^6 = \tfrac{1}{7}x^7 + \tfrac{1}{2}x^6 + \tfrac{1}{2}x^5 + * - \tfrac{1}{6}x^3 + * + \tfrac{1}{42}x$$

etc.

---

Seit 1992 hat sich sogar eine mathematische Fachzeitschrift mit dem Titel *Experimental Mathematics* etabliert. Hätte es dieses Journal schon 250 Jahre früher gegeben, dann wären Carl Friedrich Gauß und Leonhard Euler sicher treue Abonnenten und Leser gewesen (wenn nicht gar Autoren und Herausgeber). Vor allem Euler war ein Experimentierer mit Leib und Seele. Einer seiner Tricks bestand offenkundig darin, Muster in Rechnungen zu entdecken. Zwar sind die meisten der Berechnungen verloren, aber oft lässt Euler in den resultierenden Arbeiten seine Leser erahnen, wie er auf das eine oder andere Gesetz gestoßen ist. Gauß war in diesem Punkt weniger offen.

Als ein moderner Triumph der experimentellen Mathematik wird die sogenannte BBP-Formel angesehen. Im Jahr 1996

Hier zeigen wir zwei weitere Beispiele für „Experimentelle Mathematik" bei Euler. Links listet er befreundete Zahlen auf, also Paare von Zahlen, bei denen die eine jeweils die Summe der echten Teiler der anderen Zahl darstellt. Euler fand anhand seiner Versuche einen Algorithmus, um Paare befreundeter Zahlen zu produzieren [152].

Rechts der Versuch Eulers, eine geschlossene Darstellung für die Summe $\sum_{i=0}^{x} i^n$ für verschiedene Werte von $n$ zu finden [158].

veröffentlichten David Bailey, Peter Borwein und Simon Plouffe die Identität

$$\pi = \sum_{k=0}^{\infty} \frac{1}{16^k} \left( \frac{4}{8k+1} - \frac{2}{8k+4} - \frac{1}{8k+5} - \frac{1}{8k+6} \right).$$

Darin steckten zwei Überraschungen: Zum einen lässt sich diese Formel – unter Ausnutzung des Faktors $\frac{1}{16^k}$ – dazu benutzen, die Stellen von $\pi$ zur Basis 16 *einzeln* zu berechnen. So kann man die 100 000ste Hexadezimalstelle von $\pi$ angeben, ohne die vorhergehenden Stellen zu kennen. Zum anderen haben Bailey, Borwein und Plouffe sie mit Computerhilfe gefunden, indem sie den sogenannten PSLQ-Algorithmus anwandten. Diesem Algorithmus kann man reelle Zahlen $x_1, x_2, \ldots, x_n$ (mit hinreichender Genauigkeit) übergeben, und er findet dann entweder eine ganzzahlige Linearkombination

$$m_1 x_1 + m_2 x_2 + \cdots + m_n x_n \approx 0,$$

in der die ganzen Zahlen $m_1, m_2, \ldots, m_n \in \mathbb{Z}$ alle relativ klein (und nicht alle gleich 0) sind, oder er garantiert, dass es keine solche ganzzahlige Abhängigkeit mit beschränkt großen Koeffizienten $m_i$ gibt. Dass eine damit gefundene Identität tatsächlich gilt, lässt sich dann in vielen Fällen relativ leicht beweisen. Die BBP-Formel kam sogar zu einiger Popularität, als sie es in die Fernsehserie *Die Simpsons* [464] schaffte.

Ein anderes Werkzeug der Experimentellen Mathematik ist die *Online Encyclopedia of Integer Sequences* (OEIS), eine Datenbank mit weit mehr als 300 000 ganzzahligen Folgen (oeis.org), die weit mehr als 100 000 mal pro Tag aufgerufen wird. Die Datenbank wurde 1964 von Neil Sloane auf Karteikarten begonnen, als er noch Student war, und dann einige Jahre später auf Lochkarten übertragen. Inzwischen gibt es mehr als 8000 mathematische Aufsätze, für die OEIS benutzt wurde und die sich auf sie berufen.

Denn tatsächlich basieren ungezählte Vermutungen [480] und Sätze vor allem aus der Diskreten Mathematik und der Analysis auf Daten aus der OEIS. Das typische Vorgehen: Man entdeckt beim Forschen irgendeine Folge von Zahlen, von der man wissen will, ob sie in einem anderen Zusammenhang schon einmal aufgetaucht ist. So kann es sein, dass man für wachsendes $n$ zählt, wie viele Graphen mit $n$ Knoten oder $n \times n$-Matrizen es gibt, die gewisse Eigenschaften erfüllen.

Die OEIS-Suchergebnisse listen dann Folgen, die die eigene als Teilfolge enthalten, zusammen mit Hinweisen darauf, was man damit noch zählen kann. Oft wird aber auch auf ungelöste Probleme verwiesen. Im Jahr 2015 schrieb die Stiftung sogar den John-Riordan-Preis für die beste Lösung eines Problems aus der OEIS aus. So kennt man für viele Folgen in der OEIS keine Formel, mit der man leicht beliebig viele Folgenglieder berechnen könnte; manchmal kennt man sogar nur sehr wenige Glieder. Die Folge A250001 zum Beispiel beschreibt die Anzahl der Möglichkeiten, ein, zwei, drei, und so weiter Kreise in der Ebene zu zeichnen, ohne dass sich zwei der Kreise in einem Punkt nur berühren oder aber drei Kreise durch denselben Punkt gehen. Für $n = 2$ gibt es also im Wesentlichen (für die Experten: modulo stetiger Veränderung der Kreise, ohne dass sich dabei die Vielfachheit von Schnittpunkten ändert oder ein Kreis durch einen Schnittpunkt bewegt wird) drei Möglichkeiten: Ein Kreis kann den anderen enthalten, die beiden können nebeneinander gezeichnet werden oder sich in zwei Punkten überschneiden; für $n = 3$ Kreise sind es 14 Möglichkeiten. Die Folge bricht in der OEIS bisher aber nach den Einträgen für $n = 4$ (173 Möglichkeiten) und $n = 5$ (16 951 Konfigurationen) ab – denn niemand weiß derzeit, wie es weitergeht [467]. Übrigens: Folge A260995 in der Datenbank ist eine fehlerhafte erste Version von A250001: Der Autor hatte bei $n = 4$ Kreisen fünf Möglichkeiten übersehen.

So tragen die meisten erfahrenen Mathematikerinnen und Mathematiker eine mehr oder minder große Menge offener Fragen und Vermutungen mit sich herum, die „Ernte" ihrer täglichen Arbeit. Das kann beim Abendessen unter Mathematikern nützlich sein – oder, wenn man wie ein Genie aussehen will, wie Gian-Carlo Rota mit Augenzwinkern schreibt. In einem kleinen Aufsatz [429] sammelte Rota nämlich einst zehn Tipps, die er selbst gerne als Anfänger bekommen hätte. Tipp Nummer 7 ist die „Feynman-Methode", benannt nach dem Physiker Richard P. Feynman: Man halte stets ein Dutzend offener Probleme parat, die man dann in Vorträgen oder Gesprächen insgeheim darauf abklopft, ob das, was das Gegenüber

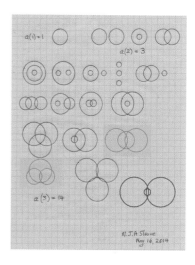

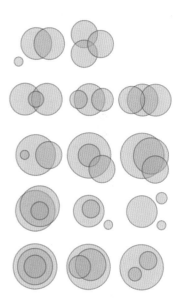

Die 14 Arten, drei Kreise in der Ebene zu zeichnen. Darüber die Skizzen zu $n = 1$, $n = 2$ und $n = 3$ aus der Feder von Neil Sloane. (Man beachte die Korrekturen bei $n = 3$.)

eben sagt, einen möglichen Lösungsweg darstellt. Wenn ja, dann sagt man es – und arbeitet so an seinem Ruf als Genie.

## Was ist mathematisches Arbeiten?

> Bei einem Vortrag oder beim Lesen einer Arbeit oder während einer Diskussion denke ich oft, „das ist nicht so wie es sein soll". Aber wenn ich meine Ideen ausprobiere, dann liege ich in 99 % der Fälle falsch. Ich lerne daraus und dadurch, Ideen, Techniken und erfolgreiche Verfahren zu studieren. Mit dieser Sturheit verschwende ich viel Zeit und Energie. Nur ganz selten, wenn meine innere mathematische Stimme richtig liegt, klappt es. [411]

Was Isadore M. Singer hier beschreibt, ist der klassische Ablauf mathematischer Forschung. Singer wurde berühmt, weil er 1962 zusammen mit Michael Atiyah den Index-Satz bewiesen hat, ein zentrales Ergebnis an der Schnittstelle von Algebraischer Topologie und Analysis. Atiyah und Singer wurden dafür 2004 gemeinsam mit dem Abel-Preis ausgezeichnet. Atiyah wiederum sagte 1984 in einem Interview:

> Ich stimme ganz und gar nicht mit der Ansicht überein [...], man könne einen neuen Zweig der Mathematik erfinden, indem man Axiome 1, 2, 3 aufschreibt und dann weggeht und alleine damit weiterarbeitet. Mathematik hat viel mehr von einer organischen Entwicklung. Sie hat eine lange Geschichte von Verbindungen mit der Vergangenheit und Verbindungen mit anderen Themen. [345]

Der Zahlentheoretiker G. H. Hardy dagegen gebrauchte im Zusammenhang mit mathematischer Arbeit die Metapher des Gebirges. Er sah Mathematiker als eine Mischung aus Visionären und Bergführern, die sich durch raue Karstlandschaften schlagen:

> Ich habe den Mathematiker stets in erster Linie als Beobachter angesehen, als jemanden, der auf eine ferne Bergkette blickt und seine Beobachtungen notiert. Sein Ziel besteht einfach darin, klar zu unterscheiden und den anderen so viele Gipfel mitzuteilen, wie er kann. [215]

Mathematik kann also allein gemacht werden oder im Team, und mit- ebenso wie gegeneinander. In einem Interview antwortete Yuri Manin auf die Frage „Ist die Konzentration auf das Problemlösen eine Art romantische Sicht der Dinge: Ein großer Held bezwingt einen Berg?" wie folgt:

„Wenn wir an mathematischen Ideen arbeiten, dann deshalb, weil wir sie in gewisser Weise mögen, weil wir in ihnen etwas finden, das in uns einen Nachhall erzeugt (aus verschiedenen Gründen, wir sind alle verschieden). Mathematik ist kein trockenes Fach, fernab aller Emotionen. Das kann man Nicht-Mathematikern schlecht erklären, für die die Mathematik bloß aus dem Ausrechnen von Zahlen und dem Lösen von Gleichungen besteht."
– Wendelin Werner [351]

„Zusammenarbeit ist mir sehr wichtig, weil sie mir erlaubt, mehr über andere Gebiete zu lernen und im Gegenzug mit anderen zu teilen, was ich über meine Gebiete weiß. Sie erweitert meine Erfahrung, nicht nur in einem technischen mathematischen Sinne, sondern auch dadurch, dass man sich anderen Auffassungen von Forschung, Ausarbeitung etc. aussetzt. Zudem macht es beträchtlich mehr Spaß, zusammenzuarbeiten."
– Terence Tao [491]

Ja, eine irgendwie sportliche Sicht. Ich sage nicht, dass das nicht relevant ist. Für junge Leute ist es ziemlich wichtig, als ein psychologisches Mittel, als Köder: etwas soziale Anerkennung für große Leistungen. Ein gutes Problem verkörpert eine Vision eines großen mathematischen Geistes, der erkannt hat, dass es da einen Berg gibt, ohne die Wege zu kennen, die hinauf führen. Aber es ist keine Art und Weise, Mathematik zu sehen, und auch keine, um Mathematik einer breiten Öffentlichkeit zu präsentieren. Und es ist nicht ihre Essenz. Insbesondere, wenn die Probleme in eine Liste gepackt werden, dann ist das wie eine Liste der Hauptstädte der großen Länder der Erde: Darin steckt die geringstmögliche Information. Ich glaube wirklich nicht, dass man Mathematik so organisieren kann. [331]

So vielfältig wie die Mathematik sind auch die Menschen, die in ihr arbeiten. Und es gibt für jeden eine Aufgabe. Der Mathematiker und Physiker (und Science-Fiction-Autor) Freeman Dyson veröffentlichte 2009 ein Vortragsmanuskript mit dem Titel *Birds and Frogs*:

> Einige Mathematiker sind Vögel, andere sind Frösche. Vögel fliegen hoch am Himmel und haben einen weiten Ausblick über die Mathematik, bis zum fernen Horizont. Sie erfreuen sich an Konzepten, die unsere Ideen vereinigen und ganz unterschiedliche Probleme aus verschiedenen Gegenden zusammenbringen. Frösche leben im Schlamm darunter und sehen nur die Blumen nebenan gedeihen. Sie erfreuen sich an Details gewisser Objekte und sie lösen Probleme, eines nach dem anderen. Ich bin zufällig ein Frosch, aber viele meiner Freunde sind Vögel. [...] Mathematik braucht beides: Vögel und Frösche. Die Mathematik ist reich und schön, weil Vögel ihr eine große Vision vermitteln und Frösche die aufwändigen Details dazu beitragen. Mathematik ist sowohl große Kunst als auch wichtige Wissenschaft, weil sie eine Allgemeinheit der Konzepte mit einer strukturellen Tiefe in sich vereinigt. Es ist dumm, zu behaupten, Vögel seien besser als Frösche, nur, weil Vögel weiter blicken können. Die Welt der Mathematik ist weit und tief, und Vögel und Frösche müssen zusammenarbeiten, wenn sie sie erkunden wollen. [136]

Tatsächlich scheint es so, als ob einige Mathematikerinnen und Mathematiker sich konkrete Probleme vornehmen, wie wir sie oben als Fragen der ersten Art beschrieben haben, während andere das große Bild im Auge haben und mit Weitsicht Forschungsprogramme formulieren – und dafür Fragen der

„Wir arbeiten mit E-Mail und Google$^+$-Videokonferenzen. Wir reden ein- oder zweimal pro Woche miteinander; üblicherweise eine bis anderthalb Stunden. Meistens unterhalten wir uns einfach, werfen Ideen hin und her, diskutieren sie. [...] Manchmal frage ich mich, wie diese technischen Unterhaltungen für Außenstehende wohl klingen mögen ... Der Prozess wird für mich dadurch zu etwas Besonderem, dass wir gute Freunde sind; wir genießen das Zusammensein, wir necken uns und lachen die ganze Zeit. Ich nenne unsere Treffen manchmal Giggle$^+$."
– Edward Frenkel [173]

zweiten Art angehen, oder andere dazu anstacheln. So veröffentlichte William Thurston 1982 eine Reihe von Vermutungen, die üblicherweise als Thurston-Programm zusammengefasst werden [495] und deren Bearbeitung schließlich zur Lösung der Poincaré-Vermutung führte. Und Robert Langlands entwarf in den späten 1960er Jahren mit einer Sammlung von Vermutungen ein Forschungsprogramm, in dem es darum geht, mit einer gewissen Klasse von Abbildungen der komplexen Ebene, den sogenannten automorphen Formen, Symmetrien auszudrücken, die sich auf gewisse Weise in den ganzen Zahlen widerspiegeln. Das Langlands-Programm gilt auch heute noch als eines der ganz großen, visionären und wichtigen Forschungsprogramme in der Mathematik.

Aber: Nur wenige Mathematiker oder Mathematikerinnen sind reine „Vögel" und „Frösche", wenn es die überhaupt gibt. Und es gibt ja auch noch weitere Aufgaben, neben „Probleme lösen" und „Theorien bauen", die für den Fortschritt der Mathematik entscheidend wichtig sind, etwa das Aufschreiben, das Lehren, aber auch das Planen und Organisieren großer Forschungsvorhaben ...

## Probleme lösen

Wie man an ein mathematisches Problem herangeht, kann sehr unterschiedlich aussehen – jeder Mathematiker habe da seine eigenen „Tricks", schreibt Gian-Carlo Rota [429]. Doch Tricks kann man lernen. Eines der berühmtesten Bücher über das Handwerk Mathematik stammt von dem Problemlöser George Pólya.

Pólya war 1940 in die USA emigriert – und er war im Land der „How-to-Bücher" gut aufgehoben, wie G. H. Hardy trocken feststellte [11]. Denn fünf Jahre später landete er mit seinem Buch *How to solve it* einen Bestseller mit einer Auflage von über einer Million Exemplaren [11]. Tatsächlich entzauberte Pólya darin die Kunst der Mathematik in gewisser Hinsicht als Kunsthandwerk. (Er veröffentlichte noch andere Bücher über das Problemlösen, etwa *Mathematics and Plausible Reasoning* 1954 in zwei Bänden [396, 397] und *Mathematical Discovery: On Understanding, Learning and Teaching Problem Solving* 1962 und 1965, ebenfalls in zwei Bänden [394, 395].)

„Ein mathematisches Problem zu lösen ist wie das Lösen eines Puzzles, mit dem Unterschied, dass man nicht vorher weiß, wie das Bild am Ende aussieht." – Edward Frenkel [173]

Die Kernbotschaft von *How to solve it* lautet: Wer Beweise schreiben will, muss Beweise lesen und lernen, er muss sich Methoden aneignen und ihre Verwendung üben. Vielleicht hat jemand ein ähnliches Problem geknackt, eine Methode verwendet, die man abwandeln kann? Insofern sollte man sich stets die Fragen stellen: Kenne ich ein verwandtes Problem? Kann ich mein Problem umformulieren, so dass es einem bekannten, gelösten Problem ähnlich wird? Und auch, wenn gar nichts klappt, sollte man nicht sofort die Flinte ins Korn werfen. Vielleicht lässt sich ein verwandtes, einfacheres, allgemeineres oder spezielleres Problem lösen?

Ein schönes Beispiel für eine elegante Problemlösung, an die man sich mit Pólyas Problemlösungstechniken herantasten kann, bietet das Problem, das wir eingangs kennengelernt haben: die knifflige Sache mit den 3-regulären Graphen, die man angeblich in jedem 4-regulären einfachen Graphen finden können soll. 1983, als von der Lösung des Problems durch den Russen Tashkinov nur die Ankündigung vorlag, nahmen die israelischen Kombinatoriker Noga Alon, Shmuel Friedland und Gil Kalai die Sache auf. Sie beobachteten, dass die Berge-Sauer-Vermutung für Graphen mit Mehrfachkanten gar nicht stimmt (etwa für den Graphen mit drei Knoten und zwei Kanten zwischen jedem Knotenpaar) und *veränderten* das Problem:

> Jeder (nicht notwendig einfache) Graph mit Maximalgrad nicht größer als 5 und durchschnittlichem Grad größer als 4 enthält einen 3-regulären Teilgraphen.

Und das konnten sie beweisen.

George Pólya (1887–1985) war als Jugendlicher an vielem interessiert, in Mathematik brillierte er jedoch nicht: Er studierte zunächst Jura – sein Vater war ein Anwalt gewesen, der unter anderem in Budapest für eine große italienische Versicherung gearbeitet hatte – wechselte dann aber zu Sprachen und Literatur, bevor er, mehr durch Zufall, auf Physik und Mathematik stieß. Pólya studierte nicht nur in Budapest, sondern auch in Wien, Göttingen und Frankfurt. Ebenso weit wie sein Netzwerk aus namhaften Mathematikern spannten sich bald seine Interessen zwischen komplexer Analysis, theoretischer Physik, Wahrscheinlichkeitstheorie, Geometrie und Kombinatorik.

Ab 1920 lehrte er an der ETH Zürich, ab 1940 an der Stanford University in den USA. Besonders in seiner zweiten Lebenshälfte widmete sich Pólya intensiv dem Prozess des Problemlösens: „Als ich in die Mathematik kam, habe ich mir gedacht: Naja, ein Beweis steht halt scheinbar am Ende, aber wie können Leute solche Resultate überhaupt finden? Meine Schwierigkeit beim Verständnis der Mathematik: Wie wurde sie entdeckt?" [8]

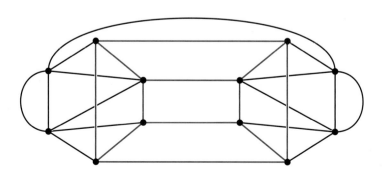

Dieser Graph – entwickelt aus dem Graphen der Abbildung auf Seite 51 – ist nicht mehr 4-regulär; im Schnitt haben die Kanten sogar einen Grad größer als 4. Er ist auch nicht mehr einfach: Er hat Mehrfachkanten. Kein Knoten hat Grad größer als 5. Und: er enthält einen 3-regulären Teilgraphen (rot).

Pólya rät, auf Wissen zurückzugreifen und Probleme gegebenenfalls umzuformulieren, so dass sie bekannten, gelösten Problemen ähnlich werden. Beides taten Alon und seine Kollegen: Sie formulierten ihre Vermutung in Richtung Algebra um, um einen bekannten Satz aus der Algebra anwenden zu können. Diese Zutat stammt aus dem Jahre 1936: Damals hatten Claude Chevalley und Ewald Warning unabhängig voneinander folgendes kleine, aber mächtige, Theorem entwickelt:

**Theorem** (Chevalley und Warning (1935)). *Gegeben ist ein System von k Polynomen $f_i \in \mathbb{F}_p[x_1, \ldots, x_\ell]$ in $\ell$ Variablen, $f_i \neq 0$, über einem endlichen Körper $\mathbb{F}_p$. Falls $\sum_{i=1}^{k} \deg f_i < \ell$, dann teilt die Charakteristik p des Körpers die Anzahl der Lösungen („Nullstellen") des Systems.*

Daraus folgt insbesondere: Ein System von Polynomen mit Koeffizienten aus einem endlichen Körper mit einer offensichtlichen Lösung (einer „trivialen" Nullstelle) besitzt immer eine weitere („nichttriviale") Nullstelle, falls der Grad der Polynome zusammen kleiner als die Anzahl der Variablen ist.

Alon, Friedman und Kalai machten einen Plan: Man startet mit einem beliebigen Graphen, der so aussieht wie in der Vermutung. Daraus wird ein System von Polynomen gebastelt, das den Bedingungen aus dem Satz von Chevalley und Warning genügt. Folglich besitzt es eine nichttriviale Nullstelle – und genau die sollte sich dann in einen 3-regulären Teilgraphen zurückübersetzen lassen. (Wie man eine Nullstelle findet, das verrät uns das Theorem von Warning und Chevalley übrigens nicht, aber hier geht es ja auch nur um ihre Existenz.)

Die nichttriviale Nullstelle weist den Variablen in den Polynomen irgendwelche Werte zu, von denen nicht alle gleich null sein können. Naheliegend also, dass die Variablen irgendwie mit den Kanten im Graphen in Verbindung gebracht werden müssen. Und genau das machten Alon, Friedland und Kalai: Sie definierten für jede Kante $e$ im Graphen eine Variable $x_e$. Wie sollen nun die Koeffizienten in den Polynomen aussehen? Hier kommt ein bisschen Intuition ins Spiel. Alon, Friedland und Kalai definierten ein quadratisches Polynom

$$f_v := \sum_{e \in E} a_{e,v} x_e^2$$

für jeden Knoten $v \in V$ im Graphen, wobei $E$ die Kantenmenge und $V$ die Menge der Knoten des Graphen bezeichnet. Die Koeffizienten $a_{e,v}$ sollen dabei im Körper $\mathbb{F}_3$ liegen, dem Körper mit drei Elementen, denn sie sollen Information darüber speichern, welche Kanten mit welchen Knoten zusammenhängen. Dafür gibt es drei Möglichkeiten: Eine Kante $e$ kann einen Knoten $v$ gar nicht berühren, dann soll $a_{e,v} = 0$ gelten; sie kann mit einem Ende den Knoten $v$ erreichen, dann soll $a_{e,v} = 1$ sein; es können aber auch beide Enden in $v$ liegen (dann ist die Kante eine Schleife) und dann setzen sie $a_{e,v} = 2$. Es ist also vernünftig, mit dem Körper mit drei Elementen zu arbeiten.

Wir haben nun eine Menge Polynome, die alle Grad 2 haben – und es gibt insgesamt so viele wie Knoten. Also ist

$$\sum_{v \in V} \deg(f_v) = 2|V|,$$

wobei $|V|$ die Anzahl der Elemente in $V$ bezeichnet. Weil aber jeder Knoten im Durchschnitt mit *mehr* als 4 Kanten inzident ist, haben wir sicher *mehr* als $\frac{4}{2}|V| = 2|V|$ viele Kanten in unserem Graphen – und damit Variablen im Gleichungssystem. Der Satz von Chevalley und Warning kann also angewendet werden. Belegt man alle Variablen mit null, so erhält man eine offensichtliche Lösung, die wir die *triviale* Nullstelle nennen. Wir wissen nun aber, dass die Anzahl der Nullstellen von der Charakteristik 3 geteilt wird. Demzufolge gibt es mindestens drei Lösungen, also mindestens zwei nichttriviale. Wir haben den Graphen also in ein System aus Polynom-Gleichungen übersetzt, das mindestens eine nichttriviale Nullstelle besitzt. Was ist gewonnen? Kann man die Nullstelle zurückübersetzen?

Antwort: Man kann. Dazu braucht man jetzt ein bisschen Technik. Erste Überlegung: Die Nullstelle ist eine Belegung der Variablen $x_v$, die mindestens für einige Variablen ungleich null ist, aber für alle Polynome simultan beim Einsetzen den Wert null erzeugt. Wir rechnen nun aber im Körper mit drei Elementen, einer dreielementigen Menge, auf der Addition und Multiplikation durch „Rechnen modulo 3", also durch die folgenden beiden Tabellen gegeben sind:

| + | 0 | 1 | 2 |
|---|---|---|---|
| 0 | 0 | 1 | 2 |
| 1 | 1 | 2 | 0 |
| 2 | 2 | 0 | 1 |

| · | 0 | 1 | 2 |
|---|---|---|---|
| 0 | 0 | 0 | 0 |
| 1 | 0 | 1 | 2 |
| 2 | 0 | 2 | 1 |

Die Quadrate $x_e^2$ in den Polynomen haben also stets den Wert 0 oder den Wert 1. Zweite Überlegung: Jedes einzelne Polynom setzt sich als Summe von wenigen Monomen des Typs $1 \cdot x_e^2$ und $2 \cdot x_e^2$ zusammen. Genauer: Die Summe der Koeffizienten ist nie größer als 5, denn der Grad eines jeden Knoten ist ja höchstens 5. Wird die Nullstelle in ein Polynom eingesetzt, dann muss null herauskommen – modulo 3, d. h. also, dass 3 herauskommen muss, weil die einzige Zahl zwischen 0 und 5, die durch 3 teilbar ist, die 3 ist. Das bedeutet also, dass es nur drei Möglichkeiten gibt: $0 + 0 + 0$, $1 + 1 + 1$ und $0 + 1 + 2$.

Das heißt nun aber: Die Nullstelle belegt mit Werten ungleich null entweder genau drei Kanten eines Knoten, die von dem Knoten zu einem anderen Knoten führen, oder eine solche Kante und eine Schleife. Man kann also tatsächlich die Nullstelle des Gleichungssystems direkt in einen 3-regulären Teilgraphen des Graphen übersetzen.

Das Beispiel zeigt, wie wichtig und wertvoll Verbindungen und Brückenschläge zwischen unterschiedlichen Begriffen, Objekten und Teilgebieten der Mathematik sind, etwa hier zwischen Graphentheorie und Algebra.

„Es war meine Aufgabe, die Harpune der Algebraischen Topologie in den Wal der Algebraischen Geometrie zu treiben." – Solomon Lefschetz [308]

## Die Millenniumsprobleme

Die Jahrtausendwende hat das Clay Mathematics Institute zum Anlass genommen, um den wichtigsten, ungelösten mathematischen Probleme etwas mehr Aufmerksamkeit zu verschaffen – indem auf die Lösung jedes Problems ein Preisgeld von einer Million US-Dollar ausgesetzt wurde. Die Liste ist deshalb auch nicht ganz so lang geworden (insgesamt sieben Probleme) wie die Liste von David Hilbert, der zur Jahrhundertwende 1900 eine Liste von 23 wichtigen Problemen auf dem Internationalen Mathematiker-Kongress in Paris vorstellte, die einen großen Einfluss auf die Forschung im 20. Jahrhundert hatte.

Von Hilberts 23 Problemen sind mittlerweile viele gelöst (oder es ist zumindest klar geworden, dass sie sich ganz so, wie Hilbert sich das vorstellte, nicht lösen lassen), aber einige sind auch weiterhin offene Forschungsfragen. Eines der Probleme hat es auch auf die Liste des Clay-Instituts geschafft. Die Liste des Clay-Instituts ist die folgende:

◇ *Vermutung von Birch und Swinnerton-Dyer* aus der Zahlentheorie,
◇ *Vermutung von Hodge* aus der algebraischen Geometrie,
◇ Lösbarkeit der *Navier-Stokes-Gleichungen* aus der Strömungsdynamik
◇ $\mathcal{P}$ versus $\mathcal{NP}$ aus der Komplexitätstheorie,
◇ *Vermutung von Poincaré* aus der Topologie,
◇ Eine spezielle Frage aus der *Yang-Mills Theorie* in der theoretischen Physik,
◇ *Vermutung von Riemann* über die Nullstellen der Riemann'schen Zeta-Funktion aus der (analytischen) Zahlentheorie.

Die Riemann'sche Vermutung war das 8. Problem auf Hilberts Liste. Das einzige Problem auf dieser Liste, das schon gelöst wurde, ist die Poincaré-Vermutung, die schon 2006, aufbauend auf Ideen und Arbeiten von Richard Hamilton, von Grigori Perelman bewiesen wurde – was einen großen Widerhall in den internationalen Medien gefunden hat, auch weil Perelman seine Ergebnisse nicht zur Publikation in Fachzeitschriften eingereicht hat und 2012 auch die Auszeichnung seiner Leistung durch eine Fields-Medaille abgelehnt hat.

Es gibt auch noch andere Listen offener Probleme, die meistens von berühmten Personen aus der Forschung als Herausforderung an die gesamte Gemeinschaft gestellt werden. Zu den berühmtesten zählen die vier Landau-Probleme über Primzahlen (siehe Kapitel „Primzahlen", S. 155 ff.), die tiefliegenden Vermutungen von André Weil aus der Zahlentheorie, die vielen (und deshalb nicht nummerierten) Probleme von Paul Erdős und die 18 Millenniumsprobleme von Steven Smale.

„Einige [von Hilberts Fragen] wurden wichtig [...]. Aber niemand arbeitet an Problemen, nur weil sie jeder kennt, sondern vor allem deshalb, weil sie interessant und relevant sind." – Alain Connes [90]

## PARTITUREN

◇ George Pólya, *How to Solve It. A New Aspect of Mathematical Method*, Princeton University Press (1945)

Der Klassiker – absolut lesenswert!

◇ Arthur Engel, *Problem-Solving Strategies*, Springer (1998)

Für Fortgeschrittene: Dieses Buch basiert auf den Trainingsmaterialien für das deutsche Team für die Internationale Mathematik-Olympiade IMO.

◇ Philip J. Davis and Reuben Hersh, *The Mathematical Experience*, Birkhäuser (1981); deutsche Ausgabe: Philip J. Davis und Reuben Hersh, *Erfahrung Mathematik*, Birkhäuser (1994)

Ein klassisches „What is Mathematics"-Buch.

◇ Martin Wohlgemuth (Hrsg.), *Mathematisch für Anfänger*, Springer Spektrum (2009) und *Mathematisch für fortgeschrittene Anfänger*, Springer Spektrum (2010)

Diese Bücher entstanden aus Blogeinträgen auf www.matheplanet.com.

◇ Benjamin H. Yandell, *The Honors Class. Hilbert's Problems and Their Solvers*, CRC Press (2001)

Gipfelstürmer und Zauderer: Yandell erzählt von Hilbert-Problemen und ihren Lösern.

◇ Fan Chung and Ron Graham (Editors), *Erdős on Graphs: His Legacy of Unsolved Problems*, A. K. Peters (1999)

Ein inspirierendes Buch über die Probleme von Paul Erdős.

## ETÜDEN

◇ In diesem Kapitel wurde behauptet, man kenne die Lösungen der pythagoreischen Gleichung $x^2 + y^2 = z^2$ seit der Antike: Wem wird die Lösung zugeschrieben? Die Behauptung ist, man erhalte alle Lösungen in der Form $x = (a^2 - b^2)c$, $y = 2abc$ und $z = (a^2 + b^2)c$ mit teilerfremdem $a$ und $b$. Ist das richtig? Wie beweist man das? Wenn man sich's nicht selbst überlegen will, wo schaut man nach?

◇ Es wurde auch behauptet, seit dem Mittelalter sei bekannt, dass die Harmonische Reihe $1 + \frac{1}{2} + \frac{1}{3} + \frac{1}{4} + \cdots$ divergiert, also über alle Grenzen wächst: Wer hat das entdeckt? Wie beweist man das, mit oder ohne Verwendung von Analysis (Integralrechnung)? Und wie schnell oder langsam divergiert die Reihe? Offenbar ja nur recht langsam. Welchen Wert erhält man nach dem Aufsummieren einer Million Glieder, genau oder ungefähr?

◇ Für viele Arten von mathematischen Fragen liefert die Webseite *WolframAlpha. Computational Intelligence* unter www.wolframalpha.com schnell, barriere- und kostenfrei eine Antwort – aber ohne Hinweise auf den Rechenweg und ohne Garantie auf Korrektheit. (Sie basiert auf dem hochentwickelten kommerziellen Computeralgebra-Paket *Mathematica* von Stephen Wolfram.) So liefert etwa die Eingabe

```
sum 1/n from n=1 to 1000000
```

das Ergebnis 14,3927: Stimmt das?

◇ Die von Euler betrachteten Reihen sind Werte der Zeta-Funktion, $\zeta(2) = \pi^2/6$, $\zeta(4)$, $\zeta(6)$ usw. Wie hat Euler sie bestimmt? (Siehe Sandifer [438].) Studieren Sie die Beweise in den Kapitel „Drei mal $\pi^2/6$" und „Der Kotangens und der Herglotz-Trick" in [6] und berichten Sie darüber!

◇ Was weiß man über die Werte von $\zeta(3)$, $\zeta(5)$, ...? Welche von ihnen sind irrational? Suchen Sie dafür zum Beispiel nach dem Stichwort „odd zeta values". Wann hat es dazu zuletzt substanziellen Fortschritt gegeben? Was finden Sie dazu im arXiv? (Hinweis März 2018: 1803.08905)

◇ Die klassischen Konstruktionsprobleme der Antike (Dreiteilung des Winkels, Quadratur des Kreises, Verdopplung des Würfels) wurden alle gelöst, indem man die geometrische Frage in Algebra übersetzte und die Probleme dann auf zahlentheoretische Fragen reduzierte. Wie funktioniert die Übersetzung?

◇ G.H. Hardy und John Littlewood sind für ihre jahrzehntelange intensive, symbiotische Zusammenarbeit bekannt. Wie hat die funktioniert? (Siehe etwa [320].) Ist das heute noch ähnlich denkbar? Diskutieren Sie ihre „Four axioms of collaboration".

◇ Finden Sie die Originalarbeit von Alon, Kalai und Friedland: Verraten uns die Autoren dort, wie sie den Beweis gefunden haben?

◇ Finden Sie die ursprünglichen Arbeiten von Warning und von Chevalley aus dem Jahr 1935. Erkennen Sie das Resultat wieder in der Form, in der wir es hier zitiert haben? Alon, Kalai und Friedland zitieren die Arbeiten von Chevalley und Warning gar nicht, sondern verweisen auf ein Lehrbuch: In welchen Lehrbüchern findet man das Resultat (mit Beweis?)? Wie sieht es da aus?

◇ Sehen Sie sich in der OEIS die Hinweise zu Folge A250001 an. Es wird auf zahlreiche andere Folgen verwiesen – welche? Was haben diese Folgen gemeinsam? Was wird mit ihnen im Allgemeinen erforscht? In welchen Bereichen der Mathematik spielen sie eine Rolle? Gibt es Verbindungen zu Folgen, die Sie selbst kennen?

◇ Wie viele Möglichkeiten gibt es, die Zahl 90316 in der Form

$$a_0 + 2^1 a_1 + 2^2 a_2 + 2^3 a_3 + 2^4 a_4 + 2^5 a_5 + \ldots$$

zu schreiben, wobei die $a_i$ entweder 0, 1 oder 2 sind? (Diese Aufgabe erschien in *Quantum* 9/10, 1997, als Rätsel.) Versuchen Sie das Problem allgemeiner anzugehen: Wie sieht die Anzahl $B(n)$ aus, die Zahl $n$ in der angegebenen Weise zu schreiben? Dazu geht man am besten rekursiv vor: Angenommen, man kennt $B(n)$ und $B(n+1)$, wie sieht dann $B(2n+1)$ bzw. $B(2n+2)$ aus?

Zusatzfrage: Welche Eigenschaften hat die Folge $B(n)$?

Zusammenarbeit à la Hardy und Littlewood – die „Axiome für gute Zusammenarbeit" [320, S. 1of.]:

(i) Im Briefwechsel sollte „wahr" oder „falsch" keine Rolle spielen.

(ii) Niemand muss die Briefe des anderen lesen oder gar beantworten.

(iii) Man sollte besser nicht über dieselben Details nachdenken.

(iv) Für die Veröffentlichung unter beider Namen spielt es keine Rolle, wer wie viel geleistet hat.

# Beweise

Beweise stehen im Zentrum der Mathematik: Was bewiesen ist, das gilt, und zwar für immer. Aber was ist ein Beweis, wie muss er formuliert, formalisiert und präsentiert werden, damit er akzeptiert werden kann? Diese Fragen stellen sich immer wieder neu, auch weil Beweismethoden, Präsentationsweisen und Überprüfungsmechanismen weiterentwickelt werden und weil sie voneinander abhängen. Inzwischen spielen auch der Zufall und die Computer wichtige Rollen.

© Der/die Autor(en) 2022
A. Loos et al., *Panorama der Mathematik*,
https://doi.org/10.1007/978-3-662-54873-8_3

## THEMA: BEWEISE

### Das klassische Konzept

Aus der Zeit der ägyptischen und babylonischen Hochkulturen kennen wir hochinteressante und nichttriviale Rechnungen wie auch geometrische Untersuchungen: Das ist Mathematik, obwohl von Beweisen in diesem Kontext nichts überliefert ist. Mathematik als Wissenschaft der Beweise beginnt wohl erst in der griechischen Antike mit der Formulierung von Lehrsätzen, die Thales von Milet zugeschrieben werden, darunter dem „Satz von Thales" über rechtwinklige Dreiecke im Kreisbogen. Es ist nur bekannt, dass Thales diese Sätze begründete oder bewies. Wie das genau aussah, ist unklar: Thales' Erkenntnisse sind nur aus viel späteren Schriften überliefert. Von Sokrates kennen wir die Entwicklung von Begründungen in Frage und Antwort, im Dialog. Einer seiner Schüler war Platon, von dessen Schüler Aristoteles berühmte Handbücher zum logischen Argumentieren überliefert sind – es wird also herausgearbeitet, was gültige Begründungen und Schlussweisen sind und was nicht.

Etwa zur selben Zeit fasste Euklid das mathematische Wissen seiner Zeit in einem Buch zusammen, den *Elementen*, das aus 13 Kapiteln bestand, die als „Bücher" bezeichnet werden: So behandeln die Bücher I–VI Geometrie in der Ebene, Bücher VII–X Zahlentheorie und Bücher XI–XIII Raumgeometrie). Die *Elemente* wurden über zwei Jahrtausende als Lehrbuch genutzt, setzten insbesondere aber die Standards für die Entwicklung und Darstellung von Mathematik. Die Bausteine dafür sind

◇ Axiome,
◇ Definitionen,
◇ Theoreme (Hauptsätze), Propositionen (Lehrsätze), Lemmata (Hilfssätze),
◇ Beweise und
◇ Korollare (Folgerungen).

Dabei beginnt alles mit den Axiomen: Dies sind nicht begründete Grundannahmen, die als Ausgangspunkt für alles Weitere gesetzt werden. Hier stellt sich natürlich die Frage, was die Grundlage für die Axiome ist (siehe Kapitel „Philosophie der Mathematik", S. 123 ff.). Welche Axiome wählt man? Bei Euklid waren es Aussagen, die er auf Grund seiner Beobachtungen und Erfahrungen für offensichtlich hielt. Anlass für Untersuchungen und Kontroversen bot dabei das sogenannte „Parallelenaxiom", das in einer modernen Version fordert: „Zu jeder Geraden $\ell$ und jedem Punkt $p$, der nicht auf $\ell$ liegt, gibt es genau eine Gerade durch $p$, die $\ell$ nicht schneidet." Dies wurde von Euklid als Axiom für die Entwicklung der ebenen Geometrie gesetzt und entsprechend nicht bewiesen. Alle Versuche, das Parallelenaxiom doch aus den anderen Axiomen der ebenen Geometrie herzuleiten, scheiterten – bis im 19. Jahrhundert von Gauß, Bolyai und Lobatschewski anhand von Modellen für *nichteuklidische Geometrie*, in denen alle Axiome außer dem Parallelenaxiom erfüllt sind, *bewiesen* wurde, dass dies prinzipiell nicht geht.

Euklids *Elemente* enthalten fundamentale mathematische Resultate, darunter die „Unendlichkeit der Primzahlen" (Buch IX, Proposition 20) – ein ewiger Klassiker der Mathematik, ausgesprochen elegant und überzeugend:

◇ Das Resultat wird heute zitiert als „Die Menge der Primzahlen ist unendlich." Euklid formuliert das Resultat aber, ohne mit dem Konzept einer Menge oder mit Unendlichkeit zu hantieren. Er zeigt nur, dass es zu jeder Liste von endlich vielen Primzahlen immer eine weitere gibt.

◇ Der Beweis wird heute gern als Widerspruchsbeweis formuliert (siehe unten). Euklids Hauptargument ist aber direkt und man kann daraus (wenn man weiß, wie man zu einer gegebenen Zahl einen Primteiler findet) sogar einen Algorithmus ableiten.

◇ Der Beweis muss zeigen, dass es für $n$ Primzahlen, $n \geq 1$, immer eine weitere gibt; Euklid führt dies aber nur am Beispiel von drei Primzahlen $a, b, c$ durch: Für diese ist $abc + 1$ entweder selbst eine weitere Primzahl oder aber hat eine Primzahl als Teiler, die nicht $a$, $b$ oder $c$ sein kann. Der Beweis wird also nur für das Beispiel von $n = 3$ Primzahlen formuliert. Man soll daran sehen, dass die Aussage für alle $n$ gilt.

Euklid präsentiert in den *Elementen* neben Resultaten auch Algorithmen wie den euklidischen Algorithmus zur Bestimmung des größten gemeinsamen Teilers zweier Zahlen, aber auch Konstruktionen, etwa der platonischen Körper.

## Die Rolle der Beweise

Was ist und was soll ein Beweis? Aus der vielfältigen Diskussion über die Rolle von Beweisen, Kriterien für korrekte und gültige Beweise sowie ihre Formulierung und Formalisierung lassen sich drei Versionen herausarbeiten:

1. *Beweise, die Menschen überzeugen.*

   Dies ist das traditionelle Verständnis von Beweisen: „Ein Beweis ist jedes vollständig überzeugende Argument", schrieb der Mathematiker Bishop [44]. „Überzeugend" ist kein formales Kriterium, sondern eine Frage des Dialogs, abhängig von Vorwissen und Einsichtsfähigkeit derer, die überzeugt werden sollen – und von dem Können und der Geschicklichkeit derer, die erklären. Ein Beweis in diesem Sinne ist nie „vollständig", sondern führt in „verständlichen" Einzelschritten von *bekanntem Wissen* entlang *etablierter Beweismethoden* zur Behauptung. Dabei stellt sich natürlich die Frage, was als bekannt vorausgesetzt werden kann und darf. Zu den etablierten Beweismethoden gehören grundlegende Muster wie Beweis durch Widerspruch und vollständige Induktion, aber unter Umständen auch viel komplexere Muster, die innerhalb von einzelnen mathematischen Teilgebieten entwickelt worden sind und über deren Voraussetzungen, Gültigkeit und Anwendbarkeit Konsens bestehen muss zwischen der Person, die erklärt, und der, die überzeugt werden soll. Solche Prozesse spielen sich traditionell in Vorlesungen und Seminaren an der Tafel ab, genauso aber beim Schreiben und Lesen von mathematischen Fachaufsätzen und Lehrbüchern.

2. *Beweise, die Computerprogramme „überzeugen".*
Ein Beweis, der diesem Anspruch gerecht wird, besteht aus einer Folge von formalen Aussagen, wobei jede aus den vorherigen nach formalisierten Schlussregeln abgeleitet wird. Er kann also eigentlich nicht in natürlicher Sprache formuliert sein, sondern braucht eine separate Formelsprache, die dann aber für Menschen praktisch unlesbar ist. In diese Kategorie gehören die weiter unten diskutierten *formalen Beweise* – wobei an deren Lesbarkeit intensiv gearbeitet wird.

3. *Beweise, die Mehrwert bieten, den mathematischen Hintergrund beleuchten.*
Mathematik wird mit dem Antrieb und Anspruch betrieben, den „wirklichen Grund" dafür zu verstehen, warum etwas stimmt oder auch nicht. Dieses Ziel hat auch Hilbert 1930 formuliert mit seinem berühmten „Wir müssen wissen. Wir werden wissen." Manche Beweise jedoch funktionieren nur auf einer technischen Ebene – die Hauptaussage wird zum Beispiel in viele Teilaussagen oder Fälle zerlegt, die dann einzeln und nicht selten mit Computerunterstützung abgehandelt werden. Wie erkennt man dann den „eigentlichen Grund", warum etwas stimmt? Von verschiedenen bekannten Mathematikern von Hardy bis Manin ist immer wieder der Anspruch formuliert worden, von Beweisen *inspiriert* zu werden, in ihnen *tiefe Wahrheit* erkennen zu können. Das ist bereits mehr als ein rein technisches „Funktionieren". Dazu kommt ein weiteres Kriterium: die Eleganz und Schönheit von Beweisen. So formulierte Erdős die Vorstellung, Gott besitze ein Buch, DAS BUCH, in dem die „perfekten Beweise" aufgeschrieben seien [6].

## Beweistechniken – eine Auswahl

Beweistechniken und -muster sind eine wesentliche Komponente für den Fortschritt der Mathematik; sie helfen beim Finden, beim Strukturieren und beim Formulieren von Beweisen. In der Variation werden wir Beispiele für die folgenden Strategien diskutieren.

*Beweis durch Widerspruch:* Zu den Klassikern unter den Beweismethoden gehört der *Beweis durch Widerspruch*, für den aus der Negation der zu beweisenden Aussage ein Widerspruch abgeleitet wird. Man kann diese Argumentationstechnik wenigstens bis zur *Analytica Priora* von Aristoteles zurückverfolgen. Sie wurde von den Intuitionisten (siehe Kapitel „Philosophie der Mathematik", S. 123 ff.) vehement abgelehnt. Heutzutage werden Widerspruchsbeweise aber routinemäßig und ohne große Umstände geführt. Eine „unnötige" Formulierung als Widerspruchsbeweis, wenn also ein direktes Argument möglich wäre, wird aber trotzdem als schlechter Stil angesehen. Widerspruchsbeweise sind oft auch nicht konstruktiv, liefern etwa in vielen Situationen nur die Existenz einer Lösung ohne Hinweis darauf, wie man die Lösung finden könnte.

*Fallunterscheidung:* Die *Fallunterscheidung* ist ein wesentliches Gliederungsprinzip. Sie muss sorgfältig durchgeführt werden, so dass nicht zu viele Fälle entstehen, alle Möglichkeiten abgedeckt sind (also keine „Fälle vergessen" werden, was gesondert bewiesen werden sollte) und die Fälle auch möglichst disjunkt sind.

*Vollständige Induktion und unendlicher Abstieg:* Die *vollständige Induktion* ist ein unentbehrliches Arbeitspferd in fast allen Bereichen der Mathematik. Sie wurde formal von Pascal eingeführt. Eine Variante davon ist der *unendliche Abstieg*, der darauf beruht, dass jede nichtleere Menge von natürlichen Zahlen eine kleinste Zahl enthalten muss: Wenn man also zeigen kann, dass eine Menge von natürlichen Zahlen (etwa von Lösungen einer Gleichung) zu jeder natürlichen Zahl eine kleinere enthält, dann kann sie überhaupt kein Element enthalten. Dieses Schema hat Fermat entdeckt und mit großem Erfolg angewendet.

*Schubfachprinzip:* Das *Schubfachprinzip* von Dirichlet wird in vielfältigen Varianten besonders in der Zahlentheorie und in der Kombinatorik eingesetzt: Wenn wir Objekte in Klassen einteilen, und es mehr Objekte als Klassen gibt, dann muss eine Klasse mehr als ein Element enthalten. Etwas abstrakter basiert es darauf, dass eine Abbildung $f : A \to B$ zwischen endlichen Mengen nicht injektiv sein kann, wenn $A$ mehr Elemente enthält als $B$.

*Probabilistische Methode:* In verschiedenen Kontexten ist es schwierig, bestimmte Objekte zu konstruieren. Ihre Existenz kann aber dadurch bewiesen werden, dass man zeigt, dass ein *zufälliges* Objekt in einem geeignet festgelegten Wahrscheinlichkeitsraum mit positiver Wahrscheinlichkeit die gewünschten Eigenschaften hat. Dieser Ansatz wurde 1947 von Erdős eingeführt und dann zu einer sehr effektiven Beweismethode entwickelt. Er hat zu bemerkenswerten Existenzaussagen und oft sehr eleganten Beweisen geführt, wobei es oft keine effektive Methode gibt, um auch nur eines der gesuchten Objekte explizit zu konstruieren.

## Computerunterstützte Beweise

Seit es Computer gibt, werden diese auch für mathematische Forschung genutzt, unter anderem für Computerbeweise, in denen etwa algebraische Umformungen, große Fallunterscheidungen oder Optimierungsaufgaben mit Hilfe von Computerprogrammen durchgeführt bzw. gelöst werden.

So gilt der Beweis des Vierfarbensatzes aus dem Jahr 1976 von Kenneth Appel und Wolfgang Haken (basierend u. a. auf Vorarbeiten und einer Strategie von Heinrich Heesch) als der erste große Computerbeweis: Er hängt von einer riesigen Fallunterscheidung ab, die auf dem Computer durchgeführt wurde und viel zu umfangreich ist, um sie per Hand nachzuvollziehen.

Genauso basiert der 1998 abgeschlossene Beweis der Kepler-Vermutung über die maximale Dichte einer Packung gleich großer Kugeln im $\mathbb{R}^3$ durch Thomas C. Hales und Samuel Ferguson auf massiven Computerberechnungen, die letztlich mit 250 Seiten Manuskript und 3 Gigabyte an Computerprogrammen und Daten dokumentiert wurden.

Viel verbreiteter ist aber, dass mathematische Forschung sich auf dem Weg zum Beweis auf numerische oder algebraische Rechnungen stützt. Numerisch bedeutet, dass nur mit einigen Ziffern der Dezimaldarstellung einer Zahl gerechnet wird (zum Beispiel nur mit wenigen Ziffern der Kreiszahl $\pi$, deren Dezimaldarstellung eigentlich unendlich und ohne erkennbares Muster weitergeht). Die Ergebnisse sind dann mit Vorsicht zu verwenden, weil sie Rundungsfehler enthalten und daher ungenau oder auch im schlimmsten Fall völlig falsch sein können (siehe auch Kapitel „Rechnen", S. 367 ff.). Seit Jahrzehnten stehen aber auch umfangreiche *Computeralgebra-Pakete* zur Verfügung, mit denen symbolische und algebraische Rechnungen exakt und effektiv durchgeführt werden können. Ein Schulbeispiel ist die Lösungsformel für quadratische Gleichungen. Ein Klassiker unter diesen Systemen war *Macsyma*, das ab 1968 am M.I.T. entwickelt wurde. Heutzutage sind unter anderem die kommerziellen Systeme *Maple* und *Mathematica* weit verbreitet, aber auch das kostenfreie *SageMath*.

## Formale Beweise

Formale Beweise gehen einen fundamentalen Schritt weiter: Das sind Beweise, die (mit Computerhilfe in einem System wie Coq oder HOL Light) so formalisiert und lückenlos ausgearbeitet sind, dass sie dann von einem *Beweis-Prüfer* oder *Beweis-Assistent* genannten Computerprogramm vollständig auf Korrektheit überprüft werden können.

Die Konzepte für die Formalisierung von Beweisen im Rahmen der mathematischen Logik sind seit dem 19. Jahrhundert von George Boole, Gottlob Frege und ihren Nachfolgern, darunter Bertrand Russell und Alfred North Whitehead, entwickelt worden. Praktikabel geworden sind solche Beweise aber erst, seit man sie auf dem Computer entwickeln und wiederum von Computern überprüfen lassen kann, also in der zweiten Hälfte des 20. Jahrhunderts. Nicolaas de Bruijn hat hier eine Pionierrolle gespielt, später dann Thomas C. Hales [205].

Wichtige Meilensteine waren die Erstellung von formalen Beweisen für
◇  den Vierfarbensatz (George Gonthier, 2005 [185]),
◇  den Primzahlsatz (John Harrison 2009 [217] für den klassischen Analysis-Beweis von Hadamard und Poussin sowie Avigad et al. 2007 [23] für den „elementaren" Beweis nach Erdős und Selberg), und
◇  die Kepler-Vermutung (Thomas C. Hales et al. 2014 [208]).
Wiedijk unterhält eine Webseite (www.cs.ru.nl/F.Wiedijk/100/), auf der dokumentiert wird, für welche der 1999 von Paul und Jack Abad aufgelisteten „100 größten Sätze der

Mathematik" ein formaler Beweis vorliegt. Nach Stand vom Januar 2022 sind dies 97, wovon 86 in dem System *HOL Light* und 86 in *Isabelle* formalisiert und verifiziert vorliegen. Auch antike Mathematik wird von diesem Standpunkt angeschaut: Beeson, Narboux, and Wiedijk [33] haben das erste Buch von Euklids Elementen für moderne Beweissysteme formalisiert und überprüft (mit Verbesserung der bekannten Fehler). Die Formalisierung der Mathematik schreitet also voran!

*Grenzen der Beweisbarkeit*

Gödels Unvollständigkeitssatz aus dem Jahr 1931 [181] besagt: Für jedes interessante, durch Axiome definierte mathematische System (das nämlich reichhaltig genug ist, um die natürlichen Zahlen zu enthalten) gibt es Aussagen, die wahr sind (das heißt, für die es keine Gegenbeispiele gibt), die aber nicht beweisbar sind (die sich also nicht durch eine endliche Kette von logischen Schlüssen aus den gegebenen Grundannahmen, den Axiomen, ableiten lassen).

Auch wenn die arbeitenden Mathematiker und Mathematikerinnen heutzutage dieses Resultat weitgehend ignorieren und sich mit Philosophie der Mathematik (siehe Kapitel „Philosophie der Mathematik", S. 123 ff.) selten explizit beschäftigen, hat es doch weitreichende Implikationen für das praktische Handwerk des Beweisens.

So folgt aus Gödels Satz, dass sich auch für beweisbare Sätze von vornherein gar keine obere Schranke für die Länge eines Beweises angeben lässt: Wenn man so eine Schranke hätte, könnte man alle möglichen Beweise durchprobieren (das wären nur endlich viele) und damit auch entscheiden, ob ein Satz beweisbar ist. Dies ist auch eine Erkenntnis von Gödel, aus seinem Aufsatz *Über die Länge von Beweisen* aus dem Jahr 1936 [26].

## VARIATIONEN: BEWEISE

*Was ist ein Beweis? Wozu dient er?*

Auf diese Fragen gibt es viele Antworten. Eine stammt von
G. H. Hardy, einem der wichtigsten Zahlentheoretiker seiner
Zeit. GH, wie er unter Freunden hieß, steckte voll von Widersprüchen: Er war ehrgeizig, egozentrisch, eigenbrötlerisch, gab
sich gerne apodiktisch – und förderte Frauen und Außenseiter [455]. Obschon „reine Mathematik" für ihn die eigentliche
Mathematik war, forschte er auch an Anwendungen der Mathematik. Obwohl Atheist, soll er (ähnlich wie später auch Paul
Erdős) Gott als eine Art Gegenspieler der Menschen betrachtet
haben.

Hardy beschrieb die Mathematik als ein Gebirge – unwirt-
lich, aber unvergänglich und erhaben. Mehr als zehn Jahre
vor seinem berühmten Buch *A Mathematician's Apology* (*Ver-
teidigungsrede eines Mathematikers*) aus dem Jahr 1941 [214]
schrieb er 1929 einen kleinen Aufsatz mit dem Titel *Mathematical Proofs* [215]. Beweise, heißt es darin, seien vergleichbar mit
Wegbeschreibungen durch eine Berglandschaft. Wenn jemand
einen Kollegen auf einen Gipfel aufmerksam machen wolle,
dann

> zeigt er darauf, entweder direkt oder entlang einer Kette von
> Berggipfeln, die ihn selbst zur Erkenntnis gebracht haben. Wenn
> sein Schüler den Berg dann auch sieht, dann ist die Forschung, das
> Argument, der Beweis fertig.

Das sei ein „grober Vergleich", merkt Hardy an. Doch er lasse
sich noch weiter treiben:

> Wenn wir das ins Extreme durchspielen, dann landen wir in ei-
> ner ziemlich paradoxen Situation; es gibt, ganz streng gesehen,
> gar nicht so etwas wie den mathematischen Beweis; wir können
> letztlich nur hinzeigen. Beweise sind das, was Littlewood und ich
> Benzin nennen, rhetorische Schnörkel, um die Psyche anzuregen,
> Bilder an der Tafel während der Vorlesung, Dinge, die die Vorstel-
> lungskraft der Schüler stimulieren sollen. Das ist natürlich nicht
> die volle Wahrheit, aber es steckt eine Menge Wahres darin. [215]

Hardy unterscheidet zwei Sorten von Beweisen: (langweili-
ge) Beweise, die nötig sind, um Fundamente zu sichern, und
Beweise, die bei eher überraschenden Ergebnissen dazu da

Godfrey Harold („G. H.") Hardy
(1877–1947) wurde von klein auf für
die Mathematik „trainiert wie ein
Rennpferd", wie sein Freund, der
Chemiker und Literat C. P. Snow in
seiner Vorrede zu Hardys berühmter *A Mathematician's Apology* [214]
schreibt. Hardy selbst bekannte in
dem Buch: „Wenn ich an Mathematik
dachte, dann in Bezug auf Prüfungen
und Stipendien: Ich wollte besser sein
als die anderen Jungs, und Mathematik schien mir die beste Strategie."
Die Mühen sollten sich auszahlen: Er
gewann unter anderem Stipendien
für das Winchester College und für
das Trinity College in Cambridge.
1911 begann er in Cambridge mit
John E. Littlewood zusammenzuarbeiten, zwei Jahre später entdeckte
er den indischen Mathematiker Ramanujan. „Ich schulde ihm mehr
als jedem anderen auf dieser Welt,
mit einer Ausnahme, und meine
Verbindung mit ihm ist das einzige
romantische Ereignis meines Lebens"
und löste damit Spekulationen aus.
(Die „Ausnahme" bezog sich wohl
auf Littlewood.) Hardy wechselte
1919 nach Oxford, 1931 kehrte er
wieder nach Cambridge zurück.

sind, dem Gegenüber zu erklären, *warum* ein Theorem richtig ist. Um die Berg-Metapher weiterzutreiben: Es gibt Beweise, die den Weg ins Basislager sichern und Beweise, die auf überraschenden Wegen in die Höhen führen, die hohe Kunst des Bergsteigens.

Ähnlich hatte hundert Jahre zuvor Bernard Bolzano argumentiert. In seinem „Rein analytischen Beweis des Lehrsatzes, daß zwischen je zwey Werthen, die ein entgegengesetztes Resultat gewähren, wenigstens eine reelle Wurzel der Gleichung liege" – dem Beweis des Zwischenwertsatzes – schrieb er,

> daß die Beweise in der Wissenschaft keineswegs bloße *Gewißmachungen*, sondern vielmehr Begründungen d. h. Darstellungen jenes objectiven Grundes, den die zu beweisende Wahrheit hat, seyn sollen [51].

Der Mathematiker Yuri Manin wird in einem Interview aus dem Jahr 1998 noch deutlicher. „Ein guter Beweis ist ein Beweis, der uns klüger macht", sagt er und erklärt:

> Beweise sind der einzige Weg, den wir kennen, um zu wissen, ob unsere Gedanken wahr sind; das heißt, tatsächlich der einzige Weg, um zu beschreiben, was wir gesehen haben. Ein Beweis ist nicht einfach ein Argument, um einen fiktiven Gegenspieler zu überzeugen. Ganz und gar nicht. Beweise sind der Weg, mathematische Wahrheit zu kommunizieren. Alles andere – Geistesblitze, das Hochgefühl einer plötzlichen Entdeckung, unbegründete, aber starke Vermutungen – bleiben unsere Privatsache. Und wenn wir einige Computerberechnungen machen, dann beweisen wir nur, dass die Dinge in den Fällen, die wir überprüft haben, so sind, wie wir sie gesehen haben. [...] Wenn das Herz des Beweises eine umfängliche Suche oder eine lange Reihe von Identitäten ist, dann handelt es sich vermutlich um einen schlechten Beweis. Wenn etwas so isoliert dasteht, dass es genügt, wenn das Resultat auf dem Bildschirm oder Computer auftaucht, dann ist es wahrscheinlich die Mühe nicht wert. Weisheit lebt in Verbindungen. [331]

## Das klassische Konzept

In ägyptischen oder mesopotamischen Papyri und Keilschrifttexten – darunter etwa dem berühmten Papyrus Rhind, der wohl etwa aus dem 16. Jahrhundert v. Chr. stammt – kamen allgemeine Beweise im heutigen Sinne nicht vor. Stattdessen

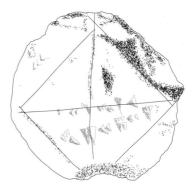

Die babylonische Tafel YBC7289; die Beschriftung beschreibt die Näherung von $\sqrt{2}$. Eine Quadratseite trägt die Zahl 30, die Diagonalen sind mit 1, 24, 51, 10 und 42, 25, 35 beschriftet. 1, 24, 51, 10 steht für

$$1 + \frac{24}{60^1} + \frac{51}{60^2} + \frac{10}{60^3} = 1{,}41421\overline{296},$$

was ziemlich genau $\sqrt{2}$ ergibt. Beweis oder Erklärung? Fehlanzeige. (Vgl. [169])

wurden Aufgaben gestellt und anhand von Zahlenbeispielen die Lösungswege erklärt.

Die Geschichte der Beweise beginnt mit Thales von Milet, also im 7. Jahrhundert v. Chr. Ob Thales wirklich einen Beweis „seines" Satzes besaß und wie dieser formuliert wurde, darüber kann man allerdings nur spekulieren: Schon Aristoteles kannte Thales' Ideen nur aus zweiter Hand, und heute weiß man über seine Arbeit nur noch, was sich aus Nebensätzen und Randbemerkungen zusammensuchen lässt.

Dreihundert Jahre nach Thales lebte Euklid. Einen Teil seines Lebens verbrachte er wohl in Alexandria, dem dritten Wissenschaftszentrum der Antike (nach der *Akademia* des Platon und dem *Lykeion* des Aristoteles), das vor allem durch seine Bibliothek bekannt wurde. Das passt zu Euklid, der heute als Sammler und Ordner von Wissen bekannt ist. Die 13 Bücher seiner *Elemente* enthalten das mathematische Wissen seiner Zeit in strukturierter Form; einer Form, die Standards bis in die Moderne gesetzt hat. Wie alt die Beweise waren, als Euklid sie aufschrieb, ist unbekannt; immerhin gibt Euklid manche seiner Quellen preis. Zu den Autoren, die er „zitiert", gehören unter anderem Hippokrates von Kos und Eudoxos von Knidos. Und für logische Schlüsse wendet er die Regeln des Aristoteles an.

Nach einigen Axiomen präsentiert er eine lange Liste von Lehrsätzen, die alle aus Aufgaben und (allgemeinen) Lösungen bestehen. Die ersten sechs Bücher beschäftigen sich mit Geometrie und sind voll von geometrischen Beweisen. Die Bücher VII–IX fassen das pythagoreische Wissen über Zahlen zusammen. Buch X behandelt inkommensurable Größen, danach kommen in Büchern XI–XIII die Raumgeometrie – mit den platonischen Körpern als krönendem Abschluss.

In den Büchern über Zahlentheorie findet sich der euklidische Algorithmus und der berühmte Satz von der Unendlichkeit der Primzahlen, letzterer in Proposition 20 von Buch IX:

> Man soll zu gegebenen Primzahlen irgendeine Primzahl finden, die von jenen verschieden ist. Man hat hier nichts anderes vor, als zu zeigen, dass die Anzahl der Primzahlen unendlich ist. Seien nämlich *a*, *b*, *c* Primzahlen, dann sage ich, es gibt eine andere Primzahl, die sich von ihnen unterscheidet; es sei *df* die kleinste [Größe], die von diesen [Zahlen] ge-

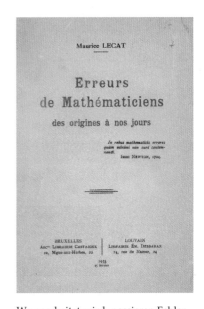

Wo gearbeitet wird, passieren Fehler. Der Chemiker und Mathematiker Maurice Lecat veröffentlichte 1935 ein Buch, das mehr als 500 Fehler von Mathematikern auflistet, darunter von Denkern wie Euklid, Augustinus, Euler und Gauß [306].

messen [= ohne Rest geteilt] wird; *dg* entstehe daraus durch
Hinzufügen einer Einheit. [Diese Zahl] kann dann entweder
prim sein oder zusammengesetzt. Ist sie prim, ist der Satz erfüllt, ist sie zusammengesetzt, dann wird sie von einer anderen
Primzahl *h* gemessen, die nicht eine der gegebenen Zahlen *a*,
*b*, *c* sein kann. Wenn [*h*] nämlich eine der Zahlen [*a*, *b*, *c*] wäre,
die ihrerseits *df* messen, dann würde sie selbst jene Zahl [*df*]
messen, und weil sie [gleichzeitig] *dg* misst, muss sie die Einheit *fg* messen, was unmöglich ist. Dadurch, dass ich eine Zahl
*df* vorstelle, die von *a*, *b*, *c* gemessen wird, gilt [also] der Satz. [151]

**Atis quotlibet numeris primis, aliquem primum ab eis diuer-
sum esse necesse est.**

CAMPANVS.   Nihil aliud intenditur,
nisi ꝗ numeri primi sint infiniti, demon-
strare. Sint enim a, b, c, numeri primi, dico
esse aliquem primum diuersum ab eis, sit quidem d f mi
nimus quem numerant, cui addita unitate fiat d g, qui est primus aut cōpositus, si primus, constat propositum, si compositus, numerat eum aliquis primus, qui sit h, quem
non est possibile esse aliquem ex primis propositis. Si enim esset aliquis eorū, cum qui-
libet ipsorum numeret d f, ipse quoꝗ numeraret eundem, at quia numerat d g, opor-
teret ipsum numerare f g qui est unitas, quod est impossibile. Idem sequitur posito d f
quotlibet numero quem numerant a, b, c, quare constat propositum.

Proposition 20 im Buch IX von
Euklid, aus einem Druck von 1537
von Johannes Hervagen, der die Ausgabe von Campano da Novara mit
dem griechischen Kommentar des
Spätplatonikers Theon zusammen-
führte. Mehr zur Quellengeschichte
in [166].

Euklid vermeidet geschickt, mit unendlichen Mengen zu hantieren: Er hat in seinem Beweis immer nur mit einer endlichen
Menge von Primzahlen zu tun. Dass der Umgang mit unendlichen Mengen vielerlei Probleme aufwirft – mathematische, aber
auch philosophische – thematisiert Euklid nicht, im Gegensatz
zu Aristoteles (siehe Kapitel „Unendlichkeit", S. 213 ff.).

Die Aufteilung der Bücher Euklids legt eine Trennung von
Geometrie und Zahlentheorie nahe, mit der Geometrie auf der
einen Seite und dem Verständnis der Zahlen sowie dem Lösen
von Gleichungen auf der anderen. Heutzutage, mit der technischen Entwicklung und Ausformulierung der Algebraischen
und Arithmetischen Geometrie als mathematische Teilgebiete,
werden die engen Verbindungen zwischen den beiden Seiten
erforscht.

## Das Kunsthandwerk des Beweisens

Wie konstruiert man Beweise? Tatsächlich ist über die Jahrhunderte so etwas wie ein mathematischer Werkzeugkoffer

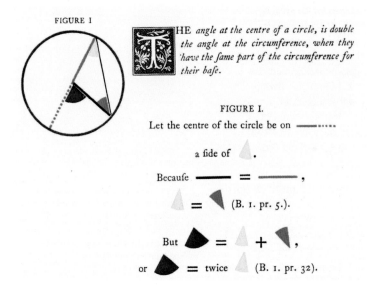

FIGURE I

THE *angle at the centre of a circle, is double the angle at the circumference, when they have the fame part of the circumference for their bafe.*

Euklids Beschreibung der Mathematik orientiert sich sowohl in Geometrie als auch in Zahlentheorie sehr an Bildern, und so wurden Euklids Texte Jahrhunderte lang bildlich veranschaulicht und kommentiert. Auf die Spitze getrieben hat dies Oliver Byrne, ein irischer Mathematiker und Landvermesser auf den Falklandinseln, der 1847 wohl eine der seltsamsten Ausgaben der *Elemente* verfasste [68]: In den ersten sechs Büchern der Elemente, der Geometrie also, ersetzte er so weit wie möglich Text durch bunte Graphiken. Mehr dazu: [409].

entstanden, um Beweise zu basteln (man denke an George Pólyas *How to solve it*-Buch, siehe Kapitel „Mathematische Forschung", S. 43 ff.). Die erste Frage ist häufig: Soll es ein direkter oder ein indirekter Beweis werden?

In einem direkten Beweis wird eine Aussage mehr oder minder einfach aus den Voraussetzungen abgeleitet. Im indirekten Beweis einer Implikation, also der Schlussfolgerung einer Aussage $B$ aus einer Aussage $A$, geht man dagegen von der Verneinung der Behauptung aus, nimmt also an, dass $\neg B$ (das Gegenteil von $B$) gilt. Nun hat man zwei Möglichkeiten: Man kann aus $\neg B$ die Aussage $\neg A$ herleiten, was *Kontraposition* genannt wird. Oder man kann auch noch annehmen, dass $A$ gilt, und daraus einen *Widerspruch* zu $A$ konstruieren (oder zu einer beliebigen anderen bewiesenen Aussage). Diese zweite Variante hat einigen Streit ausgelöst (siehe Kapitel „Philosophie der Mathematik", S. 123 ff.).

Sowohl im direkten als auch indirekten Beweis braucht man üblicherweise eine Menge Zwischenschritte, bis man zum Ziel gelangt. Dabei kann man aus einer großen Anzahl von Methoden wählen. Wir zeigen im Folgenden zwei alte und eine jüngere Beweismethode mit einem direkten Beweis als Beispiel.

*Das Schubfachprinzip.* Eine klassische Beweismethode ist das Schubfachprinzip. Wohl die älteste gedruckte Darstellung eines Beweises nach dieser Methode findet sich in einem Buch mit mathematischen Rätselaufgaben, den *Récréations Mathématiques* von 1624: Es gibt zwei Menschen, die exakt dieselbe Menge Haare auf dem Kopf tragen, weil die Anzahl der Kopfhaare eines jeden Einzelnen geringer ist als die Anzahl der Menschen auf der Erde. Teilen wir also Menschen nach der Anzahl ihrer Haare in Klassen ein, dann muss es mindestens eine Klasse geben, die mehr als einen Menschen enthält.

*Die vollständige Induktion.* Nur wenig jünger ist die vollständige Induktion. In Druckform taucht sie erstmals in einer Abhandlung namens *Traité du triangle arithmétique* von Blaise Pascal im Jahr 1654 auf. (Eine gute Einführung bietet [377].) Pascal teilt darin seine Beobachtungen über das heute sogenannte „Pascal'sche Dreieck" mit. Die Zeilen des Dreiecks bezeichnet er als „Basen", wobei er die Zählung bei 0 beginnt. Die beiden Einträge in der ersten Basis nennt er $\varphi$ und $\sigma$. In seiner Abhandlung beschreibt er unter anderem Folgendes:

> In jedem arithmetischen Dreieck ist das Verhältnis zweier aufeinander folgender Zellen in derselben Basis gleich der Anzahl der Zellen von der oberen Zelle bis zum oberen Ende der Basis geteilt durch die Anzahl der Zellen vom unteren Ende der Basis bis zur unteren Zelle. [...]
> Ich werde das ganz schnell mit Hilfe zweier Lemmata zeigen: Das erste [...] sagt, dass dieses Verhältnis in der zweiten Basis gefunden wird, weil völlig einsichtig ist, dass $\varphi$ sich zu $\sigma$ verhält wie 1 zu 1. Das zweite besagt, dass, wenn dieses Verhältnis in einer Basis gefunden wird, dann notwendigerweise auch in der folgenden. [370]

Betrachten wir als Beispiel die sechste „Basis". Für den markierten Eintrag 15 würde Pascal zum linken Rand den Abstand 3 zählen, für den Eintrag 20 den Abstand zum rechten Rand 4, und es ergibt sich tatsächlich das Verhältnis

$$\frac{15}{20} = \frac{3}{4}.$$

Wie beweist man das? Pascal hat es schon angedeutet: Er zeigt, dass die Aussage für einen sehr kleinen Spezialfall gilt

„Warum kann man sich absolut sicher sein, dass zwei Menschen dieselbe Menge Haare oder Pistolen [eine Geldeinheit] besitzen?" wird in den *Récréations Mathématiques* gefragt.

$$
\begin{array}{ccccccccc}
 & & & & 1 & & & & \\
 & & & 1 & & 1 & & & \\
 & & 1 & & 2 & & 1 & & \\
 & 1 & & 3 & & 3 & & 1 & \\
1 & & 4 & & 6 & & 4 & & 1 \\
\end{array}
$$

Das Pascal'sche Dreieck

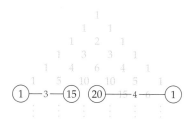

(Lemma 1), und beweist anschließend, dass sie, falls sie für Basis $n$ gilt, auch für Basis $n + 1$ gelten muss (Lemma 2; die Buchstaben entsprechen den Bezeichnungen in seiner Darstellung des Dreiecks):

> Um das zweite Lemma zu zeigen, ist nur Folgendes nötig: Wenn das Verhältnis in irgendeiner Basis gefunden werden kann, sagen wir in der vierten $D\lambda$, falls also $D$ zu $B$ wie 1 zu 3 und $B$ zu $\theta$ wie 2 zu 2 und $\theta$ zu $\lambda$ wie 3 zu 1 und so weiter gilt, dann wird dasselbe Verhältnis in der folgenden Basis $H\mu$ zu finden sein und zum Beispiel $E$ zu $C$ wie 2 zu 3 sein.
>
> Wegen der Annahme gilt also: $D$ zu $B$ wie 1 zu 3.
>
> Dann $\underbrace{D + B}_{E}$ zu $B$ wie $\underbrace{1 + 3}_{4}$ zu 3
>
> Genauso gilt wegen der Annahme $B$ zu $\theta$ wie 2 zu 2.
>
> Also $\underbrace{B + \theta}_{C}$ zu $B$ wie $\underbrace{2 + 2}_{4}$ zu 2.
>
> Aber $B$ zu $E$ wie 3 zu 4.
>
> Zusammengenommen sind die Verhältnisse $C$ zu $E$ wie 3 zu 2.

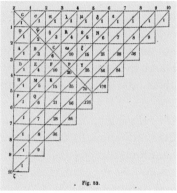

Pascals Darstellung seines Dreiecks (Aus [370, S. 416]).

Diese Methode nennt man heute die vollständige Induktion: Den *Induktionsanfang* bildet der Beweis eines Spezialfalls, nämlich Aussage für den kleinsten Wert $n$, für den sie behauptet wird. Es folgt der *Induktionsschritt*, in dem aus der Induktionsvoraussetzung, dass die Aussage für ein beliebiges $n$ gilt, die Behauptung für den nächsten Wert $n + 1$ abgeleitet wird. Nur an dieser Stelle ist Pascals Argument aus heutiger Sicht unvollständig, denn ein „Beweis durch Beispiel" ist eben kein allgemeingültiger Schluss.

*Die Probabilistische Methode.* Viel neuer ist die probabilistische Methode, eine Technik, die von Paul Erdős ab 1947 systematisch entwickelt und in vielen verschiedenen Situationen erfolgreich angewendet wurde. Die Idee dahinter: Wenn sich in einer endlichen Menge mindestens ein Element von einem bestimmten Typ befindet, dann ist die Wahrscheinlichkeit, bei einem zufälligen Griff in die Menge ein solches Element zu erhalten, größer als null – und umgekehrt. Genau diese Umkehrung kann man für einen Existenzbeweis benutzen: Wenn die Wahrscheinlichkeit größer null ist, dann muss das Element existieren.

Erdős war der Erste, der dieses Prinzip systematisch benutzte. Erstmals taucht es bei ihm in einer Arbeit [148] aus dem Jahr 1947 zur *Ramsey-Theorie* auf, die nach dem hochbegabten und vielseitig interessierten, aber früh verstorbenen Frank Ramsey benannt ist. Es geht dabei um geordnete Unterstrukturen, die in jeder großen Struktur enthalten sein müssen. So betrachtet man vollständige Graphen $K_n$ auf $n$ Knoten, deren Kanten mit zwei Farben (traditionell: blau und rot) gefärbt werden. Ramsey bewies: Wenn $n$ sehr groß ist, dann gibt es für jede Färbung der Kanten eine Teilmenge von $k$ Knoten, die nur durch rote Kanten, oder nur durch blaue Kanten verbunden sind. Aber wie groß muss $n$ dafür mindestens sein? Ramsey hatte 1929 also gezeigt, dass eine kleinste solche Zahl $n$ für jedes $k$ und $\ell$ existiert: Sie wird heute als die Ramsey-Zahl $R(k, \ell)$ bezeichnet. Der exakte Wert von $R(k, \ell)$ ist aber auch heute nur für sehr kleine Werte von $k$ und $\ell$ bekannt. Immerhin ist recht leicht zu zeigen, dass $R(k, \ell)$ nicht nur endlich ist, sondern für alle $k$ und $\ell$ auch $R(k, \ell) \leq \binom{k+\ell-2}{k-1}$ gilt.

Aber ist $R(k, \ell)$ wirklich groß? Erdős zeigte 1947, dass zumindest

$$R(k, k) > \lfloor 2^{k/2} \rfloor$$

gilt, für $k \geqslant 3$. Seine Argumentation funktioniert so: Man nehme an, man habe den vollständigen Graphen $K_n$ zufällig zweigefärbt und zwar so, dass jede Kante unabhängig von allen anderen Kanten mit Wahrscheinlichkeit $1/2$ rot oder blau ist. Nun sei $E_k$ das Ereignis, dass für eine Teilmenge von $k$ Knoten alle $\binom{k}{2}$ Verbindungskanten dieselbe Farbe haben. Die Wahrscheinlichkeit, dass alle diese Kanten blau sind, beträgt $2^{-\binom{k}{2}}$, ebenso die Wahrscheinlichkeit dafür, dass sie alle rot sind. Insgesamt ist also die Wahrscheinlichkeit dafür, dass alle Kanten zwischen den $k$ gegebenen Knoten dieselbe Farbe haben, gleich $2^{1-\binom{k}{2}}$. Nun gibt es aber $\binom{n}{k}$ verschiedene Teilmengen von $k$ Knoten, und damit ist die Wahrscheinlichkeit, dass irgendeine davon einen einfarbigen vollständigen Teilgraphen ergibt, höchstens $\binom{n}{k} 2^{1-\binom{k}{2}}$. Mal angenommen, es gelte $\binom{n}{k} 2^{1-\binom{k}{2}} < 1$; dann würde das bedeuten, dass es sicher eine Färbung gibt, bei der alle induzierten Teilgraphen auf $k$ Knoten nicht einfarbig sind. Das aber bedeutet, dass in diesem Fall $R(k, k) > n$ sein muss. Nun gilt aber für $k \geqslant 3$ und $n = \lfloor 2^{k/2} \rfloor$ die Abschätzung

Der vollständige Graph $K_9$ enthält bei jeder Färbung der Kanten mit zwei Farben entweder einen roten vollständigen Graphen mit vier Knoten (hier in dunklerem Rot hervorgehoben) oder einen blauen vollständigen Graphen mit drei Knoten (oder sogar beides wie hier). Für $K_8$ gilt das nicht, denn $R(3, 4) = 9$.

$\binom{n}{k} 2^{1-\binom{k}{2}} < \frac{2^{1+\frac{k}{2}}}{k!} \cdot \frac{n^k}{2^{k^2/2}} < 1$. Daher haben wir tatsächlich für alle $k \geqslant 3$ die Abschätzung $R(k,k) > \lfloor 2^{k/2} \rfloor$ bewiesen.

Erdős benutzte die probabilistische Methode ausgiebig, unter anderem auch in der additiven Kombinatorik. Ein Klassiker ist sein Beweis aus [147], dass jede endliche Teilmenge $\mathcal{B} \subset \mathbb{Z}\setminus\{0\}$ mit $|\mathcal{B}| = n$ eine summenfreie Teilmenge $\mathcal{A}$ enthält, mit $|\mathcal{A}| > \frac{n}{3}$. „Summenfrei" bedeutet dabei, dass bei keinem Paar von Elementen aus $\mathcal{A}$ auch deren Summe in $\mathcal{A}$ auftaucht. Inzwischen ist die probabilistische Methode ein wichtiges Hilfsmittel in der Kombinatorik; das Lehrbuch von Alon und Spencer [12] ist dafür eine exzellente Quelle.

## Der Weg zum modernen Beweis

Seit jeher wird in der Mathematik um bessere, klarere Beweise gerungen. Das zeigt sich auch am Fundamentalsatz der Algebra, der besagt, dass jedes nicht-konstante Polynom mit reellen oder auch komplexen Koeffizienten eine komplexe Zahl als Nullstelle hat – woraus folgt, dass jedes Polynom in ein Produkt von Linearfaktoren zerfällt. Der erste publizierte Beweis, von d'Alembert 1746, basierte auf einem fundamental falschen Ansatz. Auch Euler, Lagrange, Laplace und schließlich Gauß kämpften mit den Konzepten „imaginär" und „komplex", mit der Formulierung des Satzes und mit Beweisen. Der erste korrekte und (halbwegs) vollständige Beweis wurde vom 22-jährigen Gauß 1799 in seiner Doktorarbeit vorgelegt, wo er auch die Beweisversuche seiner Vorgänger analysierte und kritisierte. Er bewies den Fundamentalsatz in seinem Leben insgesamt viermal (siehe [357], [15, Kap. 6.3] oder [540, Kap. 10.3.2]).

Mathematik ist in einem ständigen Prozess der Veränderung, der Überarbeitung, und dabei verändern sich auch die Standards für Beweise. Zum Ausgang des 19. Jahrhunderts wurde hieran besonders in der Analysis gefeilt. Karl Weierstraß und seine Schüler unterschieden erstmals zwischen punktweiser und gleichmäßiger Konvergenz und führten den $\varepsilon$-$\delta$-Kalkül ein (siehe Kapitel „Funktionen", S. 309 ff.).

Etwa zur gleichen Zeit begannen Mathematiker mit der Arbeit an einer neuen Axiomatisierung ihres Fachs, wobei David Hilbert eine führende Rolle übernahm (siehe Kapitel

„Ein Gedanke, den man einmal anwendet, ist ein Kunstgriff. Wendet man ihn zweimal an, so wird er zur Methode." – George Pólya und Gabor Szegő in [400, S. VI]

Van der Waerdens *Moderne Algebra* von 1931

„Philosophie der Mathematik", S. 123 ff.). Die Darstellung von Mathematik wandelte sich. So setzte für die Algebra van der Waerdens zweibändige *Moderne Algebra* von 1930/31 neue Maßstäbe. In Frankreich machte sich eine junge Generation von Mathematikern daran, die *ganze* Mathematik neu aufzuschreiben – unter dem Pseudonym Bourbaki (siehe Kapitel „Was ist Mathematik?", S. 3 ff.).

Auch die äußere Form entwickelte sich: In den 1970er Jahren revolutionierte der Amerikaner Donald E. Knuth den Textsatz mit der Programmiersprache TeX, die er ursprünglich für sein eigenes gigantisches Buchprojekt *The Art of Computer Programming* entwickelt hatte. In den 1980er Jahren erweiterte der Informatiker Leslie Lamport TeX durch ein Paket kleiner Programme und schuf so LaTeX, das heute in der Mathematik und Informatik (und vielen anderen Gebieten) übliche Textsatzprogramm.

Veränderungen im Textsatz innerhalb von 50 Jahren: eine Seite Bourbaki über Mengentheorie und eine Seite aus einer Arbeit von Terence Tao und Van Vu über Matrizen mit zufälligen Einträgen. Man beachte die Strukturierung der Texte: Der Bourbaki-Ausschnitt zeigt eine Proposition (also einen Satz), die recht unauffällig in den nachfolgenden Beweis übergeht. Es folgt ein Korollar, also eine Folgerung aus der Proposition. Tao und Vu haben ihre Arbeit in LaTeX gesetzt. Die Beweise des Lemmas und der Proposition sind viel klarer markiert als bei Bourbaki: Sie beginnen mit dem Schlüsselwort „Proof" und enden mit dem Zeichen □. Man beachte auch die vielen Verweise (rote und grüne Markierungen): Abschnitte, Propositionen, Theoreme oder Literaturhinweise können per Mausklick automatisch angesprungen werden.

---

E II.31　　THÉORIE DES ENSEMBLES　　§ 5

donc $f \circ f$ est l'application identique de $\mathfrak{B}(E)$, ce qui montre que $f$ est une injection et $f$ une rétraction associée (II, p. 18).

**2. Ensemble des applications d'un ensemble dans un ensemble**

Soient E et F des ensembles. Le graphe d'une application de E dans F est une partie de E × F. L'ensemble des éléments de $\mathfrak{B}(E \times F)$ qui possèdent la propriété d'être des graphes d'applications de E dans F est donc une partie de $\mathfrak{B}(E \times F)$ que l'on désigne par $F^E$. L'ensemble des triplets $f = (G, E, F)$, pour $G \in F^E$ est donc l'*ensemble des applications* de E dans F; on le désigne par $\mathscr{F}(E; F)$. Il est clair que $G \mapsto (G, E, F)$ est une bijection (dite *canonique*) de $F^E$ sur $\mathscr{F}(E; F)$. L'existence de cette bijection permet de traduire aussitôt toute proposition relative à l'ensemble $F^E$ en une proposition relative à $\mathscr{F}(E; F)$, et vice-versa.

Soient E, E', F, F' des ensembles. Soient $u$ une application de E' dans E, et $v$ une application de F dans F'. La fonction $f \mapsto v \circ f \circ u$ ($f \in \mathscr{F}(E; F)$) est une application de $\mathscr{F}(E; F)$ dans $\mathscr{F}(E'; F')$.

PROPOSITION 2. — 1° *Si $u$ est une surjection de E' sur E, et $v$ une injection de F dans F', l'application $f \mapsto v \circ f \circ u$ est injective.*
2° *Si $u$ est une injection de E' dans E, et $v$ une surjection de F sur F', l'application $f \mapsto v \circ f \circ u$ est surjective.*

Bornons-nous au cas où les ensembles E', F sont non vides, la proposition se vérifiant trivialement dans les autres cas.

1° Soient $s$ une section associée à $u$, $r$ une rétraction associée à $v$ (II, p. 18, déf. 11). On a $r \circ (v \circ f \circ u) \circ s = \mathrm{Id}_F \circ f \circ \mathrm{Id}_E = f$, ce qui montre que $f \mapsto v \circ f \circ u$ est injective.

2° Soient $r'$ une rétraction associée à $u$, $s'$ une section associée à $v$. Pour toute application $f' : E' \to F'$, on a $(s' \circ f' \circ r') \circ u = f'$, ce qui montre que $f \mapsto v \circ f \circ u$ est surjective.

COROLLAIRE. — *Si $u$ est une bijection de E' sur E et $v$ une bijection de F sur F', $f \mapsto v \circ f \circ u$ est bijective.*

Soient A, B, C trois ensembles, et $f$ une application de B × C dans A. Pour tout $y \in C$, soit $f_y$ l'application partielle $x \mapsto f(x, y)$ de B dans A (II, p. 21); la fonction $y \mapsto f_y$ est une application de C dans $\mathscr{F}(B; A)$. Inversement, pour toute application $g$ de C dans $\mathscr{F}(B; A)$, il existe une application et une seule $f$ de B × C dans A telle que $g(y) = f_y$ pour tout $y \in C$, savoir l'application $(x, y) \mapsto (g(y))(x)$. Donc:

PROPOSITION 3. — *Si, pour toute application $f$ de B × C dans A, on désigne par $\tilde{f}$ l'application $y \mapsto f_y$ de C dans $\mathscr{F}(B; A)$, la fonction $f \mapsto \tilde{f}$ est une bijection (dite canonique) de $\mathscr{F}(B \times C; A)$ sur $\mathscr{F}(C; \mathscr{F}(B; A))$.*

---

NECESSITY OF FOUR MOMENTS　　13

But a short calculation (using the fact that $\eta, \eta'$ match to third order) reveals that
$$\mathbf{E}(|\zeta_{ab}|^4) - \mathbf{E}(|\zeta'_{ab}|^4) = 2(\mathbf{E}(\eta^4) - \mathbf{E}((\eta')^4)).$$
The claim follows. □

The value $\max\{|\lambda_1|, |\lambda_n|\}$ is called the *spectral norm* of $M_n$ and will be denoted by $\|M_n\|$. The following result is well-known:

**Lemma 3.2** (Concentration of the spectral norm). *For any $A \geq 0$, one has*
$$\mathbf{P}(\|M_n\| \geq 3n^{1/2}) = O_A(n^{-A}).$$
*In particular,*
$$\mathbf{P}(|\lambda_i(M_n)| \geq 3n^{1/2}) = O_A(n^{-A})$$
*and*
$$\mathbf{E}|\lambda_i(M_n)|^A = O_A(n^{A/2}).$$

*Proof.* This follows easily from (5) or (6), combined with (3) (as well as using crude estimates, such as Hölder's inequality, to deal with the rare tail event in which the estimates (5) or (6) fail. Note that this argument allows us to replace the coefficient 3 in the above large deviation inequality by $2 + o(1)$, but we will not need this improvement here. For even sharper concentration results, see the recent paper [8]. □

We can now invoke Theorem 1.3 to establish

**Proposition 3.3** (Fourth moment concentration). *We have*
$$\left| \sum_{i=1}^n \mathbf{E}(\lambda_i^4) - (\sqrt{n}\gamma_i)^4 - 4(\sqrt{n}\gamma_i)^3(\mathbf{E}\lambda_i - \sqrt{n}\gamma_i) \right| = O(n^{2-c})$$
*for some absolute constant $c > 0$, and similarly for $\lambda'_i$.*

*Proof.* We begin with the Taylor expansion
$$\lambda_i^4 = (\sqrt{n}\gamma_i)^4 + 4(\sqrt{n}\gamma_i)^3(\lambda_i - \mathbf{E}\lambda_i) + O(|\lambda_i - \sqrt{n}\gamma_i|^2(|\lambda_i| + \sqrt{n}\gamma_i)^2).$$
From Lemma 3.2 we see that with probability $1 - O(n^{-100})$ (say), we have $|\lambda_i| + \sqrt{n}\gamma_i = O(\sqrt{n})$. Taking expectations and summing using Theorem 1.3 (and using crude estimates, such as Hölder's inequality, to deal with the tail event of probability $O(n^{-100})$) we obtain the claim. □

Combining Proposition 3.3 with Lemma 3.1 and the triangle inequality, we conclude (for $n$ large enough) that
$$\left| \sum_{i=1}^n 4\gamma_i^3(\mathbf{E}\lambda_i - \mathbf{E}\lambda'_i) \right| \geq |\kappa_0| n^{1/2}.$$
Since $\gamma_i = O(1)$, Theorem 1.6 now follows from the triangle inequality.

*Remark 3.4.* One can use [8], Theorem 7.1] as a substitute for Theorem 1.3 in the arguments above.

Neue Notation: Oft wird Robert Recorde wegen seiner Schrift *The Whetstone of Witte* als Erfinder des modernen Gleichheitszeichens genannt (1557, links). Recordes Zeitgenossen drückten Gleichheit in Worten aus oder nutzten andere Symbole. Johann Regiomontanus etwa gebrauchte in Briefen einen geraden Strich: —, Wilhelm Holtzmann stellte in seiner Übersetzung der *Arithmetica* des Diophant das Gleichheitszeichen hochkant (Mitte, beschrieben wird die Aufgabe $300 - 5N = 100$) und René Descartes gebrauchte das Zeichen ∝. Siehe Cajori [71].

Andererseits: Trotz aller Verbesserungen und Überarbeitungen der Mathematik hat sich an der Art, wie wir beweisen, seit Jahrhunderten nur wenig Grundsätzliches verändert.

> Die Struktur mathematischer Beweise hat sich in den vergangenen 300 Jahren nicht verändert. Die Beweise in Newtons *Principia* unterscheiden sich von solchen aus modernen Lehrbüchern stilistisch nur in einem Punkt: Sie sind auf Latein. Beweise werden immer noch wie Essays geschrieben, wie normale Prosa, aber in gestelzten Worten,

beklagte Leslie Lamport vor einigen Jahren [299].

## Computergestützte Beweise, formale Beweise

Die Computer haben das Beweisen verändert, auf zwei sehr unterschiedliche Weisen: Einerseits helfen sie beim Beweisen, dann sprechen wir von *computergestützten Beweisen*. Andererseits ermöglichen sie das Erstellen und eben auch das Überprüfen von sogenannten *formalen Beweisen*. Das sind Beweise, die in der formalen Sprache der Aussagenlogik aufgeschrieben sind.

Die beiden Einsatzweisen für Computer verfolgen zunächst unterschiedliche Ziele und produzieren unterschiedliche Ergebnisse: Ein computergestützter Beweis basiert (zumindest zum Teil) auf Berechnungen, die in ihrem Umfang typischerweise nicht im traditionellen Sinne überprüfbar oder „nachrechenbar" sind, ein formaler Beweis ist dagegen selbst im Prinzip ein Computerprogramm, geschrieben in einer sehr speziellen Sprache. Andererseits gehören die beiden auch zusammen: Gerade bei computergestützen Beweisen gibt es das Bedürfnis nach Überprüfung und wenn möglich nach „absoluter Sicherheit", um etwa Fehler in Programmen, Betriebssystemen oder der Hardware selbst auszuschließen – und Formalisierung kann diese Sicherheit liefern oder zumindest substanziell dazu

```
(* --------------------------------------------------- *)
(* Definition of rationality (& = natural injection N->R). *)
(* --------------------------------------------------- *)
let rational = new_definition
'rational(r) = ?p q. ~(q = 0) /\ abs(r) = &p / &q' ;;
(* --------------------------------------------------- *)
(* The main lemma, purely in terms of natural numbers. *)
(* --------------------------------------------------- *)
let NSQRT_2 = prove
('!p q. p * p = 2 * q * q ==> q = 0',
MATCH_MP_TAC num_WF THEN REWRITE_TAC[RIGHT_IMP_FORALL_THM] THEN
REPEAT STRIP_TAC THEN FIRST_ASSUM(MP_TAC o AP_TERM 'EVEN') THEN
REWRITE_TAC[EVEN_MULT; ARITH] THEN REWRITE_TAC[EVEN_EXISTS] THEN
DISCH_THEN(X_CHOOSE_THEN 'm:num' SUBST_ALL_TAC) THEN
FIRST_X_ASSUM(MP_TAC o SPECL ['q:num'; 'm:num']) THEN POP_ASSUM MP_TAC THEN CONV_TAC SOS_RULE);;
(* --------------------------------------------------- *)
(* Hence the irrationality of sqrt(2). *)
(* --------------------------------------------------- *)
let SQRT_2_IRRATIONAL = prove
('~rational(sqrt(&2))',
SIMP_TAC[rational; real_abs; SQRT_POS_LE; REAL_POS; NOT_EXISTS_THM] THEN
REPEAT GEN_TAC THEN DISCH_THEN(CONJUNCTS_THEN2 ASSUME_TAC MP_TAC) THEN
DISCH_THEN(MP_TAC o AP_TERM '\x. x pow 2') THEN
ASM_SIMP_TAC[SQRT_POW_2; REAL_POS; REAL_POW_DIV; REAL_POW_2; REAL_LT_SQUARE;
REAL_OF_NUM_EQ; REAL_EQ_RDIV_EQ] THEN

ASM_MESON_TAC[NSQRT_2; REAL_OF_NUM_EQ; REAL_OF_NUM_MUL]);;
```

Ein formaler Beweis für die Irrationalität von $\sqrt{2}$ in der Sprache HOL Light; die Formulierung stammt von John Harrison (www.cs.ru.nl/~freek/comparison/files/hol.ml). Inzwischen existiert etwa ein knappes Dutzend an Sprachen und Programmen, in denen man Beweise formalisieren und dann vom Computer prüfen lassen kann. Die gängigsten dieser „Beweisassistenten" sind Mizar, HOL Light, Isabelle und Coq.

beitragen. Und es gibt prominente Beispiele, bei denen es erst einen computergestützten gab und anschließend auch einen formalen Beweis, während ein „klassischer" Beweis, den Menschen nachvollziehen könnten, nicht in Aussicht ist.

Computerunterstützte Beweise kamen in den 1970er Jahren auf: Der Rechner wurde hier zu Hilfsarbeiten eingesetzt, wie beim aufsehenerregenden Beweis des Vierfarbensatzes von 1974 (siehe zum Beispiel [17] oder [365]). Es galt die Aussage zu zeigen, dass man nur vier Farben benötigt, um eine ebene Landkarte so zu färben, dass Länder mit einer gemeinsamen Grenzlinie unterschiedliche Farben besitzen (wobei so etwas wie ein einzelner Grenzstein in einem Vier-Länder-Eck nicht als gemeinsame Grenze zählt).

Kenneth Appel und Wolfgang Haken konstruierten 1976 einen Beweis, der nicht nur auf eleganten Argumenten beruht, sondern auch auf einer Durchführung von aufwändigen kombinatorischen „Entladungsprozeduren" für 1818 verschiedene Konfigurationen. (Ihre Beweisstrategie geht zu großen Teilen auf Heinrich Heesch zurück.) Die Liste der 1818 Konfigurationen erzeugten Appel und Haken von Hand, aber die Abarbeitung der Entladungsprozeduren in den 1818 einzelnen Fällen überließen sie dann einem Großcomputer. Das entzündete eine heftige Debatte darüber, ob „so etwas wirklich ein Beweis ist" –

Der lange Weg zum Vierfarbensatz

◇ 1852: Francis Guthrie formuliert das Problem in einem Brief an seinen Bruder Frederick.

◇ 1878: Arthur Cayley trägt das Problem der Londoner Mathematischen Gesellschaft vor.

◇ 1879: Der Jurist Alfred B. Kempe veröffentlicht einen (falschen) Beweis im *American Journal of Mathematics*.

◇ 1890: Percy J. Heawood entdeckt den Fehler; er beweist den Fünf-Farben-Satz.

◇ 1969: Heinrich Heesch schlägt in *Untersuchungen zum Vierfarbenproblem* ein Reduktionsverfahren vor.

◇ 1976: Kenneth Appel und Wolfgang Haken veröffentlichen ihren Computerbeweis.

◇ 1997: Neil Robertson, Daniel P. Sanders, Paul D. Seymour und Robin Thomas erstellen einen neuen Computerbeweis.

◇ 2007: Georges Gonthier erstellt einen formalen Beweis im *Coq*-System.

oder nur eine unübersichtliche und möglicherweise fehlerhafte Rechnung.

Der Beweis von Appel und Haken wurde später von einem Team aus vier Mathematikern, Neil Robertson, Daniel Sanders, Paul Seymour und Robin Thomas, verbessert und vereinfacht: Ihre neue Version [422] unterschied nur noch 633 Fälle und diese wurden auch systematisch durch ein Computerprogramm erzeugt und dann abgearbeitet. Doch die Unzufriedenheit blieb. Gian-Carlo Rota kritisierte beispielsweise 1996, als der Computerbeweis von Robertson et al. gerade entstand:

> Nicht alle Verifikationen werden – trotz der Erfolge von Beweisen durch Verifikation – als Beweise anerkannt. Ein glanzvoller Fall einer Verifikation, die nicht für einen Beweis reicht, ist – ungeachtet ihrer nicht zu leugnenden Korrektheit – die Computer-Verifikation der Vierfarbenvermutung. [...] Das Beispiel [...] führt zu einer unausweichlichen Schlussfolgerung: Nicht alle Beweise begründen, warum eine Vermutung wahr sein soll. Eine Verifikation ist ein Beweis, aber eine Verifikation liefert keinen *Grund*. [428, S. 137–139]

Mit „Verifikation" meint Rota die Berechnungen, die die Basis des Beweises bildeten.

Doch 2007 brachte Georges Gonthier, Mathematiker bei Microsoft Research, eine ganz andere Idee ins Spiel. Gonthier gilt heute als einer der führenden Köpfe für formale Beweise und sein erster großer Beweis war einer für den Vierfarbensatz. Dieser Beweis basierte zwar immer noch in seiner Struktur im Wesentlichen auf dem von Robertson et al., war aber so „computerlesbar" erstellt, dass er mit Hilfe des Softwaresystems *Coq* vollständig und in allen Details auf dem Computer überprüft werden konnte. Der Computerbeweis war also immer noch im Wesentlichen von Menschen konstruiert, die kreativ nach Wegen zum Ziel suchen und dem Rechner diese Wege „zeigen", dann aber von der Maschine jeden logischen Schritt verifizieren lassen. Entscheidend ist dabei natürlich, dass *Coq* richtig arbeitet – und das kann man mit konkurrierenden Programmen zum Verifizieren von Beweisen prüfen. So etwas ist am Ende kein Beweis, wird aber als deutlicher Hinweis gewertet. Ein Beweisassistent wie *Coq* kann aber auch seine eigene Korrektheit überprüfen: Das klingt verrückt und die Rechtfertigung eines

*Muss man das beweisen?*
Im 5. Jahrhundert n. Chr. verfasste der griechische Philosoph Proklos Diadochos einen Kommentar zu Euklids erstem Buch. Bei Proposition 20 (der Aussage, dass die Summe zweier Dreiecksseiten zusammen immer länger seien als die dritte) merkt Proklos an, die Epikureer seien der Meinung gewesen, diese Aussage sei „selbst einem Esel" klar, weswegen sie einen Beweis für unnötig erachtet hätten.

So etwas passierte nicht nur antiken Denkern: Ende des 19. Jahrhunderts schien die Aussage des Satzes von Jordan (jede Jordan-Kurve zerlegt die euklidische Ebene in zwei disjunkte Gebiete; siehe S. 258) jedermann sonnenklar, so dass lange nicht auffiel, dass das bewiesen werden muss. Und in der Tat ist das auch gar nicht einfach zu beweisen, siehe [207]!

Verfechter der formalen Beweise wie Vladimir Voevodsky betonen immer wieder, das Formalisieren von Beweisen verhindere just solche Lücken.

 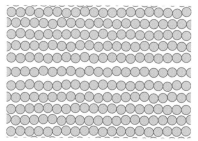

Schon Johannes Kepler fragte sich – angeregt durch Briefe von Thomas Harriot –, wie man den dreidimensionalen Raum am dichtesten mit gleichartigen Kugeln vollpackt und vermutete eine Gitterlösung (links) als optimal. Er publizierte seine Vermutung 1611 in einer kleinen, nur 24 Seiten umfassenden, Schrift *Über den sechseckigen Schnee*.

Die Gitteranordnung ist aber nicht die einzige Lösung mit maximaler Dichte, denn wenn man die Schichten aufeinanderlegt, gibt es für jede neue Schicht zwei Möglichkeiten, sie zu positionieren.

Es gibt sogar Packungen maximaler Dichte, in denen sich die Kugeln (bzw. Kreisscheiben) gar nicht berühren, das sieht man schon am zweidimensionalen Fall: Dafür löscht man aus der Gitterpackung eine Lage und kann dann an den Kugeln etwas wackeln. Die eine entfernte Lage fällt, wie man beweisen kann, für die Dichte gar nicht ins Gewicht.

solchen Vorgehens stellt hohe Ansprüche an die Logik, aber es funktioniert.

Einen ähnlichen Weg wie beim Vierfarbensatz ist man inzwischen bei einer ganzen Reihe von Beweisen gegangen. Einer der berühmtesten betrifft die Kepler'sche Vermutung aus dem Jahr 1611. Die Vermutung behauptet, dass man mit gleich großen Kugeln den dreidimensionalen Raum nicht besser ausfüllen kann, als mit der naheliegenden schichtweisen Anordnung, die in vielen Kristallen auftritt und die auch Gemüsehändler für ihre Orangen verwenden. Ausgehend von Arbeiten von László Fejes Tóth hatte Thomas Hales 1993 einen Plan entwickelt, wie sich die Vermutung mit einer komplizierten und trickreichen Fallunterscheidung sowie massiver Computerhilfe (zur Lösung einer sehr großen Anzahl schwieriger nichtlinearer Optimierungsprobleme), beweisen lassen sollte. Gemeinsam mit seinem Doktoranden Samuel P. Ferguson schloss er 1998 einen solchen Beweis ab, der fünf Aufsätze mit zusammen 250 Seiten umfasste, ergänzt durch einen Anhang von mehr als drei Gigabyte Programme und Daten. Wer soll so einen Beweis überprüfen können?

Der Beweis wurde bei den *Annals of Mathematics* eingereicht, einer der renommiertesten Fachzeitschriften für Mathematik. Angesichts der Prominenz des Problems und der Natur des Beweises wurde für den Überprüfungsprozess eine Konferenz veranstaltet und ein zwölfköpfiges Gutachterteam eingesetzt. Trotzdem musste Robert MacPherson, als Herausgeber der *Annals*, mehr als vier Jahre nach Einreichung (!) Hales melden:

> Von den Gutachtern kommen schlechte Nachrichten, aus meiner Sicht. Sie können weder jetzt noch in Zukunft die Korrektheit

des Beweises sicherstellen, weil ihnen die Kraft ausgegangen ist, sich dem Problem zu widmen. Das ist nicht gerade, was ich erhofft hatte. [...] Die Gutachter haben mehr Energie für die Sache aufgebracht als irgendwer zuvor für einen Beweis. Sie haben lange Zeit ein Seminar dazu abgehalten, mit einer ganzen Menge Leute, die hart gearbeitet haben. Sie haben viele Einzelaussagen in dem Beweis geprüft und jedes Mal erwiesen sie sich als korrekt. [...] Fejes Tóth [einer der Gutachter] glaubt, dass diese Situation immer öfter vorkommen wird. Er sagt, das sei ähnlich wie in experimentellen Wissenschaften – andere Wissenschaftler, die als Gutachter fungieren, können die Korrektheit eines Experimentes nicht verifizieren, sie können die Arbeit nur auf Konsistenz hin prüfen. Er glaubt, dass die mathematische Fachwelt sich an solche Umstände gewöhnen muss. [206]

Das befriedigte niemanden, schon gar nicht Hales selbst. Daher aktivierte er umgehend ein neues Team von Mathematikerinnen und Mathematikern, um das Problem noch einmal frisch anzugehen. Diesmal ging es darum, die Beweise so umzuschreiben (d. h. hier vor allem: zu formalisieren), dass man sie mit einem Computerprogramm nachvollziehen und auf Richtigkeit testen konnte. Dieses Projekt bekam den Namen *Flyspeck*, weil das im Englischen ein Wort (mit der Bedeutung „Fliegenschiss") ist, das die Buchstaben F, P, K – für „Formal Proof of Kepler" – in der richtigen Reihenfolge enthält. Ursprünglich rechnete Hales mit mindestens zwanzig Jahren Arbeit – aber mit einem großen Team war er dann doch viel früher fertig und konnte anlässlich des Internationalen Mathematiker-Kongresses 2014 in Seoul (Korea) Vollzug melden: Der vollständige formale Beweis wurde mit Hilfe des Beweisassistenten *HOL light* erstellt und überprüft. Inzwischen ist er in der Zeitschrift *Forum of Mathematics, Pi* als ein Aufsatz von Hales et al. [208] dokumentiert – ein Aufsatz mit 22 Autorinnen und Autoren.

## Partituren

◇ Beno Artmann, *Euclid – The Creation of Mathematics*, Springer (1999)

Robin Hartshorne, *Geometry: Euclid and Beyond*, Springer (2000)

Zwei exzellente, sehr unterschiedliche Einführungen in die Welt der Beweise bei Euklid.

◇ Daniel Grieser, *Mathematisches Problemlösen und Beweisen. Eine Entdeckungsreise in die Mathematik*, Springer Spektrum (2013)

Eine Einführung für Studierende der ersten Semester – der Autor wurde für sein Buch und die dazugehörige Vorlesung mit dem *Ars legendi*-Preis des Stifterverbands ausgezeichnet ...

◇ Joel David Hamkins, *Proof and the Art of Mathematics*, MIT Press (2020)

... und eine ausgesprochen charmante, gelungene und ansprechende Einführung in das Handwerk und die Kunst des Beweisens auf Englisch.

◇ Martin Aigner und Günter M. Ziegler, *Das BUCH der Beweise*, fünfte Auflage, Springer (2018)

Paul Erdős behauptete, Gott habe ein Buch, in dem die perfekten Beweise aufgeschrieben sind, aber Menschen bekämen das nicht zu sehen.

◇ Stephen Ornes, *How close are computers to automating mathematical reasoning?* Quanta Magazine, www.quantamagazine. org, August 2020

Diskussion der Bedeutung von Beweisen in der Mathematik mit Ausblick auf Methoden des maschinellen Lernens.

◇ Simon Singh, *Fermats letzter Satz: Die abenteuerliche Geschichte eines mathematischen Rätsels*, Hanser (1998)

Ein moderner Klassiker der populären Mathematik-Literatur, entstanden aus einem Dokumentarfilm der BBC (der ebenfalls sehenswert ist).

◇ George G. Szpiro, *Die Keplersche Vermutung*, Springer (2011)

Geht mitunter sehr in die Tiefe und weit über die Mathematik der Kugelpackungen hinaus.

◇ *Special Issue on Formal Proof*, Notices of the American Mathematical Society, (11)55, December 2008

Ein Themenheft der *Notices* über formale Beweise, mit Beiträgen von führenden Akteuren wie Georges Gonthier und Thomas Hales – online unter www.ams.org/journals/ notices/200811/ zu finden.

## Etüden

◇ Studieren Sie die Folge $2, 6, 42, 1806, \ldots$, die durch $a_1 = 2$ und für $n > 1$ durch $a_n := a_{n-1}(a_{n-1} + 1)$ definiert wird. Zeigen Sie (durch vollständige Induktion), dass $a_n$ mindestens $n$ unterschiedliche Primfaktoren enthält – und damit, dass es unendlich viele Primzahlen gibt. Ist dieser Beweis, aus dem Jahr 2006, einfacher als der klassische von Euklid? (Quelle: Saidak [436])

◇ Wenn Sie aus der Menge $\{1, 2, \ldots, 2n\}$ insgesamt $n + 1$ Zahlen auswählen, warum sind dann zwei davon teilerfremd? Welche Methode verwenden Sie für den Beweis? Das Schubfachprinzip?
Verschärfen Sie das Resultat: Finden Sie unter den ausgewählten Zahlen ein Paar von aufeinander folgenden Zahlen $2k - 1$ und $2k$? Funktioniert Ihre Beweismethode immer noch für das schärfere Resultat?

◇ Wenn Sie aus der Menge $\{1, 2, \ldots, 2n\}$ insgesamt $n + 1$ Zahlen auswählen, warum ist dann eine ein Teiler einer anderen? Sie können das wieder mit dem Schubfachprinzip beweisen!
Verschärfen Sie das Resultat: Finden Sie unter den ausgewählten Zahlen ein Paar von $m$ und $2^\ell m$? Funktioniert Ihre Beweismethode immer noch für das schärfere Resultat? Oder ist die schärfere Aussage sogar leichter zu beweisen (oder der Beweis leichter zu finden)?

◇ Pierre de Fermat hat behauptet, dass die Fläche eines rechtwinkligen Dreiecks, dessen Kanten alle eine ganzzahlige Länge haben, keine Quadratzahl sein kann. Überlegen Sie sich, dass daraus folgt, dass die Gleichung $x^4 - y^4 = t^2$ keine Lösung in natürlichen Zahlen hat.
Fermat hat diese Behauptung mit seiner Methode des „unendlichen Abstiegs" bewiesen, indem er gezeigt hat, dass es zu jeder Lösung eine kleinere geben müsse. Wie funktioniert das? Lesen Sie den Beweis nach und erklären Sie ihn mit eigenen Worten!
Hinweis: Die möglichen ganzzahligen Tripel von Kantenlängen rechtwinkliger Dreiecke haben wir unter dem Namen

pythagoreische Tripel schon in Kapitel „Mathematische Forschung" kennengelernt.

◇ Extrahieren Sie aus dem „formalen Beweis" für die Irrationalität von $\sqrt{2}$ in diesem Kapitel die Idee. Wie würden Sie den Beweis aufschreiben?

◇ Für das quadratische Reziprozitätsgesetz existieren inzwischen fast 250 Beweise, die Lemmermeyer in [315] und online in [314] sorgfältig katalogisiert hat. Was besagt das Reziprozitätsgesetz? Warum ist es so bemerkenswert? Können Sie den ersten Beweis von Carl Friedrich Gauß verstehen, den er 1801 in den Disquisitiones Arithmeticae veröffentlicht hat? Und was wissen wir über den unvollständigen Beweis durch Adrien-Marie Legendre einige Jahre zuvor? Sehen Sie sich die anderen Beweise an: Ist einer besonders schön, elegant, kurz oder prominent? Wie unterscheiden sich die vielen Beweise – sind sie wirklich so unterschiedlich?

◇ Finden Sie eine 2-Färbung der Kanten des vollständigen Graphen $K_8$, in der weder ein roter Untergraph $K_4$ noch ein blaues Dreieck $K_3$ auftaucht. Sie zeigen damit also, dass $R(4,3) > 8$ gilt.

◇ Vollziehen Sie Paul Erdős' Beweis für die Abschätzung der Mächtigkeit der summenfreien Teilmengen aus [147] nach.

◇ Was besagt die schwache Goldbach-Vermutung? Wie wurde sie (von Harald Helfgott 2013) bewiesen? Welche Rolle spielten hier die Computerberechnungen?

◇ Immer wieder legen Fachmathematiker wie auch Amateure vermeintliche Lösungen für berühmte alte Probleme vor. Der Informatiker Scott Aaronson hat 2008 in einem Blogeintrag [1] zehn Anzeichen dafür aufgeführt, dass ein angeblicher mathematischer Durchbruch falsch ist. Das erste Anzeichen sei, dass der Aufsatz nicht in TEX präsentiert wird. Diskutieren Sie die Kriterien anhand von Beispielen. Wie überzeugend finden Sie sie?

# Formeln, Zeichnungen und Bilder

*Wenn auch die Mathematik viel mehr ist als Novalis' „Zahlen und Figuren": Die Erfindung von Zahlzeichen, Notation und Formelsprache einerseits sowie die Entwicklung von Bildern, Zeichnungen und Visualisierungsverfahren andererseits sind ausgesprochen wichtig für den Fortschritt der Mathematik. „Verstehen" und „sich vorstellen können" heißt eben auch: in Formeln, Zeichnungen und Bilder übersetzen.*

© Der/die Autor(en) 2022
A. Loos et al., *Panorama der Mathematik*,
https://doi.org/10.1007/978-3-662-54873-8_4

## THEMA: FORMELN, ZEICHNUNGEN UND BILDER

„Ein Bild sagt mehr als tausend Worte!" – das stimmt auch für die Mathematik.

### Zahlen, Notation und Formeln

Die Entwicklung von Zeichen, Zahlen, Notation und Formeln ist eine wesentliche Komponente des Fortschritts der Mathematik: Sie macht ihn erst sichtbar. Wesentliche Teile der modernen Mathematik sind ohne eine ausgefeilte „Formelsprache" gar nicht darstellbar und nicht denkbar. Die Darstellung von Mathematik beginnt jedoch nicht damit, dass jemand „$1 + 1 = 2$" in den Sand schreibt: Wir unterschätzen leicht die kulturelle Vorgeschichte so einer Formel!

*Zahlen.*   Die graphische Darstellung von Zahlen beginnt lange vor den bekannten Zahlzeichen. Auf dem 20 000 Jahre alten Ishango-Knochen bezeichnen elf nebeneinanderliegende Kerben wohl die Zahl 11. Unsere moderne Dezimalschreibweise für Zahlen hat sich über Jahrhunderte entwickelt, über verschlungene und komplexe Umwege über Ägypten, Mesopotamien, Indien und den arabischen bzw. nordafrikanischen Raum. Sie enthält eine Vielzahl von Komponenten, die alle auch anders vereinbart und gehandhabt werden könnten – die Basis zehn, die Zeichen für die Ziffern, die Stellenschreibweise mit der Null als „Platzhalter" und so weiter.

*Operationen.*   Symbolische Zeichen für Rechenoperationen sind relativ jung; über Jahrhunderte hinweg wurden Rechnungen in Worte gefasst. Das Zeichen „+" für die Addition taucht erstmals in einem Rechenbuch von Johannes Widmann 1489 gedruckt auf, das Gleichheitszeichen „=" wird erstmals von dem walisischen Arzt und Mathematiker Robert Recorde 1557 so in Druck gegeben.

Die mathematische Notation hat also nicht ein Einzelner eingeführt, sondern sie entstand aus vielen Ideen und daraus, dass man sich mit der Zeit auf bestimmte „Standard-Schreibweisen" einigte (siehe Cajori [69, 70]). So wird seit Jahren ein Teil der mathematischen Notation in Deutschland durch DIN-Normen vereinheitlicht (etwa in DIN 1302 „Allgemeine mathematische Zeichen und Begriffe"). Die wesentlichen Komponenten der mathematischen Notation sind heute sogar weltweiter Standard, was für die Kommunikation von mathematischen Inhalten von großem Vorteil ist.

Daher wird die Euler'sche Identität

$$e^{i\pi} + 1 = 0$$

heute international und quer durch alle Sprach- und Kulturkreise fast gleich geschrieben, obwohl derselbe mathematische Zusammenhang natürlich auch ganz anders dargestellt werden könnte – etwa indem man $e$, $i$, $\pi$ durch andere Symbole bezeichnet oder die Exponentialfunktion ganz anders darstellt. In einer Umfrage der Zeitschrift *Mathematical Intelligencer* [525, 526] Ende der 1980er Jahre wurde der Satz in dieser Form, also diese Formel, zur „schönsten mathematischen Aussage" von 68 Einsendern gekürt (dicht gefolgt von Eulers Polyederformel und Euklids Satz von der Unendlichkeit der Primzahlen).

Ästhetische Aspekte spielen in der mathematischen Formelsprache ganz unübersehbar eine wesentliche Rolle. Dies kann man an dem Aufwand sehen, den Mathematiker betreiben, damit Formeln übersichtlich, gut lesbar und *schön* gesetzt sind: typischerweise in dem Satzsystem LATEX, das Mathematiker und Informatiker entwickelt haben, die mit dem bisherigen Standard im Textsatz nicht zufrieden waren, allen voran Knuth und Lamport.

Über Notationen und fachgebietstypische Formelsprachen hinaus wurden in manchen Teilgebieten der Mathematik graphische Darstellungsweisen entwickelt, mit denen komplizierte Sachverhalte dargestellt, erklärt und nachvollzogen werden können, die sich nicht oder nicht einfach in „Formeln" ausdrücken lassen. Dazu gehören zum Beispiel die Funktionsgraphen in der Analysis, Bilder von Graphen wie von Polyedern, die „Knotendiagramme" in der Topologie sowie die „kommutativen Diagramme" und die „Spektralsequenzen" aus der Algebra, mit denen komplexe mathematische Zusammenhänge zweidimensional in der Zeichenebene *graphisch* dargestellt werden. Hier werden Formeln zu Bildern; die Grenzen zwischen Formelsprache und Abbildung verschwimmen.

## Schematische Visualisierungen, Skizzen

Vielfach verwendet man beim mathematischen Arbeiten informelle, schematische Visualisierungen, die nicht als exakte oder vollständige Darstellungen der Strukturen gedacht sind, sondern nur einzelne Aspekte oder Komponenten wiedergeben. Dazu gehören unter anderem die folgenden Darstellungsformen:

*Funktionsgraphen.* Sie können einen Eindruck vermitteln, wie sich eine Abbildung in einem Ausschnitt von Ur- und Bildmenge verhält. Natürlich ist das nur in eng gesteckten Grenzen möglich. So ist es beispielsweise schwierig (aber nicht unmöglich), Funktionen zu visualisieren, die von komplexen Zahlen auf komplexe Zahlen abbilden. Man versucht einen Teil der Beschränkungen zum Beispiel durch farbliche Kodierung (Phasendiagramme) oder andere Tricks (Absolutwertbildung, Projektionen) zu umgehen.

*Gedankenstützen, geometrische Skizzen.* Ein großer Teil mathematischen Arbeitens findet an Tafeln oder auf dem Papier statt. Dabei werden ständig Zeichnungen erstellt, die „abstrakte" (also eigentlich nicht in ihrer vollen Komplexität bildlich darstellbare) Strukturen und Sachverhalte in vereinfachter Form wiedergeben. Dazu gehören zum Beispiel Schemata, die Inzidenzen andeuten, hochdimensionale Objekte zu zweidimensionalen Objekten vereinfachen oder komplexe Objekte auf die im Moment wesentlichen Eigenschaften reduzieren. Beispiele sind Knotendiagramme, Skizzen aus der Geometrie bzw. Topologie (Würfel, Sphären, Tori) oder Graphen aus der Graphentheorie.

Während skizzenhafte Visualisierungen in der internen Kommunikation von Mathematik eine extrem wichtige Rolle spielen und zum Arbeitsalltag gehören, sieht man aufwändige Computergraphiken – etwa detaillierte 3D-Bilder – im mathematischen Arbeitsprozess eher selten. Sie werden indessen häufig eingesetzt, um „fertige" mathematische Forschungsergebnisse „für andere" aufzuarbeiten, etwa für Anwender in der Industrie (z.B. in Architektur oder Ingenieurwissenschaften), in der Lehre oder zur Präsentation im weiteren Kollegenkreis auf mathematischen Kongressen. „Gute Bilder" (etwa beeindruckende 3D-Graphiken) sind natürlich auch ein wesentlicher und wertvoller Schlüssel für die Präsentation von Mathematik für eine breitere Öffentlichkeit (siehe auch Kapitel „Mathematik in der Öffentlichkeit", S. 423 ff.).

Mit der modernen Computergraphik haben solche Visualisierungen einen Höhepunkt erreicht: Man kann photorealistische Darstellungen geometrischer Objekte produzieren. Auch die Bilder von Fraktalen aus den 1980er Jahren (darunter die berühmte Mandelbrot-Menge, das sogenannte „Apfelmännchen") gehören dazu – oder, in jüngerer Zeit, 3D-Animationen und -Filmsequenzen, die mitunter sogar in Echtzeit bewegt werden können.

Dabei ist der Übergang zur mathematischen Bilderzeugung für wirtschaftliche Anwendungen fließend.

## Mathematik in der bildenden Kunst

Seit jeher gibt es auch ein enges Zusammenspiel von Mathematik und Kunst. Über Jahrtausende hinweg haben sich Künstler von Mathematik inspirieren lassen, haben Werkzeug aus der Mathematik zur Umsetzung ihrer künstlerischen Ideen verwendet oder gar mathematische Objekte selbst zur Kunst erhoben.

Zu den Meilensteinen gehören unter anderem die Ornamentik im arabischen Kulturraum (zum Beispiel in der Alhambra) und die Kunst der Renaissance, die in Europa zwischen dem 14. und dem 17. Jahrhundert die Kunst der klassischen Antike wiederentdeckte und mit neuen Mitteln – unter anderem aus der Mathematik – erweiterte. Regelmäßige Formen, Proportionen, (Zahlen-)Verhältnisse wie das später als Goldener Schnitt bezeichnete Teilungsverhältnis $(1 + \sqrt{5}) : 2$ und die Harmonielehre spielten in dieser Zeit eine wichtige Rolle. Man entdeckte in der Renaissance auch, wie man die dreidimensionale Welt auf zwei Dimensionen projizieren kann.

Der Mathematiker Pacioli veröffentlichte am Übergang vom 15. zum 16. Jahrhundert mehrere Mathematik-Bücher, die auch für den Kunstgebrauch wichtig wurden, darunter 1509 den Band *De divina proportione* („Vom göttlichen Verhältnis"), für den sein Freund Leonardo da Vinci eine Serie von bemerkenswerten Polyeder-Bildern beisteuerte. Fasziniert von Mathematik – und überzeugt von ihrer Wichtigkeit – war auch Dürer. Er schrieb (und illustrierte) nicht nur ein Buch über geometrische Konstruktionen, *Underweysung der Messung, mit dem Zirckel und Richtscheyt, in Linien, Ebenen unnd gantzen corporen* (1525), sondern nahm in seine Kunstwerke direkt zeitgenössische Mathematik auf. So platzierte er in seinen berühmten enigmatischen Kupferstich *Melencolia I* von 1514 nicht nur prominent ein rätselhaftes Polyeder, sondern auch ein magisches Quadrat.

Die bildende Kunst des 20. Jahrhunderts baute dann die Verwendung von Mathematik massiv aus. Die sogenannte „konkrete Kunst", die sich in den 1920er und 1930er Jahren entwickelte, griff maßgeblich auf geometrische Formen und Konstruktionen zurück, ebenso der etwas frühere Kubismus.

Zu den wichtigsten Künstlern des 20. Jahrhunderts, die in diesem Sinne auf Mathematik zurückgriffen, gehören Max Bill, Georges Braque, Piet Mondrian, Kasimier Malewitsch, Salvador Dalí sowie Victor Vasarely, der auch als Begründer der „Op Art" viel mit optischen Täuschungen und geometrischen Transformationen spielte. Vasarely war unter anderem verantwortlich für die Neugestaltung des Logos des Autoherstellers Renault in den 1970er Jahren auf Basis eines doppelt verdrehten geschlossenen Bandes. Tatsächlich haben zahlreiche Markenlogos ihre Wurzeln in Geometrie und Topologie. So stellt etwa das Logo der Commerzbank ein Möbiusband dar.

Wichtig im Zusammenspiel von Kunst und Mathematik im 20. Jahrhundert wurde auch der Graphiker M. C. Escher, siehe [149]. Escher kam 1937 in Kontakt mit George Pólya und hatte eine Korrespondenz mit ihm begonnen. Berühmt wurde er dann unter Mathematikern, als Nicolaas de Bruijn anlässlich des Internationalen Mathematiker-Kongresses 1954 in Amsterdam eine Ausstellung seiner Werke organisierte. Die Graphiken von Escher stellen in vielfältiger Weise Pflasterungen der euklidischen oder der hyperbolischen Ebene dar. Berühmt sind aber auch seine „unmöglichen Figuren" im dreidimensionalen Raum.

Der Einsatz von Computern und 3D-Druck führen in jüngerer Zeit außerdem dazu, dass sich auch Bildhauerei und Mathematik immer mehr einander annähern. Eine ganze Reihe von professionellen Mathematikern betätigt sich heute als Bildhauer, darunter Helaman Ferguson, Carlo Séquin und George Hart. Insbesondere im asiatischen Raum stehen darüber hinaus Origami und verwandte Papierkünste traditionell in engem Bezug zur Mathematik.

## VARIATIONEN: FORMELN, ZEICHNUNGEN UND BILDER

2009 startete der Mathematiker und Soziologe Christian Kiesow an der TU Berlin ein spannendes Forschungsprojekt: Er filmte Mathematikerinnen und Mathematiker bei der Zusammenarbeit an der Tafel oder am Schreibtisch und durchforstete Lehrbücher, mathematische Arbeiten und Vorlesungsskripte. Kiesow wollte verstehen, wie in der Mathematik mit Bildern – oder, allgemeiner, mit visuellen Mitteln – argumentiert wird. Er förderte zu Tage, was Mathematikerinnen und Mathematiker schon lange fühlen: Ohne Bilder läuft in der Mathematik fast nichts.

Kiesow drückt das so aus:

> Mathematik ist keine rein abstrakte, kognitive Tätigkeit, bei der einfach Zeichenketten logisch auseinander deduziert würden. Ebenso verfügen Mathematiker auch nicht über eine mysteriöse Intuition, die ihnen einen unmittelbaren Zugang zu ansonsten hermetisch abgeschottet bleibenden Objekten erschlösse. Mathematisches Wissen beruht vielmehr konstitutiv auf lokalen, situativen, materiellen und körperlich-performativen Praktiken, zu denen auch die Erzeugung und der Umgang mit Bildern gehören. [271]

Wohl kein Schritt hat die Mathematik so grundlegend revolutioniert wie die Einführung der 0. Die wohl älteste erhaltene Null befindet sich in der Festung von Gwalior in Zentral-Indien, in einem kleinen hinduistischen Nebentempel aus dem 9. Jahrhundert n. Chr. Von Mesopotamien fand sie ihren Weg nach Indien; ob Chinesen ähnlich früh eine Null kannten, ist umstritten [543]. Über Arabien kam sie nach Europa, wo sie sich erst im 12. Jahrhundert allmählich durchzusetzen begann, nachdem die Werke des arabischen Gelehrten al-Ḥwārizmī ins Hebräische und Lateinische übersetzt worden waren. Siehe Kaplan [265]. (Bild: Bill Casselman)

Tatsächlich dienen Bilder in der Mathematik mehreren Zwecken:

*Mathematik, die Bilder zum Thema hat.*    Bilder können selbst mathematische Untersuchungsgegenstände sein. Graphen und Knoten sind die offensichtlichsten Beispiele dafür. Die Mathematik untersucht dann Eigenschaften von Bildern oder von Objekten, die direkt davon abgeleitet werden.

Auch die Erstellung von Bildern selbst ist oft Ziel mathematischer Forschung. Viele Bilder könnte man ohne viele mathematische Vorarbeiten nicht erzeugen. Beispiele reichen von Visualisierungen in der Strömungsmechanik („virtueller Windkanal") bis zu 3D-Kunst und dem Computereinsatz im Kino.

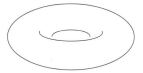

Eine typische Skizze aus der Topologie: Eine ganze und zwei halbe Ellipsen zaubern eine Torusfläche auf Papier oder Tafel.

*Mathematik mit Bildern.*    Bilder *veranschaulichen* in der Mathematik aber auch oft Strukturen, Ideen, Schemata – von Beweisen ebenso wie von Untersuchungsgegenständen. Das ist die übliche Nutzung beim „Sport an der Tafel": Die Bilder sollen eine typische Instanz eines Problems zeigen oder beim Verständnis helfen. Auch Formeln oder aufwändige 3D-Graphiken fallen in diesen Bereich: Bilder helfen bei der Kommunikation von Mathematik.

Ein Spezialfall davon sind Aussagen, die praktisch ohne Worte auskommen und vollständig durch Bilder, Graphiken oder große Formel-Diagramme veranschaulicht werden können: mathematische Beweise *mit Hilfe von* Bildern oder gar *durch* Bilder.

Wir wollen im Folgenden ein paar Beispiele für Bilder in diesen beiden Funktionen vorstellen. Für Kunst, die sich aus Mathematik entwickelt, verweisen wir auf die Bücher von Bruter [65, 66] und Guderian [197] sowie auf den Ausstellungskatalog [304]. Zudem ist auch die Sprache der Mathematik zuweilen blumig und ausgesprochen bildreich: In der Mathematik werden zahlreiche Metaphern und Metonymien verwendet, von „Amöben" und „Appartements" über „Garben" bis zu „Ringen", „Körpern" oder „pfannenfreien Graphen". Auch dieses Thema (zu dem es wenig fundierte Publikationen zu geben scheint) werden wir im Rahmen dieses Kapitels nicht behandeln.

## Mathematik der Bilder

Am 1. August 1911 hielt Otto Toeplitz vor der Mathematischen Sektion der Schweizerischen Naturforschenden Gesellschaft in Solothurn einen kleinen Vortrag *Über einige Aufgaben der Analysis situs*. Toeplitz gehörte in jener Zeit zu den führenden Köpfen in der Mathematik und forschte in Göttingen – und zwar auf vielen Gebieten: Analysis, Algebraische Geometrie, Spektraltheorie und mehr. Vermutlich beim Herumkrakeln auf Papier oder an der Tafel war er auf eine Frage gestoßen, die sich als eine harte Nuss entpuppte: Kann man auf jeder stetigen ebenen Kurve, die sich nicht selbst schneidet – also einer „geschlossenen ebenen Jordan-Kurve" – vier Punkte finden, die ein Quadrat bilden [497]? Toeplitz selbst konnte die Vermutung nur für konvexe Kurven zeigen, also für Kurven, die keine Einbuchtungen haben. Ob sie auch für alle anderen Kurven gilt, musste er offenlassen. Inzwischen ist die Vermutung für viele Arten von Kurven bewiesen, aber es ist bis heute nur eine Vermutung, dass sie im Allgemeinen stimmt; siehe Matschke [333].

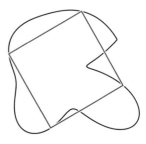

Toeplitz' Vermutung: Man kann auf jede geschlossene ebene Jordan-Kurve ein Quadrat legen.

Ein Bild kann also mathematische Fragen aufwerfen. Das können Fragen sein wie Toeplitz' Quadratvermutung, die Frage, ob sich ein abgebildetes Polyeder nach vorgegebenen Regeln zerlegen lässt, oder ob man damit einen anderen Körper lückenlos ausfüllen kann. So ergibt sich aus Bildern und Beispielen die Frage nach den Parkettierungen der Ebene mit vorgegebenen Fünfecken, die schon 1918 von Reinhardt [417] studiert und erst kürzlich von Rao [408] vollständig beantwortet wurde; siehe Gast [179]. Manchmal liegen die Fragen aber auch tiefer und sind nicht ganz so „offensichtlich".

Es ist aber auch nicht klar, dass sich alles, was in der Mathematik „Geometrie" genannt wird, deshalb schon zur Darstellung in Bildern eignet. Dies mag offensichtlich sein für hochdimensionale Geometrie, gilt aber auch für Modelle der ebenen Geometrie: Ein Beispiel sind die endlichen projektiven Ebenen, rein kombinatorisch definierte Inzidenzstrukturen auf endlichen Mengen. Endliche projektive Ebenen entstammen ursprünglich der Geometrie, doch sie stehen mit vielen Arbeitsfeldern in Zusammenhang: Algebra und Zahlentheorie, Geometrie und Kombinatorik.

Eine *endliche projektive Ebene* ist eine abstrakte Struktur, die aus endlich vielen „Punkten" und „Geraden" besteht. Zwei unterschiedliche Punkte liegen immer auf genau einer Geraden, und zwei unterschiedliche Geraden haben immer genau einen Punkt gemeinsam. In einer endlichen projektiven Ebene „der Ordnung $n$" liegen auf jeder Geraden $n + 1$ Punkte und durch jeden Punkt gehen $n + 1$ Geraden. Eine solche Struktur hat insgesamt $n^2 + n + 1$ Punkte und ebenso $n^2 + n + 1$ Geraden. Eine berühmte endliche projektive Ebene ist die Fano-Ebene, benannt nach ihrem Entdecker, dem italienischen Mathematiker Gino Fano. Die Fano-Ebene ist eine projektive Ebene, bei der auf jeder Geraden drei Punkte liegen und sich umgekehrt in jedem Punkt drei Geraden schneiden – die Fano-Ebene hat also Ordnung $n = 2$.

Endliche projektive Ebenen sind ein sehr großes Forschungsfeld, das noch voller offener Fragen steckt. Zum Beispiel ist nicht geklärt, wie viele verschiedene projektive Ebenen es für unterschiedliche Werte von $n$ gibt und ob es überhaupt endliche projektive Ebenen gibt, für die $n$ keine Primzahlpotenz ist. Wir nennen solche endliche Inzidenzstrukturen wie die projektiven Ebenen „Geometrien", aber sie sind für Zeichnungen nur sehr begrenzt zugänglich.

Alles also nur „abstrakte Mathematik"? Überhaupt nicht, denn seit Jahrtausenden nutzen Menschen Inzidenzstrukturen, um Spiele darauf zu spielen. Tic-Tac-Toe, Mühle und Go gehören zu den ältesten dieser Spiele.

*Graphentheorie.* Auch Graphen beschreiben Inzidenz-Strukturen: Jeder Graph hat eine Grundmenge, deren Elemente *Knoten* heißen, und *Kanten*, die Paare von Knoten „verbinden", also zu zwei Knoten „inzident" sind. Das ist eine sehr einfache und grundlegende Struktur, leicht zu visualisieren – mit unzähligen modernen Anwendungen.

Lange wurden Graphen aber nicht theoretisch untersucht. Die Wurzeln der Graphentheorie reichen zu Untersuchungen und Zeichnungen vollständiger Graphen des Renaissance-Gelehrten Athanasius Kircher von etwa 1670 zurück [287]. Bekannter sind indes Leonhard Eulers Untersuchungen zum „Königsberger Brückenproblem", die gemeinhin als Anfangspunkt

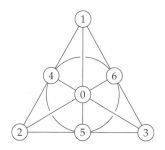

Die Fano-Ebene. Man sagt, die Punkte liegen auf „Geraden" – die hier aber ganz und gar nicht gerade sein müssen, ganz im Sinne von Hilbert, demzufolge man sich ja stets vorstellen muss, statt „Punkten, Geraden und Ebenen" auch „Tische, Stühle und Bierseidel" sagen zu können.

Zwei Archäologen spielen auf einer antiken Variante eines Mühle-Spielbretts. Man beachte, dass der Graph, der dem Spiel zugrunde liegt, offenkundig variieren kann. (Foto: Rieche)

der Graphentheorie betrachtet werden (siehe [42]). Euler stellte
seine Lösung des Problems der St. Petersburger Akademie der
Wissenschaften wohl im Sommer 1736 vor.

In der späteren Veröffentlichung schildert er das Problem so:

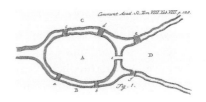

> Im preußischen Königsberg gibt es eine Insel *A*, genannt *der Kneip-*
> *hof*, und der Fluss, der sie umfließt, teilt sich in zwei Arme, wie
> dies an der ersten Figur zu erkennen ist. Über die Arme dieses
> Flusses führen sieben Brücken *a, b, c, d, e, f* und *g*. Nun galt es die
> Frage zu lösen, ob jemand seinen Spazierweg so einrichten könn-
> te, dass er jede dieser Brücken einmal und nicht mehr als einmal
> überschreite. Man sagte mir, dass einige diese Möglichkeit ver-
> neinen, andere an ihr zweifeln, dass indes niemand einen Beweis
> für sie erbracht habe. Ich bildete folgendes höchst allgemeines
> Problem: Herauszufinden, ob es möglich ist, jede Brücke genau
> einmal zu überschreiten oder nicht, unabhängig vom Flussverlauf,
> seiner Aufteilung in Arme sowie der Anzahl der Brücken. [156]
> (Deutsche Übersetzung aus [509])

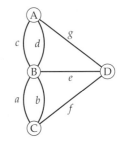

Spaziergänge dieser Art nennt man heute Euler-Touren, wenn
zusätzlich gilt, dass sie an der gleichen Stelle beginnen und enden. Es ist nicht schwer zu klären, unter welchen Bedingungen
es für einen Graphen eine Euler-Tour gibt. In Eulers Lösung
taucht aber weder das Wort „Graph" auf, noch zeichnet er
einen abstrakten Graph im heutigen Sinne [246]. Euler hätte
seine Untersuchungen auch nicht der Graphentheorie zugeordnet – die gab es damals noch gar nicht – sondern er sprach
mit Verweis auf Leibniz von einem Problem der *Geometria situs*,
der Geometrie der Lage also, in der es nicht um Abstände und
Winkel gehen sollte, sondern nur um die Beziehung (Lage) der
Objekte zueinander. Dabei irrte Euler allerdings bei der Bezeichnung: Leibniz hatte von „Analysis situs" gesprochen und
mit seinen zugehörigen Untersuchungen die Grundlagen dessen gelegt, was wir seit dem 19. Jahrhundert als die Topologie
bezeichnen.

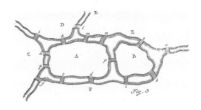

Oben: In dieser Form illustrierte Euler
das Königsberger Brückenproblem.
Mitte: Eine moderne, abstrakte
Darstellung desselben Problems.
Unten: Euler löste das Problem
allgemein und zeigt daher auch noch
als Beispiel diese andere Instanz.

Man kann nun Eulers Aufsatz als den Anfang der Graphentheorie ansehen [42] oder auch nicht – sicher ist, dass eine
substanzielle Theorie der Graphen, mit nichttrivialen Aussagen über große Klassen von Graphen, erst im 20. Jahrhundert
mit den Arbeiten des Ungarn Dénes Kőnig entstand. In der
Graphentheorie will man also Klassen von Graphen verstehen – etwa die Klasse der planaren Graphen, die man ohne

Überschneidungen der Kanten in die Ebene zeichnen kann. Ist
ein Graph planar, so gilt das auch für alle seine Minoren, also
die Graphen, die man durch Weglassen und/oder „Zusam-
menziehen" („Kontraktion") von Kanten erhalten kann. Dabei
dürfen alle diese Operationen mehrmals ausgeführt werden.

Ein Klassiker der Graphentheorie charakterisiert die planaren Graphen mit Hilfe einer Minoren-Eigenschaft: Ein Graph ist
genau dann planar, wenn er keinen vollständigen Graphen auf
fünf Knoten $K_5$ und keinen vollständigen bipartiten Graphen
auf $3 + 3$ Knoten als Minor enthält. Dieses Ergebnis des polnischen Mathematikers Kazimierz Kuratowski von 1930 (in der
Minoren-Version von Klaus Wagner 1937) wurde zu seiner Zeit
noch der Topologie zugerechnet und ist jetzt ein Eckpfeiler der
Graphentheorie.

Der Satz von Kuratowski ist auch deshalb wichtig, weil er
ein Muster vorgab für die Charakterisierung von Grapheneigen-
schaften, die – wie die Eigenschaft, planar zu sein – unter
Minoren-Bildung erhalten bleiben. (Die Eigenschaft, kreisfrei
zu sein, also ein „Wald", ist ein noch einfacheres Beispiel.) Man
muss also nur die minimalen Graphen beschreiben, die die Eigenschaft *nicht* haben. Ein bemerkenswertes und tiefes Resultat
besagt, dass die Menge dieser minorenminimalen Gegenbeispiele für jede Graphenklasse, die jeden Minor ihrer Elemente
auch enthält, endlich ist: In einem gewaltigen Unterfangen mit
mehr als zwei Jahrzehnten intensiver Arbeit zwischen 1983
und 2004, bewiesen Neil Robertson und Paul D. Seymour, dass
es in jeder Klasse von endlichen Graphen, die unter Minoren-
bildung abgeschlossen ist, nur endlich viele Exemplare gibt, die
minorminimal sind. Anders gesagt: In jeder unendlichen Folge
von Graphen gibt es zwei Graphen, von denen einer ein Minor
des anderen ist. Der Beweis dafür umfasst mehr als 500 Seiten
– und stellt eine der größten Errungenschaften der bisherigen
Graphentheorie dar.

Trotzdem sind aber die einfach klingenden klassischen Fragen der Graphentheorie bei Weitem noch nicht alle gelöst –
auch nicht die Fragen über bildliche Darstellungen von Graphen. Eine dieser Fragen hat eine düstere Geschichte: 1944
wurde Pál Turán, ein junger jüdischer Mathematiker aus Budapest, in einem Arbeitslager interniert, einer Ziegelbrennerei.

Der Graph rechts unten ist ein Minor
des Graphen links oben.

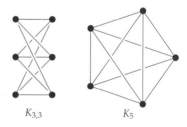

$K_{3,3}$          $K_5$

Ein Graph ist planar genau dann,
wenn er weder $K_{3,3}$ noch $K_5$ als Minor
enthält.

Seine Aufgabe bestand unter anderem darin, Loren voll Ziegeln aus den Brennöfen über ein Schienennetz zu Lagerstellen zu schieben. Immer wenn Weichen zu überqueren waren, drohten die Loren umzukippen, und so begann Turán über die „Überschneidungszahl" nachzudenken, die kleinste Zahl an Überschneidungen, die man braucht, um einen gegebenen Graphen zu zeichnen [502]. Konkret fragte er: *Mit wie wenigen Kreuzungen lässt sich der vollständige bipartite Graph $K_{m,n}$ mit $m + n$ Knoten in der Ebene zeichnen?*

Der bipartite Graph $K_{3,4}$ hat Überschneidungszahl 2. Er lässt sich also mit zwei, aber nicht mit weniger Überschneidungen zeichnen.

Das Problem erwies sich als schwierig: Die polnischen Mathematiker Kazimierz Urbanik und Kazimierz Zarankiewicz, die das Problem von Turán auf Vorträgen 1952 in Polen gehört haben sollen, haben beide unabhängig voneinander die obere Schranke

$$\mathrm{cr}(K_{m,n}) \leq \left\lfloor \tfrac{m}{2} \right\rfloor \left\lfloor \tfrac{m-1}{2} \right\rfloor \left\lfloor \tfrac{n}{2} \right\rfloor \left\lfloor \tfrac{n-1}{2} \right\rfloor$$

bewiesen, in der die „Gauß-Klammern" $\lfloor \cdot \rfloor$ für das Abrunden zur nächsten ganzen Zahl stehen. So gilt etwa $\mathrm{cr}(K_{3,4}) \leq 2$, sogar mit Gleichheit. Es wird vermutet, dass für alle $m$ und $n$ Gleichheit gilt, aber ein richtiger und vollständiger Beweis liegt auch 75 Jahre nach Turáns Vorträgen in Polen noch nicht vor; siehe Guy [199].

*Knotentheorie.*   Als die Knotentheorie Ende des 19. Jahrhunderts entstand, gehörte sie in die Angewandte Mathematik: William Thomson (Lord Kelvin) wollte mit Kringeln und Knoten im Äther die Eigenschaften von Elementarteilchen erklären und musste dazu eben diese Kringel und Knoten klassifizieren. Und dazu verwendete man Bilder. (Nachdem sich der Äther aus der Physik verflüchtigt hatte, wurde die Knotentheorie zu Mathematik in Reinkultur – sie wird heute der Topologie zugeordnet, wo immer noch Bilder eine wichtige Rolle spielen.)

Peter Guthrie Tait war eine der Schlüsselfiguren in den schottischen Anfängen der Knoten-Wissenschaft. 1876/77, 1883/84 und 1884/85 veröffentlichte er *On Knots I–III*, drei wichtige Arbeiten zur Klassifikation von Knoten. Aus *On Knots II* stammt diese Tabelle der Knoten bis zur Kreuzungszahl 7.

Die Knoten, die in der Mathematik studiert werden, sind idealisiert dünne und biegsame Fäden, deren Enden zusammengeklebt sind. Man erhält so geschlossene glatte Kurven, die aber beliebig bewegt und deformiert werden dürfen – ein Knoten ist auch nach einer Deformation derselbe Knoten. Zu lösen war nun eine ganze Reihe von Fragen:

◇ Kann man anhand eines Bildes sagen, ob der Knoten „trivial" ist, ob man aus ihm also durch Deformation und

Bewegung, aber ohne Schneiden und ohne Selbstdurchdringung, einen einfachen Ring machen kann?

◇ Wenn das möglich ist: Wie macht man das am schnellsten?

◇ Wie kann man Knoten klassifizieren? Wie viele „verschiedene" Knoten gibt es eigentlich, die man in Zeichnungen mit $n$ Kreuzungen darstellen kann?

Beim Sortieren betrachtet man zwei Knoten dann als äquivalent, wenn sie sich durch stetige Deformation ineinander überführen lassen. Welchen der Knoten sollte man aber als Repräsentanten nehmen? Schon in den ersten Tabellen von Knoten wählte man dafür solche Bilder von Knoten – sogenannte Knotendiagramme –, die die Knoten mit möglichst wenigen Überschneidungen zeigen. So ähnelte die Beschäftigung mit Knoten in der Frühphase der Zoologie: Es entstanden seitenlange Knotentabellen, in denen die Knoten dargestellt wurden, die sich mit der vorgegebenen Anzahl von Überschneidungen (aber nicht mit weniger) zeichnen ließen – auch wenn Beweise dafür fehlten, und die Tabellen auch nicht ganz fehlerfrei waren.

Die Knotentheorie wurde so von einer Theorie der Ätherkringel zunächst zu einer Theorie von Bildern. Zu dieser Pionierzeit in den 1920er Jahren machten der Brite James Alexander, Mathematiker und Sohn eines Kunstmalers, und der deutsche Kombinatoriker Kurt Reidemeister die nächsten entscheidenden Schritte in der Knotentheorie. Beide nutzten Mittel aus Topologie und Algebra und beschrieben 1926 (vermutlich unabhängig voneinander) drei einfache Operationen von Knotendiagrammen, die man heute die Reidemeister-Bewegungen nennt. Reidemeister [415] und Alexander [10] bewiesen: Wenn ein Knoten trivial ist, dann kann man sein Diagramm mit endlich vielen Reidemeister-Bewegungen entwirren. Aber wie viele Bewegungen man dazu im schlimmsten Falle braucht, und wie man diese Bewegungen findet, das konnten sie nicht sagen. „Die Lösung scheint aber noch in weiter Ferne zu liegen", schrieb Reidemeister 1926 [416]. Erst 2015 hat Marc Lackenby bewiesen [294], dass eine polynomial große Anzahl $(236n)^{11}$ von Bewegungen reicht, um einen Knoten mit $n$ Kreuzungen zu entwirren.

Andererseits haben Hass und Nowik [219] gezeigt, dass $(\frac{1}{5}n)^2$ Bewegungen nötig sein können. Allerdings ist bis heute

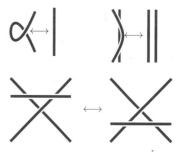

Die drei Typen von Reidemeister-Bewegungen, mit denen sich Knoten auflösen lassen.

kein effektiver Algorithmus bekannt, der diese wenigen Bewegungen errechnet: Die Reidemeister-Bewegungen sind zwar anschaulich, scheinen aber eine mathematische Sackgasse darzustellen. Bilder sind nicht alles.

Inzwischen hat sich die Knotentheorie weit von ihren anschaulichen Ursprüngen entfernt. Wir profitieren davon, dass von der Knotentheorie seit Anfang des 20. Jahrhunderts immer neue Brücken geschlagen werden, in ganz andere Bereiche der Mathematik.

Eine Brücke führt in andere Zonen der Topologie, wo man das Verformen von Kurven und Flächen in einer oder mehr Dimensionen untersucht. 1914 gelang es dem deutschen Mathematiker Max Dehn zum Beispiel mit topologischen Methoden zu zeigen, dass der Kleeblattknoten und seine gespiegelte Version zwei unterschiedliche Knotenvarianten sind; er brauchte dazu elf Druckseiten. 1949 bewies Hans Herbert Schubert, dass man Knoten – bis auf Reihenfolge eindeutig – in „Grundbausteine" zerlegen kann, die Primknoten, Basis für eine Klassifizierung der Knoten. Und 1961 veröffentlichte Wolfgang Haken – der später mit Kenneth Appel für seinen Beweis des Vier-Farben-Satzes berühmt werden sollte – nach fast zehn Jahren Arbeit einen Algorithmus, mit dem sich für jeden Knoten entscheiden lässt, ob der Knoten ein Unknoten ist – sich also ohne Zerschneiden zu einer Kreislinie entwirren lässt. Haken verwendete dazu Mittel der Topologie, besonders ein überraschendes Ergebnis aus den 1930er Jahren: Man kann in jeden Knoten eine Fläche einspannen, die von dem Knoten begrenzt ist. Nach Herbert Seifert, der einen Beweis für ihre Existenz geliefert hat, werden diese Flächen Seifert-Flächen genannt.

Anfang des 20. Jahrhunderts wurde eine weitere, sehr breite Brücke von der Knotentheorie in die Algebra geschlagen. Der Zahlentheoretiker Emil Artin überlegte sich 1925/26, wie man das Flechten von Zöpfen beschreiben könnte – und zwar nicht nur mit drei Strängen, sondern beliebig vielen.

Unter einem Zopf $Z$ von $n^{\text{ter}}$ Ordnung verstehen wir folgendes topologisches Gebilde:

Im Raum sei ein Rechteck mit Gegenseiten $g_1$, $g_2$ bzw. $h_1$, $h_2$ (der „Rahmen" von $Z$) vorgelegt. Auf jeder der beiden Seiten $g_1$ und $g_2$ seien $n$ Punkte $A_1 A_2 \cdots A_n$ bzw. $B_1 B_2 \cdots B_n$ gegeben, wobei

Ein Kleeblattknoten

Die Seifert-Fläche ist eine orientierbare Fläche, das heißt, sie besitzt zwei Seiten, von denen hier eine blau, die andere grün gefärbt ist. Gezeigt ist die Seifert-Fläche der Borromäischen Ringe, dreier Ringe, die so ineinander verschlungen sind, dass sie auseinanderfallen, sobald einer der Ringe aufgeschnitten wird.

der Sinn der Numerierung von $h_1$ nach $h_2$ laufe. Jedem Punkte $A_i$ sei eineindeutig ein Punkt $B_{r_i}$ zugeordnet, mit dem er durch eine doppelpunkt-freie Raumkurve $\mu_i$ verbunden ist, die keine andere Kurve $\mu_k$ schneidet. Die Kurve $\mu_i$ erhalte noch die Orientierung von $A_i$ nach $B_{r_i}$. Zwei solche Zöpfe heißen äquivalent oder kürzer gleich, wenn sie sich ineinander ohne Selbstdurchdringung deformieren lassen. [...]

Diese Definition werde nun eingeengt durch die weitere Forderung: Nach passender Deformation von $Z$ sollen die Projektionen der Kurven $\mu_i$ auf die Ebene des Rahmens ganz im Innern des Rechtecks laufen, sich nur in endlich vielen Punkten schneiden und mit einer zu $g_1$ parallelen Geraden nur einen Punkt gemein haben. Da man dreifache Punkte durch leichte Abänderung in Doppelpunkte auflösen kann, wollen wir auch noch annehmen, daß bei der Projektion nur einfache Schnittpunkte auftreten. [...]

Als Beispiel eines einfachen Zopfes 3. Ordnung führen wir noch den allgemein bekannten Damenzopf an. [22]

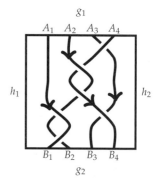

Ein Zopf im Sinne Artins

Zwei Zöpfe $Z$ und $Z'$ gleicher Ordnung lassen sich leicht kombinieren, indem man die Kurven $\mu_i$ an der Kante $g_2$ mit den Kurven $\mu_i'$ an der Kante $g_1'$ verklebt. Und so wird das Flechten eines Zopfes zweiter Ordnung einfach zum Rechnen in den natürlichen Zahlen: Eine Windung der beiden Stränge in eine Richtung ist eine Addition von 1, eine Windung in die andere Richtung eine Subtraktion von 1. Allgemein bilden die Zöpfe der $n$-ten Ordnung so eine Gruppe, die Zopfgruppe $B_n$. Gegen Ende seiner Arbeit schlug Artin dann die Brücke zur Knotentheorie: Man nehme einen Zopf $n$-ter Ordnung und verklebe die Enden der Stränge $\mu_i$ an den Kanten $g_1$ bzw. $g_2$. Das Ergebnis ist eine ringförmig in sich geschlossene Figur, eine Verschlingung, die ein Knoten sein kann oder aber aus mehreren Knoten besteht. Und umgekehrt lässt sich auch jeder Knoten

Artins Zöpfe kann man durch Verkleben der Enden zu Verschlingungen schließen, die aus einem oder mehreren Knoten bestehen. Hier ist es eine Verschlingung aus vier Knoten von unterschiedlicher Farbe.

auf diese Weise durch einen Zopf darstellen. Plötzlich liefern
Elemente der Zopfgruppe also Knoten und Verschlingungen ...

1926, im selben Jahr, in dem Artin seine Untersuchungen
über Zopfgruppen publizierte, schrieb Reidemeister eine Arbeit
über *Knoten und Gruppen* [416]. Und zwei Jahre später publizierte James W. Alexander eine Idee, Knoten durch Polynome
zu charakterisieren [9]: Wie ein Fingerabdruck sollte jedem
Knoten ein typisches Polynom zugeordnet werden, das sich
bei Reidemeister-Bewegungen nicht verändert. Jahrzehnte später formulierte der legendäre britische Mathematiker John H.
Conway (der in [421] biographiert wurde) eine eigene Version
der Alexander-Polynome, die sich viel einfacher beschreiben
lässt.

Wie berechnet man diese Knotenpolynome? Die Conway-
Polynome werden auf Basis von zwei Regeln erzeugt: Erstens
gilt für den Unknoten

$$C(\bigcirc) = 1.$$

Und zweitens wird jedes Knotenpolynom aus einer Summe gebildet: Das Polynom des Knotens, der entsteht, wenn man eine
„links-über-rechts-Überschneidung" im Diagramm umkehrt,
wird addiert zum $x$-fachen des Polynoms des Knotens, der entsteht, wenn man dieselbe Überschneidung aufbricht, wobei die
Orientierung erhalten bleiben muss. Kurz:

$$C\left(\rlap{/}{\times}\right) = C\left(\times\right) + x\,C\left(\,\big)\big(\,\right).$$

So lässt sich nun für jeden Knoten rekursiv sein Knotenpolynom berechnen. Betrachten wir als Beispiel den Kleeblattknoten. Es gilt:

$$C\left(\text{⬕}\right) = \underbrace{C\left(\text{⬕}\right)}_{=1} + x\,C\left(\text{⬕}\right)$$

sowie

$$C\left(\text{⬕}\right) = C\left(\text{⬕}\right) + x\,\underbrace{C\left(\text{⬕}\right)}_{=1}.$$

Man überzeugt sich nun leicht (Übungsaufgabe!), dass

$$C\left(\text{⬕}\right) = 0$$

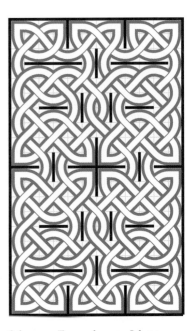

Schon vor Tausenden von Jahren
wussten Kelten und Wikinger die
Schönheit von Knoten zu schätzen.
Keltische Knoten werden in der Regel
so gezeichnet, dass die Überschneidungen auf Gitterpunkten liegen.
Will man keine Überschneidung,
kann man sie durch Einfügen von
horizontalen oder vertikalen Barrieren
„unterdrücken". Das Ergebnis sind
stets alternierende Knoten und Verknüpfungen von Knoten [196], also
solche Knoten, bei denen man beim
Entlangwandern an den Strängen
immer abwechselnd die anderen
Stränge über- und unterquert. (Mehr
zum Beispiel in [103].)

gelten muss – und erhält nach einfachem Einsetzen:

$$C\left(\text{⬭}\right) = 1 + x^2.$$

Obwohl die Conway-Polynome viele interessante Eigenschaften haben, taugen sie für eine Knotenklassifikation nur bedingt. So gibt es zum Beispiel nichttriviale Knoten, die dasselbe Knotenpolynom wie der Unknoten besitzen. Und Conway-Polynome können auch nicht dazu verwendet werden, um einen Knoten (wie etwa den Kleeblattknoten) von seinem Spiegelbild zu unterscheiden: Knoten und Spiegelbild haben dasselbe Polynom.

Die Entwicklung der Knotentheorie war damit aber noch lange nicht am Ende. In den 1980er Jahren entdeckte auch die Physik die Knotentheorie (wieder) und 1990 erhielten Vaughan Jones und Edward Witten zusammen die Fields-Medaille, weil sie eine Brücke zwischen Knotentheorie und Quantenfeld-theorien geschlagen hatten. Es ist ein beiderseitiges Geben und Nehmen: Moderne Stringtheorien nutzen Ergebnisse aus der Topologie und Knotentheorie. Und umgekehrt entsprang Jones' Arbeiten – quasi als Nebenprodukt – ein neues Knoten-polynom, das Jones-Polynom, auf das die Theoretiker für die Klassifikation der Knoten sehr viel mehr Hoffnung setzen als auf die Knotenpolynome von Alexander und Conway.

## Mathematik mit Bildern

Mathematische Forschung befasst sich mit „abstrakten" Strukturen und Sachverhalten – wobei „abstrakte" Strukturen eben diejenigen sind, von denen wir keine bildliche Vorstellung haben. Daher muss die Entwicklung von Bildern für (vormals) abstrakte Zusammenhänge eine wesentliche Komponente und ein großes Ziel mathematischer Forschung sein.

Sehr naheliegend und oft auch nicht schwer ist das „Bebildern" bei geometrischen Objekten und Zusammenhängen, etwa mit dem Versuch, hochdimensionale Objekte zu veranschaulichen: Darauf kommen wir im Kapitel „Dimensionen" (S. 243 ff.) zu sprechen. Hier soll es zunächst einerseits um die Bildersprache von Abbildungen gehen, andererseits um die visuelle Sprache von Formeln.

*Knotenklassifikation heute*
Knoten zu klassifizieren fasziniert auch moderne Knotentheoretiker: 1998 traten zwei Teams von amerikanischen Mathematikerinnen und Mathematikern gegeneinander an, um alle Knoten bis zu 16 Überschneidungen zu katalogisieren. Sie kamen zu exakt demselben Ergebnis, einer Liste von 1.701.936 Knoten, die man sich heute mit der Software *knotscape* ansehen kann [248]. Dabei hatten sie – ganz anders als Tait und die anderen Pioniere – mehrere Theorien zur Hand, so dass das Klassifizieren mit System ablief.

*Abbildungen von Abbildungen?*   Die Begriffe Funktion und Abbildung werden in weiten Bereichen der Mathematik als gleichbedeutend und austauschbar benutzt: Seien $A$ und $B$ Mengen. Eine *Abbildung* $f : A \to B$ ist dann eine Vorschrift, die jedem Element $a \in A$ ein eindeutig bestimmtes Element $b \in B$ zuordnet, das dann mit $f(a)$ bezeichnet wird. Von einer *Funktion* sprechen wir insbesondere dann, wenn der Definitionsbereich $A$ und der Wertebereich $B$ in den reellen oder komplexen Zahlen liegen oder allgemeiner in reellen oder komplexen Vektorräumen.

Reelle Funktionen, also etwa $f : \mathbb{R} \to \mathbb{R}$, können vielfach durch klassische Funktionsgraphen gezeichnet und verstanden werden. Bei komplexen Funktionen, etwa $g : \mathbb{C} \to \mathbb{C}$, ist die Darstellung schon sehr viel schwieriger – und damit auch interessanter.

Erst seit den 1980er Jahren stehen die rechnerischen Möglichkeiten zur Verfügung, um all das auch zu visualisieren, was bei Iteration (wiederholter Ausführung) von komplexen Funktionen passiert. Dass es da zu interessanten Effekten kommen könnte, haben schon Pierre Fatou und Gaston Julia 1917/1918 bemerkt. Aber erst 1980 konnte Benoît Mandelbrot die Fraktale visualisieren, die dabei entstehen, darunter die „Mandelbrot-Menge" $M$, die aus den Punkten $c$ in der komplexen Ebene $\mathbb{C}$ besteht, für die die Werte in der Folge $0$, $f(0)$, $f(f(0)) \ldots$ für die Abbildung $f(z) := z^2 + c$ beschränkt groß bleiben – wegen ihrer charakteristischen Form auch *Apfelmännchen* genannt.

Mandelbrot und seine Mitstreiter propagierten in den 1980er Jahren, unterstützt von beeindruckenden farbigen Computergraphiken, nicht nur die *Schönheit der Fraktale* [376], sondern auch die *Fraktale Geometrie der Natur* [330] und wollten Fraktale in Lehrpläne und Klassenzimmer bringen [374, 375] – zusätzlich oder sogar an Stelle der klassischen Geometrie. Das führte natürlich auch zu heftigen Kontroversen, siehe etwa [479]. Jedenfalls war die Mandelbrot-Menge als Bild aus der Mathematik lange omnipräsent (siehe auch Kapitel „Mathematik in der Öffentlichkeit", S. 423 ff.). Der FAZ-Journalist Ulf von Rauchhaupt nannte sie den „röhrenden Hirsch der Computergraphik" wegen ihrer Popularität in der Öffentlichkeit. Diese wiederum überdeckt, dass es im mathematischen Bereich der

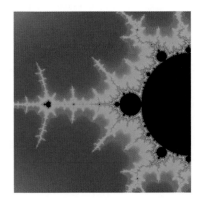

Das „Apfelmännchen" tritt am Rand der Mandelbrot-Menge vielfach auf, in ganz unterschiedlicher Größe, aber mit charakteristischer Form.

Komplexen Dynamik weiterhin fundamentale Probleme zu
lösen gibt, auch über die Mandelbrot-Menge.

Eine ganz andere Art von Abbildung – aus einem anderen
Bereich der Mathematik, nämlich der Topologie – beschrieb
der deutsch-schweizerische Mathematiker Heinz Hopf in einem 1931 veröffentlichten Aufsatz [245]. Er konstruierte eine
bemerkenswerte Abbildung $f : S^3 \to S^2$ mit der Eigenschaft
„topologisch wesentlich" zu sein, die sich also nicht stetig in
eine konstante Abbildung deformieren lässt. Dabei bezeichnet

$$S^3 := \left\{ (x_1, x_2, x_3, x_4) \in \mathbb{R}^4 : x_1^2 + x_2^2 + x_3^2 + x_4^2 = 1 \right\}$$

eine dreidimensionale Sphäre, nämlich die Oberfläche der
Einheitskugel im $\mathbb{R}^4$, und entsprechend

$$S^2 := \left\{ (y_1, y_2, y_3) \in \mathbb{R}^3 : y_1^2 + y_2^2 + y_3^2 = 1 \right\}$$

die zweidimensionale Sphäre, die wir uns als Oberfläche einer
Kugel vorstellen können. Hopf beschreibt „seine" Abbildung
– die wir heute die *Hopf-Abbildung* oder *Hopf-Faserung* nennen –
in Formeln, mit

$$f : (x_1, x_2, x_3, x_4) \mapsto \left(2(x_1 x_3 + x_2 x_4),\, 2(x_2 x_3 - x_1 x_4),\, x_1^2 + x_2^2 - x_3^2 - x_4^2\right)$$

und er erklärt diese Formeln auf mehrere unterschiedliche
Weisen, unter anderem so: Unter Verwendung von komplexen

Zwei Bilder der Hopf-Faserung

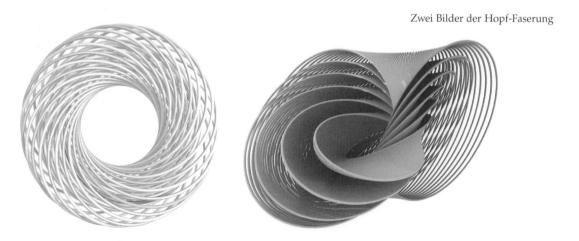

Koordinaten kann man die Hopf-Abbildung als

$$f : (z_1, z_2) \mapsto z_1/z_2$$

angeben, wenn man die $S^3$ als Teilmenge von $\mathbb{R}^4 \cong \mathbb{C}^2$ auffasst und (zum Beispiel durch „stereographische Projektion") die zweidimensionale Sphäre mit dem topologischen Raum $\mathbb{C} \cup \{*\}$ identifiziert, der die komplexe Ebene durch einen „Punkt im Unendlichen" abschließt. Derselbe Trick mit stereographischer Projektion funktioniert auch für die dreidimensionale Sphäre, die wir also als $\mathbb{R}^3 \cup \{*\}$ interpretieren dürfen. Und damit können wir weitere Beobachtungen von Hopf verifizieren und im dreidimensionalen Raum *visualisieren*, etwa dass die Punkte in $S^3 \cong \mathbb{R}^3 \cup \{*\}$, die auf denselben Punkt in $S^2 \cong \mathbb{C} \cup \{*\}$ abgebildet werden, also die „Fasern" der Abbildung, jeweils eine Kreislinie bilden – und dass diese Kreislinien jeweils mit „Verschlingungszahl 1" verschlungen sind.

Interessanterweise enthält Hopfs 29-seitiger Aufsatz [245] keine einzige Skizze oder Abbildung. Wir dürfen aber davon ausgehen, dass Hopf Bilder im Kopf hatte und vielleicht auch Skizzen in seinen Notizbüchern. Aber natürlich hatte er damals nicht die Visualisierungsmöglichkeiten moderner Computergraphik zur Verfügung, die unsere beiden Bilder ermöglicht haben.

*Formeln als Bilder.* Auch in sehr algebraischen (um nicht zu sagen: „abstrakten") Bereichen der Mathematik geht es um Abbildungen zwischen Objekten, auch wenn weder die Objekte selbst, noch die Abbildungen zwischen ihnen, adäquat durch Bilder dargestellt werden können – also einer „naiven" Art der Visualisierung nicht zugänglich sind. Aber genau in solchen Bereichen hat sich die sehr graphische, wenn nicht sogar „bildhafte" Formelsprache der kommutativen Diagramme herausgebildet, die dem „arbeitenden Mathematiker" (wie er in dem Buchtitel *Categories for the Working Mathematician* [325] verewigt ist) Überblick über sehr komplizierte Situationen verschafft, was man also „ein Bild der Lage" nennen könnte.

Die Väter der kommutativen Diagramme sind Samuel Eilenberg und Norman Steenrod. Sie setzen die Diagramme in ihrem Buch *Foundations of Algebraic Topology* von 1952 erstmals

Ein kommutatives Diagramm in dem Buch *Foundations of Algebraic Topology* von Eilenberg und Steenrod.

Zwei Bilder: Links ein kommutatives Diagramm aus *Foundations of Algebraic Topology* von Eilenberg und Steenrod, also Mathematik; rechts eine Druckgraphik von Bernar Venet aus dem Jahr 2001, also Kunst.

systematisch als Hilfsmittel ein. In diesen Diagrammen werden Abbildungen durch Pfeile zwischen Objekten veranschaulicht. Dabei soll es egal sein, auf welchem Weg man von einem Objekt zu einem anderen gelangt. Man sagt, dass ein Diagramm „kommutiert", wenn die Hintereinanderausführung von Abbildungen den entsprechenden „Abkürzungen" im Diagramm entspricht. So kommutiert das folgende Diagramm, wenn „erst Abbildung durch $\varphi$, dann durch $\psi$" dasselbe ergibt wie die Anwendung von $\delta$. Algebraisch kann man das auch durch $\delta = \psi \circ \varphi$ ausdrücken – aber wenn viele solcher Identitäten zusammenkommen, dann sind die kommutativen Diagramme viel übersichtlicher.

$$A \xrightarrow{\ \varphi\ } B \xrightarrow{\ \psi\ } C$$
$$\delta$$

Kommutative Diagramme sind ein sehr spezielles, aber auch wichtiges Hilfsmittel in verschiedenen Gebieten der Mathematik, insbesondere in der Algebraischen Topologie und der Algebraischen Geometrie. Sie ergeben eine ganz eigene Formelsprache, die sich in verschiedenen mathematischen Teilgebieten etabliert hat. Die Mathematikerinnen und Mathematiker, die in solchen Gebieten arbeiten, schätzen sie als effektive Darstellungsmethoden, die Übersicht herstellen und beim Argumentieren helfen. Sie würden sie vielleicht auch als „elegant" oder sogar als „schön" bezeichnen. Sind die Bilder, sind sogar die Formeln, die aus der Mathematik kommen, Kunst?

Der französische Bildhauer und Maler Bernar Venet hat sich seit den 1960er Jahren künstlerisch mit der Formelsprache der Mathematik auseinandergesetzt und insbesondere auch kommutative Diagramme (zum Beispiel aus dem Buch von Eilenberg und Steenrod) in Druckgraphiken, aber auch in großformatige Wandgemälde umgesetzt. Das ist Kunst! (Mehr darüber erfährt man von Karl Heinrich Hofmann in [244] und [243], sowie in [548].)

## Beweise durch Bilder

Viel seltener kommt es vor, dass ein Bild allein einen „Beweis ohne Worte" (oder mit wenigen Worten) darstellt. Doch es gibt sie. Wir zeigen im Folgenden zwei Beispiele.

Das erste Beispiel aus der Knotentheorie taucht bereits auf Seite 108 als Bild auf. Ralph Fox hat bemerkt, dass es einen Beweis liefert, dass der Kleeblattknoten kein Unknoten sein kann.

Die Grundidee steckt im Färben von Knotendiagrammen: Man weist den einzelnen Strängen Farben zu, so dass an jeder Überschneidung entweder der unten liegende Strang *dieselbe* Farbe wie der oben liegende hat oder der unten liegende Strang an der Kreuzung seine Farbe ändert und die beiden Farben jeweils nicht die Farbe des darüber liegenden Stranges sind.

Um einen Knoten zu entwirren, kann man eine Folge von Reidemeister-Bewegungen der drei unterschiedlichen Typen vollziehen. Dabei sieht man schnell, dass die Bewegungen einen gefärbten Knoten nie völlig entfärben: War der Knoten vorher mit mehr als einer Farbe färbbar, dann ist er es auch hinterher. Sobald es also gelingt, einen Knoten mit mehr als einer Farbe zu färben, hat man bewiesen, dass er nicht ein irgendwie verschlungener Unknoten sein kann: Sonst könnte man den Knoten durch Reidemeister-Bewegungen in einen Unknoten überführen, der mit mehr als einer Farbe gefärbt ist – ein Widerspruch.

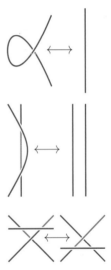

Nochmal die Reidemeister-Bewegungen: Diesmal an gefärbten Knoten

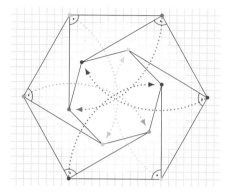 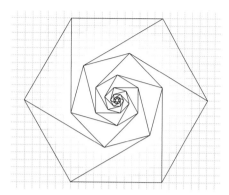

Angenommen, wir könnten ein regelmäßiges Sechseck auf ein Karogitter zeichnen, dann können wir daraus immer kleinere regelmäßige Sechsecke in einem unendlichen Abstieg herstellen.

Diese Erkenntnisse schenken uns einen „Beweis ohne Worte": Genau so eine Färbung des Kleeblattknotens mit mehr als einer Farbe zeigt das Bild auf Seite 108.

Der amerikanische Mathematiker Roger B. Nelsen, Statistiker an einem College in Portland, Oregon, hat über die Jahre eine größere Zahl von „Beweisen ohne Worte" gesammelt. Über die Jahre hinweg veröffentlichte er in einer Reihe von Aufsätzen und Büchern immer neue Bilder-Beweise [355, 356], auch gemeinsam mit seinem spanischen Kollegen Claudi Alsina [13, 14]. So wie sie stießen auch andere Mathematikerinnen und Mathematiker – oft aus Zufall – auf Beweise, die sich mit wenigen Strichen skizzieren lassen. Ein Klassiker sind die graphischen Beweise für den Satz des Pythagoras, die schon in der Antike in China bekannt waren.

Ein anderer Beweis ohne Worte – und einer der schönsten obendrein – ist ein gezeichneter unendlicher Abstieg, der beweist, dass man keine regulären Sechsecke finden kann, deren Ecken auf Gitterpunkten eines ganzzahligen Gitters liegen, quasi ein Beweis als Bildergeschichte in zwei Bildern. Entdeckt wurde er vom ungarischen Mathematiker György Elekes.

Die Ausgangsfrage lautet: Kann man auf Karopapier mit quadratischen Karos ein regelmäßiges Sechseck zeichnen, dessen Ecken genau auf dem Karogitter liegen? Nehmen wir einmal an, es sei möglich. Dann aber ist es auch möglich jede der Seiten des Sechsecks im Uhrzeigersinn um 90 Grad nach innen zu drehen, so dass die Endpunkte der sechs gedrehten Seiten ein *kleineres* regelmäßiges Sechseck bilden, dessen Endpunkte auch wieder auf Ecken des Gitters liegen.

Wenn wir das Spiel immer weiter fortführen, so bekommen wir immer kleinere Sechsecke, deren Ecken angeblich immer noch auf dem Karopapier-Gitter liegen. Das ist aber unmöglich. Und das zeigt: Das ursprüngliche Sechseck kann es gar nicht gegeben haben.

Diese Beweismethode ist eine geometrische Variante einer Technik, die wir heutzutage hauptsächlich der Zahlentheorie zuordnen, dem unendlichen Abstieg (siehe Kapitel „Beweise", S. 69 ff.). Sie wurde aber vermutlich zum ersten Mal von Pierre de Fermat eingesetzt, um zu zeigen, dass es keine pythagoreischen Dreiecke – also rechtwinklige Dreiecke mit ganzzahligen Seitenlängen – gibt, die eine Quadratzahl als Fläche besitzen. György Elekes nutzt das Beweisprinzip graphisch aus.

## PARTITUREN

◇ Christian Kiesow, *Die Mathematik als Denkwerk. Eine Studie zur kommunikativen und visuellen Performanz mathematischen Wissens*, Springer VS (2016)

Die Verwendung von Formeln und Bildern in der Mathematik – aus der Perspektive eines Soziologen.

◇ Georg Glaeser und Konrad Polthier, *Bilder der Mathematik*, zweite Auflage, Springer (2010)

Ein mathematisches, buntes Bilderbuch mit vielen 3D-Computergraphiken.

◇ Bruno Ernst, *Der Zauberspiegel des M. C. Escher*, Taschen (2009)

Doris Schattschneider, *The mathematical side of M. C. Escher*, Notices of the AMS (6)57, 706–718 (2010)

Die faszinierende Mathematik der Graphiken von M. C. Escher.

◇ Bill Casselman, *Pictures and Proofs*, Notices of the AMS (10)47, 1257–1266 (2000)

Ein interessanter Aufsatz über mathematische Illustrationen vom langjährigen „graphics editor" der *Notices of the AMS*.

◇ Roger B. Nelsen, *Proofs without Words: Exercises in Visual Thinking*, Mathematical Association of America (1997)
Roger B. Nelsen, *Proofs without Words II: More Exercises in Visual Thinking*, Mathematical Association of America (2000)

Zwei umfangreiche Sammlungen von „Beweisen ohne Worte". Eine Auswahl von Nicola Oswald erschien auch in deutscher Übersetzung unter dem Titel *Beweise ohne Worte* bei Springer (2016).

◇ Burkard Polster, *Q.E.D. – Beauty in Mathematical Proof*, Walker & Company (2004)

Bildlich darstellbare Mathematik, recht elementar, aber mit schönen Ideen für die Schule.

◇ George K. Francis, *A Topological Picturebook*, Springer (2007)

George K. Francis ist ein amerikanischer Topologe, der durch seine eigenen kunstvollen Tafelbilder berühmt geworden ist.

◇ Jessica Wynne, *Do Not Erase*, Princeton University Press (2021)

Faszinierende mathematische Tafelbilder, gesammelt und dokumentiert von einer jungen New Yorker Fotografin (jessicawynne.com). Das Projekt hat im Herbst 2019 von *New York Times* bis *SZ-Magazin* Aufmerksamkeit erregt.

◇ Günter M. Ziegler, *Mathematik – Das ist doch keine Kunst!* Knaus (2013)

Geschichten zu 24 Bildern aus der Mathematik, u. a. von Leonardo da Vinci, Albrecht Dürer, Max Bill und Bernar Venet.

## ETÜDEN

◇ Zeichnen Sie die Funktion $f(x) = \cos(\frac{1}{x})$ für $0 < x \leq 10$. Inwieweit stellt Ihr Bild die Funktion „korrekt und vollständig" dar? Vergleichen Sie mit den Bildern, die Ihnen wolframalpha.com anbietet, wenn Sie „cos(1/x)" eintippen.

◇ Zeichnen Sie die Dirichlet'sche Funktion $d : \mathbb{R} \to \mathbb{R}$ mit $d(x) = 1$ für $x \in \mathbb{Q}$ und $d(x) = 1$ für $x \in \mathbb{R} \backslash \mathbb{Q}$. Inwieweit stellt Ihr Bild die Funktion „korrekt und vollständig" dar?

◇ Zeichnen Sie das Polyeder aus Albrecht Dürers Kupferstich *Melencolia I* aus dem Jahr 1514 maßstabsgetreu. Können Sie Maße (Längen, Winkel) angeben?
Informieren Sie sich über die Theorien und Spekulationen zur Bedeutung des Polyeders. (Achtung: Dazu gibt es sehr unterschiedliche Interpretationen und Ansichten ... )

◇ Unter welchen Bedingungen erlaubt ein Graph eine Euler-Tour?

◇ Man kann komplexe Funktionen wie $f : \mathbb{C} \to \mathbb{C}, z \mapsto z^2$ mit Phasendiagrammen (phase plots) durch eine geeignete Farbkodierung darstellen. Wie funktioniert das? Erzeugen Sie einige Beispiele!

◇ Beweisen Sie den Satz des Pythagoras graphisch.

◇ Zeigen Sie geometrisch – ähnlich wie im Fall des Sechsecks, das oben diskutiert wurde – dass es auch kein gleichseitiges Dreieck mit ganzzahligen Eckenkoordinaten in der Ebene geben kann. (Hinweis: Können Sie aus dem Dreieck ein entsprechendes Sechseck gewinnen?)

◇ Finden Sie weitere graphische Beweise (siehe zum Beispiel [355]).

◇ Können Sie die projektive Ebene der Ordnung 3 im Bild darstellen? Sie hat 13 „Punkte" und 13 „Geraden", wobei jeder Punkt auf vier Geraden liegt und jede Gerade genau vier der Punkte enthält. Man kann sie mit Hilfe der Geometrie (bzw. der Linearen Algebra) eines dreidimensionalen Vektorraums über dem Körper mit drei Elementen (konkret: den ein- und den zweidimensionalen Untervektorräumen) beschreiben.

◇ Wer hat die Seifert-Flächen als Erstes postuliert und die Existenz bewiesen? Wie anschaulich finden Sie die Bilder in den ersten Aufsätzen über die Seifert-Flächen? Vergleichen Sie mit modernen Computergraphiken!

◇ Wieso muss für die Conway-Polynome

$$C\left(\text{⬿⬤}\right) = C(\text{◯ ◯}) = 0$$

gelten? (Im Text war behauptet worden, man könne sich leicht davon überzeugen ... ). Und wieso haben eigentlich ein Knoten und sein Spiegelbild immer dasselbe Polynom?

◇ Beschäftigen Sie sich mit keltischen Knoten:
  ○ Wie funktioniert der Algorithmus zur Erzeugung keltischer Knoten genau?
  ○ Kann man aus der Wahl der „Barrieren" auf die Anzahl der Komponenten der Verschlingung schließen?
  ○ Zeigen Sie, dass keltische Knoten (geeignet definiert) tatsächlich immer alternierende Verschlingungen sind.

◇ Wie konstruiert man Parkettierungen à la Escher?
Versuchen Sie's mit Papier und Bleistift, mit Hilfe von Ehr-
hard Behrends und seinen Anleitungen in [34].
Und probieren Sie's auf dem Bildschirm, mit Hilfe der App
iOrnament (siehe www.science-to-touch.com) von Jürgen
Richter-Gebert!

# Philosophie der Mathematik

Die Philosophie der Mathematik ist ein großes Thema: Man kann damit dicke Bücher füllen, denn je nach Denkart und Wissensstand der Zeit haben Mathematiker sehr unterschiedliche philosophische Konzepte und Begründungen für ihr Tun entwickelt. Was sich zunächst nach einem theoretischen Überbau anhört, führte zu sehr realen Rückkopplungen in die Wissenschaft selbst: Ein Intuitionist sieht die Mathematik nicht nur anders als ein Formalist, er macht auch eine andere Mathematik.

© Der/die Autor(en) 2022
A. Loos et al., *Panorama der Mathematik*,
https://doi.org/10.1007/978-3-662-54873-8_5

## THEMA: PHILOSOPHIE DER MATHEMATIK

Die folgende Skizze von Ansätzen und Positionen in der Philosophie der Mathematik gliedern wir nach vier grundsätzlichen Fragen:

◇ Wovon handelt die Mathematik?
◇ Womit fängt Mathematik an?
◇ Wie wird argumentiert?
◇ Welches Ziel will/kann Mathematik erreichen?

### Wovon handelt die Mathematik?

Haben die Objekte der Mathematik (wie etwa Zahlen, geometrische Figuren, Funktionen oder algebraische Strukturen) eine eigenständige Existenz oder sind sie nur Abbilder von Dingen, die in der Welt vorgefunden werden?

Nach Platon ist die Welt, die uns umgibt, nur ein Abbild der Welt der Ideen und letztere existiert unabhängig von der beobachteten Realität, losgelöst von uns. Diese zentrale Aussage des *Platonismus* würden wohl die meisten Mathematikerinnen und Mathematiker für ihre Arbeit unterschreiben; sie ist in der Mathematik vermutlich die am weitesten verbreitete und akzeptierte Position. Sie impliziert: Mathematik wird nicht erfunden, sondern *entdeckt*. Damit lässt sich erklären, warum Mathematik als konsistent erfahren wird und gleichzeitig auch als eindeutig und starr: Man muss herausfinden, was stimmt und was nicht, was wahr ist und was falsch, in dieser Hinsicht gibt es keine Wahlmöglichkeiten. Andererseits muss man dann aber auch fragen und erklären, wieso Mathematik relevante Aussagen über die Welt machen kann – oder aber, wenn man die Mathematik als vollständiges Abbild der Welt der Ideen auffasst, warum sich unsere Welt mit mathematischen Methoden nur teilweise beschreiben, berechnen und vorhersagen lässt.

Nach Aristoteles sind dagegen die mathematischen Objekte Abbilder und Idealisierungen realer Strukturen: Kreis und Kugel (als mathematische Objekte) sind dann also eine Idealisierung oder Abstraktion von realen „runden" Objekten, die wir vor uns haben. Dadurch, dass Mathematik die reale Welt abstrahiert, ist naheliegend, warum sie für die Beschreibung der Welt reale Aussagen macht. Was und wie es abstrahiert wird, liegt aber beim arbeitenden Mathematiker – Mathematik wird also von Menschen *erfunden* und *gestaltet*. Dass die Objekte der Mathematik abstrahierte Strukturen aus der Alltagserfahrung sind, klingt plausibel für die antike griechische Mathematik wie sie Aristoteles kannte – eine Mathematik, die sich primär mit Zahlen als Maße für Objekte aufgefasst und geometrischen Strukturen in der Ebene wie im Raum beschäftigte. Für die moderne Mathematik (mit sehr abstrakten und komplizierten algebraischen Strukturen), die von Menschen ohne benennbare Vorbilder aus der Natur gestaltet wurde, stellt sich jedoch die Frage: Woher kommen die erfahrene Eindeutigkeit und Widerspruchsfreiheit?

Nach Kant ist zu unterscheiden zwischen analytischen und synthetischen Aussagen (die Kant „Urteile") nennt: *Analytische Urteile* werden aus der Natur der Gegenstände der Urteile gewonnen, sind also letztlich selbsterklärend, Tautologien. *Synthetische Urteile* werden entweder aus anderen Urteilen gefolgert, ohne Beobachtung der Welt („vorsinnlich"), das sind die *synthetischen Urteile a priori*; oder sie beruhen auch auf Beobachtungen, dann sind sie *synthetische Urteile a posteriori*. Für Kant ist Mathematik eine Wissenschaft von synthetischen Urteilen a priori; dabei arbeitet die Mathematik synthetisch, weil sie auf unserer Wahrnehmung von Zeit und Raum beruhe und daher nicht nur aus analytischen Urteilen besteht. Die Physik andererseits beruht für Kant auch auf synthetischen Urteilen a posteriori.

## Womit fangen wir an?

Welche Aussagen dürfen ohne Begründung vorausgesetzt werden? Euklid markiert einen ersten Meilenstein in der Entwicklung der ebenen Geometrie. Er beginnt mit Definitionen von Punkt, Strecke etc., die eigentlich Beschreibungen sind, und formuliert dann Axiome, also Aussagen, die ohne Begründung oder Beweis vorausgesetzt werden und aus denen dann alle weiteren Aussagen gewonnen werden sollen. Umstritten war insbesondere die Notwendigkeit des „Parallelenaxioms" – der Forderung, dass sich für jede Gerade und jeden Punkt, der nicht auf der Geraden liegt, genau eine parallele Gerade durch diesen Punkt ziehen lässt. Über Jahrhunderte hinweg wurde versucht, diese Aussage aus den anderen Axiomen abzuleiten, bis im 19. Jahrhundert klar wurde, dass das Axiom tatsächlich unabhängig von den übrigen Axiomen der Geometrie ist: Es sind Geometrien möglich, in denen zu einer Geraden keine oder sogar unendlich viele Parallelen durch einen gegebenen Punkt existieren.

Während Euklid keine Herkunft der Axiome angibt, verwiesen Descartes und sein Zeitgenosse Spinoza im 17. Jahrhundert bei der Wahl und Begründung der Axiome auf die Intuition als die höchste Form der Erkenntnis. Kant berief sich später auf Raum- und Zeiterfahrung sowie auf grundlegendes Zahlenwissen: Axiome würden so gesetzt, weil sie nicht anders vorstellbar seien.

Viel später postuliert Hilbert, dass Axiomensysteme auch ohne Bezug auf die Bedeutung der Objekte funktionieren müssen. Er lässt also die Euklid'schen Beschreibungen weg und betont, die Axiome müssten genauso wie für Punkte, Geraden und Ebenen auch für „Tische, Stühle und Bierseidel" anwendbar sein – der Standpunkt des *Formalismus*. Weil hier mit der Bedeutung der Gegenstände nicht argumentiert werden kann, will und muss man dann formal beweisen, dass die Axiomensysteme widerspruchsfrei und vollständig sind, dass sie also nicht zu Aussagen führen, die sowohl wahr als auch falsch sind, und dass mit Hilfe der Axiome für jede mögliche Aussage bewiesen werden kann, dass sie entweder wahr oder falsch ist.

## Wie wird begründet und argumentiert?

Descartes zufolge haben Denker (also insbesondere Mathematikerinnen und Mathematiker) skeptisch zu sein, jede Behauptung und Aussage in Einzelteile zu zerlegen und aus den Teilaussagen nach den Regeln der Logik deduktiv abzuleiten und zu begründen. Die Anhänger des *Rationalismus* glauben, dass dies für alle wahren Aussagen möglich ist. Leibniz geht noch weiter: Er fasst Mathematik als eine *ideale Sprache* auf, in der alle Aussagen vollständig formalisiert werden sollten. Mathematik wird aufgefasst als „ars combinatorica": die Kunst, Aussagen nach formalen Regeln aus bekannten Teilen zusammenzusetzen und damit als Vernunftwahrheiten zu gewinnen. Damit sollte mathematisches Begründen und Beweisen vollständig mechanisierbar sein. Leibniz träumte auch von *Rechenmaschinen*, die derartige mathematische Arbeit übernehmen könnten, also von formalen Beweisen (siehe Kapitel „Beweise", S. 69 ff.).

Die Leibniz'sche Auffassung von Mathematik als Sprache wird im 19. Jahrhundert von Boole und Frege weiterentwickelt und formalisiert. Boole entwickelt ein Kalkül für deduktives Schließen, sein Buch heißt *Calculus of Deductive Reasoning*. Spätestens damit ist die mathematische Logik geboren, eine Übersetzung der Argumentationsregeln, wie man sie schon aus der griechischen Philosophie und Rhetorik (etwa von Aristoteles) kennt, in Formeln. Frege entwickelt eine „Begriffsschrift", mit der Mathematik vollständig formalisiert werden kann. Dies führt zum Programm des *Logizismus*, wonach Mathematik schrittweise vollständig formalisiert werden soll, beginnend mit Logik und Mengenlehre, darauf aufbauend Arithmetik, Geometrie usw.

Ein Brief von Russell an Frege aus dem Jahr 1902 markiert eine Zäsur: Russell weist darauf hin, dass sich mit Hilfe von selbstbezüglichen Definitionen Widersprüche konstruieren lassen, also Aussagen, die weder wahr noch falsch sein können. So führt die Definition einer „Menge aller Mengen, die sich nicht selbst als Element enthalten" zu Widersprüchen: Es kann weder sein, dass sich diese Menge als Element enthält, noch, dass sie sich nicht als Element enthält. Später hat Russell das Problem so verpackt: Wenn man einen Barbier als denjenigen definiert, der all jene und nur jene rasiert, die sich nicht selbst rasieren – rasiert sich dann der Barbier selbst?

In der Folge versuchen sich Russell und Whitehead an einem sorgfältigeren, formalen Aufbau der Mathematik. Sie entwickelten eine Typentheorie, die das Hantieren mit unendlichen Mengen einschränkt, um selbstbezügliche Aussagen und die entsprechenden Widersprüche zu vermeiden.

Aus einem anderen Blickwinkel mahnt eine weitere Gruppe von Mathematikern zur Vorsicht: die sogenannten *Intuitionisten*, die in der Tradition von Kant stehen. Am Anfang des 20. Jahrhunderts hatten sich bedeutende Mathematiker wie Hadamard und Poincaré mit der Psychologie mathematischer Forschung beschäftigt. Sie haben unter anderem Kollegen befragt und kamen zu dem Schluss, dass die Gegenstände der Forschung von

Mathematikern *konstruiert* würden – und man daher sehr vorsichtig mit Konstruktionen umgehen müsste. Poincaré warnt explizit vor „nichtprädikativen Konstruktionen", also Definitionen, die die Existenz der definierten Objekte implizit voraussetzen, ohne diese explizit zu konstruieren. Brouwer weitet diese Kritik aus. Er fasst Mathematik als „Handeln" auf und nicht etwa als das Gesamtgebilde aus mathematischen Objekten und Aussagen. Der Intuitionismus verbietet das Argumentieren auf Basis von Eigenschaften von Objekten, die zum Beispiel nicht in endlich vielen Worten formulierbar sind oder noch nicht explizit konstruiert wurden, sowie die Verwendung des Prinzips vom ausgeschlossenen Dritten. Auf solchen Grundlagen ist es sehr viel schwieriger und mühsamer, substanzielle Resultate zu erzielen. Viele klassische mathematische Aussagen sind so gar nicht formulierbar oder nicht beweisbar.

Brouwers Intuitionismus wurde scharf kritisiert und hat sich nicht durchgesetzt; einer seiner schärfsten Gegner wurde Hilbert, der 1925 verkündete: „Aus dem Paradies, das Cantor uns geschaffen hat, soll uns niemand vertreiben können." Allerdings verhallte der Intuitionismus nicht ungehört: Er führte in der Folge zu einem sehr viel vorsichtigeren Argumentieren auch in der klassischen Mathematik. Russell, Whitehead und Hilbert führten eine Bewegung des *Finitismus* an, die konsistente Grundlagen für das mathematische Arbeiten garantieren sollte. Dabei basierte das Arbeiten auf dem *Formalismus*-Ansatz: Hilbert fasste Mathematik als eine formale Sprache auf, die aus endlich vielen Zeichen zusammengesetzt ist. Man versuchte, sich auf finite Aussagen zu beschränken. Hilbert war Optimist: Er hoffte, dass sich alle wahren Aussagen mit finiten Argumenten formal begründen lassen.

## Welches Ziel will/kann Mathematik erreichen?

Der formalistische Ansatz, der der heutigen Mathematik zugrunde liegt, beginnt mit Axiomensystemen, aus denen dann alles Weitere geschlossen werden soll. Geeignete Axiomensysteme für eine mathematische Theorie sollten dann die folgenden drei Bedingungen erfüllen:

◇ Unabhängigkeit (kein Axiom soll überflüssig, also aus den anderen Axiomen beweisbar sein),
◇ Widerspruchsfreiheit (für keine Aussage soll beweisbar sein, dass sie sowohl wahr als auch falsch ist) und
◇ Vollständigkeit (für jede syntaktisch korrekte Aussage soll beweisbar sein, dass sie wahr oder dass sie falsch ist).

Von der Widerspruchsfreiheit gehen alle arbeitenden Mathematikerinnen und Mathematiker aus – ohne sie ist das ganze Prinzip unserer logischen Schlussweisen unsinnig!

Die Unabhängigkeit lässt sich durch Konstruktion von *Modellen* belegen, in denen jeweils ein einzelnes Axiom verletzt ist, die anderen aber erfüllt sind – was belegt, dass das einzelne Axiom nicht aus den anderen folgt. So wird etwa mit Hilfe von Modellen der hyperbolischen Geometrie gezeigt, dass das Parallelenaxiom unabhängig ist von den anderen Axiomen der euklidischen Geometrie. Hingegen hat Gödel mit seinen fundamentalen *Unvollständigkeitssätzen* aus dem Jahr 1930 gezeigt, dass die beiden anderen Forderungen in der Mathematik nicht etabliert werden können:

◇ In jedem hinreichend komplizierten System (Beispiel: die durch die Axiome von Zermelo und Fraenkel formalisierten natürlichen Zahlen) gibt es Aussagen, die weder bewiesen noch widerlegt werden können.

◇ Widerspruchsfreiheit ist für solche hinreichend komplizierte Systeme prinzipiell nicht beweisbar.

Damit kann das mathematische Arbeiten nicht mehr das Ziel der Vollständigkeit haben. Mathematik wird nie „am Ziel sein". Bei einem großen ungelösten Problem kann auch nie ausgeschlossen werden, dass es nicht lösbar ist, und bei einer Vermutung, dass sie letztlich weder beweisbar noch widerlegbar ist. Schlimmer noch: Wir können uns in der Mathematik nicht absolut sicher sein, dass sie nicht doch Widersprüche in sich birgt – es sei denn, man leitet die Widerspruchsfreiheit aus der philosophischen Überzeugung des Platonismus ab. Und genau dies scheint man im mathematischen Arbeitsalltag (zumindest mehrheitlich) zu tun: Die genannten mathematischen Erkenntnisse sind bekannt und akzeptiert, werden aber beim praktischen Arbeiten schlichtweg ignoriert. Oder um es etwas positiver auszudrücken: Mathematisches Arbeiten ist (heute) ziemlich unabhängig davon.

## Variationen: Philosophie der Mathematik

„Erfunden oder entdeckt?" – das ist eine Kernfrage der Philosophie der Mathematik. Ist die Mathematik durch ihre eigene Logik von vornherein starr vorgegeben oder werden die Ergebnisse des „Mathematik-Machens" von äußeren Einflüssen bestimmt? Welche Einflüsse könnten das dann sein? Machbarkeit? Lust und Laune derer, die Mathe machen? Kulturelle Prägung? Sprache oder Metaphern in den Köpfen?

Tatsächlich weist einiges darauf hin, dass in der mathematischen Forschung eine gewisse Gestaltungsfreiheit besteht. Anfang des 20. Jahrhunderts etwa untersuchten Henri Poincaré und etwas später auch Jacques Hadamard, wie Mathematiker arbeiten (siehe [383, 388] und [203]). Beide waren sich einig, dass beides stimmt: Beweise werden entdeckt, aber Mathematik wird auch durch Filtern und Aussortieren gestaltet. Richard Courant und Herbert Robbins sind ähnlicher Ansicht:

> Der Lebensnerv der mathematischen Wissenschaft ist bedroht durch die Behauptung, Mathematik sei nichts als ein System von Schlüssen aus Definitionen und Annahmen, die zwar in sich widerspruchsfrei sein müssen, sonst aber von der Willkür des Mathematikers geschaffen werden. Wäre das wahr, dann würde die Mathematik keinen intelligenten Menschen anziehen. Sie wäre eine Spielerei mit Definitionen, Regeln und Syllogismen ohne Ziel und Sinn. Die Vorstellung, daß der Verstand sinnvolle Systeme von Postulaten frei erschaffen könnte, ist eine trügerische Halbwahrheit. [101]

Wir werden im Folgenden einige Positionen aus der Philosophie der Mathematik kurz vorstellen. Empfehlungen für weitergehende Lektüre finden sich am Ende des Kapitels.

### Platonismus

Die auch heutzutage unter Mathematikerinnen und Mathematikern vermutlich populärste Sicht der Dinge ist der Platonismus (siehe zum Beispiel [350]). Platon war ein Schüler von Sokrates. Es muss den Sohn aus reichem Athener Hause sehr erschüttert haben, dass sein Lehrer 399 v. Chr. hingerichtet wurde. Platon entwickelte sich zu einem rebellischen Geist, der auch die Herrschenden gnadenlos kritisierte. Nach einigen Reisen

„Die reine Mathematik könnte in ihren modernen Entwicklungen womöglich von sich behaupten, die originellste Schöpfung des menschlichen Geistes zu sein." – Alfred North Whitehead [530]

*Freiheit in der Mathematik?*
Es herrscht tatsächlich eine gewisse Wahlfreiheit in der Mathematik, etwa bei der Wahl der grundlegenden Spielregeln. Macht man Geometrie *mit* dem Parallelenaxiom – durch einen Punkt, der nicht auf einer Geraden liegt, führt genau eine zweite Gerade, die die erste nicht schneidet (nämlich ihre Parallele) –, dann landet man in der euklidischen Geometrie. Lässt man es fallen, dann werden nichteuklidische Geometrien möglich. Ein anderes Beispiel ist das Auswahlaxiom: Gilt es, dann werden so erstaunliche Sätze wie der von Banach und Tarski (siehe Kapitel „Unendlichkeit", S. 213 ff.) wahr: *Eine Kugel kann in endlich viele Teile zerlegt werden, so dass sich diese Teile wieder zu zwei lückenlosen Kugeln zusammenfügen lassen, von denen jede das gleiche Volumen hat wie die ursprüngliche Kugel.*

kehrte er etwa 387 v. Chr. nach Athen zurück und kaufte sich ein Grundstück, auf dem er die erste Akademie gründete, eine Philosophenschule. Für die Philosophie der Mathematik wurde Platon aufgrund seiner Ideenlehre wichtig: Ideen bilden bei ihm eine eigene Welt, die unabhängig von der Welt ist, in der wir leben – und unabhängig von unserer Erkenntnis. Die Mathematik ist für Platon eine Art Türöffner für diese ideale Welt: Sie schult das Verständnis und den Geist. Die mathematischen „Dinge" sind dabei ideal: Ein Kreis, den man mit Bleistift auf Papier malt, ist das „Abbild", quasi der Schatten eines idealen Kreises.

Wichtigste Konsequenz: Mathematik existiert außerhalb von uns, unabhängig von der Welt, in der wir leben, ewig und stabil. Wir können einen Hauch von ihr erhaschen, indem wir unseren Verstand einschalten, nachdenken – und indem wir die ideale Mathematik erahnen, die irgendwie in uns steckt. Platoniker haben gute Argumente für ihre Position, beispielsweise die Konsistenz, mit der sich die Mathematik unterschiedlichen Betrachtern präsentiert, ihre Reichhaltigkeit und das Erstaunen über unerwartete Zusammenhänge, von dem viele Forscherinnen und Forscher berichten können (siehe etwa [390]).

Paul Halmos ist ein Vertreter des Platonismus im 20. Jahrhundert. Er fasst seine Position so zusammen:

> Wie ich über mathematische Objekte denke? Ob sie eine Existenz unabhängig von Ihnen und mir besitzen? Ich kenne die Antwort, ich kenne sie ganz genau: Natürlich haben sie das. Weder Sie noch ich haben sie erfunden. Und weder Sie noch ich können das mit mathematischen Fragen, mathematischen Konzepten, mathematischen Aussagen. Wenn ich ein religiöser Mensch wäre, dann würde ich sagen, Gott hat sie erfunden. Er schenkt uns die Fragen und wenn er gut ist und wir auch, dann gibt er uns auch Antworten. [107]

## Rationalismus

Im 16. Jahrhundert, fast zweitausend Jahre nach Platon, hat sich die bekannte Mathematik sehr verändert: Die negativen Zahlen werden eingeführt, Gleichungen dritten Grades werden gelöst und es gibt erste kombinatorische und wahrscheinlichkeitstheoretische Untersuchungen. Vor allem finden Zahlen

*Platonismus in Kürze*

*Die Mathematik ...*
existiert – unabhängig von der beobachteten Welt, ideal, ewig und unveränderlich.

*Mathematiker/innen wollen ...*
Mathematik entdecken.

*Prominente Vertreter sind ...*
Platon, G. H. Hardy, Kurt Gödel, Paul Halmos.

(Arithmetik) und Geometrie neu zueinander: René Descartes macht das Koordinatensystem populär. Sein mathematisches Hauptwerk ist eigentlich eine Nebensache: Descartes ist Philosoph; sein geometrisches Werk ist der Anhang an seinen *Discours de la méthode pour bien conduire sa raison et chercher la vérité dans les sciences* („Diskurs über die Methode, seine Vernunft geschickt auf der Suche nach der Wahrheit in der Wissenschaft zu leiten"). Wie schon bei Platon muss die Mathematik auch bei Descartes als Idealmodell für philosophische Ideen und Denkmethoden herhalten. Bei Descartes ist es die Geometrie – neben der Optik und der Astronomie der Meteore – in der man mit der richtigen Denkmethode Erkenntnisse über die Wahrheit sammeln kann. Man solle dabei skeptisch sein und nur das als wahr akzeptieren, was keinen Zweifel zulässt oder vollständig begründet werden kann. Man solle Probleme in Teilprobleme zerlegen und so Stück für Stück behandeln. Außerdem solle man diese Teilprobleme (deduktiv) ordnen und anschließend strukturieren.

Doch welche Grundaussagen sind als wahr zu akzeptieren? Descartes ist in dieser Frage ein Kind seiner Zeit; er argumentiert dabei ganz ähnlich wie zum Beispiel sein Zeitgenosse Baruch Spinoza: Man müsse sich bei den ersten Basisaussagen auf sein Bauchgefühl verlassen – oder, philosophischer ausgedrückt, auf die Intuition, die für Spinoza sogar die höchste Form der Erkenntnis darstellt.

Descartes formuliert auch das Ziel, alle Wissenschaften auf quantitative Untersuchungen zurückzuführen – das ist genaugenommen die Geburt der Naturwissenschaften, weil nach Descartes alle Eigenschaften der Natur aus Form und Bewegung abgeleitet werden können, man also die Natur mathematisch beschreiben kann. So soll eine Art allgemeine, universelle mathematische Wissenschaft entstehen, die *mathesis universalis*. Diesen Gedanken griff etwas später Gottfried Wilhelm Leibniz wieder auf. Auch Leibniz, einer der Entwickler der Infinitesimalrechnung und ein extrem vielseitig interessierter Mensch – bis heute ist sein Nachlass, darunter seine Korrespondenz mit rund 1000 Briefpartnern, nicht vollständig aufbereitet – hielt die Mathematik für ideal, allerdings in etwas anderer Hinsicht als seine Vorgänger und Zeitgenossen: Für ihn war die Mathematik

René Descartes (1596–1650) wurde bei Tours geboren und besuchte das unweit gelegene Jesuitenkolleg in La Flèche. Seine kleinadelige Herkunft – sein Vater arbeitete am Gericht in Rennes – ermöglichte ihm danach Bildungsreisen durch Europa. Zeitweise war er auch in militärischen Diensten, unter anderem für Herzog Maximilian von Bayern. Hier fasste er – angeblich bei unruhigem Schlaf in einer überheizten Stube im November 1619 in Neuburg an der Donau – den Entschluss, sich der Philosophie zu widmen. Weil er wegen seiner skeptischen Ideen mit Widerstand besonders aus konservativen kirchlichen Kreisen rechnen musste, ging er 1629 ins Exil in die (liberaleren) Niederlande.

Bis heute ist unklar, wo genau er hier in den zwanzig folgenden Jahren lebte; sicher ist, dass er seinen Wohnort häufig wechselte. 1649 lud ihn die schwedische Königin Christina von Schweden ein. Kurz nach Antritt seiner Stelle als Hauslehrer erkrankte er jedoch und starb. Sein Nachlass wurde vom französischen Botschafter nach Paris überführt, versank aber dort in der Seine. Die Schriften konnten vom Schwager des Botschafters zum Teil gerettet und getrocknet werden; über die Jahrhunderte gingen jedoch weitere Teile des Nachlasses verloren. Immerhin ist ein Teil des Notizbuchs über Polyeder erhalten – in einer Abschrift von Leibniz, der zum Studium der Descartes-Papiere eigens nach Paris gereist war [4, 160]. Dort hat er schon 100 Jahre vor Euler eine Version der Polyederformel entwickelt.

die ideale Sprache, unmissverständlich und obendrein symbolschwanger: Mit der 0 und der 1 kann man quasi aus nichts und allem (Gott) die Binärzahlen und damit die ganze (Zahlen-)Welt aufbauen. Aus diesem Grund schlug Leibniz Herzog Rudolf August in einem Brief vom 2. Januar 1697 vor, eine Gedenkmedaille für 0 und 1 herauszugeben, wozu es zu Leibniz' Lebzeiten nie kam. Wie grundlegend für Leibniz die Mathematik ist, erkennt man in seinem Dictum „Cum deus calculat et cogitationem exercet, fit mundus", also: „Während Gott rechnet und sich Gedanken macht, entsteht die Welt." [311, S. 191]

Leibniz' Traum war es, mit Hilfe der mathematischen Sprache Probleme aus dem Weg zu räumen. Zum Beispiel könne man juristische Probleme durch Reduktion auf logische Aussagen und Schlussfolgerungen lösen. In dieser Zeit gab es eine Hochphase der Automaten, Apparate und Maschinen – so betrachtete Descartes den menschlichen und tierischen Organismus als Maschine – und Leibniz drehte die Schraube noch weiter: Er entwarf nicht nur eine Rechenmaschine, die alle vier Grundrechenarten beherrschen sollte, sondern stellte sich in allen Wissenschaften eine mathematische Universalsprache vor, in der sich alle Sachverhalte ausdrücken lassen. Speziell für juristische Entscheidungen wünschte er sich eine Art Tableau, auf dem sich die Urteile fast automatisch „errechnen" lassen. Mit diesem automatisierten Schließen, der sogenannten *ars combinatoria*, würden die Wissenschaften die Exaktheit der Mathematik erben, in der alle Sätze und logischen Folgerungen „Vernunftwahrheiten" und daher unabhängig von der realen Welt aus Vernunftgründen ewig korrekt seien. (Ihnen stellte Leibniz die sogenannten „Tatsachenwahrheiten" gegenüber.) Spannend für die Philosophie der Mathematik ist Leibniz daher vor allem aufgrund dieses logisch-sprachlichen Aspekts.

## Kant

Für mathematische Arbeiten ist Immanuel Kant nicht gerade berühmt, doch für die Philosophie der Mathematik spielt er eine gewisse Rolle – insbesondere für den Intuitionismus. In der *Kritik der reinen Vernunft*, seinem Hauptwerk von 1781 (maßgeblich ist die zweite, erweiterte Auflage von 1787), ordnete er

*Rationalismus in Kürze*

*Mathematik ist . . .*
der Prototyp für ein sprachliches System, in dem ohne Missverständnisse allein durch logische Schlüsse wahre Aussagen entdeckt werden, die unabhängig von der realen Welt existieren.

*Mathematiker/innen wollen . . .*
Mathematik entdecken – und manchmal auch die mathematische Methode auf andere (alle?) Wissenschaften übertragen.

*Prominente Vertreter sind . . .*
René Descartes, Gottfried Wilhelm Leibniz.

zunächst (wie schon Leibniz mit den Vernunft- und Tatsachenwahrheiten) die Aussagen und Sätze, oder, wie Kant es nannte,
*Urteile*, die Menschen über die Welt äußern oder denken können. Er unterschied zwischen analytischen und synthetischen
Urteilen und strukturierte noch weiter:

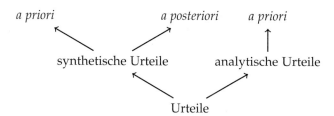

Die analytischen Urteile sind Kant zufolge aus sich heraus
richtig; für die Richtigkeit synthetischer Urteil ist noch ein zusätzliches Argument (ein „Prädikat") außerhalb des Beweisers
notwendig – etwa eine experimentelle Beobachtung. Analytische Urteile würden wir heute Tautologien oder implizite
Aussagen nennen. Kants Beispiel dafür ist die Aussage „Alle
Körper sind ausgedehnt", weil die Eigenschaft, ausgedehnt zu
sein, zu jedem Körper nun mal dazugehöre: Körper implizie-
ren Ausdehnung. Man kann die Aussage also schon dadurch
beweisen, dass man sie zerpflückt, *analysiert*.

Synthetische Urteile entstehen dagegen, wenn – modern ausgedrückt – Informationen zusammengefügt werden müssen,
entweder aus der Sinneswahrnehmung (sie sind dann *a posteriori*, weil man sie erhält, *nachdem* man gesehen, gerochen oder
anderswie gespürt hat) oder sozusagen „vorsinnlich" (Kant
nennt sie dann *a priori*). Auch hier ein Beispiel: Wenn wir sagen:
„Dieser Stuhl ist schwer" und ihn zur Probe hochheben, um
sein Gewicht zu erfahren, dann schöpfen wir *a posteriori* aus
der sinnlichen Erfahrung. Dagegen nutzen wir „implantiertes"
Wissen, wenn wir sagen: $7 + 5 = 12$, denn dabei kommt Wissen über die Zahlen in Anwendung und das hat – nach Kant
– seinen Ursprung in A-priori-Wissen über die Zeit und das
Zählen. Zugleich ist die Aussage $7 + 5 = 12$ Kants Beispiel für
ein synthetisches Urteil: Die 12 sei weder in 5 noch in 7 oder im
+ enthalten; es muss eben Ur-Wissen über Zahlen hinzukom-
men.

Kants Antwort auf die Frage „Was ist
Mathematik" in der zweiten Auflage
seiner *Kritik der reinen Vernunft*:
Auszüge aus der Vorrede und der
Einleitung [264]

Raumerfahrung ist für Kant Basis der Geometrie und Zeiterfahrung die Grundlage der Arithmetik – und schon sind wir in der Mathematik angekommen: Sie ist damit das Gebiet der synthetischen apriorischen Urteile schlechthin. Allerdings können in die Mathematik auch aposteriorische Urteile einfließen, dann nämlich, wenn man angewandte Mathematik oder Physik betreibt.

Das Problem: Unsere Raumerfahrungen gehen nicht über drei Dimensionen hinaus. Kant ist indes zu klug, um allzu konkret darauf einzugehen und sich daher Einschränkungen für zukünftige Mathematik einzuhandeln. Er führt stattdessen als Postulat ein, dass man über die apriorische Raum- oder Zeiterfahrung hinausgehende Objekte, Eigenschaften oder Strukturen definieren könne. Durch diese Hintertür wird es möglich, Kants Positionen auch in Zeiten von nichteuklidischer und hochdimensionaler Geometrie beizubehalten.

*Kant in Kürze*

*Mathematik ist ...*
> ein System von synthetischen Urteilen a priori (oder a posteriori, wenn wir über mathematische Physik sprechen).

*Mathematiker/innen wollen ...*
> dieses System erweitern, indem sie Postulate zusätzlich zu ihrem apriorischen Ur-Wissen über Mathematik einführen, das im Wesentlichen aus Raum- und Zeitwahrnehmung entsteht.

## Logizismus

Als der Lehrer und mathematische Autodidakt George Boole Mitte des 19. Jahrhunderts seine *Mathematical Analysis of Logic* schrieb, ahnte er nicht, wie zukunftsweisend seine Formalisierung der Logik war. Dass die Logik eines Tages einen selbstständigen Teil der Mathematik bilden würde, war bei Erscheinen des Buches 1847 nicht absehbar. Und schon gar nicht, dass es nur wenige Jahrzehnte später Menschen geben würde, die sogar das Umgekehrte behaupteten: Mathematik ist ein Teil der Logik, sie lässt sich aus der Logik entwickeln. Diese Position nennt man Logizismus.

Booles Ziel war ein anderes: die Entwicklung eines „Calculus of Deductive Reasoning", wie er im Vorwort schreibt – einer formalen Rechenmethode für die Deduktion, logischer Ableitungsregeln also. Ein Jahr nachdem er seine Ideen veröffentlicht hatte, wurde er, auch aufgrund seines Buches, Mathematikprofessor am Queens College im irischen Cork.

Boole war beileibe nicht der einzige frühe Entwickler der Logik; etwa zeitgleich beschäftigten sich auch in der zweiten Hälfte des 19. Jahrhunderts Augustus De Morgan und Charles Peirce damit, die Aristotelische Logik der moderneren Mathe-

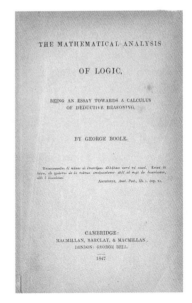

Der Innentitel der *Mathematical Analysis of Logic* von George Boole aus dem Jahre 1847

matik anzupassen, sie zu formalisieren, ihre Gesetze herauszuarbeiten. Gleichzeitig beschäftigte man sich mit Axiomen,
insbesondere mit denen der Geometrie, die Euklid aufgestellt
hatte. Aus beiden Linien – dem Herauskristallisieren der Axiome und der Entwicklung der formalen Logik – entwickelte
sich der Logizismus. Gottlob Frege, der diese mathematik-
philosophische Richtung begründen sollte, wurde 1848 geboren, also in dem Jahr, als Boole Mathematikprofessor geworden
war.

Frege betrieb dieses Vorhaben konsequenter als alle seine
Zeitgenossen: Er verfolgte ein systematisches Forschungsprogramm, beginnend mit der Entwicklung einer Begriffsschrift
(so auch der Titel des 1879 erschienenen Aufsatzes). Die *Begriffsschrift* war eine komplexe graphische Darstellung (Schrift),
um logische Aussagen und deren Ableitungen zu Papier zu
bringen. Zugleich entwickelte Frege darin die Logik axiomatisch, was die eigentliche Neuheit des Werkes ausmachte.

Es folgten weitere Teile: 1884 *Die Grundlagen der Arithmetik.
Eine logisch mathematische Untersuchung über den Begriff der Zahl*
und 1893 der erste Band der *Grundgesetze der Arithmetik*. Freges
Ziel war es, Schritt für Schritt aus der Logik und der Mengenlehre eine Arithmetik zu konstruieren (also die Möglichkeit, mit
den natürlichen Zahlen zu rechnen). Daraus ließe sich dann die
gesamte weitere Mathematik, reelle Zahlen, Geometrien und
so weiter ableiten, was in der zweiten Hälfte des 19. Jahrhunderts unabhängig von Frege ein wichtiges Thema war. Damals
entstanden zum Beispiel drei unabhängige Wege, die reellen
Zahlen aus den rationalen Zahlen (und damit aus den natürlichen Zahlen) zu „erzeugen" (siehe Kapitel „Zahlenbereiche",
S. 181 ff.). In *Die Grundlagen der Arithmetik* entwickelte er dann
auch die Zahlen, indem er sie als *Anzahlen* auffasste und sie
dafür mit Klassen gleichmächtiger Mengen identifizierte.

Aus Freges *Begriffsschrift* entwickelte Giuseppe Peano dann
eine praktisch verwendbare Schrift für logische Formeln und
die heute üblichen Axiome zur Definition der natürlichen Zahlen. Durch Peanos Arbeiten lernte Bertrand Russell wiederum
die Arbeiten Freges kennen. Er studierte die *Grundgesetze* auf
der Suche nach einer tragfähigen logischen Grundlegung der
Mathematik. 1901 schrieb er, nicht ohne Sarkasmus:

Frege war nicht nur in seiner Theorie
sehr kreativ, sondern auch in der Darstellung und Notation der logischen
Formeln; hier ein Auszug aus der
*Begriffsschrift*.

Reine Mathematik besteht voll und ganz aus Aussagen der Art, dass, falls der Satz Soundso über irgendetwas wahr ist, ein anderer Satz Soundso über das irgendetwas wahr ist. Es ist wesentlich, nicht darüber zu diskutieren, ob der erste Satz wirklich wahr ist und nicht zu erwähnen, was das irgendetwas ist, auf dessen Grundlage er wahr sein soll. Diese beiden Punkte würden zur Angewandten Mathematik gehören. Wir gehen in der reinen Mathematik von gewissen Regeln der Deduktion aus, durch die wir ableiten können, dass, falls der eine Satz wahr ist, auch der andere wahr sein muss. Diese Regeln der Deduktion konstituieren den größten Teil der Prinzipien der formalen Logik. Wir nehmen dann eine Hypothese her, die amüsant erscheint und leiten Konsequenzen aus ihr ab. Wenn die Hypothese allgemeiner Natur ist und nicht nur ein oder mehrere spezielle Dinge betrifft, dann konstituieren unsere Ableitungen Mathematik. Mathematik kann also definiert werden als das Fach, in dem wir nie wissen, über was wir eigentlich sprechen, noch ob das, was wir sagen, wahr ist. Leute, die ihre Probleme mit den Anfängen der Mathematik haben, werden, wie ich hoffe, diese Definition passend finden und werden vermutlich zustimmen, dass sie akkurat ist. [434]

Auch Freges großes Werk konnte Russell nicht befriedigen. 1902 verfasste er einen Brief an Frege, der für diesen einen Schock bedeutete: Russell machte Frege darauf aufmerksam, wie man in seinem System Antinomien konstruieren kann – Aussagen, denen man keinen Wahrheitswert zuweisen kann, weil in diesem Moment ein Widerspruch entsteht (siehe Abbildung auf S. 137). Der zweite Band der *Grundgesetze der Arithmetik* erschien im Jahr darauf mit einem ausführlichen Nachwort.

Im Jahr 1903 veröffentlichte Russell sein eigenes Buch *The Principles of Mathematics* und machte sich dann zusammen mit dem Philosophen Alfred North Whitehead daran, die *Principia Mathematica* zu schreiben, sozusagen eine „Bibel für Logizisten". (Der Titel spielte auf Newtons grundlegendes Werk über die Gravitationsgesetze an, die *Philosophiae Naturalis Principia Mathematica*.)

Konkret wollten die Logizisten drei Punkte geklärt wissen:

1. Wenn man eine Menge von Axiomen gefunden hat, kann man dann beweisen, dass weniger nicht reichen? (*Unabhängigkeit* der Axiome)

2. Kann man außerdem zeigen, dass die Axiome einander nicht widersprechen? (*Widerspruchsfreiheit*)

---

*Logizismus in Kürze*

*Mathematik ist . . .*
  das, was aus wenigen Axiomen und einem Logikkalkül entwickelbar ist.

*Mathematiker/innen wollen . . .*
  ein in sich geschlossenes System als Fundament der Mathematik. Sie fordern von diesem dann Widerspruchsfreiheit und Vollständigkeit.

*Prominente Vertreter sind . . .*
  Gottlob Frege, Bertrand Russell, Alfred North Whitehead.

*Russells Antinomie*
Die berühmte Russellsche Antinomie basiert auf der Tatsache, dass Mengen ihrerseits Elemente von Mengen sein können. Denkt man zum Beispiel an ein Verzeichnis von Büchern in Buchform, dann wird klar, dass das Konstruieren von „Mengen von Mengen" gar nicht so weltfremd ist: Das Verzeichnis ist ja selbst ein Buch.

Nun kann aber eine Menge sich entweder selbst enthalten oder nicht. Wir betrachten die Menge $S$ aller Mengen, die sich selbst *nicht* enthalten – man denke an alle Bücher, die sich nicht selbst referenzieren. Ist die Aussage „$S$ ist Element von sich selbst" wahr oder falsch? Falls sie wahr ist – $S$ sich also selbst enthält –, dann muss $S$ eine der Mengen sein, die sich nicht selbst enthalten, mithin muss die Aussage falsch sein, und umgekehrt ebenso.

3. Kann man eine solche Menge von Regeln finden, dass notwendigerweise alle Aussagen, die man damit formuliert, beweisbar richtig oder falsch sind? (*Vollständigkeit*)

Russels und Whiteheads *Principia* wuchsen bald zu einer gewaltigen Unternehmung an – ursprünglich auf ein Jahr Arbeit veranschlagt, ließ sich das Projekt nach mehr als zehn Jahren noch nicht abschließen. Es erschienen drei Bände (1910, 1912 und 1913), die zum Teil von den Autoren selbst kofinanziert werden mussten, weil der Verlag (Cambridge University Press) ein Verlustgeschäft befürchtete.

Nach 1913 kam der Logizismus ins Stocken. Nicht ohne Grund, wie 1931 eine Arbeit von Kurt Gödel zeigte. Seine

Erste und zweite Seite des folgenschweren Briefs Bertrand Russells an Gottlob Frege vom 16. Juni 1902 (Quelle: Sammlung Ludwig Darmstaedter der Staatsbibliothek zu Berlin, Signatur H 1897, Staatsbibliothek zu Berlin – Preußischer Kulturbesitz)

Unvollständigkeitstheoreme (siehe Kapitel „Was ist Mathematik?", S. 3 ff.) bildeten eine wichtige Zäsur für die Mathematik und in gewisser Hinsicht das Ende des Logizismus.

André Weil fasste den Zustand der Mathematik im Jahre 1950 in einem Aufsatz mit dem Titel *Die Zukunft der Mathematik* so zusammen:

> Wenn aber die Logik die Hygiene des Mathematikers ist, dann ist sie doch nicht seine Nahrungsquelle; die großen Probleme sorgen für das tägliche Brot, mit dem er gedeiht. „Ein Zweig der Wissenschaft steckt so lange voll Leben", sagte Hilbert, „wie er eine Flut an Problemen liefert; ein Mangel an Problemen ist ein Anzeichen des Absterbens." [522]

Dritte und vierte Seite des Briefes (Quelle: Sammlung Ludwig Darmstaedter der Staatsbibliothek zu Berlin, Signatur H 1897, Staatsbibliothek zu Berlin – Preußischer Kulturbesitz)

Poincaré war nicht allein in seiner Warnung vor der Unendlichkeit; so hatte beispielsweise Leopold Kronecker schon Jahre davor finitistische Positionen vertreten. Doch Poincaré hat einer Bewegung neuen Schwung gegeben, die einiges Rumoren in der Mathematik auslösen sollte. Seine Idee fand eine zuweilen sehr streitbare Anhängerschaft, die sich um den niederländischen Mathematiker L. E. J. Brouwer scharte. Zu ihnen gehörte in erster Linie Arend Heyting und phasenweise, Anfang der 1920er Jahre, auch Hermann Weyl, den Brouwer in Sachen Konstruktivismus bei David Hilbert abwerben konnte [432]. Hilbert und Brouwer waren harte Kontrahenten, was den philosophischen Blick auf die Mathematik anging.

  Brouwer war ein radikaler und zugleich sehr verletzlicher Mensch. Berühmt wurde er mit dem Fixpunktsatz und seiner Dissertation von 1907 *Over de grondslagen der wiskunde* (Über die Grundlagen der Mathematik). Mathematik definierte er bereits darin als „Handeln, nicht Wissenschaft" – Mathematik werde in freiem Handeln geschaffen, aus der menschlichen Intuition heraus. Ende der 1940er Jahre formulierte er es so:

> Intuitionistische Mathematik ist eine im Wesentlichen nicht sprachliche Aktivität des Geistes, die ihren Ursprung in der Wahrnehmung der zeitlichen Bewegung hat. Diese Wahrnehmung des Flusses der Zeit kann beschrieben werden als Auseinanderfallen eines Momentes im Leben in zwei unterschiedliche Dinge, von denen eines vor dem anderen kommt, aber im Gedächtnis gehalten wird. Wenn man die Zweiheit, die so entstanden ist, im Kern bloßlegt, geht sie über in die leere Form des Substrats, das allen Zweiheiten innewohnt. Und es ist dieses gemeinsame Substrat, diese leere Form, die die grundlegende Intuition der Mathematik bildet. [62]

Und diesem Handeln schrieb er im dritten Teil seiner Arbeit gar eine Existenz unabhängig von der Logik zu – eine Forderung mit ziemlich explosivem Inhalt für Logizisten und Formalisten zugleich, für die die Logik die Grundlage von allem bildete. Wenn Brouwers These richtig war, dann hieß das auch, dass das jahrzehntelange Ringen von Gottlob Frege, Georg Cantor, Bertrand Russell und anderen um eine „logische Grundlegung" der Mathematik auf einem Denkfehler beruhte und sinnlos war.

*Intuitionismus und Finitismus in Kürze*

*Mathematik ist ...*
    nicht akzeptabel, wenn sie mit allen klassischen Möglichkeiten betrieben wird – zum Beispiel wenn die Definitionen nichtprädikativ sind (Poincaré) oder wenn das Gesetz vom ausgeschlossenen Dritten angewendet wird (Brouwer).

*Mathematiker/innen wollen ...*
    die Mathematik, die durch ihr Handeln entsteht, mit Hilfe von Logik verstehen.

*Prominente Vertreter sind ...*
    Henri Poincaré, L. E. J. Brouwer, Errett Bishop.

1908 folgte Brouwers Aufsatz *De Onbetrouwbaarheid der logi-sche principes* (Über die Unzuverlässigkeit logischer Prinzipien), in dem er das logische Kalkül von unbedachten Schlussfolge-rungen bereinigt. Jahrtausendelang war man mehr oder minder davon ausgegangen, dass eine Aussage entweder wahr oder falsch *ist*. Brouwers Einwand funktioniert im Prinzip ähnlich wie das Bild von Schrödingers Katze in der Quantenmecha-nik: Es gibt Aussagen, die sozusagen „in der Luft hängen" und deren Wahrheitsgehalt noch nicht entschieden ist (oder sich sogar nie entscheiden lässt). Die Aufregung im Kollegenkreis ist groß. Europa hat eben einen Weltkrieg erlebt, in Russland hat die Oktoberrevolution 1917 zu großen Erschütterungen geführt – und das hat Einfluss auf die Sprache. „Brouwer – das ist die Revolution!", ruft Herrman Weyl in einem Vortrag [528]; Abraham Fraenkel nennt die Revolutionäre halb aner-kennend, halb vorsichtig „gefährlich" [170], und Hilbert schießt dagegen:

> Wenn Weyl eine „innere Haltlosigkeit der Grundlagen, auf denen der Aufbau des Reiches ruht", bemerkt und sich wegen „der drohenden Auflösung des Staatswesens der Analysis" Sorge macht, so sieht er Gespenster. [...] Was Weyl und Brouwer tun, kommt im Prinzip darauf hinaus, daß sie die einstigen Pfade von Kronecker wandeln: sie suchen die Mathematik dadurch zu begründen, daß sie alles ihnen unbequem Erscheinende über Bord werfen und eine Verbotsdiktatur à la Kronecker errichten. Dies heißt aber, unsere Wissenschaft zerstückeln und verstümmeln, und wir laufen Gefahr, einen großen Teil unseres wertvollsten Schatzes zu verlieren, wenn wir solchen Reformatoren folgen. [...] Weyl und Brouwer verfehmen die allgemeinen Begriffe der Irrationalzahl, der Funktion, ja schon der zahlentheoretischen Funktion, die Cantorschen Zahlen höherer Zahlklassen usw.; der Satz, daß es unter unendlichvielen ganzen Zahlen stets eine kleinste gibt, und sogar das logische „Tertium non datur" z. B. in der Behauptung: entweder gibt es nur eine endliche Anzahl von Primzahlen oder unendlich viele, sind Beispiele verbotener Sätze und Schlußweisen. [...] Brouwer ist nicht, wie Weyl meint, die Revolution, sondern nur die Wiederholung eines Putschversuches mit alten Mitteln, der seinerzeit, viel schneidiger unternommen, doch gänzlich mißlang und jetzt zumal, wo die Staatsmacht durch Frege, Dedekind und Cantor wohl gerüstet und befestigt ist, von vornherein zur Erfolglosigkeit verurteilt ist. [236]

*Das ausgeschlossene Dritte*
Ein klassisches Beispiel für die Anwendung des Prinzips vom aus-geschlossenen Dritten basiert, ist folgender Beweis dafür, dass es zwei irrationale Zahlen $a$ und $b$ gibt, so dass $a^b$ rational ist. Man wählt zu-nächst $a = \sqrt{2}$ und $b = \sqrt{2}$; $\sqrt{2}$ ist irrational. Entweder ist $a^b$ rational – dann ist man fertig. Oder das ist nicht der Fall – eine dritte Möglichkeit ist nach dem Prinzip ausgeschlossen – und man wählt dann eben $a = \sqrt{2}^{\sqrt{2}}$ und $b = \sqrt{2}$; damit ist $a^b = \sqrt{2}^{\sqrt{2}^2} = 2$.

Was war so frevelhaft oder revolutionär an Brouwer? Ein Beispiel, das er besonders mochte, findet sich in seinen Vorlesungen über Intuitionismus, die er über mehrere Jahre hinweg zwischen 1946 und 1951 in Cambridge hielt. Er verdeutlichte hier das, was wir oben „in der Luft hängen" genannt haben, und zwar für natürliche Zahlen. Er betrachtet eine Eigenschaft $f$ für natürliche Zahlen, die folgenden Voraussetzungen genügt:

(i) Für jede natürliche Zahl $n$ kann [im Prinzip] entschieden werden, ob sie $f$ hat oder nicht.

(ii) Es ist keine Methode bekannt, [effektiv] zu berechnen, ob die Zahl $n$ die Eigenschaft $f$ hat oder nicht.

(iii) Es ist keine Absurdität bekannt [d. h. es gibt keinen bekannten Widerspruch dagegen], dass mindestens eine natürliche Zahl $f$ hat. [62]

Solche Eigenschaften $f$ nennt Brouwer „flüchtig" – und er denkt dabei an so etwas wie die Eigenschaft der Zahl $n$, dass die $10^n$te Dezimalstelle von $\pi^{10^n}$ eine 7 ist: So etwas ist im Prinzip entscheidbar, aber zumindest nicht für jede natürliche Zahl $n$ konkret berechenbar.

Anschließend begann Brouwer zu konstruieren: Sei $k(f)$ die kleinste natürliche Zahl mit einer solchen flüchtigen Eigenschaft $f$. Nun konstruierte Brouwer mit einer solchen Eigenschaft eine Folge $a_1, a_2, \ldots$, wobei für jedes Folgenglied gilt:

Die Folge $1/(-2)^i$ springt um die Null herum, während sie sich ihr immer mehr annähert; sie ist abwechselnd positiv und negativ. Gibt es keine Zahl mit der flüchtigen Eigenschaft, dann konvergiert die Folge $a_v$ aus dem Text gegen null (oben). Ist $k(f)$ eine gerade Zahl, dann konvergiert sie gegen eine positive Zahl (Mitte), ist $k(f)$ ungerade, dann konvergiert sie gegen eine negative Zahl (unten).

$$a_v = \begin{cases} \frac{1}{(-2)^{k(f)}}, & \text{falls } v > k(f), \\ \frac{1}{(-2)^v}, & \text{sonst,} \end{cases}$$

wobei der zweite Fall insbesondere dann eintritt, wenn $k(f)$ gar nicht existiert, die flüchtige Eigenschaft also gar nicht auftritt.

Hat diese Folge einen Grenzwert $s_f$ in den reellen Zahlen? Aus klassischer Sicht sicherlich – nur wie er aussieht, ist nicht klar: Entweder ist $s_f = 0$ (wenn keine natürliche Zahl die Eigenschaft $f$ hat) oder $s_f$ ist $-\frac{1}{2^{k(f)}}$ oder $+\frac{1}{2^{k(f)}}$, je nachdem, ob $k(f)$ ungerade oder gerade ist (siehe Abbildung rechts). Aus intuitionistischer Sicht hingegen gibt es gar keinen Grenzwert, denn in der Konstruktion steckt ein faules Ei, die flüchtige Eigenschaft $f$. Nach der intuitionistischen Konstruktion der reellen Zahlen müsste zunächst *bewiesen* werden, dass $s_f$ entweder $\geqslant 0$ oder $\leqslant 0$ ist – und das ist nicht möglich.

Aus ähnlichen Gründen sperrte er sich gegen doppelte Verneinungen. In der klassischen Logik sind eine Aussage und ihre doppelte Verneinung äquivalent. In der intuitionistischen Logik dagegen ist die doppelte Verneinung einer Aussage schwächer als die Aussage selbst: Es gilt die Implikation $A \Rightarrow \neg\neg A$, aber nicht die Implikation $\neg\neg A \Rightarrow A$.

Brouwers Aufruf, die Mathematik auf der Basis der intuitionistischen Logik neu zu schreiben, versandete indes. Obwohl bis heute einige Mathematikerinnen und Mathematiker davon überzeugt sind, dass Brouwer eigentlich Recht hatte, folgte die überwiegende Mehrheit in der klassischen Logik in den 1920er und 30er Jahren Hilbert in seinem Feldzug gegen den Intuitionismus in der Angst, wesentliche Teile der Mathematik könnten mit der eingeschränkten Logik „über Bord gehen".

## Formalismus

David Hilbert hat der Mathematik viele neue Ideen beschert – der Formalismus war eine davon, die er aber nicht ausgearbeitet oder zu Ende geführt hat. Den Kern seines Programms entwickelte er unter anderem in seinem Aufsatz *Neubegründung der Mathematik* [236] von 1922 und in seinem Vortrag *Über das Unendliche* [237], den er im Juni 1925 in Münster zum Andenken an Karl Weierstraß hielt.

Weierstraß war 110 Jahre zuvor in Westfalen geboren worden, hatte in Münster studiert und als Lehrer gearbeitet – und hatte, wie Hilbert fand, „in ganz unbeschränktem Maß" die Existenz der reellen Zahlen oder von reellen Zahlen mit bestimmten Eigenschaften vorausgesetzt. Daher spiele der Begriff des Unendlichen „in verdeckter Form" in Weierstraß' Mathematik hinein und sei noch nicht so geklärt, wie man nach der Lektüre Weierstraß' glauben mochte [237]. Hilbert nahm dies zum Ausgangspunkt, die Grundlagen anzupacken.

> Die mathematische Literatur findet sich, wenn man darauf acht gibt, stark durchflutet von Ungereimtheiten und Gedankenlosigkeiten, die meist durch das Unendliche verschuldet sind. [236]

Seine Kernidee formulierte Hilbert so:

> Als Vorbedingung für die Anwendung logischer Schlüsse und die Betätigung logischer Operationen muß [...] schon etwas in der

„Aus dem Paradies, das Cantor uns geschaffen, soll niemand uns vertreiben können." – David Hilbert [237, S. 170].

Vorstellung gegeben sein: gewisse außerlogische diskrete Objekte, die anschaulich als unmittelbares Erlebnis vor allem Denken da sind. Soll das logische Schließen sicher sein, so müssen sich diese Objekte vollkommen in allen Teilen überblicken lassen und ihre Aufweisung, ihre Unterscheidung, ihr Aufeinanderfolgen ist mit den Objekten zugleich unmittelbar anschaulich für uns da als etwas, das sich nicht noch auf etwas anderes reduzieren läßt. Indem ich diesen Standpunkt einnehme, sind mir [...] die Gegenstände der Zahlentheorie die Zeichen selbst, deren Gestalt unabhängig von Ort und Zeit und von den besonderen Bedingungen der Herstellung des Zeichens sowie von geringfügigen Unterschieden in der Ausführung sich von uns allgemein und sicher wiedererkennen läßt. [236]

Was meint Hilbert damit? Denken war für ihn genuin mit Sprache verbunden. So kann man sich unter „außerlogische[n] diskrete[n] Objekte[n], die anschaulich als unmittelbares Erlebnis vor allem Denken da sind", so etwas wie Zahlzeichen, Buchstaben oder andere Symbole vorstellen, losgelöst von inhaltlichen Zuschreibungen, aus denen sich zum Beispiel mathematische Formeln entwickeln lassen.

Das Zeichen 1 ist eine Zahl. Ein Zeichen, das mit 1 beginnt und mit 1 endigt, so daß dazwischen auf 1 immer + und auf + immer 1 folgt, ist ebenfalls eine Zahl, z. B. die Zeichen

$$1 + 1$$
$$1 + 1 + 1.$$

Diese Zahlzeichen, die Zahlen sind und die Zahlen vollständig ausmachen, sind selbst Gegenstand unserer Betrachtung, haben aber sonst keinerlei *Bedeutung*. Außer diesen Zeichen wenden wir noch andere Zeichen an, die etwas *bedeuten* und zur Mitteilung dienen, z. B. das Zeichen 2 zur Abkürzung für das Zahlzeichen $1 + 1$ oder das Zeichen 3 zur Abkürzung für das Zahlzeichen $1 + 1 + 1$; ferner wenden wir die Zeichen $=$, $>$ an, die zur Mitteilung von Behauptungen dienen. [236]

Die Zeichen – und nicht etwa die „Logik" der Logizisten – bilden für Formalisten wie Hilbert den Ausgangspunkt der Mathematik, sie sind nicht weiter reduzierbar. Axiome sind dagegen eine Verknüpfung von Begriffen.

Hilbert vorzuwerfen, im Wesentlichen nur mathematische Symbole hin- und herschieben zu wollen – wie es zum Beispiel

*Formalismus in Kürze*

*Mathematik ist ...*
eine Formelsprache. „Am Anfang ist das Zeichen", sagt Hilbert.

*Mathematiker/innen wollen ...*
mit diesen Zeichen nach gewissen Regeln hantieren.

*Prominenter Vertreter ist ...*
David Hilbert.

*Bierseidel ...*
Otto Blumenthal, der erste Doktorand von David Hilbert, berichtet, Hilbert habe 1891 in einem Wartesaal der Bahn auf einer Fahrt von Halle nach Königsberg den denkwürdigen Satz fallen lassen: „Man muss jederzeit an Stelle von ‚Punkte, Geraden, Ebenen' ‚Tische, Stühle, Bierseidel' sagen können." [47] Er wollte damit klarmachen, dass man Zeichen von ihrer Bedeutung unabhängig betrachten können muss. Lange wurde die Formulierung nur als Anekdote angesehen, bis Hilberts Tagebücher gesichtet wurden. Auf Seite 72 des ersten Bandes notiert Hilbert darin fast dieselbe Formulierung: „Mehrere Dinge zusammen in einem Begriff gefasst, geben ein System z. B. Tisch, Tafel etc. [...] In der Mathematik betrachten wir Systeme von Zahlen oder von Funktionen." [223]

Brouwer tat – ist ungerecht. Hilbert denkt tiefer. Er unterscheidet zwei Typen von Aussagen: finite Aussagen, die nichtunendliche Objekte zum Gegenstand haben, und ideale Aussagen. Sein Beispiel: Sei $p$ eine konkrete Primzahl – er nimmt die zu seiner Zeit größte bekannte Primzahl

$$2^{127} - 1 = 170\,141\,183\,460\,469\,231\,731\,687\,303\,715\,884\,105\,727$$

Es ist nicht so schwer zu zeigen, dass gilt: *Es gibt eine Primzahl zwischen $p$ und $p! + 1$* – eine finite Aussage, die eine gewisse endliche Anzahl von Zahlen zum Gegenstand hat. Die Aussage: *Es gibt eine Primzahl, die größer ist als $p$*, ist indes eine Aussage über unendlich viele Zahlen und daher von einer anderen, idealen Art – obschon impliziert von der ersten, finiten Aussage. Das Logikkalkül begrüßte Hilbert als „fortgeschrittene Vorarbeit"; die Logik wird bei ihm von einer Grundlage der Mathematik zu einem Teilgebiet von ihr, indem man nun auch ideale Aussagen in der Zeichensprache der Logik formuliert.

Hilbert war sich durchaus bewusst, dass der Finitismus die Mathematik auf ein sichereres Terrain führte – doch es war ihm dennoch regelrecht zuwider, die Mathematik so zu beschneiden. Er legte daher alle Hoffnung in einen Beweis der Geschlossenheit der Axiome – einschließlich des Prinzips vom ausgeschlossenen Dritten!

> Erinnern wir uns, daß wir Mathematiker sind und als solche uns schon oftmals in einer ähnlichen mißlichen Lage befunden haben und wie uns dann die geniale Methode der idealen Elemente daraus befreit hat. [237]

Hilbert ist ein unbeirrbarer Optimist; er hofft, für alle idealen Aussagen finitistische Begründungen finden zu können. Zugleich entwarf er (mal wieder) ein Forschungsprogramm: Man muss mit finitistischen Methoden zeigen, dass jede ideale Aussage auf eine finitistische zurückführbar ist. Und man muss zeigen, dass das System der finitistischen Aussagen (also im Wesentlichen die Axiome, die ihm zugrunde liegen) widerspruchsfrei ist – ein Plan, den Gödels Unvollständigkeitstheoreme zunichte machten.

Damit war Hilberts Programm aber nicht ganz vom Tisch: Tatsächlich wird heute vereinzelt noch untersucht, inwieweit man wenigstens Teile der infinitistischen Mathematik formal

*Das Bertrand'sche Postulat*
Es gilt sogar eine viel stärkere Aussage: *Es gibt eine Primzahl zwischen $p$ und $2p$.* Das ist das „Bertrand'sche Postulat", siehe etwa [6].

rekonstruieren kann. Mehr Details insbesondere zum Forschungsprogramm der reversen Mathematik findet man in [32]
oder [352].

## Nichtklassische Theorien

1963/64 erschien im *British Journal for Philosophy of Science* eine
Serie von Aufsätzen mit dem Titel *Proofs and Refutations*, die
für die moderne Philosophie der Mathematik eminent wichtig
werden sollten. Autor der ungewöhnlichen Arbeiten, die zusammen ein Theaterstück ergeben, das in den ausführlichen
Fußnoten zwischen Wissenschaftsgeschichte und Philosophie
hin- und herpendelt, war der ungarischstämmige Philosoph
und Mathematiker Imre Lakatos. Dreh- und Angelpunkt seiner
Arbeit ist die sogenannte Euler-Formel, die die Anzahlen von
Kanten $K$, Ecken $E$ und Flächen $F$ eines dreidimensionalen Polyeders verbindet: $E - K + F = 2$. Lakatos untersuchte, unter
anderem unter dem Einfluss des Philosophen Karl Popper, wie
sich Mathematiker im Laufe der Zeit an die Formel herantas-
teten und wie die Voraussetzungen dafür sukzessive heraus-
geschält wurden. Sein Credo: Die Mathematik ist wie andere
Naturwissenschaften auch von Versuch und Irrtum geprägt.
Beweise sind zwar der Kern der Mathematik und ein formal
korrekter Beweis ist „ewig gültig" – aber Menschen wählen
bisweilen falsche Voraussetzungen oder beweisen nicht die
Aussage, sondern nur etwas Schwächeres. Zudem herrscht bei
der Auswahl der Voraussetzungen und dessen, was behauptet
wird, eine gewisse Willkür – und es können überall auch Fehler
passieren. Man nennt Lakatos' Ansatz daher *quasi-empiristisch*.
(Die Empiriker aus dem 19. Jahrhundert, etwa John Stuart Mill,
hatten als Ursprung der Mathematik die mit Sinnen wahrge-
nommene Wirklichkeit angesehen, die anschließend abstrahiert
oder verallgemeinert wird.)

Lakatos lag mit seinen Ideen ganz im Trend der Wissen-
schaftsphilosophie seiner Zeit. Nur wenig später behauptete
der Philosoph Thomas Kuhn – vereinfacht ausgedrückt –, die
großen Fortschritte in der Wissenschaft würden sich in Revolutionen abspielen, sogenannten Paradigmenwechseln, in denen
sich grundlegende Konzepte und Perspektiven ändern. Sofort

„Vermutlich bin ich sowohl Formalist
als auch Platonist. Auf der einen
Seite ist Mathematik eine der besten
bekannten Ansätze beim Versuch,
das Denken und das Verständnis von
Konzepten und Phänomenen zu formalisieren. Idealerweise würden wir
gerne direkt mit diesen Konzepten
und Phänomenen hantieren, aber das
erfordert eine Menge Einsicht und
mentales Training. Das Ziel des Formalismus in der Mathematik ist, so
denke ich, den Geist zu schulen (und
schlechte oder unzuverlässige Intuition auszuschalten), bis wir dieses
Ideal erreichen." – Terence Tao [351]

*Nichtklassische Theorien in Kürze*

*Mathematik ist …*
  ein soziokulturelles Konstrukt, an
  dem Menschen zusammenarbei-
  ten, auf das sie sich einigen. Dabei
  machen sie Fehler und korrigieren
  sich.

*Mathematiker/innen wollen …*
  nein, so einfach geht das nicht:
  Was sie wollen, ist so vielfältig wie
  die Gesellschaften und Kulturen,
  aus denen sie kommen.

brachen heftige Diskussionen darüber aus, ob die Mathematik tatsächlich Revolutionen kennt oder nicht, die bis heute nicht zur Ruhe gekommen sind: siehe etwa [105, 171, 337].

Lakatos' Arbeit und diese Diskussionen über die Revolutionen in der Mathematik waren aber nur Ausdruck einer allgemeinen Unzufriedenheit mit der klassischen philosophischen Sicht auf die Mathematik. Keine der gängigen klassischen Wissenschaftstheorien erklärt nämlich befriedigend, was Mathematik eigentlich ist. 1994 schrieb der Quasi-Empiriker Hilary Putnam augenzwinkernd einen Aufsatz mit dem Titel *Philosophy of Mathematics: Why nothing works*, in dem er mit den gängigen Theorien von Platonismus bis Logizismus abrechnet und sich auf die Suche nach einer ganz neuen Sicht auf die Mathematik begibt, die der Praxis der aktuellen mathematischen Forschung endlich gerecht werden soll.

Denn in Wirklichkeit kümmern sich heute die wenigsten Mathematiker/innen um Grundlagen ihrer Arbeit in Logik oder Beweistheorie oder fragen sich im Alltag, ob sie nun eher als Entdecker oder Erfinder arbeiten – sie arbeiten einfach daran, Fragen zu stellen über Strukturen, drücken sie in Zeichen und Zahlen aus, produzieren Antworten auf diese Fragen oder wollen „fertige" Mathematik auf Mathematik und andere Wissenschaften anwenden.

Reuben Hersh, ein inzwischen emeritierter Mathematiker und Philosoph an der Universität New Mexico, versucht mit diesem Pragmatismus auch philosophisch pragmatisch umzugehen. 1995 unternahm er den Versuch, mit einem Aufsatz unter dem Titel *Fresh Breezes in the Philosophy of Mathematics* [229] frischen Wind in die Philosophie zu bringen. Seine These: Die meisten klassischen Philosophen, allen voran Platon und die Empiriker, haben etwas Wichtiges übersehen, als sie versuchten, Mathematik zu beschreiben. Die Mathematik sei – wie andere Wissenschaften auch – ein *soziokulturelles Konstrukt* mit Geschichte, weder ein reines Geistesprodukt noch etwas rein Physisches. „Mathematik ist menschlich", schreibt Hersh und nennt seinen Blick auf die Mathematik „humanistisch". „Das Studium der gesetzmäßigen, vorhersagbaren Teile der sozial-konzeptuellen Welt hat einen Namen. Der Name ist ‚Mathematik'."

Imre Lakatos (1922–1974), eigentlich Imre Lipschitz, hatte ein bewegtes Leben: 1944 schloss er sein Studium in Mathematik, Physik und Philosophie an der Universität Debrecen ab. Weil sein Name ihn als Juden auswies und Juden in Ungarn unter einem deutschfreundlichen Regime verfolgt wurden, nannte er sich um in Imre Molnár. Nach dem Krieg wechselte er den Namen nochmals in Imre Lakatos (angeblich, um wieder die Initialen I. L. zu besitzen). Zugleich klang dieser Name eher nach Arbeiterklasse – Lakatos war zu dieser Zeit überzeugter Kommunist, und der Name bedeutet „Schlosser". Zunächst war er in der Bildungsverwaltung tätig, fiel aber im stalinistischen Terror in Ungnade und kam drei Jahre in Haft. Danach fand er Arbeit als wissenschaftlicher Übersetzer für die Ungarische Akademie der Wissenschaften; so lernte er unter anderem George Pólyas Buch *How to Solve It* kennen (siehe Kapitel „Beweise", S. 69 ff.). 1957 floh Lakatos aus Ungarn nach England; in Cambridge promovierte er in Mathematikphilosophie mit *Essays in the Logic of Mathematical Discovery*. Er lehrte an der London School of Economics, bis er 1974 an einem Herzinfarkt starb.

Hersh war nicht der Erste, der die Mathematik als pluralistische Kultur, geprägt vom Rest der Kultur und Gesellschaft, darstellte: Er hatte diese Ideen von Raymond L. Wilder übernommen, bei dem sie sich schon in den 1950er Jahre finden. Mathematik entsteht bei Wilder in einem Geflecht von sozialer Kommunikation, eingebettet in gesellschaftliche Zusammenhänge [534–536]: Einerseits wird Mathematik von allein arbeitenden Individuen produziert, andererseits ist sie das Ergebnis von Teamwork. Ein Indiz dafür ist die Tatsache, dass die Wurzeln der meisten mathematischen Konzepte so verästelt sind, dass man ihre Ursprünge kaum klar herausarbeiten kann. Und so absolut, wie Platonisten behaupten, ist in der Mathematik von Wilder gar nichts, weil mathematische Begriffe in Übereinkunft geschaffen werden.

Dabei spielt natürlich – und damit sind wir wieder am Anfang angekommen – auch die Sprache eine Rolle, in der Mathematikerinnen und Mathematiker denken und im Alltag sprechen sowie ihr gesamtes kulturelles Umfeld.

*Mathematik bei den Maoris*
Der neuseeländische Mathematiker Bill Barton hat untersucht, ob und wie man „englische Mathematik" in Maori-Sprache unterrichten kann, und stieß auf überraschend andere Vorstellungen von Zahlen und Zahlenmengen, Funktionen und Geometrie. Die Metaphern und unsere sprachlichen Ausdrucksmöglichkeiten für Zahlen, Größen und Mengen prägen offensichtlich auch unsere mathematischen Vorstellungen [24, 31].

## PARTITUREN

◇ Thomas Bedürftig und Roman Murawski, *Philosophie der Mathematik*, De Gruyter (2012)

Obwohl ein junges Buch, ist dies schon ein Standardwerk über Philosophie der Mathematik – und obendrein angenehm lesbar.

◇ Jörg Neunhäuserer, *Einführung in die Philosophie der Mathematik*, Springer (2019)

Eine neu erschienene Zusammenfassung der wichtigsten Aspekte.

◇ Joel David Hamkins, *Lectures on the Philosophy of Mathematics*, M.I.T. Press (2021)

Frisch von der Druckerpresse: Vorlesungen eines jungen Oxford-Professors zur Einführung in die Philosophie der Mathematik, auch aus einer Praxis-Perspektive.

◇ Armand Borel, *Mathematics: Art and Science*, Mathematical Intelligencer (4) 5, 1983, 9–17. (Auf Deutsch: *Mathematik: Kunst und Wissenschaft*, Carl Friedrich von Siemens Stiftung, Themenreihe, Band XXXIII, 1982.)

Ein inspirierender Vortrag eines Schwergewichts der Mathematik des 20. Jahrhunderts – der anhand eines Vergleichs von Mathematik und Malerei die Grundfragen der Philosophie der Mathematik diskutiert.

◇ Imre Lakatos, *Proofs and Refutations*, Cambridge University Press (1976)

Imre Lakatos' Dissertation. Ein Kuriosum, in das man sich einarbeiten muss, aber es lohnt sich.

◇ Reuben Hersh, *What is Mathematics, really?* Oxford University Press (1997)

Gute Frage, gestellt von einem Vertreter des postklassischen Ansatzes.

◇ Reuben Hersh (Hsg.), *18 Unconventional Essays on the Nature of Mathematics*, Springer (2006)

Viele verschiedene Blickwinkel auf die Philosophie der Mathematik, zum Teil auch aus Sicht der Praktiker.

◇ Bill Barton, *The Language of Mathematics: Telling Mathematical Tales*, Springer (2008)

Ein interessanter Blickwinkel auf Metaphern und die Sprache der Mathematik.

◇ Klaus Truemper, *The Construction of Mathematics: The Human Mind's Greatest Achievement*, Leibniz Company (2017)

Eine lebendige Philosophie der Mathematik und ein engagiertes Plädoyer dafür, sie aus der Wittgenstein-Perspektive zu bearbeiten.

◇ Douglas R. Hofstadter, *Gödel, Escher, Bach: ein Endloses Geflochtenes Band*, Klett-Cotta, Stuttgart (1985)

Ein wissenschaftlicher Bestseller mit einer künstlerisch-spielerischen Darstellung der Selbstbezüglichkeiten in Eschers Graphiken und Bachs Kompositionen, die letztlich zu einem Verständnis von Gödels Sätzen und ihren Beweisen führen soll.

## ETÜDEN

◇ Mit welchem philosophischen Bild der Mathematik können Sie sich am ehesten anfreunden? Warum deckt es sich mit Ihren Erfahrungen in Mathematik?

◇ Wenn Galileo und Newton behaupten, Mathematik sei „die Sprache der Natur", welche Mathematik meinen die da? (Laut Ed Dellian, Berlin, der Werke von Galileo und Newton studiert und übersetzt hat, sind hier nicht Formeln gemeint, sondern die (Euklidische) Geometrie!)

◇ Wie beliebig oder „verhandelbar" erscheint Ihnen die Betrachtung der Kreiszahl $\pi$, und die Behauptung/Tatsache, dass sie irrational ist? Wo würden Sie Ihre Sicht der Dinge einordnen?

◇ 1882 bewies Ferdinand von Lindemann, dass $\pi$ eine transzendente Zahl ist (siehe [319]). Was heißt das? Wo kommt das Konzept „transzendent" her? Wer hat es erfunden/ entdeckt? Wie notwendig/unvermeidbar erscheint es? Wie führt von Lindemann seinen Beweis? Und was bedeutet der Beweis für die Mathematik aus Sicht von drei mathematik-philosophischen -ismen Ihrer Wahl?

◇ Wie beliebig oder „verhandelbar" erscheint Ihnen das Konzept eines unendlich-dimensionalen Vektorraums oder die Behauptung/Tatsache, dass er eine Basis hat? Wo würden Sie Ihre Sicht der Dinge einordnen?

◇ „Ich denke, es gibt zwei Arten von mathematischen Ergebnissen: Erfindungen und Entdeckungen. Ich weiß, dass Erfindungen wichtig sind, aber Entdeckungen ziehe ich vor. Manchmal, wenn ich ein Ergebnis erziele, habe ich das starke Gefühl, dass ich etwas entdecke, das in der Natur existiert. Und ich habe kein solches Gefühl bei anderen Arbeiten oder mathematischen Ergebnissen; sie scheinen eher Erfindungen zu sein – Schöpfungen des menschlichen Gehirns – als etwas, das wirklich in der Natur existiert." sagt E. B. Vinberg in einem Interview [162]. Wie ordnen Sie diese philosophische Position ein?

◇ Armand Borel schließt seinen Vortrag [54] mit der Feststellung „Der Mathematiker *Jacobi* hat einmal geschrieben, daß der einzige Zweck der Wissenschaft die Ehre des menschlichen Geistes sei. Ich glaube in der Tat, daß diese Schöpfung dem menschlichen Geistes zur großen Ehre gereicht." Wenn die Aussage von Jacobi stimmt, wie ist dann die Nützlichkeit der Mathematik bei der Beschreibung der Welt und in den Anwendungen (siehe Kapitel „Anwendungen", S. 335 ff.) zu erklären? Wie schätzen Sie die zweite Aussage von Borel ein?

◇ Von dem Philosophen Immanuel Kant heißt es in diesem Kapitel vorsichtig, er sei „nicht gerade berühmt" für mathematische Arbeiten – in der Tat finden sich in seinen Schriften Aussagen, die uns heute recht unsinnig vorkommen. Recherchieren und bewerten Sie diese.

◇ Lesen Sie den Aufsatz von Michael Crowe, *Ten misconceptions about mathematics and its history* [106]. Können Sie alle „Missverständnisse", die Crowe aufführt, nachvollziehen? Wo stimmen Sie mit ihm überein, wo nicht?

# TEIL II
# KONZEPTE

# Primzahlen

*„Sie wachsen wie Unkraut unter den natürlichen Zahlen, scheinbar keinem anderen Gesetz als dem Zufall unterworfen, und kein Mensch kann voraussagen, wo wieder eine sprießen wird", sagte der Zahlentheoretiker Don Zagier einmal von den Primzahlen [545]. Zugleich ergibt die Verteilung der Primzahlen viele spannende ungelöste Fragen, und sie führt auch auf tiefliegende Strukturen, die man in der Zahlentheorie mit algebraischen und analytischen Methoden untersucht.*

© Der/die Autor(en) 2022
A. Loos et al., *Panorama der Mathematik*,
https://doi.org/10.1007/978-3-662-54873-8_6

## THEMA: PRIMZAHLEN

Die Zahlen 11, 13, 17, 19 kann man an den 22 000 Jahre alten Kerben auf dem Ishango-Knochen ablesen: Primzahlen tauchen also am Anfang der Menschheitsgeschichte auf, noch vor Erfindung einer Schrift. Ob damals wirklich Primzahlen „gemeint" waren, darf man bezweifeln. Sicher ist aber, dass fundamentale Fakten über Primzahlen am Anfang der Mathematik als Wissenschaft stehen. Zum Beispiel sind sie ein zentraler Untersuchungsgegenstand in den Elementen des Euklid. Euklids Buch dokumentiert Mathematik als Wissenschaft: Euklid führt Beweise. So bewies er unter anderem zwei fundamentale Fakten über Primzahlen:

◊ *Die Eindeutigkeit der Primfaktorzerlegung.* Jede natürliche Zahl lässt sich als ein Produkt von Primzahlen schreiben, und die Darstellung als Produkt von Primzahlen ist (bis auf die Reihenfolge) eindeutig.
◊ *Die Unendlichkeit der Primzahlen.* Die Folge der Primzahlen 2, 3, 5, 7, 11, 13, 17, 19, 23, . . . endet nicht; es gibt unendlich viele Primzahlen.

Primzahlen kann man wahlweise definieren als die natürlichen Zahlen $n > 1$, die keine anderen Teiler haben als 1 und die Zahl $n$ selbst. Oder äquivalent (also gleichbedeutend) als die natürlichen Zahlen größer als 1, die kein Produkt von (zwei) kleineren Zahlen sind.

### *Probleme über Primzahlen*

Die Theorie der Primzahlen ist ein zentrales Thema der Zahlentheorie und wurde über die Jahrhunderte hinweg entwickelt. Sie hat substanzielle und beeindruckende Ergebnisse vorzuweisen, und bietet auch immer noch viele spannende offene Probleme – darunter etliche, die „elementar" klingen, also ohne größere theoretische Hilfsmittel formuliert werden können, von denen man aber schon aufgrund von vielen gescheiterten Beweisversuchen annehmen kann, dass sie keine einfache Lösung haben. Dennoch lassen sich immer wieder neue Forschungsfortschritte verzeichnen, weil algebraische, analytische und kombinatorische Methoden laufend weiterentwickelt und immer wieder auf neue und manchmal sogar überraschende Weise kombiniert werden. Hier ist eine Auswahl von gelösten Problemen, jeweils zusammen mit einem verwandten offenen Problem:

*Das Bertrand'sche Postulat.*　Bertrand vermutete 1845 und Tschebyscheff bewies 1852, dass zwischen jeder Zahl $n$ und ihrem Doppelten $2n$ immer eine Primzahl liegt.
*Offenes Problem, die „Legendre-Vermutung":* Liegt auch zwischen jeder Quadratzahl $n^2$ und der nächsten Quadratzahl $(n + 1)^2$ eine Primzahl? (*Vermutung:* ja!)
　Für höhere Potenzen sind solche Resultate bekannt: zumindest für jedes sehr große $n$ liegt zwischen jeder Kubikzahl $n^3$ und der nächsten Kubikzahl $(n + 1)^3$ eine Primzahl, das

hat Ingham [252] schon 1937 bewiesen. Dudek [133] hat 2016 abgeschätzt, was genau „sehr große $n$" heißt.

*Quadratzahlen plus 1.*   Dirichlet hat bewiesen, dass es in jeder arithmetischen Folge, also allen Zahlen der Form $f(n) = an + b$, für die $a$ und $b$ keinen gemeinsamen Teiler haben, unendlich viele Primzahlen finden. So gibt es etwa unendlich viele Primzahlen der Form $3n + 1$ und der Form $3n + 2$.
*Offenes Problem:* Gibt es unendlich viele Primzahlen der Form $n^2 + 1$? (*Vermutung:* ja!)

*Mersenne-Primzahlen.*   Schon bei Euklid findet man das Resultat, dass eine Zahl der Form $M_n = 2^n - 1$ nur dann prim sein kann, wenn $n$ eine Primzahl ist. Primzahlen der Form $M_n$ heißen Mersenne-Primzahlen. Man kennt derzeit 51 davon; die größte bisher bekannte, $2^{82\,589\,933} - 1$, hat mehr als 24 Millionen Dezimalstellen. (Mehr dazu auf mersenne.org.) Zahlen der Form $2^n - 1$ kann man besonders effektiv auf Primalität testen, nämlich mit dem *Lucas-Lehmer-Test*. Mersenne-Zahlen sind daher besonders gute Kandidaten bei der Rekordjagd nach möglichst großen Primzahlen.
*Offenes Problem:* Gibt es unendlich viele Mersenne-Primzahlen? (*Vermutung:* ja!)

*Fermat-Primzahlen.*   Wenn eine Zahl der Form $2^n + 1$ prim ist, dann muss $n$ eine Zweierpotenz sein, also $n = 2^k$ für eine natürliche Zahl $k$; insgesamt hat die Zahl also die Form $F_k = 2^{2^k} + 1$. Man kennt fünf solche Fermat-Primzahlen, nämlich $F_0 = 3$, $F_1 = 5$, $F_2 = 17$, $F_3 = 257$ und $F_4 = 65\,537$. Fermat war wohl der Meinung, dass alle $F_k$ Primzahlen seien. Hingegen beobachtete Euler 1732, dass $F_5$ durch 641 teilbar ist. Auch für $5 < k \leq 32$ ist $F_k$ keine Primzahl.
*Offenes Problem:* Gibt es weitere Fermat-Primzahlen? Unendlich viele? (*Vermutung:* Es gibt keine weiteren Fermat-Primzahlen, zumindest aber nur endlich viele.)

*Vollkommene Zahlen.*   Eine Zahl heißt *vollkommen* oder *perfekt*, wenn sie, wie $6 = 1 + 2 + 3$, gleich der Summe ihrer echten Teiler ist. Euklid und Euler zeigten: Die *geraden* vollkommenen Zahlen sind genau die Zahlen der Form $2^{p-1}(2^p - 1)$ für eine Mersenne-Primzahl $M_p = 2^p - 1$.
*Offenes Problem:* Gibt es *ungerade* vollkommene Zahlen? (*Vermutung:* nein. Siehe auch [353].)

*Primzahl-Zwillinge.*   Zhang, Maynard und das POLYMATH Projekt 8a zeigten 2013/14, dass es unendlich viele Paare von Primzahlen $p$, $p'$ mit $|p - p'| \leq 246$ (also Paare von Primzahlen, deren Abstand höchstens 246 ist) gibt.
*Offenes Problem:* Gibt es unendlich viele Primzahl-Zwillinge, also Paare von Primzahlen $p$, $p + 2$ mit Abstand 2? (Beispiele: 3 und 5, 11 und 13, 1031 und 1033, usw.) (*Vermutung:* ja, mit klaren Vorstellungen über die Häufigkeit von Primzahlzwillingen.)

*Goldbach-Vermutung.*   Helfgott bewies 2013 eine Vermutung, die Goldbach 1742 in einem Brief an Leonhard Euler formuliert hatte und die heute als schwache Goldbach-Vermutung bekannt ist: Jede ungerade Zahl $n \geq 7$ ist eine Summe von *drei* Primzahlen.

*Offenes Problem:* Die eigentliche Goldbach-Vermutung, auch starke Goldbach-Vermutung genannt: Jede gerade Zahl $m \geq 4$ ist eine Summe von *zwei* Primzahlen. (*Vermutung*: Das stimmt.)

*abc-Vermutung.*   Diese Vermutung von Oesterlé und Masser aus den 1980er Jahren besagt, dass es für jedes $\varepsilon > 0$ nur endlich viele Tripel teilerfremder natürlicher Zahlen $a, b, c$ mit $a + b = c$ gibt, so dass $c > r(abc)^{1+\varepsilon}$ ist, wobei $r(n)$ das Produkt der *unterschiedlichen* Primfaktoren von $n$ ist. Eine Serie von umfangreichen und technischen Arbeiten des Japaners Mochizuki aus dem Jahr 2012 erhob den Anspruch, einen Beweis zu ergeben. Die Arbeiten waren schwer verständlich. Im Frühjahr 2018 identifizierten Scholze und Stix [447] darin einen substanziellen Fehler. Obwohl das Werk von Mochizuki in einer renommierten Mathematik-Zeitschrift *Publications of the Research Institute for Mathematical Sciences (RIMS)* erscheinen soll, wird es von der Fachwelt weitgehend nicht akzeptiert: die abc-Vermutung gilt immer noch als *offenes Problem* (Stand: Januar 2022).

## Analytische Zahlentheorie

Euler hat die folgende fundamentale Identität betrachtet:

$$1 + \frac{1}{2^s} + \frac{1}{3^s} + \frac{1}{4^s} + \cdots = \left(1 + \frac{1}{2^s} + \frac{1}{2^{2s}} + \cdots\right) \cdot \left(1 + \frac{1}{3^s} + \frac{1}{3^{2s}} + \cdots\right) \cdot \left(1 + \frac{1}{5^s} + \frac{1}{5^{2s}} + \cdots\right) \cdots$$

Durch Ausmultiplizieren der rechten Seite sieht man, dass die Identität zur Eindeutigkeit der Primfaktorzerlegung äquivalent ist (zumindest, wenn wir Konvergenzfragen der vorkommenden Reihen für den Moment außer Acht lassen). Wenn man $\mathbb{P}$ für die Menge der Primzahlen schreibt, die übliche Notation für unendliche Summen und Produkte verwendet und die geometrischen Reihen auf der rechten Seite aufsummiert, so wird daraus die Identität

$$\sum_{k \geq 1} \frac{1}{k^s} = \prod_{p \in \mathbb{P}} \frac{1}{1 - p^{-s}}.$$

Diese Identität stimmt für alle reellen Werte $s > 1$. Für $s = 1$ erhalten wir auf der linken Seite die harmonische Reihe, die divergiert – was einen weiteren Beweis dafür liefert, dass es unendlich viele Primzahlen gibt: Denn andernfalls würde die rechte Seite für $s = 1$ einen endlichen Wert ergeben.

Man kann daraus sogar Abschätzungen gewinnen, wie häufig Primzahlen unter den natürlichen Zahlen auftreten müssen – es lassen sich also durch analytische Überlegungen Aussagen treffen über die Häufigkeit von Primzahlen.

Dies ist ein Startpunkt für die *Analytische Zahlentheorie*, der wir bemerkenswerte Resultate verdanken. Dazu gehören der Satz von Dirichlet, der besagt, dass jede arithmetische Folge $a, a + b, a + 2b, \ldots$ unendlich viele Primzahlen enthält, wenn $a$ und $b$ teilerfremd sind. Ein Höhepunkt der analytischen Zahlentheorie ist der große Primzahlsatz, der sehr präzise beschreibt, wie häufig die Primzahlen unter den natürlichen Zahlen auftreten. Er gibt nämlich an, was das Wachstumsverhalten der Funktion $\pi(x)$ ist, die die Primzahlen $p \leq x$ zählt. (So gilt $\pi(10) = 4$ und $\pi(20) = 8$.) Er wurde von Legendre und Gauß vermutet, und dann von Hadamard und Poussin im selben Jahr 1896 (unabhängig voneinander) bewiesen.

*Großer Primzahlsatz.* *Bezeichnet $\pi(x)$ die Anzahl der Primzahlen, die nicht größer sind als $x$, so gilt*

$$\lim_{x \to \infty} \frac{\pi(x)}{\frac{x}{\ln x}} = 1.$$

Das ist ein präzises Resultat über die Asymptotik der Primzahlfunktion $\pi(x)$, also ihr Verhalten für sehr große Werte von $x$. Aber man wüsste es gerne noch genauer – offen ist nämlich die Frage, wie sehr $\pi(x)$ von $\frac{x}{\ln x}$ abweicht, bzw. vom *Integrallogarithmus* $\mathrm{Li}(x) = \int_2^x \frac{dt}{\ln t}$, der $\pi(x)$ noch genauer beschreibt. Eine sehr präzise Abschätzung

$$\left| \pi(x) - \mathrm{Li}(x) \right| \leq c\sqrt{x} \ln x \quad \text{für eine Konstante } c > 0$$

würde aus der Riemann'schen Vermutung folgen, die eines der größten und berühmtesten ungelösten Probleme der Mathematik ist. Riemann hat in seinem legendären Aufsatz *Über die Anzahl der Primzahlen unter einer gegebenen Größe* aus dem Jahr 1859 den Ausdruck

$$\zeta(s) := \sum_{k \geq 1} \frac{1}{k^s}$$

als Funktion der Variablen $s$ studiert, die man heute die Riemann'sche Zeta-Funktion nennt. (Vorher hatte sich schon Euler intensiv mit der Funktion beschäftigt.) Riemann hat gezeigt, dass diese Funktion nicht nur für reelles $s > 1$ konvergiert, sondern eindeutig als komplex-differenzierbare Funktion auf die gesamte komplexe Zahlenebene fortgesetzt werden kann, mit einer einzigen Singularität (Polstelle) bei $s = 1$. Die Zetafunktion hat sogenannte „triviale" Nullstellen bei $-2, -4, -6, \ldots$. Der Große Primzahlsatz ist äquivalent zu der Aussage, dass die Zetafunktion keine Nullstelle mit Realteil 1 hat. Die Riemann'sche Vermutung besagt, dass alle Nullstellen, deren Realteil im Intervall $[0, 1]$ liegt, den Realteil $\frac{1}{2}$ haben. Diese Aussage konnte Riemann nicht beweisen, Hilbert machte sie in seinem Vortrag auf dem Internationalen Mathematiker-Kongress 1900 als achtes seiner 23 Probleme berühmt. Seit dem Jahr 2000 ist sie als eines der sieben Clay-Millenniumsprobleme mit einem Preisgeld von einer Million US-Dollar versehen.

## Algebraische Zahlentheorie

Jede ganze Zahl hat eine eindeutige Primfaktorzerlegung, d. h. wir können jede ganze Zahl $n$ als $p_1^{e_1} \cdot p_2^{e_2} \cdot \ldots \cdot p_r^{e_r}$ für eindeutig bestimmte Primzahlen $p_i$ und Exponenten $e_i$ schreiben (zum Beispiel $200 = 2^3 \cdot 5^2$). Das gilt nicht nur im Ring $\mathbb{Z}$, sondern entsprechend verallgemeinert z. B. auch im Ring $\mathbb{Z}[i] = \{a + b \cdot i \in \mathbb{C} : a, b \in \mathbb{Z}\}$ der Gauß'schen Zahlen. Anhand von Beweisversuchen für den sogenannten „großen Satz von Fermat", die Fermat'schen Vermutung, und nachfolgenden Beobachtungen (von Lamé, Liouville, Wantzel und anderen) ist aber 1847 aufgefallen, dass die Eindeutigkeit der Primfaktorzerlegung in etwas allgemeineren Ringen nicht mehr ausnahmslos gilt. Sie stimmt zum Beispiel nicht in $\mathbb{Z}[\sqrt{-5}]$, weil $6 = 2 \cdot 3 = (1 + \sqrt{-5})(1 - \sqrt{-5})$ ist. Sie gilt auch nicht in allen Ringen der Form $\mathbb{Z}[\xi_n]$, die man bekommt, wenn man $\mathbb{Z}$ um die komplexe $n$-te Einheitswurzel $\xi_n = e^{2\pi i/n}$ erweitert. Dies ist eine zentrale Beobachtung, denn für die Werte von $n$, für die man doch die eindeutige Primfaktorzerlegung in $\mathbb{Z}[\xi_n]$ hat, kann man daraus mit der Faktorisierung $x^n = z^n - y^n = (z - y)(z - \xi_n y) \cdots (z - \xi_n^{n-1} y)$ einen relativ einfachen Beweis der Fermat'schen Vermutung ableiten, wonach für $n > 2$ eine Summe von zwei $n$-ten Potenzen von natürlichen Zahlen $a^n + b^n$ nie eine $n$-te Potenz $c^n$ ergibt.

Das Scheitern der eindeutigen Faktorisierbarkeit führte zur Entwicklung der *Algebraischen Zahlentheorie*, der *Idealtheorie* von Kummer, zu bemerkenswerten zahlentheoretischen Resultaten im 20. Jahrhundert und damit schließlich auch zu einem vollständigen und korrekten Beweis der Fermat'schen Vermutung durch Wiles und Taylor 1995 – einem der größten Triumphe der Mathematik des 20. Jahrhunderts.

## VARIATION: PRIMZAHLEN

### Kleine Geschichte der Primzahlen

Das Zählen führt zu den „natürlichen Zahlen" 1, 2, 3, 4 ... Daher sind die natürlichen Zahlen wohl die Zahlen, mit denen die Menschheit als erstes hantierte – und die ursprüngliche Vorstellung davon, was eine Zahl ist, ist davon geprägt. Vermutlich entdeckte man auch sehr bald, dass einige dieser Zahlen nicht als Produkte von kleineren Zahlen geschrieben werden können und insofern etwas Besonderes darstellen. Als mögliches Indiz dafür gilt der sogenannte Ishango-Knochen (s. S. 10), den der belgische Archäologe Jean de Heinzelin de Braucourt in Ishango am Nordwestufer des Eduardsees im Kongo im Jahre 1950 ausgrub. Das Alter des Knochens wird auf etwa 22 000 Jahre geschätzt. Er trägt drei Reihen von Kerben. Ähnlich gekerbte oder durch Punkte markierte Knochen sind keine Seltenheit in der eiszeitlichen Kunst der Altsteinzeit [95]. Doch der Ishango-Knochen ist in einer Hinsicht etwas Besonderes: Auf einer Seite

John Conway hat eine kleine „Maschine" beschrieben, die aus 14 Brüchen die Folge der Primzahlen produziert: Sein PRIMEGAME basiert auf der Folge $\frac{17}{91}$, $\frac{78}{85}$, $\frac{19}{51}$, $\frac{23}{38}$, $\frac{29}{33}$, $\frac{77}{29}$, $\frac{95}{23}$, $\frac{77}{19}$, $\frac{1}{17}$, $\frac{11}{13}$, $\frac{13}{11}$, $\frac{15}{2}$, $\frac{1}{7}$, 55 von 14 rationalen Zahlen und dem Startwert 2. In jedem Schritt hat man eine ganze Zahl $n$ und sucht die erste Zahl $x$ in der obigen Liste derart, dass das Produkt $n \cdot x$ wieder ganzzahlig wird. Das Ergebnis ist dann die ganze Zahl für den nächsten Schritt. Das Spiel beginnt also mit der $2 \cdot \frac{15}{2} = 15$. Der zweite Schritt ergibt dann $15 \cdot 55 = 825$, usw. So entsteht eine Folge von ganzen Zahlen, unter denen sich nach der 2 immer wieder auch Potenzen von 2 finden. Das Überraschende: Die Exponenten dieser Zweierpotenzen sind die Primzahlen in aufsteigender Reihenfolge. Die erste Zweierpotenz nach der 2 ist im 19. Schritt die $4 = 2^2$, als nächstes kommt in Schritt 69 die $8 = 2^3$, dann in Schritt 281 die $32 = 2^5$ usw. [92].

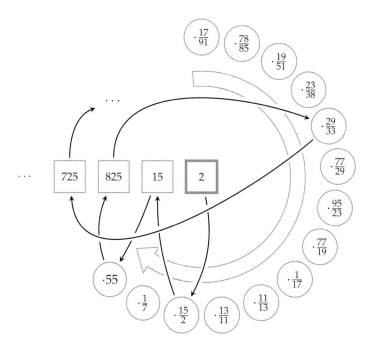

trägt er vier Gruppen von Kerben, deren Anzahl 11, 13, 17 und 19 beträgt – just die Primzahlen zwischen 10 und 20. Zufall oder Absicht? Das weiß niemand.

Sicher ist, dass Euklid tausende Jahre später Primzahlen kannte und obendrein als wichtig genug einschätzte, um ihnen in seinen Elementen einigen Platz einzuräumen. Er beschrieb, wie man aus einer endlichen Menge von Primzahlen immer eine weitere Primzahl erzeugen kann – was heute als Beweis dafür gelesen wird, dass es unendlich viele Primzahlen gibt (siehe Kapitel „Unendlichkeit", S. 213 ff.).

Als Ausgangspunkt für die Primzahlen kann man eine eher unscheinbare Beobachtung Euklids ansehen, ein Verfahren zur Berechnung des größten gemeinsamen Teilers zweier Zahlen $a$ und $b$. Dieser euklidische Algorithmus wird in den Abschriften von Euklids Werken sinngemäß so überliefert:

(i)  Starte mit $a_0 := \max(\{a, b\})$ und $b_0 := \min(\{a, b\})$

(ii)  Für $i = 1, 2, 3, 4, \ldots$ setze

$$a_i := \max(\{b_{i-1}, a_{i-1} - b_{i-1}\})$$

und

$$b_i := \min(\{b_{i-1}, a_{i-1} - b_{i-1}\})$$

(iii)  und iteriere dies, bis eine Gleichheit $a_k = b_k$ eintritt; dann ist nämlich $\mathrm{ggT}(a, b) = a_k = b_k$.

Dass das funktioniert, liegt daran, dass jede Zahl, die sowohl $a$ als auch $b$ teilt, auch die Differenz $a - b$ teilt. Das gilt insbesondere für die größte dieser Zahlen; es ist also $\mathrm{ggT}(a, b) = \mathrm{ggT}(b, a - b)$. (Hier verwenden wir das Konzept der Teilbarkeit: $a$ *teilt* $b$, notiert als $a \mid b$, wenn es eine ganze Zahl $c$ gibt mit $ac = b$.)

Der euklidische Algorithmus wird heute meist einfacher mit Hilfe der Modulo-Rechnung, der Division mit Rest, beschrieben:

(i)  Starte mit $a_0 := \max(\{a, b\})$ und $b_0 := \min(\{a, b\})$

(ii)  Für $i = 1, 2, 3, 4, \ldots$ setze

$$a_i := b_{i-1}$$

und

$$b_i := a_{i-1} \bmod b_{i-1}$$

(iii) und iteriere das, bis wir $b_k = 0$ erhalten; dann ist nämlich $\mathrm{ggT}(a, b) = a_k$.

Die Grundidee – Jahrtausende alt – bleibt dieselbe.

Der euklidische Algorithmus war über viele Jahrhunderte immer wieder eine Quelle der Inspiration. Man kann damit Kettenbrüche entwickeln (mehr dazu im Kapitel „Algorithmen und Komplexität", S. 395 ff.) und man kann mit seiner Hilfe auch ganze Zahlen $m$ und $n$ mit der Eigenschaft $ma + nb = \mathrm{ggT}(a, b)$ – der Bézout-Identität – finden. (Sehen Sie, wie das geht?)

Die Bézout-Identität wiederum kann man dazu verwenden, um rasch zu beweisen, dass in $\mathbb{Z}$ die Primfaktorzerlegung (bis auf Reihenfolge) eindeutig ist. Der erste Schritt besteht darin, zu zeigen: Falls eine Primzahl $p$ ein Produkt $a \cdot b$ teilt, dann teilt $p$ entweder $a$ oder $b$ (oder beides). Nehmen wir an, $p$ teilt $a$ nicht. Dann können wir den $\mathrm{ggT}(a, p) = 1$ als Linearkombination darstellen:

$$1 = m \cdot a + n \cdot p,$$

mit $m, n \in \mathbb{Z}$. Wir multiplizieren die Gleichung mit $b$. Der erste Summand $mab$ wird dann nach Voraussetzung von $p$ geteilt, und der zweite $npb$ sowieso. Weil $p$ die Summe zweier Zahlen, die beide durch $p$ teilbar sind, auch teilt, folgt also $p \mid b$.

Weiter mit dem zweiten Schritt: Wir nehmen an, eine natürliche Zahl habe zwei unterschiedliche Faktorisierungen in Primzahlen.

$$p_1 p_2 \cdots p_k = q_1 q_2 \cdots q_\ell,$$

wobei wir annehmen dürfen, dass $p_1 \neq q_i$ für alle $i \in \{1, \dots, \ell\}$ gilt (wir kürzen dafür einfach gleiche Faktoren links und rechts vom Gleichheitszeichen). Aber $p_1$ muss im Produkt $q_1 q_2 \cdots q_\ell$ einen der Faktoren teilen – und das geht nicht, wenn $p_1 \neq q_i$ gelten soll, nach dem ersten Schritt.

Vollständig bewiesen hat diesen *Fundamentalsatz der Arithmetik* erstmals Carl Friedrich Gauß, in seinem Lehrbuch *Disquisitiones Arithmeticae*, das er mit gerade mal 21 Jahren schrieb. Damit begann eine lange Geschichte der Untersuchung der

Primelemente in ausgewählten Zahlenbereichen, auf deren Weg sich unter anderem die moderne Algebra, die analytische und die algebraische Zahlentheorie entwickelten.

Die Eigenschaft von Primzahlen, in einem Produkt $ab$ immer einen der Faktoren $a$ und $b$ zu teilen, kann man in beliebigen Ringen betrachten. Ein Ring (genauer: ein kommutativer Ring mit 1) ist eine algebraische Struktur, in der alle üblichen Rechenregeln für die Addition und Multiplikation gelten, die wir aus der Schule kennen, aber die Division nicht immer möglich sein muss, also Inverse bezüglich der Multiplikation nicht existieren müssen; die ganzen Zahlen $\mathbb{Z}$ und der Polynomring $\mathbb{R}[x]$ sind Beispiele. Wir definieren: Ein Primelement $p$ ist ein Element eines Ringes, das nicht 0 oder eine *Einheit* ist (also ein Element, das ein Inverses hat), und für das stets gilt, dass es $a$ oder $b$ teilt, falls es das Produkt $a \cdot b$ teilt. (Nach dieser Definition ist jede Primzahl $p$ ein Primelement im Ring $\mathbb{Z}$, ebenso aber auch das Negative $-p$ einer Primzahl.)

Ringe, in denen die Primfaktorzerlegung eindeutig ist, heißen faktorielle Ringe. Einen der berühmtesten faktoriellen Ringe (außer den ganzen Zahlen) entdeckte Gauß selbst: $\mathbb{Z}[i] := \{a + b \cdot i \mid a, b \in \mathbb{Z}\}$, die nach ihm benannten Gauß'schen Zahlen, wobei $i$, wie modernerweise üblich, eine imaginäre Einheit bezeichnet, also eine komplexe Zahl, die $i^2 = -1$ erfüllt. Doch in unendlich vielen Ringen ist die Primfaktorzerlegung nicht eindeutig, etwa in $\mathbb{Z}[\sqrt{-5}] := \{a + b \cdot \sqrt{-5} \mid a, b \in \mathbb{Z}\}$. (Das Symbol $\sqrt{-5}$ ist eine komplexe Zahl, die die Eigenschaft $(\sqrt{-5})^2 = -5$ hat.) In diesem Ring gilt nämlich zum Beispiel:

$$6 = 2 \cdot 3 = (1 + \sqrt{-5})(1 - \sqrt{-5}).$$

Die Untersuchung dieser und ähnlicher Ringe hatte Mitte des 19. Jahrhunderts Hochkonjunktur. So veröffentlichte etwa Ernst Eduard Kummer 1844 (und nochmals 1847) einen Beweis dafür, dass der Ring $\mathbb{Z}[\xi_{23}]$, der aus den ganzen Zahlen durch Erweiterung durch eine 23. Einheitswurzel $\xi_{23} := \exp(2\pi i/23)$ entsteht – *keine* eindeutige Primfaktorzerlegung erlaubt [140, 313]. In Unkenntnis dessen behauptete im Jahr 1847 Gabriel Lamé, einen Beweis der Fermat'schen Vermutung zu besitzen, der auf der falschen Annahme basierte, dass in $\mathbb{Z}[\xi_n]$ die Primfaktorzerlegung für alle $n$ eindeutig sei.

Der falsche Beweis Lamés und die Arbeiten von Kummer, Gauß und später Richard Dedekind und David Hilbert führten geradewegs hinein in die Theorie der Ringe und Körper, ein Kerngebiet der modernen Algebra.

## Primzahlrekorde

Am 31. Oktober 1903 fand in New York einer der ungewöhnlichsten Vorträge der Mathematikgeschichte statt – ein Vortrag ganz ohne Worte, der kaum fünf Minuten dauerte, gehalten vor dem Kern der American Mathematical Society. Die 50 Mathematiker und Mathematikerinnen hatten erst typische Vereinsangelegenheiten abgearbeitet, um dann bei zehn „Talks" über neueste Forschungsergebnisse zu entspannen. Für Thema Nummer 4 erklomm ein würdiger Herr das Katheder: Frank Nelson Cole, Sekretär der Gesellschaft und Zahlentheoretiker an der Columbia University.

Cole trat an die Tafel und schrieb wortlos an:

$$2^{67} - 1 = 147\,573\,952\,589\,676\,412\,927.$$

Daneben multiplizierte er schriftlich: $761\,838\,257\,287 \times 193\,707\,721$. Ergebnis: Auch $147\,573\,952\,589\,676\,412\,927$. Er wischte sich die Kreide von den Händen ab und setzte sich – unter dem Beifall seiner Kollegen.

Diese fünf Minuten machten Cole ein bisschen berühmt. Für die beiden Faktoren von $2^{67} - 1$ hatte er „die Sonntage von drei Jahren" geopfert, wie er später verriet.

Warum ist die Zahl $2^{67} - 1$ so interessant? Erinnern wir uns an die vollkommenen Zahlen $2^{n-1}(2^n - 1)$, für die man Primzahlen der Form $2^n - 1$ benötigt, und für die sich schon Euklid interessiert hat. Auch Pierre de Fermat experimentierte aus diesem Grund mit Primzahlen der Form $2^k - 1$ und stand dabei in einem regen Briefwechsel mit dem französischen Mönch Marin Mersenne, der zu jener Zeit eine Art Verteiler für mathematisches Wissen darstellte. Nach ihm werden die Primzahlen der Form $2^k - 1$ heute Mersenne-Primzahlen genannt.

Als der Amateurmathematiker Fermat via Mersenne von Bernard Frénicle de Bessy aufgefordert wurde, eine vollkommene Zahl mit 20 Stellen zu finden, antwortete Fermat post-

*Vollkommene Zahlen* sind natürliche Zahlen, die gleich der Summe ihrer echten Teiler sind. Schon Euklid konnte zeigen, dass $2^{n-1}(2^n - 1)$ vollkommen ist, falls $2^n - 1$ eine Primzahl ist. Leonhard Euler bewies, dass für *gerade* vollkommene Zahlen auch die Umkehrung gilt. Ob es *ungerade* vollkommene Zahlen überhaupt gibt, ist bis heute eine offene Frage. Die kleinste vollkommene Zahl ist $6 = 1 + 2 + 3$, es folgen 28, 496, 8128, 33 550 336 und 8 589 869 056.

wendend, er könne sagen, dass es keine mit 20 und keine mit
21 Stellen gebe – um dann nachzuschieben, er wisse einiges
über die Zahlen $2^n - 1$ [327, p. 294] (oder auch [242]):

(i)   Eine Zahl der Form $2^n - 1$ kann nur dann prim sein, wenn
      $n$ eine Primzahl ist. (Fermat war auch klar, dass die Um-
      kehrung nicht gilt; Coles Zerlegung von $2^{67} - 1$ ist ein
      weiterer Beweis dafür.)
(ii)  Falls $n$ prim ist, dann teilt $n$ die Zahl $2^{n-1} - 1$.
(iii) Falls $n$ prim ist und $2^n - 1$ nicht, dann sind alle Teiler von
      $2^n - 1$ von der Form $2nk + 1$ mit $k \in \mathbb{N}$.

Fermat legte später nochmal nach und sandte Frénicle am
18. Oktober 1640 einen allgemeineren Primzahltest, der heute
als *Kleiner Satz von Fermat* bekannt ist – im Gegensatz zur Fermat'schen Vermutung über die Lösungen von $x^n + y^n = z^n$,
die man auch als den *Großen Fermat* kennt. Fermats Kleiner Satz
kommt heutzutage zum Beispiel im Miller-Rabin-Primzahltest
zum Einsatz. Er besagt, dass für jede Primzahl $p$ und jede
ganze Zahl $a$, die von $p$ nicht geteilt wird, die Kongruenz
$a^{p-1} \equiv 1 \bmod p$ gilt. (Die Voraussetzung ist natürlich, wie
man in der Mathematik sagt. Was passiert, wenn $a$ von $p$ geteilt
wird?)

   Einen Beweis oder einen Hinweis, wie er darauf kam, blieb
Fermat – wie meistens – schuldig. Eine Ausnahme bildet der
Satz, dass jede Primzahl der Form $4n + 1$ Summe zweier teilerfremder Quadratzahlen ist; davon kannte Fermat einen Beweis,
den man aus seinen Andeutungen auch rekonstruieren konnte
(siehe dazu [242]).

   Fermat war selten um Vermutungen verlegen, doch nicht
immer traf er damit ins Schwarze: So vermutete er zum Bei-
spiel, dass alle Zahlen der Form $2^{2^k} + 1$ mit $k \in \mathbb{N}$ Primzahlen
seien. Diese Zahlen werden heute Fermat-Zahlen genannt.
Dass er sie für prim hielt, hat einen guten Grund: Er hatte die ersten Beispiele überprüft – und tatsächlich sind die
ersten fünf Fermatzahlen prim: $F_0 = 3, F_1 = 5, F_2 = 17$,
$F_3 = 257$ und $F_4 = 65\,537$. Doch dann geht es nicht prim weiter:
$F_5 = 4\,294\,967\,297 = 641 \cdot 6\,700\,417$, und auch $F_6, F_7, \dots, F_{36}$
sind keine Primzahlen. Tatsächlich ist bis heute keine weitere
prime Fermat-Zahl entdeckt worden, und es ist ein ungelös-

tes Problem, ob die Anzahl der Fermat-Primzahlen endlich ist oder nicht. Boklan und Conway [48] erklären, warum wir nicht erwarten sollten, dass es überhaupt noch eine weitere Fermat-Primzahl gibt.

Zurück zu Mersenne-Primzahlen: Über diese wissen wir heute deutlich mehr [258] und sie stellen die größten bekannten Primzahlen. Das liegt daran, dass es besonders gute Tests gibt, die darauf zugeschnitten sind, zu überprüfen, ob eine Mersenne-Zahlen prim ist. Der Franzose Édouard Lucas, ein sehr reger Zahlentheoretiker, entdeckte nämlich eine Umkehrung des kleinen Satzes von Fermat, mit der sich solche Primzahlen charakterisieren lassen. Damit bastelte er einen Algorithmus, mit dem er im Jahre 1876, also 27 Jahre vor Coles legendärem Vortrag, bewies, dass $2^{67} - 1$ nicht prim ist – allerdings, ohne die Zahl zu faktorisieren. Den Beweis kündigte Lucas in seinem Aufsatz [324] an, in dem er seine Methode skizzierte. Im Detail beschrieb er sie im Anhang zu Band 2 seiner Serie von Knobelspielsammlungen *Récréations Mathématiques* [323], die zwischen 1882 und 1894 erschien.

Die Idee ist einfach und wurde später von Derrick H. Lehmer noch weiter vereinfacht [309]: Man definiert rekursiv die inzwischen als Lucas-Lehmer-Folge bekannte Zahlenfolge

$$a_0 = 4, \; a_n = a_{n-1}^2 - 2 \text{ für } n > 0.$$

Die ersten Folgenglieder sind also $a_0 = 4$, $a_1 = 14$, $a_2 = 194$, $a_3 = 37\,634$, ... Lucas und Lehmer fanden heraus, dass $2^n - 1$ genau dann prim ist, wenn die Kongruenz $a_{n-2} \equiv 0 \bmod 2^n - 1$ gilt. Die Zahlen in der Lucas-Lehmer-Folge werden sehr schnell sehr groß, weil immer wieder quadriert wird. Der Trick besteht aber darin, dass wir zur Anwendung des Kriteriums gar nicht die Folge selbst berechnen müssen, sondern wegen der Rechenregeln in modularer Arithmetik nur ihre Reste modulo $2^n - 1$. Mit Hilfe des Lucas-Lehmer-Tests sind die größten Primzahlen gefunden worden, die wir bisher kennen, wie die Rekord-Primzahl $2^{82\,589\,933} - 1$ mit $24\,862\,048$ Dezimalstellen, die im Dezember 2018 entdeckt wurde.

Die Suche nach Primzahlen mit vielen Millionen Stellen ist natürlich extrem aufwändig. Sie wird daher im Projekt GIMPS (Great Internet Mersenne Prime Search) generalstabsmäßig koordiniert. Der Suchprozess hat mehrere Phasen. Damit eine Mersenne-Zahl $2^n - 1$ überhaupt eine Chance hat, prim zu sein, muss $n$ prim sein. Man erzeugt also zunächst einmal eine Liste möglichst großer Primzahlen.

Dann sucht man nach kleinen Primteilern der Kandidaten $2^n - 1$. Hilfreich dabei ist die Beobachtung, dass Primteiler $q$ zwei schöne Eigenschaften besitzen: $q \equiv 1 \bmod 2n$ und $q \equiv \pm 1 \bmod 8$.

Es folgt die nächste Phase, in der eine Methode angewandt wird, die von dem Briten John Pollard Anfang der 1970er Jahre entwickelt wurde, und schließlich der Lucas-Lehmer-Test, unter trickreicher Verwendung von schneller Fouriertransformation (siehe Kapitel „Algorithmen und Komplexität", S. 395 ff.), so dass die Rechnungen in getrennte Pakete aufgeteilt werden können, die unabhängig voneinander zu bearbeiten sind. An der Suche kann sich dadurch jeder beteiligen: Per Web und Software wird so verteilt auf einer dreiviertel Million Privat- und Institutsrechnern in aller Welt nach neuen Mersenne-Primzahlen gesucht.

## Die Häufigkeit der Primzahlen

Wie sind die Primzahlen in der Menge der natürlichen Zahlen verteilt? Je größer die Zahlen werden, desto mehr mögliche Teiler haben sie und desto seltener sollten Primzahlen sein. Kann man das genauer beschreiben?

Darauf gibt es viele Antworten. Man kann zum Beispiel noch recht leicht beweisen, dass der Abstand zwischen zwei Primzahlen beliebig groß werden kann. Um eine Lücke der Länge $k$ zu erzeugen, bildet man $(k + 1)!$, das Produkt aller Zahlen von 1 bis $k + 1$. (Die Zahlen $(k + 1)! + i$ für $i \in \{2, \ldots, k + 1\}$ können keine Primzahlen sein, weil sie jeweils durch $i$ teilbar sind. Wir haben also eine Lücke der Länge $k$ in den Primzahlen.) Andererseits, wenn man den Abstand zwischen natürlichen Zahlen fixiert und eine Menge von natürlichen Zahlen der Form $\{a, a + b, a + 2b, a + 3b, \ldots\}$ anschaut, dann enthält diese immer unendlich viele Primzahlen (es sei denn, die natürlichen Zahlen $a$ und $b$ haben einen echten gemeinsamen Teiler). Das hat Gustav Lejeune Dirichlet 1837

*Primzahlzwillinge*
Inzwischen wissen wir, dass es unendlich viele Paare von Primzahlen gibt, die beschränkten Abstand haben – konkret höchstens den Abstand

$$p_{n+1} - p_n \leq 246.$$

Ein entscheidender Schritt zu diesem Ergebnis war eine Arbeit von Yitang Zhang, der 2013 erstmals überhaupt eine endliche Schranke für den Abstand bewiesen hatte. Bisher scheint es aber noch ein weiter Weg zu sein zu einem Beweis der Primzahlzwillingsvermutung, nach der es unendlich viele Primzahlzwillinge gibt, also Paare von Primzahlen mit Abstand

$$p_{n+1} - p_n = 2.$$

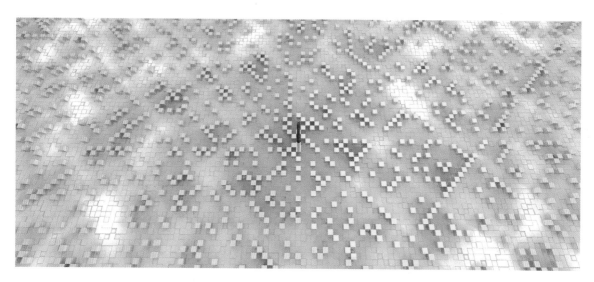

bewiesen. Es dauerte dann viele Jahre bis Ben Green und der Fields-Medaillist Terence Tao 2004 zeigen konnten, was schon Lagrange um 1770 wissen wollte, nämlich dass die Menge aller Primzahlen selbst arithmetische Progressionen (also Mengen der obigen Form im Satz von Dirichlet) von beliebiger Länge enthält. Es steckt also durchaus Ordnung in der Verteilung der Primzahlen, vielleicht mehr, als man auf den ersten Blick annehmen würde.

Fangen wir weiter vorne an: 1737 schrieb Leonard Euler eine kleine Arbeit über *Variae observationes circa series infinitas* („Verschiedene Beobachtungen über unendliche Reihen"), die er 1744 veröffentlichte [157]. Er konnte nicht ahnen, welch große Bedeutung seine Beobachtungen für die zahlentheoretische Forschung haben würden – sie führten unter anderem zur Riemann'schen Vermutung, einem der berühmtesten Probleme der Mathematik. Er interessierte sich in dieser Arbeit vor allem dafür, ob die Reihe

$$\sum_{k \in \mathcal{K}} \frac{1}{k^s};$$

für verschiedene Grundmengen $\mathcal{K}$ und Werte von $s$ konvergiert oder divergiert – zumindest würden wir das heute so ausdrücken.

„Sie wachsen wie Unkraut unter den natürlichen Zahlen", sagte der Zahlentheoretiker Don Zagier einmal [545] von den Primzahlen. Angeblich hat Stanislaw Ulam während eines langweiligen Vortrags die natürlichen Zahlen in Schneckenform auf Karopapier gekritzelt und dann die Primzahlen markiert – und war fasziniert davon, dass in dem Durcheinander immer wieder auch scheinbare oder tatsächliche Regelmäßigkeit erscheint. Hier sind die Zahlen im Uhrzeigersinn um die rot markierte 1 gewickelt und die Primzahlen als goldene Stelen dargestellt. Für zusammengesetzte Zahlen gilt: je mehr Primfaktoren, desto tiefer ist die jeweilige Stufe.

Bereits im 14. Jahrhundert wusste Nicole Oresme, dass die Reihe divergiert, wenn $s = 1$ ist und $\mathcal{K} = \mathbb{N}$ die Menge der natürlichen Zahlen ist (ohne die Null): Sie wird dann harmonische Reihe genannt. Euler selbst hatte hingegen 1734/35 herausgefunden, dass die Reihe für $s = 2$ und $\mathcal{K} = \mathbb{N}$ gegen $\pi^2/6$ konvergiert – das war die Lösung des Basler Problems.

Eines von Eulers Zielen war das Verständnis der Verteilung der Primzahlen. Er glaubte zum Beispiel beobachten zu können, dass

$$\sum_{k=1}^{n} \frac{1}{k} \approx \ln n$$

gilt. Eine weitere seiner Beobachtungen kann man als

$$\sum_{p \in \mathcal{P}, p < n} \frac{1}{p} \approx \ln\big(\ln(n)\big),$$

interpretieren [438], wobei $\mathcal{P}$ die Menge der Primzahlen bezeichnet.

Differenziert man die rechte Seite, erhält man $\frac{1}{n \ln n}$. Was passiert auf der linken Seite beim Schritt von $n-1$ zu $n$? Ist $n$ eine Primzahl, dann nimmt die Summe um $\frac{1}{n}$ zu, sonst bleibt sie gleich. Man kann daher den Faktor $\frac{1}{\ln n}$ als eine Art „Wahrscheinlichkeit" dafür interpretieren, dass $n$ eine Primzahl ist oder nicht. Bezeichnen wir nun mit $\pi(n)$ die Anzahl der Primzahlen in der Menge $\{1, 2, \ldots, n\}$ der natürlichen Zahlen bis $n$. Dann ist die Wahrscheinlichkeit, dass eine zufällig aus der Menge $\{1, 2, \ldots, n\}$ gewählte Zahl eine Primzahl ist, also die Primzahldichte, gleich $\frac{\pi(n)}{n}$. Diese Sichtweise von Eulers Rechnungen legt also nahe, dass $\pi(n) \approx \frac{n}{\ln n}$ gelten sollte. Just diese Aussage ist als der Primzahlsatz bekannt, manchmal auch als der *Große Primzahlsatz*. Technisch präziser besagt er

$$\lim_{n \to \infty} \frac{\pi(n)}{n / \ln n} = 1.$$

Er gilt als die zentrale Aussage, die die analytische Zahlentheorie als eigenes Feld etabliert hat. Es wird angenommen, dass Carl Friedrich Gauß die Vermutung als alter Mann aus Aufzeichnungen seiner Jugend, etwa von 1792 oder 1793, ausgrub. Doch auch Adrien-Marie Legendre soll 1798 oder 1799

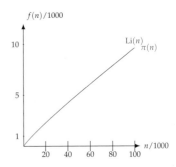

Die Anzahl der Primzahlen $\pi(n)$ bis zur Schranke $n$ lässt sich ganz gut durch die berühmte Näherung

$$\frac{n}{\ln(n)}$$

von Gauß und Legendre bzw. noch besser durch den Integrallogarithmus

$$\mathrm{Li}(n) = \int_2^n \frac{\mathrm{d}t}{\ln t}$$

abschätzen. Die Achsen sind um den Faktor 1000 skaliert. Bis $n = 10^5$ gibt es 9592 Primzahlen; $\mathrm{Li}(10^5) \approx 9629{,}81$. Tatsächlich überschätzt der Integrallogarithmus jedoch die Anzahl der Primzahlen nicht für alle $n$, sondern kreuzt $\pi(n)$ unendlich oft, wie Littlewood 1914 zeigen konnte. Der erste Übergang passiert vor

$$e^{e^{e^{79}}},$$

der nach Stanley Skewes benannten Skewes-Zahl, eine der größten Zahlen mit konkreter Bedeutung in der Mathematik.

seine Gültigkeit vermutet haben; veröffentlicht hat er diese Vermutung in einer noch etwas unscharfen Form in der dritten Auflage (Teil 4, § VIII) seines *Essai sur la Théorie des Nombres* [183, 184].

Es sollte fast hundert Jahre dauern, bis der Satz bewiesen wurde: Jacques Hadamard und Charles-Jean de la Vallée Poussin veröffentlichten ihre Beweise im selben Jahr 1896. Beide arbeiteten mit der komplexen Analysis, die Bernhard Riemann 1859 ins Spiel gebracht hatte (siehe unten). Geht es auch ohne komplexe Analysis? Ja: Atle Selberg und Paul Erdős veröffentlichten 1949 nicht ganz so unabhängig wie Hadamard und de la Vallée-Poussin 1896 zwei Beweise, die Donald J. Newman im Jahr 1980 nochmal wesentlich vereinfacht hat [361, 546].

## Die Riemann'sche Vermutung

Kehren wir noch einmal zurück zu Leonard Euler, genauer zu seiner Arbeit über *Variae observationes circa series infinitas* von 1737, in der er unter anderem die Reihe

$$\sum_{k \in \mathbb{N}} \frac{1}{k^s}$$

untersucht. Euler wusste: Jedes $k$ lässt sich (bis auf die Reihenfolge eindeutig) in Primfaktoren zerlegen. Weil die Summe über jede mögliche Zahl aus $\mathbb{N}$ läuft, taucht damit in der Summe auch das Reziproke jeder möglichen Kombination von Primfaktoren (hoch $s$) auf.

Es gilt daher:

$$\sum_{k \in \mathbb{N}} \frac{1}{k^s} = \left( \frac{1}{2^0} + \frac{1}{2^s} + \frac{1}{2^{2s}} + \frac{1}{2^{3s}} + \dots \right)$$

$$\cdot \left( \frac{1}{3^0} + \frac{1}{3^s} + \frac{1}{3^{2s}} + \frac{1}{3^{3s}} + \dots \right)$$

$$\cdot \left( \frac{1}{5^0} + \frac{1}{5^s} + \frac{1}{5^{2s}} + \frac{1}{5^{3s}} + \dots \right) \cdots$$

$$= \prod_{p \in \mathcal{P}} \sum_{k \geqslant 0} \frac{1}{p^{ks}}$$

$$= \prod_{p \in \mathcal{P}} \frac{1}{1 - \frac{1}{p^s}},$$

Die erste Seite des Manuskripts von Riemanns berühmter Schrift *Ueber die Anzahl der Primzahlen unter einer gegebenen Größe*. Abgedruckt findet es sich in den *Monatsberichten der Königlichen Preußischen Akademie der Wissenschaften* von 1859 [419]. Die erste Formel ist die von Euler gefundene Identität.

wobei Euler im letzten Schritt die Entwicklung der geometrischen Reihe ausnutzt. Er benutzte die Beziehung sofort für eine Reihe von Beobachtungen rund um Primzahlen; darunter die, dass es unendlich viele Primzahlen geben muss: Für $s = 1$ erhalten wir links vom Gleichheitszeichen die harmonische Reihe, die divergiert, und rechts davon ein Produkt, das nicht divergieren würde, wenn es nur endlich viele Faktoren enthielte.

Doch in der kleinen Formel steckt noch viel mehr – und das erkennt mehr als hundert Jahre später Bernhard Riemann. Der war 1859 korrespondierendes Mitglied der Berliner Akademie der Wissenschaften geworden. Am 19. Oktober des Jahres bedankt er sich bei der Akademie mit einer kurzen Arbeit – gedruckt füllt sie gerade mal knapp zehn Seiten –, die am 3. November 1859 vor der Akademie verlesen wird. Titel: *Ueber die Anzahl der Primzahlen unter einer gegebenen Grösse.*

Riemann lässt aus Eulers Produkt

$$\prod_{p \in \mathcal{P}} \frac{1}{1 - \frac{1}{p^s}}$$

eine *Funktion* in s werden, und lässt dabei im Gegensatz zu Euler auch komplexe Zahlen als Argumente zu. Um diese Funktion zu untersuchen, greift er auf zahlreiche Vorarbeiten zurück, die Euler noch nicht kennen konnte: Ausdrücklich beruft sich Riemann auf Carl Gustav Jacobi, Joseph Fourier und Peter Gustav Lejeune Dirichlet, doch verwendet er auch Ergebnisse von Augustin Louis Cauchy bis Pafnuti Tschebyscheff, kombiniert mit seinen eigenen virtuosen Rechnungen und Umformungen.

Als ersten Schritt setzt Riemann Eulers Ausdruck als analytische – also komplex differenzierbare – Funktion von $\mathbb{C} \setminus \{1\}$ nach $\mathbb{C}$ fort; er nennt diese Funktion $\zeta(s)$. Eine solche Fortsetzung ist eindeutig bestimmt; für $z \in \mathbb{C}$ mit $\text{Re}(z) > 1$ stimmt die Funktion mit Eulers

$$\prod_{p \in \mathcal{P}} \frac{1}{1 - \frac{1}{p^s}}$$

überein.

Georg Friedrich Bernhard Riemann (1826–1866) wuchs bei Hannover als Sohn eines Pfarrers auf. Ab 1840 lebte er bei seiner Großmutter in Hannover und besuchte das dortige Lyzeum, 1842 wechselte er nach dem Tod der Großmutter auf das Gymnasium Johanneum in Lüneburg. 1846 begann er ein Theologie-Studium in Göttingen, wechselte aber bald mit Erlaubnis des Vaters zu Mathematik und hörte unter anderem Vorlesungen bei Carl Friedrich Gauß; bei ihm promovierte er nach einem zweijährigen Aufenthalt in Berlin 1851 in Funktionentheorie. In der Dissertation entwickelte Riemann die Idee für eindimensionale komplexe Mannigfaltigkeiten, heute als Riemann-Flächen bekannt. Er habilitierte sich mit einer Arbeit über die Charakterisierung trigonometrischer Reihen und erhielt 1857 eine Professur in Göttingen. 1862 heiratete er; im selben Jahr infizierte er sich mit Tuberkulose. Er starb auf dem letzten der vielen folgenden Erholungsaufenthalte in Italien.

Riemann stellt die Zeta-Funktion auf mehrere Arten dar. Eine dieser Darstellungen ist in moderner Notation:

$$\zeta : \mathbb{C}\backslash\{1\} \to \mathbb{C}$$
$$s \mapsto \frac{\Gamma(-s+1)}{2\pi i} \int_C \frac{(-x)^s}{e^x - 1}\frac{dx}{x}.$$

$C$ bezeichnet dabei einen Pfad, der von $+\infty$ kommend den Nullpunkt einmal entgegen dem Uhrzeigersinn umläuft und wieder nach $+\infty$ läuft; Riemann integriert entlang dieses Pfades. Die Gamma-Funktion $\Gamma(s)$ ist eine analytische Fortsetzung der Fakultät in die komplexe Ebene: Sie ist überall definiert, außer an den Werten $s = 0, -1, -2, \dots$ (Solche Tricks und Kniffe werden zum Beispiel in [59] und [141] erklärt; einen groben Überblick über Riemanns Ergebnisse liefert [91].)

Riemann beobachtet, dass die Zeta-Funktion an den (unendlich vielen) Stellen $s = -2, -4, -6, \dots$ null ist. Tatsächlich ist das nicht schwer zu erkennen; diese Nullstellen werden heute „trivial" genannt. Doch es gibt offenbar noch weitere Nullstellen, deren Positionen viel schwerer vorhersagbar sind, und von denen Riemann einige berechnet.

Er beginnt in seiner Arbeit mit der Zeta-Funktion zu spielen. Eines seiner wichtigsten Hilfsmittel dabei ist eine Variation der Fourier-Transformation: Joseph Fourier hatte etwa ein halbes Jahrhundert zuvor entdeckt, wie man periodische Funktionen als Überlagerungen von Schwingungen verschiedener Wellenlänge und Stärke (Amplitude) ausdrücken kann. Das funktioniert aber nicht nur für periodische Funktionen.

Riemann gelingt es, nach kunstvollen Integrationen und Umformungen, einen Ausdruck für $\ln(\zeta(s))$ zu zaubern:

$$\frac{\ln\big(\zeta(s)\big)}{s} = \int_1^\infty \Pi(x)x^{-s-1}dx,$$

wobei sich die Funktion $\Pi(x)$ ableitet von $\pi(x)$, der Anzahl der Primzahlen bis $x$:

$$\Pi(x) = \pi(x) + \tfrac{1}{2}\pi\big(x^{\frac{1}{2}}\big) + \tfrac{1}{3}\pi\big(x^{\frac{1}{3}}\big) + \tfrac{1}{4}\pi\big(x^{\frac{1}{4}}\big) + \dots$$
$$= \sum_{n \geqslant 1} \tfrac{1}{n}\pi\big(x^{\frac{1}{n}}\big).$$

*Die Gamma-Funktion*

$$\Gamma(x) = \int_0^\infty t^{x-1}e^{-t}dt$$

ist eine Verallgemeinerung der Fakultät $n! = 1 \cdot 2 \cdots n$ auf komplexe Zahlen: Für natürliche Zahlen ist $\Gamma(n) = (n-1)!$.

Der Absolutbetrag der Riemann'schen Zetafunktion, abgeschnitten bei $0,5 + iy$ (und nach oben begrenzt). Die Riemann'sche Vermutung besagt, dass alle nichttrivialen Nullstellen der Zetafunktion entlang dieser Kante zu finden sind.

Die Funktion $\Pi(x)$ ist mit $\frac{\ln(\zeta(s))}{s}$ letztlich über eine Fourier-Transformation verbunden. Das nutzt Riemann aus, und landet so schließlich bei seiner Kernaussage:

$$\Pi(x) = \operatorname{Li}(x) - \sum_{\operatorname{Im}(\rho)>0} \left( \operatorname{Li}(x^{\rho}) - \operatorname{Li}(x^{1-\rho}) \right)$$
$$+ \int_x^{\infty} \frac{dt}{t(t^2-1)\ln t} - \ln(2), \quad (*)$$

wobei die Summe über alle nichttrivialen Nullstellen $\rho$ der Zeta-Funktion läuft. Riemann bringt in dieser Formel drei Komponenten zusammen:

◇ Die Funktion $\Pi(x)$, in der wiederum die Anzahl der Primzahlen bis zur Zahl $x$ steckt;

◇ eine Summe, die über die nichttrivialen Nullstellen $\rho$ der Zetafunktion in der oberen Halbebene läuft, also die Nullstellen mit Imaginärteil größer 0; sowie

◇ den Integrallogarithmus $\operatorname{Li}(x)$.

Nun lässt sich der von Gauß und Legendre vermutete Große Primzahlsatz auch in der Form

$$\lim_{n \to \infty} \frac{\pi(n)}{n/\ln(n)} = \lim_{n \to \infty} \frac{\pi(n)}{\operatorname{Li}(n)} = 1$$

schreiben, wobei $\operatorname{Li}(n) = \int_2^n \frac{dx}{\ln x}$ der sogenannte Integrallogarithmus ist, der eine noch bessere Annäherung für $\pi(n)$ darstellt als $n/\ln(n)$. Riemanns Identität $(*)$ enthält genau diese Zutat $\operatorname{Li}(x)$ – und daher kann man $(*)$ benutzen, um den Fehler zwischen der tatsächlichen Verteilung der Primzahlen $\pi(x)$ und dem Wert für $\operatorname{Li}(x)$ abzuschätzen. Falls es stimmt, dass alle nichttrivialen Nullstellen der Zeta-Funktion auf der kritischen Linie $\frac{1}{2} + iy$ liegen, dann verhält sich der Abstand $\left| \pi(n) - \operatorname{Li}(n) \right|$ der beiden Funktionen voneinander für große

Werte von $n$ ungefähr wie $\sqrt{n}\ln n$, siehe [445]. Zahlreiche weitere Folgerungen aus der Riemann'schen Vermutung findet man auch in [59].

Und tatsächlich haben alle nichttrivialen Nullstellen, die bisher gefunden wurden, die Form $\frac{1}{2} + iy$, sie liegen also in der komplexen Ebene auf einer Geraden parallel zur imaginären Achse. Den Rekord hält immer noch Andrew Odlyzko, der Ende der 1980er Jahre einen trickreichen Algorithmus zur Berechnung der Nullstellen entwickelt hat. 2001 veröffentlichte er einen Aufsatz mit dem Titel *The $10^{22}$-nd zero of the Riemann zeta function* [366]. Mehr zum Zeitvertreib verifizierte der französische Mathematiker Xavier Gourdon 2004 Odlyzkos Ergebnisse noch einmal für die ersten $10^{13}$ Nullstellen.

Eine nichttriviale Nullstelle, die nicht auf der kritischen Geraden $\text{Re}(z) = \frac{1}{2}$ liegt, wurde noch nicht gefunden. Dass es solche Nullstellen nicht gibt, hatte schon Riemann 1859 vermutet.

> Hievon wäre allerdings ein strenger Beweis zu wünschen; ich habe indeß die Aufsuchung desselben, nach einigen flüchtigen vergeblichen Versuchen vorläufig bei Seite gelassen, da er für den nächsten Zweck meiner Untersuchung entbehrlich schien. [419, S. 674]

Tatsächlich wäre die Lage der Nullstellen durchaus hochinteressant: Weil man den Fehlerterm als Überlagerung von

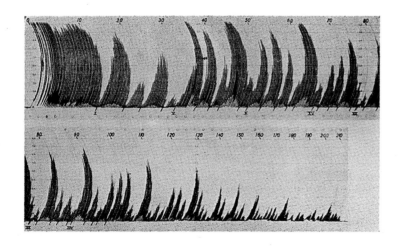

Mit einer Fotozelle, einer rotierenden Pappschablone geeigneter Form und einer Lichtquelle „maß" der niederländische Elektroingenieur, Physiker und Mathematiker Balthasar van der Pol die ersten 29 Nullstellen der Riemann'schen Zeta-Funktion. Die Abbildung zeigt seinen Schnitt durch die Zeta-Funktion entlang $0{,}5 + iy$. (Abbildung aus [506])

Schwingungen ausdrücken kann, deren Frequenzen wiederum durch die Lage der nichttrivialen Nullstellen bestimmt werden (wiederum eine Art Fourier-Transformation), beschrieben Michael V. Berry und Jonathan P. Keating, zwei Physiker von der Universität Bristol, die Riemann'sche Vermutung 1999 in einem Fachaufsatz unter dem Titel *The Riemann zeroes and eigenvalue asymptotics* [41] so: „In den Primzahlen steckt Musik". Das lieferte dem Briten Marcus du Sautoy den Titel für einen Bestseller, *Die Musik der Primzahlen* [439].

## Partituren

⬦ Paulo Ribenboim, *Die Welt der Primzahlen*, Springer, Heidelberg, 2. Auflage (2011)

Eine Fundgrube

⬦ Don Zagier, *Die ersten 50 Millionen Primzahlen*, Elemente der Mathematik 15 (1977), Beiheft, 24 Seiten.

Don Zagiers Antrittsvorlesung an der Universität Bonn vom 5. Mai 1975. Zagier ist ein bedeutender Zahlentheoretiker, und ein Meister der Darstellung.

⬦ Don Zagier, *Newman's short proof of the prime number theorem*, American Math. Monthly (8)104 (1997), 705–708.

Eine sehr schöne, knappe Darstellung des „elementaren" Beweises für den Primzahlsatz, auch von Zagier.

⬦ Lasse Rempe-Gillen, Rebecca Waldecker, *Primality Testing for Beginners*, Student Mathematical Library, Amer. Math. Soc. (2014)

Primzahltesten zum Selbermachen!

⬦ Gerhard Frey, *Die ABC-Vermutung*, Spektrum der Wissenschaft, Februar 2009, 70–77.

Eine geniale Idee von Gerhard Frey stand am Anfang des Endspurts zum Beweis der Fermat'schen Vermutung – die wiederum ganz leicht aus der bisher unbewiesenen abc-Vermutung gefolgert werden kann.

⬦ Marcus du Sautoy, *Die Musik der Primzahlen*, C.H. Beck (2006)

Die Geschichte der Riemann'schen Vermutung: Eine meisterhafte, populärwissenschaftliche Darstellung

## ETÜDEN

◇ Zeigen Sie, dass es unendlich viele Primzahlen der Form
$3n + 2$ gibt, nach der Methode von Euklid.
Können Sie auch zeigen, dass es unendlich viele Primzahlen
der Form $3n + 1$ gibt? Das ist deutlich schwieriger!

◇ Der Zahlentheoretiker Edmund Landau hat in seinem Vortrag „Gelöste und ungelöste Probleme aus der Theorie der
Primzahlverteilung und der Riemannschen Zetafunktion"
[300] auf dem Internationalen Mathematikerkongress 1912
in Cambridge (England) vier allgemeinverständliche offene
Probleme über Primzahlen gestellt, die er für „unangreifbar
nach dem Stande der Wissenschaft" hielt, und die in der
Tat alle bis heute noch nicht gelöst sind. (Alle vier Probleme
finden Sie in unserer Liste in Abschnitt II: die Primzahlen
der Form $n^2 + 1$, die Goldbach-Vermutung, die Primzahl-
Zwillinge, und die Legendre-Vermutung.)
Beurteilen Sie den Fortschritt zu diesen vier Problemen.
Kommt die Forschung einer Lösung näher? Diskutieren Sie
Landaus Auswahl. Hätten Sie andere Probleme vorgestellt?

◇ Eines der vier Landau-Probleme ist die Legendre'sche Vermutung. Stammt die wirklich von Legendre? Welchen Beleg
haben wir dafür?

◇ Vergleichen Sie die Konsequenzen des Bertrand'schen Pos-
tulats und der Legendre-Vermutung, dass es zwischen zwei
Quadratzahlen immer eine Primzahl gibt, für die Dichte
der Primzahlen (mit der Schätzung, dass es zwischen den
jeweiligen Nachbarn nur eine Primzahl gibt).

◇ Die Pólya-Vermutung aus dem Jahr 1919 besagte, dass für
jedes $n$ mindestens die Hälfte der Zahlen $1, 2, \ldots, n$ eine *ungerade* Anzahl von Primfaktoren hat (wenn man Vielfachhei-
ten berücksichtigt). Überprüfen Sie die Vermutung so weit,
wie Sie können. Wann, wie und von wem ist sie widerlegt
worden?

◇ Warum muss $n$ eine Primzahl sein, wenn $2^n - 1$ eine Primzahl ist? Warum gilt die Umkehrung nicht?

◇ Warum muss $n$ eine Zweierpotenz sein, wenn $2^n + 1$ eine Primzahl ist? Warum gilt die Umkehrung nicht?

◇ Immer wieder ist die Frage nach Formeln/Funktionen gestellt worden, die nur Primzahlen produzieren. Euler erwähnt 1971 in einem Brief an Bernoulli die Funktion $f(n) = n^2 + n + 41$, die bemerkenswerterweise für $n = 0, 1, 2, \ldots, 39$ Primzahlen liefert – aber $f(40) = 41^2$ und $f(41) = 41 \cdot 43$. Können Sie Eulers Behauptung überprüfen, ohne sehr viel zu rechnen? Schließen Sie daraus, dass $f(n)$ auch für größeres $n$ keine Primfaktoren hat, die kleiner als 41 sind.

◇ W. H. Mills [344] hat 1947 bewiesen, dass es eine reelle Zahl $A > 1$ gibt, so dass $\lfloor A^{3^n} \rfloor$ für alle $n \geq 1$ eine Primzahl ist (wobei die Klammern das Abrunden auf die nächstkleinere ganze Zahl bezeichne): Es gibt also eine „einfache" Formel, die nur Primzahlen produziert – nur dass man $A$ nicht wirklich „kennt".
Versuchen Sie, aus der Arbeit von Mills, oder aus einer neueren Ausarbeitung wie [143], das Konstruktionsprinzip zu verstehen – und erklären Sie damit, warum das keine effektive Formeln liefern wird: Man konstruiert eine schnellwachsende Folge von Primzahlen $p_1, p_2, p_3, \ldots$, die jeweils in einem bestimmten „Fenster" liegen (etwa $p_1 = 2$ und $p_{n+1}$ als die kleinste Primzahl, die größer ist als $p_n{}^3$), und die bestimmen dann $A$ durch „Intervallschachtelung" (unter Verwendung einer Version des Primzahlsatzes mit expliziten Abschätzungen, die impliziert, dass $p_{n+1} < (p_n + 1)^3$ gilt). Wie beurteilen Sie die Zahl $A$ aus der Perspektive der Philosophie der Mathematik (vgl. 123 ff.)?

◇ Die Pólya-Vermutung aus dem Jahr 1919 besagte, dass in jedem Abschnitt $\{1, 2, 3, \ldots, n\}$ die Zahlen mit einer ungeraden Anzahl von (nicht notwendigerweise verschiedenen) Primfaktoren die Mehrheit haben. Sie stimmt für alle $n \leq 900\,000\,000$, ist aber trotzdem falsch. Wie wurde sie

aufgestellt? Wie lange hielt man sie für wahr? Wann wurden
Zweifel laut? Wie wurde sie widerlegt? Was lehrt sie uns
über Vermutungen, die für alle kleinen Werte $n$ stimmen?
Kennen Sie andere Vermutungen, die für alle kleinen Werte
stimmen, aber trotzdem falsch sind?

◇ Schätzen Sie: Wie viel Zeit bräuchte man auf einem modernen Computer, um mit einem „naiven Test" wie dem Sieb
des Eratosthenes Zahlen wie $2^{67-1}$ oder $2^{82\,589\,933} - 1$ darauf
zu testen, ob sie Primzahlen sind?

◇ Wie funktioniert der Primzahltest von Miller und Rabin? Wie
verwendet er den *Kleinen Satz von Fermat*?

# Zahlenbereiche

Zahlen sind der Grundstock der Mathematik. Doch was sind Zahlen? Und was für Zahlen gibt es? In diesem Kapitel werden wir uns einige Arten von Zahlen näher ansehen. Wir werden erklären, wie man die natürlichen Zahlen aus Mengen „erzeugen" kann, wie sich die reellen Zahlen definieren lassen und wie manche Zahlenmengen entdeckt bzw. erfunden wurden. Und wir werden einige Beispiele für Zahlen kennenlernen, von denen man in der Schule nichts hört – hyperreelle Zahlen, p-adische Zahlen, und auch die sogenannten Perioden, die erst gut 20 Jahre alt sind.

© Der/die Autor(en) 2022
A. Loos et al., *Panorama der Mathematik*,
https://doi.org/10.1007/978-3-662-54873-8_7

## Thema: Zahlen und Zahlenbereiche

Das Zählen ist eine elementare Tätigkeit – und damit stehen Zahlen am Anfang der Kultur. Mit Zahlen sind dabei zunächst Anzahlen von Objekten gemeint (sogenannte Kardinalzahlen), die wir heute (nach einem langen Weg und substanziellen Schritten der Konkretisierung)

◊ als die *natürlichen Zahlen* bezeichnen,
◊ mit *arabischen Ziffern* in einem Stellenwertsystem zur Basis 10 darstellen, sie also schreiben als 1, 2, 3, ... , 9, 10, 11, ... (unter Verwendung der Ziffer 0),
◊ in der *Menge der natürlichen Zahlen* $\mathbb{N} = \{1, 2, 3, ...\}$ zusammenfassen,
◊ und die mit den Operationen *Nachfolger*, *Addition* und *Multiplikation* ausgestattet und der Größe nach sortiert sind (formaler: sie tragen eine *Ordnungsrelation*).

Die Zahlen in der klassischen griechischen Mathematik sind also, was wir heute als natürliche Zahlen bezeichnen, wobei eine vollständige axiomatische Beschreibung der natürlichen Zahlen und ihrer Arithmetik erst viel später gewonnen wurde (Zermelo-Fraenkel-Axiomensystem, siehe Kapitel „Unendlichkeit", S. 213 ff.).

Im Laufe der Mathematikgeschichte ist der Begriff von Zahlen schrittweise erweitert worden, wobei man fragen kann und muss, inwieweit diese Erweiterungen natürlich und „alternativlos" sind und inwieweit man das neu Gewonnene eigentlich noch als Zahlen bezeichnen darf. Eine extreme Meinung dazu ist in einem berühmten Zitat des Mathematikers Kronecker zusammengefasst: „Die ganzen Zahlen hat der liebe Gott gemacht, alles andere ist Menschenwerk." Die heute übliche Praxis ist, dass man die Erweiterungen der natürlichen Zahlen zu rationalen, reellen und schließlich komplexen Zahlen in der Tat als Zahlen auffasst und auch so bezeichnet. In der Forschung wird auch die Vervollständigung der rationalen Zahlen bezüglich des $p$-adischen Absolutbetrags als ein Zahlenbereich behandelt, dem Körper der $p$-adischen Zahlen (wobei $p$ eine fixierte Primzahl bezeichnet), während die von Hamilton gefundene Erweiterung der komplexen Zahlen zum (nichtkommutativen) Bereich der Quaternionen, zum Beispiel, üblicherweise nicht mit dem Ehrentitel „Zahlen" versehen wird.

Warum hat man überhaupt versucht, immer größere Bereiche von Zahlen zu konstruieren und zu studieren? Dafür gibt es mehrere wesentliche Gründe:

◊ Die erweiterten Zahlenbereiche umfassen spezielle Zahlen (sogar Naturkonstanten?), die man zum Beispiel als Längen und Winkel messen kann, etwa die Länge der Diagonale des Einheitsquadrats $\sqrt{2}$, die Kreiszahl $\pi$, usw.
◊ Die immer größeren betrachteten Zahlenbereiche haben interessante *algebraische* Struktur (die Anfänge davon heißen heute Ringe, Körper, usw.), mit deren Hilfe man unter anderem die klassischen Konstruktionsprobleme der Antike analysieren und lösen kann (Konstruktion des regulären $n$-Ecks, Dreiteilung des Winkels, Quadratur des Kreises, Verdoppelung des Würfels).

◇ Die immer größeren betrachteten Zahlenbereiche haben interessante *metrische* Strukturen, angefangen mit Normen und dem Begriff der Vollständigkeit. Diese liefert mächtige Werkzeuge zum Beispiel für das Studium der Verteilung der Primzahlen („Analytische Zahlentheorie", siehe Kapitel „Primzahlen", S. 155 ff.). Die metrische Struktur ist auch die Grundlage für die Entwicklung der Analysis.

Wir betreiben jetzt also etwas Zoologie: wir besprechen die verschiedenen Zahlenbereiche und ihre Verwandtschaftsbeziehungen und kommentieren einige ihrer algebraischen und analytischen Eigenschaften. Wie durch die Entwicklung der Genanalyse in der Biologie, hat sich aus moderner Sicht an der Reihenfolge, wie die Zahlen präsentiert und aufgebaut werden, einiges gegenüber der historischen Entwicklung geändert. Die historische Entwicklung verlief nicht geradlinig: So werden zum Beispiel Verhältnisse natürlicher Zahlen, also positive Brüche, sehr viel früher als Zahlen akzeptiert als zum Beispiel negative ganze Zahlen. Hier folgen wir der modernen Struktur von den natürlichen über ganze Zahlen zu den rationalen, dann den reellen und schließlich den komplexen Zahlen.

## Die natürlichen Zahlen

Die natürlichen Zahlen $\mathbb{N} = \{1, 2, 3, \dots\}$ bilden mit Addition und Multiplikation die Grundlage der Arithmetik (Zahlentheorie). Die *Primzahlen* $\{2, 3, 5, \dots\}$ sind dabei die „Atome der Multiplikation": Denn sie sind die Zahlen $p > 1$, die nicht als Produkt von zwei kleineren Zahlen größer als Eins geschrieben werden können. Jede natürliche Zahl kann als Produkt von Primzahlen geschrieben werden, und diese Darstellung ist eindeutig (bis auf die Reihenfolge): Dieses klassische Resultat findet sich im Wesentlichen schon in den *Elementen* des Euklid und in der modernen Version in den *Disquisitiones Arithmeticae* von Gauß 1801 (siehe Kapitel „Primzahlen", S. 155 ff.).

## Der Ring der ganzen Zahlen

Die ganzen Zahlen $\mathbb{Z} = \{\dots, -2, -1,\ 0, +1, +2, \dots\}$ (also die Erweiterung der natürlichen Zahlen um die Null und die negativen Zahlen) bilden mit Addition und Multiplikation den *Ring* der ganzen Zahlen. Dieser Ring ist eine *Erweiterung* der natürlichen Zahlen in dem Sinne, dass wir $\mathbb{N}$ als Teilmenge von $\mathbb{Z}$ auffassen können (wobei wir $a$ mit $+a$ identifizieren) und die Addition oder Multiplikation von natürlichen Zahlen in $\mathbb{N}$ und in $\mathbb{Z}$ dasselbe Ergebnis liefert (also insbesondere wieder eine natürliche Zahl). Die ganzen Zahlen sind eine Vervollständigung der natürlichen Zahlen bezüglich Addition: Wir können subtrahieren (formal gesagt: es gibt inverse Elemente bezüglich Addition).

## Der Körper der rationalen Zahlen

Die Brüche $\pm\frac{a}{b}$ (mit natürlichen Zahlen $a, b$, ggT$(a, b) = 1$), ergänzt um die Null, bilden mit Addition und Multiplikation den *Körper* der rationalen Zahlen $\mathbb{Q}$, der wiederum eine Erweiterung des Rings der ganzen Zahlen darstellt. Die rationalen Zahlen sind eine Vervollständigung der ganzen Zahlen bezüglich Multiplikation: Wir können jetzt auch dividieren (formal gesagt: es gibt inverse Elemente bezüglich Multiplikation). Im Körper der rationalen Zahlen hat also jede *lineare Gleichung* $rx = s$ (mit rationalen Zahlen $r, s \in \mathbb{Q}$, $r \neq 0$) eine Lösung – und umgekehrt können die rationalen Zahlen als Lösungsbereich von linearen Gleichungen (mit ganzzahligen Koeffizienten) konstruiert werden.

Jede rationale Zahl kann als Dezimalzahl („Dezimalbruch") mit einer unendlichen Folge von Nachkommastellen dargestellt werden, die nach endlich vielen Stellen in eine periodische Folge übergeht. Diese Darstellung ist eindeutig, wenn man Dezimaldarstellungen ausschließt, deren Ziffernfolge schließlich in eine unendliche Folge von 9en übergeht. Die rationalen Zahlen sind *abzählbar*, es gibt also eine Bijektion zwischen den natürlichen und den rationalen Zahlen, $\mathbb{N} \to \mathbb{Q}$. (Um die Abzählbarkeit von unendlichen Mengen geht es im Kapitel „Unendlichkeit", S. 213 ff..)

Der Körper hat eine *Norm* (die „Betragsfunktion"), die durch $\left|\pm\frac{a}{b}\right| := \frac{a}{b}$ und $|0| := 0$ definiert ist. Er ist außerdem *angeordnet*, d. h. alle seine Elemente sind „der Größe nach sortiert" und die Sortierung passt mit der algebraischen Struktur zusammen: Aus $a < b$ folgt $a + c < b + c$ für alle $a, b, c \in \mathbb{Q}$ und es gilt $a^2 \geq 0$ für alle $a \in \mathbb{Q}$.

## Der Körper der reellen Zahlen

Der *Körper* der reellen Zahlen $\mathbb{R}$ ist eine Erweiterung des Körpers der rationalen Zahlen. Er kann auf verschiedene Weisen konstruiert werden, unter anderem über Dedekind-Schnitte oder über Cauchy-Folgen. Jede reelle Zahl kann eindeutig als unendlicher Dezimalbruch dargestellt werden (wobei man wieder Darstellungen, deren Ziffernfolge in eine unendliche Folge von 9en übergeht, ausschließt).

Die reellen Zahlen sind *nicht abzählbar*, es gibt also keine Bijektion zwischen den natürlichen und den reellen Zahlen, $\mathbb{N} \to \mathbb{R}$, wie Georg Cantor 1874 mit Hilfe seines Diagonalverfahrens gezeigt hat.

Der Körper hat eine *Norm* (die Betragsfunktion), eine Erweiterung der Betragsfunktion auf $\mathbb{Q}$. Er ist auch *angeordnet*, wobei die Ordnung auf $\mathbb{R}$ die Ordnung auf $\mathbb{Q}$ erweitert. In der Tat kann man $\mathbb{R}$ als Vervollständigung von $\mathbb{Q}$ bezüglich der Ordnung auffassen (dies erklärt die Konstruktion über Dedekind-Schnitte), aber auch als Vervollständigung bezüglich der Norm/Metrik (was die Konstruktion über Cauchy-Folgen liefert).

## Der Körper der komplexen Zahlen

Der *Körper* der komplexen Zahlen $\mathbb{C}$ ist wiederum eine Erweiterung des Körpers der reellen Zahlen – dabei ist $\mathbb{C}$ ein zweidimensionaler $\mathbb{R}$-Vektorraum, so dass seine Elemente als Paare $(x, y)$ von reellen Zahlen dargestellt werden können, und damit als Punkte der von Gauß 1811 eingeführten *Gauß'schen Zahlenebene*. Üblich ist allerdings eine Notation, die komplexe Zahlen als $x + iy$ darstellt, wobei $i$ für das Zahlenpaar $(x, y) = (0, 1)$ steht, das die Gleichung $i^2 = -1$ erfüllt.

Die komplexen Zahlen enthalten die reellen Zahlen als Teilmenge (und Unterkörper), sind also insbesondere *nicht abzählbar*.

Der Körper hat eine *Norm* (die Betragsfunktion), die ebenfalls eine Erweiterung der Betragsfunktion auf $\mathbb{R}$ ist: Sie ist durch $|x + iy| := \sqrt{x^2 + y^2}$ gegeben.

Die komplexen Zahlen können aber nicht *angeordnet* werden: Nehmen wir mal an, wir könnten sie anordnen, dann müsste die imaginäre Einheit $i$ (die ja $i^2 = -1$ erfüllt) entweder positiv oder negativ sein. Im Fall $i > 0$ führt $i^2 = -1$ ($< 0$!) zu einem Widerspruch. Aber auch $i < 0$ führt zum gleichen Problem: $i^2$ müsste ja dann größer als 0 sein. Das passt also nicht mit unseren üblichen Vorstellungen einer Ordnung (formal den Eigenschaften einer Anordnung eines Körpers) zusammen.

Komplexe Zahlen sind ein unentbehrliches Hilfsmittel der Analysis; historisch sind sie aber zunächst bei der Lösung von Polynomgleichungen aufgetreten: Schon bei der Lösung von kubischen Gleichungen (wie zum Beispiel $x^3 - 15x - 4 = 0$) gibt es Fälle, in denen man mit Lösungsverfahren aus dem Mittelalter über „komplexe" Zwischenergebnisse am Ende reelle Lösungen gewinnt. Der Fundamentalsatz der Algebra, zuerst von Gauß in seiner Doktorarbeit von 1799 bewiesen, besagt nun, dass jedes nichtkonstante Polynom

$$p(z) = z^n + a_{n-1}z^{n-1} + \cdots + a_1 z + a_0$$

mit reellen (oder sogar komplexen) Koeffizienten $a_{n-1}, \ldots, a_1, a_0$ mindestens eine komplexe Nullstelle hat (d. h. es gibt ein $z_0 \in \mathbb{C}$ mit $p(z_0) = 0$): Der Körper der komplexen Zahlen ist algebraisch abgeschlossen.

## Konstruierbare Zahlen, algebraische Zahlen

Schon in der Antike kam die Frage nach Konstruktion mit Zirkel und Lineal auf: Welche Streckenverhältnisse erhält man, ausgehend von einer Einheitsstrecke, nur durch Zeichnen von Kreisen, deren Radius von einer bereits konstruierten Strecke abgetragen werden kann, und geraden Linien? Es zeigte sich gegen Endes des 19. Jahrhunderts, dass das genau die positiven reellen Zahlen, die in dem kleinsten Teilkörper $\mathbb{E} \subset \mathbb{R}$ liegen, der alle rationalen Zahlen enthält und „unter Adjunktion von Quadratwurzeln abgeschlossen" ist, also mit jeder positiven Zahl auch ihre Wurzel enthält. Diese Menge $\mathbb{E}$ heißt der *Körper* der konstruierbaren Zahlen. Seine Charakterisierung ist ein früher Erfolg der Theorie von Körpererweiterungen, mit deren Hilfe die klassischen Konstruktionsprobleme der alten Griechen gelöst wurden. Es liegt etwa $\sqrt{2}$ (das Verhältnis von Seitenlänge und Diagonale eines Quadrats) in $\mathbb{E}$, genauso auch der goldene Schnitt $\frac{1}{2}(1 + \sqrt{5})$ oder die Zahl $\sqrt{1 + \sqrt{2}}$. Zahlen wie $\sqrt[3]{2}$ oder $\cos(\pi/18)$ sind aber (beweisbar!) nicht konstruierbar. Das liefert die Lösung der klassischen Konstruktionsprobleme der griechischen Antike: Die Verdoppelung des Würfels, die Dreiteilung des Winkels und die Quadratur des Kreises sind unmöglich, weil $\sqrt[3]{2}$, $\cos(\pi/18)$ und $\sqrt{\pi}$ nicht im Körper $\mathbb{E}$ liegen. Wäre das nämlich möglich, dann wären $\sqrt[3]{2}$ (das Verhältnis der Seitenlänge des verdoppelten Würfels zur Seitenlänge des ursprünglichen Würfels), $\cos(\pi/18)$ (die Dreiteilung des Winkels $30° = \pi/6$) und $\sqrt{\pi}$ (das Verhältnis der Seitenlänge eines Quadrats zum Radius eines Kreises mit gleicher Fläche) eben konstruierbar.

Ein viel größerer Teilkörper der reellen Zahlen ist der Körper $\mathbb{A}_{\mathbb{R}}$ der *reellen algebraischen Zahlen*, also der reellen Nullstellen von Polynomen mit rationalen Koeffizienten. So ist etwa $\sqrt[3]{2}$ reell algebraisch und $\cos(\pi/9)$ auch, was man auch aus der Gleichung $4\cos^3(\alpha) - 3\cos(\alpha) = \cos(3\alpha)$ folgern kann: $\cos(\pi/9)$ ist damit nämlich Nullstelle von $8x^3 - 6x = 1$ (weil $\cos(\pi/3) = 1/2$ ist). Die Kreiszahl $\pi$ ist nicht algebraisch (man nennt dies transzendent), liegt also nicht im Unterkörper $\mathbb{A}_{\mathbb{R}}$. Insgesamt gelten also strikte Inklusionen:

$$\mathbb{N} \subset \mathbb{N}_0 \subset \mathbb{Z} \subset \mathbb{Q} \subset \mathbb{E} \subset \mathbb{A}_{\mathbb{R}} \subset \mathbb{R} \subset \mathbb{C}.$$

In ähnlicher Weise besteht der Körper $\mathbb{A} \subset \mathbb{C}$ der algebraischen Zahlen aus den komplexen Nullstellen von Polynomen mit rationalen Koeffizienten. Die „imaginäre Einheit" $i$ ist ein Beispiel einer komplex-algebraischen Zahl. Es gilt $\mathbb{A}_{\mathbb{R}} = \mathbb{A} \cap \mathbb{R}$.

## VARIATIONEN: ZAHLEN UND ZAHLENBEREICHE

Heute strukturieren wir den Zoo der Zahlenbereiche durch
Inklusion: Die natürlichen Zahlen sind eine Untermenge der
ganzen Zahlen, die wiederum eine Untermenge der rationalen
Zahlen sind, und so weiter. Doch weder lässt sich die Ordnung
durchhalten (siehe Abbildung links), noch spiegelt sich darin
auch nur im Ansatz die historische Entwicklung wider. Ein
Beispiel: Die (positiven) irrationalen Zahlen tauchten lange vor
den (negativen) ganzen Zahlen auf: Der Legende nach wurde
in der Antike Hippasos von Metapont ermordet, weil er die
Irrationalität von $\sqrt{2}$ bewies – als Schüler von Pythagoras,
dessen Schule die rationalen Zahlen wohl für heilig erachtete.

### Natürliche Zahlen und die Null

Wo kommen die natürlichen Zahlen her? Im Laufe der Geschichte der Mathematik entdeckten viele Mathematiker, aus
ganz unterschiedlichen Richtungen kommend, immer wieder denselben philosophischen Ursprung für die natürlichen
Zahlen: Die Zweiheit, die Dichotomie.

◇ Euklid etwa fordert im Buch VII der Elemente, dem Kapitel
über elementare Zahlentheorie, die Existenz einer Einheit,
und schreibt weiter: „Eine Zahl ist eine Vielheit, zusammengesetzt aus Einheiten." [150]. „Einheit" und „Vielheit"
bilden also das Zweiergespann, aus dem Zählen und Zahlen
entstehen.

◇ Gottfried Wilhelm Leibniz entdeckt Alles und Nichts in
den Zahlen: Bei ihm sind es die Eins und die Null, die eine
geradezu religiöse Bedeutung bekommen, weil man sie zur
Binärschreibweise nutzen kann, um alle Zahlen zu schreiben.
(Anders gesagt: Jede natürliche Zahl kann man als endliche
Folge aus Nullen und Einsen darstellen.)

◇ Bei L. E. J. Brouwer wird die Zweiheit durch den Verlauf der
Zeit gebildet, dem Vorher-Nachher, in dem zwei Gedanken
geboren werden.

◇ John von Neumann verlieh 1923 Euklids Idee eine frische
mengentheoretische Würze [359]. Bei ihm ist der Ersatz
für die „Einheit" die leere Menge. Die Zahlen ergeben sich

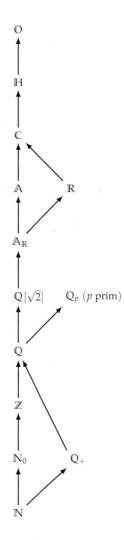

Zahlenbereiche kann man durch
Inklusion ordnen.

dann als Mächtigkeiten einer rekursiv erzeugten Folge von Mengen: Null entspricht der (Anzahl der Elemente in der) leeren Menge $\emptyset$, 1 der Menge, die die leere Menge enthält, 2 der Menge $\{\{\emptyset\}, \emptyset\}$ und so fort.

Doch es gibt auch eine andere Tradition, die natürlichen Zahlen zu erklären. Richard Dedekind beschrieb 1888 diese Idee in dem kleinen Buch mit dem Titel *Was sind und was sollen die Zahlen* [117]. Sein Ausgangspunkt ist der Begriff einer *Kette*: Gegeben sei eine Abbildung $\varphi : S \to S$. Dann heißt $\mathcal{K} \subseteq S$ Kette, wenn $\varphi$ die Menge $\mathcal{K}$ auf eine Untermenge von $\mathcal{K}$ abbildet (man denke zum Beispiel an die Abbildung $\varphi : i \to i + 1$ auf den natürlichen Zahlen und $\mathcal{K} = \{2, 3, 4, \ldots\}$). Nun kann man eine beliebige Menge $\mathcal{A}$ aus $S$ herausgreifen und alle Ketten betrachten, die $\mathcal{A}$ enthalten. Der Schnitt all dieser Ketten ist wieder eine Kette, die von $\mathcal{A}$ *erzeugte* Kette. Absatz 71 enthält dann die Dedekind'sche Definition der natürlichen Zahlen: Eine Menge $S$ heißt *einfach unendlich*, wenn es eine bijektive Abbildung $\varphi : S \to S$ gibt, so dass $S$ die von einer ein-elementigen Menge erzeugte Kette ist, deren Element nicht in $\varphi(S)$ liegt – und dieses Element wird 1 genannt.

Diese einfach unendliche Menge kann man die natürlichen Zahlen nennen. 1889 formuliert Giuseppe Peano denselben Gedankengang direkter und einfacher, in Form der nach ihm benannten Axiome [371].

## Der Ring der ganzen Zahlen

Negative Zahlen tauchten in Europa explizit erst im 12. Jahrhundert auf. (Es wird diskutiert, ob sie vorher in China auftraten, siehe [543]). Leonardo Pisano Fibonacci („Leonardo aus Pisa, der Sohn des Kaufmanns Bonacci"), brachte von seinen Reisen durch Nordafrika nämlich nicht nur die arabische Stellenschreibweise mit, sondern auch neuartige Lösungen linearer Gleichungen.

Eine typische Fibonacci-Aufgabe geht so: Fünf Menschen finden eine Geldbörse unbekannten Inhaltes und der Leser bekommt Informationen darüber, wie viel Geld die Menschen im Verhältnis zueinander besitzen, zum Beispiel: Der *i*te Mensch besitzt $(i + 1) + \frac{1}{i+1}$ mal so viele *denari* wie alle anderen zusammen, wenn er die Börse in Händen hält. Modern würde man das also so formulieren:

$$x_i + B = \frac{(i+1)^2 + 1}{i+1}\left(x_1 + x_2 + x_3 + x_4 + x_5 - x_i\right)$$

wobei $B \in \mathbb{Z}$ der unbekannte Betrag in der Börse ist und $x_i \in \mathbb{Z}$ der Besitz des $i$ten Menschen.

In der Musterlösung zu einer der Aufgaben versteckt Fibonacci negative Zahlen als „Schulden", für Kaufleute ein anschauliches und gut nachvollziehbares Argument.

Sed quia superius magis in bursa repertum est, quam id quod inter bursam, et primum hominem habent: aut positio huius questionis indissolubilis erit; aut primus homo debitum habebit, illud uidelicet quod deest a summa denariorum ipsius, et burse usque ad summam denariorum burse, scilicet id quod est a 1039740 usque in 1088894, quod est 49154. Item accipe $\frac{46}{11}$ de 1455636, que sunt 1119720; et tot habuit inter secundum hominem, et bursam: de quibus extractis denariis burse, scilicet 1088894, remanent 30826; et tot habuit secundus. Iterum accipe $\frac{47}{21}$ de 1455636, que sunt 1178372; de quibus extrahe denarios burse, remanent 89478; et tot habuit tertius. Rursus accipe $\frac{26}{11}$ de 1455636, que sunt 1220856; de quibus extrahe denarios burse, scilicet 1088894, remanent 131962; et tot habuit quartus. Et adhuc accipe $\frac{27}{43}$ de 1455636, que sunt 1252524; de quibus extrahe 1088894, remanent 163630; et tot habuit quintus.

Die Lösung der zitierten Börsenaufgabe in einem Nachdruck von Fibonaccis *Liber Abaci* [380]: „Entweder ist diese Aufgabenstellung unlösbar oder man geht davon aus, dass der erste Mensch Schulden hat", schreibt Fibonacci.

Doch wer glaubt, von nun an würde in der europäischen Mathematik mit positiven wie mit negativen Zahlen gerechnet, der irrt. Vierhundert Jahre später tauchen in der *Géometrie* bei René Descartes, dem Anhang seiner berühmten Schrift *Discours de la Méthode* von 1637, die negativen Zahlen explizit als „falsche Wurzeln" auf:

Jede Gleichung kann so viele verschiedene Wurzeln (Werte der unbekannten Größe) besitzen wie die Anzahl der Dimensionen der unbekannten Größe in der Gleichung. Nehmen wir zum Beispiel $x = 2$ oder $x - 2 = 0$ an, und andererseits $x = 3$ oder $x - 3 = 0$. Multipliziert man diese beiden Gleichungen $x - 2 = 0$ und $x - 3 = 0$, dann erhalten wir $x^2 - 5x + 6 = 0$ oder $x^2 = 5x - 6$. Dies ist eine Gleichung, in der $x$ den Wert 2 hat und zur selben Zeit den Wert 3. Wenn wir als nächstes $x - 4 = 0$ nehmen und dies mit $x^2 - 5x + 6 = 0$ multiplizieren, dann erhalten wir eine weitere Gleichung $x^3 - 9x^2 + 26x - 24 = 0$, in der $x$, das drei Dimensionen hat, auch drei Werte besitzt, nämlich 2, 3 und 4.

Oftmals kommt es jedoch vor, dass einige der Wurzeln falsch oder weniger als nichts sind. Wenn $x$ daher den Fehlbetrag von 5 repräsentiert, dann bekommen wir, dass $x + 5 = 0$ ist, womit wir, multipliziert mit $x^3 - 9x^2 + 26x - 24 = 0$, $x^4 - 4x^3 - 19x^2 + 106x - 120 = 0$ erhalten, eine Gleichung, die vier Wurzeln besitzt,

nämlich die drei wahren Wurzeln 2, 3 und 4 und eine falsche
Wurzel 5. [...] Wir können sogar die Anzahl der wahren oder
falschen Wurzeln, die eine Gleichung besitzt, bestimmen wie folgt:
Eine Gleichung kann so viele wahre Wurzeln enthalten wie sie
Wechsel der Vorzeichen von + zu − oder von − zu + enthält; und
so viele falsche Wurzeln wie die Anzahl von zwei + oder zwei −
in Folge.

In der letzten Gleichung wird $+x^4$ gefolgt von $-4x^3$, was einen
Vorzeichenwechsel von + nach − bedeutet, und $-19x^2$ wird
gefolgt von $+106x$ und $+106x$ von $-120$, was zwei weitere Wechsel ergibt; daher wissen wir, dass es drei wahre Wurzeln gibt;
und weil $-4x^3$ von $-19x^2$ gefolgt wird, gibt es eine falsche Wurzel. [120]

Identifiziert man negative Zahlen und „Schulden", dann ist
eben noch lange nicht erklärt, warum $(-5) \cdot (-5) = +25$ ist.
Die Emanzipation der (negativen) Zahlen verläuft daher auf
zahlreichen gedanklichen Ab- und Umwegen. Noch Leonhard
Euler stellt 1746 fest (und publiziert später), dass es zwei Typen $-1$ geben müsse: Die $-1$, die der Unterschied zwischen
$a + 1$ und $a$ sei, und die $-1$, die sich aus der Division von $+1$
durch $-1$ ergebe, und letztere sei größer als unendlich [153].
Ausgangspunkt für seine überraschende Schlussfolgerung ist
die geometrische Reihe:

$$\sum_{k=0}^{\infty} ar^k = \frac{a}{1-r}.$$

Dass die Reihe keineswegs für alle $r \in \mathbb{R}$, sondern nur für
$|r| < 1$ konvergiert, hat Euler offenbar im Gespür. Explizit spielt
jedoch der Begriff der Konvergenz für ihn noch keine Rolle,
und so übergeht er sie an dieser Stelle ($a = 1$, $r = 2$!):

$$\infty = 2^0 + 2^1 + 2^2 + 2^3 + \cdots = \frac{1}{1-2} = \frac{1}{-1} = -1.$$

Euler stand mit dieser Meinung keineswegs allein da: Jean Le
Rond d'Alembert, Verfasser zahlreicher mathematischer Lexikonartikel in Denis Diderots *Encyclopédie ou Dictionnaire raisonné
des sciences, des arts et des métiers*, darunter des Lexikonartikels
zum Schlagwort *Négatif*, äußert sich Mitte des 18. Jahrhunderts im selben Sinne: Wenn auch die meisten Mathematiker
glaubten, negative Zahlen seien kleiner als Null, sei das nicht

quam infinitas esse arguunt. Alium scilicet valorem ipsius-ı agnosci debere, quando ex subtractione numeri maioris $a+ı$, a minori $a$ oriri concipitur, alium vero, quando seriei illi $ı+2+4+8+ı6+$ etc. aequalis reperitur, atque ex divisione numeri $+ı$ per $-ı$ nascitur; illo quippe casu esse numerum nihilo minorem, hoc vero infinito maiorem. Maioris confirmationis gratia afferunt

Euler argumentiert in *De seriebus
divergentibus*, dass es zwei Typen
von $-1$ gebe: „Wir müssen $-1$
einen Wert geben, wenn wir sie so
verstehen, dass sie durch Subtraktion
einer größeren Zahl $a + 1$ von einer
kleineren $a$ entsteht, und tatsächlich
einen anderen Wert, wenn die $-1$
gleich der Reihe $1 + 2 + 4 + 8 +
16 +$ etc. ist, und aus der Division
der Zahl $+1$ durch $-1$ geboren wird;
im ersteren Fall ist die Zahl kleiner
als Null, im letzteren größer als
unendlich."

ganz korrekt. Tatsächlich seien sie das Gegenteil der positiven Zahlen – ob oberhalb oder unterhalb von Null, sei nicht so klar [109]. So dauerte es bis ins ausgehende 18. Jahrhundert, bis die negativen Zahlen das waren, was wir heute damit verbinden.

### Der Körper der reellen Zahlen

Wie lang ist die Diagonale in einem Quadrat mit Seitenlänge 1? Gegen welche Zahl konvergiert die durch

$$a_0 = 1, \qquad a_{n+1} = a_n - \frac{a_n^2 - 2}{2a_n} \quad \text{für} \quad n \geq 0$$

rekursiv definierte Folge? Die Antwort auf beide Fragen ist dieselbe: $\sqrt{2}$. (Können Sie das auch zeigen?) Und wie soll man den Wert näherungsweise berechnen?

Die beiden Fragen deuten unterschiedliche Wege an: Ausgehend vom Quadrat mit Seitenlänge 1 und etwas elementarer Geometrie sieht man, dass die gesuchte Zahl $\sqrt{2}$ die Seitenlänge eines Quadrats mit Flächeninhalt 2 ist. Dadurch motiviert versucht man vielleicht eine *Intervallschachtelung*: Die Fläche eines Quadrats mit Seitenlänge 1 ist 1 und ein Quadrat der Seitenlänge 2 hat Fläche 4 – die gesuchte Kantenlänge ist also zwischen 1 und 2. Wie steht es mit der Fläche bei einer Kantenlänge von 1,5? Und so weiter.

Die Folge aus Frage zwei kommt aus einem Näherungsverfahren für $\sqrt{2}$, das in der modernen Mathematik Newton-Verfahren heißt und Folgen liefert, die Nullstellen von polynomialen Gleichungen approximieren. (Im Fall für Quadratwurzeln heißt es auch Heron-Verfahren.)

Egal, welche Methode man wählt: Man konstruiert so eine Größe, die keine rationale Zahl ist (was schon in der Antike bekannt war) – ohne dabei etwas Anderes als rationale Zahlen zu verwenden. In diesem Sinne *erweitern* die reellen Zahlen also die rationalen Zahlen.

Die bekanntesten Wege, reelle Zahlen aus den rationalen Zahlen heraus zu definieren, sind:

Les quantités *négatives* font le contraire des positives: où le positif finit, le négatif commence. *Voyez* POSITIF.

„Wo das Positive endet, beginnt das Negative. Siehe Stichwort Positiv.", schreibt d'Alembert, und stellt wenige Zeilen später fest: „Zu sagen, dass die negative Größe unterhalb des Nichts liegt, bedeutet, etwas vorzubringen, das sich nicht begreifen lässt." [109]

a. Dedekind-Schnitte (englisch: „Dedekind cuts")
b. Fundamental- oder Cauchy-Folgen
c. Intervallschachtelungen

Dazu kommt noch eine weitere Methode, reelle Zahlen zu charakterisieren, nämlich

d. die axiomatische Definition der reellen Zahlen.

Die Idee zu den Dedekind-Schnitten entdeckte Richard Dedekind schon 1858, veröffentlichte sie jedoch erst 1872 in *Stetigkeit und irrationale Zahlen* [116]. Im selben Jahr 1872 publizierte Georg Cantor [78] und unabhängig davon drei Jahre früher Charles Méray [339] die Idee, die reellen Zahlen als Äquivalenzklassen konvergenter Folgen mit rationalen Gliedern zu definieren. Obwohl das Schachteln von Intervallen zur Approximation von Zahlen schon in der Zeit der Babylonier betrieben wurde, wurde die Idee, damit die reellen Zahlen zu *definieren*, erst lange nach den Definitionen von Cantor/Méray bzw. Dedekind publiziert, in Paul Bachmanns *Vorlesungen über die Natur der Irrationalzahlen* von 1892 nämlich. Einen umfassenden Überblick über Definition und Eigenschaften der reellen Zahlen, auch aus historischer Sicht, findet man in [119].

Die Zeichnerin ist Mathematikerin, people.hamilton.edu/cgibbons/

Es herrscht also eine gewisse Wahlfreiheit bei der Definition der reellen Zahlen. Das brachte Dedekind dazu, 1888 in seinem Buch „Was sind und was sollen die Zahlen?" zu schreiben:

> Meine Hauptantwort auf die im Titel dieser Schrift gestellte Frage lautet: die Zahlen sind freie Schöpfungen des menschlichen Geistes, sie dienen als ein Mittel, um die Verschiedenheit der Dinge leichter und schärfer aufzufassen. [117]

Vier Jahre später, im Jahre 1892, legte Heinrich Weber seinem eben verstorbenen Kollegen Leopold Kronecker in einem Nachruf einen Satz in den Mund, der nicht nur berühmt werden sollte, sondern den man auch als Replik auf Dedekind lesen kann.

> In Bezug auf die Strenge stellt er die höchsten Anforderungen und sucht alles, was Bürgerrecht in der Mathematik haben soll, in die krystalline eckige Form der Zahlentheorie zu zwängen. Manche von Ihnen werden sich des Ausspruchs erinnern, den er in einem Vortrag bei der Berliner Naturforscher-Versammlung 1886 that:

‚Die ganzen Zahlen hat der liebe Gott gemacht, alles andere ist Menschenwerk'. [521]

Wobei die Betonung wohl auf die Worte „alles andere" zu legen ist.

### Der Körper der komplexen Zahlen

Auch die komplexen Zahlen riefen zunächst Verblüffung hervor, zum Beispiel beim Mediziner und Mathematiker Gerolamo Cardano.  Der schrieb in seiner *Ars Magna de Regulis Algebraicis* von 1545 in Kapitel 37, Regel 2, man müsse sich beim Lösen des Gleichungssystems $xy = 40$, $x + y = 10$ die Wurzel von $-15$ „vorstellen" („imaginaberis", „du wirst dir vorstellen") – für viele die Geburt der „imaginären" Zahlen. Cardano bastelt im Folgenden ein viel zitiertes Wortspiel [79]: „dimissis incruciationibus", wahlweise also „unter Nichtbeachtung der Kopfschmerzen" oder „mit Auslöschen der kreuzweisen Multiplikation" multipliziere man $5 + \sqrt{-15}$ mit $5 - \sqrt{-15}$ und erhalte 40.

Der Ingenieur Rafael Bombelli arbeitete in seinem Werk *L'Algebra*, das 1572 veröffentlicht wurde, zwar mit $\pm\sqrt{-1}$, aber ohne tiefer einzusteigen – so ignoriert Bombelli etwa beim Lösen von Wurzeln dritten Grades komplexe Lösungen. Aufgeschlossener gegenüber den komplexen Zahlen war Thomas Harriot; er bezeichnet sie als „noetisch", also „mit dem Verstand erfassbar", veröffentlicht seine Aufzeichnungen darüber aber nicht.

Erst John Wallis repräsentiert in *A Treatise of Algebra* von 1685 [517] die komplexen Zahlen geometrisch – allerdings nicht als Punkte in der komplexen Ebene, wie wir das heute tun, sondern mit Kegelschnitten.

Und auch, wenn etwa ab dem 17. Jahrhundert mit den komplexen Zahlen gerechnet und hantiert wurde – so richtig warm wurde man nicht mit ihnen. Selbst Leonhard Euler, der virtuos mit komplexen Zahlen umging und zum Beispiel eingehend die Beziehung $e^{it} = \cos(t) + i\sin(t)$ in vielen Eigenschaften beschrieb, nannte sie „unmöglich" [155]. Wie schon bei den negativen Zahlen war auch hier der Enzyklopädist d'Alembert seiner Meinung: die imaginären Wurzeln gäben „überhaupt keine

Die erste schriftliche Erwähnung einer Wurzel aus einer negativen Zahl: Cardano gibt hier einen Teil der Lösungen für das Gleichungssystem $xy = 40$ und $x + y = 10$ an, nämlich die Zahlen $5 + \sqrt{-15}$ und $5 - \sqrt{-15}$. Das durchgestrichene R leitet sich von „radix", Wurzel, ab.

Lösung, die man sich irgendwie veranschaulichen könne", sie zeigten „unmögliche Lösungen" an [109]. Die heute übliche geometrische Interpretation der komplexen Zahlen als Punkte in der Ebene, eingeführt von den Amateur-Forschern Jean-Robert Argand und Caspar Wessel, erhielt von Carl Friedrich Gauß durch dessen Arbeit *Theoria Residuorum Biquadraticum* von 1831 den offiziellen Segen – und den Namen „die Gauß'sche Zahlenebene".

Aber schon 1799, als 22-Jähriger, präsentierte Gauß 1799 in seiner Doktorarbeit den ersten korrekten Beweis für den Fundamentalsatz der Algebra: Jedes nicht-konstante Polynom mit komplexen Koeffizienten hat eine komplexe Zahl als Nullstelle. (Durch Induktion folgert man daraus leicht, dass jedes komplexe Polynom in lineare Faktoren zerfällt.) Modern ausgedrückt: „Der Körper der komplexen Zahlen ist algebraisch abgeschlossen."

„Es ist angemerkt worden, dass der sogenannte *Fundamentalsatz der Algebra* nicht wirklich fundamental ist, dass er nicht unbedingt ein Satz ist, sondern manchmal als Definition dient und dass er in der klassischen Form eigentlich kein Resultat aus der Algebra, sondern aus der Analysis ist." – Martin Aigner in [6]

## Konstruierbare Zahlen, algebraische Zahlen

Versucht man, die komplexen Zahlen eben nicht geometrisch als Punkte der Ebene zu finden, sondern als Nullstellen von Polynomen mit rationalen (oder, ohne dass uns das einschränken würde, ganzzahligen) Koeffizienten, dann kommt man zum Körper der algebraischen Zahlen. So sind $\sqrt{2}$ und $i$ algebraische Zahlen, aber es gibt eben auch reelle und komplexe Zahlen, die keine Nullstelle eines Polynoms mit rationalen Koeffizienten sind; man nennt sie die transzendenten Zahlen. Insbesondere heißt das, dass man bei weitem nicht alle Zahlen durch Wurzelziehen oder durch Polynome-Auflösen erzeugen kann.

Dass es solche Zahlen geben muss, sieht man an einer Variante von Hilberts Hotel (siehe Kapitel „Unendlichkeit", S. 213 ff.): die Menge aller Polynome mit Koeffizienten in $\mathbb{Q}$ ist abzählbar (um das zu beweisen, variiert man den Beweis der Abzählbarkeit der rationalen Zahlen), und es braucht nur etwas mehr Arbeit, um zu zeigen, dass jedes dieser Polynome nur endlich viele Nullstellen besitzt. Es gibt also abzählbar viele algebraische Zahlen in $\mathbb{R}$, denen überabzählbar viele reelle Zahlen gegenüberstehen, wie Georg Cantor gezeigt hat.

Die „meisten" Zahlen in $\mathbb{R}$ sind also transzendent! Die prominentesten Beispiele sind sicherlich die Kreiszahl $\pi$ und die Euler'sche Zahl $e$.

Tatsächlich hat die Untersuchung von Zahlen als Nullstellen von Polynomen die Mathematik sehr vorangetrieben. Drei Beispiele:

*Das Lösen von Polynomgleichungen.* Wie löst man quadratische Gleichungen? In Antike und Mittelalter war es üblich, sich die Gleichung geometrisch zu veranschaulichen. Ein schönes Beispiel bietet die *Algebra* Mūsā al-Ḥwārizmīs (mehr zu ihm im Kapitel „Algorithmen und Komplexität", S. 395 ff.). Al-Ḥwārizmī löste die quadratischen Gleichungen, indem er sie in sechs Klassen unterteilte und jeden Typ für sich genommen grafisch abhandelte.

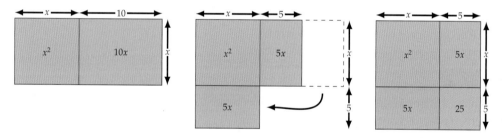

Im 16. Jahrhundert ging man dann Gleichungen dritten und vierten Grades an. Es entwickelte sich der berühmte Plagiat-Streit zwischen dem Mailänder Gerolamo Cardano (mit interessantem Leben, siehe zum Beispiel [142]) und Niccolò Fontana, bekannter unter dem Spitznamen Tartaglia, was „Stotterer" bedeutet, und dessen Schüler Lodovico Ferrari. Für ausführliche Darstellungen dieses Streits siehe zum Beispiel [161, 364]. Cardano, Tartaglia und Ferrari entwickelten trickreiche Lösungsverfahren, um mit Hilfe von Grundrechenoperationen und wiederholtem Wurzelziehen Polynomgleichungen dritten und vierten Grades exakt zu lösen. Ähnliche Verfahren für Polynomgleichungen vom Grad fünf ließen sich trotz aller Mühen nicht finden. Warum?

Al-Ḥwārizmīs Methode, quadratische Gleichungen zu lösen, an seinem Beispiel $x^2 + 10x = 39$. Blaues und rotes Rechteck sollen also zusammen eine Fläche von 39 haben. Nach dem Ummontieren der Hälfte der roten Fläche und Vervollständigung zu einem Quadrat sieht man leicht, dass das große Quadrat eine Fläche von $39 + 25 = 64$ hat. Daher hat eine Seite $x + 5$ dieses Quadrates die Länge $\sqrt{64} = 8$ und somit ist $x = 3$. Dabei ignoriert al-Ḥwārizmī die zweite Lösung $x = -13$, die graphisch keinen Sinn macht.

*Konstruktionsprobleme und Körpererweiterungen.*    Eine Antwort
auf diese Frage fand man erst im 19. Jahrhundert; zugleich
erwiesen sich auch einige klassische geometrische Konstruktionsprobleme als prinzipiell unlösbar:

1. Das Delische Problem entstand angeblich, als Bewohner
   der Insel Delos etwa 400 v. Chr. das Orakel von Delphi bei
   einer Seuche um Rat fragten. Ihnen wurde die Aufgabe
   gestellt, einen Würfel zu konstruieren, der doppelt so großes
   Volumen besitzt wie ein gegebener Würfel, nämlich der
   Altar im Apollo-Tempel von Delphi. (Mehr in [437])
2. Bei der Dreiteilung des Winkels ist eine Konstruktionsvor-
   schrift gesucht, die einen beliebigen Winkel in drei gleiche
   Teile unterteilt.
3. Die Quadratur des Kreises kann man als antike Aufgabe zur
   Integration ansehen: Man soll ein Quadrat konstruieren, das
   dieselbe Fläche hat wie eine gegebene Kreisscheibe.

Nehmen wir das Delische Problem: Hat der Ausgangswür-
fel die Kantenlänge $a$, dann geht es darum, die Gleichung
$2a^3 = (ax)^3$ konstruktiv zu lösen, d. h. bei einem Würfel der
Kantenlänge 1 eine Strecke der Länge $\sqrt[3]{2}$ (nämlich eine Nullstelle von $x^3 - 2$) zu konstruieren.

   Doch was bedeutet „konstruieren"? Es sind bei den Griechen
nur Konstruktionen erlaubt, die mit einem Zirkel und einem
unmarkiertem Lineal in der Ebene durchführbar sind: Es dürfen also gerade Strecken gezeichnet werden und Kreise, deren
Mittelpunkt schon konstruiert wurde und deren Radius die
Länge einer bereits konstruierten Strecke ist. Nehmen wir zwei
Zahlen $a$ und $b$, die wir mit Strecken der Länge $a$ bzw. $b$ identifizieren. Recht direkt findet man Konstruktionsvorschriften
mit Zirkel und Lineal für Strecken der Länge $a - b$ und $a + b$;
mit mehr Nachdenken gehen dann auch Strecken der Länge $ab$
und $\frac{a}{b}$ sowie die Konstruktion von $\sqrt{a}$. Die Menge aller Zahlen,
die sich so konstruieren lassen, ist also bezüglich den üblichen
Rechenoperationen und dem Bilden von Quadratwurzeln abgeschlossen!

   Das lässt sich in die Sprache der Algebra übersetzen: Man
erweitert beim Konstruieren die Menge der rationalen Zahlen um gewisse Quadratwurzeln. Alle konstruierbaren Zahlen

liegen in solchen Erweiterungskörpern, die durch sukzessive Adjunktion (Hinzunahme) von Quadratwurzeln entstehen. Man kann dann zeigen, dass $\sqrt[3]{2}$ nicht in einem solchen Erweiterungskörper liegen kann, womit bewiesen ist, dass die Nullstellen von $x^3 - 2 = 0$ nicht mit Zirkel und Lineal zu konstruieren sind. Das Delische Problem ist also nicht lösbar.

Als theoretischen Rahmen für die Formulierung der Resultate und Beweise (und für weitere Fälle und tiefere Einsichten) benutzt man heute die Galoistheorie. Für die historischen Details zu den knappen und schwer verständlichen Originalarbeiten von Evariste Galois verweisen wir auf [406]. Eine moderne Kurzdarstellung der Galoistheorie findet sich zum Beispiel in [138], eine sehr knappe Darstellung ist [486].

Die Unmöglichkeit der Verdopplung des Würfels wurde ebenso wie die Dreiteilung von allgemeinen Winkeln mit Zirkel und Lineal 1836/37 – im Prinzip ebenfalls mit Galoistheorie – von Pierre Laurent Wantzel gezeigt [519].

Niels Henrik Abel und Paolo Ruffini haben dann auch gezeigt, dass es Cardano, Tartaglia und Ferrari mit ihren Lösungsformeln für Polynomgleichungen so weit gebracht haben, wie es eben möglich ist: Es gibt einfach keine allgemein gültige Formel, die die Nullstellen eines beliebigen Polynoms vom Grad 5 mit Hilfe von arithmetischen Operationen und Wurzelausdrücken beschreibt.

Im Falle der Quadratur des Kreises kam man ohne Galoistheorie aus: Hier zeigte der junge Mathematiker Carl Louis Ferdinand von Lindemann 1882, dass $e^r$ transzendent ist, wenn $r$ eine algebraische Zahl ist, außer für $r = 0$. Weil aber die Gleichung $e^{i\pi} = -1$ gilt, war damit automatisch auch bewiesen, dass $\pi$ eine transzendente Zahl sein muss, ergo nicht konstruierbar. (Mehr über die Entdeckung in [174], mehr über Transzendenz-Beweise in [496].)

*Arithmetische Geometrie.* Ein sehr großer und aktiver Bereich der modernen Mathematik befasst sich mit dem Zusammenspiel von Zahlentheorie und Algebraischer Geometrie: Die Algebraische Geometrie, deren Wurzeln unter anderem auf die Arbeiten von Alfred Clebsch zurückgehen, untersucht die Struktur von Nullstellenmengen von Polynomen und deren

Evariste Galois (1811–1832), Sohn des Bürgermeisters von Bourg-la-Reine bei Paris, wurde in politisch unruhigen Zeiten geboren: Nach Revolution und der Herrschaft Napoleons stritten in Frankreich Monarchisten gegen Revolutionäre. 1828 fiel Galois durch die (vorgezogene) Aufnahmeprüfung der École Polytechnique. Er begann als Gymnasiast nach der Lektüre von Legendre und Lagrange selbst mathematisch zu arbeiten. 1829 beging sein Vater nach der Publikation einiger ihm zugeschriebener Spottgedichte Selbstmord. Kurz zuvor hatte Galois eine erste Arbeit über Kettenbrüche in den *Annales de mathématiques* veröffentlicht, kurz danach fiel er ein zweites Mal durch die Aufnahmeprüfung der École Polytechnique. 1830 nahm er ein Studium an der École Normale auf und reichte zwei Arbeiten über das „Auflösen numerischer Gleichungen" in der Académie des Sciences ein. Die Arbeiten erreichten zwar die Adressaten Cauchy und Fourier, gingen dann aber verloren. Galois, politisch immer extremer, quittierte die Schule und trat in die republikanische Artillerie der Nationalgarde ein. 1832 starb er in einem Duell. Schon 1846 erschienen die gesammelten Werke von Galois; insgesamt umfasst sein mathematischer Nachlass etwa 50 Druckseiten [177]. Sein Leben wurde Stoff mehrerer Romane und Filme und ist Gegenstand vieler Legenden (siehe [430]).

Teilmengen. Die Arithmetische Geometrie beschäftigt sich spezieller mit den rationalen Punkten in den Nullstellenmengen.

Ein einfaches Beispiel ist die Struktur der Punkte auf dem Kreis, deren Koordinaten Brüche sind (und eben keine irrationalen Zahlen). In dem Fall kann man sie geometrisch beschreiben als die Schnittpunkte des Einheitskreises mit genau den Geraden, die durch den „Nordpol" $(0,1)$ gehen und deren Steigung eine rationale Zahl ist (man kommt damit auf eine Beschreibung über pythagoreische Tripel).

Auch Andrew Wiles' Beweis von Fermats Vermutung spielt zum Großteil in der arithmetischen Geometrie. Ein zentraler Baustein dabei sind die rationalen Punkte auf elliptischen Kurven, den Lösungsmengen von Gleichungen

$$x^3 + ax + b - y^2 = 0,$$

wobei $a$ und $b$ ganze Zahlen sind. (Zusätzlich möchte man noch, dass $4a^3 + 27b^2$ von Null verschieden ist.) Zum Beispiel konnte Gerhard Frey zeigen, dass zu einer rationalen (nichttrivialen) Lösung $(a,b,c)$ der Gleichung $x^p + y^p = z^p$, wobei $p$ eine ungerade Primzahl ist, eine sehr spezielle elliptische Kurve gehören würde, die durch die Gleichung $x(x - a^p)(x - b^p) - y^2 = 0$ gegeben ist. Die Eigenschaften, die so eine elliptische Kurve hätte, haben letztlich zum Beweis von Fermats Vermutung geführt, über die Taniyama-Shimura-Vermutung (heute Modularitätssatz).

Elliptische Kurven haben außerdem die Struktur einer *Gruppe*, die auch heute noch sehr aktiv studiert wird. Man kann auf elliptischen Kurven unter anderem moderne Verschlüsselungsverfahren (die Elliptische-Kurven-Kryptographie) aufbauen. Es gibt zudem auch ein Clay-Millenniumsproblem, das sich unter anderem um die Struktur von elliptischen Kurven als Gruppe dreht, nämlich die Vermutung von Birch und Swinnerton-Dyer.

Die Addition auf einer elliptischen Kurve kann man geometrisch veranschaulichen, hier am Beispiel der Kurve beschrieben durch die Gleichung $y^2 + y = x^3 - x$, die zwar nicht ganz in obiger Form ist, aber trotzdem eine elliptische Kurve definiert. Hier ist $P = (-1, 0)$, $Q = (1/4, -5/8)$ und wir wollen $P + Q$ bestimmen. Zuerst nehmen wir die Gerade, die die Punkte $P$ und $Q$ miteinander verbindet. Diese Gerade schneidet unsere

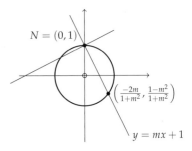

$N = (0,1)$

$\left(\frac{-2m}{1+m^2}, \frac{1-m^2}{1+m^2}\right)$

$y = mx + 1$

Wie findet man die rationalen Punkte (also die Punkte mit zwei rationalen Koordinaten) auf einem Kreis? Da gibt es den „Nordpol" $N = (0,1)$. Jeder andere rationale Punkt bestimmt mit dem Nordpol eine rationale Gerade, die durch die Gleichung $y = mx + 1$ gegeben ist, mit rationalem $m \subset \mathbb{Q}$. Umgekehrt schneidet jede solche Gerade (mit $m \neq 0$) den Kreis zweimal. Beide Schnittpunkte sind rational (warum?). Man kann sie leicht ausrechnen, und erhält als den einen Schnittpunkt $N$ und als den anderen einen beliebigen rationalen Punkt auf dem Kreis, dargestellt als

$$(x,y) = \left(\frac{-2m}{1+m^2}, \frac{1-m^2}{1+m^2}\right).$$

In der Skizze sind zwei Geraden mit $m = -2$ bzw. $m = 1/2$ eingezeichnet.

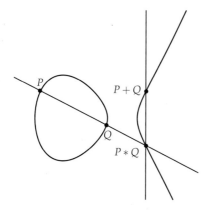

Die Addition auf einer elliptischen Kurve

elliptische Kurve in einem weiteren Punkt, nämlich $P * Q$ mit den Koordinaten $(1, -1)$. Dann nehmen wir die Gerade, die parallel zur $y$-Achse verläuft und den Punkt $P * Q$ enthält. Diese Gerade schneidet die Kurve ebenfalls in nur einem weiteren Punkt und der ist dann die Summe $P + Q$ von $P$ und $Q$. Mit Hilfe dieser Addition bildet die elliptische Kurve zusammen mit einem weiteren Punkt $O$, der $O + P = P$ für alle Punkte $P$ erfüllt, eine Gruppe bildet – eine algebraische Struktur, in der die üblichen Rechenregeln für die Addition gelten.

Fragen über die Anzahl und Struktur von Mengen von rationalen Punkten, die Polynomgleichungen erfüllen, haben einige Entwicklungen von mathematischen Theorien im 20. Jahrhundert motiviert. Die umfassendste Entwicklung war wohl Alexander Grothendiecks neue Grundsteinlegung der algebraischen Geometrie, die zur Lösung der Weyl-Vermutungen führen sollte (und letztlich auch führte). Grothendieck schrieb, unterstützt von einigen herausragenden Mathematikerinnen und Mathematikern der Zeit und vor allem Jean Dieudonné, die *Eléments de Géométrie Algébrique* (Elemente der algebraischen Geometrie, kurz EGA), von denen „nur" vier Bände fertig wurden, die allerdings schon fast 2000 Seiten umfassen und eine komplett neue Sichtweise auf die Algebra und Geometrie entwickeln. Danach war er auch noch am SGA (dem *Séminaire de Géométrie Algébrique du Bois Marie*) beteiligt, das auf über 6000 weiteren Seiten in sieben Bänden weitere Themen beleuchtet, dieses Mal im Stil von Vorlesungsskripten. David Mumford, selbst Fields-Medaillist und von Kolleginnen und Kollegen als genial betrachtet, schrieb über Grothendieck, er sei einer seiner Helden gewesen, und von den Personen, die er kennengelernt hat, die eine, die die Beschreibung „genial" am ehesten verdient habe.

Grothendieck ist nicht nur einer der wichtigsten Mathematiker des 20. Jahrhunderts, er hat auch eine der spannendsten und ungewöhnlichsten Biographien.

## Perioden

Eine spannende Menge von komplexen Zahlen wurde Ende der 1990er Jahre von den Zahlentheorikern Don Zagier und Maxim Kontsevich aus der Taufe gehoben. 1999, ein Jahr, nachdem Kontsevich auf dem Internationalen Mathematikerkongress in Berlin die Fields-Medaille entgegen genommen hatte, schrieben die beiden eine wundervoll lesbare Arbeit mit dem knappen Titel *Periods*. Eigentlich sind die Perioden gar nichts Neues:

> Eine Periode ist eine komplexe Zahl, deren Real- und Imaginärteile Grenzwerte absolut konvergenter Integrale rationaler Funktionen mit rationalen Koeffizienten darstellen, über Gebieten im $\mathbb{R}^n$, die durch polynomiale Ungleichungen mit rationalen Koeffizienten definiert werden

so die Definition in [290]. In anderen Worten: Real- und Imaginärteil einer Periode werden durch Integrale definiert:

$$\int_{\triangle} \frac{f(x_1, \ldots, x_n)}{g(x_1, \ldots, x_n)} dx_1 \ldots dx_n$$

wobei $\triangle$ ein Gebiet im $\mathbb{R}^n$ bezeichnet, das durch (endlich viele) Ungleichungen mit rationalen Polynomen definiert ist, und $f$ und $g$ jeweils Polynome mit rationalen Koeffizienten sind. Der Name rührt daher, dass auch elliptische Integrale mit rationalen Koeffizienten Perioden sind – und die beschreiben wiederum die Bogenlänge von Ellipsen, die auf ihre eigene Art als „periodische" Funktionen behandelt und bezeichnet wurden.

Zagier und Kontsevich präsentierten auch Beispiele für Perioden, etwa das folgende:

$$\int_{2x^2 \leqslant 1} 1\, dx$$

Alexander Grothendieck (1928–2014) wurde in Berlin geboren; sein Vater war als Anarchist vor russischer Verfolgung geflohen, und beide Eltern wurden später von den Nazis verfolgt. Grothendieck wuchs daher in Hamburg bei Pflegeeltern auf und kam erst spät wieder zu seiner Mutter nach Paris, wurde jedoch unter anderem durch die Internierung in einem Konzentrationslager wieder von ihr getrennt; sein Vater starb in Auschwitz. Ab 1945 studierte Grothendieck Mathematik in Montpellier, Paris und Nancy, an der er 1953 seine Dissertation über topologische Vektorräume schrieb. Er arbeitete dann zehn Jahre lang am IHES, wo zusammen mit Jean Dieudonné das EGA schrieb, ein Meilenstein der Mathematik. 1966 wurde Grothendieck mit der Fields-Medaille ausgezeichnet. Doch schon in den 1970er Jahren zeichnete sich sein allmählicher Rückzug aus der Mathematik ab, und 1991 brach er den Kontakt zu den meisten Kollegen und Freunden ab und zog sich in ein Dorf in den Pyrenäen zurück. Mathematik, über die er dort weiter nachdachte, erreichte die mathematische Öffentlichkeit nur noch sehr selten. (Leseempfehlungen: [254] und [440–442].)

Die rationale Funktion mit rationalen Koeffizienten ist hier die konstante Funktion 1, und integriert wird über die Menge aller reellen Zahlen $x$ mit der Eigenschaft $2x^2 \leqslant 1$, was ein Intervall beschreibt. Können Sie ausrechnen, welche reelle Zahl das ist?

Wir haben bereits beim Beweis der Existenz von transzendenten Zahlen in $\mathbb{R}$ gesehen, dass die Menge der rationalen Polynome abzählbar ist. Entsprechend ist die Menge der rationalen Funktionen abzählbar, und ebenso auch die Gebiete, über die die Integrale gebildet werden können. Folglich gibt es abzählbar viele Perioden. Auf den ersten Blick scheinen die Perioden verwandt mit den algebraischen Zahlen zu sein. Sind es vielleicht gar dieselben Zahlen? Nein: Man sieht leicht, dass $\pi$ eine Periode ist; algebraisch ist $\pi$ aber nicht. Logarithmen rationaler Zahlen sind ebenfalls Perioden, zum Beispiel

$$\log(2) = \int_1^2 \frac{dx}{x}.$$

Die Werte der Riemann'schen Zeta-Funktion $\zeta(i)$ für ganzzahlige $i$ sind auch Perioden. Doch das sind alles nur Beispiele: die Menge der Perioden ist noch lange nicht vollständig charakterisiert. Ob etwa $e$ eine Periode ist oder nicht, das ist eine spannende offene Frage. Zagier und Kontsevich empfehlen ihren Lesern:

> Wann immer Sie auf eine neue Zahl stoßen und entschieden haben (oder sich davon selbst überzeugt haben), dass es sich um eine transzendente Zahl handelt, sollten Sie prüfen, ob es sich um eine Periode handelt. [290, Principle 1]

Und es gibt noch viel mehr offene Fragen. So ist nicht schwer zu zeigen, dass die Perioden einen Ring bilden. Es weiß aber offenbar noch niemand, ob jede Periode – wie etwa $\pi$ – auch ein multiplikatives Inverses in diesem Ring besitzt, was die Perioden zu einem Körper machen würde. So wüsste man gerne, ob $\frac{1}{\pi}$ auch eine Periode ist.

So einfach und locker die Perioden daherkommen – in ihnen steckt sehr tiefgründige Mathematik, die weit in die Zahlentheorie und Geometrie reicht. Und: Perioden sind nicht nur aus mathematischer Sicht interessant, denn viele bedeutende Konstanten aus der Physik sind Perioden.

## Sind das Zahlen?

1897 veröffentlichte Kurt Hensel eine kleine Schrift mit dem Titel: *Über eine neue Begründung der Theorie der algebraischen Zahlen* [227]. Darin entwickelt er einen ganz neuen Zahlenbereich, die $p$-adischen Zahlen. Im Prinzip wird hier die Konstruktion der reellen Zahlen mit Hilfe von Cauchy-Folgen verallgemeinert: Reelle Zahlen sind Äquivalenzklassen konvergenter Folgen rationaler Zahlen. Was konvergent ist, wird mit Hilfe einer Norm bestimmt. Der Fall der reellen Zahlen ist dann der Spezialfall, in dem die Norm der Absolutbetrag ist.

Doch es gibt unendlich viele andere Normen! Nehmen wir zum Beispiel eine Primzahl $p$ her. Dann kann man jede beliebige rationale Zahl $x$ ungleich 0 wegen der eindeutigen Primfaktorzerlegung von Zähler und Nenner in der Form $p^k \frac{a}{b}$ schreiben, wobei weder $a$ noch $b$ durch $p$ teilbar sind und $k$ eine ganze Zahl ist; der $p$-adische Absolutbetrag wird dann definiert als $|x|_p := p^{-k}$.

Hensel selbst war, angeregt von einigen mehr oder minder vagen Andeutungen seines Kollegen Ernst Eduard Kummer, durch eine Analogie auf die Zahlen gestoßen: So, wie man aus dem Ring der ganzen Zahlen $\mathbb{Z}$ den Körper der rationalen Zahlen $\mathbb{Q}$ erzeugen kann, kann man aus dem Ring der Polynome mit komplexen Koeffizienten $\mathbb{C}[x]$ den Körper der „rationalen Funktionen" $\mathbb{C}(x)$ erzeugen, dessen Elemente Quotienten zweier Funktionen aus $\mathbb{C}[x]$ sind. Sowohl die beiden Ringe als auch die beiden Körper haben einiges gemein. Beispiel: Die Primfaktorzerlegung funktioniert sowohl in $\mathbb{Z}$ als auch in $\mathbb{C}[x]$; den Primzahlen in $\mathbb{Z}$ entsprechen in $\mathbb{C}[x]$ die linearen Polynome $x - \alpha_i$. (Für mehr Beispiele siehe [189].)

Hensel fiel die strukturelle Ähnlichkeit ins Auge – auf der einen Seite der Ring der ganzen Zahlen und sein Quotientenkörper $\mathbb{Q}$, auf der anderen Seite der Polynomring $\mathbb{C}[x]$ und dessen Quotientenkörper $\mathbb{C}(x)$. Für Polynome gibt es Reihenentwicklungen: In $\mathbb{C}[x]$ die Taylorreihen, in $\mathbb{C}(x)$ die Laurentreihen:

$$f(x) = \frac{P(x)}{Q(x)} = \sum_{i=-\infty}^{k} a_i x^i.$$

Auch in $\mathbb{Z}$ kann man jede Zahl als „Reihe" schreiben, indem

*Der $p$-adische Absolutbetrag*
Um ein Gefühl für den $p$-adischen Absolutbetrag $|\cdot|_p$ zu entwickeln, hier ein paar Beispiele mit $p = 7$:

| $x$ | $|x|_7$ |
|---|---|
| 3 | 1 |
| 12 | 1 |
| 7 | 1/7 |
| $3/49 = 7^{-2} \cdot 3$ | 49 |
| $21/2 = 7 \cdot 3/2$ | 1/7 |
| $-11/14 = 7^{-1} \cdot (-11/2)$ | 7 |

Man sieht sofort, dass der $p$-adische Absolutbetrag ganz anders arbeitet als die gewohnte Betrags-Norm $|\cdot|$: Die Folge $(\frac{1}{n})_{n \in \mathbb{N}}$ etwa ist plötzlich keine Nullfolge mehr; dafür konvergiert die Folge $(p^n)_{n \in \mathbb{N}}$.

Ein berühmtes Theorem von Alexander Ostrowski besagt, dass jeder nichttriviale Absolutbetrag auf $\mathbb{Q}$, abgesehen von der Betrags-Norm, im Wesentlichen ein $p$-adischer Absolutbetrag ist (für eine Primzahl $p$).

man sie im Stellenwertsystem mit der Basis $p$ darstellt als

$$n = \pm \sum_{i=0}^{k} a_i p^i,$$

wobei die $a_i$ aus $\{0, 1, \ldots, p-1\}$ sind. Und in $\mathbb{Q}$? Hier muss man die Reihenschreibweise nur etwas erweitern: Jede rationale Zahl $r$ lässt sich bezüglich einer Basis $p$ so darstellen:

$$r = \pm \sum_{i=-\infty}^{k} a_i p^i,$$

Wie im Dezimalsystem kann man die $a_i$ hier mit Hilfe der schriftlichen Division ausrechnen. Der Bruch $1/3$ im Dezimalsystem wird im Stellenwertsystem mit der Basis $p = 2$ zu $0, \overline{01}_2$ (also periodisch mit Periodenlänge 2). Ebenfalls wie bei der Dezimaldarstellung von Brüchen konvergiert diese Darstellung in der Betragsnorm.

Bezüglich des $p$-adischen Absolutbetrags konvergieren allerdings ganz andere Ausdrücke, nämlich Ausdrücke dieser Art:

$$r' = \sum_{i>-\infty}^{\infty} a_i p^i,$$

– mit jetzt nur endlich vielen Termen mit negativem Exponenten, dafür aber unendlich vielen Termen mit positivem Exponenten – und fertig ist die $p$-adische Zahl. In Analogie zur Dezimaldarstellung von reellen Zahlen kann man sie also als Kommazahlen schreiben, die jedoch *vor* dem Komma unendlich viele Ziffern haben können, nach dem Komma aber nur endlich viele. Der Ring der ganzen $p$-adischen Zahlen $\mathbb{Z}_p$ sind dann genau die Zahlen, die keine Nachkommastellen besitzen. Zusammen mit den $p$-adischen Brüchen bilden sie den Körper der $p$-adischen Zahlen $\mathbb{Q}_p$.

$p$-adische Zahlen haben viele Anwendungen. Helmut Hasses Lokal-Global-Prinzip erlaubt es, Lösungen einer Polynomgleichung durch das Lösen derselben Gleichung über den reellen Zahlen und allen $p$-adischen Zahlen (also für alle Primzahlen). Interessant kann es auch sein, Fälle, in denen über einem endlichen Körper $\mathbb{F}_p$ gearbeitet wird, auch mal über dem Ring $\mathbb{Z}_p$ zu rechnen. Als „Ersatz" für $\mathbb{F}_p$ spielen die $p$-adischen Zahlen

*Hasses Lokal-Global-Prinzip*
Als Student hatte der 22-jährige Helmut Hasse 1920 in einem Antiquariat Kurt Hensels *Zahlentheorie* von 1913 entdeckt. Das Buch sollte sein Leben ändern: Hasse zog daraufhin im Mai 1920 nach Marburg, wo Hensel lehrte und erhielt von ihm einen Monat später das Thema seiner Dissertation: Quadratische Formen – homogene Polynome vom Grad 2 – über $\mathbb{Q}$ und $\mathbb{Q}_p$. Daraus wurde das „Lokal-Global-Prinzip": Hasse zeigte, dass man die Gleichung $f(x_1, \ldots, x_k) = a$ (für eine beliebige quadratische Form $f$) genau dann über $\mathbb{Q}^k$ lösen kann, wenn man sie über $\mathbb{R}^k$ und über $\mathbb{Q}_p^k$ für alle $p$ lösen kann. Das Prinzip zog weite Kreise, Carl Ludwig Siegel etwa erweiterte es zu einer quantifizierten Form: Er zählte damit die Anzahl der Lösungen der quadratischen Formen.

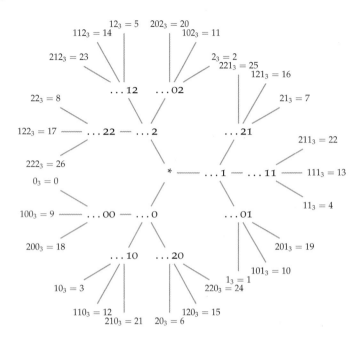

Die ersten 27 der 3-adischen Zahlen. Das Bild zeigt nicht ihren Abstand von der Null – wie groß ist der tatsächlich?

so eine Rolle in der Kodierungstheorie. Sie werden außerdem gerne für die Interpolation von Funktionen genutzt.

Weite Bereiche der modernen Algebra und algebraischen Geometrie fußen auf der Verwendung von $p$-adischen Zahlen. Das begann in der Algebra mit der Definition der Gruppe der Idele (Idèles) und des Ringes der Adelen in den 1930er Jahren, die in einem engen Zusammenhang zu den $p$-adischen Zahlen stehen, durch Claude Chevalley und André Weil; heute sind beide wichtige Werkzeuge in der algebraischen Zahlentheorie. In diesem Gebiet überraschte Bernard Dwork Ende der 1950er Jahre die Fachwelt, indem er bewies, dass die Zeta-Funktion einer jeden algebraischen Varietät über endlichen Körpern eine rationale Funktion ist – mit Hilfe von $p$-adischen Zahlen. Mit diesen Arbeiten begründete er die $p$-adische Analysis [266].

Besonders beliebt sind die $p$-adischen Zahlen jedoch in der modernen Physik. Es gibt $p$-adische Stringtheorien, $p$-adische Feldtheorien und Quantenmechanik und $p$-adische Dynamik – und manche Physiker gehen sogar davon aus, dass in der

Größenordnung der Planck-Zeit die Raumzeit möglicherweise nichtarchimedisch zu beschreiben ist und $p$-adische Strukturen einen Ansatzpunkt für fundamentalere Theorien bilden können. Eine aktuelle Übersicht dazu findet sich zum Beispiel in [131]. Mehr über die Theorie der $p$-adischen Zahlen gibt es in [189] und [289]; eine lockere Einführung ist [326]. Die $p$-adischen Zahlen stehen in einem engen Zusammenhang zur Bewertungstheorie; daher ist auch Peter Roquettes Überblick über die Geschichte dieser Theorie [427] interessant.

Ihre algebraischen Eigenschaften machen die $p$-adischen Zahlen in der Mathematik der Gegenwart extrem beliebt; seit 2009 gibt es sogar eine Fachzeitschrift für $p$-adische Zahlen und ihre Analysis, das Journal *P-Adic Numbers, Ultrametric Analysis, and Applications*.

## Hyperreelle Zahlen

Alle bisher betrachteten Zahlenmengen hatten eines gemein: Sie enthalten keine Elemente, die man als unendlich groß oder klein ansehen könnte. Doch auch solche Zahlen gibt es.

1937 wurde Curt Schmieden Professor für Angewandte Mathematik an der TU Darmstadt; sein Hauptbeschäftigungsfeld war die Hydro- und Aerodynamik. Doch von Zeit zu Zeit zog Schmieden nach Feierabend sein schwarzes Buch hervor, das ab 1948 in einer Schublade schlummerte. Außen auf dem Umschlag der Titel: *Vom Unendlichen und der Null – Versuch einer Neubegründung der Analysis*. Darin: Die Grundzüge einer Analysis, in der man mit unendlich großen und kleinen Größen rechnen konnte, und zwar nicht nur „getarnt" in Variablen wie schon bei Gottfried Wilhelm Leibniz und Augustin Louis Cauchy, sondern als echte Zahlen. Wir wissen nicht, wie Carl Friedrich von Weizsäcker von diesem Buch erfuhr. Doch 1954 drückte er seinem Doktorand Detlef Laugwitz eine Abschrift davon in die Hände, ein Bündel maschinengeschriebener Blätter, damit jener in von Weizsäckers Seminar über die neue Analysis vortrug [471].

Laugwitz war so fasziniert, dass er nur vier Jahre später mit Schmieden zusammen die wesentlichen Inhalte des schwarzen Buches veröffentlichte: Ihr Aufsatz erschien mit dem Titel „Eine

„Ein solcher Missgriff ist von mir nie auch nur entfernt beabsichtigt worden; [...] in der zweiten Auflage pag. 9. findet man Zahlen, welche (horribile dictu) kleiner als jede denkbare reelle Zahl und dennoch von Null verschieden sind." – Georg Cantor an Richard Dedekind, 29. 12. 1878 [75].

Unendliche Zahlen sind keine neue Idee, sie lassen sich bis Leibniz zurückführen.

Erweiterung der Infinitesimalrechnung" erschien 1958 in der *Mathematischen Zeitschrift* [303]. In den USA hatte jemand fast zur gleichen Zeit praktisch dieselbe Idee: Abraham Robinson nannte seine Theorie „Non-Standard Analysis"; sein Aufsatz erschien 1961 in einer Zeitschrift der niederländischen Akademie der Wissenschaften [423].

Der zu Grunde liegende Körper der hyperreellen Zahlen wird ganz ähnlich zur Konstruktion der reellen Zahlen als Äquivalenzklassen von rationalen Cauchyfolgen definiert. Man fängt wieder mit Folgen an, nur dieses Mal mit Folgen von reellen Zahlen. Sie müssen auch nicht unbedingt konvergent sein. Die Folge $(1, 10, 100, 1000, \ldots)$ stellt also eine hyperreelle Zahl dar und zwar eine unendlich große (in dem Sinn, dass sie größer ist als jede natürliche Zahl) und die Folge $(1; 0,1; 0,01; \ldots)$ eine unendlich kleine. Allerdings stellen viele Folgen die gleiche hyperreelle Zahl dar. Die genaue Definition davon, wann zwei Folgen die gleiche Zahl ergeben ist technisch anspruchsvoll und involviert die Wahl eines Ultrafilters auf den natürlichen Zahlen und zwar eines freien Ultrafilters. Allein um die Existenz eines solchen Objekts zu beweisen, braucht man das Auswahlaxiom und konkrete Beispiele kann man nicht angeben. Erklären wir die Konstruktion trotzdem mit Hilfe eines Punkt-Ultrafilters (den man für die Konstruktion eben nicht verwenden kann): alle Teilmengen von $\mathbb{N}$, die ein festes Element enthalten, sagen wir zum Beispiel die 1, bilden einen Ultrafilter. Zwei Folgen $(a_1, a_2, \ldots)$ und $(b_1, b_2, \ldots)$ von reellen Zahlen sind Darstellungen der gleichen hyperreellen Zahl, falls die Menge der Indizes, wo die Folgen gleich sind (also $\{i \colon a_i = b_i\}$) im Ultrafilter liegt. In unserem Beispiel müsste diese Menge also die 1 enthalten. Zwei Folgen entsprechen der gleichen hyperreellen Zahlen genau dann, wenn $a_1 = b_1$ ist. Mit dieser Wahl eines nicht freien Ultrafilters kommt schlicht wieder der Körper der reellen Zahlen heraus.

Mit der Existenz unendlicher Zahlen konvergieren plötzlich viel mehr Reihen und Folgen – manchmal eben gegen eine unendliche Zahl. Objekte wie die $\delta$-„Funktion" von Paul Dirac – die einerseits ein endliches, von Null verschiedenes Integral haben, aber überall, außer an einer Stelle, den Wert Null annehmen soll – mit denen sich die klassische Analysis schwer tut

(Kapitel „Funktionen", S. 309 ff.), lassen sich plötzlich viel einfacher definieren, wie Laugwitz und Schmieden in ihrer Arbeit zeigten. Es gibt sogar einige Mathematiker, die die Nichtstandardanalysis für den intuitiveren Weg halten, die Analysis zu verstehen und daher in der Lehre einsetzen [268].

Trotzdem – richtig durchsetzen konnte sich die Nichtstandardanalysis nie; schließlich kann man damit nichts tun, was man nicht auch auf klassischem Wege erreichen könnte. In den 1960er Jahren bewies Robinson nämlich, dass Aussagen, die mit reellen Zahlen aufgeschrieben werden können, genau dann in den hyperreellen Zahlen (also der Nichtstandardanalysis) korrekt sind, wenn sie es auch in den reellen Zahlen sind. Das war einerseits ein großer Erfolg, der die Mathematik der *Infinitesimale*, der unendlich kleinen Zahlen auf ein festes Fundament stellte. Andererseits ließ es die hyperreellen Zahlen ebenfalls zu einer Marginalie schrumpfen.

### Die surrealen Zahlen

So blieb  die Nichtstandardanalysis eine Randnotiz der Mathematik – ebenso wie eine andere Zahlenmenge, die kurz nach den hyperreellen Zahlen aufkam und unendliche Zahlen einschließt: Die surrealen Zahlen von John Conway. Conway, ein verspieltes Genie, erforschte in den 1960er und Anfang der 1970er Jahre nicht nur die Gruppentheorie, sondern auch die Mathematik kombinatorischer Spiele. Davon inspiriert veröffentlichte er 1976 – nach nur einer Woche Schreibarbeit – ein ungewöhnliches Buch über die Struktur kombinatorischer Spiele: *On Numbers and Games* [93]. Die Grundidee: Man kann Spiele als Zahlen auffassen.

Conway war ein sehr kommunikativer Mensch, und so hatte er seine Ideen zu Zahlen und Spielen schon lange vor Erscheinen mündlich weitergetragen. Auf diese Weise hatte Donald E. Knuth davon erfahren und Conways neue Zahlen 1974 „surreal numbers" getauft, ein Wortspiel mit den reellen Zahlen, die auf englisch „real numbers" heißen. Der Name passte ideal, denn die surrealen Zahlen gehen tatsächlich in gewissem Sinne über die reellen Zahlen hinaus: Sie enthalten die reellen Zahlen – und mehr als diese, nämlich auch unendlich große

John Horton Conway (1937–2020) wurde 1937 in Liverpool geboren, begann seine mathematische Karriere in der Zahlentheorie, wurde berühmt durch Arbeiten über endliche Gruppen, danach durch Arbeiten (und ein dickes Buch) über Kugelpackungen, hat viele fasziniert durch seine vielfältigen Beiträge zu kombinatorischen Spielen, und ist legendär als Erfinder des *Game of Life*. 1966 wechselte er von der Universität Cambridge nach Princeton, wo er zwischen den berühmtesten Mathematiker der Universität immer wieder wirkte wie ein Genie, das spielt. 2015 erschien eine Biographie [421] mit dem Titel *Genius at Play*: Conway meldete dazu: „Ich habe die Biographisierung überlebt." Er starb 2020: ein prominentes Opfer der Corona-Pandemie.

und kleine Zahlen. Surreale Zahlen sind ein faszinierendes und sehr zugängliches Gebiet, abseits der aktuellen Forschung. Eine fundierte Zusammenfassung bieten Schleicher und Stoll in [444]. Lesenswert ist auch [498]. Die kurioseste Einführung in die surrealen Zahlen schrieb Knuth 1974 gleich selbst – ein Theaterstück mit dem Titel *Surreal Numbers* [286].

## PARTITUREN

◇ Georges Ifrah, *Universalgeschichte der Zahlen*, Campus-Verlag (1991)

Die Vorgeschichte und die Geschichte der Zahlen, umfassend und kenntnisreich. Woher kommen denn eigentlich unsere Ziffern 1, 2, 3, … ?

◇ John H. Conway, Richard K. Guy, *Zahlenzauber*, Springer Basel (1997)

Sehr inspirierend. Conway haben wir gerade kennengelernt; Richard Guy war der Großmeister der Analyse von mathematischen Spielen.

◇ Thomas W. Körner: *Where do Numbers come from?* Cambridge University Press (2019)

Das Buch ist eine schöne, neue, lange Antwort auf eine alte, interessante Frage …

◇ Jürg Kramer, Anna-Maria von Pippich, *Von den natürlichen Zahlen zu den Quaternionen*, Springer Spektrum (2013)

Eine systematische Einführungsvorlesung über Zahlenbereiche

◇ Ebbinghaus, Heinz-Dieter et al., *Zahlen*, Grundwissen Mathematik, Springer (1983)

Ein Standardwerk über Zahlenbereiche: Warum gibt es die reellen Zahlen, die komplexe Ebene, den vierdimensionalen Raum der Quaternionen, aber keinen dreidimensionalen Zahlenbereich?

◇ Samuel S. Wagstaff, Jr., *The Joy of Factoring*, AMS Student Mathematical Library (2013)

Multiplizieren ist leicht, das Faktorisieren gilt als schwer. Aber es ist eben auch ein Sport. – Eine Einladung zur Sportveranstaltung, inklusive Trainingseinheiten.

◇ Lennard Berggren, Jonathan Borwein, Peter Borwein, *Pi: A Source Book*, Springer (2004)

Eine reichhaltige Sammlung von Originalquellen zu $\pi$ aus zweitausend Jahren Mathematikgeschichte.

◇ Jean-Paul Delahaye, $\pi$ – *die Story*, Birkhäuser (1997)

Ein populärwissenschaftliches Buch, unterhaltsam.

◇ Paul Nahin, *An Imaginary Tale: The Story of* $\sqrt{-1}$, Princeton
University Press (2010)

Die Geschichte der komplexen Zahlen ist, wie man sieht, ihrerseits komplex.

◇ Fridtjof Toenniessen, *Das Geheimnis der transzendenten Zahlen*,
Spektrum (2010)

Ein Buch, das im Kern den Beweis der Transzendenz von $\pi$ enthält – und dabei aber allgemeinverständlich bleibt.

## ETÜDEN

◇ Die gewohnte Ziffernschreibweise zur Basis 10 ist nur eine
von unendlich vielen Möglichkeiten, Zahlen zu schreiben.
Eine Alternative ist das Binärsystem, in dem schon Leibniz
Zahlen schrieb, das 12er-System, das unter anderem von
einem Verein namens *Dozenal Society of America* propagiert
wird, oder das 8-System, das im Internet auch unter dem
Namen *Octomatics* beworben wird. Letzterer Vorschlag plädiert für eine Ziffernschreibweise, die etwa so aussehen
könnte:

Wie hängen diese Ziffern mit der üblichen Zahldarstellung
von $0, 1, \ldots, 7$ im Binärsystem zusammen? Wie funktioniert
schriftliches Addieren und Multiplizieren in diesen Systemen? Welche Vor- und Nachteile haben sie?

◇ Diskutieren Sie, in welchen Zahlenbereichen die üblichen
Darstellungen der Elemente (also der Zahlen) eindeutig sind.
Wie steht es in $\mathbb{N}$, $\mathbb{Z}$ und $\mathbb{Q}$ mit der Eindeutigkeit? Und
in $\mathbb{R}$? Wie könnte man in den Fällen, in denen die Darstellung nicht eindeutig ist, einen eindeutigen Repräsentanten
unter den möglichen Darstellungen wählen?

◇ Berechnen Sie die Dezimaldarstellung von $\frac{1}{n}$ für $n =$
$2, 3, \ldots 20$ auf 30 Stellen genau. Diese Zahlen sind alle rational, daher wiederholen sich Ziffern oder Ziffernblöcke

irgendwann. Was ist jeweils die Länge der sich wiederholenden Ziffernblöcke? Können Sie eine Gesetzmäßigkeit erkennen? Finden Sie die Dezimaldarstellung von $\frac{404\,042}{3\,333\,333}$.

◇ Welche Vorteile hat die Darstellung von reellen Zahlen als *Kettenbrüche*? Wie macht man das?

◇ Wie zeigt man, dass eine Zahl (wie zum Beispiel $\sqrt{2}$) nicht rational ist?

◇ Wie zeigt man am leichtesten, dass eine Zahl (wie zum Beispiel $\pi$ oder $e$) nicht rational ist?

◇ Wie zeigt man am leichtesten, dass eine Zahl (wie zum Beispiel $\sqrt[3]{2}$) nicht konstruierbar ist?

◇ Wie zeigt man, dass eine Zahl (wie zum Beispiel die Liouville-Zahl $\sum_{n\geq 1}\frac{1}{10^{n!}}$) nicht algebraisch ist?

◇ Zeigen Sie, dass es reicht, den Fundamentalsatz für Polynome mit *reellen* Koeffizienten zu zeigen (wie das Gauß 1799 versucht hat). Wie folgert man daraus den allgemeinen Fall? *Hinweis*: Sei $P(z)$ ein Polynom mit beliebigen komplexen Koeffizienten, dann hat $Q(z) := P(z)\overline{P(z)}$ reelle Koeffizienten.

◇ Zeigen Sie, wie (und dass) die $p$-adischen Zahlen die Menge der rationalen Zahlen vervollständigen.

◇ Lesen Sie nach, wie „surreale Zahlen" definiert werden. Wie werden 3 und $\frac{1}{4}$ als surreale Zahlen geschrieben? Zeigen Sie, dass für jede surreale Zahl $x$ gilt: $x \leqslant x$.

◇ 2015 machte im Internet ein Schreiben eines indischen Amateurs namens R. E. J. Reddy die Runde [213], in dem behauptet wurde, man könne Kreisfläche $A$ und Kreisumfang $U$ so berechnen:

$$A = r\left(\frac{7r}{2} - \frac{r\sqrt{2}}{4}\right), \qquad U = 6r + \frac{2r - r\sqrt{2}}{2}.$$

Warum kann das nicht stimmen?

# Unendlichkeit

*„Das Unendliche hat so tief wie keine andere Frage von jeher das Gemüt der Menschen bewegt; das Unendliche hat wie kaum eine andere* Idee *auf den Verstand so anregend und fruchtbar gewirkt; das Unendliche ist aber auch wie kein anderer* Begriff *so der Aufklärung bedürftig"*, behauptete David Hilbert 1927 [237]. *In diesem Kapitel wollen wir der Neugier nachgehen, die Mathematiker über Jahrtausende angetrieben hat, das Unendliche zu erforschen – und dem, was sie getan haben, um sich des Gefühls des Unwohlseins dabei zu entledigen.*

© Der/die Autor(en) 2022
A. Loos et al., *Panorama der Mathematik*,
https://doi.org/10.1007/978-3-662-54873-8_8

## THEMA: UNENDLICHKEIT

### Klassische Fragen und Paradoxien

Von Beginn der Philosophie und der Mathematik an wurde mit dem Begriff des Unendlichen gerungen und mit den angeblichen Widersprüchen („Paradoxien"), die sich aus dem Umgang mit unendlichen Objekten ergeben. Im Folgenden skizzieren wir zunächst einige grundlegende „Paradoxien"; danach fassen wir die modernen Ansätze und Sichtweisen zusammen, um diese Widersprüche aufzulösen. Zu den Lösungsansätzen gibt es mehr Details in den Variationen.

*„Paradoxien" und Überlegungen in der Antike.*  Von dem vorsokratischen Philosophen Zenon von Elea (490–420 v. Chr.) sind neun „Paradoxien" überliefert. Die beiden wohl berühmtesten davon sind

◇ Achilleus und die Schildkröte: Die Legende beschreibt ein Wettrennen zwischen dem Helden der griechischen Mythologie und einem Kriechtier. Achilleus läuft viel schneller, daher bekommt die Schildkröte einen Vorsprung. Bis Achilleus diesen eingeholt hat, ist die Schildkröte schon weiter und hat sich einen zweiten Vorsprung erlaufen; bis Achilleus den erreicht hat, ist die Schildkröte wiederum weiter usw.: Achilleus müsste „unendlich Mal" den Vorsprung der Schildkröte einholen, und hätte das doch in Wirklichkeit mit wenigen Schritten geschafft.

◇ Der fliegende Pfeil: Zu jedem einzelnen Zeitpunkt (also: „unendlich kleinen Zeitabschnitt") bewegt sich ein Pfeil in der Luft nicht – wie kann er sich dann überhaupt bewegen?

Aristoteles (384–322 v. Chr.) unterscheidet *unendlich kleine* und *unendlich große* Quantitäten – es gibt mit der Unendlichkeit ab diesem Zeitpunkt also nicht ein Problem, sondern zwei. Weiterhin unterscheidet er zwischen potenzieller Unendlichkeit und aktual unendlichen Größen. Potenzielle Unendlichkeiten treten etwa beim Zählen 1, 2, 3, . . . auf: Das Zählen geht theoretisch ohne Ende (also im wörtlichen Sinne „unendlich") weiter, es werden während des Zählens aber immer nur endliche Größen erreicht, man nimmt nie „unendlich" in die Hand. Wenn man hingegen die Gesamtheit *aller* natürlichen Zahlen betrachtet, dann hat man eine *aktual unendliche* Sache in der Hand, die Anzahl dieser Zahlen müsste dann *unendlich groß* sein. Aristoteles postuliert, dass in der Natur nur endliche Größen auftreten, also auch nur solche als Ergebnisse von Rechnungen akzeptabel sind.

Archimedes von Syrakus (ca. 287–212 v. Chr.) berechnet in seinem Werk *Über Kugel und Zylinder* das Volumen einer Kugel vom Radius $r$ zu $\frac{4}{3}r^3\pi$, und zwar durch Vergleich der Kugel mit einem Zylinder, aus dem ein Doppelkegel herausgeschnitten ist: In jeder einzelnen horizontalen Schicht haben Kugel und „Zylinder minus Doppelkegel" dieselbe Fläche; beide Körper sind aus unendlich vielen unendlich dünnen Schichten aufgebaut und müssen daher dasselbe Volumen besitzen. Dieses Argumentationsschema heißt später das Prinzip von Cavalieri und wird als einer der Anfänge der Analysis (Integration!) gesehen – aber heißt das, dass sich das Volumen des Körpers aus unendlich vielen Schichten aufbauen lässt, die alle Volumen null (oder unendlich klein) und stattdessen einen bestimmten Flächeninhalt haben?

Der spätantike Euklid-Kommentator Proklos weist schließlich darauf hin, dass auch schon in der von Euklid in den *Elementen* präsentierten Geometrie Unendlichkeiten auftreten. So teilt laut Definition XVII jeder Durchmesser einen Kreis in zwei gleiche Halbkreisbögen. Nun ist aber die Menge der Durchmesser unendlich – heißt das, dass die Menge der Halbkreisbögen „zwei mal unendlich" ist? Und ergibt „zwei mal unendlich" Sinn? Ist das vielleicht eine Zahl?

*„Paradoxien" der Geometrie.* In den *Discorsi* des Galileo von 1638 werden die Kreise des Apollonios diskutiert, die beliebig groß werden können, wobei im Grenzfall aber kein „unendlich großer Kreis" auftritt, sondern eine Gerade – woraus man schließen kann, dass es unendlich große Kreise nicht geben kann.

In der Entstehungszeit der Differenzenrechnung bzw. Differentialrechnung im 17. Jahrhundert argumentiert man gerne geometrisch. Es wurden in dieser Zeit eine ganze Reihe „geometrischer Paradoxien" entdeckt. 1644 beschreibt etwa Torricelli eine „Trompete", die man durch Rotation eines Hyperbel-Astes erhält und stellt fest, dass diese nur ein endliches Volumen einschließt, aber unendliche Oberfläche hat. Ein ähnliches Beispiel ist der „Becher", den man durch Rotation der Fläche zwischen einer Zissoide, eine Kurve aus der antiken Geometrie, und ihrer Aymptote um die $y$-Achse erhält: De Sluze hat 1658 die entscheidende Fläche berechnet.

Ein weiteres überraschendes Objekt, sozusagen mit der umgekehrten Eigenschaft, beschreibt im Jahr 1883 Schwarz: Sein „Stiefel" approximiert die Oberfläche eines (endlichen) Zylinders durch eine Fläche aus Dreiecken. Wenn man die Approximation auf bestimmte Art und Weise verbessert, werden die Dreiecke immer kleiner, aber die Gesamtfläche der Dreiecke strebt nach unendlich, anstatt den (endlichen) Flächeninhalt des Zylinders zu liefern.

*„Paradoxien" der Mengenlehre.* In den *Discorsi* von Galileo findet sich außerdem die Beobachtung, dass man zwischen den natürlichen Zahlen und den Quadratzahlen eine eindeutige Beziehung herstellen kann, obwohl es doch „sehr viel weniger" Quadratzahlen gibt als natürliche Zahlen: In der Tat werden die Quadratzahlen immer seltener, wenn man immer größere Bereiche der natürlichen Zahlen betrachtet.

Galileos Beobachtung – dass man die Menge der natürlichen Zahlen in eindeutige Beziehung mit einer echten Teilmenge setzen kann – wird heute als „Hilberts Hotel" beschrieben und noch ausgeweitet: In einem voll belegten Hotel mit unendlich vielen Zimmern ist immer noch Platz für zusätzliche Gäste; selbst dann noch, wenn plötzlich unendlich viele Reisebusse auf dem Parkplatz des Hotels stehen und jeder von diesen auch noch unendlich viele Übernachtungsgäste an Bord hat.

Im Jahr 1851 erscheinen posthum die *Paradoxien des Unendlichen* von Bolzano als Zusammenfassung von fast 2500 Jahren Kampf mit dem Unendlichen. Unter anderem führt Bolzano darin explizit den Begriff der Menge ein. Bolzanos Buch war auch der Startschuss für die moderne Auseinandersetzung mit unendlichen Mengen und Größen – ausgehend von Problemen der Analysis – in der zweiten Hälfte des 19. Jahrhunderts.

## Der moderne Umgang mit dem Unendlichen

*Mengenlehre.* Cantor entwickelte zwischen den 1870er Jahren und dem Ausgang des 19. Jahrhunderts die Mengenlehre. Zwei Mengen haben „dieselbe Mächtigkeit" (oder Kardinalität), wenn es eine bijektive Abbildung zwischen ihnen gibt. Cantor beweist (unter Verwendung des Auswahlaxioms, siehe Variationen), dass man die Mengen nach Mächtigkeit ordnen kann: Es gibt für zwei Mengen $M$ und $N$ immer eine injektive Abbildung, $M \to N$ oder $N \to M$. Und wenn es injektive Abbildungen $M \to N$ und $N \to M$ gibt, dann gibt es nach dem Satz von Cantor-Bernstein-Schröder auch eine bijektive Abbildung $M \to N$.

In einer Serie von fundamentalen Sätzen sortiert Cantor die üblichen Zahlenbereiche (siehe Kapitel „Zahlenbereiche", S. 181 ff.) nach ihrer Mächtigkeit:

◇ Die rationalen Zahlen sind abzählbar, die Mengen $\mathbb{N}$, $\mathbb{Z}$ und $\mathbb{Q}$ haben also dieselbe Mächtigkeit. (Der Beweis dafür ist einfach, wenn man die rationalen Zahlen als gekürzte Brüche darstellt und diese nach der Größe von „Zähler plus Nenner" ordnet.)

◇ Die reellen Zahlen sind nicht abzählbar, die Menge $\mathbb{R}$ hat also eine echt größere Kardinalität als $\mathbb{N}$. (Den Beweis dafür führt Cantor durch Widerspruch mit Hilfe des „Diagonalverfahrens": Man nimmt also an, die reellen Zahlen könnten als $r_1$, $r_2$, ... aufgezählt werden, und konstruiert daraus eine neue Zahl, die sich von $r_i$ in der $i$-ten Stelle unterscheidet.) Genauso ist die Menge der unendlichen 0/1-Folgen überabzählbar, also auch die Menge der Teilmengen von $\mathbb{N}$; man kann sie mit einer Teilmenge von $\mathbb{R}$ identifizieren.

◇ Für eine beliebige Menge $M$ hat die Potenzmenge $\mathcal{P}(M)$, also die Menge aller Teilmengen von $M$, eine größere Mächtigkeit als die Menge $M$, so dass in der Kette $\mathbb{N}$, $\mathcal{P}(\mathbb{N})$, $\mathcal{P}(\mathcal{P}(\mathbb{N}))$, ... jede Menge noch größer ist als die vorhergehenden. Es gibt also „unendlich viele verschiedene Unendlichkeiten".

Cantor versuchte auch nachzuweisen, dass es keine Menge $M$ gibt, deren Kardinalität zwischen der von $\mathbb{Q}$ und der von $\mathbb{R}$ liegt, was als die Cantor'sche Kontinuumshypothese in die Geschichte einging. Sie wurde erst im 20. Jahrhundert geklärt – und zwar als *unentscheidbar*: Jede der beiden möglichen Antworten ist konsistent mit den üblichen Axiomen der Mengenlehre.

*Zahlenbereiche, Analysis und Geometrie.* Obwohl der Gebrauch von sogenannten Infinitesimalen – unendlich kleinen Größen – eine jahrhundertelange und sehr komplexe Tradition von Archimedes bis Leibniz hat, werden heute üblicherweise unendliche Größen in der Mathematik nicht zugelassen bzw. nicht als Zahlen aufgefasst: „Unendlich" ist in der Standard-Mathematik keine Zahl. Dies hat den Vorteil, dass man Zahlen als Elemente einer algebraischen Struktur, nämlich eines Körpers wie $\mathbb{Q}$ oder $\mathbb{R}$ oder $\mathbb{C}$ auffassen kann, in denen einheitliche Regeln (die „Körperaxiome") gelten. Entsprechend wird im modernen Aufbau der Analysis – basierend auf dem $\varepsilon$-$\delta$-Kalkül nach Weierstraß – nicht mit unendlich großen oder kleinen Zahlen hantiert: Die Größen $\varepsilon > 0$ und $\delta > 0$, die in den Definitionen von Grenzwerten, Stetigkeit und Ableitungen auftauchen, können „beliebig klein" sein, aber sie sind eben einfach nur positive reelle Zahlen.

Beides ist aber nicht alternativlos, sondern letztlich Konvention:

◇ Es gibt eine hochentwickelte Nichtstandardanalysis, in der in der Tat mit „unendlich kleinen" Quantitäten gerechnet wird, die dem Körper der reellen Zahlen hinzugefügt werden. (Siehe Kapitel „Zahlenbereiche", S. 181 ff.)

◇ Es ist immer wieder praktisch, auch Unendlich (oft mit dem von Wallis eingeführten Symbol „$\infty$") als Objekt zuzulassen. So wird in der Algebra eine *Bewertung* als eine Abbildung $\mathbb{Q} \to \mathbb{N} \cup \{\infty\}$ definiert, nur wird eben der Wert $\infty$ nicht als Zahl gesehen.

◇ Ebenso werden die Kardinalitäten der Mengenlehre vielfach als Kardinalzahlen bezeichnet, und mit Symbolen wie $\aleph_0$ (für die Mächtigkeit der natürlichen Zahlen) und $\aleph_1$ (für die Mächtigkeit der reellen Zahlen) bezeichnet. Mit solchen Kardinalitäten kann man eingeschränkt rechnen: Man kann sie etwa addieren, auch multiplizieren, aber zum Beispiel nicht subtrahieren.

In der Geometrie etwa des $\mathbb{R}^n$ gibt es auch verschiedene Versionen der Unendlichkeit, die man üblicherweise durch Hinzufügen von „Punkten im Unendlichen" erhält:

◇ Einigt man sich, dass jede Schar von parallelen Geraden im $\mathbb{R}^n$ eine Richtung und damit einen „Punkt im Unendlichen" bestimmt, so erhält man durch Hinzufügen dieser Punkte die projektive Geometrie $\mathbb{RP}^n$. In dieser Geometrie gilt, dass zwei verschiedene Geraden, die in einer Ebene liegen, immer einen eindeutigen Schnittpunkt haben. Betrachtet man die Geraden im $\mathbb{R}^n$ und beschreibt die Vervollständigung als eine Inklusion $\mathbb{R}^n \subset \mathbb{RP}^n$, so liegt der Schnittpunkt von parallelen Geraden eben „im Unendlichen", also in $\mathbb{RP}^n \backslash \mathbb{R}^n$.

◇ Einigt man sich hingegen darauf, dass es überhaupt nur einen einzelnen Punkt im Unendlichen geben soll, so erhält man aus $\mathbb{R}^n$ durch Hinzufügen dieses Punktes die Möbius-Geometrie $\text{Möb}(n) := \mathbb{R}^n \cup \{\infty\}$. In dieser Geometrie spielen Kreise und Sphären eine besondere Rolle – Geraden werden dann als unendlich große Kreise aufgefasst, also als „Kreise durch den Punkt im Unendlichen".

## VARIATIONEN: UNENDLICHKEIT

Der Hilbert-Schüler Hermann Weyl brachte es 1928 in seinem
Buch *Philosophie der Mathematik und Naturwissenschaft* [527] auf
den Punkt:

> Will man zum Schluß ein kurzes Schlagwort, welches den lebendi-
> gen Mittelpunkt der Mathematik trifft, so darf man wohl sagen: sie
> ist die Wissenschaft vom Unendlichen.

Es sei die große Leistung der Griechen gewesen, „die Spannung
zwischen dem Endlichen und Unendlichen für die Erkenntnis
der Wirklichkeit fruchtbar gemacht zu haben", behauptete
Weyl.

Tatsächlich sind die Menschen seit jeher von großen Zahlen
und dem Übergang zur Unendlichkeit fasziniert. Im antiken
Indien wurden angeblich bei kultischen Riten große Zahlen
aufgesagt, Archimedes von Syrakus erfreute sich in seiner sogenannten *Sandrechnung* an der Berechnung der aberwitzig
großen Anzahl Sandkörner, die sich in das zu seiner Zeit an-
genommene Universum packen lassen. Doch „sehr groß" ist
verglichen mit dem Unendlichen eben immer noch „fast nichts"
– und auch das war einigen Menschen schon in der Antike klar.
Mit Tricks wie der Aristotelischen Einteilung in potenzielle und
aktuale Unendlichkeit versuchte man sich von den Unstimmig-
keiten („Paradoxien") zu befreien, die sich aus einem zu naiven
Umgang mit unendlichen Objekten ergaben. Die eigentlichen
Fragen jedoch blieben bis ins 19. Jahrhundert ungeklärt:

◇ Ist Unendlichkeit nur sehr viel – oder noch mehr? Was
  macht die Unendlichkeit aus?
◇ Gibt es überhaupt unendliche Objekte?
◇ Wenn ja: Wie lassen sie sich charakterisieren?
◇ Kann man mit ihnen rechnen?
◇ Wenn ja: Wie geht das?

Die ältesten überlieferten Paradoxien des Unendlichen stammen von Zenon von Elea. Sie bedeuteten auch 300 Jahre nach
ihrer Formulierung immer noch ein ernstzunehmendes Problem der Philosophie, als sich Aristoteles mit ihnen ausein-
andersetzte. Der vertrat eine recht pragmatische Vorstellung
von Mathematik: Zahlen und mathematische Objekte seien

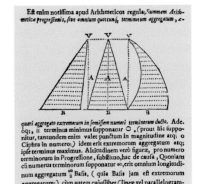

Die liegende Acht, das moderne
Zeichen für Unendlichkeit, hat John
Wallis im Rahmen der Infinitesimalrechnung eingeführt. Das Bild zeigt
einen Ausschnitt aus seinem Werk
*De Sectionibus Conicis, Über Kegel-
schnitte* von 1655. Die drei Flächen
oben werden jeweils in Scheibchen
von 1/∞ Dicke zerschnitten, die gegeneinander verschoben werden. So
beweist Wallis, dass der Flächeninhalt
unabhängig von der Form gleich
bleibt.

Eigenschaften der uns umgebenden Welt. Ähnlich praktisch argumentierte er auch in Sachen Unendlichkeit.

Aristoteles unterschied nicht nur „große" und „kleine" Unendlichkeiten, sondern versuchte auch, sogenannte „aktuale" und „potenzielle" Unendlichkeiten gegeneinander abzugrenzen, das *aphorismenon* bzw. das *apeiron*. Wie bei einem Samen, der möglicherweise (also potenziell) zu einer Pflanze werden kann, realisiert sich für Aristoteles für eine Größe in Natur und Mathematik stets nur die *Möglichkeit*, unendlich zu werden – tatsächlich realisieren könne sich die Unendlichkeit im Großen wie im Kleinen angeblich nicht. Einzige Ausnahme: die unendliche Zeit. Das zwingt zur Vorsicht bei der Handhabung von unendlichen Größen: Welche Unendlichkeit ist gemeint? Obendrein führt das Postulat, dass sich unendliche Größen nicht in der Realität manifestieren, zu einer interessanten Umkehrung: Beim Beobachten und Messen in der Natur kann man nur endliche Größen als Ergebnis erwarten. In der *Physik* wird das so ausgedrückt:

> Sind aber die Anfänge unbegrenzt, sowohl in Menge als auch in Form, dann ist es unmöglich, zu erkennen, was daraus entsteht. Denn wir können nur dann etwas Zusammengesetztes erkennen, wenn wir wissen, woraus es besteht. [21, S. 10]

Man denke an die Vorsicht, mit der Euklid einige Jahre nach Aristoteles' Tod den Beweis von der Unendlichkeit der Primzahlen formuliert: Statt zu zeigen, dass es unendlich viele Primzahlen gibt, entwickelt er aus *endlich* vielen Primzahlen immer noch eine weitere. Dazu braucht er kein aktual unendliches Objekt.

Mit Aristoteles' Unterscheidung lassen sich Zenons „Paradoxien" reparieren: Dass beispielsweise der Pfeil sich in einem unendlich kleinen Zeitabschnitt unendlich wenig fortbewegt, kann nicht mehr passieren, denn das wäre eine (per Annahme ausgeschlossene) Realisierung des unendlich Kleinen. Aristoteles' Idee – wiewohl nicht wirklich befriedigend – blieb über Jahrhunderte hinweg die fundamentalste Neuerung, was die Charakterisierung der Unendlichkeit betraf. (Einen umfassenden Überblick über die antiken, spätantiken und mittelalterlichen Arbeiten zur Unendlichkeit bietet [233].)

*Zenons Paradoxien*
Über die Jahrtausende waren Zenons Paradoxien immer wieder ein Streitthema – „wie Zombies sind sie immer unter uns", schreibt Harro Heuser [233]. Überliefert sind neun in einem Kommentar des spätantiken Simplikios zu Aristoteles' *Physik*, also aus einer Zeit rund 1000 Jahre nach Zenons Tod. Man glaubt heute, dass Zenon mit ihnen seinem Lehrer Parmenides den Rücken stärken wollte, der den Begriff der „Bewegung" problematisiert hatte.

Bis in die Neuzeit hing die Frage nach der *wirklichen Existenz* unendlicher Mengen oder Größen aber weiter im Raum – auch, weil man die Sache aus einem religiösen Blickwinkel betrachten kann. Nicht von ungefähr beschäftigten sich viele Mathematiker mit theologischem Hintergrund mit der Unendlichkeit. Einer von ihnen war Bernard Bolzano.

Im Sommer 1847 erholte er sich im Wasserschlösschen der Unternehmerfamilie Veith in Liboch (heute Liběchov). Der Hausherr Antonín Veith hatte seinen Landsitz zu einem Treffpunkt für Intellektuelle werden lassen. Hier sammelte der 66-jährige Bolzano die Ideen für ein Buch über *Paradoxien des Unendlichen* (so der spätere Titel). Im Sommer darauf stellte er es fast fertig. Wenige Monate später starb er, und so erschien das Werk posthum.

Aktuale und potenzielle Unendlichkeit verschwimmen darin; so schreibt Bolzano in § 13 über die „Gegenständlichkeit des vom Verfasser aufgestellten Begriffes [Unendlichkeit], nachgewiesen an Beispielen aus dem Gebiete des Nichtwirklichen":

> So ist die nächste Frage, ob [der Begriff der Unendlichkeit] auch *Gegenständlichkeit* habe, d. h. ob es auch Dinge gebe, auf die er sich anwenden lässt, Mengen, die wir in der erklärten Bedeutung unendlich nennen dürfen? Und dieses wage ich mit Entschiedenheit zu bejahen. [...] Die Menge der Sätze und Wahrheiten an sich ist, wie sich sehr leicht einsehen läßt, unendlich. [50]

Bolzano scheint also von der Existenz unendlicher Mengen überzeugt gewesen zu sein. Damit ging er weiter als viele seiner Kollegen – keine zwanzig Jahre nach einem beeindruckenden Wutausbruch von Carl Friedrich Gauß, der am 12. Juli 1831 in einem Brief an einen Freund, den Astronomen Heinrich Christian Schumacher schrieb:

> ... so protestiere ich zuvörderst gegen den Gebrauch einer unendlichen Grösse als einer Vollendeten, welcher in der Mathematik niemals erlaubt ist. Das Unendliche ist nur eine Façon de parler [Sprechweise], indem man eigentlich von Grenzen spricht, denen gewisse Verhältnisse so nahe kommen als man will, während anderen ohne Einschränkung zu wachsen verstattet ist. [378, S. 269]

Die Finitisten Ernst Eduard Kummer und Leopold Kronecker hätten dem zugestimmt. Der Gymnasiallehrer Kummer

Bernard Bolzano (1781–1848) war das vierte von zwölf Kindern. Sein Vater kam aus der Lombardei; Bolzanos Elternhaus war streng katholisch. Er studierte in seiner Geburtsstadt Prag zunächst Philosophie, Mathematik und Physik, später auch Theologie, und promovierte 1804 in Geometrie. Zwei Tage danach wurde er zum Priester geweiht und lehrte Theologie an der Universität. Wegen seiner sozialliberalen Haltung war er zwar als Prediger populär, wurde deswegen aber 1819 seines Lehramtes enthoben und mit einem zunächst sehr strikten Veröffentlichungsverbot belegt – auch ein Grund dafür, dass Bolzano im Schatten von Cauchy und Weierstraß blieb. Er schrieb weiter, unter anderem eine mathematische *Größenlehre* und die (unvollendeten) *Paradoxien des Unendlichen*. Bolzano lebte abwechselnd auf dem Land und bei einem Bruder in Prag. 1848 starb er an einer Lungenentzündung.

wirkte ab 1855 als Professor für Mathematik an der Friedrich-Wilhelms-Universität Berlin und bemühte sich umgehend um eine Berufung seines ehemaligen Schülers Kronecker wie auch von Karl Weierstraß nach Berlin. Dort ließen die drei eine neue Schule der Analysis entstehen.

Sie definierten in neuer Strenge Begriffe wie Konvergenz oder Stetigkeit und mahnten dabei natürlich zu besonders vorsichtigem Umgang mit dem Unendlichen. Besonders Kummer und Kronecker waren sich einig: Ob es unendliche Mengen „in der Wirklichkeit" geben mag oder nicht, spielt für die Mathematik eigentlich gar keine Rolle. In einem Brief vom 15. März 1872 schreibt Kummer seinem Schwiegersohn Hermann Schwarz, er sei mit Kronecker einer Meinung: Das Unterfangen, auf der reellen Achse genug Punkte zu suchen, um damit ein Kontinuum zu erzeugen, sei so vergebens wie die historischen Versuche, Euklids Parallelenpostulat zu beweisen [139]. Und in einem Nachruf auf Kronecker heißt es:

> Wenn man sich seine Vorlesungen über Integralrechnung und überhaupt seine ganze analytische Eigenart vergegenwärtigt, so ist wohl als wahrscheinlich hinzustellen, daß Kronecker keine andern Infinitesimalbegriffe zulassen wollte, als den der einfachen, aus abzählbar unendlich vielen Gliedern bestehenden Größenreihe, die unter gewissen Ungleichheitsbedingungen einen Grenzprozeß definiert. Die unendliche Kardinalzahl, die unendliche Menge nach Dedekind, die ihrem Teil ähnlich ist, die Weierstraß-Bolzanosche Schlußweise beim Beweis der oberen und unteren Grenze, dies alles fällt weg. Eine solche Beschränkung ist durchführbar, wenn man auf manche allgemeine Sätze der reellen wie der komplexen Funktionentheorie verzichtet, eben die von Weierstraß in großem Stil behandelten, und sich beschränkt auf die Betrachtung der konkreten Einzelgebilde der Analysis, wie etwa der elliptischen und der Modulfunktionen. [...] Daß bei Kronecker die Mengenlehre, die sich damals unter Cantors und Dedekind Händen zu entwickeln begann, keinen Beifall fand, ist hiernach begreiflich; nicht persönliche Gründe leiteten ihn, wie man geglaubt hat, sondern das sachlich begründete Gefühl, daß in der Mengenlehre für die konkrete Analysis, wie er sie trieb, nichts zu gewinnen war. [281]

Auch David Hilbert war vorsichtig, was das Unendliche betraf – und vertrat eine ähnliche Position wie hundert Jahre zuvor Gauß. Am 4. Juni 1925 wählte er *Das Unendliche* zum Thema

*Mathematik, Unendlichkeit und Theologie*
Es ist vielleicht kein Zufall, dass viele der Theoretiker der Unendlichkeit auch theologisch vorgebildet oder interessiert waren. Ein Beispiel ist der Kleriker John Wallis, einer der Vorreiter der Infinitesimalrechnung. Bernard Bolzano war Priester, Religionsphilosoph – und Mathematiker. Und Georg Cantor befasste sich besonders gegen Ende seines Lebens im Zusammenhang mit seiner Mengenlehre intensiv mit theologischen Fragen – und schrieb sogar an Papst Leo XIII [111]. (In die Reihe „Mathematiker schreiben an Päpste" hat sich übrigens 2011 auch der Italiener Piergiorgio Odifreddi gestellt, mit einem Brief an Papst Benedikt XVI.)

*Das Kontinuum*
Anschaulich ist klar, dass man für jede Stelle auf der Zahlengeraden eine Zahl findet, die ihre Position bezeichnet. Die Zahlengerade ist in diesem Sinne „kontinuierlich". Ist das Kontinuum also umgekehrt eine Menge (unendlich) vieler Punkte, die obendrein vielleicht den reellen Zahlen entspricht? Oder ist es mehr? Tatsächlich hat sich das Bild davon, was das Kontinuum ist, über die Jahrtausende hinweg sehr verändert (siehe hierzu [32, Abschnitt 3.3]). Während Aristoteles das Kontinuum als etwas genuin anderes als eine Menge diskreter Punkte ansah, betrachtete etwa Georg Cantor das Kontinuum als Punktmenge. In der Nichtstandardanalysis kehrt man in gewisser Hinsicht wieder zur klassischen „nicht ausschöpfbaren Flüssigkeit" zurück.

eines Vortrags, den er im Gedenken an Karl Weierstraß vor
der Westfälischen Mathematischen Gesellschaft hielt. Er blickt
darin auch – ohne Namen zu nennen – auf den zu diesem
Zeitpunkt schon fast zwei Jahrzehnte schwelenden Streit mit
L. E. J. Brouwer zurück (siehe dazu zum Beispiel [402, 403] und
das Kapitel „Philosophie der Mathematik", S. 123 ff.). Hilbert
argumentierte, unendliche Größen, die in den „idealen" Regionen der Mathematik zu Hause sind, der Analysis oder Mengentheorie zum Beispiel, seien dem endlichen menschlichen Gehirn
nicht direkt zugänglich:

> Das Unendliche findet sich nirgends realisiert; es ist weder in der
> Natur vorhanden, noch als Grundlage in unserem verstandesmä-
> ßigen Denken zulässig – eine bemerkenswerte Harmonie zwischen
> Sein und Denken. Im Gegensatz zu den früheren Bestrebungen
> von Frege und Dedekind erlangen wir die Überzeugung, daß als
> Vorbedingung für die Möglichkeit wissenschaftlicher Erkenntnis
> gewisse anschauliche Vorstellungen und Einsichten unentbehrlich
> sind und die Logik allein nicht ausreicht.
>
> Das Operieren mit dem Unendlichen kann nur durch das Endliche
> gesichert werden. Die Rolle, die dem Unendlichen bleibt, ist
> vielmehr lediglich die einer Idee – wenn man, nach den Worten
> Kants, unter einer Idee einen Vernunftbegriff versteht, der alle
> Erfahrung übersteigt und durch den das Konkrete im Sinne einer
> Totalität ergänzt wird – einer Idee überdies, der wir unbedenklich
> vertrauen dürfen in dem Rahmen, den die von mir hier skizzierte
> und vertretene Theorie gesteckt hat. [237, S. 190]

### Überraschende Unendlichkeit

Abseits von der Frage nach der reinen *Existenz* unendlicher
Mengen hat sich über die Jahrhunderte ein regelrechtes Sam-
melsurium überraschender Eigenschaften unendlicher Objekte
oder so genannter Paradoxien entwickelt, die das Staunen (und
zum Teil auch Unwohlsein) mit der offensichtlich schwer be-
greifbaren Unendlichkeit zum Ausdruck bringen. (Man beachte: Paradoxien im engeren Sinne sind die Beobachtungen fast
nie.) Viele dieser Seltsamkeiten haben ihren Ursprung darin,
dass man Begriffe aus dem Endlichen einfach auf unendliche
Objekte überträgt.

*Überraschungen in Zahlenmengen.* Im ersten Buch von Euklids Elementen, im allgemeinen Grundsatz Nummer 9, heißt es, stets sei „das Ganze größer als sein Teil". Aus heutiger Sicht ein klarer Irrtum, wenn es um unendliche Mengen geht – wie schon Euklids spätantiker Kommentator Proklos erkannte. In einem Kommentar zu Euklids Definition XVII, den Durchmesser des Kreises betreffend, bemerkt er, dass es unendlich viele Möglichkeiten gibt, einen Kreis mit einem Durchmesser in zwei Halbkreise zu teilen:

> Wenn aber mit einem Durchmesser zwei Halbkreise entstehen, und wenn eine unendliche Anzahl an Durchmessern durch den Kreismittelpunkt gezeichnet werden können, dann wird daraus folgen, dass die Anzahl der Halbkreise zweimal unendlich ist. [125]

Statt Euklids Postulat über Bord zu werfen, versuchte es Proklos unter Anwendung von Aristoteles' Unendlichkeiten zu reparieren. Euklids Behauptung bleibt erhalten – und ein Problem.

So kann noch im 17. Jahrhundert Galileo Galilei darüber stolpern. 1638 publizierte er seine letzte Veröffentlichung, eine Art wissenschaftliches Vermächtnis, die *Discorsi e dimostrazioni matematiche intorno à due nuove scienze.* Wie viele wissenschaftliche Arbeiten der Zeit sind sie als lehrreiches Theaterstück verfasst, mit drei Hauptfiguren: Salviati, Sagredo und Simplicio. Salviati vertritt wohl Galileos Meinung, indem er oft wiedergibt, was ein namenloser, aber geachteter „Akademiker" sagen würde. Sagredo übernimmt die klugen Einwürfe und Simplicio, *nomen est omen,* ist der Einfaltspinsel.

Die drei werden später ergänzt durch Paolo Aproino, einen Schüler Galileos, der tatsächlich gelebt hat. Die Gesprächspartner diskutieren in ihrer mehrtägigen Unterhaltung über Rätsel der Mathematik und Physik, über Probleme wie die Fallgeschwindigkeit von unterschiedlich schweren Körpern oder die Trägheit – und über die Unendlichkeit.

So fällt Salviati auf, dass man die natürlichen Zahlen eins-zu-eins auf ihre Quadrate abbilden kann. Mehr noch: Der Anteil der Quadratzahlen $q(n)$ unter den Zahlen 1 bis $n$, also das Verhältnis $\frac{q(n)}{n}$, strebt mit wachsendem $n$ gegen 0!

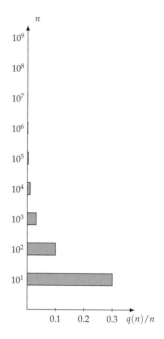

Der Anteil der Quadratzahlen an den Zahlen 1 bis $n$, aufgetragen gegen $n$, strebt gegen 0.

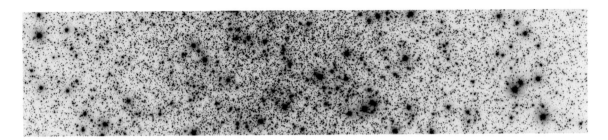

Offenkundig gibt es in gewissem Sinne „viel mehr" natürliche Zahlen als Quadratzahlen, obwohl man beide Mengen bijektiv aufeinander abbilden kann, wie man es heute ausdrücken würde. Salviati stellt daher fest:

> Ich sehe nicht, dass man zu einem anderen Schluss kommen kann als dem folgenden: Die Anzahl aller Zahlen ist unendlich, die der Quadrate ist unendlich und unendlich ist die ihrer Wurzeln; es ist die Menge der Quadrate weder kleiner noch größer als die aller Zahlen: Letztlich haben die Eigenschaften gleich, größer oder kleiner im Unendlichen keinen Sinn, sondern nur bei endlichen Größen. [176, S. 36].

Offenkundig lässt sich die Mächtigkeit unendlicher Mengen nicht mehr so naiv vergleichen, wie man es bei endlichen Mengen tun kann. Doch zu Galileos Zeiten gab es noch nicht einmal den Mengenbegriff.

## Überraschungen in Geometrie und Differentialrechnung

Nicht nur in der Mengentheorie kommen unendliche Objekte vor – etwa auch in der Geometrie. Dass es hier ebenfalls zu Problemen kommen kann, fiel auch schon Galileo Galilei auf. In seinen Discorsi lässt er die Akteure zum Beispiel auf folgende Seltsamkeit stoßen: Man nehme eine Strecke $AB$, und markiere auf ihr einen Punkt $C$, der zunächst nicht Mittelpunkt der Strecke sein soll. Jeder Punkt $L$, für den gilt, dass die Strecke $|AL|$ sich zu $|BL|$ verhält wie $|AC|$ zu $|CB|$ liegt auf dem sogenannten Kreis des Apollonios.

Bewegt man nun $C$ auf $AB$ hin und her, dann verändert sich die Größe des entsprechenden Kreises – von klein wie „die

Gibt es unendlich viele Sterne? Viele Mathematiker beschäftigten sich auch als Astronomen mit dem Thema Unendlichkeit. 1600 starb Giordano Bruno für die These, es gebe unendlich viele Welten. Johannes Kepler argumentierte daher 1606 in *De stella nova in pede serpentarii* gegen die Unendlichkeit des Weltalls [269]. Vier Jahre später stellte er in einem offenen Brief an Galileo die Frage, warum es trotz vieler Sterne am Nachthimmel nachts dunkel ist [270]. Das wurde später als Olbers'sches Paradoxon bekannt, benannt nach Heinrich Wilhelm Olbers [368]: Wenn unendlich viele Sterne homogen im All verteilt sind, die unendlich lange leuchten, ungefähr so aussehen wie die Sonne und das All sich im Laufe der Zeit nicht verändert – wie kann dann der Nachthimmel dunkel sein?

Das Bild zeigt Sterne im Sternhaufen M31. (NASA/ESA/Hubble Heritage Team, STScI/AURA)

Pupille im Auge eines Flohs" bis zu „größer als der Himmels-
äquator", wie Salviati feststellt. Am größten wird der Durchmesser natürlich, wenn $C$ auf halber Strecke zwischen $A$ und
$B$ liegt. Doch da ist der unendlich große Kreis kein Kreis mehr,
sondern verwandelt sich in eine Gerade, die Mittelsenkrechte.
Salviati (und mit ihm wohl Galileo) stellt fest:

> Wir sehen hier deutlich, dass es so etwas wie einen unendlichen
> Kreis nicht geben kann, genau wie es keine unendliche Sphäre,
> keinen unendlichen Körper und keine unendliche Oberfläche einer
> Form gibt. [176, S. 43]

Erst einige Jahrhunderte später wird klar werden, dass die
Gerade durchaus als eine Art Kreis aufgefasst werden kann
– in der sogenannten kompaktifizierten Ebene der Möbius-
Geometrie, in der die übliche Ebene mit ihren Kreisen und
Geraden durch einen „Punkt im Unendlichen" ergänzt wird.

Galileos Position könnte man also wohl knapp so zusammenfassen: Unendliche Größen sind keine messbaren „Zahlen",
nicht quantifizier- und vergleichbar, aber es gibt sie immerhin.

Das war keineswegs unumstritten und wurde Gegenstand
diffiziler philosophischer Dispute. Gottfried Wilhelm Leibniz,
der Galileos Discorsi genau studiert hat, widerspricht zum Beispiel: Er glaubt, „Unendlichkeiten" seien nicht nur nicht messbar, sondern durchaus etwas ganz anderes als „Zahlen" [282].
Das will Leibniz aber gleichzeitig wohl nicht als Aussage über
die Existenz aktualer Unendlichkeiten (im Sinne von Aristoteles) verstanden wissen; in diesem Punkt will er sich nicht
festlegen [32].

Kein Wunder: Leibniz wusste, wie diffizil Argumente mit
unendlich kleinen Größen sein können – aus seinen eigenen
Überlegungen auf dem Weg zum Differentialquotienten der
Infinitesimalrechnung. Einige Jahre nach dem Tod von Leibniz
und Isaac Newton den beiden Gründungsvätern der Analysis, kritisierte der englische Bischof George Berkeley die In-
finitesimalrechner für ihren angeblich unbedachten Umgang
mit dem Unendlichen. 1734 veröffentlichte er seine Kampf-
schrift *The Analyst*, „gerichtet an den treulosen Mathematiker" (so der Untertitel). Verfolgen wir sein Argument bei der

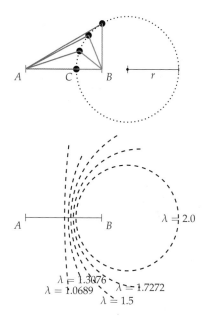

Galileos Paradoxie des Kreises von
Apollonius. Alle Punkte $C$ mit einem
festen $\lambda = |AC|/|BC|$ liegen auf
einem Kreis. Der Kreis für $\lambda = 1$ ist
jedoch entartet: Er bildet eine Gerade.

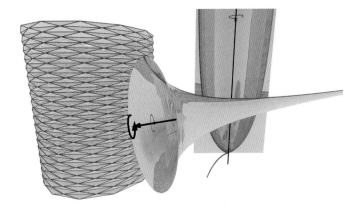

Die *Trompete des Torricelli* und der *Becher von de Sluze* (im Querschnitt und oben abgeschnitten). Die Trompete ist die Rotationsfläche der Kurve $y = 1/x$. Auch der Becher ist ein Rotationskörper, dessen Innenwand durch die Zissoide bestimmt wird, definiert durch die Gleichung $y^2(1-x) = x^3$, während die Außenwand von der Asymptote der Zissoide $x = 1$ gebildet wird. Die Kurven sind jeweils blau angedeutet. Links ist der Schwarz'sche Stiefel zu sehen (auch als *Schwarz'sche Laterne* bekannt) – eine triangulierte Fläche, die sich an einen Zylinder anschmiegt, aber unendlichen Flächeninhalt bei begrenztem Rauminhalt besitzen kann.

zeitgenössischen Berechnung der Ableitung von $f(x) = x^2$:

$$\frac{(x+\Delta)^2 - x^2}{(x+\Delta)\quad x} = \frac{x^2 + 2x\Delta + \Delta^2 - x^2}{(x+\Delta) - x} = \frac{2x\Delta + \Delta^2}{\Delta} \overset{*}{=} \frac{2x + \Delta}{1} \overset{**}{=} 2x$$

Während $\Delta$ bei $*$ noch als endliche Größe betrachtet wird (sonst hätte man nämlich zuvor durch 0 dividiert), ist dieselbe Größe bei $**$ gleich 0. Wie kann das sein?

Die Infinitesimal- und Differentialrechnung erwies sich auch in anderer Hinsicht als eine Fundgrube für Überraschungen. Kurz nach Galileos Discorsi entdeckte ein Schüler und Mitarbeiter Galileos, Evangelista Torricelli eine Seltsamkeit mit Hilfe der Indivisiblenrechnung, wie er selbst stolz in der Vorrede seines Buches *De solido hyperbolico acuto* schreibt. Das Buch erschien 1644 als Teil von Torricellis *Opera Geometrica* [500].

Es handelt sich um die heute sogenannte Trompete des Torricelli, die durch Rotation des Graphen der Funktion $\frac{1}{x}$ für $x \in [1, \infty[$ um die $x$-Achse entsteht. Torricelli gelang es durch trickreiche Anwendung des Prinzips von Cavalieri zu beweisen, dass die Oberfläche eines solchen Rotationskörpers unendlich groß ist, sein Volumen aber endlich. Nicht nur er selbst, auch seine Zeitgenossen waren höchst erstaunt [328, S. 130ff].

1658 gelang es dann René François de Sluze ebenfalls mit Indivisiblenrechnung, die Fläche unter der Zissoide zu integrieren. Diese Kurve – schon in der Antike wegen der Würfelverdopplung bekannt – definiert sich durch die Gleichung $y^2(2a - x) = x^3$, wobei für die klassische Zissoide $a = \frac{1}{2}$

gewählt wird. Die Zissoide schmiegt sich an die Gerade $x = 1$ an.

De Sluze konnte zeigen, dass die Fläche unter der Kurve $\frac{3}{8}\pi$ beträgt, was er in seinem Briefwechsel mit Christiaan Huygens thematisierte. Also erhält man durch Rotation dieser Fläche einen Körper von endlichem Volumen. Wir können aber auch die Fläche zwischen der Zissoide und der $y$-Achse um die $y$-Achse rotieren. Die beiden Rotationskörper zusammen bilden einen unendlichen Zylinder und deshalb muss das Volumen des zweiten Rotationskörpers unendlich sein. De Sluze stellt daher erstaunt (und mit einem Augenzwinkern) fest, dass sich so offenbar ein Becher formen lasse, der nicht viel wiege, aber den selbst „ein Säufer nicht leeren kann" [328]. (Darüber, dass der Trinker auch Schwierigkeiten hätte, aus dem Becher zu trinken, weil der Rand unendlich hoch ist, schweigt de Sluze.)

Was im 17. und 18. Jahrhundert zu heftigen Diskussionen im gelehrten Europa führte, ist hundert Jahre später nichts Aufregendes mehr – die Analysis lernt spätestens in der zweiten Hälfte des 19. Jahrhunderts den Umgang mit der Unendlichkeit. So landet eine Entdeckung von Hermann Amandus Schwarz, die zweihundert Jahre zuvor noch Herzklopfen ausgelöst hätte, als dreiseitige Notiz in einer Vorlesungsmitschrift von Charles Hermite [454]: eine Zerlegung der Oberfläche eines Zylinders in Dreiecke (Triangulierung), die später „Schwarz'scher Stiefel" oder „Schwarz'sche Laterne" genannt wird.

Der Titel der Notiz lautet *Sur une définition erronée de l'aire d'une surface courbe*, also etwa „Über eine irrige Definition der Oberfläche einer gekrümmten Fläche". Warum irrig? Die Ecken der Dreiecke, die die Zylinderfläche approximieren sollen, liegen auf $m$ übereinandergeschichteten regelmäßigen $n$-Ecken. Solange die Anzahl der Schichten $m$ proportional ist zu der Anzahl der Ecken $n$ in jeder Schicht, geht alles glatt; dann nähert sich, für wachsendes $m$, die Gesamtfläche der Triangulierung der Oberfläche des Zylinders an. Doch falls $m$ schneller wächst als ein quadratisches Polynom in $n$, wächst die Gesamtfläche der triangulierten Fläche, also die Summe der Dreiecksflächeninhalte, gegen unendlich – obschon sie offenkundig ein

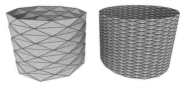

Seinen knautschledernen „Stiefel" beschrieb Schwarz erstmals in einem Brief an Angelo Genocchi, einem italienischen Zahlentheoretiker. Jahre später fasste er die Entdeckung neu als Notiz zusammen (ohne das Objekt darin als „Stiefel" oder „Laterne" zu bezeichnen). Dieser Text erschien dann 1883 in einer Mitschrift von Hermites Vorlesungen über Analysis, geschrieben und gezeichnet von Hermites Student Marie Henri Andoyer [454].

endliches Volumen einschließt. (Aufgabe: Beweisen Sie das alles!)

## Wie bekommt man das Unendliche mathematisch zu fassen?

Das 19. Jahrhundert wurde zum Jahrhundert der Unendlichkeit:

◇ Das „Triumvirat" Kronecker, Kummer und Weierstraß versuchte mit endlichen Hilfsmitteln die Untiefen der Unendlichkeit vor allem in der *Analysis* zu umschiffen, unter anderem mit der Entwicklung des $\varepsilon$-$\delta$-Kalküls. Kernstück war der Grenzwertbegriff, der es erlaubte, Aussagen in der Endlichkeit zu formulieren und dann auf das Unendliche auszudehnen (mehr in [257]).

◇ Bolzano, Dedekind und Cantor entwickelten mit der Mengentheorie einen Bereich der Mathematik, von dem man glaubte, er könne ein Fundament für das Gebäude der Mathematik darstellen; allerdings bekam man es hier direkt mit unendlichen Objekten zu tun. (Einen knappen Abriss von Cantors Arbeit zur Unendlichkeit findet man in [256].)

◇ Eine Kernfrage der Mengentheorie (die dann auch in dem jungen Teilgebiet namens Topologie eine wichtige Rolle spielte) war die nach der Messbarkeit von Mengen, die unter anderem Henri Lebesgue interessierte. So entwickelte sich zu Anfang des 20. Jahrhunderts die *Maßtheorie*, die unter anderem zum Fundament der modernen Wahrscheinlichkeitstheorie wurde.

Nehmen wir als Beispiel die Entstehung der Mengentheorie. Wie überall in der Mathematik sind auch hier die Definitionen der Ausgangspunkt. Bernard Bolzano beispielsweise formulierte in seinen *Paradoxien des Unendlichen* [50, S. 4] den Begriff der Menge und wurde damit zu einem der Wegbereiter der Mengentheorie:

Drei Jahre nach Veröffentlichung der *Paradoxien des Unendlichen*, im Jahr 1854, hielt Bernhard Riemann in Göttingen seinen Habilitationsvortrag *Über die Hypothesen, welche der Geometrie zugrunde liegen*. Dieser Vortrag, der nicht nur Riemanns Doktorvater Gauß begeisterte [114, S. 517], war die offizielle Einführung nichteuklidischer Geometrien in die Mathematik,

Wir nennen dasjenige, worin der Grund dieses Unterschiedes an solchen Inbegriffen besteht, die Art der Verbindung oder Anordnung ihrer Teile. Einen Inbegriff, den wir einem solchen Begriffe unterstellen, bei dem die Anordnung seiner Teile gleichgültig ist (an dem sich also nichts für uns Wesentliches ändert, wenn sich bloß diese ändert), nenne ich eine Menge; und eine Menge, deren Teile alle als Einheiten einer gewissen Art *A*, d. h. als Gegenstände, die dem Begriffe *A* unterstehen, betrachtet werden, heißt eine Vielheit von *A*.

Aus Bolzanos *Paradoxien des Unendlichen*: Die Definition des Begriffs der *Menge*.

und noch mehr: Es ging auch um einen neuen Blick auf die Endlichkeit und Unendlichkeit von Räumen.

Ein guter Freund von Riemann war Richard Dedekind. 1872, sechs Jahre nach dem frühen Tod Riemanns, veröffentlichte er eine kleine Schrift mit dem Titel *Stetigkeit und irrationale Zahlen*, an der er nach eigenem Bekunden seit 1858 gearbeitet hatte und in der er die irrationalen Zahlen „schöpft", wie er es ausdrückt, also aus dem Mengenbegriff herleitet.

Unabhängig davon hatte sich kurz davor Georg Cantor bei der Arbeit an trigonometrischen Reihen gefragt, ob eine Funktion in zwei unterschiedlichen trigonometrischen Reihen entwickelt werden kann. Seine Antwort lautete: Nein, falls die Entwicklungen auf ganz $\mathbb{R}$ übereinstimmen sollen. Doch was, wenn man einzelne Werte auslässt? Wie viele Zahlen darf man herauslochen? Cantor entwickelte den Begriff der Ableitung einer Punktmenge – eine Idee, die den Startpunkt für seine Entwicklung der transfiniten Zahlen bilden sollte. Er veröffentlichte sie 1872 unter dem Titel *Über die Ausdehnung eines Satzes aus der Theorie der trigonometrischen Reihen*.

1872 machten Cantor und Dedekind zufällig im selben Ort in der Schweiz Urlaub. Im Anschluss an die Urlaubsbekanntschaft entwickelte sich eine intensive Brieffreundschaft zwischen beiden, die sich mehr und mehr einem Thema annäherte: der Unendlichkeit. (Wir folgen im Weiteren der exzellenten Darstellung von Thomas Sonar [470].)

Die wichtigste Erkenntnis: Abbildungen zwischen Mengen – insbesondere bijektive Abbildungen zwischen den natürlichen Zahlen und den zu untersuchenden Mengen – sind ein

Georg Cantor (1845–1918) entstammte einem reichen Haus; sein Vater war Segeltuchhändler und Börsenmakler. Als er elf Jahre alt war, zog die Familie von Petersburg nach Wiesbaden. Er promovierte in Berlin in Zahlentheorie; in der Verteidigung behandelte er unter anderem die These: „In der Mathematik ist die Kunst, Fragen zu stellen, förderlicher als ihre Lösung." Genau das wurde zum Markenzeichen des späteren Außenseiters. Richard Dedekind brachte ihn auf die Mengenlehre, mit der er sich intensiv als Professor in Halle beschäftigte. 1884 erlitt Cantor einen ersten depressiven Schub; danach zog er sich für längere Zeit aus der Mathematik zurück und betätigte sich unter anderem als Shakespeare-Forscher [446]. Im Jahr 1889 wurde er der erste Vorsitzende der Deutschen Mathematiker-Vereinigung; von 1895 bis 1897 erschienen seine *Beiträge zur Begründung der transfiniten Mengenlehre*.

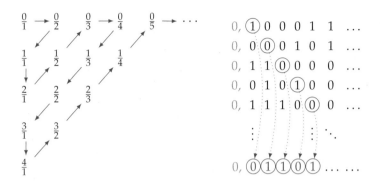

Konzept, das auch bei der Arbeit mit unendlichen Mengen
sinnvolle Aussagen ermöglicht, im Gegensatz zu den Begriffen „größer" und „kleiner", das nur bei endlichen Mengen
anwendbar sind. Wenn sich eine Menge bijektiv auf die natürlichen Zahlen abbilden lässt, nennt man sie abzählbar unendlich
oder auch kurz abzählbar.

In ihren Briefen streifen Dedekind und Cantor zunächst
ganz nebenbei die Frage, ob man die reellen Zahlen abzählen
kann:

> Übrigens möchte ich hinzufügen, dass ich mich nie ernstlich mit
> ihr beschäftigt habe, weil sie kein besonderes practisches Interesse
> für mich hat und ich trete Ihnen ganz bei, wenn Sie sagen, dass sie
> aus diesem Grunde nicht zu viel Mühe verdient[,]

schrieb Cantor 1873 an Dedekind [470]. Vermutlich ahnten beide zu dieser Zeit schon, dass die rationalen Brüche tatsächlich
abzählbar sind.

1873 stieß Dedekind dann darauf, dass man die algebraischen Zahlen abzählen kann. Und am 7. Dezember 1873 schickte Cantor Dedekind einen Brief mit einem noch recht umständlichen Beweis, dass die reellen Zahlen *nicht* abzählbar sind, den
Dedekind – im ursprünglichen Sinn des Wortes „postwendend"
– vereinfachte. Es gibt also unendliche Mengen, deren Elemente
man abzählen kann, und solche, die „noch mehr Elemente"
enthalten!

Am 5. Januar 1874 fragte Cantor Dedekind dann, ob wohl
auch die Anzahl der Punkte in einem Quadrat und einer Strecke „gleich" sein könnte – was er selbst für unwahrscheinlich

hielt. Dreieinhalb Jahre später machte Cantor die Entdeckung, dass das doch so ist.

Am 20. Juni 1877 präsentierte Cantor Dedekind seine Idee, wie man das offene Einheitsquadrat $S = \,]0,1[^2$ so in das offene Intervall $]0,1[$ abbilden kann, dass unterschiedliche Punkte im Quadrat auch unterschiedliche Zahlen im Intervall liefern: mit einer Abbildung des Zahlenpaares $(x,y) \in S$ mit $x = 0, x_1 x_2 x_3 \ldots$ und $y = 0, y_1 y_2 y_3 \ldots$ auf die Zahl $0, x_1 y_1 x_2 y_2 \ldots$. Weil die Dezimalschreibweise nicht eindeutig ist – es gilt zum Beispiel $0{,}2499999\ldots = 0{,}25000\ldots$ – beschränkte sich Cantor auf die erste Schreibweise. Das ergab eine injektive Abbildung, doch Dedekind machte Cantor am 22. Juni 1877 darauf aufmerksam, dass damit einige Punkte im Intervall nie getroffen werden, zum Beispiel die Zahl $0{,}230303030303\ldots$. Immerhin hatte Cantor gezeigt, dass es im Quadrat nicht mehr Punkte geben kann als im Intervall.

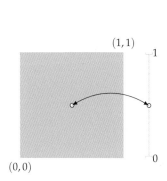

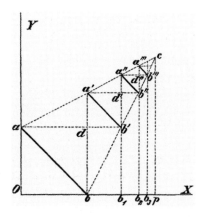

Cantor „reparierte" daraufhin seinen Beweis, indem er die reellen Zahlen zunächst in Kettenbrüche entwickelte (das kann man nämlich so machen, dass die Darstellung der Zahl eindeutig wird). So wie in seinem Beweis zuvor konstruierte Cantor erst eine Bijektion zwischen $S$ und $[0,1]$ und dann eine Bijektion zwischen $[0,1]$ und $]0,1[$; dafür verwendete er eine Funktion, die er durch ein Bild (siehe unten) definierte. Den Beweis veröffentlichte er im *Journal für die reine und angewandte Mathematik (Crelles Journal)* 1877 [76]; für Details siehe auch [190].

Cantors Idee: Man kann das offene Einheitsquadrat $S = \,]0,1[^2$ in das offene Intervall $]0,1[$ abbilden. Cantors unstetige Abbildung dazu rechts daneben (aus [76]): Die Punkte $b'$, $b''$, … gehören jeweils nicht mehr zu den Strecken $a'b'$, $a''b''$, …

In Cantors Brief vom 20. Juni 1877 zur Abbildung eines Quadrats auf eine Strecke zeigt sich aber, wie sehr Cantor in den letzten vier Jahren Feuer gefangen hatte:

> Entschuldigen Sie gütigst meinen Eifer für die Sache, wenn ich Ihre Güte und Mühe so oft in Anspruch nehme; die Ihnen jüngst von mir zugegangenen Mittheilungen sind für mich selbst so unerwartet, so neu, dass ich gewissermassen nicht eher zu einer gewissen Gemüthsruhe kommen kann, als bis ich von Ihnen, sehr verehrter Freund, eine Entscheidung über die Richtigkeit derselben erhalten haben werde. Ich kann so lange Sie mir nicht zugestimmt haben, nur sagen: je le vois, mais je ne le crois pas [Ich sehe es, aber ich glaube es nicht]. [470]

Überraschend fand er offenbar gar nicht das *Ergebnis*, wie oft behauptet wird, sondern eher, dass sein *Argument* funktionierte [190].

Vor allem durch diesen Briefwechsel war Cantor darauf gestoßen, dass und wie man unendliche Mengen zueinander in Bezug setzen kann. Nach der Veröffentlichung von 1874 *Ueber eine Eigenschaft des Inbegriffes aller reellen algebraischen Zahlen* in *Crelles Journal* publizierte er zwischen 1879 und 1883 in den *Mathematischen Annalen* eine Serie von sechs Arbeiten. Sie schaffen solide Grundlagen für die Mengentheorie – man kann sie aber auch als Verteidigungsschrift für die Mengenlehre lesen [111]. Cantor sah sich in Halle im Abseits, weitab von den Zentren der mathematischen Welt Göttingen und Berlin. Sein Braunschweiger Freund Dedekind hatte 1882 einen Ruf nach Halle abgelehnt, den Cantor in die Wege geleitet hatte; so war die Freundschaft zwischen beiden zerbrochen. Cantor sehnte sich nach Berlin, wo er einst promoviert hatte – ohne Chancen angesichts der Ablehnung durch das Triumvirat Kronecker, Kummer, Weierstraß. 1884 schrieb er seinem Freund Gösta Mittag-Leffler nach einer neuerlichen Bewerbung, die er direkt ins Preußische Kultusministerium gesandt hatte:

> Den nächsten Effect davon wusste ich ganz genau voraus, dass nämlich Kronecker wie von einem Skorpion gestochen auffahren und mit seinen Hülfstruppen ein Geheul anstimmen würde, dass Berlin sich in die Sandwüsten Afrika's mit ihren Löwen, Tigern und Hyänen versetzt glauben wird. Diesen Zweck habe ich, so scheint es, wirklich erreicht. [446]

Auch fachlich hatte Cantor zu kämpfen; seine Kontinuumshypothese ließ sich nicht beweisen oder widerlegen.

Während er sich immer mehr zurückzog, veröffentlichte Dedekind 1888 ein kleines Büchlein von gerade mal knapp 60 Seiten, mit dem Titel *Was sind und was sollen die Zahlen?* Hier unternahm er den Versuch, die natürlichen Zahlen aus der Mengenlehre zu entwickeln (er nannte Mengen „Systeme"). Er griff dabei unter anderem auf das mächtige neue Werkzeug der Abbildungen zwischen Mengen zurück. Zunächst untersuchte er dieses Werkzeug selbst: Er beobachtete, dass es Abbildungen gibt, die unterschiedliche Elemente stets auf unterschiedliche Bild-Elemente abbilden. Wir sprechen heute (geprägt durch Bourbaki) von „injektiven" Abbildungen; Dedekind taufte sie „ähnlich". Er sah auch, dass sich die Eigenschaft auf Mengen übertragen lässt: Dedekind nannte zwei Mengen ähnlich, wenn es eine injektive Abbildung gibt, die die eine auf die andere abbildet. So konnte Dedekind definieren, was mit einer unendlichen Menge gemeint ist:

§. 5.

Das Endliche und Unendliche.

64. (Erklärung*). Ein System $S$ heißt **unendlich**, wenn es einem echten Theile seiner selbst ähnlich ist (32); im entgegengesetzten Falle heißt $S$ ein **endliches** System.

1895 und 1897 meldete sich dann Cantor in den *Mathematischen Annalen* nochmal zu Wort, mit einer zweiteiligen Arbeit [73, 74], in der erstmals die berühmte unendliche Größe $\aleph_0$ auftaucht, die die Anzahl der natürlichen Zahlen bezeichnet:

§ 6.

Die kleinste transfinite Cardinalzahl Alef-null.

Die Mengen mit endlicher Cardinalzahl heissen ‚*endliche Mengen*‘, alle anderen wollen wir ‚*transfinite Mengen*‘ und die ihnen zukommenden Cardinalzahlen ‚*transfinite Cardinalzahlen*‘ nennen.

Die Gesammtheit *aller endlichen Cardinalzahlen* $\nu$ bietet uns das nächstliegende Beispiel einer transfiniten Menge; wir nennen die ihr zukommende Cardinalzahl (§ 1) ‚*Alef-null*‘, in Zeichen $\aleph_0$, definiren also

(1) $$\aleph_0 = \overline{\overline{\{\nu\}}}.$$

*Hilberts Hotel*
1924/25 hielt Hilbert Vorlesungen über die Unendlichkeit, die sich auch an ein Laienpublikum richteten [159]. Darin veranschaulicht Hilbert Dedekinds Definition der unendlichen Mengen als der Mengen, die Teilmengen enthalten, die so groß sind wie die ganze Menge, mit Hilfe eines Hotels. Hat das Hotel unendlich viele Zimmer und ist „voll belegt", dann bringt man dennoch sogar eine unendlich große Anzahl weiterer Gäste unter, indem man alle Gäste gleichzeitig von Zimmer $n$ in Zimmer $2n$ transferiert und den Neuankömmlingen die Zimmer mit ungeraden Zimmernummern zuweist; „in einer Welt mit unendlich vielen Häusern und Bewohnern gäbe es also keine Wohnungsnot." [159, S. 730]

Cantors Definition von $\aleph_0$ in [73]

## Moderner Umgang mit Unendlichkeit

Einige Jahre nach dem Tod Cantors erzählte Emmy Noether eine kleine Anekdote, die ihr der Cantor-Schüler Felix Bernstein überliefert habe: Richard Dedekind habe einmal behauptet, für ihn seien Mengen „geschlossene Säcke, die ganz bestimmte Dinge enthalten, von denen man nichts wisse, außer, dass sie vorhanden und bestimmt seien". Cantor habe daraufhin „seine kolossale Figur aufgerichtet", so Bernstein. „Er beschrieb mit erhobenem Arm eine großartige Geste und sagte mit einem ins Unbestimmte gerichteten Blick: ‚Eine Menge stelle ich mir vor wie einen Abgrund'." [115, S. 449]

Bis heute erscheint uns die Unendlichkeit manchmal abgründig und überraschend, obschon sie durch die Konzepte von Cantor, Weierstraß und anderen viel fassbarer geworden scheint – und viel von ihrer Bizarrheit verloren hat.

*Beispiel 1: Das* Rechnen mit „unendlich".   Schon Leibniz führte mit der Größe $dx$ unendlich kleine Zahlen ein [257, S. 112]. Die Frage, wie man mit unendlichen Größen rechnen kann, wurde indes erst im 20. Jahrhundert ausgiebig beantwortet: In den 1940er Jahren entwickelten Curt Schmieden und Detlef Laugwitz bzw. Abraham Robinson mit der Nichtstandardanalysis (siehe auch Kapitel „Zahlenbereiche", S. 181 ff.) einen Weg, die reellen Zahlen um unendlich kleine und große Zahlen zu erweitern.

Auch die *surrealen Zahlen*, die John Conway bei der Untersuchung von Spielen 1970 entwickelte (siehe [93]), enthalten „unendliche" Zahlen, mit denen man nach gewissen Regeln rechnen kann. Donald Knuth war von diesen Strukturen so begeistert, dass er sie 1974 in Form einer Erzählung *Surreal Numbers: How Two Ex-Students Turned on to Pure Mathematics and Found Total Happiness* präsentierte, die in vielen Sprachen (auch auf Deutsch) veröffentlicht ein Bestseller wurde [286].

*Beispiel 2: Die Kontinuumshypothese.*   Auf Cantors große Frage nach der Mächtigkeit des Kontinuums – der „kontinuierlichen Raumsauce, welche zwischen den Punkten ergossen ist", wie es der wortgewaltige Hermann Weyl, den wir ja schon zu Beginn

dieses Kapitels zitiert haben, einmal nannte [528] – gab es im
20. Jahrhundert überraschenderweise gleich zwei Antworten.

Das Problem hatte Cantor 1878 formuliert und Hilbert hat
es als erstes Problem seiner Liste vom Internationalen Mathematikerkongress in Paris 1900 berühmt gemacht. Kurt Gödel
zeigte 1938, dass die Kontinuumshypothese unabhängig ist
vom klassischen System der Axiome für Mengenlehre, dem
Zermelo-Fraenkel-System mit Auswahlaxiom (ZFC): Falls das
Axiomensystem ZFC widerspruchsfrei ist, dann bleibt es widerspruchsfrei, wenn man zusätzlich annimmt, dass $\mathbb{R}$ die
kleinste überabzählbare Menge ist. Paul Cohen zeigte hingegen
1963 mit einer trickreichen Beweistechnik, dem so genannten
„Forcing", dass auch die Negation der Hypothese zu keinem
Widerspruch mit ZFC führt. Die Kontinuumshypothese ist also
nicht auf Basis von ZFC entscheidbar und kann als zusätzliches
Axiom eingeführt werden.

*Beispiel 3: Das Auswahlaxiom selbst.* Stellen wir uns eine große
Schule vor; es ist leicht, in jeder Klasse einen Klassensprecher
zu wählen. Mathematisch gesprochen lässt sich eine Auswahlfunktion definieren, die aus jeder Menge (Schulklasse) einen
Repräsentanten herauspickt. Was aber, wenn die Schule unendlich viele Klassen besitzt?

1904 präsentierte Ernst Zermelo ein System von Axiomen,
das die Grundlage für den Umgang mit Mengen darstellen
sollte. Zermelos Axiomensystem – später durch Abraham
Fraenkel erweitert und daher mit ZF abgekürzt – beschreibt
beispielsweise, wann zwei Mengen gleich sind, und dass man
die Vereinigung und den Durchschnitt von zwei Mengen bilden
kann.

Die Existenz einer Auswahlfunktion für Systeme von unendlich vielen Mengen lässt sich aus dem ZF-System jedoch nicht
herleiten. Will man garantieren, dass man auch aus unendlichen Mengensystemen Repräsentanten auswählen kann, so fügt
man das sogenannte Auswahlaxiom dem ZF-System hinzu. So
entsteht das Axiomensystem ZFC – das C steht für *Axiom of
Choice*.

Auf den ersten Blick mag das wie eine Spielerei erscheinen – wann braucht man schon ein Repräsentantensystem einer

unendlichen Familie von Mengen? Tatsächlich ist das Auswahl-axiom aber extrem wichtig. Nehmen wir die rationalen Zahlen: Jeder gekürzte Bruch repräsentiert eine unendliche Menge von Brüchen, schließlich gilt zum Beispiel $1/2 = 2/4 = 3/6 = \ldots$ Hier liegt es nahe, den Bruch mit dem kleinsten Nenner (also den gekürzten Bruch) als Repräsentanten zu nehmen. Ein ande-res Beispiel, das auf Giuseppe Vitali zurückgeht: Wir teilen die reellen Zahlen im Intervall $[0, 1]$ in Äquivalenzklassen ein; in-nerhalb jeder Klasse sollen zwei Zahlen eine rationale Differenz haben, zwischen zwei Klassen eine irrationale. Dadurch zerfällt $[0, 1]$ in überabzählbar viele Äquivalenzklassen, die jeweils ab-zählbar viele Elemente enthalten (Übungsaufgabe!). Eine davon enthält die rationalen Zahlen im Intervall $[0, 1]$. In dieser Situa-tion ist aber überhaupt nicht klar, wie man jeder Klasse einen Repräsentanten zuweisen könnte.

Das Auswahlaxiom spielt so eine ganz wesentliche Rolle in der Mathematik. Und die Mathematik mit Auswahlaxiom kann überraschend sein. 1924 nutzten Stefan Banach und Al-fred Tarski das Axiom in ihrer Arbeit *Sur la décomposition des ensembles de points en parties respectivement congruentes* [29], um geometrische Paradoxien zu basteln.

Betrachten wir die eben beschriebene Zerlegung des In-tervalls $[0, 1]$ in überabzählbar viele Äquivalenzklassen und bringen wir das Auswahlaxiom in Stellung: Wir wählen damit aus jeder der Äquivalenzklassen einen Repräsentanten (einen „Klassensprecher") aus. Die so entstehende Menge $\mathcal{M}$ ist be-schränkt (alle Repräsentanten liegen zwischen 0 und 1) und sie hat eine besondere Eigenschaft: Man kann ihr kein Lebesgue-Maß zuordnen. Anschaulich bedeutet das, dass wir dieser Menge keine Länge zuordnen können. Die Beobachtung, dass es solche Mengen gibt, ist unter anderem für Stochastik und Analysis fundamental.

Man kann mit der Menge $\mathcal{M}$ allerlei Unsinn anstellen. Den Anfang macht man, indem man die Menge $\mathcal{M}$ um rationale Zahlen verschiebt. Sei $\mathcal{M}_p := \{x + p \mid x \in \mathcal{M}\}$ die um die Zahl $p \in \mathbb{Q}$ verschobene Menge $\mathcal{M}$. Dann gilt: $\mathcal{M}_p \cap \mathcal{M}_q = \varnothing$, wenn $p \neq q$, und es gilt sogar, dass die Vereinigung der $\mathcal{M}_p$ über alle $p \in \mathbb{Q}$ die gesamte Menge der reellen Zahlen bildet.

Andererseits kann man auch die Menge $\mathcal{A} := \bigcup_{p \in [0,1] \cap \mathbb{Q}} \mathcal{M}_p$ bilden, eine Teilmenge des Intervalls $[0,2]$. Dabei wird $\mathcal{A}$ in einzelne Mengen $\mathcal{M}_p$ mit $p \in [0,1] \cap \mathbb{Q}$ partitioniert. Das kann man hintereinander ausführen. Wir nehmen eine Teilmenge in $\mathcal{A}$, schieben sie zurück auf $\mathcal{M}$ in $[0,1]$ und von dort in $\mathbb{R}$. Mit Hilfe einer bijektiven Abbildung, die die rationalen Zahlen in $[0,1]$ auf alle rationalen Zahlen abbildet, kann man daher die Mengen aus $\mathcal{A}$ so verschieben (ohne sie zu strecken!) dass sie nicht mehr alle in $[0,2]$ liegen, aber immer noch disjunkt sind und jetzt ganz $\mathbb{R}$ abdecken (siehe Abbildung rechts; Details hierzu findet man in [520, S. 158 ff.]).

Banach und Tarski verfeinerten diese Idee 1922, indem sie eine Zerlegung der dreidimensionalen Kugel in endlich viele nichtmessbare Mengen konstruierten, so dass die Teile zu einer größeren Kugel zusammengesetzt werden können – das ging als das Banach-Tarski-Paradoxon in die Geschichte ein. (Eine zugängliche Darstellung hierzu gibt Wapner [520].) Ein schönes Beispiel dafür, dass das Unendliche trotz aller Zähmungsversuche auch in der modernen Mathematik noch immer für Überraschungen taugt …

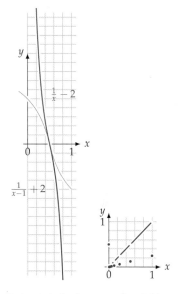

Es ist einfach, die rationalen Zahlen im offenen Intervall $]0,1[$ auf $\mathbb{Q}$ abzubilden (links). Etwas schwieriger ist es, die rationalen Zahlen in $[0,1]$ eins-zu-eins auf die rationalen Zahlen in $]0,1[$ abzubilden (rechts). Eine solche Abbildung sieht so aus:

$$x \to \begin{cases} 1/2, & \text{falls } x = 0 \\ x/2, & \text{für alle } x = 2^{-k} \text{ mit } k \geqslant 0 \\ x, & \text{sonst.} \end{cases}$$

Beides hintereinander liefert eine bijektive Abbildung $[0,1] \cap \mathbb{Q} \to \mathbb{Q}$.

## Partituren

◇ Brian Clegg, *A Brief History of Infinity: The Quest to Think the Unthinkable*, Robinson Publishing (2003)

Ein populärwissenschaftliches Buch über Unendlichkeit.

◇ Harro Heuser, *Unendlichkeiten. Nachrichten aus dem Grand Canyon des Geistes*, Vieweg (2008)

Heuser kennen viele Studierende als den Autor ihrer Analysis-Lehrbücher. Dieses Spätwerk konzentriert sich sehr auf philosophische und theologische Aspekte.

◇ John Stillwell, *Wahrheit, Beweis, Unendlichkeit. Eine mathematische Reise zu den vielseitigen Auswirkungen der Unendlichkeit*, Springer Spektrum (2014)

Ein sehr zugängliches und freundliches Lehrbuch zu den Themen im Titel des Buches.

◇ Rudolf Taschner, *Das Unendliche. Mathematiker ringen um einen Begriff*, Springer (2006)

Ein schmales Büchlein, das aber die wichtigsten Aspekte antippt.

◇ William Ewald und Wilfried Sieg (Hrsg.), *David Hilbert's Lectures on the Foundations of Arithmetic and Logic*, 1917–1933, Springer (2013)

Der Altmeister selbst. (Die Vorlesungen selbst sind auf Deutsch abgedruckt.)

◇ Leonard M. Wapner, *Aus 1 mach 2. Wie Mathematiker Kugeln verdoppeln*, Spektrum Akademischer Verlag (2007)

Ein interessantes Buch über das Banach-Tarski-Paradoxon, das stellenweise sehr in die Tiefe geht.

## Etüden

◇ Eine US-amerikanische Radio-Satiresendung erzählt von dem fiktiven Dorf *Lake Wobegon* im Mittelwesten, in dem alle Kinder in der Schule überdurchschnittlich seien [113]. Kann das sein? Betrachten Sie dazu die Folge $1, \frac{1}{2}, \frac{1}{3}, \frac{1}{4}, \ldots$ von positiven Zahlen. Wie könnte man den Durchschnitt dieser Zahlen definieren? Welchen Wert erhalten Sie? Ähnlich könnten Sie die Funktion $f(x) = \frac{1}{x}$ in dem Bereich $[1, \infty[$ betrachten und nach dem Mittelwert fragen. Vermutlich erhalten Sie den Wert 0, der kleiner ist als alle Funktionswerte.

◇ Hilberts drittes Problem fragt nach dem Volumen eines Tetraeders: Kann man das Volumen durch geschicktes Zerlegen in endlich viele kleinere Tetraeder bestimmen, die man dann zu einem volumengleichen Würfel zusammensetzt? Kommt man also bei der Volumenbestimmung ohne Analysis, Approximationen und Grenzprozesse aus (zumindest für Tetraeder)? Wie wurde es gelöst? Kommt man bei der Lösung ohne Unendlichkeiten aus? Siehe etwa [6] oder [49]. (Hilbert hielt das Problem übrigens für besonders schwer, aber es wurde schon 1902 gelöst ... )

◇ Wie berechnet Archimedes das Volumen einer Kugel? Ist es überhaupt möglich, das korrekte Ergebnis mit „endlichen" Argumenten zu erhalten?

◇ Zeigen Sie, dass die Trompete des Torricelli eine unendliche Oberfläche, aber ein endliches Volumen besitzt. Wie erklären Sie das? Wie groß ist das Volumen?

◇ Zeigen Sie, dass de Sluzes' Becher endliches Gewicht besitzt.

◇ Können Sie sich Giuseppe Vitalis nichtmessbare Menge $\mathcal{M}$ vorstellen? Zeigen Sie, dass man sie nicht messen kann. In welchem Sinne sind „die meisten" Teilmengen von $\mathbb{R}$ nicht messbar?

◇ Wieso kann man die reellen Zahlen im Intervall $[0, 1]$ so in Äquivalenzklassen einteilen, dass die Zahlen innerhalb jeder Klasse rationale Differenz haben, zwischen zwei Klassen eine irrationale? Und warum ergibt das überabzählbar viele Klassen?

◇ Wie zählen Cantor und Dedekind die Menge der positiven rationalen Zahlen $\mathbb{Q}^+$ ab? Ist die Methode konstruktiv: Könnten Sie sie programmieren, so dass der Computer die ersten $10^n$ positiven Bruchzahlen (jede nur einmal) ausgibt?

◇ Konstruieren Sie eine Bijektion $F : \mathbb{N} \to \mathbb{Q}^+$ von der Form

$$F : n = p_1^{n_1} p_2^{n_2} p_3^{n_3} \cdots \longmapsto F(n) = p_1^{f(n_1)} p_2^{f(n_2)} p_3^{f(n_3)} \cdots$$

Verwenden Sie dafür die Bijektion $f : \mathbb{N}_0 \to \mathbb{Z}$, $n \mapsto (-1)^n \lceil n/2 \rceil$ sowie die Eindeutigkeit der Primzahlzerlegung $n = p_1^{n_1} p_2^{n_2} p_3^{n_3} \cdots$ mit $n_i \geq 0$, wobei $p_1 = 2$, $p_2 = 3$, $p_3 = 5, \ldots$ die Folge der Primzahlen bezeichnet. (Die Idee für diese Abbildung ist von Sagher [435, 508].) Zeigen Sie, dass dies wirklich eine Bijektion $\mathbb{N} \to \mathbb{Q}^+$ ergibt. Könnten Sie diese auch programmieren?

◇ Der Satz von Cantor-Bernstein-Schröder besagt, dass es ausreicht, injektive Abbildungen $M \to N$ und $N \to M$ zu konstruieren, um zu zeigen, dass es auch eine Bijektion gibt. Wie beweist man diesen Satz? (Siehe etwa [6].) Wie hätte er Cantor und Dedekind bei den Abbildungen zwischen dem Inneren des Einheitsquadrats und dem offenen Intervall geholfen? Was folgt etwa für die Mächtigkeit des abgeschlossenen Einheitsquadrats bzw. Intervalls?

◇ Ist Nichtstandardanalysis heutzutage ein aktives Forschungsgebiet? Stellen Sie sich vor, Sie wollten in dem Gebiet promovieren oder wären ein Journalist, der oder die das herausfinden will: Wie gehen Sie vor? Was können Sie zum Beispiel aus *zbMATH*, *MathSciNet* oder dem arXiv herauslesen?

◇ Victor Harnik hat 1986 dafür plädiert, Infinitesimale (im Sinne der Nichtstandardanalysis) in der Schule zu behandeln [216].

Das sei nah an der ursprünglichen Intuition von Leibniz, technisch nicht schwierig und konkret. Was halten Sie davon?

◇ Die Frage, ob man „mit unendlich rechnen darf", ob man also „unendlich" wie eine Zahl behandelt, etwa Gleichungen wie $\infty + \infty = \infty$ oder $\frac{1}{\infty} = 0$ zulässt, muss auch im Unterricht beantwortet werden. Sehen Sie sich dazu unterschiedliche Ausgaben des Klassikers für die Gymnasiallehrerausbildung *Methodik des mathematischen Unterrichts* von Walther Lietzmann an und beobachten Sie, wie die Antworten immer restriktiver werden.

# Dimensionen

Die Zeichenebene ist zweidimensional, wir bewegen uns in einem dreidimensionalen Raum. Was heißt das? Man kann Raum und Zeit zusammenfassen und das Ergebnis dann als vierdimensionale Raumzeit interpretieren. Aber wissen wir damit, was „Dimension" ist? Viele mathematische Disziplinen arbeiten mit noch mehr Dimensionen, mit hochdimensionalen oder sogar unendlich-dimensionalen Räumen und Objekten. Wenn überhaupt, dann ist es nur mit Tricks möglich, sich so etwas vorzustellen (siehe Kapitel „Formeln, Zeichnungen und Bilder", S. 95 ff.).

In diesem Kapitel beschäftigen wir uns damit, wie die Mathematik sich vor 150 Jahren allmählich in mehr als drei Dimensionen auszubreiten begann und sich dabei der Begriff Dimension entwickelt hat. Und wir erklären, wie eine Menge der Dimension $\log_3 4$ aussehen kann.

© Der/die Autor(en) 2022
A. Loos et al., *Panorama der Mathematik*,
https://doi.org/10.1007/978-3-662-54873-8_9

## THEMA: DIMENSIONEN

*Geschichte*

In den Elementen des Euklid werden die ebene Geometrie (Planimetrie) und die Raumgeometrie (Stereometrie) getrennt abgehandelt. Das verbindende Konzept der *Dimension*, mit dem die ebene Geometrie als zweidimensional und die Raumgeometrie als dreidimensional beschrieben werden (und sich die Frage nach vierdimensionaler Geometrie ganz natürlich stellt) gibt es damals noch nicht: Erst mit der Einführung von Koordinaten in die Geometrie durch Oresme und Descartes kann man sagen, dass ein Raum *n-dimensional* ist, wenn man zur Beschreibung eines Punktes jeweils $n$ Koordinaten braucht.

Die Frage nach der Existenz des vierdimensionalen Raumes taucht trotzdem erst sehr viel später und sehr zögerlich und langsam auf: d'Alembert beruft sich 1754 für die Formulierung der Frage vorsichtshalber auf einen „schlauen Bekannten" und Möbius stellt noch 1827 lakonisch fest, dass ein vierdimensionaler Raum für seine geometrischen Untersuchungen ein sehr nützliches Konzept wäre, aber „nicht gedacht werden kann". Gleichzeitig ist gegen Ende des 19. Jahrhunderts, beginnend mit der Satire *Flatland* von Abbott 1884, ein reges öffentliches Interesse an der Idee des vierdimensionalen Raums zu verzeichnen, auch in Deutschland.

Das Argument, dass man hochdimensionale Mathematik nicht betreiben könne, weil man sie sich nicht vorstellen kann, ist seitdem in verschiedener Hinsicht entkräftet. So, wie wir gewohnt sind, dreidimensionale Objekte anhand von ebenen (zweidimensionalen) Bildern zu erkennen und mit diesen zu analysieren, kann man durchaus auch vier- und höherdimensionale Objekte auf wenige Dimensionen projizieren und so eine gewisse Vorstellung von den Zusammenhängen in hohen Dimensionen schaffen. Vor allem aber ist eine konkrete intuitive Vorstellung oft gar nicht nötig, wenn die algebraischen und analytischen Hilfsmittel weit genug entwickelt sind, um Objekte zu beschreiben und zu analysieren.

So wird im Laufe des 19. Jahrhunderts die vier- und höherdimensionale Geometrie schrittweise entwickelt, mit wichtigen Beiträgen von Riemann, Schläfli, Graßmann, Plücker, Sylvester, Minkowski und anderen. Es entstand die moderne Vektorgeometrie auf der Basis des Konzepts eines Vektorraums über einem Körper, das 1930 mit einem Buch von Steinitz abgeschlossen wurde. In dieser Zeit blühte auch die Untersuchung von Objekten in diesen Räumen auf, wie den (erstmals um 1850 von Schläfli vollständig klassifizierten) *regulären Polyedern*, aber auch Dimensionsbegriffe für allgemeinere Räume und Konzepte. So lieferte Riemanns Habilitationsvortrag *Ueber die Hypothesen, welche der Geometrie zu Grunde liegen* von 1854 die Grundlagen für das Studium von $n$-dimensionalen Mannigfaltigkeiten, also Kurven ($n = 1$), Flächen ($n = 2$), Raumformen ($n = 3$) und so weiter.

Damit war mathematisch auch zum Beispiel der Boden für Einstein bereitet, der in seiner *Speziellen Relativitätstheorie* 1905 auf den vierdimensionalen Minkowski-Raum (mit der vierten Dimension als Zeit interpretiert) und in der *Allgemeinen Relativitätstheorie* 1915 auf die Theorie der (pseudo-)Riemannschen Mannigfaltigkeiten zugreifen konnte.

## Wie definiert man die Dimension?

Als mathematisches Modell hat man (heute) den reellen Vektorraum $\mathbb{R}^n$ für beliebiges $n \geq 0$. Seine Dimension ist als Kardinalität einer Basis definiert. Ausgestattet mit einem Skalarprodukt, das die Messung von Abständen, Winkeln und Volumina erlaubt, ist der $\mathbb{R}^n$ ein euklidischen Vektorraum. Geometrie in diesem Raum ist *n-dimensionale Geometrie*. Damit wird ebene Geometrie (Planimetrie) als Geometrie der euklidischen Ebene $\mathbb{R}^2$ betrieben, und Raumgeometrie wird als Geometrie des $\mathbb{R}^3$ interpretiert.

*Dimension von Mannigfaltigkeiten.*   Der Begriff der Dimension einer Mannigfaltigkeit formalisiert die Intuition von Dimension als Anzahl von Koordinaten oder Freiheitsgrade auf eine Weise, die auch für gekrümmte Räume funktioniert. Die Ebene, oder auch eine verkrümmte Fläche, ist zweidimensional, weil jeder Punkt durch die Angabe von zwei Parametern, die Koordinaten, spezifiziert wird, also zwei Freiheitsgrade hat: Er kann sich (in einem nicht so leicht formalisierbaren Sinne) in zwei unabhängige Richtungen bewegen. Die Formalisierung sieht dann ungefähr wie folgt aus: Ein topologischer Raum $M$ ist eine *Mannigfaltigkeit der Dimension n*, wenn jeder Punkt $x$ eine Umgebung $U_x \subset M$ hat, die zum offenen Einheitsball $B^n := \{x \in \mathbb{R}^n : |x| < 1\} \subset \mathbb{R}^n$ äquivalent („homöomorph") ist. (Dazu macht man noch technische Zusatzannahmen, etwa dass $M$ das Hausdorffsche Trennungsaxiom erfüllt und dass die Topologie eine abzählbare Basis hat.) Eine eindimensionale Mannigfaltigkeit ist eine *Kurve*, eine zweidimensionale Mannigfaltigkeit ist eine *Fläche*. Die Sphäre $S^{n-1} = \{x \in \mathbb{R}^n : |x| = 1\}$ ist eine Mannigfaltigkeit der Dimension $n-1$, der offene Einheitsball $B^n$ ist selbst eine Mannigfaltigkeit der Dimension $n$.

Nach dieser Definition ist der $\mathbb{R}^n$ eine $n$-dimensionale Mannigfaltigkeit. Es war ein entscheidendes Problem für diese Formalisierung, zu zeigen, dass damit der $\mathbb{R}^n$ nicht auch eine andere Dimension haben kann, dass also $\mathbb{R}^n$ und $\mathbb{R}^m$ für $n < m$ nicht homöomorph sind. Diese Aussage, die *Invarianz der Dimension*, wurde 1911 von Brouwer bewiesen.

Als sich die Definition einer Mannigfaltigkeit etabliert hatte, wollte man wissen, welche Mannigfaltigkeiten es gibt. In der Mathematik beantwortet man solche Fragen, falls möglich, durch eine Klassifikation, also eine Liste aller Möglichkeiten. Eine Klassifikation der Flächen ist schon lange bekannt: Die zusammenhängenden, geschlossenen, orientierbaren Flächen entstehen aus der Sphäre $S^2$ durch Anfügen von Henkeln. Dagegen ist die Klassifikation der 3-dimensionalen Mannigfaltigkeiten eine gigantische Leistung: Den sogenannten *Geometrisierungssatz* hatte Thurston 1980 vermutet; er wurde um 2002 von

Perelman nach einem Ansatz von Hamilton bewiesen. Als Spezialfall enthält dieser die *Poincaré-Vermutung* aus dem Jahr 1904, das einzige bisher gelöste der sieben „Millenniumsprobleme".

*Fraktale Dimensionen, Hausdorff-Dimension.*   Der Dimensionsbegriff kann und muss aber auch auf allgemeinere Räume ausgedehnt werden, und auch auf Objekte in diesen Räumen, die selbst als Räume interpretiert werden, und auch auf noch allgemeinere Objekte („topologische Räume"), die möglicherweise gar nicht in einem $\mathbb{R}^n$ dargestellt werden können. Für all diese Zwecke sind unterschiedliche, recht allgemeine Begriffe von Dimension entworfen worden, die auch für einzelne Objekte unterschiedliche Ergebnisse liefern.

Die Intuition für die folgende Formalisierung des Begriffs Dimension liegt im Volumen von Körpern. Ein Würfel der Kantenlänge $2a$ kann in acht Würfel der Kantenlänge $a$ zerlegt werden, hat also auch das achtfache Volumen eines Würfels der Kantenlänge $a$. Der Faktor $8 = 2^3$ verrät, dass die Dimension des Würfels 3 ist: Allgemeiner ändert sich nämlich das Volumen eines $n$-dimensionalen Würfels, wenn man die Kantenlänge verdoppelt, um den Faktor $2^n$; wächst die Kantenlänge auf das $k$-Fache, so steigt das Volumen um den Faktor $k^n$. Der Exponent misst die Dimension des Objekts.

Dies führt zum Dimensionskonzept der fraktalen Dimension für selbstähnliche Figuren: Wenn man eine Figur in $t$ kongruente Teile aufteilen kann, die alle um einen Faktor $k$ kleiner sind, so nennen wir $\log_k(t) = \frac{\log t}{\log k}$ die *fraktale Dimension* der Figur.

Diese Definition hält eine Überraschung bereit: Sie liefert nicht unbedingt ganzzahlige Werte! Während der $n$-dimensionale Würfel (nicht überraschend) fraktale Dimension $n$ hat, erhalten wir für die Koch'sche Schneeflockenkurve, die durch einen Iterationsprozess entsteht, in dem vier Kopien eine dreimal so große Version der Kurve ergeben, $t = 4$ und $k = 3$, also eine fraktale Dimension von $\log 4 / \log 3 \approx 1{,}26$. Gleichzeitig hat die Kochsche Schneeflockenkurve die topologische Dimension 1.

Hausdorff hat durch Kombination solcher Überlegungen mit einem abstrakten Ansatz von Lebesgue (namens Überdeckungsdimension) die Definition weiter abstrahiert und eine Definition von fraktaler Dimension gegeben, die nicht nur für strikt selbstähnliche Objekte funktioniert, sondern für sehr allgemeine Teilmengen eines metrischen Raumes, also etwa für fast beliebige Teilmengen des $\mathbb{R}^n$: die Hausdorff-Dimension. Die Hausdorff-Dimension ist eine sehr wichtige und interessante Größe, in vielen Situationen aber auch sehr schwer zu berechnen. Sie zeigt auch überraschende Effekte: So hat das *Apfelmännchen* (das man auch als die *Mandelbrot-Menge* kennt) Hausdorff-Dimension 2, ihr Rand, die begrenzende Menge, aber auch – was der gängigen Bedeutung des Begriffes „Kurve" widerspricht.

## Geometrie in Dimensionen 4, 8 und 24

Wenn man erst einmal die Existenz des $n$-dimensionalen euklidischen Raums akzeptiert, der durch den Vektorraum $\mathbb{R}^n$ und sein Skalarprodukt ja explizit gegeben ist, dann kann man auch nach geometrischen Strukturen im $n$-dimensionalen Raum fragen. Und nachdem die Klassifikation der dreidimensionalen regulären Polyeder (die „platonischen Körper") der Höhepunkt von Euklids *Elementen* war, liegt die Frage nach den $n$-dimensionalen regulären Polytopen nahe: Dies sind konvexe Polytope, deren $(n-1)$-dimensionale Seitenflächen kongruente reguläre Polytope sein müssen und für die die Symmetriegruppe jede Ecke auf jede andere abbilden kann. Die vollständige Klassifikation der regulären Polyeder hat der Schweizer Geometer Ludwig Schläfli 1850–1852 erreicht – diese wurde aber erst viel später publiziert, unabhängig von Schläfli und nur in Dimension 4 von Irving Stringham 1880, dann in Schläflis gesammelten Werken 1901. Das Ergebnis ist für die Dimension $n = 4$ besonders interessant, wo es neben dem $n$-Simplex, dem $n$-Würfel und dem $n$-Kreuzpolytop (dem $n$-dimensionalen Analogon des Oktaeders) noch drei weitere Beispiele gibt, mit 24, 120 bzw. 600 Seitenflächen.

Für andere Probleme stellt sich heraus, dass in den Dimensionen $n = 8$ und $n = 24$ außergewöhnliche geometrische Strukturen existieren, zu denen es in anderen Dimensionen keine Entsprechung gibt. So gibt es in Dimension 8 das sogenannte *Wurzelgitter zur Lie-Gruppe* $E_8$:

$$\Lambda_8 := \{x \in \mathbb{Z}^8 \cup (\mathbb{Z} + \tfrac{1}{2})^8 : x_1 + x_2 + \cdots + x_8 \in 2\mathbb{Z}\},$$

in dem jeder Punkt genau 240 nächste Nachbarn (vom Abstand $\sqrt{2}$) hat. Eine analoge Struktur in Dimension 24 wurde 1957 von Leech konstruiert und ist daher als das *Leech-Gitter* bekannt. Aufgrund dieser außergewöhnlichen Strukturen ist es gelungen, das Kusszahl-Problem („Wie viele Einheitskugeln können eine vorgegebene Einheitskugel gleichzeitig berühren?") in den Dimensionen $n = 1, 2, 3, 4, 8$ und 24 exakt zu lösen – für Dimension 3 kennt man die Frage als das Newton-Gregory-Problem; die Antwort ist hier 12. Für die Dimension 8 ist die Antwort 240 und durch das $E_8$-Gitter gegeben, in Dimension 24 realisiert das Leech-Gitter die optimale Antwort 196 560.

Ebenso ist die Frage nach der dichtesten Packung von gleich großen Kugeln im $n$-dimensionalen Raum bisher nur für die Dimensionen $n = 1, 2, 3, 8$ und 24 definitiv beantwortet: Für $n = 3$ (das Kepler-Problem) bewiesen Hales und Ferguson 1998 die Optimalität der „offensichtlichen" Lösung. Für $n = 8$ stammt der Beweis für die Antwort von Maryna Viazovska aus dem Februar 2016: Das $E_8$-Gitter liefert die Kugelmittelpunkte. Für $n = 24$ liefert das Leech-Gitter eine optimale Kugelpackung, wie Viazovska in Zusammenarbeit mit anderen wenige Wochen später auch noch bewiesen hat.

## Geometrie in sehr hohen Dimensionen

Natürlich kann man sich Geometrie im hochdimensionalen Raum nur sehr schwer vorstellen und der Intuition, die man durch Analogie mit dem dreidimensionalen Raum gewinnen kann, darf man nicht unbedingt trauen. Genannt seien hier nur drei einfache Beispiele:

◇ Die Diagonale im Würfel ist nicht viel länger als die Kantenlänge? Das mag in kleinen Dimensionen stimmen, aber allgemein ist das Verhältnis der Längen $\sqrt{n}$, also ist schon für $n = 5$ das Längenverhältnis größer als 2.

◇ Eine Kugel vom Radius $r$, die in einen Würfel der Kantenlänge $2r$ eingepasst wird, füllt bei Weitem nicht den größten Teil des Volumens aus, auch wenn das in Dimension 2 ($\frac{\pi}{4} \approx 78{,}54\,\%$) und in Dimension 3 ($\frac{\pi}{6} \approx 52{,}36\,\%$) halbwegs stimmt: Das Verhältnis aus Kugelvolumen zu Würfelvolumen fällt bei wachsendem $n$ exponentiell schnell ab. So enthält schon für $N = 10$ enthält die Kugel weniger als $0{,}25\,\%$ des Würfelvolumens.

◇ Wenn $n$ groß ist, dann stehen zwei zufällige Einheitsvektoren im $\mathbb{R}^n$ mit großer Wahrscheinlichkeit fast senkrecht. Weil wir aus Symmetriegründen annehmen können, dass der erste Vektor den Nordpol der Einheitssphäre auszeichnet, heißt das, dass für große $n$ der größte Teil der Oberfläche der $(n-1)$-Sphäre in der Nähe des Äquators liegt. Die Hälfte der Punkte auf der Kugeloberfläche hat einen Abstand der Größenordnung $1/\sqrt{n}$ vom Äquator – und wenn $n$ groß ist, ist das ein sehr kleiner Abstand! Dieser Effekt ist als *Maßkonzentration* auf der Einheitssphäre bekannt.

## VARIATIONEN: DIMENSIONEN

### Der Aufbruch in die vierte Dimension

Geometrie wird seit Jahrtausenden betrieben, mit Anwendungen beim Hausbau, der Landvermessung und der Astronomie, aber zunächst ohne den Begriff der Dimension. So widmet sich Euklid in den Büchern (Kapiteln) 1–6 seiner Elemente der ebenen Geometrie, und in den Büchern 11–13 der Raumgeometrie, aber ohne das verbindende Konzept der Dimension – zwischen der Planimetrie und der Stereometrie kommen die Bücher zur Zahlentheorie. Erst mit der Einführung der Koordinatensysteme durch Nicole Oresme und René Descartes für die Geometrie der Ebene (also zweidimensionale Geometrie) und die Erweiterung auf die Raumgeometrie werden die Bereiche als zusammengehörig wahrgenommen – und es stellt sich die Frage nach höheren Dimensionen, die man plötzlich mathematisch konstruieren, aber nicht visualisieren kann.

Die systematische Erforschung vier- und noch höherdimensionaler Räume und Strukturen begann erst im 19. Jahrhundert. Trotzdem war einigen Menschen schon vorher bewusst, dass der Schritt in den vierdimensionalen Raum gar kein so großer ist. Bei der Bahnbewegung von Planeten kann man zum Beispiel die Variable der Zeit im Prinzip als gleichberechtigt zu den drei räumlichen Variablen ansehen. Der Mathematiker Jean Le Rond d'Alembert bemerkte 1754 in seiner großen Enzyklopädie:

> Ich habe schon zuvor gesagt, dass es unmöglich ist, mehr als drei *Dimensionen* zu begreifen. Ein schlauer Bekannter von mir glaubt nichtsdestotrotz, dass man eine Zeitspanne als vierte Dimension betrachten kann; diese Idee mag man kritisieren, aber sie besitzt meiner Ansicht nach einen gewissen Wert, und sei es, dass sie neu ist. [108]

(Hinter dem „schlauen Bekannten" verbirgt sich wohl d'Alembert selbst [369].) Vier Jahrzehnte später betrachtet Joseph-Louis Lagrange in seiner *Théorie des fonctions analytiques* von 1797 genau wie d'Alembert drei Raumkoordinaten und eine Zeitkoordinate und stellt dann fest: „Man kann daher die Mechanik als Geometrie der vier Dimensionen betrachten." [296, S. 223]

Oresmes „Koordinatensysteme" in einer Zusammenfassung seines Werkes *Tractatus de latitudinibus formarum* durch den Venezier Biagio Pelacani da Parma (Blasius von Parma) aus dem Jahre 1482.

Doch das bedeutet keineswegs, dass man zum Ende des 18. Jahrhunderts die Mathematik einfach von drei auf vier und mehr Dimensionen umstellte. Der Wissenschaftshistoriker Klaus Volkert beschreibt die Situation so:

> Bis etwa 1800 können wir davon sprechen, dass der Raum ein *negativer* Begriff in der Geometrie war, das heißt, der Raum wurde nicht als ein per se wichtiges Konzept begriffen. Sicherlich gab es das Konzept des Raumes – als einer passiven Bühne, auf der das Schauspiel der Geometrie aufgeführt wurde – aber natürlich war es nur das Schauspiel, an dem die Zuschauer interessiert waren. [515]

In der ersten Hälfte des 19. Jahrhunderts übersah man schlichtweg, dass die Bühne durch einen Ausbau in mehr Dimensionen ganz neue Aufführungen ermöglicht hätte. Stattdessen beschränkte man das Schauspiel der Geometrie auf drei Dimensionen. Selbst erfahrenen Mathematikern erschien die Vorstellung von Geometrie in mehr Dimensionen schlicht als zu fremdartig, um daran weitere Gedanken zu verschwenden. August Ferdinand Möbius etwa veröffentlichte 1827 das Werk *Der barycentrische Calcul*, ein Buch über Geometrie in zwei und drei Dimensionen. Darin beschrieb er, dass man durch Drehungen im Dreidimensionalen um den Winkel $\pi$ zweidimensionale Objekte („Systeme") spiegeln kann, was mit Drehungen innerhalb der Ebene allein nicht funktioniert. Seine weiteren Worte belegen, dass er durchaus eine gewisse Vorstellung vom Vierdimensionalen entwickelt hatte:

> Zur Coincidenz zweier sich gleichen und ähnlichen Systeme im Raume von drei Dimensionen [...] würde also, der Analogie nach zu schliessen, erforderlich seyn, dass man das eine System in einem Raume von vier Dimensionen eine halbe Umdrehung machen lassen könnte. Da aber ein solcher Raum nicht gedacht werden kann, so ist auch die Coincidenz in diesem Falle unmöglich. [346]

Mit dieser Meinung stand Möbius sicher nicht allein da. Erst in der zweiten Hälfte des 19. Jahrhunderts begann ein Aufbruch in höherdimensionale Räume. Wichtig wurden vor allem Carl Friedrich Gauß und dessen Schüler Bernhard Riemann. Die beiden brechen nicht allein ins Hochdimensionale auf: Auch Julius Plücker und der Brite James Joseph Sylvester, der zu

„Gauß, nach seiner öfters ausgesprochenen innersten Ansicht, betrachtete die drei Dimensionen des Raumes als eine specifische Eigenthümlichkeit der menschlichen Seele; Leute, welche dieses nicht einsehen könnten, bezeichnete er ein Mal in seiner humoristischen Laune mit dem Namen Böotier [...] Wir können uns, sagte er, etwa in Wesen hineindenken, die sich nur zweier Dimensionen bewusst sind; höher über uns stehende würden vielleicht in ähnlicher Weise auf uns herabblicken, und er habe, fuhr er scherzend fort, gewisse Probleme hier zur Seite gelegt, die er in einem höhern Zustande später geometrisch zu behandeln gedächte."
– Waltershausen über Gauß [518]

(Die „Böotier", ein Volk aus Zentralgriechenland, galten in der Antike als dumm und tölpelhaft.)

dieser Zeit bereits einer der wichtigen Vertreter der Algebra ist, tasten sich in höherdimensionale Räume vor.

Sylvester etwa veröffentlicht 1869 in der Zeitschrift *Nature* unter dem Titel *A Plea for the Mathematician* eine Rede [487], in der er zu belegen versucht, dass Mathematik nicht nur deduktiv aus abstrakten Formeln hergeleitet wird, sondern durchaus von Beobachtung der realen Welt lebt – und real und denkbar sind für ihn offenkundig auch Welten höherer Dimensionen:

> Nachdem wir uns Wesen ausdenken können (etwa unendlich flache Bücherwürmer auf unendlich dünnen Papierseiten), die nur eine Vorstellung von zwei Dimensionen haben, kann man sich durchaus auch Wesen vorstellen, die es schaffen, sich vier oder noch mehr von Dimensionen vorzustellen. [487]

Der eigentliche Aufbruch in höherdimensionale Räume fand indessen nicht in der Mathematik statt, sondern in der Schule, wie Volkert eindrucksvoll belegt [514, insbes. Kap. 10]. Die höherdimensionale Mathematik schloss an das Alltags- und Schulwissen gebildeter Bürger an, die in der Schule Planimetrie (zweidimensionale Geometrie) und Stereometrie (dreidimensionale Geometrie) kennengelernt hatten. Während die Entstehung der Gruppentheorie, die Anfänge der mathematischen Statistik, Logik oder Mengenlehre oder die Entwicklung des Stetigkeitsbegriffes – um nur einige Beispiele zu nennen – an der Öffentlichkeit praktisch unbemerkt vorbeigingen, ließen sich Bildungsbürger von der vierten Dimension schockieren oder elektrisieren, je nach Charakter.

Zu denen, die begeistert auf die neue hochdimensionale Welt reagierten, gehörte der Mathematiklehrer Charles Howard Hinton. Es wird vermutet, dass seine Überlegungen, wie ein Leben auf einer zweidimensionalen Kugeloberfläche aussehen könnte, über den Schulkollegen Howard Candler an den Lehrer Edwin Abbott Abbott gelangten, dem seinerseits die wohl erfolgreichste frühe Popularisierung der vier Dimensionen gelang: die Satire *Flatland* [2] aus dem Jahr 1884.

Die Idee der vierdimensionalen Raumzeit, einer der Kerngedanken der Speziellen Relativitätstheorie, die Albert Einstein 1905 veröffentlichte, entstand also keineswegs aus dem Nichts, sie lag Ende des 19. Jahrhunderts in der Luft. Fast zeitgleich mit Einstein entwickelte auch Jules Henri Poincaré Ansätze zu

*Vierdimensionale Erziehung*
Charles Howard Hinton war eine schillernde Figur, die mit geradezu religiösem Eifer für ein Verständnis der vier Dimensionen warb. Hinton begann 1880 an der Uppingham School zu unterrichten, einem altehrwürdigen Internat rund 150 km nördlich von London. Schon sein Vater James, vier Jahre zuvor verstorben, hatte eine enge Beziehung zur Familie des Logik-Pioniers und Professors George Boole und vor allem zu dessen Frau Mary Everest Boole unterhalten. Mary Boole war eine frühe Mathematikdidaktikerin – sie schrieb unter anderem das Buch *Philosophy and Fun of Algebra*. James hatte mit der Witwe Booles in einem Haushalt gelebt; sein Sohn Howard Hinton ehelichte 1880 Mary Ellen Boole, eine der fünf Töchter Booles, und unterrichtete – mit Erfolg – auch deren jüngere Schwester Alice Boole mit einem selbst entwickelten System, sich Schnitte durch einen vierdimensionalen Würfel vorzustellen. Alice Boole Stott wiederum wurde später für eigene Arbeiten in der vierdimensionalen Geometrie bekannt. (Mehr zu Hinton findet man in [45].)

einer Speziellen Relativitätstheorie, doch scheint er – zumindest in der Physik – mit vier Dimensionen nicht recht warm geworden zu sein. Noch 1906 schrieb er:

> Scheinbar kann man tatsächlich unsere Physik in die Sprache der Geometrie in vier Dimensionen übertragen; der Versuch einer solchen Übersetzung brächte aber viel Arbeit und wenig Profit. Ich erwähne nur die Mechanik von Hertz, wo wir genau dies beobachten. Es scheint, dass die Übersetzung stets weniger einfach ist als der Text selbst und dass ihr stets der Ruch einer Übersetzung anhaftet; es scheint die Sprache der drei Dimensionen besser geeignet zur Beschreibung unserer Welt, auch wenn man notfalls eine andere Sprache wählen kann. [384]

Hier hinkte Poincaré dem Zeitgeist hinterher. Inzwischen war es eine Selbstverständlichkeit, Mathematik in Räumen beliebiger Dimension zu betreiben: In der ersten Hälfte des 20. Jahrhunderts entwickelte sich die topologische *Dimensionstheorie*; zugleich kamen Definitionen für Dimensionen auf, die geometrischen Objekten sogar nichtganzzahlige („*fraktale*") Dimensionen zuwiesen.

Die Verallgemeinerung von Fragestellungen auf höhere Dimensionen wird überall in der Mathematik eingesetzt und hat sehr oft auch praktische Anwendung. Ein Beispiel aus dem 20. Jahrhundert: Ein binäres Wort von 64 Bit Länge kann als Punkt in einem 64-dimensionalen Raum interpretiert werden, als Ecke eines 64-dimensionalen Würfels. So lassen sich Computerdaten in hochdimensionalen Räumen lokalisieren und dann mit Methoden aus der Geometrie untersuchen und bearbeiten. Auf dieser Brücke zwischen Geometrie und Computerdaten basiert zum Beispiel der Kanalkodierungssatz von Claude Shannon von 1949, der angibt, wie viele Daten sich im besten Fall und bei optimaler Kodierung ohne Fehler über eine Verbindung übertragen lassen, abhängig vom Störrauschen und der Kapazität der Leitung.

## Wie definiert man die Dimension?

Der eigentliche Ursprung des Wortes kommt aus dem Lateinischen, von *dimetiri*, also *ausmessen*. Doch was wird damit eigentlich gemessen? Heute verwendet man in der Mathematik unterschiedliche Konzepte, die in unterschiedlichen Situationen zum Tragen kommen, in denen die Dimension von unterschiedlichen *Räumen* und *Objekten* beschrieben werden soll. Grob lassen sich die Definitionen in zwei Gruppen einteilen, denen verschiedene Intuitionen zugrunde liegen. Die erste Gruppe von Dimensionsbegriffen baut auf der Intuition von Freiheitsgraden auf. In der Physik taucht dieser Begriff oft auf, z. B. bei der Beschreibung von mechanischen Systemen. Das Pendel einer Standuhr hat zum Beispiel nur einen Freiheitsgrad, üblicherweise den Winkel gemessen am Drehpunkt, weil die Länge des Pendels konstant ist. Damit ist die Position eindeutig beschrieben und das Pendel bewegt sich entlang einer Kurve. Fügt man in den Stab des Pendels ein weiteres Drehgelenk ein, dann sollte es zwei Freiheitsgrade haben, nämlich die Winkel in beiden Gelenken – die Bewegung eines solchen Doppelpendels ist allerdings sehr schwer zu beschreiben. Diese Intuition ist Grundlage der beiden folgenden Dimensionsbegriffe.

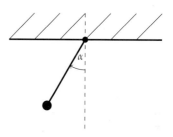

Der Winkel $\alpha$ als Auslenkung von der Senkrechten durch den Drehpunkt beschreibt die Position des Pendels eindeutig (relativ zum Drehpunkt).

*Dimension eines Vektorraums.*  Der reelle Vektorraum $\mathbb{R}^n$ ist das naheliegendste Modell für einen $n$-dimensionalen Raum. Dieser hat die Struktur eines *Vektorraums*, so dass man mit Basen und Koordinaten argumentieren kann, um die Dimension zu definieren. Das lernt man heute in der Linearen Algebra im ersten Semester im Mathematik-Studium.

*Dimension einer Mannigfaltigkeit.*  Mit der Definition von Mannigfaltigkeiten verallgemeinern wir Kurven und Flächen *in* einem reellen Vektorraum, man kann Mannigfaltigkeiten aber auch abstrakt als topologische Räume beschreiben, die lokal „in der Umgebung jedes Punktes" aussehen wie ein (möglicherweise verzerrter) Modellraum $\mathbb{R}^k$: Dann ist $k$, die Dimension des Modellraums, auch die Dimension der Mannigfaltigkeit. Das wiederum lernt man oft erst später in weiterführenden Vorlesungen im dritten Studienjahr.

Die zweite grundlegende Intuition für Dimensionsbegriffe kommt vom Volumen, genauer aus der Analyse, wie sich das Volumen verändert, wenn man Objekte skaliert, also um einen Faktor $k$ verkleinert oder vergrößert, so dass sich alle Längen und Abstände um den Faktor $k$ verändern. Der Exponent in der

Volumenveränderung misst die Dimension: In Dimension 1, auf der Zahlengeraden, passiert nichts Spannendes. Wenn wir aber eine Figur in der Ebene, zum Beispiel ein Quadrat, um den Faktor $k$ vergrößern oder verkleinern, dann ändert sich das Volumen um den Faktor $k^2$. Für einen Würfel im Raum verhält sich das Volumen nach dem Faktor $k^3$ unter Streckung und so weiter. Das führt auf die

*Fraktale Dimension.*   Selbstähnliche Strukturen, sogenannte Fraktale, die aus mehreren kleineren Kopien der Struktur zusammengesetzt sind, führen zu einem Dimensionsbegriff, der auch nichtganzzahlige Werte ergibt.

*Vektorräume.*   D'Alembert argumentiert bei seiner „Definition" der Dimension intuitiv: Ein Körper, der sich nur in eine Richtung erstrecke, heiße eindimensional; einer, der eine Breite und eine Tiefe besitze, sei zweidimensional; und so weiter. Genauso reimt man sich auch in der Schule die Dimensionen zusammen – und selbst in der Fachwissenschaft Mathematik begnügte man sich für lange Zeit mit dieser Vorstellung. Sie findet sich beispielsweise so bei Euler [155, Tom. II, Appendix de Superficiebus § 4].

   Geometrie wird seit Oresme und Descartes in Koordinaten betrieben – und die Dimension eines Raums ist die Anzahl der Koordinaten, die man zur Beschreibung eines Punktes braucht. Für ebene Geometrie arbeiten wir also im $\mathbb{R}^2$, für Raumgeometrie im $\mathbb{R}^3$ und allgemeiner können wir Analytische Geometrie im $\mathbb{R}^n$ betreiben. Entscheidend ist hier die Anzahl der Koordinaten, die man *braucht*, in dem subtilen Sinn, dass es nicht auch irgendwie möglich ist, einen Punkt durch Angabe von weniger Parametern eindeutig zu bestimmen. Das führt in der Linearen Algebra zum Begriff der linearen Unabhängigkeit (und später auf das Invarianzproblem).

   Der $\mathbb{R}^n$ ist ein Beispiel für einen Vektorraum, eine Menge also, deren Elemente – die *Vektoren* – man sich üblicherweise als Pfeile vorstellt, als Objekte, die eine Länge und eine Richtung besitzen, oder auch als $n$-Tupel von Zahlen aus irgendeinem Körper. Diese Objekte lassen sich verknüpfen („addieren") und stauchen bzw. strecken („mit einem Faktor aus dem Körper

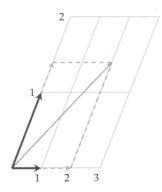

Eine Basis für den $\mathbb{R}^2$ besteht aus zwei Vektoren, die keineswegs senkrecht aufeinanderstehen und dieselbe Länge haben müssen (dunkelblau). Die Faktoren, mit denen man die Basisvektoren streckt, um die Punkte der Ebene zu erreichen, kann man als die *Koordinaten* des jeweiligen Vektors identifizieren; gezeigt ist der Vektor $(2, 1{,}4)$.

multiplizieren"). Entscheidend ist, dass jeder Vektorraum eine Basis besitzt, eine minimale Menge von Vektoren, die, geeignet gestreckt und addiert, jedes Element im Vektorraum erzeugen – und dass alle Basen dieselbe Anzahl an Elementen haben.

Wählt man die Basisvektoren im $\mathbb{R}^3$ so, dass sie senkrecht aufeinanderstehen, dann kann man ihre Richtungen eben als „Länge", „Breite" und „Höhe" identifizieren – und man ist bei dem Gedanken, den schon d'Alembert einst hatte.

Heute lernt man Vektoren und Vektorräume, zumindest zwei- und dreidimensionale, schon in der Schule kennen. Doch historisch dauerte es lange, bis der Begriff des Vektorraums axiomatisch eingeführt war. Die verzweigten Wurzeln der Vektorrechnung reichen ins 19. Jahrhundert zurück. William Rowan Hamilton führte die Vektorrechnung zwar ein, förderte aber deren Verwendung nicht – stattdessen schuf er einen regelrechten Kult um die Quaternionen, eine spezielle vierdimensionale Erweiterung der komplexen Zahlen, wodurch er und seine Gefolgsleute womöglich auch, zumindest in England, die Verallgemeinerung der Mathematik auf höhere Dimensionen behinderten. Der Gymnasiallehrer Hermann Graßmann schuf mit seiner *Ausdehnungslehre* die Lineare Algebra im Grundsatz. Die erste axiomatische Definition eines Vektorraums publizierte Giuseppe Peano im Jahr 1888. (Für ausführliche Darstellungen der geschichtlichen Entwicklung siehe zum Beispiel [130] und [348].)

*Mannigfaltigkeiten.* Heute behandeln wir in der Mathematik auch viel allgemeinere „Räume", und entsprechend wurde der Dimensionsbegriff immer wieder erweitert und verallgemeinert. Der erste große Schritt in diese Richtung ist das Studium der Mannigfaltigkeiten, die vor allem Bernhard Riemann in die Mathematik eingeführt hat. Riemann hatte in seinem Habilitationsvortrag [418] Mannigfaltigkeiten beliebiger Dimension vorgestellt, worunter er – modern ausgedrückt – (topologische) Räume verstand, in denen jeder Punkt eine Umgebung besitzt, die homöomorph zum $\mathbb{R}^n$ ist. Man kann diese Umgebungen also mit einer bijektiven Abbildung, die in beiden Richtungen stetig ist, auf den $\mathbb{R}^n$ abbilden. (Genauso kann man den offenen Einheitsball im $\mathbb{R}^n$, also $B^n := \{x \in \mathbb{R}^n : |x| < 1\}$, als Modell

Hermann Graßmann (1809–1877) kam aus Stettin, studierte in Berlin Philosophie und Theologie, hat sich Mathematik aber im Selbststudium angeeignet. Er arbeitete dann im Lehrerseminar in Stettin, entwarf Prüfungsaufgaben, war auch als Hilfslehrer tätig. 1844 publizierte er sein Hauptwerk, *Die Wissenschaft der extensiven Größe oder die Ausdehnungslehre, eine neue mathematische Disziplin.* Das zweibändige Werk bildet eine der Wurzeln der Linearen Algebra und Analytischen Geometrie, ist allerdings nicht leicht nachzuvollziehen und wurde daher weitgehend ignoriert. Zu Lebzeiten wurde Graßmann nur von einer kleinen, aber hartnäckigen Fangemeinde unterstützt [379, 431]. Enttäuscht wandte er sich nach einigen weiteren Arbeiten von der Mathematik ab und trieb stattdessen Sprachwissenschaft; noch heute gilt er als ein wichtiger Erforscher des Sanskrit.

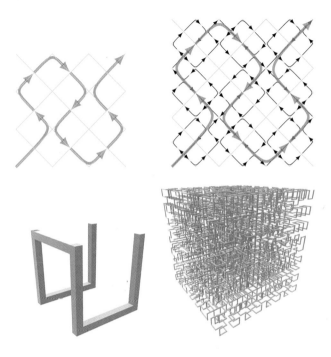

Oben: Das Konstruktionsprinzip der Kurve, die Giuseppe Peano im Jahre 1890 veröffentlicht hat [372]. Iteriert man es, ergibt sich eine unendlich lange Kurve, die das Einheitsquadrat füllt (rechts der erste Iterationsschritt). Unten: Hilbert ließ sich von Peanos Idee zu einer weiteren Kurve inspirieren (1891, [238]), die sogar leicht auf höhere Dimensionen verallgemeinert werden kann (rechts die Kurve nach der vierten Iteration).

für die Umgebungen nehmen.) Anders ausgedrückt: Man verformt diese Umgebungen wie Gummi, bis sie dem $\mathbb{R}^n$ gleichen. Im Kern ist eine Mannigfaltigkeit also ein Raum, der aus „verbogenen und verzerrten" Vektorräumen zusammengeklebt werden kann.

Um einen Punkt in einem $n$-dimensionalen Vektorraum spezifizieren brauchen wir $n$ Koordinaten, wobei $n$ die Anzahl der Basisvektoren ist. Daher können wir zumindest in kleinen Bereichen einer Mannigfaltigkeit, die von einem einzelnen Vektorraum überdeckt werden, die Punkte mit $n$ Koordinaten beschreiben. Die Dimension gibt in diesem Sinn die Anzahl der Freiheitsgrade an.

Mit dieser Verallgemeinerung des Dimensionsbegriffs von einem Vektorraum zu einer Mannigfaltigkeit stellt sich natürlich die Frage, warum nicht auch weniger Koordinaten reichen, um einen Punkt eindeutig zu bestimmen. Vielleicht müssen wir uns nur geschickt anstellen? Was verändert sich beim „Verbiegen und Verzerren"? Ist $\mathbb{R}^n$ gleichzeitig eine Mannigfaltigkeit von anderer Dimension als $n$? Formaler ausgedrückt: Kann man einen $n$-dimensionalen Vektorraum bijektiv und in beiden Richtungen stetig auf einen $m$-dimensionalen abbilden, mit $m \neq n$? Nochmal anders ausgedrückt: Ist die Dimension eine Kennzahl einer Mannigfaltigkeit, die sich unter solchen Abbildungen nicht verändert, also invariant bleibt?

Diese Frage bewegte als das „Invarianzproblem" mehrere Jahrzehnte die Gemüter, angefeuert auch von überraschenden Entdeckungen: 1890/91 publizierten Giuseppe Peano [372] und David Hilbert [238] Kurven, mit denen sich ein Einheitsquadrat lückenlos füllen lässt. Peano und Hilbert hatten also eine stetige Abbildung von einer (eindimensionalen) Geraden auf die (zweidimensionale) Ebene gefunden – nur bijektiv war ihre Abbildung nicht. Georg Cantor hatte zuvor eine unstetige, aber bijektive Abbildung zwischen Einheitsstrecke und -quadrat gefunden (siehe Kapitel „Unendlichkeit", S. 213 ff.). Die Zahlengerade und die Ebenen haben also „gleich viele Punkte", d. h. man kann die Dimension nicht von der Kardinalität der Menge ablesen.

Letztlich löste L. E. J. Brouwer 1911 das Invarianzproblem: In einer kurzen Arbeit in den *Mathematischen Annalen* [61] bewies er, dass $\mathbb{R}^n$ und $\mathbb{R}^m$ für $m \neq n$ nicht homöomorph sind, dass es also für $m \neq n$ keine bijektive stetige Abbildung $f : \mathbb{R}^m \to \mathbb{R}^m$ mit stetiger Umkehrung („Homöomorphismus") geben kann.

*Dimensionsbegriffe aus Mengenlehre und Topologie.* Zu Ende des 19. Jahrhunderts war eine ganze Reihe Funktionen bekannt, die aus dem einen oder anderen Grund als „pathologisch" galten (siehe Kapitel „Funktionen", S. 309 ff.). Fast noch einfacher kann man sich geometrische Objekte ausdenken, die keine Mannigfaltigkeiten sind, weil sie zum Beispiel Singularitäten besitzen oder aus unendlich vielen isolierten Einzelteilen zusammengesetzt werden. Wie soll man einem solchen Objekt eine Dimension zuweisen? Klar ist da nur eines: Dimensionen nur für Mannigfaltigkeiten und auf Basis von Vektorräumen zu definieren, reicht sicher nicht.

Es war Henri Poincaré, der deshalb an der Wende zum 20. Jahrhundert eine Neudefinition des Dimensionsbegriffes anging, bezogen auf Objekte, die ihm in seiner Arbeit in der noch jungen Topologie begegneten. Die Topologie (oder Analysis situs, wie sie zu Poincarés Zeit noch genannt wurde) beschäftigt sich mit Mannigfaltigkeiten und mit sehr viel allgemeineren „Räumen". Poincaré war einer ihrer Väter.

„Ich werde die Bestimmung der Größe der Dimension mit dem Begriff des Schnittes [coupure] definieren", kündigte er im Jahr 1912 in einer Schrift mit dem Titel *Pourquoi l'espace a trois dimensions* an und fuhr dann fort:

> Stellen wir uns zunächst eine geschlossene Kurve vor, das heißt, ein Kontinuum von *einer* Dimension; wenn wir auf dieser Kurve irgendwelche zwei Punkte markieren, die man nicht überqueren darf, dann zeigt sich, dass die Kurve in zwei Teile geteilt wird, und dass man vom einen nicht in den anderen Teil kommt, ohne die Kurve zu verlassen und ohne die verbotenen Punkte zu überqueren. Sei nun im Gegensatz dazu eine geschlossene Oberfläche gegeben, die ein Kontinuum von zwei Dimensionen bildet; auf dieser Fläche können wir einen, zwei, eine Anzahl von verbotenen Punkten definieren, und die Fläche wird nicht in zwei Teile geteilt werden, sondern es wird weiterhin möglich sein, von einem zu einem anderen Punkt auf der Fläche zu kommen, ohne an ein Hindernis zu stoßen, weil man stets um die verbotenen Punkte herumgehen kann.
>
> Wenn wir jedoch auf der Fläche eine oder mehrere geschlossene Kurven ziehen und diese als Schnitte verstehen, die zu überqueren verboten ist, dann wird die Fläche in mehrere Teile zerfallen. [...]
>
> Wir wissen jetzt, was ein Kontinuum von *n* Dimensionen ist: Ein Kontinuum hat *n* Dimensionen, wenn man es in mehrere Teile zerlegen kann vermittels einem oder mehrerer Schnitte, die ihrerseits Kontinua von $n - 1$ Dimensionen sind. Das Kontinuum von *n* Dimensionen ist also definiert durch ein Kontinuum von $n - 1$ Dimensionen; das ist eine rekursive Definition. [385]

Poincaré war mit dieser induktiven Definition der Dimension offenkundig zufrieden. Andere nicht. Schon ein Jahr später meldete sich Brouwer zu Wort: „Obgleich der *n*-dimensionale Jordansche Satz auf die Möglichkeit einer derartigen Definition deutet, so lässt sich diese in der zitierten Form dennoch nicht aufrechterhalten", stellte er in einem Aufsatz mit dem Titel *Über den natürlichen Dimensionsbegriff* kühl fest [63]. Warum nicht? Zunächst hatte Brouwer Probleme mit dem Ausdruck „Kontinuum". Was sollte damit gemeint sein? Konnte zum Beispiel ein Doppelkegel (also zwei Eiswaffeln, deren Spitzen

Eine Jordan-Kurve in der euklidischen Ebene (rot) – also ein irgendwie deformierter Kreis oder eine irgendwie geformte geschlossene Linie – zerlegt die Ebene in zwei disjunkte Gebiete (weiß und hellblau). Vereinigt ergeben die beiden Gebiete zusammen mit der Kurve die ganze Ebene, und eines der Gebiete ist beschränkt. Diese Aussage kennt man als *Satz von Jordan*, sie wurde aber erst 1905 von Oswald Veblen bewiesen, nachdem Camille Jordan 1887 einen unvollständigen Versuch veröffentlicht hatte.

sich berühren) ein Beispiel für ein (zweidimensionales) Kontinuum sein? Der ist aber durch geschicktes Entfernen nur eines einzigen Punktes in zwei Flächen unterteilbar! Und wie viele Schnitte erlaubte Poincaré? Man bedenke, so Brouwer, dass viele $m$-dimensionale Mannigfaltigkeiten zusammen eine $(m + 1)$-dimensionale Mannigfaltigkeit bilden können! Brouwer ging die Sache daher viel formaler an.

> Es sei $\pi$ irgendeine Normalmenge, $\pi_1$, $\rho$ und $\rho'$ drei Teilmengen von $\pi$, welche innerhalb $\pi$ abgeschlossen sind und keine gemeinsamen Punkte besitzen. Alsdann heißen $\rho$ und $\rho'$ in $\pi$ durch $\pi_1$ *getrennt*, wenn jede zusammenhängende, abgeschlossene Teilmenge von $\pi$, welche sowohl mit $\rho$ wie mit $\rho'$ Punkte gemeinsam hat, auch von $\pi_1$ mindestens einen Punkt enthält. Der Ausdruck *„$\pi$ besitzt den allgemeinen Dimensionsgrad $n$"*, in welchem $n$ eine beliebige natürliche Zahl bezeichnet, soll nun besagen, daß für jede Wahl von $\rho$ und $\rho'$ eine trennende Menge $\pi_1$ existiert, welche einen geringeren allgemeinen Dimensionsgrad als $n - 1$ besitzt. Weiter soll der Ausdruck *„$\pi$ besitzt den allgemeinen Dimensionsgrad Null bzw. einen unendlichen allgemeinen Dimensionsgrad"* bedeuten, daß $\pi$ kein Kontinuum als Teil enthält, bzw. daß zu $\pi$ weder die Null noch irgendeine natürliche Zahl als ihr allgemeiner Dimensionsgrad gefunden werden kann.

Gehen wir kurz diese Definition durch: Sie greift für Normalmengen, die in der heutigen Topologie als „normale Räume" bezeichnet werden. Brouwer betrachtet, wie er zwei Teilmengen $\rho$ und $\rho'$ solcher Normalmengen trennen kann. Das „Messer" ist die dritte Menge $\pi_1$, die jeder Menge $\mathcal{A}$, die sowohl Punkte aus $\rho$ als auch aus $\rho'$ enthält, irgendwie berührt (das heißt: $\mathcal{A} \cap \pi_1 \neq \varnothing$) – ähnlich wie bei Poincaré. Doch jetzt kommt der Unterschied: Wenn es für jede Wahl von $\rho$ und $\rho'$ ein Messer der Dimension $n - 1$ gibt, dann heißt die Normalmenge $n$-dimensional.

War das jetzt das letzte Wort in Sachen Dimension? Noch lange nicht!

Lange vor Brouwers und Poincarés Veröffentlichungen hatte sich Henri Lebesgue mit einem Problem beschäftigt, das auf den ersten Blick weit entfernt vom Thema Dimensionen scheint, auf den zweiten Blick aber sehr viel damit zu tun hat: mit dem Messen von Mengen. „Vor dem Aufkommen der Mengentheorie verwendeten Mathematiker den Begriff Dimension

Henri Poincaré (1854–1912) entstammte einer einflussreichen und wohlhabenden Familie; sein Vater war Professor für Medizin an der Universität in Nancy. Er studierte Bergbau und arbeitete danach sogar kurzzeitig als Ingenieur; gleichzeitig schrieb er aber eine Doktorarbeit in Mathematik auf dem Gebiet der Differentialgleichungen. 1879 schloss er die Promotion ab und lehrte dann zunächst in Caen Mathematik. Bereits 1881 übernahm er jedoch eine Professur an der Sorbonne, die er bis zu seinem Tod innehatte. Parallel lehrte er auch ab 1904 an der École Polytechnique, unter anderem Astronomie, Optik, mathematische Elektrizitätslehre, Thermodynamik. Fast gleichzeitig mit Einstein befasste er sich mit dem Relativitätsprinzip, das Einstein zur Speziellen Relativitätstheorie ausbaute. 1895 verfasste er das Lehrbuch *Analysis Situs*, das zur Grundlage der Topologie wurde. Im Zuge dieser Forschungen entstand auch die berühmte Poincaré-Vermutung, die er 1904 veröffentlichte. Berühmt wurde Poincaré auch aufgrund seiner Beschäftigung mit der Psychologie mathematischen Arbeitens; zwischen 1903 und 1908 entstanden daraus mehrere Bücher und eine ganze Reihe von Vorträgen zu diesem Thema, die gesammelt unter dem Titel *Der Wert der Wissenschaft* erschienen sind.

nur in einem vagen Sinne", schrieben Witold Hurewicz und
Henry Wallman in der Vorrede ihres 1948 erschienen Buches
*Dimension Theory* [251], des ersten Lehrbuches über Dimen-
sionstheorie. (Mehr zu dieser Theorie und ihrer Geschichte
findet man in den Aufsätzen von Johnson [259, 260].) Lebesgues
Ideen führten zu einer weiteren topologischen Definition des
Dimensionsbegriffs.

In seiner Dissertation von 1902 untersuchte er, wie man
Funktionen integrieren kann, die sich nicht einfach „zerschneiden" und „aufsummieren" lassen, etwa weil sie sehr schnell
oszillierten oder unendlich viele Unstetigkeitsstellen enthalten.
Dabei stellte er eine Grundsatzfrage: Was heißt es eigentlich,
wenn wir sagen: „Diese Strecke hat die Länge $x$ oder jener
Würfel das Volumen $y$?"

Klar ist: Grundsätzlich ordnet man beim *Messen* einer Menge eine nichtnegative reelle Zahl zu, eventuell kann man noch
„unendlich" als Wert zulassen. Um sinnvoll zu sein, muss ein
Maß jedoch noch mehr Eigenschaften erfüllen: Teilt man die
Menge in zwei diskjunkte Teile, dann sollte die Summe der
Maße der Teile das Maß der ganzen Menge ergeben – so wie
ein Meter und ein halber Meter zusammen eineinhalb Meter
ergeben. Außerdem sollen die reelle Einheitsstrecke und alle ihre Translationen, also zum Beispiel die Strecke [5,2; 6,2],
das Maß 1 bekommen. Ein einzelner Punkt hat aber sicher
Maß 0 – und an dieser Stelle stolpert man über das erste Problem: Die Einheitsstrecke ist die disjunkte Vereinigung von
unendlich vielen Punkten. Deren Maße addieren sich aber
zu 1?

Tatsächlich kann keine Funktion *alle* genannten Eigenschaf-
ten erfüllen oder, anders herum: Unter obigen Voraussetzungen
existieren stets Mengen, die nicht messbar sind – obschon
Lebesgue eine Funktion definierte, die für viele Mengen als ver-
nünftiges Maß verwendet werden kann, das nach ihm benannte
Lebesgue-Maß. Nichtmessbare Mengen entdeckten 1902 der
Italiener Giuseppe Vitali und 1914, auf ganz ähnlichem Wege,
Felix Hausdorff (siehe Kapitel „Unendlichkeit", S. 213 ff.).

Lebesgue aber untersuchte weiter, wie man Mengen vermessen könnte – und entdeckte dabei ein Überdeckungsverfahren,
das er 1911 veröffentlichte [305]. 22 Jahre später machte der

*Der Nutzen der Maßtheorie*
Die Maßtheorie ist eine Basis der
modernen Wahrscheinlichkeitstheorie und die Weiterentwicklung
des Integralbegriffs. Heute ist sie
zum Beispiel für die Untersuchung
von Zufallsprozessen wichtig, wie
sie etwa bei der Entwicklung von
Börsenkursen auftreten.

tschechische Mathematiker Eduard Čech daraus eine Definition
für Dimensionen, die heute Überdeckungsdimension genannt
wird [83].

Für viele – aber nicht alle – topologische Mengen liefern die
beiden topologischen Dimensionsbegriffe dieselben Dimensionen. Stets sind erhaltenen Werte aber ganzzahlig. Das sollte sich
in den kommenden Jahren noch ändern.

*Fraktale Dimensionen.*   1919 veröffentlichte Felix Hausdorff
eine Arbeit mit dem Titel *Dimension und äußeres Maß* [222], in
der er auf der Basis eines eigenen Maßbegriffs einen neuen
Dimensionsbegriff definierte. Und der führte – das war völlig
neu – auch zu gebrochenzahligen Dimensionen.

Um diesen neuen Dimensionsbegriff zu verstehen, benötigen wir zunächst den Maßbegriff von Hausdorff. Was ist das
$d$-dimensionale Hausdorff-Maß einer Menge $S$? Hausdorff setzt
zunächst voraus, dass wir es mit Teilmengen $S$ eines metrischen Raumes zu tun haben – also mit Mengen, bei denen wir
für jedes Paar von Punkten sagen können, wie weit sie voneinander entfernt sind. Für die Bestimmung des Maßes betrachtet
man dann Überdeckungen der Menge $S$ mit einer abzählbaren
Anzahl von Kugeln, wobei keine Kugel $U_i$ einen Durchmesser
$\mathrm{diam}(U_i)$ größer als $D$ haben soll. Unter all diesen Überdeckungen greift man sich jene heraus, für die der Ausdruck

$$S(D,\, d) = \sum_i \big(\mathrm{diam}(U_i)\big)^d$$

möglichst klein wird: man bestimmt damit das Infimum für alle
Werte $S(D,\, d)$, also die größte untere Schranke für diese Werte.
Anschließend lässt man $D$ gegen null gehen. Das Maß ist dann:

$$\mu_d(\mathcal{X}) = \lim_{D\to 0} \inf S(D,\, d).$$

Hausdorff fiel nun Folgendes auf: Für jede Teilmenge $\mathcal{X}$ eines
metrischen Raumes gibt es einen Wert $d^\star$, so dass das Maß $\mu_d$
für alle $d < d^\star$ zu null wird und für alle $d > d^\star$ unendlich groß
wird. Den Wert $d^\star$ nennt man heute die Hausdorff-Dimension.

Betrachten wir ein Beispiel, die Cantor-Menge, eine Teilmenge der reellen Zahlen. Wenn der Durchmesser der verwendeten Bälle 1 betragen darf, benötigt man eine einzelne

Kugel, d. h. eine Strecke der Länge 1. Bei einem Durchmesser von $\frac{1}{3}$ sind zwei Kugeln zur Überdeckung nötig, und so weiter.

| $D$ | $\frac{1}{3^0}$ | $\frac{1}{3^1}$ | $\frac{1}{3^2}$ | $\cdots$ | $\frac{1}{3^n}$ | $\cdots$ |
|---|---|---|---|---|---|---|
| $\inf_{\{U_i\}} \sum_i \operatorname{diam}(U_i)^d$ | $1$ | $\frac{2}{3}$ | $\frac{4}{3^2}$ | $\cdots$ | $\left(\frac{2}{3^d}\right)^n$ | $\cdots$ |

Doch was ist $\lim_{n\to\infty}\left(\frac{2}{3^d}\right)^n$? Für $d = 0$ ist der Grenzwert unendlich, für $d = 1$ geht die Folge gegen 0. Der Trennpunkt zwischen beiden Extremen liegt bei $d = \log_3 2 \approx 0{,}63093$: Das ist also die Hausdorff-Dimension der Cantor-Menge.

Die Definition der fraktalen Dimension war ein weiterer Schritt hinein in ein neues Untergebiet von Topologie, der Theorie der dynamischen Systeme und der Funktionentheorie, das heute den Namen *fraktale Geometrie* trägt. Fraktale waren in der ursprünglichen Bedeutung Mengen von gebrochener (im Sinne von: nicht ganzzahliger) Dimension – so gebrauchte Benoît Mandelbrot erstmals das Wort [329]. Inzwischen hat das Wort einen Bedeutungswandel durchgemacht und bezeichnet allgemein selbstähnliche Mengen. Einen Kurzabriss der Anfänge der fraktalen Geometrie findet man zum Beispiel in [84].

In der modernen fraktalen Geometrie gibt es zahlreiche weitere Definitionen für nichtganzzahlige Dimensionen, die einfacher zu handhaben sind als die von Hausdorff; mehr dazu in [443]. Eine der einfachsten ist die Ähnlichkeitsdimension, sinnvoll für Mengen, die aus skalierten Kopien ihrer selbst bestehen, also *selbstähnlich* sind. Besteht die Menge aus $N$ Kopien, die jeweils um den Faktor $s < 1$ verkleinert sind, dann ist die Ähnlichkeitsdimension definiert als:

$$-\frac{\log N}{\log s}$$

Die Cantor-Menge ist eine solche Menge: Sie besteht aus zwei Kopien ihrer selbst, die jeweils um den Faktor $\frac{1}{3}$ geschrumpft wurden – das ergibt eine Ähnlichkeitsdimension von

$$-\frac{\log(2)}{\log(1/3)} = \log_3 2.$$

*Die Cantor-Menge*
Auf Cantor geht ein Objekt zurück, das auch schon als „das erste Fraktal" tituliert wurde. (In der ursprünglichen Bedeutung ist ein Fraktal eine Menge, die eine nicht ganzzahlige Dimension hat, was es zu Cantors Zeit noch nicht gab.)

Im Anhang zu § 10 des fünftes Teiles seines Großprojekts *Über unendliche, lineare Punktmannichfaltigkeiten* (siehe Kapitel „Unendlichkeit", S. 213 ff.) von 1883, quasi als Randbemerkung, führte Georg Cantor seine fraktale Menge so ein [77]:

„Als ein Beispiel einer perfecten Punctmenge, die in keinem noch so kleinen Intervall überall dicht ist, führe ich den Inbegriff aller reellen Zahlen an, die in der Formel:

$$z - \frac{c_1}{3} \mid \frac{c_2}{3^2} \mid \cdots + \frac{c_\nu}{3^\nu} \cdots$$

enthalten sind, wo die Coefficienten $c_\nu$ nach Belieben die beiden Werte 0 und 2 anzunehmen haben und die Reihe sowohl aus einer endlichen, wie aus einer unendlichen Anzahl von Gliedern bestehen kann."

Sie lässt sich so beschreiben: Wir entfernen aus dem Intervall $[0, 1]$ das mittlere Drittel und wenden dasselbe rekursiv auf die beiden dadurch entstehenden Teile an:

Dadurch erhält man im Grenzwert (also als Durchschnitt der Mengen aller Rekurstionsstufen) eine ziemlich durchlöcherte Menge mit seltsamen Eigenschaften: Die Gesamtlänge der entfernten Strecken konvergiert zwar gegen 1, doch die Menge besitzt immer noch unendlich viele Punkte, sogar überabzählbar viele, nämlich alle die Zahlen, die sich in Darstellung zur Basis 3 mit den Ziffern 0 und 2 schreiben lassen.

Man sieht: Auf die Fragen „Was ist eigentlich die Dimension?" und „Wie kann man sie definieren?" lassen sich vielfältige Antworten finden. Aber – da es den $\mathbb{R}^n$ offenkundig für beliebiges $n$ gibt, und insbesondere den $\mathbb{R}^4$: Was kann man sich darunter eigentlich vorstellen? Und was gibt es Außergewöhnliches in höheren Dimensionen zu entdecken?

## Geometrie in n Dimensionen I: Polytope

Kann man sich vierdimensionale Räume und vierdimensionale Objekte vorstellen? Bei dieser Frage gehen die Meinungen auseinander. Während der Optimierer Vašek Chvátal sie klar verneint, hätte die Mathematikerin Alicia Boole Stott wohl zugestimmt: Sie untersuchte, welche regulären Polyeder es in der vierdimensionalen Geometrie gibt, und bewies dabei eine erstaunliche Vorstellungskraft.

Eines ist sicher: Jede Dimension hat ihre Eigenheiten. Wenn etwas in Dimension $n$ funktioniert, dann ist es keineswegs gesagt, dass es auch in Dimension $n + 1$ klappt. Beim Sprung zwischen Dimensionen versagt unsere Intuition oft. Im Folgenden stellen wir einige Beispiele für hochdimensionale Überraschungen vor.

*Reguläre Polytope.* Reguläre Polytope sind konvexe Körper – haben also keine einspringenden Ecken oder Kanten – und werden ihrerseits von identischen Kopien eines regulären Polytops begrenzt, und zwar sehr symmetrisch: Durch Drehungen und Spiegelungen kann man jede Ecke eines solchen Polytops in jede andere überführen. Die regulären Polytope der Dimension 0 oder 1 sind Punkt und Strecke. Wie sieht es in höheren Dimensionen aus?

$n = 2$. Ein reguläres $m$-Eck existiert für jedes $m \geq 3$. Es gibt also unendlich viele verschiedene reguläre Polytope der Dimension 2.

$n = 3$. Die Klassifikation der regulären Polyeder, der platonischen Körper, ist ein wichtiges Ergebnis der klassischen griechischen Mathematik und einer der Höhepunkte in den *Elementen* des Euklid: Es gibt *fünf* reguläre Polyeder, nämlich

*Das Kakeya-Problem – eine Frage aus der fraktalen Geometrie*

Wie sieht die kleinste Fläche aus, auf der man eine Nadel einmal um 180 Grad drehen kann? Erstaunlicherweise kann man diese Fläche beliebig klein machen, allerdings franst sie dabei beliebig aus – sie wird zu einem Fraktal. So wurde die Frage des japanischen Mathematikers Sōichi Kakeya variiert: Wie sieht eine Menge aus, in der man in jeder Richtung ein Einheitsintervall unterbringen kann? Eine solche Menge heißt Besikowitsch-Menge. Es ist bekannt, dass ebene Besikowitsch-Mengen immer eine fraktale Dimension 2 haben, wie 1971 Roy O. Davies bewies [112]. Doch was, wenn die Nadel sich im Raum befindet? Diese Frage, die immer noch offen ist, wurde unter anderem in den vergangenen Jahren von den Fields-Medaillisten Charles Fefferman und Terence Tao untersucht.

Simplex (Tetraeder), Würfel (Hexaeder) und Oktaeder, sowie das von zwölf Fünfecken begrenzte Dodekaeder und das Ikosaeder, dessen Oberfläche aus 20 Dreiecken besteht.

$n = 4$. Im vierdimensionalen Raum gibt es *sechs* Typen von regulären Körpern: Neben den vierdimensionalen Versionen von Simplex, Würfel und Oktaeder sind es das durch 24 Oktaeder begrenzte 24-Zell, das durch 120 Dodekaeder begrenzte 120-Zell und schließlich das 600-Zell, dessen Oberfläche aus 600 regulären Tetraedern besteht.

$n > 4$. In höheren Dimensionen gibt es nur noch *drei* Typen, nämlich das $n$-dimensionale Simplex, den $n$-dimensionalen Würfel mit $2^n$ Ecken und $2n$ maximalen Seitenflächen sowie das $n$-dimensionale Kreuzpolytop mit $2n$ Ecken und $2^n$ Seitenflächen, welches das Oktaeder verallgemeinert.

Der Fall der Dimension 4 ist also offenbar besonders interessant.

*Bilder?* Die Idee, Objekte in vier und mehr Dimensionen zu verstehen, indem man sie auf zwei oder drei Dimensionen herunterbricht, ist naheliegend. In der Praxis schneidet man die hochdimensionalen Objekte gerne in Scheiben. Alicia Boole Stott, eine der Entdeckerinnen der sechs vierdimensionalen regulären Polytope, veranschaulichte sich vierdimensionale

„An dieser Stelle ist eine Warnung angebracht: Versuche niemals, $n$-dimensionale Objekte für $n \geq 4$ zu visualisieren. Solch ein Vorhaben ist nicht nur von vornherein zum Scheitern verurteilt – es könnte auch der geistigen Gesundheit schaden. (Falls es dir glückt, sitzt du wirklich in der Patsche.)" – Vašek Chvátal [88, S. 252]

Eine Seite aus Boole–Stotts Arbeit *On certain series of sections of the regular four-dimensional hypersolids* von 1900

Körper, indem sie diese Körper *abwickelte* und mit dreidimensionalen *Schnitten* zerlegte [52, 53, 391, 392].

Man kann die Objekte auch in die Ebene projizieren, um sie zu veranschaulichen. So, wie man dreidimensionale Körper mit Hilfe von zweidimensionalen Bildern versteht, kann man aus den dreidimensionalen „Schatten" vierdimensionaler (und höherdimensionaler) Körper etwas über diese Körper selbst lernen. Bei drei- und vierdimensionalen Polytopen betrachtet man dafür sogenannte Schlegel-Diagramme.

Um diese Idee zu beschreiben, nehmen wir eines der einfacheren Polytope: den Würfel. Die dreidimensionale Version hat Ecken, Kanten und zweidimensionale Seiten. Bei einem vierdimensionalen Würfel erweitert sich das; nun gibt es auch dreidimensionale Seitenflächen, und mit jeder weiteren Dimension kommen weitere höherdimensionale Seitenflächen hinzu. In einem $n$-dimensionalen Polytop heißen die $(n-1)$-dimensionalen Seitenflächen *Facetten*.

Nun kann man sich bei einem dreidimensionalen Würfel irgendeine der Facetten auswählen und sie als eine Art „Fenster" nehmen, durch das man in den Würfel hineinblickt. In der Facette entsteht so das zweidimensionale Abbild des Würfels, eine Projektion von ihm. Dieses Bild nennt man das „Schlegel-Diagramm", nach seinem Erfinder, dem Gymnasiallehrer Victor Schlegel. Wirklich interessant werden Schlegel-Diagramme natürlich erst bei der Analyse von vierdimensionalen Polytopen –

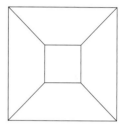

Das Schlegel-Diagramm des dreidimensionalen Würfels

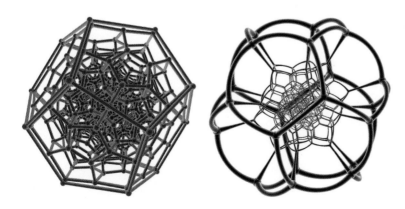

Links: Das Schlegel-Diagramm eines 120-Zells, eines der sechs vierdimensionalen regulären Polytope. Wie man im Bild erahnen kann, wird es begrenzt von 120 regulären Dodekaedern. Rechts: Auch ein 120-Zell, aber ganz anders visualisiert, mit Hilfe einer stereographischen Projektion.

das Prinzip bleibt aber gleich: Man projiziert das vierdimensionale Polytop in eine seiner dreidimensionalen Facetten.

## Geometrie in n Dimensionen II: Kugeln

Konfigurationen von Kugeln in Würfeln illustrieren sehr schön, dass man nicht naiv mit unserer Intuition aus niedrigen Dimensionen auf hochdimensionale geometrische Sachverhalte schließen darf.

Wir haben vielleicht das Gefühl, dass eine einzelne Kugel einen Würfel ja ganz gut ausfüllt. So passt eine Kreisscheibe vom Radius $r$ in ein Quadrat der Kantenlänge $2r$ und füllt dessen Fläche zu $\frac{\pi}{4}$, also zu mehr als 75 % aus. In drei Dimensionen hat eine Kugel mit Radius $r$ ein Volumen von $\frac{4}{3}\pi r^3$. Sie passt genau in einen Würfel von Kantenlänge $2r$, der ein Volumen von $8r^3$ besitzt. Daher füllt sie einen Anteil des Würfels von $\frac{1}{6}\pi$ aus, das ist immerhin mehr als die Hälfte des Volumens. Kugeln gibt es aber in allen Dimensionen – schließlich ist eine Kugel die Menge aller Punkte im $\mathbb{R}^n$, deren Abstand vom Nullpunkt nicht mehr als eine feste Zahl $r$ beträgt. Doch wie sieht der Anteil einer $n$-dimensionalen Kugel am Volumen eines $n$-dimensionalen Würfels aus?

Das Volumen einer $n$-dimensionalen Kugel mit Radius $r$ ist

$$V_n(r) = \frac{\pi^{n/2}}{\Gamma(\frac{n}{2}+1)} r^n,$$

wobei die Gammafunktion die Verallgemeinerung der Fakultät auf ganz $\mathbb{R}$ ist: für natürliche Zahlen ist

$$\Gamma(m+1) = m \cdot (m-1) \cdots 1 = m!;$$

für halbzahlige Werte erhält man

$$\Gamma(m+\frac{1}{2}) = \frac{(2m)!}{m!4^m}\sqrt{\pi}.$$

Für den $n$-dimensionalen Würfel mit Kantenlänge $2r$ berechnet sich das Volumen nach der Formel $W_n(2r) = 2^n r^n$. Damit erhält man das Volumenverhältnis

$$\frac{V_n(r)}{W_n(2r)} = \frac{\pi^{n/2}}{2^n \Gamma(\frac{n}{2}+1)}.$$

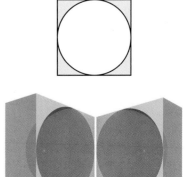

Eine Kugel, eingepasst in einen Würfel, in zwei und drei Dimensionen. In drei Dimensionen wurde der Würfel der besseren Sichtbarkeit wegen aufgeschnitten.

Rechnen wir ein paar Beispiele aus:

| $n$ | 1 | 2 | 3 | 4 | 5 | 6 |
|---|---|---|---|---|---|---|
| $V_n(r)/W_n(2r)$ | 1 | $\pi/4$ $= 0{,}7853\ldots$ | $\pi/6$ $= 0{,}5235\ldots$ | $\pi^2/32$ $= 0{,}3084\ldots$ | $\pi^2/60$ $= 0{,}1644\ldots$ | $\pi^3/384$ $= 0{,}0807\ldots$ |

Der Anteil des Kugelvolumens am Würfel geht mit wachsender Dimension gegen null, und zwar sehr schnell. Anders gesagt: Mit wachsender Dimension trifft man immer seltener die Kugel, wenn man einen zufälligen Punkt in der sie einschließenden Kiste wählt.

Ganz ähnlich funktioniert ein anderes Beispiel, bei dem $2^n$ $n$-dimensionale Kugeln vom Durchmesser 1 in einen $n$-dimensionalen Würfel der Kantenlänge 2 gepackt werden (siehe etwa in [332, Sect. 13.1]): Am Mittelpunkt entsteht dabei ein Hohlraum, in den man eine möglichst große Kugel einpassen will. Ihr Durchmesser soll also so groß gewählt werden, dass sie gerade die sie umgebenden Kugeln berührt.

Man sieht schnell, dass der Durchmesser der inneren Kugel im zweidimensionalen Fall $\sqrt{2}-1$ beträgt. Man kann auch beweisen, dass in allgemeiner Dimension $n$ die Kugel in der Mitte den Durchmesser $\sqrt{n}-1$ hat. Diese Funktion wächst mit $n$ zwar langsam, aber ohne obere Schranke. Bei Dimension 9 stößt die innere Kugel bereits am Rand des Würfels an (denn ihr Durchmesser $\sqrt{9}-1=2$ ist gleich der Kantenlänge). Ab Dimension 10 ragt sie sogar über ihn hinaus (denn $\sqrt{10}-1 >$ 2). Hätten wir das erwartet?

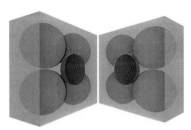

$2^n$ Kugeln in einem $n$-Würfel, für $n=2$ und $n=3$. Wenn die umgebenden Kugeln Durchmesser 1 haben, dann hat die zentrale rote Kugel den Durchmesser $\sqrt{n}-1$.

*Kugelpackungen und Kusszahlen.* Wie füllt man den ganzen unendlichen Raum $\mathbb{R}^n$ möglichst dicht mit gleich großen Kugeln? Dieses Kugelpackungsproblem beschäftigt die Mathematik seit Jahrhunderten. Mit gleich großen Kreisscheiben kann man rund 90 % der Ebene bedecken. Im Jahr 1611 vermutete Johannes Kepler, dass in drei Dimensionen die naheliegende schichtweise Stapelung von Kugeln optimal ist, mit einer Dichte von rund 74 %. Thomas C. Hales und Samuel Ferguson bewiesen das 1998 (siehe Kapitel „Beweise", S. 69 ff.). Für die vier- und fünfdimensionale Geometrie ist das Kugelpackungsproblem

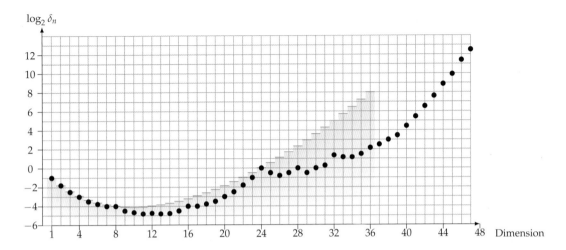

$\log_2 \delta_n$

Dimension

Hier ist der Logarithmus der Zentrumsdichte $\delta_n$ der besten bekannten Kugelpackungen über die Dimension aufgetragen (Die Zentrumsdichte ist die durchschnittliche Zahl von Kugelzentren pro Raumvolumen der Größe 1; Daten aus [94]). Rot ist die aktuell beste obere Schranke aus [89] eingefügt. In Dimensionen 1, 2, 3, 8 und 24 kennt man die optimalen Packungsdichten.

weiterhin ungelöst, obwohl man Packungen kennt, von denen man *glaubt*, dass sie optimal sind.

Wird das Problem einfach schwerer und schwerer, je größer die Dimension wird, und die Dichte der optimalen Packung immer kleiner? Das ist offenbar nicht so – denn in den Dimensionen 8 und 24 gibt es ganz besonders dichte (und auch besonders schöne!) Kugelpackungen, wo die Kugelmittelpunkte durch das $E_8$-Gitter bzw. das sogenannte Leech-Gitter $\Lambda_{24}$ gegeben sind – und Maryna Viazovska hat 2016 bewiesen, dass diese Packungen wirklich optimale Dichte haben: In Dimension 8 beispielsweise kann man einen Anteil von $\pi^4/384$ des Raumes mit Kugeln füllen, indem man die Kugelmittelpunkte auf das Gitter $E_8$ legt – besser geht es nicht. In fast allen anderen Dimensionen ist noch unbekannt, wie man Kugeln dichtestmöglich im Raum verteilt, und insbesondere auch, ob es in jeder Dimension eine optimale Kugelpackung gibt, für die die Kugeln auf einem Gitter liegen. (Man vermutet, dass das nicht stimmt.)

Immerhin sind seit 2003 durch eine Arbeit von Henry Cohn und Noam Elkies [89] gute obere Schranken für die maximale Dichte von Kugelpackungen im $n$-dimensionalen Raum bekannt, die teilweise nicht viel größer sind als die unteren

Das Gitter $E_8$ wird auf Seite 275 definiert – und Ihnen zur Analyse vorgelegt.

Schranken, die die jeweils besten bekannten Kugelpackungen liefern. In den Dimensionen 1, 2, 3, 8 und 24 fallen die besten bekannten unteren und oberen Schranken inzwischen zusammen, das Kugelpackungsproblem ist gelöst.

Verwandt mit dem Problem der Kugelpackungen ist die Frage nach der Kusszahl: Wie viele Kugeln gleicher Größe kann man in Dimension $n$ höchstens um eine zentrale Kugel mit demselben Radius so anordnen, dass alle Kugeln die zentrale Kugel berühren und sie sich gegenseitig nicht überlappen? (Mehr dazu in [551].) Der genaue Wert der Kusszahl ist nur für wenige Dimensionen bekannt: nur sechs Fälle gelten derzeit als erledigt.

Schon für Dimension 3 dauerte es sehr lange, bis man die Kusszahl bestimmen konnte. Geboren wurde das Problem für drei Dimensionen im Jahre 1694, bei einem Streit zwischen Isaac Newton und David Gregory, die sich nicht einig werden konnten, ob nun 12 oder 13 Kugeln die zentrale Kugel „küssen" können. (Die Details dieser Geschichte findet man unter anderem ausführlich in [489].) Erst 1953 veröffentlichten Bartel van der Waerden und Kurt Schütte gleich zwei elementare geometrische Beweise dafür, dass die Kusszahl in drei Dimensionen tatsächlich 12 beträgt, in *Das Problem der dreizehn Kugeln* [451].

Bisher kennen wir die Kusszahl nur in den Dimensionen 1, 2, 3, 4, 8 und 24, für alle anderen Dimensionen haben wir nur untere und obere Schranken, die unterschiedlich weit auseinanderliegen (siehe die Tabelle auf der nächsten Seite).

Interessant ist, dass sich in einer, zwei und drei Dimensionen die optimalen Anordnungen von Kugeln um eine Zentralkugel in einer Gitterpackung realisieren lassen. Auch für die Dimensionen 4, 8 und 24 sind es Gitterpackungen, in denen sich die Kusszahl realisiert. In Dimension 9 dagegen ist zwar eine Gitterpackung bekannt, die 272 Kugeln um die Zentralkugel packt. Ohne die Einschränkung auf eine Gitterpackung lassen sich aber 306 Kugeln um die Zentralkugel legen. Kann es sein, dass hier ein Sprung auftritt? Oder kennen wir einfach noch nicht die beste Gitterpackung? Das ist eine noch offene Frage, an der aktuell geforscht wird.

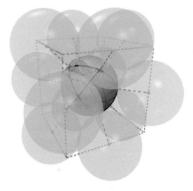

Zwölf Kugeln küssen in drei Dimensionen eine zentrale Kugel.

| Dimension | Untere Schranke | Obere Schranke | Erledigt |
|:---:|:---:|:---:|:---:|
| 1 | 2 | 2 | ✓ |
| 2 | 6 | 6 | ✓ |
| 3 | 12 | 12 | ✓ |
| 4 | 24 (24-Zell) | 24 | ✓ |
| 5 | 40 | 44 | |
| 6 | 72 | 80 | |
| 7 | 126 | 140 | |
| 8 | 240 ($E_8$-Gitter) | 240 | ✓ |
| 9 | 272 (Gitter), 306 (Nichtgitter) | 380 | |
| 10 | 500 (Nichtgitter) | 595 | |
| 11 | 582 | 915 | |
| 12 | 840 | 1357 | |
| 13 | 1154 | 2069 | |
| 14 | 1606 | 3183 | |
| 15 | 2564 | 4866 | |
| 16 | 4320 | 7355 | |
| 17 | 5346 | 11072 | |
| 18 | 7398 | 16572 | |
| 19 | 10688 | 24812 | |
| 20 | 17400 | 36764 | |
| 21 | 27720 | 54584 | |
| 22 | 49896 | 82340 | |
| 23 | 93150 | 128096 | |
| 24 | 196560 (Leech-Gitter) | 196560 | ✓ |

Die jeweils beste bekannte untere und obere Schranke für die Kusszahl in den Dimensionen 1 bis 24

*Irrfahrten.*   Dass sich die Dinge bei Übergang in die nächsthöhere Dimension dramatisch ändern können, kennt man nicht nur aus der Untersuchung von Kugelpackungen, das tritt auch in ganz anderem Kontext auf. So entdeckte 1921 der ungarische Mathematiker George Pólya einen Sprung beim Übergang zwischen Dimensionen bei Irrfahrten in einem rechtwinkligen Koordinatensystem im $n$-dimensionalen Raum [399].

Die Aufgabe: Man bewegt sich durch den Raum, bei $(0, 0, \ldots, 0)$ startend, von einem ganzzahligen Gitterpunkt zum nächsten. Jeder Punkt hat entlang der Koordinatenachsen $2n$ Nachbarn – und zu welchem man springt, wird gleichverteilt und unabhängig gewürfelt.

Für $n = 1$ springt man also auf der Zahlengeraden mit Wahrscheinlichkeit $1/2$ jeweils entweder eine Einheit nach links oder eine nach rechts.

Pólya untersuchte nun, wie wahrscheinlich es ist, dass man nach $k$ Schritten ein zweites Mal den Nullpunkt betreten hat,

*Coming home* nach 237 260 Schritten: eine Irrfahrt in zwei Dimensionen, die zum Nullpunkt zurückkehrt. *Random Walks* sind ein breites modernes Forschungsgebiet mit engen Beziehungen zur statistischen Physik, auf dem unter anderem Wendelin Werner (Fields-Medaille 2006) forscht.

und wie sich diese Wahrscheinlichkeit für ein wachsendes $k$ entwickelt. Sein erstaunliches Ergebnis: Selbst wenn man unendlich lange wandert, gelangt man nur in Dimension 1 und 2 sicher wieder zum Ausgangspunkt zurück. Ab Dimension 3 beträgt die Wahrscheinlichkeit, nach Hause zu kommen, nur noch rund ein Drittel, und sie sinkt mit wachsender Dimension immer weiter.

Shizuo Kakutani hat das so beschrieben: „Ein betrunkener Mann wird schließlich nach Hause finden, aber ein betrunkener Vogel geht vielleicht auf Dauer verloren" [135].

## Partituren

◇ Klaus Volkert, *Das Undenkbare denken. Die Rezeption der nicht-euklidischen Geometrie im deutschsprachigen Raum (1860–1900)*, Springer Spektrum (2013)

Ein sehr interessanter historischer Abriss der Geschichte des Dimensionsbegriffs im 19. Jahrhundert.

◇ Karl Menger, *What is Dimension?*, American Mathematical Monthly, (1)50, 2–7 (1943)

Menger war ein Pionier der Topologie.

◇ Yuri Manin, *The notion of dimension in geometry and algebra*, Bulletin Amer. Math. Soc., (2)43, 139–161 (2006)

Manin ist ein sehr tiefgründiger und erfahrener Denker, der hier mit großem Weitblick über den Dimensionsbegriff schreibt.

◇ Thomas F. Banchoff, *Dimensionen. Figuren und Körper in geometrischen Räumen*, Spektrum Akademischer Verlag (1991)

Faszinierender, durchgängig farbig illustrierter Band von einem Großmeister der mathematischen Visualisierung

◇ Tony Robbin, *Shadows of Reality: The Fourth Dimension in Relativity, Cubism, and Modern Thought*, Yale University Press (2006)

Die Geometrie in der vierten Dimension, erzählt und illustriert von den Anfängen und den Entdeckungen des 19. Jahrhunderts bis zu den vielfältigen Spiegelungen in der Kunst des 20. Jahrhunderts.

◇ Martin Henk und Günter M. Ziegler, *Kugeln im Computer – Die Kepler-Vermutung*, in „Alles Mathematik. Von Pythagoras zu Big Data" (Hrsg. M. Aigner, E. Behrends), 4. Auflage, Springer Spektrum, 207–234 (2016).

Eine Einführung auf Deutsch in die Welt der Kugelpackungen.

## Etüden

◇ Sehen Sie sich das Video „Doodling in Math Class: Squiggle Inception" von der Mathematikerin, Künstlerin und Musikerin Victoria Hart unter youtu.be/ik2CZqsAw28 an. Lassen Sie sich von ihr inspirieren, weitere Kurven zu konstruieren, die wie die Peano- oder Hilbert-Kurve Flächen oder Räume füllen können. Welche Eigenschaften muss eine solche Kurve erfüllen?

◇ Finden Sie selbst einen Beweis dafür, dass es genau fünf verschiedene platonische Körper gibt, also fünf reguläre Polyeder in Dimension 3. Sie müssen dafür einerseits zeigen, dass die fünf Objekte wirklich existieren (zum Beispiel, indem Sie Koordinaten angeben), andererseits aber auch nachweisen, dass es nicht noch zusätzliche Typen gibt.

◇ Was könnte die klassische Frage *Gibt es die vierte Dimension?* bedeuten? Als Mathematiker/in würden Sie wohl mit „ja" antworten. Warum? Geben Sie dafür einen vierdimensionalen Raum explizit an, und behaupten, dass der „existiert"? Ist das der $\mathbb{R}^4$ mit der üblichen Geometrie (Norm, Metrik, Skalarprodukt)?

◇ Wie bewerten Sie die klassische Antwort *Die vierte Dimension gibt es, und das ist die Zeit?* Als Physiker/in würden Sie wohl behaupten, dass die Raumzeit ein vierdimensionaler Vektorraum ist, also mit vier Koordinaten $(x, y, z, t)$ beschrieben werden kann. Dabei verhalten sich aber Raum- und Zeitkoordinaten unterschiedlich. Nach der Speziellen Relativitätstheorie von Einstein sollte man als Modell den Minkowski-Raum $\mathbb{R}^{3,1}$ verwenden: Wie unterscheidet der sich vom euklidischen Raum $\mathbb{R}^4$?

◇ Bestimmen Sie das Volumen $V_n(r)$ und die Oberfläche $A_n(r)$ einer $n$-dimensionalen Kugel vom Radius im $\mathbb{R}^n$. Warum gilt $V_n(r) = \frac{r}{n} A_n(r)$?

⋄ Das Volumen der $n$-dimensionalen Kugel kann man mit Hilfe der Gammafunktion als

$$V_n(r) \; = \; \frac{\pi^{n/2}}{\Gamma(n/2+1)} \, r^n$$

angeben. Informieren Sie sich dafür über die Gammafunktion! Wie ergeben sich die Werte von $\Gamma(n/2+1)$ für gerades und für ungerades $n$?

⋄ Packt man eine $n$-dimensionale Kugel in einen $n$-dimensionalen Würfel, so füllt sie für großes $n$ nur einen sehr kleinen Teil des Volumens aus: Verifizieren Sie, dass das Volumenverhältnis

$$\frac{V_n(r)}{(2r)^n} \; = \; \frac{(\pi/4)^{n/2}}{\Gamma(n/2+1)}$$

für $n \to \infty$ extrem schnell gegen 0 konvergiert.

⋄ Zurück zu den $2^n$ $n$-dimensionalen Kugeln vom Durchmesser 1 von Seite 267, die in einen $n$-dimensionalen Würfel mit Kantenlänge 2 gepackt werden. Dort wurde behauptet, dass die innere, rote Kugel den Durchmesser $\sqrt{n} - 1$ hat. Können Sie das beweisen? Der Satz des Pythagoras könnte eine entscheidende Rolle spielen. Wo sind die rechtwinkligen Dreiecke?

⋄ Das Wurzelgitter von $E_8$ ist die Punktmenge

$$\Lambda_8 := \left\{ x \in \mathbb{Z}^8 \cup \left(\mathbb{Z} + \tfrac{1}{2}\right)^8 : x_1 + x_2 + \cdots + x_8 \in 2\mathbb{Z} \right\}.$$

Was ist ein Gitter (englisch: *lattice*)? Wieso ist $\Lambda_8$ ein Gitter? Zeigen Sie, dass jeder Vektor in diesem Gitter (außer dem Nullvektor) mindestens die Länge $\sqrt{2}$ hat. Zählen Sie die Vektoren der Länge $\sqrt{2}$.

⋄ Bestimmen Sie die fraktale Dimension der folgenden beiden Fraktale, die jeweils aus iterativen Prozessen entstehen. Das erste Beispiel ist die Cantor-Menge, die wir oben schon diskutiert hatten:

Das zweite Beispiel ist die Koch'sche Schneeflockenkurve:

Zu Beginn dieses Kapitels hatten wir behauptet, dass die
fraktale Dimension $\log_4 3$ sei. Stimmt das? Warum?
(Eine vollständige symmetrische Schneeflocke bekommt
man, wenn man drei dieser Kurven entlang eines gleichseiti-
gen Dreiecks zusammensetzt.)

# Zufall – Wahrscheinlichkeiten – Statistik

Viele Prozesse und Ereignisse im täglichen Leben sind zufällig, oder wirken zumindest so; sie sind also gar nicht oder nur schwer vorhersagbar. Trotzdem müssen wir versuchen, Zufall präzise zu beschreiben und mit mathematischen Konzepten zu erfassen, also Wahrscheinlichkeitstheorie *und* Statistik zu entwickeln. Wir sprechen dabei zum Beispiel von Wahrscheinlichkeiten und Erwartungswerten – und bei geeigneter Modellierung sind das mathematische Größen, die berechnet werden können. Die Statistik liefert wesentliche Hilfsmittel zur Beschreibung der Welt und die Wahrscheinlichkeitstheorie ergibt tiefliegende Regelmäßigkeiten in Zufallsprozessen, etwa den zentralen Grenzwertsatz.

© Der/die Autor(en) 2022
A. Loos et al., *Panorama der Mathematik*,
https://doi.org/10.1007/978-3-662-54873-8_10

## THEMA: ZUFALL – WAHRSCHEINLICHKEITEN – STATISTIK

Zufall ist ein Alltagsphänomen. Wir versuchen ihn mit Hilfe von *Wahrscheinlichkeiten* zu beschreiben. Unsere Intuition ist dabei aber unzuverlässig – insbesondere bei sehr kleinen und sehr großen Wahrscheinlichkeiten. Das drückt sich auch in scheinbar überraschenden Beobachtungen aus, etwa dem Geburtstagsparadox: Schon unter 23 zufällig versammelten Leuten sind mit Wahrscheinlichkeit über 50 % zwei, die am selben Tag im Jahr Geburtstag haben – in einer typischen Schulklasse ist die Wahrscheinlichkeit dafür also ziemlich hoch.

Wir können aber verlässliche Aussagen über zufällige Prozesse machen. Die Kunst, Wahrscheinlichkeiten zu berechnen, hat ihren Anfang in einem Briefwechsel zwischen Fermat und Pascal im 17. Jahrhundert, in dem es um faire Auszahlungen nach einem abgebrochenen Glücksspiel ging. Die Berechnung von Wahrscheinlichkeiten für verschiedenste zufällige Ereignisse, wie etwa (wiederholten) Münzwurf, Würfeln, Lotto, Roulette oder bei Kartenspielen führte auf trickreiche kombinatorische Untersuchungen und Methoden.

Aber erst im Jahr 1930 hat der russische Mathematiker Andrej Kolmogoroff (inspiriert unter anderem durch die Maß- und Integrationstheorie von Henri Lebesgue) ein allgemeines Modell für Zufallsexperimente eingeführt. Damit lassen sich auch Situationen modellieren, in denen unendlich viele Ereignisse möglich sind, etwa wenn man zufällige Punkte in der Ebene auswählt. Das Modell macht auch die Handhabung von kontinuierlichen Prozessen möglich, etwa zufällige Pfade, wie sie durch die *Brown'sche Bewegung* und durch Börsenkursverläufe gegeben sind.

Auf dieser Basis befasst sich die Wahrscheinlichkeitstheorie mit Situationen, in denen die Wahrscheinlichkeiten eines Modells im Prinzip als bekannt und gegeben angenommen werden dürfen. Typische Fragen beschäftigen sich mit der Größe von Wahrscheinlichkeiten bestimmter Ereignisse oder der Struktur von Modellen. Im Gegensatz dazu betrachtet die Mathematische Statistik Situationen, in denen die Wahrscheinlichkeiten nicht bekannt sind, sondern an Hand von beobachteten Daten im Rahmen eines Modells geschätzt werden müssen. Ein für Anwendungen zentraler Teil der Statistik ist zum Beispiel die Testtheorie, das methodische Fundament für alle empirischen Wissenschaften. Wahrscheinlichkeitstheorie und Statistik werden in der Stochastik zusammen betrachtet – als große, sehr aktive mathematische Disziplin, die entscheidende Konzepte und Hilfsmittel zur Beschreibung von zufälligen oder scheinbar zufälligen Ereignissen und Prozessen bereitstellt.

Wahrscheinlichkeitstheorie, Stochastik und Statistik sind wichtige Arbeitsfelder der Mathematik, in denen der Zufall mathematisch und formal untersucht wird: Im Kern geht es darum, sichere Aussagen über Zufallsprozesse zu machen. Wichtiger Treibstoff sind dabei seit jeher Fragen aus der Anwendung. Alle Wissenschaften, die auf Experimente angewiesen sind, werden in Messungen mit Zufallsprozessen konfrontiert, aber auch innerhalb der theoretischsten Teilgebiete der Mathematik taucht Zufall auf und sorgt für interessante Fragen.

## Wahrscheinlichkeitstheorie

Zufällige Größen werden als die Werte einer *Zufallsvariablen* auf einem *Wahrscheinlichkeitsraum* modelliert. Für viele Fragen über eine Zufallsgröße muss man von der Zufallsvariablen nur zwei Kennzahlen kennen, nämlich den *Erwartungswert* und die *Varianz* (bzw. deren Quadratwurzel, die *Standardabweichung*). Wird eine zufällige Größe sehr oft ausgewertet, dann besagt nämlich *das Gesetz der großen Zahl*, dass der Mittelwert der beobachteten Werte nahe dem Erwartungswert der Zufallsvariablen liegt; die typische Abweichung des beobachteten Wertes (des Mittelwertes) vom vorhergesagten (dem Erwartungswert) hängt von der Standardabweichung ab. Und das lässt sich mit dem *zentralen Grenzwertsatz* exakt formulieren.

*Wahrscheinlichkeitsräume, Zufallsvariable, Erwartungswert und Varianz*   Der theoretische Rahmen der Wahrscheinlichkeitstheorie geht auf Kolmogoroff zurück. Er sagt uns, dass wir zum Modellieren eines Zufallsexperiments zuerst einen Wahrscheinlichkeitsraum brauchen. Der hat drei Komponenten:

⋄ eine Menge $\Omega$ von *Elementarereignissen*,
⋄ die Familie $\mathcal{A}$ der Teilmengen von $\Omega$, die als *Ereignisse* betrachtet werden, und mit einer gewissen Wahrscheinlichkeit eintreten, und
⋄ das *Wahrscheinlichkeitsmaß*, das durch eine Funktion $\mathbb{P} : \mathcal{A} \to \mathbb{R}$ gegeben ist.

Wenn $\Omega$ endlich ist, was wir in diesem Abschnitt annehmen, besteht $\mathcal{A}$ üblicherweise aus allen Teilmengen von $\Omega$, und die Wahrscheinlichkeit von $A \subset \Omega$ ist durch die Summe der Wahrscheinlichkeiten der Elementarereignisse in $A$ gegeben. Im Allgemeinen (und damit auch für unendliche Mengen $\Omega$) wird vorausgesetzt, dass die Menge der betrachteten Ereignisse in $\mathcal{A}$ sowohl die leere Menge $\varnothing$ als auch die ganze Menge $\Omega$ enthält, und dass sie unter Komplementbildung und abzählbarer Vereinigung abgeschlossen ist.

Von dem Wahrscheinlichkeitsmaß $\mathbb{P}$ wird nur gefordert, dass es $\mathbb{P}(\varnothing) = 0$ und $\mathbb{P}(\Omega) = 1$ erfüllt, Werte im Intervall $[0, 1]$ liefert und additiv ist, also für endlich oder abzählbar viele paarweise disjunkte Mengen $A_1, A_2, \ldots$ die Wahrscheinlichkeit der Vereinigungsmenge $\mathbb{P}(A_1 \cup A_2 \cup \ldots)$ durch die Summe $\mathbb{P}(A_1) + \mathbb{P}(A_2) + \ldots$ gegeben ist.

Als konkretes Beispiel betrachten wir den Wurf einer nicht unbedingt fairen Münze, die mit einer gewissen Wahrscheinlichkeit $k$ Kopf zeigt (Ereignis $K$) und mit Wahrscheinlichkeit $z = 1 - k$ Zahl (Ereignis $Z$). Hier ist $\Omega = \{K, Z\}$ die Menge der Elementarereignisse, und das Wahrscheinlichkeitsmaß ist durch $\mathbb{P}(\{K\}) = k$ und $\mathbb{P}(\{Z\}) = z$ gegeben, mit $\mathbb{P}(\{K, Z\}) = k + z = 1$.

Machen wir es jetzt spannender und werfen die Münze $n$-mal hintereinander: Das modellieren wir mit $\Omega = \{K, Z\}^n$, der Menge aller Listen mit $n$ Einträgen, die entweder $K$ oder $Z$ sind. Die Menge der Ereignisse $\mathcal{A}$ besteht aus allen Teilmengen von $\Omega$, und die Wahrscheinlichkeit eines Ereignisses ist durch die Summe der Wahrscheinlichkeiten der Münzwurffolgen gegeben, die das Ereignis ausmachen. Wenn die Münze *fair* ist, also jedes Elementarereignis Wahrscheinlichkeit $1/2$ hat, dann kann man Wahrscheinlichkeiten durch Abzählen von Elementarereignissen bestimmen – man spricht dann von einem Laplace-Experiment.

Eine Zufallsvariable ist nun eine Funktion $X : \Omega \to \mathbb{R}$ auf einem Wahrscheinlichkeitsraum $\Omega$, die also jedem Ereignis einen Wert zuweist. So bestimmt etwa die Auszahlung bei einem Glücksspiel eine Zufallsvariable. Im Fall von endlichem $\Omega$ kann eine Zufallsvariable jede beliebige Funktion sein. Im unendlichen Fall muss von ihr gefordert werden, dass für jedes Intervall $B \subset \mathbb{R}$ die Menge der Ereignisse mit Wert in $B$ in $\mathcal{A}$ liegt.

In einem konkreten Beispiel wird die vorhin betrachtete Münze zweimal geworfen, und Sie bekommen das Eineinhalbfache Ihres Einsatzes zurück, wenn die Münze zweimal das gleiche zeigt, also in den Fällen $(K, K)$ und $(Z, Z)$, andernfalls wird der Einsatz von der Bank einbehalten. Das definiert also eine Zufallsvariable auf $\Omega = \{K, Z\}^2$, nämlich $X(K, K) = X(Z, Z) = 1{,}5$ und $X(K, Z) = X(Z, K) = 0$.

Es stellt sich heraus, dass bei aller Vielfalt von Zufallsexperimenten zwei Größen die wesentlichen Parameter einer Zufallsvariable darstellen, nämlich Erwartungswert und Varianz.

Der Erwartungswert der Zufallsvariablen $X$ ist das gewichtete Mittel der Werte der Funktion, und zwar gewichtet nach dem Wahrscheinlichkeitsmaß auf $\Omega$, im Fall von endlichem $\Omega$ also einfach das gewichtete Mittel. Im Allgemeinen ist der Erwartungswert das Integral $\mathbb{E}(X) := \int_\Omega X \, dP$. In unserem Beispiel ist der Einsatz 1, der erwartete Gewinn aber nur $k^2 \cdot 1{,}5 + z^2 \cdot 1{,}5 + kz \cdot 0 + zk \cdot 0$, was bei fairer Münze $0{,}75$ ergibt. (Sie sollten sich also eher nicht auf dieses Glücksspiel einlassen ...)

Die Varianz misst, wie stark die Variable üblicherweise vom Erwartungswert abweicht. Sie kann als der Erwartungswert der (quadrierten) Abweichung vom Erwartungswert definiert werden, also $\mathrm{Var}(X) := \mathbb{E}((X - \mathbb{E}(X))^2)$. Oft wird auch die Standardabweichung $\sigma(X) := \sqrt{\mathrm{Var}(X)}$ betrachtet, also die Quadratwurzel der Varianz. In unserem Beispiel ist das $k^2 \cdot (0{,}75)^2 + z^2 \cdot (0{,}75)^2 + kz \cdot (-0{,}75)^2 + zk \cdot (-0{,}75)^2$, was bei fairer Münze $9/16$ ergibt. Die Standardabweichung ist hier also $3/4$. (Wie hätte man das auch ohne Rechnung sehen können?)

*Das Gesetz der großen Zahl und der zentrale Grenzwertsatz.* Das Gesetz der großen Zahl tritt in Aktion, wenn man ein und dasselbe Zufallsexperiment immer wieder durchführt, also eine Zufallsvariable $X$ oft auswertet (und die Auswertungen unabhängig voneinander sind) – wenn wir zum Beispiel unser Glücksspiel $n$ mal wiederholen.

Wir können dann eine neue Zufallsvariable $M_n$ einführen, die den Mittelwert der Werte von $X$ nach $n$-facher Ausführung angibt. $M_n$ hat dann denselben Erwartungswert wie $X$, also $\mathbb{E}(M_n) = \mathbb{E}(X)$. Das ergibt sich aus der fast offensichtlichen, aber fundamental wichtigen „Linearität des Erwartungswerts". (Damit ist $M_n$ auch ein „erwartungstreuer Schätzer" für den Erwartungswert – hier beginnt die Statistik.) Die Varianz von $M_n$ wird aber klein, wenn $n$ groß wird, und dies lässt sich auf verschiedene Weisen messen. So besagt die schwache Version des *Gesetzes der großen Zahl*, dass für jedes feste $\varepsilon > 0$

$$\lim_{n \to \infty} \mathbb{P}(|M_n - \mathbb{E}(X)| > \varepsilon) = 0.$$

In Worten bedeutet das also, dass die Wahrscheinlichkeit, dass der Mittelwert $M_n$ vom Erwartungswert der Zufallsvariable um mehr als $\varepsilon$ abweicht mit wachsendem $n$ gegen 0 geht. Genauer gilt, dass $M_n$ bei einer unendlichen Folge von Ausführungen von $X$ „fast sicher" gegen $\mathbb{E}(X)$ konvergiert – wobei *fast sicher* bedeutet, dass ein anderes Ergebnis zwar möglich ist, aber Wahrscheinlichkeit Null hat.

**Zentraler Grenzwertsatz** (De Moivre 1718, Laplace 1812, Gauß 1821). *Sei X eine Zufallsvariable vom Erwartungswert $\mathbb{E}(X)$ und Standardabweichung $\sigma(X)$, und sei $M_n$ der Mittelwert der Werte von X bei n-maliger unabhängiger Ausführung von X. Dann gilt für $a < b$*

$$\lim_{n \to \infty} \mathbb{P}\left( \mathbb{E}(X) + a\frac{\sigma(X)}{\sqrt{n}} \leq M_n \leq \mathbb{E}(X) + b\frac{\sigma(X)}{\sqrt{n}} \right) = \frac{1}{\sqrt{2\pi}} \int_a^b e^{-\frac{1}{2}x^2} \mathrm{d}x.$$

Auf der linken Seite dieser Gleichung nehmen wir also den Grenzwert der Wahrscheinlichkeit, dass der Mittelwert in einem Intervall liegt, dass nur durch Erwartungswert und Standardabweichung von $X$ bestimmt ist, nämlich von $\mathbb{E}(X) + a\frac{\sigma(X)}{\sqrt{n}}$ bis $\mathbb{E}(X) + b\frac{\sigma(X)}{\sqrt{n}}$ geht. Das Integral auf der rechten Seite misst die Fläche unter der sogenannten Gauß'schen Glockenkurve. Das Entscheidende an diesem Satz: Über die Zufallsvariable müssen wir außer Erwartungswert und Standardabweichung nichts wissen.

Insbesondere rät Ihnen der zentrale Grenzwertsatz von dem Glücksspiel ab, das wir oben beschrieben haben: Wenn Sie lange genug spielen, verlieren Sie und die Standardabweichung sagt Ihnen auch, wie schnell das wohl gehen wird.

Der zentrale Grenzwertsatz ist bemerkenswert und nicht trivial. Es erklärt, warum bei sehr vielen natürlichen Zufallsprozessen, die als wiederholte Ausführung eines Zufallsexperiments (d. h. Auswertung einer Zufallsvariablen) verstanden werden können, bei der statistischen Auswertung (annähernd) eine Gauß'sche Glockenkurve entsteht.

Die Wahrscheinlichkeitstheorie ist heutzutage nicht nur eine große und aktive wissenschaftliche Disziplin, sie liefert auch wesentliche Ideen und Methoden für fast alle Bereiche der Mathematik. Als Beispiele seien nur genannt:

◇ Zufällige Graphen (und andere kombinatorische Strukturen) sind nicht nur interessante und wichtige Untersuchungsgegenstände, sondern sie haben in geeigneten Wahrscheinlichkeitsräumen auch Eigenschaften, die ungewöhnlich erscheinen. So kann man die Existenz von Objekten beweisen (etwa von Graphen von hoher chromatischer Zahl ohne kurze Kreise), die anders nicht oder viel schwerer zu zeigen ist: Das ist die Essenz der von Erdős eingeführten probabilistischen Methode, siehe das Kapitel „Beweise", S. 69 ff.

◇ In der Informatik werden Algorithmen konstruiert, die mit Zufallsentscheidungen arbeiten – und die ein (erwartetes) Laufzeitverhalten zeigen, das in vielen Fällen besser ist als das jedes deterministischen Verfahrens, zum Beispiel für Sortier- und Suchverfahren. Man kann aber auch *beweisbar* das Volumen von hochdimensionalen Körpern probabilistisch sehr genau und sicher abschätzen, deterministisch aber nicht.

◇ Zahlentheoretische Untersuchungen greifen vielfach auf probabilistische Überlegungen zurück. So hat sich die Frage als sehr ergiebig erwiesen, in wie weit sich die Folge der *Primzahlen* wie eine Zufallsfolge verhält. Ungeklärt ist die Frage, ob die Ziffern der Quadratwurzel $\sqrt{2}$ und der Kreiszahl $\pi$ sich statistisch wie Zufallszahlen verhalten, ob diese Zahlen also „normal" sind (siehe [410]).

◇ Perkolation und Diffusion sind physikalische Prozesse, die mit Methoden der Wahrscheinlichkeitstheorie modelliert und simuliert werden, also Beispiele für Probleme der *Statistischen Physik*.

## *Statistik*

Zufall ist schwer zu beurteilen: Dinge, die für uns zufällig aussehen, müssen dies bei genauerem Hinsehen oder Nachrechnen nicht sein. Was bedeutet zum Beispiel zufällig für eine feste Zahlenfolge, wie z. B. die Ziffern der Zahl $\pi$? Genauso ist es für Menschen wie für Computer schwierig, Zufall zu erzeugen: Wie erzeugen wir am besten Daten, die wie Zufallszahlen aussehen und auch verlässlich als solche verwendet werden können?

Antworten darauf gibt die mathematische Statistik, die allgemeiner Methoden und Beurteilungskriterien für Daten bereitstellt. In der *parametrischen Statistik* nimmt man üblicherweise an, dass die vorliegenden Daten als Ergebnisse der Auswertung von Zufallsvariablen gesehen werden dürfen, von denen man nur ihre Form, aber nicht die konkreten Parameter kennt. Zum Beispiel könnte man annehmen, dass sie normalverteilt sind, aber Erwartungswert und Varianz der Normalverteilung unbekannt sind. In der *nichtparametrischen Statistik* werden normalerweise keine solchen Annahmen über die Zufallsvariablen gemacht.

In die parametrische Statistik fallen mehrere fundamental wichtige Aufgaben, darunter die Parameterschätzung und das Testen von Hypothesen. Der klassische Fall für letzteres ist die *Tea Tasting Lady*, die behauptet, sie könne durch Teeverkostung feststellen, ob erst der Tee oder erst die Milch in die Tasse gegeben wurde.

Für Parameterschätzung ist die Demoskopie das klassische Anwendungsgebiet: Nur eine verhältnismäßig kleine Anzahl von Wählerinnen und Wählern wird befragt, und damit versucht man, die Meinung/Präferenz einer großen Wählerschar abzuschätzen – also etwa Prozentpunkte für die Parteien „wenn am nächsten Sonntag Bundestagswahl wäre" –, und gleichzeitig Konfidenzintervalle anzugeben, also zu sagen, mit welcher Sicherheit die Ergebnisse geglaubt werden dürfen.

Die Natur statistischen Arbeitens hat sich aufgrund des Vorhandenseins gigantischer Datenmengen im Internet-Zeitalter radikal geändert. Gleichzeitig ist die (soziale wie kommerzielle) Bedeutung statistischer Methoden stark gewachsen: Konzerne wie *Walmart*, *Google*, *Amazon*, *Facebook* und *Netflix*, aber auch Mobilfunkkonzerne, Verkaufsportale, Reiseveranstalter *usw.* versuchen aus den umfangreichen Daten ihrer Kunden Informationen herauszulesen. Dabei geht es um die Beantwortung konkreter Fragen, wobei wiederum die Paradigmen von parametrischer Statistik eine Rolle spielen (um etwa die Beliebtheit von Produkten abzuschätzen). Es geht aber auch um nichtparametrische Fragen. Ein Stichwort ist *Clustering*, also die Gruppierung der Kundendatenbank in verschiedene Typen von Kunden aufgrund ihres Kaufverhaltens, und zwar ohne dass Typologien von Kunden vorgegeben werden. Amazon zum Beispiel wagt auch Prognosen auf Grund von Statistik, nämlich an Hand von Korrelationen vom Typ „Kunden, die dieses Buch kaufen, denen gefällt auch jene Schallplatte". Für all diese Aufgaben wird inzwischen eine große Bandbreite von graphentheoretischen und algebraischen Methoden wie auch Optimierungsmethoden eingesetzt, die unter anderem unter dem Schlagwort des *Maschinellen Lernens* (*Machine Learning*) zusammengefasst werden.

In ganz anderer Richtung haben stochastische Methoden eine führende Rolle an den modernen Finanzmärkten, wo die gehandelten Produkte (Optionen, Derivate usw.) mit mathematischen Methoden konstruiert und bewertet (bepreist) werden. Ein berühmtes Stichwort dazu ist *Black-Scholes Gleichung*: sie steht für ein mathematisches Modell, für das Merton und Scholes 1997 der Wirtschaftsnobelpreis zugesprochen wurde. (Black war zu dem Zeitpunkt schon verstorben.)

# VARIATIONEN: ZUFALL – WAHRSCHEINLICHKEITEN – STATISTIK

## Strukturen, die aussehen wie Zufall

Was soll es bedeuten, wenn eine Struktur oder eine Zahlenfolge „zufällig aussieht"? Haben wir einen guten Blick für Zufall? Welches der folgenden beiden Schachbrettmuster sieht zufälliger aus? Und was heißt das, „zufälliger sein", ist das ein mathematisches Konzept?

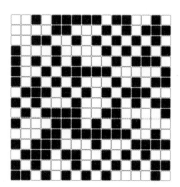 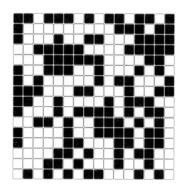

Zwei zufällige Schachbrettmuster – vermutlich würden die meisten Menschen behaupten, das linke Schachbrett „sieht zufälliger aus".

Das linke Schachbrett sieht wohl „zufälliger" aus, weil sich die schwarzen Kästchen gleichmäßiger zu verteilen scheinen. Tatsächlich liegt dem Muster aber eine schachbrettartige Struktur zugrunde: Es ist aus einem klassischen schwarz-weißen Schachbrettmuster der Größe $16 \times 16$ erzeugt worden, wobei die schwarzen Schachbrettfelder eine Wahrscheinlichkeit von 75 % hatten, schwarz eingefärbt zu werden, während die übrigen Felder nur mit 25 % Wahrscheinlichkeit schwarz gefärbt wurden. Anders gesagt: die Felder wurden jeweils unabhängig voneinander mit Wahrscheinlichkeit 25 % umgefärbt. Zur Erzeugung des rechten Schachbretts wurde dagegen bei jedem Feld eine (pseudozufällige, virtuelle) Münze geworfen, die Felder sind jeweils mit Wahrscheinlichkeit 1/2 schwarz oder weiß: So hätten vermutlich auch Sie ein „zufälliges" Brett definiert?

Die selbe Frage stellt sich, wenn wir eine Folge von Ziffern betrachten. Sieht die zufällig aus? Betrachten Sie dafür doch die ersten Nachkommastellen der Quadratwurzel $\sqrt{2}$ oder

der Kreiszahl $\pi$. Sehen die zufällig aus? Und was ist mit der folgenden Folge von 100 Ziffern?

7182818284590452353602874713526624977572470936999595749669676277240766303535475945713821785251664274

Sieht die zufällig aus? Und was heißt das eigentlich? Die Zahlenfolge ist, wie sie eben ist. Wie kann sie dann zufällig sein?

Es gibt verschiedene mathematische Konzepte dazu, was „zufällig" in diesem Kontext bedeuten soll – und sie haben alle verschiedene Perspektiven und Anwendungen. Naiv könnten wir mit „zufällig" zum Beispiel meinen, dass die Ziffernfolge auch von einem Zufallsgenerator erzeugt worden sein könnte, der jede Ziffer mit der gleichen Wahrscheinlichkeit und unabhängig von den bis dahin schon gewählten Ziffern aussucht. Dieser naive Ansatz hat allerdings ein Problem: Alle Ziffernfolgen der gleichen Länge sind als Ausgabe eines solchen Zufallsgenerators gleich wahrscheinlich – und jede einzelne ist sehr unwahrscheinlich. Die obige Ziffernfolge ist also genau so wahrscheinlich als Ausgabe wie die Ziffernfolge, die nur aus hundert Nullen besteht. Dieses naive Modell kann also endliche Ziffernfolgen der gleichen Länge nicht unterschiedlich bewerten.

Es liegt aber zum Beispiel nahe, die relative Häufigkeit jeder Ziffer in der Folge messen und diese zehn Zahlen miteinander vergleichen, und dann zeigen sich Unterschiede. Unter den angegebenen hundert Ziffern kommt die 7 insgesamt 16 mal vor und hat also eine relative Häufigkeit von 16 %. Die Ziffer 0 kommt nur 5 mal vor, die 1 insgesamt 6 mal usw. Falls die Ziffernfolge nur aus Nullen besteht, kommt die Null mit einer relativen Häufigkeit von 100 % vor und alle anderen Ziffern mit einer Häufigkeit von 0 %. Man kann diese relativen Häufigkeiten auf verschiedene Arten und Weisen in eine Zahl zusammenfassen, die wir dann als Maß für die Zufälligkeit der Folge nehmen können. Ein formales Modell dafür ist die Shannon-Entropie, die um 1948 von Claude Shannon eingeführt wurde. Berechnet wird sie als

$$- \sum_{z \in Z} p_z \log_2(p_z),$$

wobei $Z$ die Menge der Zeichen ist (in unserem Fall $Z = \{0, 1, \ldots, 9\}$) und $p_z$ die relative Häufigkeit des Zeichens in der Folge. Für unsere Ziffernfolge liegt die Shannon-Entropie um 3,24 und für die 0-Folge ist sie 0 (weil man $p \log_2(p) = 0$ für $p = 0$ setzt): Je höher die Shannon-Entropie, desto „zufälliger" ist die Folge. Für eine Folge von 100 Dezimalziffern ist die maximale Entropie $\log_2 10$, also ungefähr 3,32.

Auch die Shannon-Entropie hat so ihre Schwierigkeiten: Sie bleibt zum Beispiel gleich, wenn man die Ziffern einer Folge umsortiert. Wir könnten die obige Folge also der Größe nach sortieren (zuerst die 5 Nullen, dann die 6 Einsen usw.) und die Shannon-Entropie dieser „viel weniger zufälligen", sortierten Ziffernfolge wäre immer noch 3,24.

Ein weiterer Ansatz aus der Informationstheorie heißt algorithmische Komplexität (oder Kolmogoroff-Komplexität, benannt nach Andrej Kolmogoroff): Es geht dabei um die Frage, wie lang ein Computerprogramm sein müsste, das die gegebene Folge erzeugt. Dazu gibt es immer das naive Programm, das den Befehl `Gebe die Ziffernfolge [...] aus` enthält, wobei die gegebene Ziffernfolge eingetragen ist. Für eine Folge von einhundert Nullen kann das Programm aber deutlich kürzer gefasst werden: `Gebe 100 Nullen aus`. Um das Konzept der Kolmogoroff-Komplexität zu formalisieren, benutzt man Turing-Maschinen, die wir in Kapitel „Algorithmen und Komplexität", S. 395 ff., kennenlernen. Das Problem mit diesem Ansatz ist allerdings, dass es keine Prozedur gibt, die die algorithmische Komplexität effektiv bestimmen kann.

Wegen dieser Schwierigkeiten bei dem Begriff davon, was „zufällig" für eine gegebene, feste Information (wie die Ziffernfolge oben) bedeuten soll, fragt man meistens, ob die Information eine (erwünschte oder unerwünschte) Struktur aufweist. Die Abbildung auf S. 284 zeigt so einen Test: Hat das Bild mit einem Schachbrettmuster zu tun oder nicht? Das kann man in eine Zahl fassen, nämlich eine Korrelation, und die sagt, dass das linke Bild einem Schachbrettmuster ähnlicher ist als das rechte.

Manches wird aber auch leichter, wenn man unendlich lange Ziffernfolgen anschaut. Ein schon lange offenes Problem in der Zahlentheorie ist zum Beispiel die Frage, ob $\sqrt{2}$ oder $\pi$ oder die Euler'sche Zahl $e$ normale Zahlen sind, also die Frage, ob sich die Folge ihrer Nachkommastellen in jedem Zahlensystem in einem mathematischen Sinne wie eine Folge von Zufallszahlen verhält. Die obige Ziffernfolge besteht übrigens aus den ersten 100 Nachkommastellen der Euler'schen Zahl. Hier ist das Maß für Zufälligkeit schlicht die relative Häufigkeit von endlichen Ziffernfolgen im (unendlich langen) String der Nachkommastellen: Bei normalen Zahlen sind diese relativen Häufigkeiten alle gleich, und wenn man die Ziffern als Ergebnisse einer Zufallsvariablen betrachtet, dann erwartet man eine Verteilung nach dem zentralen Grenzwertsatz.

Aus der Zahlentheorie gibt es auch weitere Vermutungen über „zufällige" Verteilungen: zum Beispiel wird vermutet, dass die Primzahlen zufällig verteilt sind – wobei man hier wieder sehr vorsichtig damit sein muss, was zufällig bedeuten könnte. Robert C. Vaughan hat den Stand der Dinge 1990 so zusammengefasst: „Es ist offensichtlich, dass die Primzahlen zufällig verteilt sind, nur wissen wir leider nicht, was zufällig bedeuten soll." Terence Tao präsentiert seine Perspektive in dem Aufsatz *Struktur und Zufälligkeit der Primzahlen* [493].

Bei den Nullstellen der Riemann'schen Zeta-Funktion aus der analytischen Zahlentheorie (siehe Kapitel „Primzahlen", S. 155 ff.) gibt es eine sehr konkrete Vermutung über deren Zufälligkeit, die Paar-Korrelationsvermutung von Montgomery, die empirisch für ca. 200 Millionen Nullstellen der Zeta-Funktion entlang der kritischen Achse von Andrew Odlyzko getestet wurde. In all diesen Fällen ist die mathematische Forschung (Stand 2020) scheinbar weit davon entfernt, solche Vermutungen beweisen zu können.

Man kann irrationale Zahlen als Gitterpfade veranschaulichen, indem man die Zahlen im „Vierersystem" darstellt, also zur Basis 4. Ist die *i*te Nachkommastelle eine 0, dann verläuft Schritt *i* des Pfades nach oben, bei Ziffer 1 nach rechts und so weiter. Hier werden die Pfade der ersten 1000 Nachkommastellen (zur Basis 4) von $\pi$ (schwarz), $e$ (blau) und einer Pseudo-Zufallszahl (rot) gezeigt.

*Wozu braucht man Zufallszahlen?*  Zahlreiche Algorithmen basieren auf Zufallszahlen. Ein wichtiges Beispiel ist der probabilistische Miller-Rabin-Primzahltest von 1980, mit dem sich eine Zahl schnell daraufhin überprüfen lässt, ob sie prim ist. Auch in den Algorithmen aus der Kryptographie sind Zufallszahlen oft die entscheidende Zutat.

Hierzu ein Beispiel der perfekten Verschlüsselungsmethode: Nehmen wir an, Alice und Bob treffen sich vor langen Reisen, bei denen sie aber miteinander wichtige Informationen austauschen müssen. Also tauschen sie vorher, noch persönlich, einen

Schlüssel aus, der eine lange Folge von zufälligen Buchstaben (oder Zahlen) ist. Wenn sie sich auf ihren Reisen eine geheime Nachricht schicken wollen, dann verschlüsseln sie die Nachricht mit ihrem gemeinsamen Schlüssel ganz einfach mit modularer Addition. Dabei bekommt jeder Buchstabe den Zahlenwert im Alphabet zugeordnet (A entspricht also 1, F entspricht 6, M 13 und Z 26). Die Nachricht wird dann so verschlüsselt, dass der Zahlenwert des Buchstabens in der Nachricht mit dem Wert im Schlüssel addiert wird und das Ergebnis modulo 26 den verschlüsselten Buchstaben ergibt. Verschlüsseln sie also BOB mit Hilfe des Schlüssels XDU, dann erhalten sie ZSW als verschlüsselten Text.

Der Clou: Falls der Schlüssel, den die beiden ausgetauscht haben, wirklich zufällig ist und länger als die Nachricht, die die beiden austauschen wollen, dann kann das Verfahren nicht entschlüsselt werden. Der Grund ist auch ganz einleuchtend: Jede Folge von Buchstaben der selben Länge wie der verschlüsselte Text (oder die entschlüsselte Nachricht) hat genau die gleiche Wahrscheinlichkeit, durch dieses Verfahren aufzutauchen (nur eben für verschiedene Schlüssel, die ein Lauscher ja nicht kennt). ZSW kann also im Klartext BOB oder jedes andere Wort mit drei Buchstaben gewesen sein.

Der Teufel steckt hier aber im Detail. Ganz praktisch muss der Schlüssel erst einmal ausgetauscht werden. Theoretisch ist es aber ein Problem, lange und dabei wirklich zufällige Schlüssel zu erzeugen.

*Zufall simulieren.*    Zur Simulation von Zufall – zum Beispiel, um im Computer Zufallszahlen zu erzeugen – will man also mit deterministischen Methoden Prozesse nachbilden, die von Zufallsprozessen nicht zu unterscheiden sind. Das ist fast so, als wolle man mit einer Bohrmaschine Löcher in der Wand stopfen: „Natürlich ist jeder, der arithmetische Methoden verwendet, um zufällige Ziffernfolgen zu erzeugen, ein Sünder", stellte John von Neumann einmal fest [358]. Computer sind schließlich dazu konstruiert, korrekt zu rechnen; eine Berechnung, die mehrfach durchgeführt wird, soll immer dieselben Ergebnisse liefern. Genau das soll aber bei einem Programm, das Zufallszahlen berechnet, nicht passieren: Das Ergebnis soll hier (in einem gewissen Rahmen zumindest) eben *nicht* vorhersagbar sein.

Dazu braucht man mathematische Definitionen und Maße für den Zufall, wie wir sie eingangs diskutiert haben. Wie wir gesehen haben, sind Menschen sehr schlecht darin, Zufall zu erkennen oder auf einen Blick einzuschätzen. Sie können auch schlecht Zufall simulieren: In einer zufälligen Folge von Münzwürfen treten beispielsweise überraschend lange Folgen von Kopf auf; Menschen, die solche Folgen simulieren sollen, neigen dazu, viel zu oft zwischen Kopf und Zahl abzuwechseln.

Ein wichtiges Hilfsmittel sind Pseudozufallszahlen-Generatoren. Für die gibt es drei Anforderungen: Sie sollen effizient sein, also schnell sein und wenig Speicherplatz erfordern. Sie sollen eine Zahl als Startwert, die im Englischen als „Samen" (seed) bezeichnet wird, „strecken", nämlich daraus eine ganze Folge von Zahlen erzeugen. Und diese Zahlen sollen auch noch *aussehen*, als seien sie zufällig aus einer gewissen Grundmenge gewählt [182]. Es stellen sich dabei zwei Fragen:

1. Wie testet man, ob eine Folge von Zahlen zufällig erscheint?
2. Wie bringt man einem deterministischen Rechner bei, eine Folge von Zufallszahlen zu erzeugen?

Für Frage 1 – unsere Eingangsfrage zum Kapitel – stellt die Statistik geeignete Testverfahren zur Verfügung, mit denen man überprüfen kann, ob eine Zahlenfolge als zufällig gelten darf. Konkret geben sie jedoch eine salomonische Antwort: Sobald niemand dem Output eines Zufallsgenerators ansehen kann, ob die Zahlen zufällig erzeugt wurden oder mit einem Algorithmus, sind sie zufällig. Wie man dabei „zufällig" definiert, ist jedoch Verhandlungssache. Entsprechend schwer ist es, gute Pseudozufallszahlengeneratoren zu bauen [461]. „Zufallszahlengeneratoren sind wie Antibiotika. Jeder Generator hat seine eigenen unerwünschten Nebenwirkungen", schreibt der österreichische Informatiker Peter Hellakelek [226].

Doch wie löst man Frage 2 konkret, wie sehen Generatoren aus? Anfang der 1980er Jahre entdeckte Turing-Preisträger Andrew Chi-Chih Yao einen interessanten Zusammenhang zwischen Zufallszahlen und Falltürfunktionen – was zu einer völlig

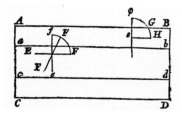

Der Privatforscher Comte de Buffon beschrieb 1733 eine Beobachtung, die heute unter dem Namen „Buffon'sches Nadelproblem" geführt wird und ein Verfahren zur Schätzung von $\pi$ ergibt, das den Zufall benutzt.

Auf ein Brett, auf dem Linien im Abstand $d$ markiert sind, werden zufällig Nadeln der Länge $\ell$ geworfen. Wie groß ist die Wahrscheinlichkeit für eine Nadel, auf einer Linie zu landen? (Siehe [307, S. 149], von dort stammt auch die Abbildung.)

Antwort: Wenn $\tilde{n}$ diejenigen der $n$ Würfe zählt, bei denen die Nadel auf einer Linie landet, dann geht das Verhältnis $\frac{\tilde{n}}{n}$ für wachsendes $n$ gegen $\frac{2\ell}{d\pi}$.

Rund vier Jahrzehnte später griff Pierre-Simon Laplace diese Idee auf (ohne Buffon zu erwähnen): „Schließlich kann man den Wahrscheinlichkeitskalkül benutzen, um Kurven zu nähern oder ihre Flächen zu quadrieren [berechnen]." [301, S. 359] Tatsächlich konvergiert das Verfahren zu langsam, um eine effektive Berechnung von $\pi$ zu ermöglichen.

Seit Jahren steht in der JavaScript-Engine V8 ein unzureichender Generator für Zufallszahlen zur Verfügung, wie der Blogger und Programmierer Mike Malone auf medium.com/@betable/ beklagt. Das Muster links wurde mit dem Browser Chromium erzeugt, der just diesen schlechten Pseudozufallszahlengenerator verwendet (man beachte die Streifenbildung!), das Muster rechts wurde mit dem Browser Firefox erzeugt, bei dem JavaScript mit einem besseren Pseudozufallszahlengenerator benutzt wird.

neuen Sicht auf Pseudozufallszahlengeneratoren führte: In gewisser Hinsicht am wenigsten „vorhersagbar" seien nämlich die Rechenergebnisse von Funktionen, die man nicht umkehren kann, sogenannte Ein-Weg- oder Falltür-Funktionen, also genau die Funktionen, die auch in der Verschlüsselungstechnik eine Rolle spielen [221, 542]. Es lässt sich zeigen, dass die Existenz von Pseudozufallszahl-Generatoren *äquivalent* zur Existenz von Ein-Weg-Funktionen ist. Wie man aus einer Falltür-Funktion einen Zufallszahlengenerator baut, findet man zum Beispiel in [507].

Eine berühmte (und nicht besonders gute) Idee, wie man Zufallszahlen erzeugen könnte, stammt von John von Neumann um 1946. Neumanns Generator funktioniert so: Man nimmt eine $n$-stellige Zahl, quadriert sie und pickt sich die mittleren $n$ Stellen heraus. Die fortgesetzte Anwendung ergebe eine Folge von Pseudo-Zufallszahlen, glaubte von Neumann. Sehen wir mal davon ab, dass nicht sauber definiert ist, was „mittlere $n$ Ziffern" bedeutet und reparieren das stillschweigend durch eine vorangestellte 0, falls die Zahl eine ungerade Länge hat, dann kann der Algorithmus immer noch, abhängig von den Startwerten, mehr oder minder rasch in eine Schleife geraten – er beginnt schon nach relativ wenigen Schritten wieder von vorne. Zwei Beispiele:

```
int getRandomNumber()
{
    return 4;  // chosen by fair dice roll.
               // guaranteed to be random.
}
```

Eine andere schlechte Methode, Zufallszahlen zu erzeugen (Bild: xkcd.com)

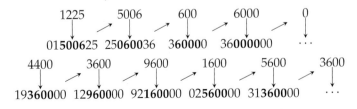

Wie man zeigen kann, neigt von Neumanns Algorithmus zu besonders kurzen Schleifen. Zudem landet er oft bei 0 und muss dann neu gestartet werden. Mehr zu solchen Problemen (und wie man sie erklären kann) findet man im zweiten Band von Donald E. Knuths berühmter Buchreihe *The Art of Computer Programming* [285], wo Knuth auch seine eigenen ersten erfolglosen Versuche beschreibt, Zufallszahlengeneratoren zu bauen.

Die klassische Methode, um Zufallszahlen zu erzeugen, war lange der Algorithmus von Derrick Henry Lehmer aus dem Jahr 1949 [310]: Man wählt eine große ganze Zahl $m$ sowie eine weitere ganze Zahl $0 \leqslant a < m$, eine Konstante $0 \leqslant c < m$ und einen Startwert $0 \leqslant z_0 < m$. Die Reihe von Zufallszahlen $z_i$ wird dann nach folgender Regel erzeugt:

$$z_{i+1} = az_i + c \pmod{m}$$

So gibt der Algorithmus von Lehmer ganze Zahlen zwischen 0 und $m - 1$ aus. Benötigt man Zahlen aus dem Intervall $[0, 1[$, dann normiert man die gefundenen Zufallszahlen durch Multiplikation mit $\frac{1}{m}$.

Der Teufel steckt auch hier im Detail, in der Wahl der Variablen. Dahinter steckt wiederum einige Mathematik, die (wie die Lehmer-Regel selbst) einige Zeit vor den ersten Computern entwickelt wurde. Man nimmt zum Beispiel für $m$ besser eine Primzahl – Lehmer selbst schlug die Mersenne-Primzahl $2^{31} - 1$ vor. Robert Carmichael hat sich schon Anfang des 20. Jahrhunderts mit solchen Kongruenzen beschäftigt, und zwar speziell im Fall, dass $c = 0$ ist [80].

Er erkannte: Die Periodenlänge ist $m - 1$, wenn $m$ prim ist, wenn $z_0$ teilerfremd zu $m$ ist und wenn $a$ eine *primitive Wurzel* modulo $m$ ist. Dabei heißt eine ganze Zahl $a$ primitive Wurzel modulo einer ungeraden Primzahl $m$ genau dann, wenn

$$a^{(m-1)/q} \not\equiv 1 \pmod{m}$$

für alle Primteiler $q$ von $m - 1$ gilt.

Lehmers Algorithmus ist sicher besser als der von John von Neumann, aber immer noch nicht unproblematisch. Obwohl er immer noch verwendet wird, gibt es daher heute eine Vielzahl von Alternativen. Die gängigste ist der Mersenne-Twister,

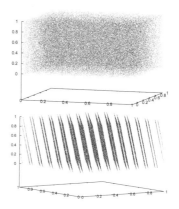

Nehmen wir an, wir brauchen Zufallszahlen aus dem Intervall $[0, 1[$. Wie kann man die Zahlen ganz praktisch auf „Zufälligkeit" testen? Ein erster Hinweis ist die relative Häufigkeit der Ziffern: Die Ziffer 1 sollte in den Zufallszahlen mit derselben Häufigkeit auftauchen wie die Ziffer 2. Dasselbe gilt für Pärchen, Tripel und so weiter: Die Ziffernfolge 123 sollte so häufig sein wie die Ziffernfolgen 321 oder 483. Doch das reicht noch nicht: Wichtig ist auch, dass keine „Cluster" auftreten.

Das Bild zeigt Punkte aus Tripeln von aufeinander folgenden „Zufallszahlen": $(r_{3n+1}, r_{3n+2}, r_{3n+3})$ für $n \in \mathbb{N}_+$, erzeugt mit Lehmers Algorithmus und einem $m$, das hier zwar sehr groß, aber eben *nicht prim* ist ($m = 2^{20}, z_0 = 1, c = 2, a = 2^8 + 3$) – und genau hier liegt das Problem. Während die Punktwolken aus den meisten Blickwinkeln „ziemlich zufällig" erscheinen (oben), sieht man bei richtiger Drehung sofort, dass die Punkte sich tatsächlich in Ebenen anordnen. (In diesem Fall sind es 30, siehe [285] und [226]).

ein Verfahren, das 1997 von Makoto Matsumoto und Takuji Nishimura entwickelt worden ist. Der Mersenne-Twister hat seinen Namen von der großen Periodenlänge von $2^{19937} - 1$, einer Mersenne-Primzahl. Mehr zu dieser Methode kann man zum Beispiel in [334] nachlesen.

## Wahrscheinlichkeitsrechnung, Stochastik und Wahrscheinlichkeitstheorie

Das Wort Stochastik kommt aus dem Griechischen, von stochastikē technē, was die „Kunst des Ratens" bedeutet. Tatsächlich liegen die Ursprünge der Stochastik im Glückspiel des 17. Jahrhunderts und wurzeln hier in der Kombinatorik, also dem Teil der Mathematik, der sich mit dem Abzählen und Identifizieren diskreter Strukturen und Kombinationen befasst.

Pierre de Fermat und Blaise Pascal führten im 17. Jahrhundert einen langen Briefwechsel über das Problem, wie die Gewinne in einem Glücksspiel aufzuteilen sind, das sich über mehrere Runden erstrecken soll, aber abgebrochen wird, bevor der endgültige Gewinner feststeht. (Mehr dazu in [124].) Ihr Diskurs hat eine Vorgeschichte, die noch weiter zurückreicht: Schon 1494 hatte Luca Pacioli in seinem Hauptwerk *Summa de arithmetica, geometrica, proportioni et proportionalità* folgendes Problem beschrieben: Angenommen, zwei Teams spielen ein Ballspiel, das mit 60 Punkten gewonnnen wird; jedes Tor bringt 10 Punkte ein. Für den Gesamtsieg würde die Siegermannschaft 10 Dukaten erhalten – aber das Spiel wird vorzeitig abgebrochen, zu einem Zeitpunkt, da die eine Mannschaft 50 Punkte und die andere 20 Punkte hat. Wie sind die 10 Dukaten aufzuteilen? Pacioli argumentiert, dass das Spiel sicher beim 11. Tor abgeschlossen sein werde. Ein Tor sei also 1/11 wert. Wenn nun das Spiel nach dem 7. Tor abgebrochen werde, dann hätten beide Mannschaften zusammen 7/11 erreicht, was 10 Dukaten entsprechen soll. Somit habe die stärkere Mannschaft $5/11 = 5/7 \cdot 7/11$ erreicht; sie erhalte entsprechend $5/7 \cdot 10$ Dukaten, und analog bekomme die schwächere Mannschaft $2/7 \cdot 10$ Dukaten. Dass dies nicht richtig sein kann, erkannten schon die Zeitgenossen Paciolis. Doch wie sieht die richtige Lösung aus, die dann auch Pascal und Fermat fanden? Und was heißt hier richtig? (Mehr hierzu in [187].)

Jahrhundertelang untersuchte man Wahrscheinlichkeiten im Prinzip wie Pascal, Fermat und die Bernoullis: aus Sicht der Kombinatorik. Wie wahrscheinlich ist es, dass man zweimal hintereinander eine Sechs würfelt? Wie wahrscheinlich ist es, dass zwei Würfel die Augensumme elf haben? Solche Fragen kann man im Prinzip mit kombinatorischen Überlegungen beantworten, durch Abzählen der möglichen Kombinationen. Die Stochastik wurde so die mathematische Untersuchung von Zufallsexperimenten, bei denen etwas zufällig aus einer Menge von Möglichkeiten ausgewählt wird. Als Teilgebiet der (diskreten) Kombinatorik wurde sie allmählich auch auf kontinuierliche Strukturen ausgedehnt, unter anderem durch Arbeiten von Andrei Andreyevich Markov im ausgehenden 19. Jahrhundert, der damals zum Beispiel die Idee der heute sogenannten *Markov-Prozesse* entwickelte.

Auf Markov wiederum bezog sich George Pólya, als er 1920 seinen Aufsatz „Über den zentralen Grenzwertsatz der Wahrscheinlichkeitsrechnung und das Momentenproblem" in der *Mathematischen Zeitschrift* veröffentlichte [398], womit er diesem wichtigen Satz aus der Wahrscheinlichkeitslehre seinen Namen verliehen hatte. Entdeckt hat Pólya den Grenzwertsatz nicht – der „eigentliche Entdecker" sei Pierre-Simon Laplace, schreibt Pólya, während Pafnuti Tschebyscheff derjenige sei, der ihn als erster streng zu begründen versucht habe, und Alexander Liapounoff derjenige, der ihn „am schärfsten formuliert" habe.

Tatsächlich wurde die Wahrscheinlichkeitstheorie maßgeblich von russischen Mathematikern vorangetrieben – ganz besonders von Andrej Kolmogoroff, der im Jahr 1933 eine Menge von Axiomen aufstellte, die die Wahrscheinlichkeitsrechnung auf ein festes Fundament stellen sollten.

Es war damals einige Jahrzehnte her, seit Axiomensysteme für die Arithmetik (Richard Dedekind, Giuseppe Peano) und die Geometrie (David Hilbert) definiert worden waren; ganz aktuell hatte Bartel van der Waerden in Göttingen eine axiomatische Darstellung der Algebra veröffentlicht. Zugleich war die Maßtheorie entwickelt worden, unter anderem durch Émile Borel und Henri Lebesgue, und die Untersuchung von Wahrscheinlichkeiten war gediehen [30, 458].

Kolmogoroff lehrte 1933 an der Staatlichen Universität Moskau und hatte kurz zuvor zusammen mit seinem Lebensgefährten und ehemaligen Kommilitonen Paul Alexandroff ausgedehnte Reisen nach Göttingen, München und Paris unternommen. Mit ihm baute er später in einer Datsche bei Moskau einen mathematischen Treffpunkt für Kollegen und Schüler auf.

Statt sich auf Würfel oder Münzen zu konzentrieren, betrachtete Kolmogoroff ganz allgemein eine Menge $\Omega$ (bei ihm: $\mathcal{E}$) sogenannter Elementarereignisse. Teilmengen dieser Menge nannte er *zufällige Ereignisse*. $\Omega$ kann zum Beispiel die Menge der sechs Zahlen auf dem Würfel sein; das zufällige Ereignis, dass der Würfel 1 oder 2 zeigt, ist dann die Vereinigung der Elementarereignisse 1 und 2. Die zufälligen Ereignisse, an denen man interessiert ist, liegen alle in einer fixierten $\sigma$-Algebra $\mathcal{A}$, die aus Teilmengen von $\Omega$ besteht. (Von ihr wird gefordert, dass sie die leere Menge und die ganze Menge $\Omega$ enthält, mit jeder Menge auch das Komplement, und dass sie mit jeder Folge von endlich oder abzählbar vielen Mengen auch die Vereinigung enthält.) Die beiden Mengen, die Menge der Elementarereignisse $\Omega$ und die $\sigma$-Algebra der zufälligen Ereignisse $\mathcal{A}$, bilden zusammen einen Wahrscheinlichkeitsraum. Zufällige Ereignisse „vermaß" Kolmogoroff mit Hilfe einer Funktion $\mathbb{P}$ – und hier kam die Maßtheorie ins Spiel. Deren Eigenschaften legte er axiomatisch fest:

(i) Es soll $\mathbb{P}(A) \geqslant 0$ sein für alle Teilmengen $A \in \mathcal{A}$.

(ii) Ferner soll $\mathbb{P}(\Omega) = 1$ gelten, sowie

(iii) $\mathbb{P}(A_1 \cup A_2) = \mathbb{P}(A_1) + \mathbb{P}(A_2)$, falls $A_1 \cap A_2 = \varnothing$. Allgemeiner soll $\mathbb{P}(\bigcup_{i \in \mathbb{N}} A_i) = \sum_{i \in \mathbb{N}} \mathbb{P}(A_i)$ für jede abzählbare Folge von paarweise disjunkten Mengen $A_i$ gelten.

Mit Kolmogoroffs drei Axiomen, der Grundlage der modernen Wahrscheinlichkeitstheorie, war eine mathematische Brücke zwischen der Mengentheorie und der Untersuchung der Wahrscheinlichkeit geschlagen: Die Funktion $\mathbb{P}$ kann man nämlich einfach als die Wahrscheinlichkeit interpretieren, die dem Ereignis $A$ zugeordnet wird. Axiom (ii) sagt dann nichts anderes als „Irgendwas ist immer": die Wahrscheinlichkeit, dass irgendein Ereignis stattfindet, ist 1. Doch Kolmogoroff dachte weiter: Man kann die Ereignisse zusätzlich bewerten, mit einer sogenannten Zufallsvariablen, die jedem Ereignis zum Beispiel einen reellen Zahlenwert zuweist; das kann im Fall des Würfels zum Beispiel die Anzahl der Augen sein, oder an der Börse der Wert einer Aktie.

Just auf dem Gebiet der Finanzmathematik wurde die Wahrscheinlichkeitstheorie im 20. Jahrhundert eminent wichtig – besonders, nachdem der japanische Mathematiker Itō Kiyoshi in den 1930er Jahren eine neue Art entwickelt hatte, Integrale auszuwerten, den sogenannten Itō-Kalkül. So kann man heute – abhängig von der Schwankungsbreite der Kurse – zum Beispiel einen fairen Preis berechnen, den bezahlen muss, wer sich gegen einen zukünftigen Kurssturz versichern will. Auf Methoden aus der Wahrscheinlichkeitstheorie basieren die Preise praktisch aller Finanzprodukte, die heute weltweit gehandelt werden.

## Statistik

„Die Statistik ist im Prinzip das Gegenteil der Wahrscheinlichkeitstheorie. In der Statistik bekommen wir eine Sammlung von Wahrscheinlichkeitsverteilungen $P_\Theta(x)$, die mit irgendeinem Parameter $\Theta$ indiziert sind. Wir sehen nur ein $x$ und sollen schätzen, welches Mitglied der Familie (welches $\Theta$) benutzt wurde, um $x$ zu erzeugen", schreibt Persi Diaconis, ein Wahrscheinlichkeitstheoretiker an der Universität Stanford, der lange Jahre als Zauberer gearbeitet hat, in [192]. Konkret könnte die Aufgabe, die Diaconis skizziert, zum Beispiel so aussehen: Jemand würfelt mit einem gezinkten Würfel; die Aufgabe der Statistik bestünde darin, aus der Folge der Würfe herauszubekommen, mit welcher Wahrscheinlichkeit der Würfel welche Zahl anzeigt.

Grob kann man die Statistik in zwei Richtungen einteilen: Die deskriptive Statistik kümmert sich dabei darum, Daten zu klassifizieren, zu ordnen und zu beschreiben. Die induktive Statistik, versucht dagegen, verborgene Strukturen und Zusammenhänge aufzuspüren.

Die Wurzeln der Statistik reichen weniger weit zurück als die der Wahrscheinlichkeitstheorie: Der Antrieb, die Statistik

*Der Itō-Kalkül*
Ein klassisches Integral – etwa das Riemann-Integral – kann man sich als die Fläche unter einer Kurve veranschaulichen. Doch was tut man, wenn die Kurve unendlich oft auf und ab springt und in jedem Zeitintervall beliebig viele Sprünge macht? Wie soll man in diesem Fall der Fläche einen Wert zuweisen? Diese Frage ist von höchst praktischem Interesse, etwa bei der Bewertung von Börsenkursen, die eben ein solch sprunghaftes Verhalten aufweisen.

In den 1930er Jahren wurde sie unabhängig von zwei Mathematikern beantwortet: Wolfgang Döblin, Sohn des Schriftstellers Alfred Döblin [211], und Itō Kiyoshi; weil Döblins Leistungen erst in den 1980er Jahren bekannt wurden, nennt man das Verfahren heute Itō-Kalkül. Einen Überblick findet man in [401].

als exakte mathematische Wissenschaft zu entwickeln, kam von außerhalb der Mathematik, vor allem aus der Verwaltung, den Sozialwissenschaften und der Medizin. Die Macht der Statistik begann man daher im 19. Jahrhundert zu entdecken, als die Staaten begannen, die Bürger und ihre Lebensverhältnisse zahlenmäßig zu erfassen begannen, unter anderem durch Volkszählungen, Reihenuntersuchungen von Soldaten und Listen mit Todesursachen.

Als mathematisches Gebiet ist die Statistik daher eher jung. Zu ihren Pionieren gehört der belgische Astronom Adolphe Quetelet, der im Hauptberuf die Sternwarte in Brüssel leitete. 1835 veröffentlichte er sein zweibändiges Werk *Sur l'homme et le développement de ses facultés, ou essai de physique sociale*. Wie andere frühe Statistiker hatte auch er hoch gesteckte Erwartungen, was den Wissensgehalt von Zahlen angeht: Seine *Sozialphysik* – wie er sie nannte – sollte herausfinden können, „was die vorherrschenden Elemente von Menschen irgendwelchen Alters sind; etwa Fanatismus, Frömmigkeit oder Ungläubigkeit, ein serviler Geist, Unabhängigkeit oder Anarchie" [405]. (Damit ist er übrigens sehr nahe an den Hoffnungen und Versprechungen, die manche moderne Daten-Analysten äußern.) Quetelet verdanken wir heute unter anderem den Body-Mass-Index, ein von ihm eingeführtes Maß für den Ernährungszustand eines Menschen auf Basis von dessen Gewicht und Größe.

Wie viele Informationen man aus Statistiken lesen kann, das demonstrierte eindrucksvoll zu dieser Zeit auch der englische Arzt John Snow. Er hatte die Anästhesie mit Äther in die Medizin eingeführt und arbeitete in England als Chirurg. 1854 analysierte er nach einer Cholera-Epidemie in London die Todesstatistik. Er stellte eine Korrelation zwischen den Wohnadressen der Opfer und dem Ausbruch der Cholera her und entdeckte so einen kausalen Zusammenhang: einer der Trinkwasserbrunnen der Stadt war offenkundig verseucht. Zur selben Zeit wurde als mögliche Ursache für Cholera auch noch „schlechte Luft" diskutiert …

Aus mathematischer Sicht ist Carl Friedrich Gauß ein wichtiger Pionier der Statistik. Seine Ideen etwa bei der Herleitung der *Methode der kleinsten Quadrate* bereiteten das Feld vor, das dann vor allem durch englische Biologen, Chemiker und Mathematiker ausgebaut wurde. Zu ihnen gehören Karl Pearson, William S. Gosset und vor allem Ronald A. Fisher.

Pearson hatte extrem weit gespannte Interessen, von Germanistik über Geschichte und Jura, von Biologie bis zu Mathematik. Von ihm stammt der heute übliche $\chi^2$-Test [373] und die Definition des $p$-Wertes (siehe unten). 1911 gründete er am Londoner University College das erste Institut für Statistik weltweit. Gosset, ein Schüler Pearsons, arbeitete für eine große irische Brauerei und musste dabei die beste Gerstenmischung angeben, auf der Basis weniger Stichprobenmessungen. Dabei entwickelte er einen Test, der heute als Student's $t$-Test bekannt ist – weil Gosset seine Arbeit unter dem Pseudonym „Student" veröffentlichte.

*Eine Dame verkostet Tee.*   Der vielleicht wichtigste Pionier der Statistik wurde jedoch Fisher, der als Biologe ab 1919 am landwirtschaftlichen Forschungsinstitut Rothamsted Research arbeitete, unter anderem zur Effektivität von Düngemitteln. Fisher verallgemeinerte nicht nur eine Menge von Tests und Verfahren seiner Vorgänger, er führte auch den Hypothesen-Test in die Statistik ein – ein Hilfsmittel, auf dem die mathematische Statistik bis heute ruht.

Offenbar gab es in Rothamsted Tee-Nachmittage der Wissenschaftlerinnen und Wissenschaftler. Bei einem dieser Treffen ereignete sich etwas, das Fisher später zu einem Buch ausarbeiten sollte [163]. In der Biographie [164], die Fishers Tochter geschrieben hat, klingt die Geschichte so: Die auf Algen spezialisierte Biologin B. Muriel Bristol lehnt eine Tasse Tee ab, die ihr Fisher anbietet – sie wolle aus Geschmacksgründen erst Milch, dann Tee in die Tasse bekommen. Fisher hält die Reihenfolge von Tee und Milch für unerheblich für den Geschmack. Bristols späterer Gatte William Roach schlägt daraufhin einen Test vor, bei dem er assistiert: Die Lady bekommt immer zwei Tassen angeboten, in der jeweils in die eine erst Tee und in die andere erst Milch eingegossen wurde. (Mehr dazu findet man in [457].)

Angeblich jubelte der Verlobte, weil seine Lady B. Muriel Bristol in mehr als der Hälfte der Fälle den Test bestand. Fisher indes begann darüber nachzudenken, wie sicher man sich dessen sein konnte. Die „Lady tasting tea" sollte in die Geschichte eingehen: Anhand ihres Beispiels entwickelte Fisher unter anderem den modernen Hypothesen-Test: Man nimmt zuerst das Gegenteil der Behauptung an, also, dass die Lady letztlich zufällig entscheidet, in welcher Tasse zuerst die Milch eingegossen wurde – sie könnte also genau so gut eine Münze zur Ermittlung ihrer Antwort werfen. Heute nennt man das die *Nullhypothese*. Die Nullhypothese muss eine exakte, quantitative Aussage sein. In unserem Fall können wir also annehmen, dass die Lady eine Trefferwahrscheinlichkeit von 50 % hat. Getestet werden soll diese Nullhypothese $H_0$ „gegen" die Hypothese $H_1$ (so die übliche Sprechweise), dass die Lady eine höhere Trefferwahrscheinlichkeit hat – das ist also die eigentliche Hypothese, die wir testen wollen. Wie geht man nun vor?

Die Lady realisiert nach der Nullhypothese im Prinzip etwas, das in der Stochastik als Bernoulli-Kette bekannt ist, eine Folge von Münzwürfen mit einer Münze, die mit Wahrscheinlichkeit $p$ (hier $0,5$) Kopf zeigt und mit $1 - p$ Zahl. Die Wahrscheinlichkeit, nach $n$ Tests genau $k$ Treffer (zum Beispiel „Kopf") zu erhalten, beträgt

$$\binom{n}{k} p^k (1 - p)^{n-k}.$$

Die Wahrscheinlichkeit, nach $n$ Tests *mindestens* $k$ Treffer zu erhalten, ist also

$$\mathbb{P}(p, k, n) := \sum_{i=k}^{n} \binom{n}{i} p^i (1 - p)^{n-i}.$$

Diese Funktion lässt sich nun für verschiedene Werte von $k$ und $n$ auswerten.

Ein *Fehler 1. Art* wird das fälschliche Akzeptieren von $H_1$ genannt; ein *Fehler 2. Art* ist das fälschliche Akzeptieren von $H_0$. Das Signifikanzniveau $a \in [0, 1]$ ist eine Schranke für die Wahrscheinlichkeit für einen Fehler 1. Art. Ein Signifikanzniveau von $a = 0,01$ soll also bedeuten, dass höchstens in einem Prozent der Testdurchläufe der Lady Fähigkeiten zugeschrieben werden, die sie eigentlich nicht hat. Sie hat also tatsächlich mit $p = 0,5$ gearbeitet und $\geq k$ Treffer erzielt und wir akzeptieren dennoch die Hypothese $H_1$ und schreiben ihr Fähigkeiten zu, die sie nicht hat.

Die Wahrscheinlichkeit $\mathbb{P}(p, k, n)$, dass die Lady *trotz* $p =$ 0,5 eine Anzahl von $k$ oder mehr Treffern landet, lässt sich nun für jedes $k$ berechnen. Man fordert mindestens $k^\star$ viele Treffer, damit für $p = 0{,}5$ der jeweilige Wert von $\mathbb{P}(p, k, n)$ kleiner als das vorher gewählte Signifikanzniveau $a$ ist. Hat die Lady dann $k^\star$ oder mehr Treffer erzielt, spricht man davon, dass $H_1$ *signifikant* bestätigt wurde. Die Tabelle zeigt gerundete Werte von $\mathbb{P}(0{,}5, k, 20)$ für $k = 1$ bis $k = 16$.

| $k$ | 1 | 2 | 3 | 4 | 5 | 6 | 7 | 8 | 9 | 10 | 11 | 12 | 13 | 14 | 15 | 16 |
|---|---|---|---|---|---|---|---|---|---|---|---|---|---|---|---|---|
| $\mathbb{P}(0{,}5, k, 20)$ | 1 | 1 | 1 | 1 | 0,99 | 0,98 | 0,94 | 0,87 | 0,75 | 0,59 | 0,41 | 0,25 | 0,13 | 0,058 | 0,021 | 0,0059 |

Bei einem Signifikanzniveau von $a = 0{,}01$ muss die Lady also nach $n = 20$ Tests 16 oder mehr Treffer erzielt haben, damit $H_1$ *signifikant* akzeptiert werden kann.

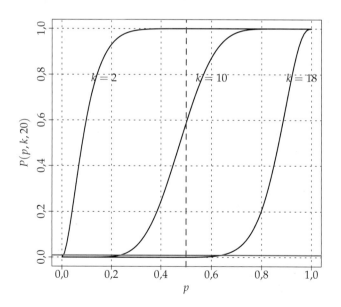

Die Wahrscheinlichkeit, $k$ Treffer bei $n = 20$ Versuchen zu landen, für verschiedene Werte von $k$ und abhängig von der Einzeltrefferwahrscheinlichkeit $p$.

Gezeigt sind die Kurven für mindestens $k = 2$, $k = 10$ oder $k = 18$ Treffer bei 20 Versuchen, abhängig von der Trefferwahrscheinlichkeit $p$ der Lady. Rot ist das Signifikanzniveau eingezeichnet, die blaue Linie markiert den Wert $p = 0{,}5$.

Man kann aber auch umgekehrt argumentieren: Hat die Lady beispielsweise 14 von 20 Tests bestanden, dann hat sie mit einer Wahrscheinlichkeit von $\mathbb{P}(0{,}5, 14, 20) \approx 0{,}058$ trotz einer Trefferwahrscheinlichkeit von $p = 0{,}5$ ihre 14 Treffer erzielt. Diese Wahrscheinlichkeit von 0,058 nennt man den *$p$-Wert*.

*Vielarmige Banditen.*   Das Problem der „Lady tasting tea" kann leicht verallgemeinert (und damit schnell komplexer) werden: Was zum Beispiel, wenn sich die Lady zwischen mehreren Optionen entscheiden soll? Oder wenn mehrere Ladies am Werk sind?

Diese Frage lässt sich zu etwas variieren, das 1952 auftauchte [420] und in den letzten Jahren als das Problem der *vielarmigen Banditen* unter Webseiten-Optimierern einige Beachtung gefunden hat: Man nimmt an, man stehe in einem Spielsalon vor einer Reihe von $k$ Spielautomaten („einarmigen Banditen"). In der Tasche habe man eine gewisse Menge Chips. Der Punkt ist, dass jeder der einarmigen Banditen eine andere Gewinnwahrscheinlichkeit hat. Die Aufgabe besteht nun darin, jeden der Automaten mit einigen Spielen zu testen und dann das restliche Geld an dem Automaten zu verspielen, der den meisten Erfolg verspricht. Mathematisch gesehen ist dabei jeder der Automaten eine Tee-testende Lady. Die Frage ist: Wie viel Geld opfert man in der Explorationsphase an jedem Automat?

Diese Frage ist von großer Aktualität im Internethandel. Nehmen wir an, ein Online-Schuhversand will wissen, ob sich seine Schuhe besser verkaufen, wenn er sie auf dunklem oder hellem Hintergrund platziert. Also bietet er seine Webseite in zwei Geschmacksrichtungen an – einmal mit dunklem und einmal mit hellem Hintergrund. Der Server des Schuhversands entscheidet zufällig bei jedem Seiten-Abruf, welche Variante gewählt wird (und speichert diese Information in einem Cookie, damit derselbe Nutzer die Webseite nicht mal dunkel und mal hell zu sehen bekommt). Anschließend wird registriert, wie viele Schuhe bei welcher Variante verkauft werden. In der Branche wird dieses Vorgehen „A/B-Test" genannt.

Nun kann es aber sein, dass die dunkle Variante die Nutzer sogar abschreckt. Man will daher die schlechte Variante so wenigen Nutzern wie möglich zeigen und gleichzeitig von der guten Variante so früh wie möglich profitieren. Jede Variante der Webseite ist also eine Art einarmiger Bandit, der bedient wird – aber nur so lange, bis man mit einer gewissen Signifikanz sagen kann, welche Gewinnwahrscheinlichkeit er besitzt. Ab dann konzentriert man sich auf die beste Variante.

Die Mathematik hinter dem Problem der vielarmigen Banditen ist sehr komplex; die Algorithmen, die das Problem lösen sollen, manchmal überraschend einfach [529]. In der Literatur werden sie unter der Überschrift „maschinelles Lernen" geführt, weil der Computer unterwegs „lernt", welcher Bandit der Beste ist. Tatsächlich sind die meisten der Algorithmen, die aktuell in das Gebiet der so genannten „Künstlichen Intelligenz" und des maschinellen Lernens fallen, im Kern fast immer statistische Methoden; daher ist die aktuell sehr populäre Datenwissenschaft in Wirklichkeit eine Kreuzung aus Statistik und Informatik.

*Statistik der Kekse.*    Ronald A. Fisher ist noch für viele weitere Entdeckungen in der Statistik berühmt. Besonders wichtig ist das Maximum-Likelihood-Prinzip, ein Beispiel für Parameterschätzung.

Um die Idee dahinter zu illustrieren, nehmen wir an, wir seien immer noch auf Fishers „four o'clock tea". Auf dem Tisch steht ein Keksteller, auf dem zwei Sorten von Keksen liegen. Alle Kekse zu zählen ist nicht möglich, es würde die Grenzen der Höflichkeit sprengen. Deshalb zählt man aus dem Augenwinkel in einer kleinen Stichprobe 4 Schoko- und 18 Nusskekse. Die Frage ist: Wie sieht die Verteilung der Kekse wirklich aus? Schließlich hängt die Zusammensetzung der Stichprobe vom Zufall ab.

Hier kommt das Maximum-Likelihood-Prinzip ins Spiel, die Annahme nämlich, dass die Verteilung der Kekse so geartet ist, dass der gemessene Wert der wahrscheinlichste wird. Konkret: Nimmt man an, die Schokokekse machten einen Anteil $\lambda$ unter den insgesamt $N$ Keksen aus, dann beträgt die Wahrscheinlichkeit $\mathbb{P}$, unter $n$ zufällig herausgegriffenen Keksen genau $k$ Schokokekse zu finden,

$$\mathbb{P}(k, \lambda, n, N) = \frac{\binom{\lambda N}{k}\binom{N(1-\lambda)}{n-k}}{\binom{N}{n}}.$$

Die Abbildung auf S. 302 zeigt, wie sich $\mathbb{P}(k, \lambda, n, N)$ für verschiedene Werte von $\lambda$ (und einen festen Wert $N$) verändert.

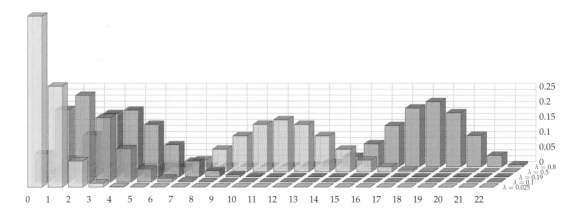

Enthielten 80 % der Kekse Schokolade (also $\lambda = 0{,}8$, grüne Balken), dann hätten wir ziemlich sicher keine vier Schokokekse aus dem Haufen gepickt, sondern mehr. Umgekehrt hätten wir eher weniger gefunden, wenn $\lambda$ sehr klein wäre (zum Beispiel $\lambda = 0{,}025$, gelbe Balken). Die Wahrscheinlichkeit, just vier Schokokekse in der Stichprobe zu finden, wird am höchsten, wenn $\lambda^\star = \frac{4}{22} \approx 0{,}19$ beträgt (rote Balken); $\lambda^\star$ wird ein *Schätzer* genannt.

Dieses Keks-Beispiel ist recht einfach, schließlich sind nur zwei Sorten Kekse in der relativ kleinen Stichprobe. Bei mehr Sorten in sehr großen Mengen – und vor allem bei kontinuierlichen Wahrscheinlichkeitsverteilungen allgemeiner Form – kann es schnell zu einem sehr komplexen Problem werden, einen Maximum-Likelihood Schätzer für die gesuchten Parameter zu finden, zumal, wenn man auch noch eine Garantie oder Güte für den Schätzer angeben möchte.

Maximum-Likelihood heuristisch: Die Wahrscheinlichkeiten, keinen, einen, zwei und so weiter Schokokekse in einer Stichprobe von 22 Keksen zu finden, aufgetragen für verschiedene Anteile $\lambda$ von Schokokeksen in der Gesamtpopulation.

## Testtheorie und bedingte Wahrscheinlichkeiten

Ein zentrales, etwas weiterführendes Thema der Stochastik ist das Thema der bedingten Wahrscheinlichkeiten – ein Thema, das vielen Studierenden in empirischen Disziplinen (zum Beispiel der Medizin) Kopfzerbrechen bereitet. Der Ausgangspunkt ist die Theorie der bedingten Wahrscheinlichkeiten und ihre Beschreibung durch den Satz von Bayes. Worum geht's?

Nehmen wir als Beispiel die Sensitivität und die Spezifität von medizinischen Tests (Antikörpertest, die Mammographie, die PCR, ...), die während der Corona-Pandemie (SARS-CoV-2) in der Wissenschaftskommunikation in aller Munde waren. Hier schauen wir also als Gruppe die Bevölkerung an und führen an Personen einen Test auf eine Krankheit durch. Es gibt vier mögliche Fälle: die Person ist krank und der Test ist positiv; die Person ist krank und der Test negativ; die Person ist gesund, aber der Test positiv; und schließlich die Person ist gesund und der Test ist negativ.

In der Testtheorie gibt es zwei Wörter für zwei wesentliche Wahrscheinlichkeiten. Die Sensitivität eines Tests ist die Wahrscheinlichkeit, dass ein in Wirklichkeit positiver Fall auch vom Test als positiv erkannt wird. Die Spezifität des Tests ist das umgekehrte: Die Wahrscheinlichkeit, dass ein tatsächlich negativer Fall auch als negativ erkannt wird. Sagen wir, die Sensitivität und die Spezifität unseres fiktiven Tests liegen beide bei 90 %. Wie hoch ist die Wahrscheinlichkeit, nach einem positiven Befund des Tests tatsächlich erkrankt zu sein?

Die Antwort auf diese Frage hängt davon ab, wie verbreitet die Krankheit in der Bevölkerung ist! (Die Mediziner nennen das die Prävalenz der Erkrankung innerhalb der Zielgruppe der Untersuchung.) Um die Antwort auszurechnen, kann man die vier möglichen Fälle mit ihren Wahrscheinlichkeiten in einer Vierfeldertafel organisieren. Das sieht dann zum Beispiel so aus (mit einer Prävalenz von 1 % und Sensitivität und Spezifität von 90 %). Nehmen Sie sich einen Moment und schätzen Sie die Wahrscheinlichkeit, bei positivem Test wirklich krank zu sein, bevor Sie weiterlesen.

|        | Positiver Test | Negativer Test | *Summe* |
|--------|:---:|:---:|:---:|
| Krank  | 9   | 1   | 10   |
| Gesund | 99  | 891 | 990  |
| *Summe* | 108 | 892 | 1000 |

Wir sehen also: Bei 1000 Tests werden mit den angegebenen Zahlen 108 Tests positiv ausfallen. Allerdings sind von diesen 108 Menschen nur 9 wirklich erkrankt. Das heißt, bei positivem Testergebnis ist die Wahrscheinlichkeit nur 9/108 (rund 8 %), wirklich krank zu sein. Hätten Sie das geschätzt? Übrigens ist bei negativem Ergebnis die Wahrscheinlichkeit 891/892 (also praktisch 1), gesund zu sein.

Mit diesen Zahlen können wir endlos spielen – und bekommen dadurch ein besseres Gefühl für das Zusammenspiel dieser drei Größen in den Randbereichen von sehr hohen und sehr kleinen Wahrscheinlichkeiten, in denen unsere Intuition oft versagt.

Zum Abschluss also noch ein weiteres Zahlenbeispiel: Bei einer Prävalenz von 5 % und einer Spezifität von 99 % und Sensivität von 90 % ist die Wahrscheinlichkeit gut 82 % krank zu sein, falls der Test positiv ist. Bei einem negativen Testergebnis ist man in diesem Fall mit einer Wahrscheinlichkeit von rund 99,5 % gesund.

## Partituren

◇ Jirí Matoušek, Jaroslav Nešetřil, *Diskrete Mathematik. Eine Entdeckungsreise*, Springer (2002).

Das Kapitel 10 „Wahrscheinlichkeit und probabilistische Beweise" ist eine anregende Einführung in die diskrete Wahrscheinlichkeitstheorie.

◇ Emmanuel Lesigne, *Heads or Tails – An Introduction to Limit Theorems in Probability*, AMS Student Mathematical Library (2005).

Vom Münzwurf (ziemlich direkt) zum zentralen Grenzwertsatz.

◇ Lester Dubins, Leonard Savage, *How to gamble if you must*, Dover Publications (1976).

Das Glücksspiel ist historisch und aktuell eine große Motivation für das Studium von Wahrscheinlichkeitstheorie und Statistik.

◇ David Salsburg, *The Lady Tasting Tea: How Statistics Revolutionized Science in the Twentieth Century*, Freeman, New York (2001).

Ein inspirierende Geschichte der Statistik.

◇ Joan Fisher Box, *R. A. Fisher, The Life of a Scientist*, Wiley (1978).

Der Vater der Statistik, portraitiert von seiner Tochter.

## Etüden

◇ Berechnen Sie die Shannon-Entropie für die ersten 10, 20, 30, 40, *usw.* Nachkommastellen von $1/7$, von $\sqrt{2}$, von $\pi$ und von $e$. Entdecken Sie Auffälligkeiten?

◇ Wie könnte man zeigen, dass die maximale Shannon-Entropie für eine Folge von 100 Ziffern einer Dezimalzahl genau $\log_2 10$ ist? Wie groß ist die maximale Entropie für 101 Ziffern?

◇ Ziemlich oft scheinen bei den Lottozahlen „6 aus 49" zwei aufeinanderfolgende Zahlen dabei zu sein. Wie wahrscheinlich ist das? Und wie oft ist das an den letzten 10 Samstagen

aufgetreten? Wie beurteilen Sie die Antwort auf diese Frage?
[549]

◇ Zufall und Wahrscheinlichkeiten sind ein beliebtes Thema
für mathematische Rätsel. Zum Beispiel: Nehmen wir ein
vollständiges Spiel von 28 Domino-Steinen, die jeweils aus
zwei Teilen bestehen, die jeweils zwischen 0 und 6 Augen
zeigen. Warum sind das eigentlich genau 28 Steine? Mit
welcher Wahrscheinlichkeit ziehen Sie einen doppelten Stein
(beide Seiten zeigen die gleiche Zahl) aus einem Spiel? Als
nächstes ziehen wir einen zufälligen Stein und sehen uns
eine der beiden Seiten an. Wenn diese Seite eine 6 zeigt,
wie hoch ist die Wahrscheinlichkeit, dass die andere Seite
ebenfalls eine 6 zeigt? Und wenn wir einen Stein ziehen und
sehen, dass er eine 6 hat, mit welcher Wahrscheinlichkeit ist
das der doppelte Stein mit zweimal die 6?

◇ Spielen Sie mit der Testtheorie: Wie sieht die Vierfeldertafel
aus bei einer Prävalenz von 10 % und Spezifität und Sensivität im Bereich von 95 % bis 99 %? Wie unterscheidet sich
hier die Wahrscheinlichkeit, bei positivem Ergebnis krank zu
sein, im Vergleich zu einer niedrigen Prävalenz im Bereich
von 0,1 % bis 1 %?

◇ Was ist das Benford'sche Gesetz? Können Sie es empirisch
überprüfen (zum Beispiel für dieses Buch – oder doch lieber
zufällige Internetseiten)? Inwieweit lässt es sich auf Steuer-
erklärungen oder Wahlergebnisse anwenden?

◇ Sind Sie schon einmal Simpsons Paradox begegnet? Die
Antwort ist wahrscheinlich ja. (Literaturtipp dazu: [132])

◇ Vor jeder Fußballweltmeisterschaft kann man Alben für
Sammelbildchen kaufen – die dann natürlich separat zu
erwerben sind. Angenommen, zu einer Sammlung gehören
$n$ Bildchen und man erhält mit jedem Kauf ein Bildchen, das
unabhängig und gleichverteilt aus den $n$ Motiven gezogen
wird. Wie viele Bildchen muss man im Schnitt kaufen, um
das Album zu füllen? Wie sieht die Sitation aus, wenn jedes

Bildchen mit einer individuellen Wahrscheinlichkeit von $p_i$ gezogen wird? (In der Literatur finden Sie das Problem unter dem Stichwort "coupon collector".)

◇ Alice und Bob werfen wiederholt eine Münze, die mit Wahrscheinlichkeit $p$ Kopf zeigt. Alice wartet darauf, dass zweimal hintereinander Zahl geworfen wird, Bob wartet auf einmal Kopf und einmal Zahl hintereinander.

(i) Wie viele Münzwürfe brauchen die beiden im Schnitt? Falls die Anzahl unterschiedlich lange ist: Warum? Hier handelt es sich um einen einfachen, aber typischen *Markov-Prozess*, bei dem es wichtig ist, den aktuellen *Zustand* zu kennen, aber nicht wichtig ist, wie man darin gelandet ist. In unserem speziellen Beispiel gibt es für Alice drei Zustände, je nachdem, ob zuletzt keinmal (A), einmal (B) oder zweimal (C) Zahl geworfen worden ist. Alice' Spiel kann man dann so modellieren (rote Kanten entsprechen Kopf-Würfen, blaue Zahl-Würfen):

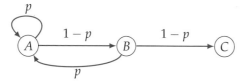

(ii) Mit welcher Wahrscheinlichkeit erreicht Alice nach genau $n$ Schritten ihr Ziel (also den Zustand C)?

(iii) Mit welcher Wahrscheinlichkeit erreicht Alice zuerst (also vor Bob) ihr Ziel?

(iv) Wie lange muss Alice im Schnitt spielen, um $k$ mal hintereinander Zahl zu werfen?

(Die linearen Gleichungssysteme, die man für Markov-Ketten bekommt, wenn man die Wahrscheinlichkeitsverteilung nach $n$ Schritten aus der nach $n - 1$ Schritten ableitet, kann man mit Matrizen schreiben und mit Methoden der linearen Algebra analysieren. Eine zugängliche Einführung in die Theorie der Markov-Ketten ist [35].)

# Funktionen

Funktionen sind ein zentrales Konzept der Mathematik – aber was
ist eine Funktion? Darüber wurde seit dem 18. Jahrhundert viel diskutiert. Wie viele grundlegende Begriffe in der Mathematik hat auch
der Begriff der Funktion einen langen, gewundenen Weg der Entwicklung zum modernen Konzept genommen, mit ganz unterschiedlichen
Vorstellungen davon, was eine Funktion theoretisch sein kann und im
konkreten praktischen Beispiel sein soll.

© Der/die Autor(en) 2022
A. Loos et al., *Panorama der Mathematik*,
https://doi.org/10.1007/978-3-662-54873-8_11

## THEMA: FUNKTIONEN

### Was ist eine Funktion?

Auf diese Frage gibt es mehrere, sehr unterschiedliche (und nicht äquivalente) Antworten, die sich aus ganz unterschiedlichen Problemen und Untersuchungen entwickelt haben. So verstanden Leibniz und Newton etwas anderes unter einer Funktion als etwa Cauchy. Erst im 19. Jahrhundert wurden präzise Definitionen aufgeschrieben und das Konzept allmählich so allgemein gefasst, dass sich die Funktionsbegriffe der verschiedenen Entwicklungslinien darin wiederfinden. Fangen wir also mit diesen verschiedenen Sichtweisen an, die durch ganz unterschiedliche Probleme motiviert waren.

*Funktionen als Kurven/Graphen.* Verschiedene klassische *Optimierungsprobleme* fragen nach einer Form oder Bewegung, in der Ebene oder im Raum, deren Lösung wir heute als Funktion beschreiben.

◇ Das „Problem der Dido", das isoperimetrische Problem, fragt: Welche Kurve in der Ebene mit einer vorgegebenen Länge schließt die größte Fläche ein?
Lösung: Eine Kreislinie, die als Funktion $f(t) = r(\cos(t), \sin(t))$ beschrieben werden kann. – Die Lösung war schon in der griechischen Antike „bekannt", aber ein vollständiger Beweis, der die Existenz einer Lösung wie auch die Charakterisierung als Kreislinie liefert, wurde erst am Ende des 19. Jahrhunderts geführt.

◇ Problem: Welche Form nimmt eine (schwere) Kette an, die an zwei Haken aufgehängt wird?
Lösung: Die Kettenlinie (Katenoide) ist ein Ausschnitt aus dem Graph der Funktion

$$\cosh(x) = \frac{e^x + e^{-x}}{2}.$$

– gelöst von Leibniz, Huygens und Johann Bernoulli 1690/1691.

◇ Problem: Auf welcher Kurve rollt eine Kugel am schnellsten von einem vorgegebenen Startpunkt zu einem niedriger gelegenen Zielpunkt?
Lösung: Die *Brachistochrone* ist ein Ausschnitt aus einer Radkurve (Zykloide). Die Kurve kann als die Menge aller Punkte $f(\varphi) = (R(\varphi - \sin(\varphi)), R(-1 + \cos(\varphi)))$ in der Ebene beschrieben werden. Die $y$-Koordinate $R(-1 + \cos(\varphi))$ kann man aber nicht in geschlossener Form als Funktion von $x = R(\varphi - \sin(\varphi))$ ausdrücken. – Gelöst von Johann Bernoulli 1696.

Die Lösungen dieser Probleme sind Kurven, die als Funktion eines Parameters $t$, einer Ortskoordinate $x$ oder auch eines Winkels $\varphi$ beschrieben werden können. Diese Kurven werden aus einer Menge von möglichen Lösungskurven ausgewählt. In moderner Sprache sind wir also auf der Suche nach einer Funktion als Element eines Funktionenraums:

Das ist die Betrachtungsweise der Funktionalanalysis und der Theorie der Differentialgleichungen. Zur Lösung eines solchen Problems muss gezeigt werden, dass überhaupt eine Lösung (in der spezifizierten Klasse von Funktionen) existiert, und diese muss dann charakterisiert werden. Mengen von Funktionen bilden auch Vektorräume, in denen wir den Abstand oder auch den Winkel zwischen zwei Vektoren – in diesem Fall eben Funktionen – messen können!

Oft ist aber gar nicht klar, ob eine optimale Lösung überhaupt existiert. Das ist schon für die bereits genannten Probleme, wie das isoperimetrische Problem, nicht selbstverständlich, und dass die Existenz nicht selbstverständlich ist, kann man gut mit dem „Kakeya-Problem" aus dem Jahr 1917 illustrieren: Wie sieht ein Gebiet in der Ebene mit minimalem Flächeninhalt aus, in dem eine bewegende Nadel der Länge 1 um 360° gedreht werden kann (siehe Kapitel „Dimensionen", S. 243 ff.)? Man vermutete zunächst, dass diese kleinste Region eine dreispitzige Hypozykloide sei. Diese Lösung mag geometrisch ansprechend sein – man findet dazu schöne Animationen im Internet –, aber trotzdem hat Besikowitsch 1919 gezeigt, dass es für das Kakeya-Problem eine kleinste Fläche gar nicht gibt.

Ein viel einfacheres Beispiel ohne optimale Lösung liefert das folgende Problem: Minimiere das Integral $\int_0^1 f(x)dx$ über alle stetigen Funktionen, die $f(0) = f(1) = 1$ und $f(x) \geq 0$ für alle $x$ erfüllen. Das Problem hat keine Lösung: Es gibt stetige Funktionen $f_n$ mit der Eigenschaft, dass $\int_0^1 f_n(x)dx$ kleiner ist als $1/n$. (Welche zum Beispiel?) Aber für keine stetige Funktion $f$, die unsere Voraussetzungen erfüllt, kann $\int_0^1 f(x)dx = 0$ sein. (Warum nicht?)

*Funktionen als Formeln/Algorithmen.*  Ein ganz anderes Konzept ergibt sich, wenn wir Funktionen zunächst über *Funktionsvorschriften* einführen. Das liegt nahe, wenn wir Funktionen betrachten, die durch Formeln wie etwa $f(x) = x^2$ angegeben werden können. In dieser Form hat Euler Funktionen behandelt, er nannte das „analytische Ausdrücke". Funktionen sind aus dieser Perspektive Maschinen, die für jeden gegebenen Wert im *Definitionsbereich* (also dem *Input*) ein Ergebnis im *Wertebereich* (den *Output*) liefern.

Dafür ist nicht nötig, dass die Funktion von einem kontinuierlichen Parameter abhängt: Genauso kann jede Folge von Zahlen $a_1$, $a_2$, $a_3$, … als Funktion $a : \mathbb{N} \to \mathbb{Z}$ aufgefasst werden, die also nur im Bereich der natürlichen Zahlen definiert ist. Die Funktionsvorschrift kann dann explizit sein, etwa für $a_n = 2^n$, oder die Funktion kann rekursiv definiert werden, wie dies etwa für die Fibonacci-Zahlen üblich ist. Diese Zahlenfolge ist durch $F_1 = F_2 = 1$ und $F_{n+1} := F_n + F_{n-1}$ nicht nur definiert, sondern kann mit Hilfe der Rekursion auch berechnet werden (ein Folgenglied nach dem anderen).

Die Konzepte von „Funktionen als Kurven/Graphen" und von „Funktionen als Vorschriften/Formeln/Algorithmen" sind nicht äquivalent! Man kann Funktionen durch Formeln oder Auswertungsvorschriften definieren, die sich nicht sinnvoll zeichnen lassen, wie zum Beispiel die Dirichlet'sche Sprungfunktion $f\colon \mathbb{R} \to \mathbb{R}$, die durch die Fallunterscheidung

$$f(x) = \begin{cases} 1 & \text{für } x \in \mathbb{Q}, \\ 0 & \text{für } x \in \mathbb{R} \setminus \mathbb{Q} \end{cases}$$

definiert wird. Diese Funktion ergibt keine Kurve, die von $x$ „parametrisiert" wird, und als Bewegung aufgefasst werden könnte, weil sie nirgends stetig ist, sondern überall nur zwischen den Werten 0 und 1 springt. Andererseits haben viele Differentialgleichungen Lösungen, die sich beschreiben, analysieren und zeichnen lassen, die aber nicht in „geschlossener Form" durch Formeln unter Verwendung von Standardfunktionen (wie etwa die aus der Schule bekannten Polynomfunktionen, trigonometrischen Funktionen etc.) ausgedrückt werden können.

In gewisser Weise ziehen die beiden Konzepte an verschiedenen Enden des Strangs der Funktion: Im Kontext von Lösungen von Optimierungsproblemen oder Differentialgleichungen wurde der Funktionsbegriff immer allgemeiner und abstrakter (bis die Objekte dann auch nicht mehr Funktionen sondern Distributionen genannt werden). Eine Funktion als Auswertungsvorschrift neigt dagegen zur konkreten Seite einer Funktion und ist unter anderem deshalb in der Schule üblich.

Letztlich landen wir so bei einem sehr allgemeinen Konzept einer Funktion, wie er erst im 19. Jahrhundert mit einem allgemeinen Mengenbegriff gefasst werden konnte: Eine Funktion ist gegeben durch Mengen $A$ und $B$, die der *Definitionsbereich* und der *Wertebereich* der Funktion heißen, sowie durch eine Relation, die jedem Element $a \in A$ ein eindeutig bestimmtes Element $f(a) \in B$ zuordnet, den *Wert* der Funktion $f$ an der Stelle $a$.

Sowohl „Funktionen als Kurven/Graphen" als auch „Funktionen als Vorschriften/ Formeln/Algorithmen" können als Abbildungen von Mengen aufgefasst werden – insofern ist dieser Begriff allgemeiner. Und er erfasst auch noch andere sehr wichtige und grundlegende Situationen: So ist jede geometrische Transformation, also jede „Bewegung", eine Funktion: Jede Kongruenzabbildung, Translation, Drehung, Streckung, Ähnlichkeitsabbildung, jede Koordinatentransformation, aber auch jede Symmetrie (etwa eines Polyeders) kann als Funktion aufgefasst werden, eben als Funktion $\mathbb{R}^2 \to \mathbb{R}^2$ für ebene Transformationen bzw. als Funktion $\mathbb{R}^3 \to \mathbb{R}^3$ für Abbildungen im Raum bzw. des dreidimensionalen Raums auf sich selbst.

*Pathologische Funktionen*  Der formalen Entwicklung der Grundlagen der Analysis „in Weierstraß'scher Strenge" im 19. Jahrhundert fiel die naive Identifikation von Funktionen mit Funktionsgraphen zum Opfer, die Vorstellung also, dass man Funktionen „zeichnen" können muss. Formalisiert ist das durch die Konstruktion von stetigen Funktionen $f\colon \mathbb{R} \to \mathbb{R}$, die *nirgends* differenzierbar sind, und die auch nicht durch eine geschlossene Formel anzugeben sind. Bildlich gesprochen sind die Graphen dieser Funktionen Linien, die aber überall geknickt sind.

*Funktionen an der Schule*

Funktionen sind uns als grundlegendes mathematisches Konzept auch deshalb vertraut, weil sie (genauer: stetige Funktionen $f \colon \mathbb{R} \to \mathbb{R}$) zum Standard-Schulstoff der Mittel-/ Oberstufe gehören.

Dies ist aber eine Entwicklung der Neuzeit: Erst mit den maßgeblich von Klein initiierten „Meraner Vorschlägen" (1904) kamen die Funktionen, geometrische Transformationen und die Analysis in die Schulen – bis dahin hatten Arithmetik und „statische" Geometrie den Schulstoff ausgefüllt.

## VARIATIONEN: FUNKTIONEN

### Was ist eine Funktion?

Der mathematische Begriff der Funktion hat sich über die Jahrhunderte stark gewandelt. Für eine detailliertere Übersicht verweisen wir zum Beispiel auf [279]. Hier ist eine grobe Zusammenfassung:

*17.–18. Jahrhundert.*   Funktionen sind zentrale Objekte in der Differential- und Integralrechnung, die in dieser Zeit entwickelt wird. Zugleich weitet sich die Kommunikation unter Wissenschaftlern aus: Wissenschaftsjournale lösen allmählich persönliche Briefe ab. Das macht auch Definitionen bzw. Beschreibungen des Funktionenbegriffes nötig, die meistens auf das, was man gerade damit machen will, zugeschnitten sind. Die Mathematik der Zeit handelt in der Regel von, modern ausgedrückt, stetigen Funktionen. Je nach Kontext haben sie aber noch mehr Eigenschaften: die Funktionen sollen differenzierbar sein; sie sollen durch Polynome (algebraische Funktionen) approximiert werden können (und heißen dann seltsamerweise analytische Funktion); sie sollen durch Kreisfunktionen (trigonometrische Funktionen) approximiert werden können (das leistet die Fourier-Analyse); usw.

*19. Jahrhundert.*   Bei der Untersuchung immer speziellerer Beispiele von Funktionen wird klar, dass schon recht allgemeine Begriffe der Funktion (etwa von Cauchy, siehe unten) nicht allgemein genug sind. Dazu kommt mit Ausgang des 19. Jahrhundert das Aufkommen der Mengentheorie: Funktionen werden jetzt (auch) als Abbildungen zwischen Mengen aufgefasst. Es beginnt die Auseinandersetzung mit sogenannten „pathologischen Funktionen", Funktionen also, die aus irgendeinem Grund aus dem bisherigen Funktionsbegriff herausfallen.

*20. Jahrhundert.*   Der Fokus verschiebt sich: Lag er bislang vor allem auf den Objekten, die per Funktion aufeinander abgebildet wurden, werden nun die Funktionen mehr und mehr selbst zu Objekten, die man klassifizieren kann und mit denen

*Eine Auswahl spezieller Funktionen*
Funktionen sind ein wichtiges Konzept der Mathematik. Dabei geht es nicht nur um allgemeine Untersuchungen, sondern quer durch die Mathematik tauchen besonders wichtige, interessante „spezielle Funktionen" auf, zum Beispiel:
· Wurzelfunktionen
· Sinus und Cosinus
· Tangens und Cotangens
· Exponentialfunktionen
· Logarithmen
· Tschebyscheff-Polynome
· Hermite-Polynome
· Laguerre-Polynome
· Legendre-Polynome
· Gamma-Funktion
· Riemann'sche Zeta-Funktion
· Hypergeometrische Funktionen
· Bessel-Funktionen

sich auf gewisse Weise „rechnen" lässt, indem man sie geeignet miteinander verknüpft. Beispielsweise kann man die reellen Funktionen auf einem festen Definitionsbereich zu einem Vektorraum zusammenfassen, dessen Elemente Funktionen sind.

Euler hat im 18. Jahrhundert noch entspannt über Funktionen geschrieben, aber mit fortschreitender Verbreitung des Funktionsbegriffs und Formalisierung der Mathematik (vor allem im 19. Jahrhundert) stellten sich immer grundsätzlichere Fragen. 1956 blickte Alonzo Church entsprechend kritisch auf den Funktionsbegriff:

> Am Ende muss man das Konzept einer Funktion – oder ein vergleichbares Konzept, etwa das Konzept einer Klasse – als primitiv oder undefinierbar betrachten. [87]

Man könnte also fragen: Wie sieht eine Mathematik *ohne Funktionen* aus? Trotz der erstaunlichen Leistungen der Mathematiker in Antike und Mittelalter hatte man damals noch kein Konzept von Funktionen. Wir werfen also erst einmal einen Blick in die Historie.

Archimedes von Syrakus verfasste im 3. Jahrhundert v. Chr. einen Brief an Eratosthenes, in dem er seinem Freund und „Bewunderer der mathematischen Forschung" erklärt, wie er zum Beispiel auf seine erstaunliche Flächenbestimmung des Parabelsegments, einer Fläche begrenzt von einer Parabel und einer Geraden, kam: Durch eine trickreiche „mechanische Methode" [302], die darin besteht, Flächen in Streifen zu zerschneiden, diese gedanklich gegeneinander abzuwiegen, zu skalieren und am Ende aufzusummieren:

> Gewisse Sachverhalte sind mir durch eine mechanische Methode klar geworden, auch wenn sie anschließend mit Mitteln der Geometrie bewiesen werden mussten, weil ihre Untersuchung durch besagte Methode noch keinen tatsächlichen Beweis bedeutet. [224, p. 13]

Doch auch wenn Archimedes mit dieser Methode die Fläche eines Parabelsegments berechnete, betrachtete er sie tatsächlich als ein geometrisches Objekt, als das Ergebnis eines gewissen Schnittes durch einen Kegel – und nicht als Formel, analytischen Ausdruck oder gar als Abbildung zwischen Mengen.

Archimedes arbeitete also ohne Funktionen im heutigen Sinne, so wie auch seine antiken und mittelalterlichen Nachfolger. Es gab aber trotzdem schon Wertetabellen, zum Beispiel von Kreisfunktionen, sogenannte Sinustafeln. Sie dienten als Rechenhilfen und zur Berechnung geometrisch anschaulicher Längen und Winkel. Die Sinusfunktion, die darin steckt, wird nicht als solche untersucht.

Das hielt die Forschenden nicht davon ab, kunstvolle Berechnungen durchzuführen und erstaunliche Verknüpfungen und Näherungen trigonometrischer Funktionen zu entdecken. Dem indischen Mathematiker und Astronomen Aryabhata etwa wird folgende Näherung (zu Beginn des sechsten Jahrhunderts unserer Zeitrechnung) zugeschrieben [459]:

$$\sin(\phi) \approx \frac{4\phi(180° - \phi)}{225° \cdot 180° - \phi(180° - \phi)},$$

die sein arabischer Kollege Bhāskara (im siebten Jahrhundert) weiter benutzte, um eine berühmte Sinustabelle zu verfassen. Mohammad Abu'l-Wafa Al-Buzjani formulierte klar den Zusammenhang zwischen Länge der Sehne und Sinusfunktion, modern ausgedrückt:

$$\sin(\phi) = \frac{1}{2}c(2\phi),$$

wobei $c(2\phi)$ die Länge der Sehne in Abhängigkeit vom Winkel angibt.

*Funktionen als Kurven/Graphen.* Heute lernt man Funktionen in der Schule kennen, bevor man sie differenziert und integriert. Die historische Entwicklung ging aber genau den umgekehrten Weg: Der Begriff der Funktion tauchte erst auf, als die Differentialrechnung bereits in ihren Grundzügen entwickelt war.

Seinen Anfang nimmt unsere Geschichte der Differentialrechnung mit der Idee, Kurven in ein rechtwinkliges, „kartesisches" Koordinatensystem einzuzeichnen. Diese Verbindung von Geometrie und Koordinaten ist Voraussetzung für die Verbindung von Funktionsgraphen und geometrischen Begriffen wie Tangenten, die Grundbegriffen in der Differentialrechnung

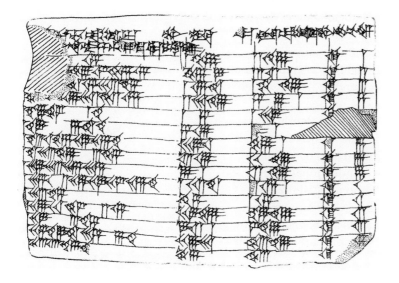

Die Keilschrifttafel Plimpton 322 (aus [424]). Sie stammt aus der Zeit um 1800 v. Chr. und wurde 1920 in einer Raubgrabung in der antiken Stadt Larsa (Tell Senkereh) ausgegraben.

In der Handschriften-Sammlung des Kaufmanns George Arthur Plimpton gelangte sie kurz nach 1936 als Spende an die Columbia University.

Es handelt sich vermutlich um eine Art Sinustafel; zu Deutungen siehe zum Beispiel [67] oder [425]. Sicher ist: Hier werden Zahlen miteinander verbunden, aufeinander abgebildet. Doch von unserem modernen Bild einer Funktion als einer Abbildung von Mengen auf Mengen sind wir noch weit entfernt.

entsprechen. Sie wird René Descartes zugeschrieben, der aufgrund seiner philosophischen Arbeiten die Kritik der Kirche zu fürchten hatte und von 1628 bis 1649 im niederländischen Exil lebte. In dieser Zeit, 1637, erschien Descartes' *La Géométrie* als Anhang zu seinem philosophischen Hauptwerk *Discours de la méthode*. Descartes schlägt darin eine Brücke zwischen Geometrie und Algebra. Er transformiert geometrische Probleme, um sie mit algebraischen Methoden, dem Lösen von Gleichungen, zu knacken. So zeigt er, wie man die Normalen an Kurven wie den Kreis oder die Ellipse finden kann, eingezeichnet in Koordinatensysteme. Er machte damit einen ersten Schritt in Richtung Differentialrechnung, die eine geometrische Größe, die Steigung der Tangente an einen Funktionsgraphen, algebraisch als Wert der Ableitung an der betreffenden Stelle ausdrückt.

Descartes' Veröffentlichung passt in eine Zeit, in der verschiedenste Kurven untersucht werden. Mathematiker wie Johann Hudde und Christiaan Huygens schaffen die Anfänge von dem, was später die Differential- und Integralrechnung wird (siehe auch [137] und [257]). Gottfried Wilhelm Leibniz verfasste etwa 1684 einen Aufsatz über Differentialrechnung (*Maximis et Minimis, itemque Tangentibus . . .* [312])

für die *Acta Eruditorum*, eines der ersten allgemeinen Wissenschaftsjournale. François Antoine Marquis de L'Hôpital veröffentlichte 1696 das erste Lehrbuch der Differentialrechnung, unter Verwendung von Material seines Lehrers Johann Bernoulli (worüber es finanzielle Abmachungen und später unschöne Auseinandersetzungen gab).

Als das Wort „Funktion" im ausgehenden 17. Jahrhundert aufkommt und der Begriff der Funktion allmählich entsteht, ist das vorherrschende Bild in den Köpfen also das einer Kurve oder eines Funktionsgraphen. Damals standen Johann Bernoulli, sein Schüler L'Hôpital, Jakob Bernoulli, Leibniz und andere in einem engen Gedankenaustausch. Sie nutzten dazu eben nicht mehr nur Briefe, sondern hatten auch einen „virtuellen Treffpunkt": die ersten Wissenschaftsjournale wie die *Acta Eruditorum*.

Die Bernoullis erwiesen sich als sehr innovativ, auch was Begriffe und Notation angeht. Beispielsweise verwendet Jacob Bernoulli in der Formulierung seiner Lösung des Isochronenproblems in den *Acta Eruditorum* von 1690 erstmals die Begriffe *Integral* und *Differential*. Auch das Wort *Funktion* taucht erstmals im Umkreis der Bernoullis auf, nämlich in Briefen von Leibniz und Johann Bernoulli [478] im Zusammenhang mit dem isoperimetrischen Problem.

Die Motivation für das isoperimetrische Problem ist eine antike Sage. Eine (vermutlich phönizische) Königstochter mit Namen Elissa (oder Dido) soll im 9. oder 8. vorchristlichen Jahrhundert mit Siedlern aus Tyros nach Nordafrika ausgewandert sein. Als sie sich von den dortigen Herrschern Land erbat, genehmigten diese ihr „soviel Land, wie sich mit einem Ochsenfell umspannen lässt", wie der antike Historiker Justin andeutet. Die Königstochter legte diese Formulierung großzügig aus: Sie ließ das Fell in einen langen Streifen zerschneiden und beschrieb damit an der Küste einen Halbkreis, der ins Binnenland reichte – angeblich die Keimzelle für das spätere Karthago.

Unabhängig davon, ob es Dido wirklich gegeben hat, stellt sich aus mathematischer Sicht die Frage: Wie viel Fläche kann man eigentlich höchstens mit einer Schnur der Länge $L$ umspannen, und wie sieht diese Fläche aus?

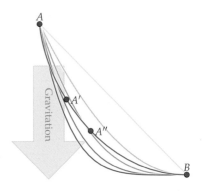

Das Isochronen- oder Tautochronenproblem fragt nach der Form einer Rutschbahn von $A$ nach $B$, auf der ein Körper zum Zeitpunkt $t_0$ in einem beliebigen Punkt $A$, $A'$ oder $A''$ startet, reibungsfrei nach unten gleitet und im Punkt $B$ zu einem festen Zeitpunkt $t_1$ ankommt, der nicht vom Startpunkt abhängt.

Die Lösung lässt sich nicht, wie man vielleicht vermuten könnte, durch eine Potenzfunktion beschreiben (blau), sondern durch eine Zykloide, also eine Kurve, die parametrisch beschrieben wird durch

$$x(t) = a\big(t - \sin(t)\big)$$

und

$$y(t) = b\big(1 - \cos(t)\big) + c$$

(im Bild rot).

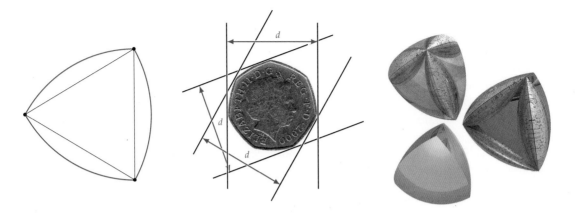

1697 stellte Jakob Bernoulli just diese Frage seinem Bruder Johann. Die beiden entstammten einer Basler Familie, die durch Gewürzhandel reich geworden war, und es verband sie nicht nur die Liebe zur Mathematik, sondern auch eine gewisse gegenseitige Hassliebe.

Jakob Bernoulli lehrte an der Universität Basel Mathematik und wurde darum von seinem jüngeren Bruder Johann heftig beneidet, der seinerseits jahrelang als Mathematikprofessor an der Universität Groningen arbeitete. Bis Jakob 1705 an Tuberkulose starb und Johann endlich die verwaiste Professur des Bruders übernehmen konnte, trugen die beiden heftige wissenschaftliche Konflikte aus, oft in den *Acta Eruditorum*. Einer dieser Wettstreite drehte sich eben um das isoperimetrische Problem. (Zu Details verweisen wir auf die Darstellung von Jacqueline Stedall in [478].) In der ersten Formulierung des Problems von Jakob Bernoulli ist von Funktionen noch keine Rede. Er führt zur Beschreibung nur „Ordinaten" ein. Auch Johanns Darstellung von 1697/98 kommt ohne offiziell so benannte *Funktionen* aus.

Erst 1706 taucht der Begriff einer Funktion gedruckt in den *Memoires* der Pariser Académie Royale des Sciences auf, in einem Brief Johanns von 1698, den dieser zurückgehalten hatte, weil er eigentlich Jacobs Lösung abwarten wollte, doch der war 1705 gestorben.

Der Kreis löst nicht nur das isoperimetrische Problem, er ist auch ein Spezialfall eines Gleichdicks, also eines konvexen Körpers, der in jeder Richtung denselben Durchmesser hat. Statt nach dem *flächengrößten* kann man nun auch nach dem *flächenkleinsten* Gleichdick gegebenen Durchmessers fragen. Die Lösung ist das Reuleaux-Dreieck (links). In der Mitte ein nichtextremales Gleichdick: eine britische 50-Pence Münze. Es gibt unendlich viele (auch unsymmetrische) ebene Gleichdicke, siehe zum Beispiel [46].

Dreidimensionale Gleichdicke sind ein Gegenstand der aktuellen Forschung. Es wird vermutet, dass die sogenannten Meissner-Körper (rechts), die man aus dreidimensionalen Verallgemeinerungen der Reuleaux-Dreiecke entwickelt (golden), bei vorgegebener Dicke die Gleichdicke mit minimalem Volumen sind [267].

Johann Bernoulli erklärt nicht genau, was er unter einer „fonction" versteht. Er verwendet den Begriff sowohl im Sinne einer *Größe* als auch im Sinne eines *Verfahrens*, mit dem man einen Wert erhalten kann. Erst 1718 versucht er in diesem Punkt genauer zu werden, in einer Zusammenfassung seiner *Analysis Magni Problematis Isoperimetrici*. Hier erscheint die erste echte Definition einer Funktion:

> Man nennt hier *Funktion* einer variablen Größe eine Quantität, die auf irgendeine Weise zusammengesetzt ist aus dieser variablen Größe und Konstanten.

Bernoulli gebraucht den Begriff dennoch weiter in beiden Bedeutungen. In derselben Arbeit findet sich auch neue Notation: Er verwendet die Schreibweise $\Phi Rc$ für die Auswertung der Funktion $\Phi$ an der Stelle $Rc$, wobei $Rc$ eine Größe (Strecke) bezeichnet.

Einen weiteren großen Schritt machte der wohl berühmteste Schüler Johann Bernoullis, Leonhard Euler. Für Mathematik-Historiker ist Euler nicht nur spannend, weil er den Funktionenbegriff schärfte, sondern auch, weil er es mehrmals tat. (Mehr hierzu in [472] und [478].) Euler betrachtete Funktionen zunächst – im ersten Band der *Analysis des Unendlichen* von 1748, einem seiner Lehrbuchklassiker – als „analytische Ausdrücke" (wobei er vage hält, was darunter zu verstehen ist).

*DEFINITION.*

On appelle ici *Fonction* d'une grandeur variable, une quantité compofée de quelque manière que ce foit de cette grandeur variable & de conftantes.

Die erste gedruckte Definition des Begriffes Funktion [39, S. 241]

Die Lösung des isoperimetrischen Problems von Johann Bernoulli enthält den Begriff *Funktion*. Hier die Zusammenfassung in der *Histoire de L'Académie Royale des Sciences avec les Mémoires de Mathématique et de Physique* von 1706. [40]

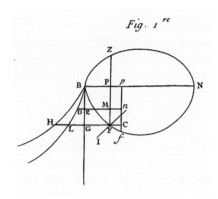

C'eft là le Problême que feu M. Bernoulli propofa en 1697. M. Bernoulli fon frere qui étoit particulierement défié, non feulement le réfolut, mais le réfolut après l'avoir rendu encóre plus general, & par confequent plus difficile. Il changea les puiffances des Appliquées en ce qu'il appelle *fonctions*. Les fonctions d'une Appliquée comprennent, outre toutes les puiffances, foit parfaites, foit imparfaites, où l'on peut l'élever, toutes les multiplications ou divifions que l'on en peut faire par des grandeurs conftantes, ou par les Abfciffes élevées auffi à telle puiffance qu'on voudra ; de forte, par exemple , que le produit d'une Appliquée élevée au cube & d'une grandeur conftante, divifé par le quarré de l'Abfciffe , eft une fonction de l'Appliquée. Les puiffances ne font qu'une efpece dont fonction eft le genre.

*Fig. 1ʳᵉ*

Eine Funktion einer veränderlichen Größe ist ein analytischer Ausdruck, der sich aus irgendeiner veränderlichen Größe und Zahlen oder konstanten Größen zusammensetzt.

Daher ist jeder analytische Ausdruck, in dem neben der variablen Größe $z$ alle Größen, die jener Ausdruck sonst enthält, konstant sind, eine Funktion von $z$. So sind

$$a + 3z, \quad az - 4zz, \quad az + b\sqrt{a^2 - z^2}c^z \quad \text{etc.}$$

Funktionen von $z$ selbst. [155, S. 3]

Man beachte, dass Euler so auch mehrdeutige Funktionen in seine Definition einschließt, und auch so etwas wie den Logarithmus. Im Band zwei der *Introductio* beleuchtet er dann aber einen anderen Aspekt der Funktion, die grafische Darstellung – und schreibt aus heutiger Sicht Überraschendes:

Es führt also jede Funktion von $x$ auf irgendeine Linie, eine gerade oder eine gebogene, und umgekehrt lässt sich jede gebogene Linie auf eine Funktion zurückführen. [...] Aus dieser Idee von gebogenen Linien folgt sofort, dass man diese in kontinuierliche und *diskontinuierliche* oder *gemischte* klassifizieren kann. Eine Linie wird also durchgängig genannt, weil sie durch eine einzige Funktion definiert wird, und diskontinuierlich oder gemischt oder irregulär, wenn sie so geartet sind, dass verschiedene Teile von ihr [...] durch verschiedene Funktionen ausgedrückt werden. [155, S. 6]

Stückweise definierte Funktionen sind daher in Eulers Augen keine Funktionen. (Das wird erst 70 Jahre später von Augustin-Louis Cauchy „repariert", als der 1821 den Begriff der Stetigkeit einführt.) Doch die Entwicklung geht weiter. In seiner sieben Jahre später (1755) veröffentlichten, aber wohl gleichzeitig mit der *Introductio* geschriebenen Einführung in die Differentialrechnung (*Institutiones calculi differentialis*) findet sich ein neuer Blickwinkel auf den Funktionenbegriff, diesmal völlig unabhängig von algebraischen Ausdrücken:

Funktionen sind jetzt für Euler Größen, die sich in Abhängigkeit von anderen Größen verändern. „Wenn also $x$ eine veränderliche Größe bedeutet, dann heißen alle Größen, die auf irgendeine Art von $x$ abhängen, Funktionen von $x$." [154].

Schon Euler hatte also durchaus sehr verschiedene Aspekte des Funktionsbegriffs im Auge.

Leonhard Euler (1707–1783), Sohn eines Theologen, studierte in Basel Mathematik und lernte zusätzlich im Privatissimum bei Johann Bernoulli (bei dem schon Eulers Vater zu Studentenzeiten gewohnt hatte) – zur besonderen Begabtenförderung sozusagen. 1727 ging er dann als Professor für Naturlehre mit zwanzig Jahren nach St. Petersburg. 1741 wechselte er nach Berlin, um dort schnell zum Direktor der mathematisch-physikalischen Klasse der Akademie der Wissenschaften aufzusteigen und 25 Jahre lang zu forschen – obwohl sich die Zusammenarbeit mit seinem Dienstherren, König Friedrich II., schwierig gestaltete: der König verstand wenig von dem, was „sein Zyklop" – so stellte er den auf dem rechten Auge erblindeten Euler in der Öffentlichkeit vor – so tat und betraute ihn mit zahlreichen praktischen Aufgaben. 1766 ging Euler wieder nach St. Petersburg, wo er, inzwischen vollkommen erblindet, einige seiner wichtigsten Arbeiten und Werke diktierte, darunter drei Bände über Integralrechnung. Insgesamt zählt man ungefähr 900 Arbeiten und zwanzig Bücher aus seiner Feder; rund 500 Schriften erschienen schon zu Lebzeiten.

Machen wir einen Zeitsprung um fast 70 Jahre. 1822 beschrieb Joseph Fourier in seiner „Theorie der Wärme", was er
unter einer Funktion verstand:

> Im Allgemeinen repräsentiert die Funktion $fx$ eine Folge von
> Werten oder Ordinaten, von denen jeder beliebig ist. Die Abzisse
> $x$ kann eine unendliche Zahl von Werten annehmen, es gibt eine
> entsprechende Zahl von Ordinaten $fx$. Alle haben bestimmte
> Zahlenwerte, die positiv, negativ oder Null sind. Man nimmt
> keinesfalls an, dass diese Ordinaten einen gemeinsamen Gesetz
> unterworfen seien; sie folgen auf einander ganz beliebig, und jede
> von ihnen ist für sich gegeben. [168]

En général, la fonction $fx$ représente une suite de valeurs
ou ordonnées dont chacune est arbitraire. L'abscisse $x$ pou-
vant recevoir une infinité de valeurs, il y a un pareil nombre
d'ordonnées $fx$. Toutes ont des valeurs numériques ac-
tuelles, ou positives, ou négatives, ou nulles. On ne suppose
point que ces ordonnées soient assujetties à une loi com-
mune; elles se succèdent d'une manière quelconque, et chacune d'elles est donnée comme le serait une seule quantité.

Ein Auszug aus Fouriers *Théorie
analytique de la chaleur* von 1822 [168,
S. 552]

Für Fourier sind Funktionen ein Handwerkszeug, um Kurven
in Abszissen und Ordinaten zu beschreiben. Tatsächlich hatte er
die konkrete physikalische Anwendung im Blick – und damit
eher „brave" Beispiele von Funktionen im Sinn, die sich graphisch darstellen lassen. Für seine Theorie des Wärmeflusses
hatte er das Werkzeug entwickelt, für das er heute besonders
bekannt ist: Die Fourier-Analyse, die Zerlegung von Funktionen in Sinus- und Cosinuswellen. Dabei ging er davon aus,
dass sich *jede* Funktion als trigonometrische Reihe darstellen
lässt, wofür er nach Veröffentlichung der Wärmelehre scharf
kritisiert wurde.

*Funktionen als Formeln/Algorithmen.* Doch Funktionen sind
mehr als Bilder von Kurven, das zeigen schon Eulers Formulierungen. Es setzt sich daher eine weitere Vorstellung durch:
Funktionen lassen sich (auch) in geschlossenen Formeln darstellen – zumindest einige von ihnen.

1821 veröffentlichte Augustin-Louis Cauchy sein berühmtes
Lehrbuch *Cours d'analyse*. Er gab sich darin die größte Mühe,
seinen Schülern an der École Royale Polytechnique eine klare Vorstellung von der Analysis seiner Zeit zu vermitteln, mit
einer Fülle an Beispielen. Cauchy versuchte, Definitionen so
eindeutig und knapp wie möglich zu formulieren und Unschär-
fen, die bei den Vorgängern auftauchten, zu vermeiden [469].
Er hob Schlüsselbegriffe kursiv hervor und setzte seinem Buch
einen einleitenden Teil voraus, in dem er Notation und Begriffe
definierte.

**Allgemeine Betrachtungen über die Funktionen.**

Wenn **veränderliche Zahlgrössen** in solcher Weise unter einander zusammenhängen, dass man aus dem gegebenen Werte von einer Veränderlichen die Werte aller übrigen herleiten kann, so denkt man sich gewöhnlich diese verschiedenen Zahlgrössen vermittelst jener einen ausgedrückt. Jene eine nimmt dann den Namen: **unabhängige Veränderliche** an, während die übrigen, die mittelst der unabhängigen Veränderlichen ausgedrückten Zahlgrössen, sogenannte **Funktionen** jener einen Veränderlichen sind.

Der Begriff Funktion bei Cauchy [82, S. 13]. In dieser deutschen Übersetzung von Cauchys *Cours d'analyse* von 1885 wurde aus den kursiven Ausdrücken Fettdruck.

Auch inhaltlich prägte Cauchys Lehrbuch den Stil der Analysis mindestens der ersten Hälfte des 19. Jahrhunderts. Von Cauchy schaute sich Karl Weierstraß zum Beispiel den $\varepsilon$-$\delta$-Kalkül ab, für den er selbst berühmt wurde, den Cauchy aber schon in komplexeren Beweisen verwendet hatte.

Cauchy versuchte auch beim Funktionsbegriff allgemeiner und abstrakter zu werden als seine Vorgänger. Die Wurzelfunktion zum Beispiel begreift er als Spezialfall der Potenzfunktion, mehrdeutige Funktionen (wie die Wurzelfunktion) werden durch Doppelklammern gekennzeichnet: $((x))^{\frac{1}{2}} = \pm\sqrt{x}$. Und: Cauchys Beispiele zeigen, dass er wohl sicher auch trigonometrische Funktionen oder den Logarithmus als Funktionen verstand.

*Pathologische Funktionen.* Kurven oder Formeln? Beim Versuch, diese beiden Blickwinkel überein zu bekommen, tauchten Probleme auf. Fourier hatte behauptet, man könne alle Funktionen in trigonometrische Reihen entwickeln. Stimmt das? Kann man stetige Funktionen finden, die sich nicht differenzieren lassen (und auch nicht zeichnen)? Gibt es Folgen aus stetigen Funktionen, die gegen eine unstetige Funktion konvergieren? Gibt es Ableitungen, die sich nicht (Riemann-)integrieren lassen? (Für eine detaillierte Diskussion zu solchen Fragen siehe [284].)

Einen wichtigen Anstoß für Forschung in diese Richtung leistete Gustav Lejeune Dirichlet. 1829 veröffentlichte er eine Arbeit *Sur la convergence des séries trigonométriques qui servent à représenter une fonction arbitraire entre des limites données*, also über die Konvergenz trigonometrischer Reihen, die eine beliebige Funktion zwischen gegebenen Grenzen repräsentieren. Darin beschreibt er eine Funktion mit seltsamen Eigenschaften, nämlich $f\colon \mathbb{R} \to \mathbb{R}$,

$$f(x) = \begin{cases} 1, & \text{falls } x \text{ rational ist,} \\ 0, & \text{sonst.} \end{cases}$$

Diese Funktion lässt sich nicht zeichnen – und Dirichlet macht sich in seinen Definitionen ausdrücklich von der graphischen Darstellbarkeit einer Funktion frei. Und sie lässt sich nicht (Riemann-)integrieren und daher auch nicht durch eine trigonometrische Reihe darstellen, denn die wäre integrierbar.

Dirichlets Funktion gilt als die erste einer langen Reihe sogenannter pathologischer Funktionen. Sie wurde ebenso berühmt wie die Klasse der Weierstraß-Funktionen von 1872 – ein Beispiel für Funktionen, die zwar stetig, aber nirgendwo differenzierbar sind.

Damit überraschte Karl Weierstraß seine Kollegen, unter denen die Meinung vorherrschte, stetige Funktionen könnten nur an endlich oder vielleicht noch abzählbar vielen Stellen nicht-differenzierbar sein – aber nicht mehr (was im Wesentlichen Dirichlet behauptet hatte).

Die pathologischen Funktionen wurden ein Ansporn, besser zu klären, was eine Funktion ist. So entstand im frühen 20. Jahrhundert das Lebesgue-Integral – auf Basis der neuen Theorie der Maße –, mit dem man auch Funktionen wie die Dirichlet-Funktion integrieren kann.

Doch mancher sah pathologische Funktionen auch kritisch, insbesondere wenn es um die Lehre ging, allen voran Henri Poincaré: Er fand, Schülerinnen, Schüler und Studierende sollten zunächst mathematische Intuition lernen, und zwar am besten mit Mathematik, die im Alltag eine Bedeutung hat. Die bizarren Ausnahmen gehörten seiner Meinung nach nicht dazu:

> Jetzt erleben wir, wie eine ganze Masse grotesker Funktionen auftaucht, die sich alle Mühe zu geben scheint, den anständigen Funktionen, die zu etwas nütze sind, so wenig wie möglich zu ähneln. [...] Wenn früher eine Funktion erfunden wurde, geschah dies im Hinblick auf einen praktischen Zweck; heute erfindet man sie absichtlich nur dazu, die Argumentation unserer Väter zu widerlegen, und zu etwas anderem werden sie nie taugen. [383]

Karl Weierstraß (1815–1897), geboren in Westfalen, war Sohn eines preußischen Beamten. Der Vater hatte für seinen Sohn eine ähnliche Karriere vorgesehen und so studierte Weierstraß von 1834 bis 1838 „Kameralistik" (Verwaltung), brach das Studium aber ohne Abschluss ab. In Rekordtempo schloss er danach eine Ausbildung an der Akademischen Lehranstalt in Münster ab – er ließ sich 1841 prüfen – um dann als Gymnasiallehrer in Deutsch-Krone in Westpreußen bzw. Braunsberg in Ostpreußen zu arbeiten. Praktisch im Alleingang arbeitete er gleichzeitig an Abelschen Funktionen. Für einen Artikel darüber, 1854 veröffentlicht, erhielt er die Ehrendoktorwürde der Universität Königsberg und zwei Jahre später eine Dozentenstelle am Gewerbeinstitut zu Berlin, einem Vorläuferinstitut der TU Berlin, sowie ein Extraordinariat an der Friedrich-Wilhelms-Universität Berlin, das 1864 zu einem Ordinariat umgewandelt wurde. Bis zu seinem Tod 1897 lehrte er als Professor auf dieser Stelle.

Tatsächlich bildeten die pathologischen Funktionen in der zweiten Hälfte des 19. Jahrhunderts hochinteressante Studienobjekte, vor allem für die Weierstraß-Schule. Dabei hat Weierstraß nie ein Lehrbuch verfasst – er vermittelte sein Wissen vor allem in seinen Vorlesungen und damit über die Mitschriften seiner Schüler. An der Berliner Friedrich-Wilhelms-Universität etablierte das „Triumvirat" aus Kronecker, Kummer und Weierstraß (siehe Kapitel „Unendlichkeit", S. 213 ff.) bald einen festen Vorlesungszyklus von zwei Jahren Dauer [505] – ein strukturiertes Studienprogramm in Analysis, das Weierstraß in seiner Zeit als Professor 16 mal abarbeitete [257].

Hier dienten pathologische und überraschende Beispiele für Funktionen als Motivation, die Analysis zu schärfen. Weierstraß hatte beispielsweise – angeregt durch Vorlesungen und Arbeiten seines Lehrers Christoph Gudermann – schon 1841 gezeigt, dass man Summen von Funktionenfolgen gliedweise differenzieren oder integrieren darf, sobald die Folge gleichmäßig konvergiert; veröffentlicht hat er dies aber erst 1894 [257]. Dazu definierte er den Begriff der *gleichmäßigen Konvergenz*, den sein Lehrer nur angedeutet hatte.

Weierstraß war damit der erste, der klar zwischen punktweiser und gleichmäßiger Konvergenz unterschied. (Zur komplexen Vorgeschichte siehe zum Beispiel [186].) Weierstraß war auch der erste, der klar herausstellte, dass Maximum und Supremum, bzw. Minimum und Infimum einer Menge nicht nur zwei unterschiedliche Dinge sind (das war vorher schon klar), sondern dass man insbesondere bei Existenzbeweisen penibel auf den Unterschied achten muss.

Ein anderes Problem ließ sich auch mit Weierstraß'scher Strenge nicht reparieren. Schon Cauchy hatte mit Folgen aus Funktionen hantiert, für die die Fläche unter dem Graphen 1 beträgt, die aber zum Beispiel im Nullpunkt beliebig hoch werden [97]. Man kann sie sich vorstellen als sehr schmale und hohe Gauß-Glocken, die irgendeinen sehr, sehr großen Wert erreichen. Doch was, wenn sich die Spitze der Kurve irgendwo im *Unendlichen* verliert – die Kurve also nicht mehr *beliebig*, sondern *unendlich* hoch werden soll?

Tatsächlich können sich solche unendlich hohen Spitzen als höchst nützlich erweisen. So hätte zum Beispiel der britische

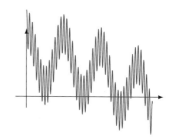

Die überall stetigen, aber nirgendwo differenzierbaren Funktionen von Weierstraß sind definiert als

$$f(x) = \sum_{i=1}^{\infty} b^i \cos(\pi a^i x) \, ,$$

mit $b \in [0, 1[$, $a$ ungerade und $ab - 1 - \frac{3\pi}{2} > 0$. Die Funktion besteht also aus einer Summe wilder Schwingungen (gezeigt ist die Summe aus den ersten drei Termen der Summe).

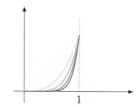

Das typische Beispiel für (nur) punktweise Konvergenz: Die Funktionenfolge $f_i(x) = x^i$ konvergiert auf $[0, 1]$ punktweise gegen

$$f(x) = \begin{cases} 1 & \text{falls } x = 1, \\ 0 & \text{sonst,} \end{cases}$$

aber nicht gleichmäßig. Gleichmäßige Konvergenz verlangt, dass für jedes $\varepsilon > 0$ eine natürliche Zahl $N(\varepsilon)$ existiert, so dass für alle $i > N(\varepsilon)$ und für alle $x$ die Ungleichung

$$|f_i(x) - f(x)| < \varepsilon$$

gilt. Für punktweise Konvergenz darf die Schranke $N$ zusätzlich von $x$ abhängen.

Autodidakt Oliver Heaviside für seine Studien der Elektro-
dynamik 1893 gerne eine Funktion dieser Art eingeführt, als
Ableitung von Rechteck- und Sprungfunktionen. Doch so einfach ist das nicht: Integriert man eine Funktion auf den reellen
Zahlen, die in einem einzigen Punkt ungleich null ist, ist das
Integral Null. Entsprechend wurde Heaviside für seine unendliche hohe und schmale Funktion scharf kritisiert [250, 354].

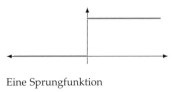

Eine Sprungfunktion

In den 1930er Jahren versuchte der Quantenmechaniker Paul
Adrien Maurice Dirac den nächsten Anlauf. Bei ihm sollte die
$\delta$-Funktion als „Testfunktion" dienen: Die unendliche Spitze
$\delta(x)$ wirkt im Nullpunkt wie ein mathematischer Schalter:

$$f(0) = \int_{\mathbb{R}} \delta(x) f(x) dx.$$

$\delta(x)$ hilft, irgendeine Funktion $f(x)$ im Nullpunkt auszuwerten, zu messen. Doch Dirac war klar, dass er sich damit auf
mathematisches Glatteis begibt:

> $\delta(x)$ ist keine Funktion von $x$ in der gewöhnlichen mathemati-
> schen Definition einer Funktion, nach der eine Funktionen einen
> definierten Wert für jeden Punkt in seiner Urmenge haben muss;
> sie ist etwas Allgemeineres, das wir eine ‚uneigentliche Funktion'
> nennen könnten, um auf den Unterschied zur Funktion im ge-
> wöhnlichen Sinne hinzuweisen. $\delta(x)$ ist daher keine Größe, die
> allgemeine Anwendung in der mathematischen Analysis finden
> kann, wie eine gewöhnliche Funktion. Stattdessen muss man sich
> in ihrem Gebrauch auf gewisse einfache Ausdrücke beschränken,
> bei denen es offensichtlich ist, dass keine Inkonsistenz auftreten
> kann. [128]

Es dauerte noch etwa zehn Jahre, bis die Mathematik Diracs
$\delta$ in die Analysis integrierte, mit einer neuen, allgemeineren
Theorie der Funktionen [488]. Als Begründer dieser Theorie
gilt Laurent Schwartz, der Objekte vom Typ des Dirac'schen $\delta$
*Distributionen* taufte. 1946 fasste er deren Zweck so zusammen:

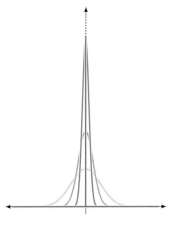

Die Dirac'sche Deltafunktion als
Grenzwert von $\lim_{\lambda \to 0} \frac{1}{\lambda\sqrt{\pi}} e^{-x^2/\lambda^2}$

> Wir haben die Theorie der Distributionen eigentlich eingeführt,
> um alle stetigen Funktionen ableiten zu können. [452]

Schwartz erhielt für seine Leistungen 1950 eine Fields-Medaille.

*Allgemeine Funktionen und Abbildungen.* Und es gibt noch einen
weiteren Blickwinkel auf Funktionen – den der Mengentheorie, die zum Ende des 19. Jahrhunderts aufblühte. Hier waren

§. 2.

Abbildung eines Systems.

21. Erklärung *). Unter einer Abbildung $\varphi$ eines Systems $S$ wird ein Gesetz verstanden, nach welchem zu jedem bestimmten Element $s$ von $S$ ein bestimmtes Ding gehört, welches das Bild von $s$ heißt und mit $\varphi(s)$ bezeichnet wird; wir sagen auch, daß $\varphi(s)$ dem Element $s$ entspricht, daß $\varphi(s)$ durch die Abbildung $\varphi$ aus $s$ entsteht oder erzeugt wird, daß $s$ durch die Abbildung $\varphi$ in $\varphi(s)$ übergeht. Ist nun $T$ irgend ein Theil von $S$, so ist in der Abbildung $\varphi$ von $S$ zugleich eine bestimmte Abbildung von $T$ enthalten, welche der Einfachheit wegen wohl mit demselben Zeichen $\varphi$ bezeichnet werden darf und darin besteht, daß jedem Elemente $t$ des Systems $T$ dasselbe Bild $\varphi(t)$ entspricht, welches $t$ als Element von $S$ besitzt; zugleich soll das System, welches aus allen Bildern $\varphi(t)$ besteht, das Bild von $T$ heißen und mit $\varphi(T)$ bezeichnet werden, wodurch auch die Bedeutung von $\varphi(S)$ erklärt ist. Als ein Beispiel einer Abbildung eines Systems ist schon die Belegung seiner Elemente mit bestimmten Zeichen oder Namen anzusehen.

Auszug aus Dedekinds *Was sind und was sollen die Zahlen* [118]

zum Beispiel Richard Dedekind und Georg Cantor, aber auch Giuseppe Peano aktiv. 1888 stellte Dedekind einen mengentheoretischen Funktionenbegriff vor, in seiner berühmten Arbeit *Was sind und was sollen die Zahlen* [117]. Hier ist die Funktion eine Art Maschine, ein „Gesetz", das Elemente von Mengen („Systemen", wie er schreibt) auf andere Elemente abbildet. Dedekind differenzierte sogar zwischen der Abbildung einzelner Elemente und der Abbildung ganzer Systeme – und lieferte damit eine Definition für Funktionen, die sich kaum drastischer von den ersten Definitionsversuchen aus dem 17. Jahrhundert unterscheiden könnte.

In der Mathematik sehen heute die meisten diesen Begriff als den allgemeinsten an. Im *Princeton Companion to Mathematics* von Timothy Gowers heißt es etwa:

Zu fragen, was eine Funktion sei, suggeriert eine Antwort, die irgendein *Ding* angibt – Funktionen erscheinen aber eher als Vorgänge. [...] Wenn $f$ eine Funktion ist, dann bedeutet die Notation $f(x) = y$, dass $f$ das Objekt $x$ in ein Objekt $y$ überführt. [...] Wenn man eine Funktion spezifiziert, dann muss man daher zwei Mengen sorgfältig mit angeben: Die *Ausgangsmenge*, also die Menge Objekte, die transformiert werden, und den *Wertebereich*, die Menge von Objekten, in die sie transformiert werden dürfen.

Eine Funktion $f$ von einer Menge $\mathcal{A}$ in eine Menge $\mathcal{B}$ ist eine Regel, die für jedes $x$ in $\mathcal{A}$ ein Element $y = f(x)$ in $\mathcal{B}$ angibt. Nicht jedes Element aus dem Wertebereich muss verwendet werden. [...] Die Menge $\{f(x) \mid x \in \mathcal{A}\}$ von Werten, die tatsächlich angenommen werden, wird die *Bildmenge* genannt. [192]

Ganz ähnlich beschreibt die *Encyclopedia of Mathematics* [412] das Konzept der Funktion, und in der „Wolfram MathWorld" wird die Definition ergänzt durch den Satz: „Eine Funktion ist daher eine viele-zu-eins (oder bisweilen eins-zu-eins)-Relation." [524]

## Funktionen an der Schule

Was von diesen vielen Aspekten des Funktionenbegriffs kam eigentlich außerhalb der Universitäten an? Was wurde an den Schulen (vor allem den Gymnasien) gelehrt? Die kurze Antwort: zunächst erst einmal wenig. Der Stand des Mathematikunterrichtes in den Lehrplänen war im 19. Jahrhundert im deutschsprachigen Raum sehr unterschiedlich – während die Mathematik beispielsweise in den Gymnasien Süddeutschlands eine Nebenrolle spielte, war sie in Preußen relativ hoch gewichtet. Doch selbst wenn das Schulfach Mathematik ernst genommen wurde und einen wichtigen Platz einnahm, war es inhaltlich eine statische „Elementarmathematik", hinter der sich ebene Geometrie oder Arithmetik verbarg – die Mathematik veränderlicher Größen wurde ausdrücklich dem akademischen Bereich zugeordnet [449].

Erst das beharrliche Wirken von Felix Klein führte hier zu einem (langsamen) Umdenken. Einen Auftakt stellte die dritte preußische Schulkonferenz über Fragen des höheren Unterrichtes vom 6. bis 8. Juni 1900 in Berlin dar. Klein war nicht nur Gast, sondern kurz zuvor auch zur Erstellung eines Gutachtens aufgefordert worden, das dann aber in der Schublade verschwand – offenbar, weil der Inhalt zu brisant war [335] [450]. Klein wandte sich nämlich gegen eine „einseitige Arithmetisierung" des Schulunterrichts und sprach sich für die Einführung (einfacher Aspekte) der Differential- und Integralrechnung am Gymnasium aus – was die Einführung des Funktionenkonzepts in der Schule implizierte.

Weil die Bildungsbehörden zögerten, eine Reform kurzerhand per Dekret durchzuführen, war Klein gezwungen, die Reform „von unten" anzuzetteln, und er ging dieses Vorhaben in den folgenden Jahren sehr strategisch an, unter dem Leitmotiv des „funktionalen Denkens".

1904 stellte die Gesellschaft Deutscher Naturforscher und Ärzte (GDNÄ) eine Kommission auf, die einen Lehrplanentwurf entwickeln sollte – unter der Leitung von Felix Klein. Der Lehrplan wurde im folgenden Jahr auf der GDNÄ-Tagung in Meran vorgestellt und kursierte seither als „Meraner Vorschläge"; in ihm finden sich Kleins Wünsche quasi in konzentrierter Form [277]. Für die mittleren Klassen wünschte sich die Kommission etwa,

> den Hauptteil der Arbeit auf die Erziehung zum funktionalen Denken zu verwenden. [...] Diese Gewohnheit des funktionalen Denkens soll auch in der Geometrie durch fortwährende Betrachtung der Änderungen gepflegt werden, die die ganze Sachlage durch Größen- und Lagenänderung im einzelnen erleidet, z. B. bei Gestaltänderung der Vierecke, Änderung in der gegenseitigen Lage zweier Kreise usw. [...] Im mathematischen Unterricht der Obersekunda ist die Erweiterung des Potenzbegriffes unter Einführung der negativen und gebrochenen Exponenten in wesentlich funktionaler Auffassung durchzuführen, wobei sich von selbst Gelegenheit bietet, die arithmetischen und geometrischen Reihen in innere Verbindung zu setzen. [277]

Felix Klein hat also auch die Verbindung zur Geometrie im Blick: geometrische Transformationen, die wir auch als Koordinatenwechsel oder schlicht als Abbildungen kennen, sind Funktionen!

Klein sorgte auch für eine Internationalisierung der Frage. 1908 wurde auf dem Internationalen Mathematikkongress in Rom eine Internationale Mathematische Unterrichtskommission gegründet. Präsident der Kommission wurde Felix Klein. Ihre Aufgabe war der internationaler Austausch über die Reformen des Mathematikunterrichts und die Initiierung solcher Reformen. Kleins Reformgedanken fanden trotzdem nur sehr langsam in den Schulen Eingang, in Deutschland erst in den 1920er Jahren – doch es ist zu einem wesentlichen Teil ihm zu verdanken, dass der Funktionenbegriff heute selbstverständlich zum Schulstoff gehört.

Felix Christian Klein (1849–1925) wurde in Düsseldorf geboren. Nach seinem Schulabschluss an einem humanistischen Gymnasium begann er ein mathematisch-naturwissenschaftliches Studium an der Universität Bonn, wo er mit 19 Jahren promovierte. Seine akademische Karriere führte ihn über Berlin, Göttingen, Erlangen und Leipzig letztlich wieder nach Göttingen. Die meisten seiner heute noch berühmten Resultate stammen aus seiner Zeit in Erlangen und Leipzig. Er engagierte sich sowohl für die Ausbildung der Lehrkräfte in Mathematik als auch für Reformen des Mathematikunterrichts an Schulen. Außerdem war er hochschulpolitisch sehr aktiv, vor allem im Rahmen der Deutschen Mathematiker-Vereinigung und in Göttingen. Dort hat er an der Universität einerseits ein mathematisches Institut aufgebaut, das weltweit ein Vorbild war und die besten Mathematiker seiner Zeit anzog (und die Eingriffe der Politik in den 30ern nicht überstand). Andererseits hat er sich für Frauen in der Wissenschaft eingesetzt und dafür gesorgt, dass die ersten Frauen in Deutschland in Mathematik promovieren konnten.

## Partituren

◇ Thomas Sonar, *3000 Jahre Analysis. Geschichte – Kulturen – Menschen*, Springer Spektrum, 2. Auflage (2016)

Eine umfassende Darstellung, reich illustriert: fast 750 Seiten, fast 400 Abbildungen.

◇ Hans Niels Jahnke (Hrsg.), *Geschichte der Analysis*, Spektrum Akademischer Verlag (1999)

Eine weitere umfassende Darstellung, von einem internationalen Autorenteam verfasst.

◇ Detlef D. Spalt, *Die Analysis im Wandel und im Widerstreit. Eine Formierungsgeschichte ihrer Grundbegriffe*, Verlag Karl Alber, Freiburg (2015)

Eine streitlustige Darstellung der Geschichte der Analysis, mit Fokus nicht auf die Ergebnisse, sondern auf das Ringen um die Grundkonzepte.

◇ Paul J. Nahin, *Oliver Heaviside*, John Hopkins University Press (1988)

Eine sehr fundierte Biographie von Heaviside, auf die fachliche Seite Heavisides fokussiert, und ein Buch über Trends in der Wissenschaft: Quaternionen vs. Vektoren zum Beispiel.

## Etüden

◇ Lesen Sie den Brief des Archimedes an Eratosthenes, zum Beispiel in [224]. Wie funktioniert Archimedes' Verfahren zur Integration („Quadratur") des Parabelsegments? Wie hat sich Archimedes durch die Physik inspirieren lassen? Kann man das Verfahren auf andere Formen ausdehnen?

◇ Wählen Sie sich aus der Liste auf S. 314 fünf Funktionen (bzw. Funktionenklassen) heraus und recherchieren Sie deren Anfänge. Was sind das für Funktionen? Warum wurden die entdeckt bzw. eingeführt und untersucht, warum gelten sie als interessant und wichtig?

◇ Wie begründen das berühmte "Handbook of Mathematical Functions" von Abramowitz und Stegun [3] wie auch der neuere Band "Special Functions" von Andrews, Askey und

Roy [16] ihre Auswahl? Was ist für sie eine (interessante) „spezielle Funktion"? Schmökern sie in beiden Bänden, und identifizieren Sie Ihre eigenen Favoriten.
Welche Funktionen wählt Bronstein [60] für seine Formelsammlung aus, was hat er über sie zu sagen?

◇ Welche Liste würden Sie für den Rand von Seite 314 machen?

◇ Die Sinusfunktion kann man geometrisch erklären, ihren Graphen konstruieren, und man kann sie analytisch durch eine Reihe darstellen. Welche Version ist am elegantesten, welche am belastbarsten? Wie erkennt man, ob/dass unterschiedliche Zugänge dieselbe Funktion ergeben?

◇ Wie definiert man am einfachsten die Gammafunktion, die ja $\Gamma(n + 1) = n!$ für $n \in \mathbb{N}$ erfüllen soll? Wie sieht man, dass es unendlich viele Funktionen $\mathbb{R}^+ \to \mathbb{R}$ gibt, die diese Bedingung erfüllen?

◇ Wie bewies Euler die Identität

$$\prod_{p \text{ prim}} \frac{1}{1 - \frac{1}{p^s}} = \sum_{n=1}^{\infty} \frac{1}{n^s}?$$

(Theorem 8 in *Variae observationes circa series infinitas* [157])? Hat er – im modernen Sinne – Fehler gemacht? Über das Vorgehen von Euler kann man von Ed Sandifer aus der Kolumne *How Euler did it* (eulerarchive.maa.org/hedi/) und Büchern wie [438] viel lernen.

◇ Wie kam Fourier auf die Entwicklung trigonometrischer Reihen? Lesen Sie dazu beispielsweise [193].

◇ Felix Klein hatte auch für die Wissenschaft ein Programm im Gepäck: Welche Vorstellung der Geometrie entwirft Klein im Erlanger Programm und welche Rolle spielen dabei Funktionen?

# Teil III
# Mathematik im Alltag

# Anwendungen

„Ob ich die Mathematik auf ein Paar Dreckklumpen anwende, die wir Planeten nennen, oder auf rein arithmetische Probleme, es bleibt sich gleich, die letztern haben nur noch einen höhern Reiz für mich", soll Gauß gesagt haben. Und: Die Arithmetik lasse sich oft herab, um der Astronomie und anderen Naturwissenschaften einen Dienst zu erweisen [518, S. 101 bzw. 79]. Aus unserer Sicht ist es ein Geben und Nehmen auf gleicher Augenhöhe zwischen Mathematik und anderen Wissenschaften. Oft zerfließen sogar die Grenzen zwischen beidem – man denke an die theoretische Physik oder Informatik. In diesem Kapitel blicken wir von der Mathematik aus über den Tellerrand und stellen in einigen Beispielen dar, wo und wie sich Mathematik im Rest der Welt nützlich gemacht hat.

© Der/die Autor(en) 2022
A. Loos et al., *Panorama der Mathematik*,
https://doi.org/10.1007/978-3-662-54873-8_12

## Thema: Anwendungen

*Mathematik in den Naturwissenschaften – Die unerklärliche Effektivität*

Aus dem Buch *Il Saggiatore* von Galileo stammt die Behauptung, die Welt sei „in der Sprache der Mathematik geschrieben" – stimmt das? Es gibt dafür viele Anzeichen: die Physik,
aber auch Astronomie und Chemie, waren über Jahrhunderte extrem erfolgreich darin,
grundlegende Zusammenhänge in mathematische Formeln zu fassen. Physikalische Prozesse kann man mit bemerkenswerter Präzision berechnen. Mathematik scheint den natürlichen Formalismus zur Beschreibung und zur Berechnung von physikalischen Prozessen
und Gesetzmäßigkeiten zu liefern. Aber warum?

Der Physiker Eugene Wigner hat am 11. Mai 1959 an der in New York University die
erste „Courant-Vorlesung" gehalten. Der Titel seiner Vorlesung, „The Unreasonable Effectiveness of Mathematics in the Natural Sciences" (1960 publiziert [533]), ist schnell
berühmt geworden. Er hat mehrere Bedeutungen: Es geht um die „unerwartete Effektivität der Mathematik in den Naturwissenschaften", aber „unreasonable" heißt hier auch
„unerklärlich", „grundlos" oder „unvernünftig".

Wigner beschreibt die Aufgabe der Physik (und das Interesse des Physikers) als die
Entdeckung der Gesetze der unbelebten Natur. Dabei ist bemerkenswert,

⋄ dass die Welt sich nach universell gültigen Gesetzen verhält, und
⋄ dass diese mit mathematischen Methoden (nicht nur „in Formeln") ausgedrückt werden
  können.

Wenn man etwa Gravitation als eine fundamentale Kraft betrachtet, so wirkt sie universell
genauso in unserer Umgebung auf kleine Objekte (wie den Apfel, der vom Baum fällt) wie
in ganz anderem Maßstab auf die Planeten unseres Sonnensystems. Die Gravitation lässt
sich (nach Newton) auf eine einfache mathematische Formel $F = G\frac{m_1 m_2}{r^2}$ bringen – und aus
dieser lässt sich ableiten, dass die Planetenbahnen Ellipsen sein müssen, also fundamentale
mathematische Formen.

Die Verwunderung über die „Effektivität der Mathematik" beruht auch darauf, dass in
vielen historischen Beispielen die Mathematik schon „ausgearbeitet" und „hochentwickelt"
zur Verfügung stand, als die Physiker versucht haben, ihre Beobachtungen in Gesetzmäßigkeiten zu fassen, zu begründen, und physikalische Prozesse zu modellieren und in den
Modellen zu rechnen: Dies gilt etwa für die Kepler'schen Planetengesetze: Ellipsen und
die anderen Kegelschnitte wurden schon in der Antike studiert. Die Schriften von Euklid
über Kegelschnitte sind verloren, aber das antike Wissen über Kegelschnitte ist in Form der
*Konika* von Apollonios überliefert.

Genauso konnte Einstein für die Formulierung der modernen Theorie der Gravitation in der „Allgemeinen Relativitätstheorie" von 1915 auf den gesamten Apparat der

Differentialgeometrie zugreifen, speziell auf die Semi-Riemann'sche Geometrie: Die Einstein'schen Gravitationsgleichungen wurden mit Hilfe einer schon vorliegenden mathematischen Formelsprache formuliert.

Wigners Staunen über die unerwartete Effektivität beruht allerdings teilweise auf einer platonischen Philosophie der Mathematik (siehe Kapitel „Philosophie der Mathematik", S. 123 ff.), die der Mathematik eine reale Existenz zuschreibt, die lediglich entdeckt wird, bei der es aber keine Freiheit der Erfindung oder Gestaltung gibt. Das Staunen wäre kleiner etwa bei einer aristotelischen Weltsicht, nach der die Mathematik langsam aufgebaut und dabei gestaltet wird – denn in der Mathematikgeschichte ist in großem Umfang Mathematik anhand von physikalischen Fragestellungen und zur Beschreibung von physikalischen Prozessen erforscht und entwickelt worden.

Ein prominentes Beispiel ist die Entwicklung der Differential- und Integralrechnung durch Newton und Leibniz. Aber schon die Geometrie der Antike wurde zumindest zum Teil durch Fragen der Landvermessung (etwa im Niltal) angeregt; und genauso waren die Arbeiten von Gauß über Krümmung, die zur Differentialgeometrie und den Satz von Gauß-Bonnet geführt haben, durch Gauß' Arbeit als Landvermesser im Königreich Hannover motiviert. Also: Physikalische Fragestellungen haben vielfach die Entwicklung der Mathematik angeregt und teilweise ihre Richtung bestimmt. (Damit kann man zumindest im Ansatz sogar die Eignung und die „Passgenauigkeit" von mathematischen Hilfsmitteln für die Physik erklären, siehe Kapitel „Philosophie der Mathematik", S. 123 ff.)

Es ist durchaus nicht immer richtig, dass die Mathematik, die „von der Physik gebraucht wird", schon fertig vorliegt. So gibt es in der Teilchenphysik quantenfeldtheoretische Rechnungen, die in der Naturbeschreibung ausgesprochen erfolgreich waren, mathematisch gesehen aber gar nicht konvergierten. Es waren größere theoretische Anstrengungen nötig, um die in der Physik praktizierte „Renormalisierung" auch mathematisch nachzuvollziehen und zu rechtfertigen. Genauso fehlt vielen der aktuellen physikalischen Arbeiten im Rahmen der Suche nach einer *String-Theorie* zur Beschreibung von Elementarteilchen bisher die mathematische Basis – die Theorie ist noch nicht fertig.

Es gibt dabei auch keine scharfe Grenze zwischen Mathematik und Physik: Letztlich wird üblicherweise „Theoretische Physik" als ein Teilgebiet der Physik betrachtet und ist an Universitäten an physikalischen Fachbereichen angesiedelt, während „Mathematische Physik" als Teilgebiet der Mathematik gilt und an mathematischen Fachbereichen zu finden ist. Beide Gebiete befassen sich aber mit denselben Themen, nur mit teilweise unterschiedlichen Perspektiven, Methoden und Standards, was die theoretische Fundierung eingesetzter mathematischer Werkzeuge angeht. Erfolgreiche Forschung basiert in beiden Gebieten aber immer auf einer Kombination von physikalischem Verständnis und Intuition mit mathematischen Methoden.

Ebenso kann man beobachten, dass für andere Bereiche der Naturbeschreibung die mathematischen Verfahren zur Ergebnisgewinnung und -sicherung zunächst nicht zur

Verfügung standen oder eben nicht gut funktionierten. Zum Beispiel hat es in der modernen Genetik etwas gedauert, bis kombinatorische und statistische Verfahren zu hocheffektiven, automatischen Methoden bei der Gensequenzierung führten – so dass der berühmte Mathematiker und Biologe Israil M. Gelfand von der „unerwarteten Ineffektivität der Mathematik in den Biowissenschaften" sprach [317]. Die mathematisch-statistischen Methoden haben hier aufgeholt und machen inzwischen einen großen Teil des Erfolgs aus, aber sie waren nicht von Anfang an so nützlich, wie man erwartete oder hoffte.

Eine philosophische Frage stellt Velupillai unter dem Titel „The unreasonable ineffectiveness of mathematics in economics" (also „Die unvernünftige Ineffektivität der Mathematik in den Wirtschaftswissenschaften"): Er schlägt vor, Modelle in den Wirtschaftswissenschaften mit Hilfe intuitionistischer Mathematik aufzubauen (siehe Kapitel „Philosophie der Mathematik", S. 123 ff.). *Ineffektiv* bezieht sich hier technisch darauf, ob Lösungen in den Modellen *algorithmisch* bestimmt werden können (oder eben nicht).

## Mathematik für Wirtschaft und Industrie

Was kann Mathematik beitragen zu Wirtschaft und Technik? Und ist das für sie eine wichtige Aufgabe, oder eher ein nützlicher „Nebeneffekt"?

Darüber lässt sich streiten, und der Streit geht zurück ins 19. Jahrhundert, wo es heftige Kontroversen gab über die Frage, welche Mathematik in der Schule und an den Universitäten gelehrt werden sollte. Diese Debatte wurde in Deutschland mit größter Heftigkeit geführt. Auf der einen Seite der Schützengräben stand das klassische Bildungsideal, wie es von Wilhelm von Humboldt formuliert wurde; hier spielte die klassische „griechische" Mathematik die zentrale Rolle, mit Euklids axiomatischer Entwicklung der Geometrie, der Theorie der Kegelschnitte und der Algebra zur Lösung von Polynomgleichungen. Mathematik war nicht nur kulturelles Erbe, an ihr sollten auch logisches Denken und Problemlösen gelehrt und gelernt werden, wie es schon Platon gefordert hatte. Auf der anderen Seite standen die Befürworter der „Realbildung": *Realgymnasien* und die allmählich entstehenden Technischen Universitäten versuchten das zu lehren, was in Wirtschaft und Industrie gebraucht wurde: Rechnen und Buchführung, aber auch Mathematik für Ingenieure – triviale Themen und eine zweitklassige Ausbildung aus Sicht des klassischen deutschen Gymnasiums. Die Debatte des 19. Jahrhunderts basierte dabei auf einer unnatürlichen Einteilung in die klassische, reine Mathematik und die nützliche, angewandte Mathematik – eine Einteilung, die seit langem, spätestens seit den Zeiten von Archimedes, überwunden sein sollte, weil sie als Klassifikation nicht taugt und Fortschritten sowohl in der Theorie wie auch in den Anwendungen im Weg steht. (Trotzdem kann die Unterscheidung zwischen „klassischem" und „aktuellem" Stoff durchaus nützlich sein, wenn es um die Gestaltung und Ausbalancierung von Lehrplänen geht – und die Frage, *wofür* das denn gelernt werden sollte.)

Diese Einteilung blieb noch bis (mindestens) in die 1980er Jahre präsent, als theoretische abstrakte Mathematik im Bourbaki-Stil zelebriert wurde. Ein Titel wie *Angewandte Mathematik ist schlechte Mathematik* von Halmos [209] war damals populär. Die Einheit der Mathematik als Wissenschaft war durch Gegensatzpaare wie „Reine und Unreine Mathematik" oder aber auch „Angewandte und Abgewandte Mathematik" gefährdet. So schrieb Hardy 1941 noch stolz darüber, dass er sicher sei, dass seine Forschungen über Primzahlen niemals eine praktische Anwendung haben würden [214] – wohingegen inzwischen tiefes Wissen über die Verteilung und die Arithmetik von Primzahlen in kryptographischen Verfahren der Kommunikationstechnik eingesetzt wird.

In der Tat hat die Mathematik, gestützt durch den Siegeszug der Computer und deren breite Verfügbarkeit ab den 1980er Jahren, eine große und stetig wachsende Rolle gespielt – aus sehr vielen Anwendungsbereichen in Wirtschaft und Industrie sind hochentwickelte mathematische Methoden schon lange nicht mehr wegzudenken. Und während immer fortgeschrittenere Methoden aus fast allen Teilen der Mathematik zum Einsatz kamen und für ihren Einsatz weiterentwickelt wurden, ist auch die Schranke zwischen „Angewandter" und „Reiner" Mathematik gefallen. Eine sinnvolle Einteilung bezieht sich also nicht mehr auf die Untersuchungsgegenstände, sondern eher auf die Motivation: Neben innermathematische Forschung, die betrieben wurde, um mathematische Strukturen zu verstehen und dazugehörige Probleme zu lösen, tritt anwendungsgetriebene Grundlagenforschung, wie sie zum Beispiel seit 2002 im Berliner Forschungszentrum MATHEON unter der Überschrift „Mathematik für Schlüsseltechnologien" betrieben wird [121]. Der nächste Schritt der praktischen Umsetzung kann als „Anwendungen der Mathematik" beschrieben werden; hier geht es um Modellierung und Rechnung auf Praxis-Daten, um Software-Systeme und ihre Weiterentwicklung und Pflege: Diese „mathematik-getriebenen" Arbeitsbereiche finden typischerweise nicht mehr an mathematischen Fachbereichen oder Forschungsinstituten statt, sondern in der Industrie.

Man könnte nun fragen: Warum gibt es keine „Mathematische Industrie", so wie es eine Chemische Industrie gibt? Die gibt es! Wenn wir *Mathematische Industrie* definieren als alle Bereiche von Wirtschaft und Industrie, in denen Waren und Produkte mit mathematischen Methoden geplant, erzeugt, optimiert und vertrieben werden, dann sind *fast alle* Bereiche von Wirtschaft und Industrie „mathematisch". Die Methoden kommen aus vielen Bereichen der aktuellen Mathematik.

Hier können wir nur eine Auswahl von Industriebereichen benennen und Stichworte zu den mathematischen Methoden geben, die in ihnen zur Anwendung kommen:

*Finanzindustrie* Die wichtigsten Produkte, die Banken und Versicherungen heutzutage anbieten und handeln (Fonds, Optionen, Derivate, Lebensversicherungen und Renten), werden mit ausgefeilten mathematischen Methoden entwickelt, optimiert und bewertet – hier kommt vor allem die *Stochastische Analysis* zum Einsatz.

*Filmindustrie/Werbung* Wolken, Nebel, Feuer, Oberflächen aller Art, von Metall und Wellen bis Stoff, Fell und Haaren: All dies kann mittlerweile mit mathematischen Methoden visualisiert und animiert werden – und kaum ein großer Kinofilm kommt heute ohne solche nachträglich eingefügten Elemente aus. Die Kombination von physikalischen Ansätzen mit Methoden der *Numerik* und Ideen aus der *Algorithmischen Geometrie* führt zu realistischen Bildern, die in kurzer Zeit produziert werden können. Erfolg ist hier, wenn am Ende der Zuschauer nicht merkt, dass „Mathematik dahinter steckt".

*Verkehr/Logistik* Personen- wie Güterverkehr auf der Schiene, der Straße und in der Luft setzen gigantische logistische Planungen voraus. Diese sind vielfach zeit- und kosten-kritisch, und müssen daher mit allen zur Verfügung stehenden Methoden optimiert werden: Die moderne *kombinatorische Optimierung* stellt dafür Ideen, Hilfsmittel und Verfahren bereit, wobei Methoden der Graphentheorie, der *linearen* wie der *nichtlinearen* und der *ganzzahligen Optimierung* zum Einsatz kommen.

*Handel* Alle großen Internet-Anbieter, von *Amazon* bis *Zalando*, erheben große Mengen von Daten über ihre Kunden, deren Interessen und Präferenzen – und versuchen aus den gigantischen Datensätzen, die dabei entstehen, Bewertungen und Trends heraus-zulesen, die dann in „passendere" Angebote übersetzt werden können. Hier kommt *Mathematische Statistik* zum Einsatz, auch in den aktuellen Ausprägungen von *Künstli-cher Intelligenz* und *Maschinellem Lernen*, die die Schlüssel zum Umgang mit „Big Data" bereithält und immer weiter entwickelt (unter Verwendung zum Beispiel von Methoden der *Linearen Algebra* und der *Wahrscheinlichkeitstheorie*).

*Globale Gesundheit* Epidemiologie, also die Modellierung, Simulation und Prognose von Epidemien, ist Mathematik. In der Corona-Pandemie wurde sehr klar, wie wichtig sorgfältige mathematische Modellierung, Berechnung kritischer Parameter (etwa des „R-Werts") und mathematisches Verständnis für die Interpretation und Erklärung der Ergebnisse sind.

*Und so weiter ...*

## Variationen: Anwendungen

### *Die erstaunliche Wirkung von Wigners Aufsatz*

Warum kann man Mathematik *anwenden*? Warum „funktioniert" die Welt so, dass sie mit Formeln beschrieben werden kann? Warum kann Mathematik „die Grundlage alles exacten naturwissenschaftlichen Erkennens" sein, wie es David Hilbert 1900 bei der Vorstellung seiner 23 Probleme behauptete [235]? Spiegeln die Formeln gar eine tiefere Struktur in der Welt wieder, eine Art „Grundidee"?

   Solche Fragen bewegen seit langer Zeit Mathematikerinnen und Mathematiker, Philosophinnen und Philosophen und die, die die Mathematik anwenden. Am 11. Mai 1959 setzte der Physiker Eugene Paul Wigner ein inzwischen geflügeltes Wort in die Welt: Er hielt damals an der New York University einen Vortrag unter dem Titel *The unreasonable effectiveness of mathematics in the natural sciences* (etwa: „Die unerklärliche Wirksamkeit der Mathematik in den Naturwissenschaften") und wunderte sich vor dem Publikum darüber, dass es so viele mathematische Modelle gibt, die weit über das Wissen ihrer Schöpfer oder Entdecker hinaus Vorhersagen über die Welt ermöglichen:

> Die mathematische Formulierung der oft rohen Erfahrung des Physikers führt in einer unheimlichen Anzahl von Fällen zu einer erstaunlich genauen Beschreibung einer großen Klasse von Phänomenen. Das zeigt, dass die mathematische Sprache mehr zu bieten hat als eben nur die einzige Sprache zu sein, die wir können; es zeigt, dass sie, in einem sehr reellen Sinne, die korrekte Sprache ist. [533]

Wigner betonte, dass Physiker es sich nicht einfach machten bei der Auswahl der Mathematik für ihre Modelle, Simulationen und Theorien. Tatsächlich greifen physikalische Theorie und Modellbildung heute wie vor 50 Jahren auf sehr komplizierte mathematische Hilfsmittel und Theorien zurück.

   Doch wie entstehen solche Theorien? Wie schon Henri Poincaré (siehe Kapitel „Philosophie der Mathematik", S. 123 ff.), stellte auch Wigner fest, Mathematik werde nicht vom stupiden

> „Man kann nicht genug bedenken, daß alle Anwendung der Mathematik auf die Physik, bloß immer in dem Sinn gelten muß, in dem was man vom mathematischen Körper behauptet vom physikalischen gilt. Die Vorstellungen des Mathematikers z. E. vom Brechungsgesetz von der Wirkung der Schwere, sind reine Vorstellungen, die gewiß in der Natur nicht so statt finden wie er sie darstellt. [ ... ] Es sind alles *seine* Voraussetzungen." – Georg Christoph Lichtenberg, Sudelbuch $J_{II}$, Eintrag 1906

Anwenden von Axiomen geleitet, sondern von einem von Ästhetik geleiteten Auswahlprozess.

> Der Mathematiker könnte nur eine Handvoll interessanter Sätze
> formulieren, ohne auf Ideen zurückzugreifen, die außerhalb der
> Axiome liegen und definiert werden, um logische Operationen
> voll Erfindungsgeist zu ermöglichen, die uns ästhetisch erfreuen,
> sowohl als Operationen an sich als auch in ihren Ergebnissen
> von großer Allgemeinheit und Einfachheit. [...] Die komplexen
> Zahlen stellen ein besonders eindrucksvolles Beispiel für das
> Vorgehen dar. Es spricht einfach nichts in unserer Erfahrung für
> die Einführung dieser Größen. [533]

Und wie kommt dann die Mathematik in die Physik? Wigner
betonte: Es gebe keine Eins-zu-eins-Abbildung zwischen Mathematik und Physik. Mit neueren Erkenntnissen gelten ältere
physikalische Theorien als überholt und es muss neues Werkzeug aus dem Fundus der Mathematik geholt werden. Die
physikalische Empirie wird so zu einem weiteren Auswahlkri-
terium für Mathematik, zu einer Art Entscheidungshilfe bei der
Frage, was interessant ist.

*Warum* die Mathematik aber so gut zu quantitativen Wissenschaften passt, kann auch er nicht erklären. „Das Wunder,
dass die Sprache der Mathematik für die Formulierung physikalischer Gesetze so gut geeignet ist, ist ein wundervolles
Geschenk, das wir weder verstehen noch verdienen." Sicher ist:
Bis heute rätseln Menschen über diese Fragen [317, 362].

Möglicherweise hat es etwas damit zu tun, dass Mathematik
eben gar nicht so weltfremd und ideal ist, wie viele denken,
sondern die Welt der Zahlen und ihrer Strukturen genau wie
die physikalische Welt („die paar Dreckklumpen, die wir Planeten nennen", wie es Gauß ausdrückt) ganz einfach Teil der
Realität sind, in der wir Menschen leben – was dann eine eher
aristotelische Sichtweise wäre.

*Die Kluft zwischen „angewandt" und „rein"*

Im Kapitel „Was ist Mathematik?" haben wir einen Blick in die
*Encyklopädie der mathematischen Wissenschaften mit Einschluss
ihrer Anwendungen* von Felix Klein, Heinrich Weber und Wilhelm Franz Meyer [278] geworfen. Die Autoren widmeten

„Reine Mathematik und angewandte
Mathematik handeln beide von
Anwendungen, aber mit einem sehr
unterschiedlichen Zeitrahmen.

Ein Stück angewandte Mathematik
verwendet reife Ideen aus der reinen
Mathematik, um ein Problem aus der
Anwendung von heute zu lösen; ein
Stück reine Mathematik schafft eine
neue Idee oder eine Einsicht die, falls
sie gut ist, ziemlich wahrscheinlich
zu einer Anwendung in zehn oder
zwanzig Jahren führen wird." –
Terence Tao [351]

letztlich 10 der 23 Teilbände den mathematischen Anwendungen, Themen wie Astronomie und Mechanik, Thermodynamik, Optik und Kristallographie bis hin zu Elektrostatik, Quantentheorie und Relativitätstheorie.

Dass die Enzyklopädie nicht nach Band drei mit der reinen Mathematik abgeschlossen wurde, ist wohl vor allem Klein und seinem Schüler Meyer zu verdanken. Klein versuchte Zeit seines Lebens, die Kluft zwischen „angewandter" und „reiner" Mathematik zu überbrücken; auf der einen Seite standen die Befürwortenden des „Humboldtschen Bildungsideals", auf der anderen die Gefolgschaft der „Realbildung".

Wie war es dazu gekommen? Wilhelm von Humboldt hatte als Leiter der „Sektion des Kultus und des öffentlichen Unterrichts" in der Preußischen Kulturverwaltung eine Reform des Gymnasialwesens und -lehrplans in die Wege geleitet. Im Humboldt'schen Bildungskanon war die Mathematik ein wichtiger Bestandteil – allerdings dachte Humboldt an klassische, griechische Mathematik, die zur Geistes- und Allgemeinbildung beitragen sollte, wie es schon Platon empfohlen hatte. In den Preußischen Lehrplänen fand sich entsprechend Geometrie, Mathematik der Kegelschnitte, das Auflösen von Gleichungen und höhere Algebra.

Das war jedoch nicht, was eine allmählich entstehende Industrie forderte: Sie suchten Menschen, die rechnen und vielleicht sogar Differentialgleichungen oder Integrale lösen konnten. Es entwickelte sich parallel zum Gymnasialwesen allmählich (und in verschiedenen Ländern sehr unterschiedlich) ein Realschul- und Realgymnasialwesen, das direkt anwendbares Wissen zu vermitteln versuchte: kaufmännisches Rechnen oder Mathematik für Maschinenbau und Elektrotechnik zum Beispiel. Diese Realbildung musste oft hart um Anerkennung kämpfen: Aus Sicht der „echten" Gymnasien und Universitäten war sie nicht selten Bildung zweiter Klasse.

Ein Mathematiker wie Klein, der engen Kontakt zum Beispiel zu seinem Münchner Kollegen, dem Kältetechniker und Unternehmer Carl von Linde, unterhielt und seine Antrittsvorlesung in Leipzig „Über die Beziehungen der neueren Mathematik zu den Anwendungen" gehalten hatte, wurde von seinen Kollegen schief angesehen, als er – als einziger

Ruth Moufang (1905–1977) machte ihr Abitur an einem Realgymnasium. Sie pendelte in ihrer Forschung zwischen Theorie und Anwendung. Sie war eine Doktortochter von Max Dehn und wurde auf dem Gebiet der projektiven Geometrie bekannt. *Moufang-Ebenen* spielen heute noch eine wichtige Rolle. Sie war die dritte Frau, die in Deutschland im Fach Mathematik habilitierte (1936). Als Frau blieb ihr zunächst eine Berufung als Professorin versagt; so leitete sie ab 1942 bei Krupp die Abteilung für Angewandte Mathematik und Mechanik. Nach dem Krieg kehrte sie an die Universität zurück und wurde 1957 auch ordentliche Professorin an der Goethe-Universität Frankfurt.

deutscher Mathematikprofessor – 1895 Mitglied im *Verein Deutscher Ingenieure* wurde, trotz seiner theoretischen Arbeiten aus der Geometrie und Algebra, für die er zu dieser Zeit schon berühmt war.

Doch Klein verdanken wir zum Beispiel, dass heute in Gymnasien Funktionen, Differential- und Integralrechnung gelehrt werden (Kapitel „Funktionen", S. 309 ff.), und er hat bis heute Recht: Die angebliche Kluft zwischen Anwendung und Theorie erweist sich immer wieder als Phantom. Godfrey Harold Hardy etwa ist berühmt für sein Loblied auf die reine Mathematik, das er 1940 – während des Zweiten Weltkriegs also – in seiner Apology sang:

> In praktischen Anwendungen haben wir es nur mit vergleichsweise kleinen Zahlen zu tun, nur die stellare Astronomie und die Atomphysik beschäftigen sich mit 'großen' Zahlen, und beide haben wenig mehr praktische Bedeutung als die meiste abstrakte reine Mathematik. [214]

Im selben Werk verstieg er sich sogar zur Behauptung „I have never done anything 'useful'". Auch Carl Friedrich Gauß habe die Zahlentheorie *aufgrund ihrer Nutzlosigkeit* als Königin der Wissenschaften bezeichnet (was eine gewagte Auslegung eines Gauß lediglich zugeschriebenen Zitats ist).

In Wirklichkeit sind Teile der Arbeit Hardys heute sehr nützlich, zum Beispiel, in der Verschlüsselung von Daten oder der Molekularbiologie (Hardy-Weinberg-Prinzip) etwa. Hardy übersah offensichtlich, dass wichtige Teile der Mathematik nur deshalb entstanden, weil es dafür einen praktischen Bedarf gab – die Differential- und Integralrechnung etwa, die sich im 17. Jahrhundert entwickelte, weil man Flächen und Volumina von „gekrümmten" Flächenstücken und Körpern berechnen wollte. Man denke zum Beispiel an die Kepler'sche Fassregel (auch als Simpsonregel bekannt), eine Näherungslösung für die Integration bauchiger, fassförmiger Volumina, die Johannes Kepler erfand, um Volumina von Weinfässern zu berechnen.

„So, wie Tennis für sich genommen ein Spiel ohne eigenen Nutzen ist, aber von großem Nutzen für die Schaffung eines schnellen Blicks und eines Körpers, der sich in allerlei Stellungen begeben kann, so ist in der Mathematik der Mehrwert nicht weniger wertvoll als der Hauptnutzen, den man im Sinne hatte." – Francis Bacon [25]

## Mathematik in Wirtschaft und Industrie

Als 2002 das von der Deutschen Forschungsgemeinschaft DFG finanzierte Forschungszentrum MATHEON in Berlin an den

Start ging mit dem Anspruch, in der Wissenschaft *Mathematik für Schlüsseltechnologien* zu entwickeln, wurde das als außergewöhnlich wahrgenommen. In der Tat hat sich die Sichtbarkeit wie auch die Wirksamkeit mathematischer Methoden in der Praxis seitdem stark erhöht. Das MATHEON wird inzwischen im Exzellenzcluster MATH+ weitergeführt. Mathematik für Anwendungen wird aber auch an mehreren Fraunhofer-Instituten entwickelt, darunter dem Fraunhofer-Institut für Techno- und Wirtschaftsmathematik ITWM in Kaiserslautern (1996 unter der Leitung von Helmut Neunzert gegründet), am im selben Jahr gegründeten „Max-Planck-Institut für Mathematik in den Naturwissenschaften" in Leipzig, und so weiter. Gleichzeitig findet mathematische Forschung in großem und stark wachsendem Umfang in der Industrie statt: dies gilt nicht nur für die Finanzindustrie (Banken und Versicherungen), die Telekommunikationsindustrie, die Verkehrsindustrie und Logistik (Bahn, Fluglinien, Speditionen, etc.), sondern für praktisch alle Bereiche der modernen Industrie, wo mit mathematischen Methoden Produkte entworfen, optimiert und vertrieben werden. All dies hat sich in den vergangenen Jahren extrem beschleunigt, wo die (mathematischen!) Methoden von *Big Data* und *Künstlicher Intelligenz* sichtbar Eingang in alle Bereiche von Technologie, Wirtschaft, Industrie wie auch den Alltag genommen haben.

2008, im Jahr der Mathematik, gaben drei Mathematiker aus dem Umfeld des Mathematischen Forschungsinstituts Oberwolfach ein kleines Buch mit dem Titel *Mathematik – Motor der Wirtschaft* heraus [195]. Inhalt: 20 kurze Aufsätze von Vorstandssprechern, Vorstandsvorsitzenden und Geschäftsführern großer Firmen in Deutschland. Thema: Wo wird in ihrem Unternehmen Mathematik benutzt? Im Buch vertreten sind Banken und Versicherungen, Logistik und Chemie, Luftfahrt und Technik, Dienstleistung und Elektronik. Zum Abschluss fasst der Mathematiker Helmut Neunzert, die Aufsätze zusammen. Mathematik sei wichtig für

◇ Simulation von Prozessen und Produkten,
◇ Optimierung und Regelung,
◇ Modellierung von Risiko und Entscheidung
   unter Unsicherheit,
◇ Datenauswertung und Bildverarbeitung,

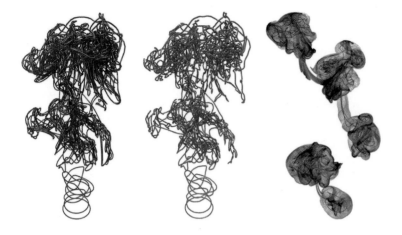

Wie simuliert man Rauch? Theoretisch kann man dazu Differentialgleichungssysteme ähnlich den Navier-Stokes-Gleichungen (siehe Kapitel „Mathematische Forschung", S. 43 ff.) verwenden – doch das ist im Computer kaum in realistischer Zeit möglich. Einen Ausweg haben Ulrich Pinkall und Steffen Weißmann an der TU Berlin entwickelt (Weißmann arbeitet heute in der Filmindustrie in den USA.) Ausgangspunkt ist die Beobachtung, dass sich die Struktur des Rauches durch Ringe und Verschlingungen bestimmt wird. Die Bewegung dieser diskreten „Filamente" kann man viel schneller, in Echtzeit, simulieren; so wird die Ausbreitung von Rauch berechenbar, durch ein trickreiches Zusammenspiel von Analyse, Modellierung und Simulation. (Bild: Pinkall/Weißmann)

◇ Multiskalen-Modellierung und Algorithmen, sowie
◇ High Performance und Grid Computing.

Bei der Entwicklung von Anwendungen der Mathematik gibt es viele Schritte: Das Problem, das man untersuchen will, muss zuerst klar beschrieben werden, dann modelliert und in die Welt der Mathematik idealisiert werden, um dann mathematische Lösungsansätze benutzen zu können. Wichtige, häufig auftretende Aspekte bei diesen Schritten sind unter anderem die folgenden.

*Analyse*  Will man mathematisch beschreiben, was in der Alltagswelt vor sich geht, dann muss man es analysieren. Was sind zum Beispiel die Variablen, die direkt verändert werden können? Wie ändert sich der betrachtete Zustand mit der Zeit? Welche Funktionen der Variablen sollen optimiert werden? Viele Mathematikerinnen und Mathematiker arbeiten an der Analyse von Arbeitsprozessen, Unternehmenskonzepten oder Vertriebsstrukturen, zum Beispiel in Unternehmensberatungen.

*Modellieren*  Die Analyse liefert die Grundlage für den nächsten Schritt: eine mathematische Beschreibung. Das Konstruieren mathematischer Modelle erfordert viel Fingerspitzengefühl: Mit naiv und schnell zusammengehämmerten Formelkonstrukten scheitert man oft an der Lösung, zum Beispiel, wenn die numerische Lösung des Modells – also

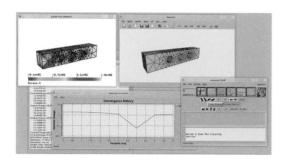

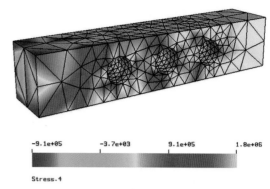

-9.1e+05    -3.7e+03    9.1e+05    1.8e+06

Stress.4

das Ausrechnen von Lösungen mit dem Computer – nicht möglich ist. Üblich ist daher, in mehreren Schritten immer wieder am Modell zu feilen, damit man eine für Lösungsmethoden zugängliche Beschreibung findet, die die wesentlichen Aspekte des Problems immer noch abbildet.

*(Numerisches) Lösen* Aus dem Modell will man oft numerische (messbare) Ergebnisse ableiten oder berechnen. Dafür benötigt man Lösungsverfahren – und die sollen auch durchführbar sein, also zum Beispiel nicht zu viel Speicher oder Rechenzeit benötigen (siehe Kapitel „Algorithmen und Komplexität", S. 395 ff.). Dazu muss das Modell aber auch „mathematisch geschickt" formuliert sein. Oftmals entscheidet sich hier die Lösbarkeit eines Problems.

*Simulieren* Oder man möchte ein Modell dazu verwenden, in einem gewissen Rahmen die Wirklichkeit „nachzubauen", durchzuspielen und gegebenenfalls – wenn das Modell das erlaubt – zu verändern.

*Optimieren* Oft reicht es nicht, durch numerisches Rechnen oder Simulation irgendeine Lösung zu finden – man will die *beste* Lösung (oder doch wenigstens eine Lösung, die der besten beweisbar möglichst nahe kommt). Das wirft viele mathematische Fragen auf, etwa die, wie man das Optimum findet und ob man für eine nichtoptimale Lösung (eine obere Schranke für) den Abstand zum Optimum angeben kann, ohne das Optimum selbst zu kennen. (Erstaunlicherweise ist das tatsächlich oft möglich.)

Welche Form nimmt ein Balken unter Belastung an? Der klassische Weg, solche Verformungen zu simulieren, ist die Finite-Elemente-Methode (FEM), die in den 1950er Jahren in der Luftfahrtbranche populär wurde, aber bereits 1943 von Richard Courant als „Methode der endlichen Differenzen" veröffentlicht wurde [99], siehe Kapitel „Rechnen", S. 367 ff. (Courant hatte die Methode schon in den 1920er Jahren verwendet, um einen Beweis des Riemann'schen Abbildungssatzes zu konstruieren [538], also als „reine Mathematik".) Zur Diskretisierung der Differentialgleichungen gibt es inzwischen mächtige Software – und eine ganze Reihe neuer Methoden. Den quaderförmigen Balken mit den drei Bohrungen muss man sich mit dem linken Ende an einer Wand fixiert vorstellen; an seinem rechten Ende hängt ein Gewicht. Die Farben kodieren die Dehnungskräfte im Material.

*Beispiele aus der Praxis*

Im Folgenden stellen wir eine kleine Sammlung interessanter Beispiele angewandter oder anwendbarer Mathematik zusammen – als Inspirationsquelle und ohne jeden Anspruch auf Vollständigkeit.

*Die Methode der kleinsten Quadrate.*   Der 24-jährige Carl Friedrich Gauß stieß in der „Monatlichen Korrespondenz zur Beförderung der Erd- und Himmelskunde" vom September 1801 auf eine faszinierende Mitteilung. Der Herausgeber des Blattes, Franz Xaver Freiherr von Zach, verfolgte schon seit 1800 ein großes Vorhaben: Er war auf der Suche nach dem fehlenden Planeten zwischen Mars und Jupiter, an den viele Astronomen seit Kepler glaubten, vor allem aus zahlenmystischen Gründen. Er organisierte die Gründung der „Vereinigten Astronomischen Gesellschaft", die „Himmelspolizei":

> Durch eine [...] streng organisierte, in 24 Departements abgesteckte Himmels-Polizey hoffen wir endlich, diesem, unsern Blicken sich so lange entzogenen Planeten, wenn er anders existiert und sich sichtbar zeigt, auf die Spur zu kommen. [544, S. 602 f.]

Just am ersten Tag des 19. Jahrhunderts beobachtete Giuseppe Piazzi in Sizilien zum ersten Mal einen bisher unbekannten Himmelskörper. Er verfolgte den Lichtpunkt in den nächsten Tagen und war sich am 4. Januar sicher, dass der Punkt sich bewegte, also kein Fixstern ist. War es der von Zach gesuchte Planet? Die Neuigkeit verbreitete sich schnell in ganz Europa und die Aufregung unter astronomischen Experten war groß. Ende Januar wurde der unbekannte Himmelskörper aber unbeobachtbar: Er bewegte sich scheinbar rückläufig wie der Mond, bewegte sich also von Nacht zu Nacht weiter nach Osten und ging damit in der Abenddämmerung verloren. Es gab deshalb nur wenige Beobachtungen von Piazzi. Die große Frage war, wann und wo er am Nachthimmel wieder auftauchen würde. Die vorhandenen Beobachtungen von Piazzi, die im September 1801 in der Monatlichen Korrespondenz veröffentlicht wurden, waren ein Geschenk des Himmels für Gauß. Er entwickelte neue Methoden, rechnete auf Basis der veröffentlichten Beobach-

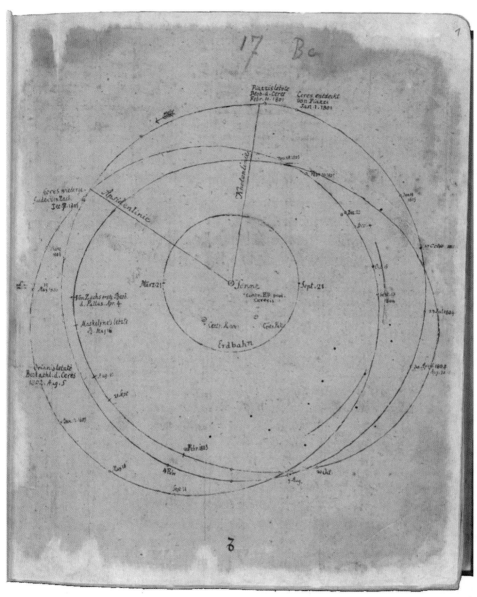

Skizze von Gauß: Die Bahnen von
Ceres, Pallas und vermutlich Juno.
Die Bahn der Ceres war nicht die
einzige Planet(oid)enbahn, die Gauß
berechnete. (Quelle: Cod. Ms. Gauß
Handbuch 4, Bl. Ir, SUB Göttingen)

tungsdaten und kam zu Vorhersagen, die von denen seiner
Zeitgenossen deutlich abwichen. Nach Gauß sollte Piazzis Entdeckung (die später Ceres heißen wird) am 7. Dezember 1801

wieder am Nachthimmel zu beobachten sein – und tatsächlich fand Zach Ceres dort wieder! Gauß schrieb einige Jahre später:

> Dem Verfasser des vorliegenden Werkes [also Gauß selbst] hatten sich im Sommer 1801 bei Gelegenheit einer ganz anderen Beschäftigung einige Ideen dargeboten, die ihm zu einer Auflösung des erwähnten Problems führen zu können schienen. Zu einer andern Zeit würde er vielleicht diese Ideen, welche zunächst nur theoretischen Reiz für ihn hatten, nicht sogleich weiter verfolgt und ausgeführt haben: allein gerade in jenem Zeitpunkte, wo Piazzis Entdeckung die allgemeine Aufmerksamkeit gespannt hatte, und dessen Beobachtungen so eben ins Publicum gekommen waren, konnte er sich nicht enthalten, an diesen die practische Anwendbarkeit jener Ideen zu prüfen. [180]

Man weiß nicht genau, welche mathematischen Verfahren Gauß meint. Sicher ist, dass er genug Mathematik kannte, um aus einer Reihe von gemessenen Positionen eines Himmelskörpers die tatsächliche Bahn des Körpers zu berechnen. Dazu gehörten vor allem Reihenentwicklungen, um Näherungen (und Integrale) berechnen zu können, die Transformation von Koordinatensystemen [531] – und vermutlich auch gleich von Anfang an eine Idee, um aus einer Reihe von Messwerten „den richtigen" abzuschätzen. Diese Methode der kleinsten Quadrate setzte Gauß später oft ein und wurde auch durch sie berühmt (siehe [292]).

Worum geht es dabei? Nehmen wir an, wir messen zum Beispiel die Höhen $h_0, h_1, \ldots$ eines fallenden Steines zu gewissen Zeitpunkten $t_0, t_1, \ldots$ Mit ziemlicher Sicherheit weichen die Messwerte von „idealen" Werten ab. Hinter dem Fehler kann System stecken – zum Beispiel könnte es sein, dass unser Maßband gestreckt ist. Solche *systematischen Fehler* lassen sich zum Beispiel durch Skalieren oder Verschieben der Messskala beseitigen. Es bleiben danach noch *stochastische Fehler*, die die gemessenen Werte um den tatsächlichen Wert *zufällig* schwanken lassen. Die Methode der kleinsten Quadrate ist eine Möglichkeit, diese Fehler herauszurechnen.

Wir nehmen nun an, die Höhen ließen sich in Wirklichkeit durch irgendeine Funktion $f$ beschreiben, die ihrerseits von der Zeit und irgendwelchen Parametern $a_1$ bis $a_n$ abhängt. Der

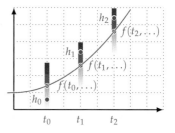

Die Messungen $h_i$ weichen von der „realen" Kurve $f$ stochastisch ab.

$i$-te Messwert $h_i$ weicht also um

$$\Delta_i := |h_i - f(t_i, a_1, a_2, \ldots, a_n)|$$

nach oben oder unten von der Wirklichkeit ab.

Ziel ist nun, die Parameter der Funktion $f$ so zu wählen, dass die $\Delta_i$ minimal werden. Doch wer (wie Gauß) einen Blick für Optimierungsprobleme hat, der weiß: Eine Betragsfunktion zu optimieren kann knifflig sein, und bezüglich aller $\Delta_i$ zu optimieren, ist noch schwerer.

Gauß arbeitete pragmatisch: Wenn nicht klar ist, was es heißt, dass die einzelnen $\Delta_i$ am kleinsten werden – dann optimiert man eben deren Summe. Und wenn der Betrag ein Problem ist, dann minimiert man eben die Summe der Quadrate der $\Delta_i$:

$$R = \sum_i \left( h_i - f(t_i, a_1, a_2, \ldots, a_n) \right)^2 \qquad (*)$$

An dieser Stelle kann man einmal innehalten und im Kapitel „Zufall – Wahrscheinlichkeiten – Statistik" den Abschnitt über den *Zentralen Grenzwertsatz* lesen: $\sum_i \Delta_i$ ist asymptotisch normalverteilt.

Die Funktion $f$ sollte also so angepasst werden, dass die *Summe der Quadrate* am kleinsten wird. Wie findet man das Minimum? Damit (*) extremal wird, müssen für die Ableitungen die kritischen Gleichungen

$$\frac{\partial(R)}{\partial(a_i)} = 0 \qquad (**)$$

für alle $i \in \{1, \ldots, n\}$ gelten.

Betrachten wir den einfachsten Fall: Wir haben $N$ Messungen gemacht und $f$ beschreibt eine lineare Funktion; es gilt also: $f(t) = a_1 t + a_2$. Zu finden sind die zwei Parameter $a_1$ und $a_2$. Nach ein paar einfachen algebraischen Umformungen erhält man aus (**) ein System aus zwei Gleichungen, das sich kompakt in Matrixform schreiben lässt:

$$\underbrace{\begin{pmatrix} \sum_i t_i^2 & \sum_i t_i \\ \sum_i t_i & N \end{pmatrix}}_{=:M} \begin{pmatrix} a_1 \\ a_2 \end{pmatrix} = \begin{pmatrix} \sum_i t_i h_i \\ \sum_i h_i \end{pmatrix}$$

Dieses Gleichungssystem lässt sich lösen, denn die $2 \times 2$-Matrix $M$ ist invertierbar – ihre Determinante ist nicht Null:

$$\det(M) = N^2 \frac{1}{N} \sum_i t_i^2 - \left( \sum_i t_i \right)^2$$

$$= N^2 \frac{1}{N} \sum_i \left( t_i - \bar{t} \right)^2,$$

wobei sich im zweiten Summanden sich der Durchschnitt $\bar{t} = \sum_i t_i / N$ über die Zeiten, zu denen wir messen, verbirgt. Der Faktor

$$\frac{1}{N} \sum_i \left( t_i - \bar{t} \right)^2$$

wird die *Varianz* genannt (in diesem Fall: der Zeiten $t_i$), abgekürzt mit $\sigma_t^2$. Sie misst, wie sehr eine Reihe von Zahlen voneinander abweichen: Nur wenn alle $t_i$ gleich sind, ist $\sigma_t^2$ gleich null. So lange die $t_i$ nicht alle gleich sind, wird die Matrix also eine von Null verschiedene Determinante besitzen und daher invertierbar sein.

Dieses Verfahren wird heute mit dem Begriff Ausgleichsrechnung bezeichnet (auf Englisch *curve fitting*, wörtlich übersetzt „Kurven anpassen"): Vermutlich schätzte Gauß so eine Ellipsenbahn mit Hilfe der wenigen Beobachtungsdaten, die er von Ceres hatte und kam so auf seine Vorhersagen der nächsten beobachtbaren Positionen von Ceres.

*Bézier-Kurven.* Je schneller sich Fahrzeuge bewegen, desto stärker fällt der Einfluss des Luftwiderstandes ins Gewicht. Die ersten, langsamen Autos konnten daher noch kastenförmigen Kutschen gleichen – sie schafften kaum mehr als $20\,\text{km/h}$. Doch mit der Entwicklung stärkerer Motoren begann die Suche nach der idealen „Stromlinienform". Mit Modellen kann man Formen im Strömungskanal ausprobieren und sich so langsam an ein möglichst gutes Design herantasten, und es wurden auch – zunächst im Luftschiffbau – schon um 1920 mathematische Methoden zur Optimierung des Luftwiderstandes eingesetzt. (Wichtige Namen sind hier Ludwig Prandtl und der etwas jüngere Max Michael Munk. Zuvor hatte man Luftschiffe zum Beispiel als Zylinder mit halbkugelförmigen Kappen modelliert, siehe etwa [288].)

Die Methode der kleinsten Quadrate ist eng mit der Statistik der Messpunkte und -zeiten verknüpft. Gauß entwickelt daher in der *Theoria motus corporum coelestium* auch eine Theorie der Statistik, inklusive der berühmten „Gauß'schen Normalverteilung".

Doch die glatten Designs mussten dann auch in der Produktion umgesetzt werden. Wie modelliert man solche Formen? Hierzu wurde Ende der 1950er Jahre eine neue Methode entwickelt, bei Renault von Pierre Étienne Bézier (der darüber mit 67 Jahren an der Sorbonne promovierte) und fast gleichzeitig beim Konkurrenten Citroën vom zwanzig Jahre jüngeren Paul de Faget de Casteljau. In seiner sehr eigentümlichen und poetischen Wortwahl erinnert sich Casteljau fast 50 Jahre später [81]:

> Es ist ja nur zu wahr, daß in Karosserie *rosserie* [Boshaftigkeit] steckt. ,Wenn man die Stücke nicht nach dem Konstruktionsplan herstellen kann, nützt der ganze Aufwand nichts', übertrieb Monsieur [Jean] de la Boixière [der Vorgesetzte von Casteljau bei Citroën], und fügte hinzu: ,Wir können uns über Dingoide *n*-ten Grades auslassen, haben aber Geraden und Kreise noch immer nicht im Griff!'
>
> Es mußte schnell gehen. Die gesamte Abteilung arbeitete in geheimem Einverständnis, hocherfreut, Monsieur de la Boixiére die Stirn bieten zu können. Kurz darauf, an einem besonders stürmischen Nachmittag, verwandelte die Olivetti-Tetractys unter ohrenbetäubendem Lärm eine ganze Rolle Papier in etwa vierzig kubische Kurven. Das brachte die Ingenieure der angrenzenden Büros an die Grenze ihrer Geduld. Sie suchten sich woanders eine Beschäftigung. [81] [Übersetzung: Andreas Müller und Petra Schulze]

Auch wenn sie es mathematisch etwas unterschiedlich ausdrückten, hatten Casteljau und Bézier im Prinzip (und unabhängig voneinander) dieselbe Idee: Sie entwickelten ein Iterationsverfahren, das heute De-Casteljau-Algorithmus heißt, zur Darstellung einer Kurve, die man heute Bézier-Kurven nennt. Die geometrische Idee ist die folgende: Man nehme eine Reihe von $n$ Punkten $P_i$ in zwei oder drei Dimensionen, die sogenannten „Kontrollpunkte". Für jedes Teilungsverhältnis $c$ einer Strecke konstruieren wir einen Punkt der Bézier-Kurve, in dem wir die Strecken zwischen zwei benachbarten Kontrollpunkten $P_i$ und $P_{i+1}$ im Verhältnis $c$ teilen. Das liefert den Punkt $P_i^1$. Damit haben wir jetzt Punkte $P_1^1, P_2^1, \ldots P_{n-1}^1$. Mit diesen neuen Punkten verfahren wir genauso und wiederholen das Verfahren genau $n - 1$ mal. Weil wir bei jedem Schritt einen Punkt verlieren, haben wir am Ende genau einen Punkt $P_1^{n-1}$ und das ist der Punkt der Bézier-Kurve zum Teilungsverhältnis $c$.

Indem wir $c$ zwischen 0 und 1 variieren, durchlaufen wir die Kurve. Die Abbildung rechts illustriert das Verfahren für verschiedene Teilungsverhältnisse $c = 1/4$, $c = 1/2$ und $c = 3/4$ und vier Kontrollpunkte $n = 4$, was auf eine „kubische Bézier-Kurve" führt. Es gibt andere, äquivalente Möglichkeiten, die Bézier-Kurven darzustellen. Man kann sie zum Beispiel explizit parametrisieren, am einfachsten unter Verwendung der Bernsteinpolynome: Die Bézier-Kurve ist die Menge aller Punkte

$$P(t) = \sum_{i=1}^{n} \binom{n-1}{i-1} t^{i-1}(1-t)^{n-i-1} P_i,$$

wobei der Parameter $t$ zwischen 0 und 1 variiert.

So lieferte die Mathematik eine Art *Sprache* für Designer und Optimierer, mit der man sich über die Form von Objekten verständigen konnte.

*Differentialgleichungen.* Differentialgleichungen waren die ersten Objekte, mit denen sich Naturwissenschaftler und Mathematiker in der Anfangszeit der Differential- und Integralrechnung im 17. Jahrhundert befassten – und heute werden die meisten Gesetze der Naturwissenschaften mit Hilfe von Differentialgleichungen beschrieben, vom Flug einer Rakete bis zum radioaktiven Zerfall von Atomen oder dem Abbau von Medikamenten im Körper, von Klima und Wetter bis zur Entwicklung und Bewertung von Finanzprodukten. Differentialgleichungen beschreiben das Verhalten von Funktionen indirekt, durch die Veränderung von Größen, durch partielle oder totale Ableitungen. Ein erstes Beispiel war wohl Newtons Bewegungsgesetz, das „Aktionsprinzip", das in der modernen Physik $F = \dot{p}$ geschrieben wird. Damit kann man zum Beispiel auch beschreiben, wie man einen Finger bewegen muss, um einen Besenstiel darauf zu balancieren – das sogenannte *inverse Pendel* gehört neben dem harmonischen Pendel und dem Doppelpendel zu den Klassikern aus der Schwingungsmechanik.

Die Physik, die hinter dem Balancieren von Besenstielen steckt, findet erstaunlich viele Anwendungen, angefangen bei Raketen, die durch Ausgleichsbewegungen beim Flug stabilisiert werden müssen, über große Containerfrachter, deren Schwerpunkt so hoch liegt, dass sie durch seitliche Turbinen

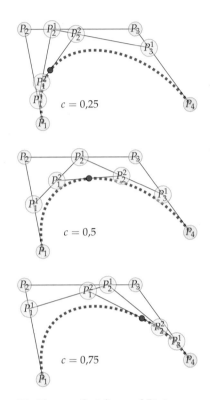

Die Idee von Casteljau und Bézier: Gegeben sind einige Punkte in der Ebene ($P_{1,1}$ bis $P_{1,4}$, hellblau). Punkt $P_{2,1}$ bewegt sich auf der Strecke zwischen $P_{1,1}$ und $P_{1,2}$, und zwar so, dass er zur Zeit $t = 0$ auf $P_{1,1}$ liegt und zur Zeit $t = 1$ auf $P_{1,2}$; analog erhält man die übrigen Punkte $P_{2,i}$ und entsprechend die Punkte der nächsten Generation. Zu jeder Zeit $t$ zwischen 0 und 1 sind die Positionen der Punkte also rekursiv festgelegt durch $P_{i,j}(t) = P_{i-1,j} + t \cdot (P_{i-1,j+1} - P_{i-1,j})$. Der letzte Punkt (rot) beschreibt dann die Bézierkurve.

permanent vor dem Umkippen bewahrt werden, bis hin zu Robotern und Fahrzeugen, die mit nur einer Achse und zwei Rädern stabil gehalten werden. Das bekannteste dieser Fahrzeuge ist der Motorroller *Segway Personal Transporter* des amerikanischen Erfinders Dean Kamen, den dieser 1999 patentieren ließ (US2003155167) und dessen Produktion 2020 eingestellt wurde.

All diese Anwendungen basieren auf der Lösung eines System von partiellen Differentialgleichungen aus der Mechanik, den nach Joseph Louis Lagrange benannten Lagrange-Gleichungen, die im Wesentlichen die Energie eines Systems beschreiben, das gewissen Nebenbedingungen gehorchen soll. Dabei bewegen sich Körper immer so, dass ihre Bahn das Integral über die sogenannte Lagrange-Funktion – im Wesentlichen die Differenz zwischen Bewegungs- und Lageenergie – über die Zeit minimiert, was das Hamilton'sche Prinzip genannt wird. Um die Bahn eines Körpers zu berechnen, muss man daher aus mathematischer Sicht ein Variationsproblem lösen.

Die theoretische Untersuchung der Lösungsmengen von Differentialgleichungen ist eine der wichtigsten Aufgaben der theoretischen Mathematik – mit höchst praktischen Anwendungen und vielen ungelösten Problemen. Das bekannteste ist wohl die Untersuchung der Lösungen der Navier-Stokes-Gleichungen aus der Strömungsmechanik, eines der Millenniums-Probleme des Clay-Stiftung (siehe Kapitel „Was ist Mathematik?", S. 3 ff.).

*Vom Assortiment bis zum Zahnrad.*   Wenn sie nicht aus dem Luxussegment kommen, dann enthalten die meisten mechanischen Uhren in Europa ein mechanisches „Herz", das von ein- und demselben Schweizer Hersteller stammt. Der Grund: Ein solches Assortiment oder „Swing-System" zu entwickeln (zu dem unter anderem auch die „Unruh" gehört), ist teuer und aufwändig – auch wegen der komplexen Mathematik, die dahinter steckt; es muss zum Beispiel die Kraftübertragung des schwingenden Systems auf das Räderwerk der Uhr modelliert werden. Ein Uhrenhersteller aus Glashütte hat daher großes Aufsehen erregt, als er für fast neun Millionen Euro zusammen mit Mathematikern der Universität Dresden ein eigenes Assortiment entwickelt hat. Tatsächlich steckt in einer mechanischen

Ein inverses Pendel auf zwei Rädern: Sobald man auf den Elektroroller steigt, messen Gyroskope – im Prinzip kleine Kreisel – die Bewegungen in drei Raumrichtungen, also das Kippen nach hinten und vorne, die Drehung nach links und rechts und die Drehung um den Vektor in Fahrtrichtung. Entsprechend beschleunigen oder bremsen die beiden Motoren, die in den Rädern eingebaut sind, so dass man das Gefährt nur durch Kippen steuern, beschleunigen und bremsen kann. (Foto: www.segway.com)

Armbanduhr neben Zahnrädern, Federn, Schwingkörpern und Lagern vor allem jede Menge Mathematik.

Schon in der Antike wusste man die Größen von Zahnrädern sehr genau aufeinander anzupassen, damit Zeiger in der richtigen Geschwindigkeit über Zifferblätter kreisen. Das berühmte Beispiel ist der höchst komplexe Mechanismus von Antikythera, vermutlich eine Art mechanischer Kalender, der wohl aus dem 1. Jahrhundert v. Chr. stammt [172, 485]. Seit 2002 wird der Fund aus einem Wrack vor der griechischen Insel Antikythera von dem Dokumentarfilmer Tony Freeth intensiv mit mathematischen Methoden erforscht. (Freeth hat auch einen Doktortitel in Logik und Mengentheorie von der Universität Bristol.)

In den Zahnradgetrieben der letzten Jahrhunderte steckt noch mehr Mathematik – schon in der Form der Zähne. Wie muss man die Zähne fräsen, damit die Räder die Kräfte mit möglichst wenig Reibungsverlust und Spiel übertragen?

Damit befassten sich schon Uhren-Mathematiker im 17. und 18. Jahrhundert. Der Künstler und Mathematiker Philippe de La Hire und der Astronom und Mathematiker Ole Rømer verfassten zum Beispiel Schriften über Epizykloide, in denen sie bemerkten, dass man die Zähne von Zahnrädern in der Form von Zykloiden abrunden kann, um die Zähne aufeinander abrollen zu lassen. So tritt nur Rollreibung auf, und die ist viel geringer als die Gleitreibung. Leonhard Euler entdeckte – mit

Ein *Epizykel* ist die Spur eines Punktes auf einem Kreis, der auf einem anderen Kreis abrollt (links). *Evolventen* sind dagegen die Spur eines Punktes auf einer Geraden, die auf einem Kreis abgerollt wird (Mitte). Aus beiden Kurven kann man Zähne eines Zahnrades konstruieren; rechts eine Skizze zweier Zahnräder in *Evolventenverzahnung*. Die beiden Zahnräder „rollen" aufeinander ab, wobei sich der Berührpunkt entlang der roten Geraden bewegt.

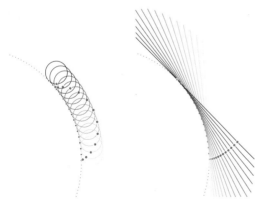

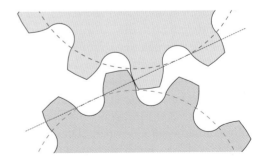

Hilfe geometrischer Betrachtungen und der jungen Differentialrechnung – noch eine andere günstige Form für Zahnrad-
Zähne: die Evolvente. Etwa 1752 verfasste er darüber eine Arbeit mit dem Titel *De aptissima figura rotarum dentibus tribuenda*
(„Über die beste Form für Zahnrad-Zähne"), zehn Jahre später
ergänzt durch *Supplementum de figura dentium rotarum* („Nach-
trag über die Form rotierender Zähne").

Zahnräder beschäftigen heute natürlich nicht nur Uhrmacher: Ein modernes Autogetriebe etwa enthält Zahnräder, die
nicht nur Reibungsverluste minimieren sollen, sondern auch
noch bei Rotationsgeschwindigkeiten von mehreren Tausend
Umdrehungen pro Minute nicht ins Vibrieren kommen dürfen.
Obendrein dürfen beim Abrollen der Zahnräder keine Hohlräu-
me entstehen, in denen sich Getriebeöl fangen könnte: Das Öl
ist eine praktisch inkompressible Flüssigkeit und kann daher
das Zahnrad im schlimmsten Fall sprengen, sobald es in einem
Hohlraum eingequetscht wird.

Heute laufen die meisten Getriebe in Evolventenverzahnung,
weil sich diese Form einfacher fräsen lässt als eine Zykloiden-
verzahnung, doch es gibt daneben viele weitere Arten von
Verzahnungen und sogar Hybridformen, in der die Zahnrad-
Zähne teils einer Evolvente, teils anderen Kurven nachgebildet
sind. (Mehr zur frühen Geschichte in [188], mehr zur modernen
Theorie der Zahnradgetriebe in [102, 363].)

*Regelflächen.* Wer Lehrbücher zur „Liniengeometrie" oder
„Regelflächen" sucht, der wird auf viele historische Werke stoßen. Die Regelflächen wurden um 1828 von Jean Nicolas Pierre
Hachette so getauft, nachdem er sie bereits 1812 beschrieben
hatte, in einem Anhang zum Bestseller *Géométrie descriptive*
von Gaspard Monge [201, 202]. Der Name kommt wohl daher,
dass sich solche Flächen nach einer einfachen Regel herstellen
lassen: Man nehme eine Gerade und bewege sie entlang einer
Kurve im Raum. Das klassische Beispiel einer Regelfläche ist
ein Hyperboloid.

Die Theorie der Regelflächen war in ihren Anfängen eingebettet in die sogenannte *Darstellende Geometrie*, also die Geometrie, die sich zum Beispiel mit der Projektion dreidimensionaler
Objekte in zwei Dimensionen befasste – sehr gut anwendbare

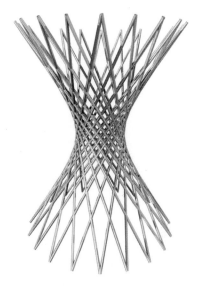

Eine Regelfläche entsteht, indem
man eine Gerade entlang einer Kurve
bewegt. Bild oben: Ein Hyperbol-
id entsteht, wenn man eine Gerade
entlang eines Kreises bewegt (und
dabei im Raum dreht). Auf dem Hyperboloid gibt es zwei verschiedene
Geradenscharen (rot und blau). Bild
unten: Die „Binormalenfläche einer
Schraubenlinie" aus der Sammlung
Mathematischer Modelle der TU
Dresden.

Der Pavillon auf dem Eiffelturm wurde 2014 erneuert, in einer Zusammenarbeit von Mathematikern des DFG-Sonderforschungsbereichs „Diskretisierung in Geometrie und Dynamik", der Geometrie-Beratungsfirma Evolute, Ingenieuren bei RFR und den Architekten Moatti und Riviere.
Üblicherweise werden architektonische Flächen in Dreiecke zerlegt. Für den Eiffelturm wurde dagegen eine Zerlegung in Vierecke gewählt, was weitaus komplizierter ist. (Hauptgrund: Vier Punkte müssen nicht immer in einer Ebene liegen.) Obendrein waren hier die Kanten gebogen; die Mathematik dazu hat erst vor etwa zehn Jahren Einzug in die Architektur gehalten. (Bild: Evolute GmbH, Vienna)

Mathematik also (was Hachette in seinem Anhang zur *Géometrie descriptive* auch ausdrücklich betont). Die Anwendungen reichen von der Kunst bis zur Beschreibung der Bewegungen von Maschinenteilen – heutzutage zum Beispiel von Roboterarmen.

Einerseits entwickelte sich aus diesen Anfängen in der zweiten Hälfte des 19. Jahrhunderts eine hochdimensionale und abstrakte Geometrie, unter anderem durch die Arbeiten von Julius Plücker, Felix Klein und Wilhelm Blaschke. Plückers Beitrag bestand vor allem in einem Werk, an dem er bis kurz vor seinem Tod arbeitete und das 1868/69 in zwei Bänden (Band 2 posthum) erschien, unter dem Titel *Neue Geometrie des Raumes gegründet auf die Betrachtung der geraden Linie als Raumelement*. (Plückers Ideen werden derzeit zum Beispiel in der Theorie der Diskretisierung von Geometrien und dynamischen Systemen benutzt.)

Andererseits lebt die Theorie der Regelflächen für sich fort – unter anderem in der Architektur, zum Beispiel im Betonbau. Denn Beton wird in Formen gegossen, in sogenannte Verschalungen. Weil Beton Zug nicht gut verträgt, leitet man Zugkräfte durch Stahlgitter und -stäbe im Inneren des Betonteils ab, mit der sogenannten Bewehrung. Ebene Wände und Böden sind

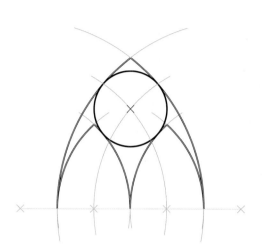

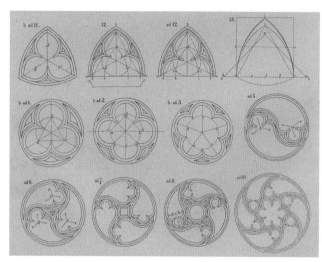

daher schnell und einfach zu konstruieren, gebogene Flächen viel schwieriger. Nicht selten muss die Verschalung in solchen Fällen in einzelne Elemente aufgeteilt werden, die maßgeschneidert werden – was sehr teuer werden kann. Dazu kommt die Frage: Wie soll die Bewehrung im Inneren verlaufen?

Regelflächen bieten hier eine Lösung an. Weil sie durch Bewegung einer Geraden erzeugt werden, kann man die Verschalungen leicht aus Kunststoff mit einem Heißdraht erzeugen, der entlang der gewünschten Kurve bewegt wird und den Kunststoff schneidet. Zudem kann man die Bewehrung im Inneren in der Richtung der erzeugenden Geraden laufen lassen. Wie man Regelflächen in der Architektur einsetzen kann, wird daher derzeit intensiv erforscht. Einen schönen Überblick bietet [404].

Tatsächlich steht die Architektur seit Jahrhunderten in enger Verbindung zur Mathematik, von der Konstruktion von Formen bis zur Berechnung der Statik von Gebäuden. Ein antikes Beispiel ist die bauchige Form griechischer Säulen, die sogenannte *Entasis*. Bisweilen orientierten sich die Steinmetze dafür offenbar an Schnüren, die sie neben der (horizontal liegenden) Säule spannten. Deren Form wird dann durch eine Katenoide (Kettenlinie) beschrieben, also den Cosinus Hyperbolicus (siehe

Links ein einfaches Schema zur Konstruktion gotischer Kirchenfenster aus Kreissegmenten. Rechts eine Abbildung aus einem Klassiker der Theorie gotischer Baukunst: Friedrich Hoffstadts Gothischem ABC-Buch von 1840; hier geht es um die Konstruktion von sogenannten Rosetten [241]. Man beachte, dass es sich bei den „gebogenen Dreiecken" in der Regel um Reuleaux-Dreiecke handelt (siehe Kapitel „Funktionen", S. 309 ff.).

Kapitel „Funktionen", S. 309 ff.). Wir verweisen auf [232] und [340].

*Huffmann-Codierung.* Wie speichert man die Buchstaben einer Nachricht möglichst platzsparend, wenn jeder Buchstabe durch eine Bitfolge aus • und ○ (also binär) kodiert werden soll? Wir können die Kodierung hier auf den zu kodierenden Text anpassen. Wenn wir also einen Text kodieren wollen, der $n$ verschiedene Zeichen enthält, dann bräuchte man bei naiver Kodierung einen Bitstring der Länge mindestens $\log_2(n)$ (aufgerundet) für jedes Zeichen – nur dann haben wir nämlich wenigstens die nötigen $n = 2^{\log_2(n)}$ Bitstrings zur Verfügung, um alle vorkommenden Buchstaben zu unterscheiden.

Das geht aber besser: Es liegt zwar nahe, zur Kodierung der Zeichen Bitstrings der gleichen Länge zu verwenden, wir können aber auch Bitstrings verschiedener Länge für die Zeichen zulassen, und zwar umso kürzere Bitstrings je häufiger der Buchstabe in der Nachricht ist. Das ist die Grundidee für die Huffman-Kodierung, benannt nach dem amerikanischen Computerpionier David Huffman, der sie in den 1950er Jahren entwickelte. Seine Idee wird zum Beispiel beim Speichern von Bildern im JPG- oder PNG-Format verwendet.

Die Huffman-Kodierung funktioniert konkret so: Zuerst zählt man die verschiedenen Buchstaben, die in der zu kodierenden Nachricht enthalten sind – sagen wir, es sind $k$ verschiedene Buchstaben – und berechnet die relative Häufigkeit der Buchstaben in der Nachricht. Sagen wir, wir ordnen die $k$ verschiedenen Buchstaben in einer Liste an und bezeichnen die relative Häufigkeit des $i$-ten Buchstaben unserer Liste mit $p_i$. Kommt also zum Beispiel das $A$ unter 1000 Zeichen 65 Mal vor und ist $A$ der erste Buchstabe unserer Liste, dann beträgt $p_1 = 0{,}065$. Insgesamt erhalten wir dann eine Liste von $k$ verschiedenen Zahlen $p_1, p_2, \ldots, p_k$.

Die Kodierung durchläuft dann zwei Phasen. In Phase 1 pickt man sich immer wieder aus der Liste die beiden kleinsten Zahlen heraus, löscht sie und fügt dafür die Summe der beiden Zahlen in die Liste ein (wenn die beiden kleinsten Elemente nicht eindeutig sind, entscheidet der Zufall). Phase 1 endet, wenn die Liste nur noch eine Zahl (die 1 nämlich) enthält.

In dieser Phase bildet sich die Struktur eines *binären Baumes*: Immer zwei Elemente aus der Liste werden miteinander verknüpft. Die Blätter des Baumes entsprechen den einzelnen Zeichen.

In Phase 2 wird aus dem Code-Baum die Codetabelle ausgelesen. Man startet mit dem letzten Knoten, der erzeugt wurde. An ihm hängen zwei „Unterbäume". Alle Zeichen, die im einen Unterbaum liegen, sollen Codes erhalten, die mit einem ● enden, alle anderen Zeichen sollen mit ○ enden. Mit den Unterbäumen verfährt man rekursiv genauso. Auf dem Weg von der Wurzel des Baums hängt man also für jede Kante, die man Richtung Blatt läuft (in unserer Abbildung von rechts nach links) das Zeichen ○ an, wenn man die Kante mit höherer Wahrscheinlichkeit nimmt, und sonst hängt man eben ● an. Die Codewörter, die dadurch entstehen, haben die schöne Eigenschaft, *vorsilbenfrei* zu sein. Das heißt, dass kein Codewort am Anfang eines anderen Codeworts vorkommt. Das ist für die einfache Dekodierung des Huffman-Codes entscheidend.

Zur Dekodierung muss der Dekodierer natürlich eine Tabelle erhalten, in der die Buchstaben den Codewörtern zugeordnet sind.

Der Huffman-Code liefert – unter einigen Voraussetzungen – kürzest-mögliche Codes für Botschaften.

Es gibt noch viele weitere Möglichkeiten, Text oder Zahlen zu kodieren; häufig wird eine Fehlerkorrektur eingebaut, die Irving S. Reed und Gustave Solomon 1960 entwickelt haben

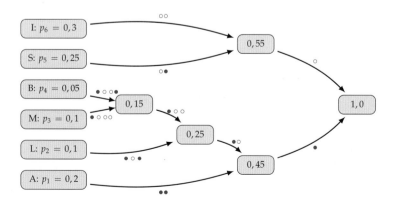

Ein Huffman-Baum für eine Botschaft, die aus sechs Zeichen 1 bis 6 besteht. Zeichen 6 (I), das mit einer Häufigkeit von 0,3 auftritt – also ziemlich oft – wird am Ende mit nur zwei Bits kodiert: ○○, dafür bekommt das recht seltene Zeichen 4 (B) die vier Bits ● ○ ○●. Aus diesem Baum können wir also eine Kodierung für das Wort „Simsalabim" in einem Text, in dem die sechs vorkommenden Zeichen in dem Wort die oben angegebene relative Häufigkeit haben, ablesen; der Bitstring fängt so an ○ ● | ○ ○| ● ○ ○ ○| . . . und braucht insgesamt 27 Bits. Bei naiver Kodierung bräuchten wir 30 Bits.

(zum Beispiel bei CDs), oder es werden Faltungscodes benutzt, die ausnutzen, dass Zeichen nie völlig zufällig voneinander auftreten, sondern in Abhängigkeit zueinander stehen (zum Beispiel bei der Datenübertragung per Handy).

# Partituren

◇ Martin Aigner und Ehrhard Behrends (Hrsg.), *Alles Mathematik. Von Pythagoras zu Big Data*, vierte Auflage, Springer Spektrum (2016)

Ein vielfältiges Panorama der Mathematik und ihrer Anwendungen, im Umkreis der Berliner *Urania* entstanden. Die erste Auflage, 2002, hieß im Untertitel noch „Von Pythagoras zum CD-Player"

◇ Hans-Martin Greuel, Reinhold Remmert und Gerhard Rupprecht (Hrsg.), *Mathematik – Motor der Wirtschaft*, Springer (2008)

Anlässlich des „Jahrs der Mathematik 2008" in Oberwolfach initiiert: 50 Berichte aus Wirtschaft und Industrie zu der Frage, welche Mathematik denn bei ihnen zum Einsatz kommt.

◇ Christiane Rousseau und Yvan Saint-Aubin, *Mathematik und Technologie*, Springer Spektrum (2012)

Eine Vorlesung an der Université Montréal: Detaillierte Erklärungen zu vielen verschiedenen Themen, von GPS bis Zinseszinsen, von Kryptographie bis Zufallszahlen.

◇ Tilo Arens et al., *Mathematik*, Springer Spektrum (2008)

Auf 1654 Seiten, mit über 2300 Abbildungen: Der Versuch, ein lebendiges Bild der „gesamten Mathematik" für Anwender zur Verfügung zu stellen.

◇ Salomon Garfunkel und Lynn A. Steen, *Mathematik in der Praxis: Anwendungen in Wirtschaft, Wissenschaft und Politik*, Spektrum Akademischer Verlag (1989)

Historisch interessant. Über 30 Jahre hat sich die Bedeutung und die Einsatzbreite von Mathematik völlig verändert.

◇ Chia-Chiao Lin and Lee Segel, *Mathematics Applied to Deterministic Problems in the Natural Sciences*, MacMillan Publishing Company 1974; SIAM 1988

Ein Klassiker über mathematische Modellierung für die Naturwissenschaften.

◇ Christof Eck, Harald Garcke und Peter Knabner, *Mathematische Modellierung*, 3. Auflage, Springer Spektrum (2017)

Claus Peter Ortlieb, Caroline von Dresky, Ingenuin Gasser und Silke Günzel, *Mathematische Modellierung. Eine Einführung in zwölf Fallstudien*, 2. Auflage, Springer Spektrum (2013)

Frank Haußer und Yuri Luchko, *Mathematische Modellierung mit MATLAB. Eine praxisorientierte Einführung*, Springer Spektrum (2011)

Drei Bände aus dem Bücherregal eines anwendungsorientierten Mathematikers.

## ETÜDEN

◇ Wählen Sie sich selbst ein beliebiges Thema aus der Mathematik (etwa die Lösung eines Problems oder irgendeinen Forschungsbereich) und fragen Sie nach Anwendungen. Gibt es die, muss man die suchen, oder haben die von Anfang an die Entwicklung der Mathematik motiviert?

◇ Wählen Sie sich selbst ein beliebiges Thema aus Ihrem Alltag (etwa ein Gerät, das Sie verwenden, eine Tätigkeit oder eine Informationsquelle) und fragen Sie nach mathematischen Grundlagen. Gibt es die, muss man die suchen, oder „steckt da gar keine Mathematik drin"?

◇ Nehmen Sie sich die Bände vor, die wir gerade unter „Partituren" aufgeführt haben:
  ○ Wie haben sich die Einsatzbereiche von Mathematik von 1989 bis heute verändert?
  ○ Welche Mathematik kommt in der Industrie als „Motor der Wirtschaft" zum Einsatz?
  ○ Wenn bei Arens et al. von der „gesamten Mathematik" die Rede ist: Wie vergleicht sich das mit der Beschreibung der Mathematik im Kapitel „Was ist Mathematik?", S. 3 ff.?

◇ Der einflussreiche Mathematiker Paul Halmos hat behauptet, angewandte Mathematik sei schlechte Mathematik [209]. Wie meint er das, wie begründet er das? Hat er recht?

◇ Über die Aufteilung in „reine Mathematik" und „angewandte Mathematik" ist viel, heftig und teilweise sehr polemisch gestritten worden. Unter anderem wurde behauptet, das Gegenteil von „reiner Mathematik" sei „unreine Mathematik", das Gegenteil von „angewandter Mathematik" sei „abgewandte Mathematik"? Wer hat das behauptet, und warum? Und warum wird da so heftig gestritten?

◇ Was ist eine Moufang-Ebene, ein Bernstein-Polynom, eine Gauß-Kurve? Sind das interessante, wichtige Konzepte? Wie findet man das heraus? Und was haben Moufang, Bernstein oder Gauß damit zu tun?

◇ Konstruieren Sie einfache und komplexere Zahnräder in Evolventen- und in Zykloiden-Verzahnung. Auf welcher Bahn verläuft der Punkt, an dem sich die Räder berühren? Welche Parameter sind wie zu wählen?

◇ Gehen Sie die Huffman-Kodierung für das Wort „Simsalabim" durch, mit der relativen Häufigkeit der Buchstaben in dieser Nachricht der Länge 10. Wie viele Bits brauchen Sie dann insgesamt?

◇ Beschreiben Sie weitere Beispiele für die „unerklärliche Effektivität der Mathematik".

# Rechnen

Bei wenigen Themen klaffen Selbst- und Fremdwahrnehmung der
Mathematik so auseinander wie beim Rechnen: Während die meisten
Laien der festen Überzeugung sind, dass Rechnen eine Kernaufgabe in
der Mathematik sei, würde kaum eine Person, die sich mit mathemati-
scher Forschung beschäftigt, ihre Tätigkeit als „Rechnen" beschreiben.
Nicht von ungefähr hielt Hilbert einmal in seinem Tagebuch fest, die
Mathematik sei „nicht die Kunst des Rechnens, sondern die Kunst
des Nichtrechnens" [223]. Dennoch spielt das Wissenschaftliche
Rechnen in der modernen Mathematik durchaus eine zentrale Rolle.

© Der/die Autor(en) 2022
A. Loos et al., *Panorama der Mathematik*,
https://doi.org/10.1007/978-3-662-54873-8_13

## THEMA: RECHNEN

### Rechnen: Eine Kulturleistung

Wir halten die Darstellung der Zahlen im Stellenwertsystem zur Basis 10 und die Ausführung der Grundrechenarten mit einfachen und systematischen Rechenvorschriften für selbstverständlich und für Allgemeinwissen – sie sind aber mühsam erarbeitetes Kulturgut, und nicht alternativlos: In unterschiedlichen Zeiten und Kulturen wurden sehr unterschiedliche Zahlen- und Rechensysteme entwickelt. In der Babylonischen Hochkultur wurde um 2000 v. Chr. zum Beispiel ein Stellenwertsystem zur Basis 60 entwickelt, ohne aber konsequent ein Zahlzeichen für die Null zu verwenden. Das 60er System hat seine Spuren in unseren Zeitangaben (60 Minuten pro Stunde, 60 Sekunden pro Minute) und in der Winkelmessung hinterlassen. Währungssysteme und Zählsysteme in Europa verwendeten ganz unterschiedliche Faktoren (man denke an das *Dutzend* für 12 mit *Schock*, *Gros* und *Maß* für 60, 144 und 1728; oder das britische Währungssystem vor 1971: 12 *Pence* waren ein *Shilling*, 20 Shilling ein *Pfund*, 21 Shilling eine *Guinea*). Das römische Zahlensystem ist im Wesentlichen ein Zehnersystem, aber ohne Stellenwert-Systematik, was für schriftliche Rechnungen ausgesprochen unpraktisch ist; trotzdem blieb es sehr lange in Benutzung. Bis ins 16. Jahrhundert hinein wurde auch in Deutschland auf dem Rechenbrett – dem vielleicht besser bekannten Abakus sehr ähnlich – gerechnet, basierend auf dem römischen Zahlsystem. Das uns heute so vertraute Dezimalsystem, mit seinen systematischen und effektiven Verfahren zur schriftlichen Ausführung der Grundrechenarten Addition, Multiplikation etc. entwickelte sich wohl im heutigen Indien vor weit mehr als tausend Jahren und verbreitete sich schon ab dem 7. Jahrhundert im arabischen Raum. Im deutschsprachigen Raum setzte es sich erst Anfang des 16. Jahrhunderts durch, wobei das *Rechenbüchlein* von Adam Ries (erste Auflage 1522) eine entscheidende Rolle spielte. Mit diesem Buch in deutscher Sprache lernten Kaufleute, ihre Geschäfte selbst abzurechnen, ohne Hilfe eines bezahlten „Rechenmeisters". Das „Rechnen" wurde damit vom Geheim- zum Allgemeinwissen, was man als eine wesentliche Komponente der wirtschaftlichen Entwicklung im deutschsprachigen Raum des 16. Jahrhunderts ansehen kann.

Das schriftliche Rechnen hatte außerdem noch den Vorteil der nachträglichen Überprüfbarkeit, was insbesondere bei längeren und komplizierteren Rechnungen zum Tragen kommt. Nach einer Rechnung auf dem Rechenbrett sieht man zwar ein Ergebnis, aber alle Zwischenschritte der Rechnung sind verschwunden.

Damals wie heute rechnen wir in der Praxis üblicherweise nicht mit perfekter Genauigkeit, sondern mit gerundeten Zahlen (etwa für Währungsangaben mit zwei Nachkommastellen). Bei Divisionen, genauso auch bei Prozentrechnungen und bei Zins- und Zinseszinsrechnungen ergeben sich dabei Näherungen und Rundungsfehler. Lässt man beispielsweise nur zwei Nachkommastellen zu, so ist 0,01 die kleinste positive Zahl. Für wissenschaftliche Zwecke wird daher stattdessen die Gleitkommaarithmetik verwendet, die theoretisch ähnliche Probleme aufwirft, mit der man aber in der Praxis den gesamten Größen- und Zahlenraum der Physik (zum Beispiel Längen vom Durchmesser eines Protons bis zum Durchmesser des Universums) effektiv beschreiben und durch Rechnungen erfassen kann.

## Rechnen auf dem Computer

„Rechnen" heißt heutzutage primär „Rechnen auf einem Computer (oder Taschenrechner)". Diese Hilfsmittel ermöglichen das sehr schnelle und (zumindest in der Regel) fehlerfreie Rechnen mit Dezimalzahlen in sehr hoher Genauigkeit, und zwar nicht nur bei den Grundrechenarten, sondern auch bei der Auswertung etwa von Wurzelausdrücken, Exponentialfunktion und Logarithmus, trigonometrischen Funktionen und ihren Inversen, und so weiter. Gleitkommazahlen und ihre Arithmetik stehen in modernen Programmiersprachen routinemäßig zur Verfügung, oft sogar in Paketen, mit denen in beliebiger Genauigkeit gerechnet werden kann – zumindest im Prinzip, denn in der Realität sind Zeit und Speicherplatz beschränkt.

Dabei wird intern im Computer im Binärsystem (also dem Stellenwertsystem zur Basis 2) gerechnet, das von Leibniz 1697 unter dem Namen Dualsystem eingeführt wurde.

## Wissenschaftliches Rechnen

Viele reale Probleme, wie sie in Physik, Chemie, Biologie, Meteorologie und Astronomie behandelt werden, können als Systeme von Differentialgleichungen beschrieben werden. Sie tauchen besonders dann auf, wenn eine zeitliche Veränderung einer Größe durch eine andere beschrieben wird, wie zum Beispiel in der Newtonschen Mechanik: Das zweite Gesetz besagt, dass die Beschleunigung (also die zeitliche Änderung der Geschwindigkeit) proportional zur Kraft ist. Das ist eine *gewöhnliche* Differentialgleichung, weil nur Ableitungen in einer Variablen auftreten. Ein anderes Beispiel, die Wachstumsgleichung, taucht unter anderem in der Zinsrechnung auf. Die Wachstumsgleichung $f'(t) = cf(t)$ beschreibt, dass die Veränderung meiner Schulden (oder meines Guthabens) proportional zum aktuellen Kontostand $f(t)$ ist. Bei *partiellen* Differentialgleichungen kommen dagegen (partielle) Ableitungen nach verschiedenen Variablen vor, was dann so aussehen kann: $(\frac{\partial^2}{\partial x^2} + \frac{\partial^2}{\partial y^2})T(x,y,t) = c\frac{\partial T(x,y,t)}{\partial t}$ – das ist die Wärmeleitungsgleichung, eine lineare partielle Differentialgleichung. Die Navier-Stokes-Gleichungen, die die Strömung von Flüssigkeiten und Gasen mit möglichen Turbulenzen modellieren, sind nichtlineare Systeme von partiellen Differentialgleichungen, genauso wie die Gravitationsgleichungen von Einsteins Allgemeiner Relativitätstheorie. Die Physik ist voller Beispiele.

Nur sehr wenige solcher Differentialgleichungen lassen Lösungen zu, für die man die Lösungsfunktionen in einer geschlossenen Form mit Hilfe der üblichen Funktionen explizit angeben kann. Diese Gleichungen lassen sich also nicht so lösen, wie das für Gleichungen (z. B. quadratische Gleichungen) in der Schule gemacht wird. Wenn Differentialgleichungen gelöst werden müssen, dann fragt man in der mathematischen Forschung zunächst einmal nach der *Existenz* und der *Eindeutigkeit* der Lösungen. Dabei muss unter anderem geklärt werden, in welcher Art von Funktionenraum man eine Lösung erwarten kann oder nach der Anwendung des Modells gerne eine hätte. Die Numerik, ein Teilgebiet der modernen Mathematik, beschäftigt sich unter anderem mit Methoden, mit denen eine Lösung näherungsweise berechnet werden kann. Dabei geht es um die möglichst genaue Berechnung von Lösungen mit Methoden, die Rechenfehler klein halten können und zwar beweisbar, durch quantitative Abschätzungen dieser Rechenfehler. Allgemeiner beschäftigt sich die Numerik mit Näherungsverfahren für allerhand Probleme aus der Mathematik (zum Beispiel der linearen Algebra) und den Folgen von Rundungsfehlern bei solchen Verfahren.

Der Wetterbericht für morgen und übermorgen ist ein Ergebnis einer solchen Rechnung, die auf Modellierung durch ein System von Differentialgleichungen, auf Diskretisierung mit beschränkter räumlicher und zeitlicher Auflösung und dann hochentwickelten numerischen Algorithmen zur Berechnung von Lösungen beruht – in diesem Falle ohne Garantien für die Korrektheit der Lösung. Strömungsberechnungen sind nämlich nicht nur praktisch, sondern auch theoretisch sehr schwierig. (Man denke an die Navier-Stokes-Gleichungen.)

Eine immer größere Rolle spielen (auch aufgrund stark wachsender Möglichkeiten und weiterer Verbreitung und Verfügbarkeit) Computeralgebra-Systeme wie *Mathematica*, *Maple* und *SageMath*, die „symbolisches Rechnen" mit algebraischen Ausdrücken ermöglichen – und damit exaktes Rechnen mit algebraischen Zahlen, Polynomen, trigonometrischen Funktionen, Matrizen und Tensoren und so weiter. Mit solchen Systemen können verschiedenste Rechenaufgaben exakt und in Formeln ausgedrückt gelöst werden, möglicherweise gefolgt von einer numerischen Auswertung in vorgegebener Genauigkeit. Fragt man ein solches System etwa nach den Nullstellen von $x^2 - x - 1$, kann man also $\frac{1}{2}(1 \pm \sqrt{5})$ statt $0{,}6180339887\ldots$ als Antwort erhalten.

Umgekehrt gibt es aber auch Verfahren (wie das PSLQ-Verfahren, das ganzzahlige Relationen zwischen Zahlen erkennen kann), die aus numerischen Approximationen wie $0{,}6180339887\ldots$ exakte Antworten „raten", also darin den Ausdruck $\frac{1}{2}(-1 + \sqrt{5})$ „erkennen", wenn die Approximation auf hinreichend viele Dezimalstellen genau angegeben wird. Moderne Computeralgebra-Systeme können (unter anderem auf diese Weise) zum Beispiel die Reihe $\sum_{i=0}^{\infty} \frac{1}{(2i+1)^2}$ als $\frac{\pi^2}{8}$ auswerten.

## Variationen: Rechnen

### Rechnen oder Nichtrechnen?

Viele Schuljahre hindurch ist das Fach Mathematik ein Synonym für Rechnen. Da ist es nachvollziehbar, dass auch Erwachsene gerne Mathematik, Rechnen, Kopfrechenkünstlerinnen und Gedächtnisakrobatik in ein- und denselben Zauberhut stecken. Obendrein wird dem Rechnen ein hoher Stellenwert zugemessen. 2009 gründete die Comdirect Bank die „Stiftung Rechnen", um, wie es in deren Satzung heißt:

> durch ihre Fördermaßnahmen die Rechenfähigkeit der Menschen [zu] stärken, zur aktiven Beschäftigung mit mathematischen Aufgabenstellungen [zu] motivieren und so die für die erfolgreiche private Haushaltsführung sowie für die berufliche Qualifikation notwendigen Grundlagen [zu] schaffen. [...] Rechnen ist eine grundlegende Kulturtechnik, mathematische Kompetenz die Grundlage für ein gelingendes Privat- und Berufsleben des Einzelnen und den wirtschaftlichen Erfolg der Gesellschaft. Einschränkungen dieser Kompetenz können ernsthafte, teils dramatische Auswirkungen auf das Leben der Menschen haben. [482]

Wie passt das zu Hilberts Behauptung, Mathematik sei eigentlich die „Kunst des Nichtrechnens" [223]?

Tatsächlich lösen Mathematikerinnen und Mathematiker seit Jahrtausenden Probleme unterschiedlicher Art und Schwierigkeit durch Rechnen, aber der Schein, mit Hilfe des Computers sei heute alles berechenbar, trügt gewaltig. Die meisten Probleme lassen sich auch mit einem (Super-)Computer nicht rechnerisch lösen. Wieder andere lassen sich nur dann berechnen, wenn man sie zuvor gründlich analysiert hat, um eine geeignete Beschreibung mit spezialisierten Algorithmen zu entwickeln, die sie überhaupt erst einer Berechnung zugänglich machen. Sie werden eben erst dadurch berechenbar, dass man das „brute force" Rechnen, den ersten, naiven rechnerischen Zugang, vermeidet.

### Rechnen im Mittelalter

Das beginnt schon beim einfachen Summieren. Schreibt man die Zahlen in einem Stellenwertsystem, dann wird schriftliches

Addieren möglich; in römischen Zahlen tut man sich damit
deutlich schwerer. Das schriftliche Rechnen macht außerdem
den Rechenweg überprüfbar und für andere nachvollziehbar,
was grundlegend für wissenschaftliches Arbeiten in den empirischen Wissenschaften ist. Das war historisch wahrscheinlich
zuerst in astronomischen Rechnungen etwa von Tycho Brahe,
Johannes Kepler und Carl Friedrich Gauß relevant.

Um die Kunst des Rechnens zu lernen, hatte man im Mittelalter eigentlich nur zwei Möglichkeiten: Entweder, man ging
in ein Kloster eines Ordens, der der Mathematik nicht ganz so
ablehnend gegenüberstand – bei Bettelorden hatte man ganz
gute Chancen, auch bei den Benediktinern –, oder man ließ sich
von einem der privaten Rechenmeister unterrichten, die ab dem
Spätmittelalter ihr Wissen für Geld feilboten.

Diese Rechenmeister hatten das Rechnen als Marktlücke
entdeckt: Der Mathematikunterricht an den kirchlichen Dom-,
Kloster- oder Lateinschulen [198, S. 62 ff.] konnte in Umfang
und Ausrichtung den Anforderungen der immer stärker wer-
denden Kaufmannschaft nicht genügen. Unterrichtet wurde
dort das, was man zum Bau von Gotteshäusern oder der Berechnung des Osterfestes benötigte. Obwohl es durchaus eine
ganze Reihe mathematisch interessierter und hochgebildeter
Lehrer an Klöstern gab, darunter den berühmten Alkuin von
York, Ratgeber Karls des Großen und Autor der ersten mathematischen Problemsammlung auf Latein [466], fanden deren
Forschung und Interessen wohl kaum Eingang in den Unterricht. Günther nennt in [198] etwa das Beispiel des Gelehrten
Walahfrid Strabo (ca. 808–849), der im Jahre 815 ins Kloster ein-
trat und zunächst jahrelang in Grammatik unterrichtet wurde.
Erst 822 wurde er mit Arithmetik – im Wesentlichen Rechnen –
vertraut gemacht. Schon zwei Jahre später waren jedoch seine
Arithmetik- und Geometrie-Ausbildung abgeschlossen und
er konnte zur Musik übergehen, bevor Strabo mit ein wenig
Astronomie seine klösterliche Ausbildung beendete. Damit
hatte er das Quadrivium durchlaufen, der zweite Teil der Ausbildung in den „sieben freien Künsten" (nach dem Trivium,
den ersten drei der freien Künste – daher trivial). Später wurde
er Abt des Klosters in Reichenau am Bodensee (und vor allem
für botanische Werke berühmt).

Ein berühmter Holzschnitt aus
Gregor Reischs Wissenssammlung
*Margarita philosophica* von 1508. Zu
sehen sind rechts ein unglücklicher
Pythagoras, der mit dem Rechenbrett hantieren muss und links ein
glücklich lächelnder und schriftlich
rechnender Boetius, von dem Reisch
noch glaubte, der sei für die Einführung des Stellenwertsystems im
Abendland verantwortlich.

Rechenmeister gelangten daher mit ihren nützlichen Lehren nicht selten sogar zu einiger Berühmtheit. Während Leonardo da Pisa alias Fibonacci sein Wissen über das indo-arabische Stellenwertsystem noch in erster Linie in Vorträgen verbreiten musste und nicht auf allzu viel Umsatz mit dem Verkauf von handschriftlichen Kopien seines Liber Abaci setzen konnte, beflügelte die Erfindung des Buchdrucks das Geschäft: Jeder zahlende Leser konnte nun nachlesen, wie man schriftlich addiert oder multipliziert und dabei das Stellenwertsystem ausnutzt, wie man auf Rechenbrettern rechnet oder wie man Gleichungen ersten, zweiten, dritten Grades löst. Der Buchdruck verschaffte Rechenmeistern wie Gregor Reisch, Adam Ries oder Johannes Widmann Profit – und er brachte ihnen zugleich Probleme mit nicht autorisierten Nachdrucken.

Bis heute kennt man das Rechnen „nach Adam Riese" (der eigentlich Ries hieß). 1522 veröffentlichte er erstmals sein Buch *Rechenung auff der Linihen vnd Federn in Zal Maß und Gewicht, auff allerley handthierung gemacht*, das Dutzende Neuauflagen und Erweiterungen erlebte, etwa unter dem Titel *Rechenbuch Auff Linien und Ziphren Inn allerley Hantierung, Geschefften und Kauffmanschafft, Mit newen künstlichen Regeln unnd Exempeln gemehrt*. Schlägt man eines von Ries' Büchern auf, kann man erahnen, wie wenig Wissen über Zahlen in der Bevölkerung vorhanden gewesen sein muss: Der Rechenmeister bringt seinen Lesern zunächst bei, wie Zahlen auszusprechen sind, wie man sie in Stellenschreibweise schreibt und kommt dann anhand von Beispielaufgaben zum Rechnen mit natürlichen und rationalen Zahlen („Brüchen"), und zwar mit „Federn" (also schriftlich) und „auf Linihen", also auf dem Rechenbrett, einem Brett mit mehreren horizontalen und zwei vertikalen Linien.

Ein Rechenbrett funktioniert im Prinzip wie ein Abakus: Man legt auf und zwischen die Zeilen Rechenpfennige, die von unten nach oben für 1, 5, 10, 50 und so weiter stehen. (Zur besseren Orientierung ist die Linie für 1000 mit einem X versehen.) Die ersten beiden Spalten sind die beiden Summanden; beim Rechnen werden die Pfennige auf diesen Spalten in die dritte Spalte verschoben; dabei wird die Darstellung von unten nach oben vereinfacht (es werden also zum Beispiel fünf Pfennige

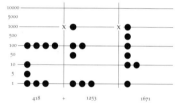

„Das Rechenen auff der Linihen"

auf der Einer-Linie durch einen Pfennig auf der Fünfer-Linie ersetzt).

Ries zeigte, dass sich auch Subtraktionen und sogar Multiplikationen (durch fortgesetzte Addition) und Divisionen auf dem Rechenbrett ähnlich veranschaulichen lassen. Diese elementare Rechenkunst ließ ihn und seine Kollegen zwar in einigem Wohlstand leben – ihre eigentlichen mathematischen Interessen reichten aber oft viel weiter. Ries zum Beispiel schrieb zwei Manuskripte über die sogenannte *Coß* (die nie veröffentlicht wurden). Dahinter verbirgt sich eine frühe Form der Algebra, die sich mit der Lösung von Gleichungen beschäftigte. (Das Wort *Coß* leitet sich vom lateinischen *causa*, Grund, Ursache her und bezieht sich auf die Unbekannte.)

## Rechnen mit Maschinen

Die ersten Rechenapparate tauchten im 17. Jahrhundert auf (Kapitel „Algorithmen und Komplexität", S. 395 ff.) – doch es dauerte lange, bis sie wirklich leistungsfähig waren. (Für einen Überblick siehe zum Beispiel [539, S. 416 ff.].)

Die erste bekannte Rechenmaschine wurde von Wilhelm Schickard konstruiert; Schickard automatisierte zum Multiplizieren das Rechnen mit Napier-Stäbchen; die Addition und Subtraktion wurde mit Hilfe von Zahnrad-Systemen durchgeführt [5]. Die Maschine baute er um 1623 vor allem für seinen Freund und Kollegen Johannes Kepler. Leider sind nur grobe Skizzen der „Rechen Uhr" in Briefen an Kepler erhalten; vermutlich konnte man mit ihr fünfstellige Zahlen multiplizieren und addieren.

Schickard stand lange im Schatten viel bekannterer Rechenmaschinen-Konstrukteure wie Blaise Pascal und Gottfried Wilhelm Leibniz. Pascal hatte ab 1642 mehrere Maschinen entwickelt, die unter dem Namen „Pascaline" bekannt wurden, obwohl sie sich durchaus unterschieden. An den niedrigsten Stellen addierten und subtrahierten Pascals Apparate in der Regel mit Zahnrädern mit 12 und 20 Zähnen, darüber mit 10 Zähnen, um so das gängige Währungssystem abzubilden: 12 *deniers* bildeten einen *sol*, 20 *sols* ein *livre*. In *livres* allein rechnete die Maschine auf sechs Dezimalstellen genau. Leibniz erweiterte

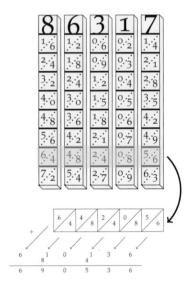

John Napier, ein schottischer Mathematiker, beschrieb 1617 eine Methode zur Multiplikation mit Hilfe von Rechenstäbchen: Für eine Zahl $k$ werden auf ein Stäbchen untereinander die Produkte $1 \cdot k$ bis $9 \cdot k$ aufgeschrieben, und zwar so, dass jeweils Zehner oberhalb und Einer unterhalb der Diagonalen stehen. Um nun eine Zahl $n$ (in diesem Fall: 7) mit einer großen Zahl (in diesem Fall: 86317) zu multiplizieren, bildet man die große Zahl mit den entsprechenden Stäbchen ab und addiert in der $n$-ten Zeile jeweils die beiden Zahlen in einer Diagonalen. In der Mathematikgeschichte ist Napier berühmt, weil er als einer der ersten den Logarithmus beschrieb, in seinem 1614 erschienen Werk *Mirifici logarithmorum canonis descriptio ejusque usus in utraque trigonometria*.

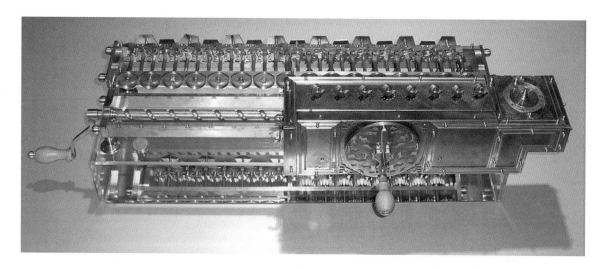

in den 1670er Jahren die Pascal-Maschine nicht nur um Multiplikation und Division, sondern verbesserte die Mechanik auch entscheidend, indem er die Staffelwalze einführte. Ob und wie gut seine Maschine funktionierte, ist umstritten [349]; Leibniz selbst warb, man könne mit ihr auf 12 Stellen genau rechnen.

Von diesen Maschinen bis zu den Computern unserer Tage ist es ein weiter Weg. Hauptunterschied: Computer sind programmierbar. Sie können unterschiedliche Handlungsanweisungen, also Algorithmen, abarbeiten. Die ersten Computer in diesem Sinne wurden im 19. Jahrhundert erdacht. Ein führender Kopf war hier Charles Babbage. Er entwickelte über Jahre hinweg zwei Haupt-Modelle, die sogenannte Analytical Engine und die Difference Engine.

Seine erste Differenzmaschine wurde von 1821 an gebaut, aber nie vollständig realisiert, teils aus Geldmangel, teils, weil sich Babbage auf das (ebenfalls nie realisierte) Projekt der *Analytical Engine* konzentrierte. Letztere Maschine sollte durch Lochkarten gesteuert werden wie ein Jacquard-Webstuhl, und sollte mit einer „Mill" – einer Prozessoreinheit – und einem „Store", einem Speicher, ausgestattet werden.

Doch auch nach Einführung mechanischer Rechenmaschinen arbeiteten im 20. Jahrhundert an den meisten Instituten

Ein Nachbau der Rechenmaschine von Leibniz, zu sehen im Arithmeum in Bonn. Kernstück der Maschine sind die Staffelwalzen, Zylinder mit neun verschieden langen Erhebungen entlang der Symmetrieachse, die in der Maschine den Zehnerübertrag organisieren und unterhalb der Handkurbel zu sehen sind. Leibniz präsentierte seine Rechenmaschine 1673 vor der Royal Society in London; ein Original befindet sich in der Gottfried-Wilhelm-Leibniz-Bibliothek in Hannover. Seine Ideen für eine binäre Rechenmaschine realisierte er jedoch nie. (Foto: Ina Prinz / Arithmeum)

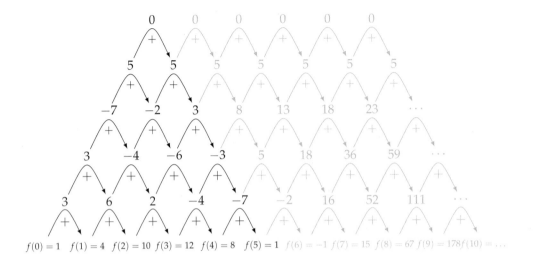

$f(0) = 1 \quad f(1) = 4 \quad f(2) = 10 \quad f(3) = 12 \quad f(4) = 8 \quad f(5) = 1 \quad f(6) = -1 \quad f(7) = 15 \quad f(8) = 67 \quad f(9) = 178 f(10) = \ldots$

menschliche „Computer", Hilfskräfte, die nur die Aufgabe hatten, Rechnungen durchzuführen. Ein berühmtes Beispiel sind die Rechenkräfte der Sternwarte der Universität Harvard, wo etwa ein Dutzend menschliche „Computer" mit Hilfe von mechanischen Rechenmaschinen unter anderem astronomische Bahnberechnungen durchführten. Dafür stellte der Leiter der Sternwarte, Edward Charles Pickering, Frauen an, weil sie billiger als Männer waren und als zuverlässiger galten. Auch bei der NASA waren Berechnungen, die zuverlässig von Menschen durchgeführt wurden, entscheidend, und dafür waren Frauen wie Katherine Johnson verantwortlich, der 50 Jahre später für ihre Leistungen als menschlicher Computer, als hervorragende Informatikerin und für ihre Vorreiterrolle von Barack Obama die *Presidential Medal of Freedom* verliehen wurde.

Den ersten funktionstüchtigen, frei programmierbaren elektromechanischen Computer Z3 konstruierte und baute Konrad Zuse 1941 in Berlin. Als erster elektronischer Multifunktions-Rechner gilt ENIAC, der 1946 an der University of Pennsylvania eingeweiht und primär für ballistische Rechnungen eingesetzt wurde. Alan Turing und John von Neumann steuerten wesentliche Komponenten zum modernen Konzept eines Computers bei, der eine „Turing-Maschine" realisiert und im

Die Idee hinter der *Difference Engine*: Man berechnet für ein Polynom von Grad $n$ (hier ist $n = 5$) $n + 1$ Funktionswerte (zum Beispiel für $x = 0, 1, \ldots, 5$), sowie die Differenzen zwischen diesen Funktionswerten, dann die Differenzen zwischen den Differenzen und so fort. So erhält man die schwarzen Werte. Man beachte: Nach $n$ Schritten sind die Differenzen alle 0. Das erlaubt es, nun leicht alle weiteren (blauen) Werte des Polynoms zu berechnen, und das ohne zu Multiplizieren: es genügen Additionen.

Wesentlichen „von Neumann-Architektur" hat – die dann seit den 1960er Jahren als Großcomputer und seit den 1980er Jahren als PCs Verbreitung fanden.

## Approximationen von $\pi$

Der Fortschritt der Rechenmethoden und der Rechenmaschinen lässt sich an der Berechnung der „Kreiszahl" $\pi$ beobachten. Offenbar reizt es die Menschen seit 2000 Jahren, immer mehr Nachkommastellen von $\pi$ zu berechnen. Es wurde auch über keine Zahl so viel geschrieben wie über $\pi$, siehe [27, 58, 86]; umfassend ist *Pi: A Source Book* [37], eine Sammlung von Quelltexten des Wissenschaftshistorikers John Lennart Berggren und der Brüder Jonathan M. Borwein und Peter Borwein, beide Mathematiker und Informatiker.

Dass das Verhältnis von Umfang zu Durchmesser ungefähr 3 beträgt, findet man implizit schon in der Bibel. In der 2. Chronik 4:2 werden das Wasserbecken im Tempel Salomons beschrieben:

> Und er machte das Meer, gegossen, von einem Rand zum andern zehn Ellen breit, ganz rund, fünf Ellen hoch, und eine Schnur von dreißig Ellen konnte es umspannen."

Die Bezeichnung „$\pi$" ist dagegen viel jünger: Sie stammt vom walisischen Mathematiker William Jones, der $\pi$ in seiner *Synopsis palmariorum mathesios* von 1706 [70] als Abkürzung für das griechische Wort *perimetron*, Umfang, benutzt.

Lange erhielt man die besten Näherungen für $\pi$ durch die *Methode des Archimedes*, die wir im Rand erklären. Archimedes selbst hatte mit $n = 96$ die Näherung $3 + \frac{10}{71} < \pi < 3 + \frac{1}{7}$ erhalten [20] – ohne Dezimalzahlen und trigonometrische Funktionen zu kennen. Der Fechtlehrer und Ingenieurausbilder Ludolph van Ceulen schaffte es 1610, mit Archimedes' Methode $\pi$ auf 35 Nachkommastellen genau zu berechnen. Das Ergebnis – es stammt aus dem Todesjahr van Ceulens – ließ er sich sogar auf seinem Grabstein eingravieren. Er hielt den Rekord bis 1699. Noch im 19. Jahrhundert findet man daher oft die Bezeichnung „Ludolph'sche Zahl" für $\pi$.

Van Ceulen brauchte für seine Näherung $n = 2^{62}$ Ecken, denn Archimedes' Näherung konvergiert sehr langsam. Viel

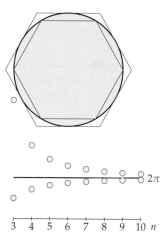

Archimedes' Methode zur Näherung von $\pi$. Für einen Einheitskreis hat das äußere $n$-Eck einen Umfang von $2n\tan(\pi/n)$, das innere einen Umfang von $2n\sin(\pi/n)$. Für wachsendes $n$ konvergieren äußerer und innerer Umfang von oben bzw. von unten gegen den tatsächlichen Kreisumfang. Archimedes arbeitete mit $n = 2^k 3$, für ganzzahliges $0 \leqslant k \leqslant 5$, indem er ein gleichseitiges Dreieck immer weiter unterteilte. Er verwendete dabei keine Winkelfunktionen wie tan oder sin, sondern näherte die Längen mit Hilfe von Ähnlichkeitsbetrachtungen und Dreieckssätzen, wobei er auch geschickt Quadratwurzeln durch Brüche approximierte.

schneller geht es zum Beispiel durch Berechnung folgender Identität, die François Viète (lateinisch: Vieta) 1593 entdeckte:

$$\frac{2}{\pi} = \sqrt{\frac{1}{2}} \cdot \sqrt{\frac{1}{2} + \frac{1}{2}\sqrt{\frac{1}{2}}} \cdot \sqrt{\frac{1}{2} + \frac{1}{2}\sqrt{\frac{1}{2} + \frac{1}{2}\sqrt{\frac{1}{2}}}} \cdots,$$

Leonhard Euler schrieb in *Variae observationes circa series infinitas* [157] die folgende Identität für $\pi$ John Wallis zu:

$$\frac{\pi}{4} = \prod_{i=1}^{\infty} \frac{(2i+1)^2 - 1}{(2i+1)^2}$$

Das „Wallis'sche Produkt" in der modernen Literatur bezieht sich dabei eher auf einen verwandten Ausdruck für $\frac{\pi}{2}$.

Die Formeln von Vieta und Wallis sind bemerkenswert schön und einfach, aber sie eignen sich nicht für eine effektive Berechnung der Kreiszahl $\pi$. Im Lauf der Jahrhunderte sind aber immer wieder neue Formeln gefunden worden, die sich zur schnellen Berechnung von sehr vielen Nachkommastellen eignen, darunter eine Reihenentwicklung, die Ramanujan 1914 publiziert hat [407]:

$$\frac{1}{\pi} = \frac{2\sqrt{2}}{9801} \sum_{k=0}^{\infty} \frac{(4k)!(1103k + 26390)}{(k!)^4 396^{4k}} .$$

Eine solche Reihe nennt man *hypergeometrisch*, weil der Quotient zweier aufeinanderfolgenden Summanden eine rationale Funktion in $k$ ist. Die Theorie der hypergeometrischen Reihen ist ein faszinierendes Teilgebiet der Zahlentheorie mit bemerkenswerten Anwendungen bei der Berechnung von Konstanten, aber auch in Geometrie und Mathematischer Physik. Mit der Ramanujan-Reihe hat Bill Gosper 1985 die ersten 70 Millionen Nachkommastellen von $\pi$ berechnet. Es gibt aber eine noch effektivere Version [85] der Ramanujan-Reihe, entwickelt von den Brüdern David Chudnovsky und Gregory Chudnovsky 1987:

$$\frac{1}{\pi} = 12 \sum_{k=0}^{\infty} \frac{(-1)^k (6k)!(545140134k + 13591409)}{(3k)!(k!)^3 640320^{3k+3/2}} .$$

Die Geschichte der Chudnovsky-Brüder ist bemerkenswert, weil die beiden nicht nur die Mathematik zur Berechnung

*Vietas Formel*
Die Formel lässt sich leicht aus der Archimedischen Methode herleiten. Man betrachtet in einem Kreis mit Radius 1 den Umfang $U_n$ einbeschriebener regulärer Polygone mit $2^n$ Ecken. Vietas Formel ist ein anderer Ausdruck für

$$\prod_{i=1}^{\infty} \frac{U_i}{U_{i+1}},$$

und dafür gilt andererseits

$$\prod_{i=1}^{\infty} \frac{U_i}{U_{i+1}} \to \frac{U_1}{2\pi} = \frac{2}{\pi}.$$

Srinivasa Ramanujan (1887–1920) wurde in eine Familie von Brahmanen geboren. Er fiel schon früh durch seine Leistungen in Mathematik auf. Zum Schulabschluss bekam er ein Stipendium für ein Studium in Kumbakonam, das er aber wieder verlor, weil seine Leistungen nicht gut waren. Er lebte dann finanziell in schwierigen Verhältnissen in Madras (heute Chennai). Erst durch den Kontakt 1913 zu G. H. Hardy, der seine ungewöhnliche Begabung erkannte und ihn in Cambridge persönlich förderte, gelang ihm der Durchbruch. Sein Aufenthalt in England war von gesundheitlichen Schwierigkeiten überschattet. Nur ein Jahr nach seiner Heimreise Anfang 1919 nach Indien starb er.

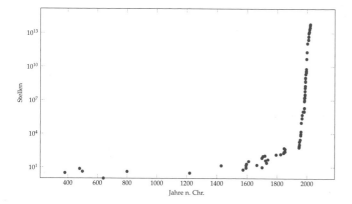

Das Bild dokumentiert – basierend auf [27] und [85, Appendix II] – immer wieder neue Anläufe über viele Jahrhunderte, möglichst viele Nachkommastellen von $\pi$ zu berechnen. Die Geschichte zeigt deutlich, dass schiere Rechenleistung nicht alles ist. Nicht jeder neue Anlauf hat auch einen neuen Rekord erreicht. Neue Rechenansätze, insbesondere besser konvergierende Reihenentwicklungen, ermöglichten plötzlich Berechnungen, die vorher unmöglich waren, selbst wenn Menschen wie Ludolph van Ceulen aus dem Berechnen von $\pi$ ein Lebenswerk machten.

von $\pi$ vorangetrieben haben, sondern auch in ihrem Appartment in New York ihren eigenen Supercomputer gebaut und betrieben haben – um damit erfolgreich neue Weltrekorde in der Berechnung von $\pi$ voranzutreiben. Und das Rennen geht weiter: Zunächst hat Emma Haruka Iwao aus dem Forschungszentrum von Google am 14. März 2019 die Berechnung der ersten 31415926535897 Nachkommastellen von $\pi$ bekanntgegeben – mit einigem Humor, denn sowohl das Datum, der $\pi$-Tag 14.3. (in amerikanischer Schreibweise 3/14) wie auch die Anzahl der Stellen war kein Zufall. Auch dieser Rekord ist inzwischen geschlagen worden – 2020 hat Timothy Mullican 50 Billionen Nachkommastellen berechnet, 2021 ein Team an der FH Graubünden sogar 62831853071796 Stellen. In diesen Rekorden steckt dann aber keine neue Mathematik – man verwendet immer noch die Chudnovsky-Formel, in einer Implementierung von Alexander J. Yee, die er „y-Cruncher" nennt, und die man unter www.numberworld.org/y-cruncher/ findet. Zusätzlich wird die *Bailey–Borwein–Plouffe-Formel* aus dem Jahr 1995 verwendet, die außergewöhlich ist, weil man mit ihr (in Binärdarstellung) einzelne Ziffern ausrechnen kann, ohne alle vorherigen Ziffern berechnen zu müssen – siehe Kapitel „Mathematische Forschung", S. 43 ff.. Die enorme Wirkung der neuen Rechenmethoden und Algorithmen – gepaart mit der wachsenden Rechenkraft der Computer – kann man an der Abbildung oben ablesen.

## Grenzen des Rechnens

„Den größten Teil meiner Arbeitszeit verbringe ich damit, Fehler in Näherungsrechnungen zu analysieren", schrieb einmal der Turing-Preisträger William Kahan [262]. Kahan wurde berühmt dafür, dass er 1978 Intel von einer Gleitkomma-Arithmetik überzeugen konnte, die seit 1985 zum sogenannten IEEE-Standard erhoben ist und heute überall Verwendung findet.

Wie funktioniert sie? Eine Gleitkomma-Zahl hat die Form:

$$a \cdot b^c,$$

wobei $b$ eine Basis ist, bezüglich der die Zahl gespeichert werden soll – üblicherweise 2, 10 oder 16 – und $a$ die sogenannte Mantisse. $c$, der Exponent, ist eine ganze Zahl, kann also auch negativ sein. Gespeichert werden die Zahlen $a$ und $c$, und zwar bei Gleitkomma-Arithmetik in „doppelter Präzision" mit 52 Stellen für die Mantisse und 11 Stellen für den Exponenten. Zusammen mit einem Bit für das Vorzeichen der Zahl ergeben sich so 64 Bit Gesamtlänge. Das dies selbst bei einfachen Rechnungen nicht reicht, zeigt das Beispiel $1 - 3(4/3 - 1)$ im Rand.

Eine von Kahans Arbeiten zur Gleitkomma-Arithmetik war entstanden, nachdem 1968 in Amerika der sogenannte „The Truth in Lending Act (TILA)" eingeführt worden war, ein Gesetz, mit dem die Vergabe von Krediten geregelt wird. Teil des Gesetzes war die Bestimmung, dass der Zinssatz für Kredite akkurat angegeben werden muss, unter Einbeziehung aller Gebühren und weiterer Kosten. Problem: Die gängigen Computer und Taschenrechner konnten damals die vom Gesetz geforderte Genauigkeit gar nicht garantieren, erst mit Einführung der Gleitkomma-Arithmetik (und neuer „Finanz-Taschenrechner") wurde das möglich.

Ein anderer Weg zu mehr Genauigkeit ist das Rechnen mit exakter Arithmetik – ein Oberbegriff, unter dem heute viele verschiedene Techniken gesammelt werden. Eine Spielart ist diese: Man fasst die Eingabe als eine Formel in rationalen Zahlen auf, und speichert Zähler und Nenner jeweils als ganze Zahlen. Dann lässt man den Rechner die Rechnung nach den

$1 - 3 \cdot (4/3 - 1)$, berechnet mit der Mathematik-Software *octave*. Was läuft hier schief? Die Zahl 4/3 lässt sich als folgende Reihe darstellen:

$$\frac{4}{3} = \sum_{k=0}^{\infty} \frac{1}{2^{2k}}.$$

Binär sieht sie also so aus:

$$1{,}0101\ldots,$$

und das bedeutet, dass man in der Dezimaldarstellung immer mit einem Näherungswert für 4/3 rechnen wird. Wie der aussieht, ist abhängig davon, wie viele Ziffern als gültig berücksichtigt werden. Das ist bei der Aufgabe

$$1 - 3 \cdot (4/3 - 1)$$

zu sehen. Das Ergebnis sollte eigentlich 0 sein, doch wenn man die Zahlen mit „doppelter Präzision" abspeichert, dann gibt das Programm $2{,}2204 \cdot 10^{-16}$ aus. Können Sie nachvollziehen, warum?

klassischen Rechenregeln für Brüche vereinfachen und zusammenfassen. Vorteil: Das Ergebnis ist eine exakte rationale Zahl. Nachteil: Die Berechnung dauert vergleichsweise lange. Bei einer anderen Spielart der exakten Arithmetik werden die Codierungslängen – also die Anzahl der Bits, die für die Zahlen reserviert werden – variabel gemacht: Ein Computerprogramm analysiert abhängig von der Rechnung den Rundungsfehler, der dabei auftritt, und speichert bzw. berechnet die einzelnen Zahlen jeweils in der nötigen Genauigkeit. Das Schreiben solcher Computerprogramme ist eine anspruchsvolle Aufgabe und erfordert sehr viel mathematisches Wissen insbesondere darüber, wie sich Rundungsfehler fortpflanzen.

*Problem Fehlerfortpflanzung.*   Stellen Sie sich ein physikalisches Großexperiment vor, etwa die Suche nach Gravitationswellen, Neutrino-Oszillationen oder dem Higgs-Boson. Diese Experimente funktionieren alle indirekt: Bei Gravitationswellen wird ihr Einfluss auf die Länge von Lichtwegen gemessen, die wiederum durch Interferenzen von Laserstrahlen bestimmt werden. Im Falle der Neutrinos zählt man Lichtblitze, die von Elektronen oder Myonen in Wasser hervorgerufen werden, die ihrerseits ausgesandt werden, wenn ein winziger Teil der Neutrinos aus der Sonne unter der Erde mit Wassermolekülen in einem Tank interagiert haben.

Bei solchen Experimenten wird also die Größe, die man eigentlich bestimmen möchte, nur mittelbar bestimmt. Der Messung eines „$x$" folgt also immer eine Rechnung, bei der das eigentlich gesuchte „$y(x)$" berechnet wird. Dabei pflanzen sich auch die Fehler aus der Messung fort und schaukeln sich mitunter sogar gehörig auf.

Die „Theorie der Fehler", die eng mit der Entwicklung der Statistik verbunden ist, entstand ganz allmählich im 17., 18. und 19. Jahrhundert [282, 484]. So beschäftigte sich zum Beispiel Johann Heinrich Lambert in der zweiten Hälfte des 18. Jahrhunderts mit der Fehlerfortpflanzung; in Abschnitt 13 und 14 seiner *Beyträge zum Gebrauche der Mathematik und deren Anwendung* von 1765 entwickelte er eine „Theorie der Folgen der Fehler" und berief sich dabei auf Vordenker wie Christian Wolff und Johann Jakob Marinoni. Seine Methoden „gründen

sich sämtlich auf die Natur der Differentialrechnung", wie er
schreibt [298]. Seine Idee ist immer noch aktuell: Hat man eine
Größe $y(x)$, eine Funktion von einem Messwert $x$, dann kann
man diese Funktion um den Wert $x$ als Taylor-Entwicklung (aus
der Vorlesung Analysis I) schreiben:

$$y(x + \Delta_x) = y(x) + \frac{1}{1!} y'(x)\Delta_x + \frac{1}{2!} y''(x)\Delta_x^2 + \dots,$$

wobei wir davon ausgehen, dass $x$ der wahre (unbekannte)
Wert ist und wir einen Fehler von $\Delta_x$ in der Messung gemacht
haben. Nachdem wir alle *höheren Terme* in der Entwicklung
vernachlässigen (also alles mit einer Potenz von mindestens 2
für $\Delta_x$) können wir die Auswirkung des Fehlers in $x$ auf den
gesuchten Funktionswert von $y$ ungefähr als

$$\Delta_y = y(x + \Delta_x) - y(x) \approx y'(x)\Delta_x$$

nehmen. (Dieses Spiel lässt sich mit der allgemeineren Taylor-
Entwicklung auch auf mehrere Variablen ausdehnen.)

Erst im 19. Jahrhundert tauchte allmählich eine klare Unterscheidung zwischen direkten und indirekten, also abgeleiteten
Messdaten auf [283]. Carl Friedrich Gauß brachte dabei die
Ansätze zur Berechnung der Fehlerfortpflanzung zur Reife.
In seiner *Theoria combinationis observationum erroribus minimis
obnoxiae*, die in zwei Teilen und einem Supplement 1821, 1823
und 1828 erschien, veröffentlichte er neben vielem anderen
auch das heute nach ihm benannte Fehlerfortpflanzungsgesetz:

$$\sigma_y^2 = \sigma_x^2 \left(y'(x)\right)^2.$$

Hier geht es um eine statistische Größe für den Fehler in der
Größe $y$ bei mehrfacher Messung der Größe $x$: Das Gesetz
zeigt, wie die Varianz $\sigma_y^2$, ein Maß für die Abweichung der
$y$-Werte von ihrem Mittelwert, direkt von der Varianz der zu
messenden Größe $x$ und der Ableitung von $y$ nach der Mess-
größe abhängt – also ganz ähnlich zur Abhängigkeit des Fehlers in $y$ von $x$. (Auch dieses Gesetz verallgemeinert sich auf
eine Abhängigkeit von mehreren Variablen.)

Wie sich Mess- oder Rundungsfehler auswirken und „in
Formeln fortpflanzen", ist eine spannende mathematische
Frage – und heute so aktuell wie zu Gauß' Zeiten. Immer noch

tauchen Rundungsfehler oft an Stellen auf, an denen man gar nicht mit ihnen rechnet (im übertragenen Sinne).

Ein konkretes Beispiel: Berechnet man mit dem Taschenrechner von Windows 7 die Quadratwurzel aus 4 und zieht vom Ergebnis – angezeigt wird 2 – nochmals 2 ab, ist das Ergebnis nicht 0. Der Fehler beruht zum Teil darauf, dass die Wurzel mit einem Näherungsverfahren berechnet wird und mit diesem genäherten Wert weiter gerechnet wird. (Mehr zur Wurzelberechnung später.)

*Problemfall Diskretisierung.*   Die Zahlen, mit denen Computer hantieren, haben beschränkte Länge. Aber das ist noch nicht alles: Digitale Computer kennen nur Pixelmuster und Samples – die Welt ist für sie zerlegt in einzelne, diskrete Werte. Das birgt weitere Probleme, die viel komplizierter werden können als einfache Rundungsfehler.

Oft sind das sehr praktische Probleme. Täglich wird zum Beispiel der Wetterbericht auf Grundlage einer Diskretisierung der Lufthülle der Erde berechnet. Das Rechenmodell geht von Wetterdaten auf einem Gitter aus, das nicht wie in unserem „einfachen" Beispiel unten konstante Maschenweite hat, sondern mal enger und mal weiter ist. (Für Deutschland ist ein Gittervolumen etwa $10\,\mathrm{km} \times 10\,\mathrm{km} \times 300\,\mathrm{m}$ groß; die zeitliche Auflösung beträgt etwa eine Minute, woraus schon für eine 48-Stunden-Vorhersage ein vierdimensionales Gitter mit einigen Milliarden Knoten entsteht.) Für Klimamodelle des ganzen Planeten sind die numerischen Probleme noch spannender.

Betrachten wir als Beispiel ein Standardproblem aus der Numerik, die Simulation eines Wärmeflusses in einer zweidimensionalen, rechteckigen Platte. Vereinfacht kann man die Temperatur durch folgende partielle Differentialgleichung beschreiben:

$$\left(\frac{\partial^2}{\partial x^2} + \frac{\partial^2}{\partial y^2}\right) T(x,y,t) = c\frac{\partial T(x,y,t)}{\partial t} \qquad (*)$$

wobei $T(x,y,t)$ für die Temperatur im Punkt $(x,y)$ zur Zeit $t$ steht und $c$ im Wesentlichen eine vom Material abhängige Konstante ist.

Gibt man unter Windows 7 im Taschenrechner die Zahl 4 ein, drückt auf die Wurzeltaste und zieht anschließend 2 ab, dann erhält man den Wert

$$-1{,}068281969439142 \cdot 10^{-19}.$$

Können Sie sich vorstellen, wie der Fehler entsteht?

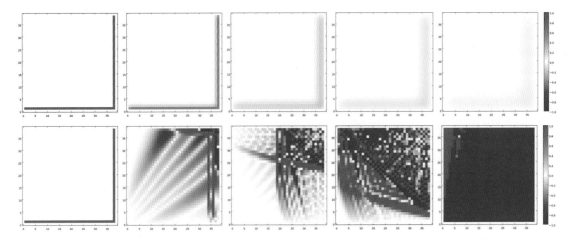

Um diese Differentialgleichung numerisch zu lösen, kann man die Wärmeverteilung mit Hilfe von Fourierreihen nähern – das ist der Weg, für den Joseph Fourier zunächst viel Kritik und dann Anerkennung geerntet hat (siehe [97, 186] und die Arbeit selbst [168]). Wir wollen anders vorgehen: Wir wollen Zeit und Raum diskretisieren, also in kleine Abschnitte unterteilen – man spricht von der endlichen Differenzen-Methode.

Für die Entwicklung in der Zeit benutzt man den Differenzenquotient als Näherung für die Ableitung. Man kann den Term auf der rechten Seite der Wärmeleitungsgleichung also so nähern:

$$\frac{\partial T(x,y,t)}{\partial t} \approx \frac{T(x,y,t+\Delta_t) - T(x,y,t)}{\Delta_t}$$

Ähnlich kann man auch mit den zweiten Ableitungen auf der linken Seite der Gleichung vorgehen und kommt damit letztlich auf das sogenannte explizite Euler-Verfahren. Hier wird die Temperatur zum Zeitpunkt $t + \Delta_t$ für Gitterpunkt $(x, y)$ aus den Temperaturwerten desselben Gitterpunktes und der seiner Nachbarn zum Zeitpunkt $t$ berechnet.

Das alles sieht zunächst nicht allzu schwer aus. Doch der Teufel steckt im Detail. Die erste Frage ist: Wie groß sollen Gitter und Zeitschritte eigentlich sein? Dass die Wahl dieser Werte durchaus kritisch ist, zeigt die Abbildung oben, eine

Simulationen der Wärmediffusion in einer quadratischen Platte, die in 40 × 40 Gitterpunkte diskretisiert wurde. Gerechnet wurde mit dem expliziten Euler-Verfahren. Gezeigt sind jeweils für $c = 2$ die Zeitschritte 1, 5, 20, 40, 80, in der oberen Reihe für $\Delta_t = 8 \cdot 10^{-5}$ und in der unteren Reihe für den größeren Zeitschritt $\Delta_t = 6{,}5 \cdot 10^{-4}$.

Simulation für ein ganzzahliges Gitter der Größe $40 \times 40$ –
also von $(0,0)$ bis $(39,39)$ – für $c = 2$; als Anfangsbedingun-
gen wurde der untere und der rechte Rand der Platte erhitzt:
$T(x, 1, t = 0) = 1$ für $x \in \{1, 2, \ldots, 38\}$ und $T(38, y, t = 0) = 1$
für $y \in \{1, 2, \ldots, 38\}$, sonst gilt überall $T(x, y, t = 0) = 0$.

Für den kleineren Zeitschritt (obere Reihe der Abbildung)
erhält man ein realistisch aussehendes Bild: Die Wärme breitet
sich über die Fläche aus und „verdünnt" sich dabei. Für den
größeren Zeitschritt (untere Reihe) dagegen bilden sich Wellen
in der Temperaturverteilung aus, die an den Rändern reflektiert
werden – und die Temperatur auf der Platte sinkt drastisch.
Richard Courant, Kurt Otto Friedrichs und Hans Lewy haben
das 1928 untersucht: Sie bewiesen die Existenz und Größe einer
Schranke, der *Courant-Friedrichs-Lewy-Bedingung*, die angibt,
wie groß der Zeitschritt für sinnvolle Ergebnisse höchstens
gewählt werden darf [100].

Doch es ergeben sich noch weitere Fragen. Die Randbedin-
gungen zu Anfang waren beispielsweise unstetig. Eine analytische Lösung der Wärmediffusionsgleichung – die Funktion,
die die Temperatur $T(x, y, t)$ in *jedem* Punkt und zu *jeder* Zeit
beschreibt – kann also auch nicht zu jeder Zeit stetig sein, so
glatt sie meistens auch erscheinen mag. Wie kann so eine Funktion lokal und global aussehen? Und: Ist es sinnvoll, einfach
linear zu nähern, also den Differenzenquotienten als Näherung
für die Ableitung zu nehmen? Oder wird das Verfahren besser, wenn man auch höhere Terme in der Taylor-Entwicklung
beachtet? Oder ist es besser, wenn man mehr Werte als nur die
Temperatur an dem Knoten selbst und seinen nächsten Nachbarn einfließen lässt?

Die Differentialgleichungen für das Wetter sind um einiges
komplizierter als unsere Wärmediffusionsgleichung von oben:
Luft lässt sich zusammendrücken und kann unterschiedlich
viel Feuchtigkeit enthalten, was Einfluss auf die Wärmeaufnah-
me hat, und umgekehrt. Zudem nimmt der Boden mal mehr,
mal weniger Feuchtigkeit auf. Das macht insbesondere die Berechnung von Regenvorhersagen so schwierig. Dazu kommt,
dass man besonders bei extremem Wetter-Ereignissen – etwa
bei Wirbelstürmen – durchaus Terme höherer Ordnung berück-
sichtigen muss und nicht wie wir nur Terme erster Ordnung

verwenden darf. Kein Wunder, dass die Wetterprognose immer noch nicht perfekt ist. (Mehr zur Wettersimulation in [550].)

*Problemfall Hardware.*    1994 versuchte Thomas Nicely vom Lynchburg College in Virginia, USA, auf seinem neuen Rechner Reihen der Form

$$B_i = \sum_{p,\, p+i \in \mathbb{P}} \left( \frac{1}{p} + \frac{1}{p+i} \right)$$

zu berechnen, wobei für jeden Term sowohl $p$ als auch $p + i$ Primzahlen sind. Für $i = 2$ wird über die Primzahlzwillinge summiert und das Ergebnis heißt die Brun'sche Konstante, benannt nach dem Zahlentheoretiker Viggo Brun:

$$B_2 = \left( \frac{1}{3} + \frac{1}{5} \right) + \left( \frac{1}{5} + \frac{1}{7} \right) + \left( \frac{1}{11} + \frac{1}{13} \right) + \dots \approx 1{,}902160583\dots$$

Ein wesentlich genauerer Wert dieser Konstanten konnte bisher noch nicht berechnet werden, Näherungswerte sind aber seit Jahren bekannt – und genau über die stolperte Nicely, denn sein Pentium-Rechner spuckte ganz andere Zahlen aus. Im Oktober 1994 wandte er sich daher an den Hersteller des Chips Intel. So entdeckte man, dass in einer fest eingespeicherten Tabelle in der Gleitkomma-Einheit des Pentium-V-Prozessors falsche Einträge standen. In der Folge waren einige Multiplikationen falsch.

Sind im Prozessor Ergebnisse für alle möglichen Multiplikationen vorab tabelliert? Natürlich nicht. Stattdessen wird die Rechenoperation geschickt zerlegt, so dass man unterwegs immer wieder auf tabellierte Werte zurückgreifen kann. Sehen wir uns einmal im Folgenden eine solche Tabellen-Methode an – zur Berechnung der Quadratwurzel.

Wie berechnet man Quadratwurzeln? Der klassische Weg ohne Tabellen ist das Heron-Verfahren, benannt nach Heron von Alexandria, einem Konstrukteur von Apparaten, der wohl im ersten Jahrhundert n. Chr. lebte. Er beschreibt es in seinem Buch Metrika I, VIII [228].

Erfunden hat er die Methode wohl nicht: Sie findet sich nämlich zum Beispiel auch in einem der erstaunlichsten mathematischen Texte der Antike, dem Bakhshali-Manuskript, einem

*Heron-Verfahren im Beispiel*
Wir berechnen die Quadratwurzel von 2, ausgehend von $y_0 = 6$. Im ersten Schritt erhalten wir

$$y_1 = \frac{1}{2}\left( 6 + \frac{1}{3} \right) = \frac{19}{6}$$
$$\approx 3{,}16666667.$$

Es folgen

$$y_2 = \frac{433}{228} \approx 1{,}89912281,$$
$$y_3 = \frac{291457}{197448} \approx 1{,}4761203,$$
$$y_4 = \frac{162918608257}{115095203472} \approx 1{,}41551171$$

und

$$y_5 = \frac{53036284640919990287617}{37502300733428948536608}$$
$$\approx 1{,}41421416.$$

Wir haben also nach fünf Schritten bereits $\sqrt{2} \approx 1{,}41421356$ auf fünf Nachkommastellen korrekt dargestellt.

Bündel von bröckeligen Birkenrindenstücken, das vermutlich aus dem 2. Jahrhundert vor Christus stammt und heute in den Archiven der Bodleian Library der University of Oxford lagert. Das Manuskript wurde 1881 in Pakistan ausgegraben. Es dokumentiert, was indische Mathematiker damals alles kannten und konnten: Negative Zahlen, dezimales Stellenwertsystem mit Null (die als dicker Punkt geschrieben wird), Rechnen mit rationalen Zahlen – und das besagte Näherungsverfahren zur Wurzelberechnung, das übrigens wohl auch schon in Mesopotamien verwendet worden war [169]. Es funktioniert so: Um die Wurzel aus einer positiven reellen Zahl $a$ zu berechnen, startet man mit einer beliebigen positiven Zahl $y_0$ und setzt:

Eine Seite aus dem Bakhshali-Manuskript (Foto: Bill Casselman)

$$y_{i+1} = \frac{1}{2}\left(y_i + \frac{a}{y_i}\right)$$

Die Methode ist eine spezielle Anwendung des Newton-Verfahrens, das in diesem Fall auf die Funktion $f(x) = x^2 - a$ angewandt wird.

Nicht ganz so schnell – aber eben mit Tabelle – funktioniert ein ganz anderes Verfahren, mit dem man unter anderem ebenfalls Wurzeln ziehen kann, der CORDIC-Algorithmus, den Jack E. Volder 1956 entwickelt hat. Die Abkürzung steht für COordinate Rotation DIgital Computer, denn bei CORDIC wird die Wurzelrechnung auf die Berechnung einer Reihe von Rotationen zurückgeführt. Volders Aufgabe als Elektroingenieur für den Flugzeughersteller Convair war es, die analogen Bordcomputer der Überschallbomber B-58 zu digitalisieren. Diese berechneten zur Navigation vor allem trigonometrische Funktionen [511] – und das konnte man mit Cordic sehr gut. 1959 veröffentlichte er sein Verfahren in zwei Aufsätzen [512, 513].

Wie geht das Verfahren? Nehmen wir an, wir wollten $\sqrt{2}$ berechnen. Erste Beobachtung: $\sqrt{2} = 2\sin(\frac{\pi}{4})$. Statt die Wurzel aus 2 zu berechnen, kann man also genauso gut den Vektor $x = (1,0)$ um den Faktor 2 strecken und dann um 45° drehen – die $y$-Koordinate des so berechneten Punktes beträgt dann $\sqrt{2}$. Zweite Beobachtung: Mit den Drehungen können wir zwar $\sqrt{2}$ „ausrechnen" – wir müssen dazu aber Ausdrücke der Form $\sin(\alpha)$ oder $\tan(\alpha)$ berechnen und mit ihnen multiplizieren – was die Sache auf den ersten Blick nicht gerade einfacher macht.

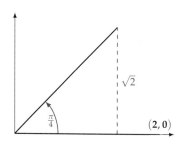

Berechnung von $\sqrt{2}$ mit dem Algorithmus CORDIC

Eine Drehung in der Ebene um einen Winkel $\theta$ kann man mit Hilfe einer Rotationsmatrix $M(\theta) \in \mathbb{R}^{2 \times 2}$ darstellen, die folgendermaßen definiert ist:

$$M(\theta) := \begin{pmatrix} \cos(\theta) & -\sin(\theta) \\ \sin(\theta) & \cos(\theta) \end{pmatrix}$$

Will man einen Vektor $x \in \mathbb{R}^2$ um einen Winkel $\theta$ drehen, multipliziert man $x$ einfach mit $M(\theta)$. Die Rotationsmatrix kann man umschreiben:

$$\begin{pmatrix} \cos(\theta) & -\sin(\theta) \\ \sin(\theta) & \cos(\theta) \end{pmatrix} = \sqrt{1 + \tan^2(\theta)} \begin{pmatrix} 1 & -\tan(\theta) \\ \tan(\theta) & 1 \end{pmatrix}$$

Doch Volder wusste: Mit manchen Multiplikationen kommen Computer besonders gut zurecht – nämlich mit solchen, bei denen ein Faktor eine Zweierpotenz ist, also eine Zahl der Form $2^i$ mit $i \in \mathbb{Z}$. Er überlegte weiter: Wenn die Zahlen in der Matrix – also die Zahlen, mit denen wir multiplizieren müssen – Zweierpotenzen wären, dann wäre zumindest die Matrixmultiplikation ein Klacks. Das würde aber bedeuten, dass die Winkel $\theta$, um die wir drehen wollen, ganz spezielle sein müssen, nämlich solche, für die $\tan(\theta)$ Zweierpotenzen sind. (Wir nennen diese Winkel von nun an „hübsche Winkel".) Das Erstaunliche ist: die hübschen Winkel reichen tatsächlich aus, weil man jeden beliebigen Winkel $\theta$ aus einer Folge von Vorwärts- und Rückwärtsdrehungen um immer kleinere hübsche Winkel zusammensetzen kann. Beim Winkel 45° haben wir besonderes Glück: Er ist selbst ein hübscher Winkel, nämlich $\arctan(2^0)$.

Bleibt nur das Problem mit den Vorfaktoren $\sqrt{1 + \tan^2(\theta)}$, die man bei jeder Drehung aufgezwungen bekommt. Doch wir wollen ja nur um hübsche Winkel drehen, und auch nicht um alle, sondern nur bis zu einer gewissen Genauigkeit. Man kann sich also zum Beispiel auf Drehungen um die zehn hübschen Winkel $\arctan(2^2)$ bis $\arctan(2^{-7})$ beschränken. Dann entstehen uns beim Rechnen nur zehn verschiedene Vorfaktoren, nämlich $\sqrt{1 + (2^2)^2}$ bis $\sqrt{1 + (2^{-7})^2}$ – und die kann man im Vorfeld mit anderen Methoden in der benötigten Genauigkeit ausrechnen und vorab speichern, in einer Tabelle im Festwertspeicher des Taschenrechners.

## Wissenschaftliches Rechnen

Um seinen Studierenden beizubringen, dass es bei den meisten Problemen nicht reicht, den Computer einzuschalten, stellt Lloyd N. Trefethen, Professor für Numerik an der University of Oxford, seit Jahren seinen Doktorandinnen und Doktoranden kleine und größere Probleme. Oft geht es darum, einige Stellen einer Zahl zu berechnen, die sich knapp in Worte bzw. Definitionen fassen lässt. Im Jahre 2002 veröffentlichte Trefethen zehn dieser Probleme als *A hundred-dollar, hundred-digit challenge* in den SIAM News, der Mitgliederzeitschrift der Society for Industrial and Applied Mathematics (SIAM) [501]. Das beste Team – das heißt: das Team, dessen Ergebnisse am genauesten waren – sollte 100 Dollar erhalten; die maximale Punktzahl bekam man, wenn man jede der zehn Zahlen auf zehn Nachkommastellen genau berechnen konnte.

Problem 8 in der Challenge handelt von der Simulation eines Wärmeflusses auf einer rechteckigen Platte – ähnlich wie oben. In Problem 2 geht es dagegen um die Fehlerfortpflanzung und Wurzelziehen. Betrachten wir es näher:

> Ein Photon bewegt sich mit Geschwindigkeit 1 in der $x$-$y$-Ebene und startet zur Zeit $t = 0$ am Punkt $(x, y) = (1/2, 1/10)$ in Richtung Osten. Auf jedem ganzzahligen Gitterpunkt $(i, j)$ in der Ebene ist ein kreisrunder Spiegel von Radius $1/3$ aufgestellt. Wie weit ist das Photon zur Zeit $t = 10$ vom Punkt $(0, 0)$ entfernt? [501]

Zur Berechnung des Photonen-Pfades sind bei jeder Reflexion zwei Rechnungen nötig: Erst muss man den Schnittpunkt des Lichtstrahls mit dem nächsten Spiegel berechnen, dann mit

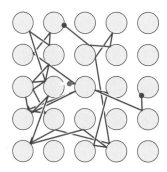

Ein Lichtstrahl startet am grünen Punkt genau nach rechts. Die rote Bahn wurde in 64 Bit Gleitkomma-Arithmetik, die blaue mit einer Mantisse von mindestens 330 Bit Länge, also auf mehr als 100 Dezimalstellen genau berechnet. Beide Bahnen stimmen bis etwa zum linken unteren Spiegel überein, ab dann lässt der Rechenfehler sie immer stärker voneinander abweichen.

Hilfe des Schnittpunktes die Richtung, in der es weitergeht.
Letzteres ist numerisch gesehen gar kein so großes Problem:
Es lässt sich durch eine recht einfache Matrizenmultiplikation
erledigen. Wenn ein Strahl aus der Richtung $v = (v_1, v_2)$ nämlich im Punkt $p = (p_1, p_2)$ den Spiegel um den Nullpunkt trifft,
dann ist die neue Richtung das Produkt einer $2 \times 2$-Matrix $A$
mit $v$. Die Matrix $A$ ist zum Beispiel dadurch bestimmt, dass
sie den Vektor $(-p_1, -p_2)$ auf den Vektor $(p_1, p_2)$ abbildet und
den Vektor $(p_2, -p_1)$ auf sich selbst.

Die Schnittpunkte mit dem Lichtstrahl zu berechnen ist
schon kniffliger: Das erfordert die Lösung quadratischer Gleichungen – also die Berechnung von Wurzeln. Und mit jeder
Reflexion, also jeder Wurzel, wächst der Rechenfehler, bis er
so groß ist, dass er eine beträchtliche Rolle spielt. Der blaue
Lichtweg in der Abbildung auf der vorigen Seite wurde mit
doppelter Genauigkeit, also mit 64-Bit-Zahlen berechnet. Er
weicht spätestens ab der 20. Reflexion deutlich sichtbar vom roten Lichtweg ab, der auf mindestens 100 Dezimalstellen genau
berechnet wurde.

Die Ausgangssituation mit Spiegeln und Lichtweg ist übrigens typisch für eine Aufgabe aus der Mathematik dyna-
mischer Systeme, wo unter anderem iterierte Funktionen untersucht werden – also die Situation, dass immer wieder ein
Funktionswert als neuer Ausgangswert dient, wie es beim
Lichtweg zwischen den Spiegeln der Fall ist. Typische Frage:
Gibt es zwischen den Spiegeln „dunkle" Punkte, also Punkte,
die der Lichtweg auch nach unendlich langer Wanderschaft
nicht erreicht? Eine andere Frage ist: Wird das Photon irgendwann in einen Zykel gelangen, und zwischen zwei oder
mehr Spiegeln gefangen sich immer auf derselben Bahn bewegen? Und von welchen Startpunkten aus verschwindet
das Photon irgendwann im Unendlichen? Solche Fragen lassen sich durch „Ausrechnen" nicht abschließend beantworten.

Die Probleme der 100-Digits-Challenge lassen sich durch
geschickte Griffe in die mathematische Trickkiste lösen. Doch
für viele andere Probleme führen diese Griffe ins Leere – Nick
Trefethen hatte seine Probleme sehr speziell und sehr geschickt
gewählt.

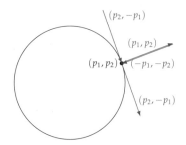

Spezielle Ein- und Ausfallsvektoren
bei Reflexion am Punkt $(p_1, p_2)$. Im
Fall „blau" trifft das Licht senkrecht
auf die Oberfläche und wird direkt
zurückreflektiert, im Fall „grün" trifft
das Licht mit parallel zur Oberfläche
ein und tangiert sie.

Doch auch, wenn Mathematik die Kunst des Nichtrechnens ist, wie David Hilbert behauptet hat, basieren trotzdem die Beweise für manche sehr klassische mathematische Probleme auf umfangreichen Rechnungen. Ein Beispiel: 2013 hat Harald Helfgott die schwache Goldbachvermutung bewiesen, also dass jede ungerade Zahl größer 5 als Summe von drei Primzahlen geschrieben werden kann. Helfgott zeigte, dass das für alle Zahlen größer als $10^{30}$ möglich ist. Die übrigen Zahlen wurden durch umfangreiche Computer-Rechnungen „erledigt".

Dass solche Beweise mit Misstrauen betrachtet werden, hat seinen guten Grund – wie wir gesehen haben, darf man Computerrechnungen nicht blind vertrauen. Sonst passiert einem schnell das, was den Machern der Zeichentrickserie „The Simpsons" passiert ist: Die schrieben einmal als Zeitvertreib ein kleines Computerprogramm, um zu sehen, ob es nicht vielleicht doch drei ganze Zahlen $x$, $y$, $z$ gibt, die die Gleichung $x^n + y^n = z^n$ für ein $n > 2$ erfüllen. (Der Satz von Fermat, den Andrew Wiles 1995 bewies, besagt ja, dass es solche Zahlen nicht geben kann.) Das Programm der Simpsons-Macher war denkbar einfach: Es berechnete

Haben sich Pierre de Fermat und Andrew Wiles doch geirrt?

$$z = \sqrt[n]{x^n + y^n}$$

für verschiedene Werte von $x$, $y$ und $n$ und prüfte, ob $z$ eine ganze Zahl ist – und es wurde tatsächlich fündig:

$$\sqrt[12]{3987^{12} + 4365^{12}}$$

sei eine ganze Zahl, nämlich 4472. Tatsächlich kann man sich auf den meisten Taschenrechnern von der Richtigkeit dieser Rechnung überzeugen – und so landete das Ergebnis mit einem Augenzwinkern in einer Folge der Simpsons.

Des Rätsels Lösung ist natürlich wieder ein Rundungsfehler. Rechnet man genauer (als die gängigen Taschenrechner), dann lautet das Ergebnis:

$$4472{,}00000000705768\ldots$$

– und das ist alles andere als eine ganze Zahl.

## PARTITUREN

◇ Folkmar Bornemann, Dirk Laurie, Stan Wagon und Jörg Waldvogel, *Vom Lösen numerischer Probleme. Ein Streifzug entlang der „SIAM 10 × 10-Digit Challenge"*, Springer, Heidelberg 2008.

Eine spannende und sehr instruktive Einführung in das wissenschaftliche Rechnen („Numerik"), entlang des Trefethen-Challenge, von vier Wissenschaftlern, die zu den Siegern des Wettbewerbs gehörten!

◇ Peter Deuflhard, Ulrich Nowak und Brigitte Lutz-Westphal: *Bessel'scher Irrgarten – Rundungsfehler müssen nicht klein sein*, Jahresbericht der DMV (4) **110** (2008), 177–193.

Exemplarische Erkundung von Rundungsfehlern, auch für die Präsentation im Schulunterricht geeignet.

◇ Ina Prinz, *Als Mathematiker noch rechneten*, Mitteilungen der DMV (2) **19**, 105–109 (2011).

Die Kunst des Rechnens, wie sie in den Rechenbüchern von Adam Ries und Kollegen präsentiert wird.

◇ Gilbert Strang, *Wissenschaftliches Rechnen*, Springer 2010.

Eine Vorlesung, die Prof. Gilbert Strang über dreißig Jahre für angehende Ingenieure und Naturwissenschaftler am M.I.T. entwickelt und gehalten hat.

◇ *Hidden Figures – Unerkannte Heldinnen* (Regie Theodore Melfi, USA 2016)

Der Kinofilm zeigt die Arbeitsbedingungen menschlicher „Computer" bei der NASA, vielfach Frauen afroamerikanischer Herkunft, und die (fehlende) Anerkennung ihrer Leistungen.

# Etüden

◇ Sehen Sie sich den Kassenzettel vom letzten Einkauf im Supermarkt an. Können Sie Rundungsfehler erkennen?

◇ Welchen Schaden können Rundungsfehler auslösen? Was heißt das, dass sich Rundungsfehler „fortsetzen" oder sogar „aufschaukeln"? Können Sie dafür Beispiele geben? Stimmt das, dass wegen Rundungsfehlern schon Flugzeuge, Raketen und Satelliten abgestürzt sind?

◇ Wie funktionieren die „integer relation algorithms", mit denen man die „Bedeutung" von Zahlen wie 0,6180339887... erraten kann? Ein Beispiel ist das PSLQ-Verfahren von Ferguson und Bailey aus dem Jahr 1992. Wo ist es publiziert? Wie kann man es benutzen?
Informieren Sie sich auch über den Mathematiker und Bildhauer Helaman Ferguson!

◇ Wie entsteht der $\sqrt{4} - 2 \neq 0$-Fehler im Windows-Taschenrechner (S. 383)?

◇ Wie entsteht der $1 - 3 \cdot (4/3 - 1) \neq 0$-Fehler in Octave (S. 380)?

◇ Wie funktioniert das Simpson-Gegenbeispiel für den Satz von Fermat?

◇ Spielen Sie mit dem Taschenrechner, mit Additionen, Multiplikationen, Wurzelziehen. Kommen Ihnen Rundungsfehler unter?

◇ Wie funktioniert das Gauß'sche Iterationsverfahren zum Lösen von linearen Gleichungssystemen? Warum ist es so anfällig für Rundungsfehler? Geben Sie Beispiele, wie es versagt, wenn man mit wenig Nachkommastellen arbeitet? Welche besseren Verfahren gibt es? Wie gehen sie vor?

# Algorithmen und Komplexität

*Ein Algorithmus ist eine Folge von Handlungsanweisungen, mit denen sich alle mathematischen Aufgaben eines gewissen Typs Schritt für Schritt lösen lassen. Schon in der Antike waren die Menschen auf der Suche nach derartigen Anleitungen für Berechnungen. So entstanden die ersten Algorithmen lange vor den Computern. Aber erst mit dem Siegeszug der Computer wurden sie selbst zum Untersuchungsgegenstand der Mathematik.*

© Der/die Autor(en) 2022
A. Loos et al., *Panorama der Mathematik*,
https://doi.org/10.1007/978-3-662-54873-8_14

## THEMA: ALGORITHMEN UND KOMPLEXITÄT

Ein Algorithmus ist ein systematisches Verfahren, um die Probleme aus einer klar spezifizierten Klasse von Problemen zu lösen. Zum Beispiel haben wir schon den euklidischen Algorithmus zur Bestimmung des größten gemeinsamen Teilers zweier natürlicher Zahlen kennengelernt. Viele Probleme aus verschiedensten mathematischen Anwendungsfeldern lassen sich algorithmisch lösen. Einfache Algorithmen, wie etwa der euklidische Algorithmus, können für kleine Beispiele mit Bleistift und Papier durchgeführt werden, aber das Potenzial der meisten Algorithmen entfaltet sich erst, wenn sie in ein Computerprogramm übersetzt werden und dann auch ein Computer die Arbeit übernimmt.

Für viele mathematische Gebiete, darunter die Kombinatorik, Numerik und Optimierung, gehört die Entwicklung und Analyse von Algorithmen zu den Hauptaufgaben. Grundlage dafür ist die Formalisierung der Konzepte *Problemklasse*, *Instanz*, *Algorithmus*, *Computer*, *Programm* und *Laufzeit*. Das fällt in den Zuständigkeitsbereich der Komplexitätstheorie, eines mathematischen Gebiets an der Schnittstelle zwischen mathematischer Logik, theoretischer Informatik und den mathematischen Gebieten, die Algorithmen entwickeln und nutzen – und das werden immer mehr.

### Probleme und Algorithmen

Was in der Komplexitätstheorie als „Problem" bezeichnet wird, ist eigentlich eine „Problemklasse", also ein Typ von mathematischen Aufgaben. Man kann das Konzept so beschreiben:

**Problem.** *Eine Klasse mathematischer Aufgaben, die für jede Eingabe („Input") von einem spezifizierten Typ die Bestimmung eines spezifizierten Ergebnisses („Output") verlangt.*

Wenn wir in der Komplexitätstheorie von einem Problem sprechen, dann ist also üblicherweise eine ganze Klasse von Problemen gemeint. Ein einzelnes Problem aus der Klasse heißt dann eine „Instanz", und die ist durch einen geeigneten „Input" spezifiziert. So ist etwa „größter gemeinsamer Teiler von zwei natürlichen Zahlen $a$ und $b$" ein Problem (eine Problemklasse), das wir mit GGT bezeichnen könnten, „größter gemeinsamer Teiler von 12 und 42" ist eine Instanz, die durch den Input $(12, 42)$ gegeben ist. Das spezifizierte Ergebnis ist dann $\mathrm{ggT}(a, b)$, für die spezielle Instanz also $\mathrm{ggT}(12, 42) = 6$.

Es gibt ganz verschiedene Typen von Problemen. Man spricht zum Beispiel von *Entscheidungsproblemen*, wenn als Output eine ja/nein-Antwort erwartet wird, von *Berechnungsproblemen*, wenn Zahlen als Output bestimmt werden sollen, von *Enumerationsproblemen*, wenn eine vollständige Liste von Objekten mit gewissen Eigenschaften erwartet wird, und von *Optimierungsproblemen*, für ein Problem unter vielen möglichen Lösungen eine bestimmt werden soll, für die eine vorgegebene „Zielfunktion" minimiert oder maximiert wird.

Hier kommt eine kleine Auswahl von wichtigen und klassischen Problemen, die wir zum Teil auch schon in anderen Kapiteln gesehen haben:

MULTIPLIKATION: der *Input* sind zwei natürliche Zahlen, der *Output* ist ihr Produkt.

GGT: *Input* sind zwei natürliche Zahlen, der gewünschte *Output* ist ihr größter gemeinsamer Teiler.

PRIMZAHLTEST: *Input* ist eine natürliche Zahl und *Output* ist die ja/nein-Antwort auf die Frage, ob sie eine Primzahl ist.

FAKTORISIERUNG: *Input* ist eine ganze Zahl und *Output* ist ihre (bis auf Reihenfolge eindeutige) Darstellung als Produkt von Primzahlen.

TEILMENGEN: *Input* ist eine endliche Menge und *Output* eine Liste aller ihrer Teilmengen.

TRAVELING_SALESMAN: *Input* ist ein endlicher, gewichteter Graph (eine Liste von Städten, wobei die Kanten zwischen ihnen mit den Entfernungen oder Reisekosten zwischen ihnen gewichtet werden) und *Output* ist eine kürzeste Rundreise, die jeden Knoten genau einmal besucht – oder die Information, dass keine existiert.

HAMILTON-KREIS: *Input* ist hier ein endlicher Graph und *Output* ist die Antwort auf die Frage, ob es eine Rundreise durch alle Knoten des Graphen gibt, die jeden Knoten genau einmal besucht.

Wir sind an systematischen Lösungsverfahren für solche Probleme, also Klassen von Rechenaufgaben interessiert:

**Algorithmus.** *Eine endliche Handlungsanweisung, die für ein Problem, also für jede Aufgabe eines bestimmten Typs, die durch einen dafür zulässigen Input gegeben ist, ein eindeutiges Lösungsverfahren beschreibt, das in endlich vielen Schritten eine korrekte Lösung erzeugt und als Output in der vorgeschriebenen Form zur Verfügung stellt.*

Algorithmen werden oft nicht formal angegeben, sondern nur beschrieben; insofern gilt auch eine formalisierbare Prozedur als Algorithmus. Wer Algorithmen auf einem Computer ausführen will, muss sie allerdings nach den Regeln und Gesetzmäßigkeiten einer Programmiersprache ausformulieren, also den Algorithmus *implementieren*. Und oft kann derselbe Algorithmus, entsprechend ausgearbeitet, für unterschiedliche Probleme verwendet werden: So ist zum Beispiel das Problem HAMILTON-KREIS ein Spezialfall von TRAVELING_SALESMAN; daher kann jeder Algorithmus, der TRAVELING_SALESMAN löst, auch zur Lösung von HAMILTON-KREIS eingesetzt werden. Kennengelernt haben wir zum Beispiel schon die folgenden Algorithmen:

◇ für MULTIPLIKATION die schriftliche Multiplikation von natürlichen Zahlen,
◇ für GGT den euklidischen Algorithmus,
◇ für PRIMZAHLTEST das Ausprobieren der Faktoren $2, 3, \ldots, \lfloor \sqrt{n} \rfloor$ als mögliche Teiler, oder (etwas effizienter) das Sieb des Eratosthenes.

In dieser Kurzdarstellung wird nur von *exakten*, *deterministischen* und *sequenziellen* Algorithmen die Rede sein. Von großem Interesse und praktischer Relevanz sind aber auch allgemeinere Versionen jedes dieser Konzepte. Zum Teil sollen diese allgemeineren Algorithmen zwar weiterhin für alle Inputs eines Problems funktionieren, man erwartet aber nicht unbedingt eine vollständige Lösung als Output, sondern ist gegebenenfalls auch mit weniger zufrieden:

◇ *Heuristiken* sind Methoden, die keine optimale Lösung versprechen, sondern nur eine „hoffentlich" gute – möglicherweise auch ohne Qualitätsgarantie, also ohne, dass eine Abschätzung angegeben werden kann, wie weit die berechnete Lösung von einer optimalen entfernt sein kann.

◇ *Randomisierte* Algorithmen sind formale Prozeduren, die unter Verwendung von Zufallsentscheidungen operieren und deren Ergebnis deshalb nach Kriterien der Wahrscheinlichkeitstheorie wie etwa dem Erwartungswert bewertet werden müssen.

◇ *Parallele* Algorithmen arbeiten nicht sequenziell, sie sind also Algorithmen, bei denen voneinander unabhängige Teilrechnungen gleichzeitig (zum Beispiel auf unterschiedlichen Prozessoren eines Computers) ausgeführt werden können. Parallelisierung kann durch Einsatz von mehr Hardware Zeit sparen, es kostet aber andererseits auch Rechenzeit, die Teilrechnungen zu koordinieren. So können parallele Algorithmen in günstigen Fällen sehr viel schneller sein als sequenzielle Verfahren, sie können aber auch langsamer sein.

## Computer, Laufzeit und Komplexität

Algorithmen lösen wohldefinierte Probleme und geben eine korrekte Antwort aus; das steckt schon in unserer Definition des Begriffs. Was macht einen Algorithmus also besser als einen anderen? Ganz zentral beim Vergleich von Algorithmen ist die *Laufzeit*, die man häufig dadurch misst, dass man die Anzahl an Rechenschritten in Abhängigkeit von der Größe des Inputs (gemessen als Anzahl von Bits) abschätzt, die ein Computer zum Durchlaufen des Algorithmus braucht. Um die Laufzeit von Algorithmen mathematisch zu analysieren, braucht man also ein mathematisches Modell eines Computers. Ein solches Modell, das auch heute noch für Laufzeitanalysen verwendet wird, hat Alan Turing 1936 in einem berühmten Aufsatz *On Computable Numbers, with an application to the Entscheidungsproblem* [503] vorgeschlagen: Jede Turing-Maschine hat einen Schreib-Lese-Kopf, der das Programm enthält, und der sich entlang der einzelnen Felder eines unendlich langen Bandes bewegt, auf dem in jedem Feld eine 0, eine 1, oder gar kein Eintrag stehen kann. Der Input für eine Rechnung steht zu Beginn der Rechnung auf dem Band in vorher vereinbarter Form. Der Kopf startet beim ersten Feld und das Programm entscheidet über den nächsten Schritt: Der Kopf kann den Eintrag an dieser Stelle lesen, löschen oder überschreiben, sich ein Feld nach links oder rechts bewegen, oder stoppen. Sobald der Kopf stoppt, muss aber der Output auf dem Band in vereinbarter Form stehen. Die Laufzeit ist die Anzahl der Schritte, die der Kopf ausführt.

Die Turing-Maschinen sind ein formales mathematisches Modell für die Ausführung von Algorithmen: Eine Handlungsanweisung ist genau dann ein Algorithmus, wenn es eine Turing-Maschine gibt, die diese Handlungsanweisung durchführt und dabei für jeden Input zum Ende kommt. Das ist eine Definition, mit der man arbeiten kann, weil eine Turing-Maschine eine einfache Beschreibung erlaubt – und unsere erste Definition dafür, was ein Algorithmus ist, für ein präzises, formales Argument nicht ausreicht.

Man kann alle Berechnungen, die moderne Computer durchführen, auch als Rechnungen auf Turing-Maschinen beschreiben. Deshalb kann man zur Analyse von Algorithmen mit Turing-Maschinen arbeiten und daraus Rückschlüsse für die Ausführung der Algorithmen in der Praxis ziehen. Aus mathematischer Sicht ist es klarer, mit dieser Idealvorstellung zu arbeiten als die technischen Tricks, die in modernen Computern stecken, bei jeder Analyse eines Algorithmus mitdenken zu müssen. Es stellt sich heraus, dass alles, was ein handelsüblicher Computer berechnen kann, sei es ein PC oder ein Großcomputer, ganz unabhängig von der Computerarchitektur, im Prinzip auch auf einer Turing-Maschine berechnet werden kann. Allgemeiner behauptet die Church-Turing-Hypothese, dass alles, was *irgendein* Modell für einen Computer berechnen kann, auch von einer Turing-Maschine berechnet werden kann. In anderen Worten: Das intuitive Konzept von „berechenbar" stimmt mit dem theoretischen Konzept, das durch die Turing-Maschine formalisiert ist, überein.

Zur Zeit werden mit riesigem Aufwand neuartige Computer konzipiert, die nicht mehr mit einzelnen Rechenoperationen arbeiten, die nacheinander (oder auch gleichzeitig) durchgeführt werden, sondern wo sich Zwischenergebnisse nach quantenmechanischen Prinzipien überlagern können, sogenannte Quantencomputer. Die Realisierung von Quantencomputern steckt noch in den Kinderschuhen, auch wenn für die Kinderschuhe zur Zeit viele Milliarden ausgegeben werden. Es stellt sich heraus, dass auch alles, was ein Quantencomputer berechnen kann, im Prinzip auch auf einer Turing-Maschine berechnet werden kann. Wenn man allerdings analysieren möchte, wie Algorithmen auf Quantencomputern arbeiten, dann gibt es dafür andere Modelle, die die Komplexität der Algorithmen für die „Praxis" besser abbilden, wie Quantenschaltungen und Quantenturingmaschinen.

## $\mathcal{P}$ und $\mathcal{NP}$

Allgemeiner fragt man sich vielleicht, wie schwierig ein Problem sein kann. Als Maß für die Komplexität eines Problems stellen wir hier das Konzept vor, das fragt, wie schnell man es mit irgendeinem Algorithmus lösen kann. Zur Messung der Geschwindigkeit des

Algorithmus wird dessen Laufzeit betrachtet. Ein Problem heißt *polynomial lösbar* (und liegt damit in der Problemklasse $\mathcal{P}$), wenn es einen Algorithmus zu seiner Lösung gibt, dessen Laufzeit für jeden Input der Größe $n$ durch ein Polynom $p(n)$ begrenzt ist. Zum Beispiel braucht man zum schriftlichen Multiplizieren von zwei $n$-stelligen ganzen Zahlen um die $n^2$ Rechenschritte, wenn man so vorgeht, wie man es in der Schule lernt. Das können wir jetzt also kurz so formulieren: MULTIPLIKATION ist in $\mathcal{P}$. Das Konzept der polynomial lösbaren Probleme hat der kanadische Mathematiker Jack Edmonds in den 1960er Jahren entwickelt, in der Meinung, dass polynomiale Algorithmen als schnell und effizient gelten können.

Dagegen heißt ein Entscheidungsproblem *nichtdeterministisch polynomial lösbar* (und liegt in $\mathcal{NP}$), wenn im ja-Fall die Antwort mit Hilfe eines „Zertifikats" in polynomialer Zeit überprüft werden kann. Dieses mysteriöse Zertifikat ist ein weiterer Input, der dem Algorithmus hier zur Verfügung steht – man bekommt also zusätzlich einen Tipp für die Lösung, dem man nicht vertrauen darf, mit dessen Hilfe die gegebene Instanz aber schneller gelöst werden kann. Die Klasse dieser Entscheidungsprobleme wird mit $\mathcal{NP}$ bezeichnet. Mit co-NP bezeichnet man die Klasse der Entscheidungsprobleme, bei denen die nein-Antwort mit Hilfe eines Zertifikats in polynomialer Zeit überprüft werden kann. Es ist also jedes Problem in $\mathcal{P}$ sowohl in $\mathcal{NP}$ als auch co-NP, denn $\mathcal{P}$ ist die Klasse der Probleme in $\mathcal{NP}$, die sogar ohne Zertifikat polynomial lösbar sind.

Die Problemklasse $\mathcal{NP}$ wurde in einem fundamentalen Aufsatz aus dem Jahr 1971 von Steven Cook definiert. Cook stellte auch die Frage, ob $\mathcal{P} = \mathcal{NP}$ gilt. Zusätzlich haben Cook und Karp eine große Reihe von Problemen in $\mathcal{NP}$ identifiziert, die $\mathcal{NP}$-*vollständig* sind. Das heißt, dass aus der polynomialen Lösbarkeit eines einzigen solchen Problems die polynomiale Lösbarkeit aller Entscheidungsprobleme der Klasse $\mathcal{NP}$ folgen würde.

1979 erweiterten Michael Garey und David S. Johnson Karps Liste zu dem Buch *Computers and Intractability. A Guide to the Theory of NP-Completeness* [178] und schufen so eine klassische Sammlung von $\mathcal{NP}$-vollständigen Problemen.

*Der Komplexitätsstatus einiger Probleme*

⋄ Das Problem PRIMZAHLTEST liegt in co-NP: Wenn die Antwort nein ist, gibt es einen echten Teiler, und der kann als Zertifikat für die nein-Antwort leicht überprüft werden.
  Das Sieb des Eratosthenes ist ein einfacher Algorithmus zum Testen von Primzahlen, es hat aber keine polynomiale Laufzeit, weil die Anzahl der Teiler, die dabei überprüft werden müssen, exponentiell mit der Anzahl der Bits/Stellen von $n$ wächst. Das kennen wir vom Primzahlsatz aus dem Kapitel „Primzahlen", S. 155 ff., der sagt, dass es ungefähr $\sqrt{n}/\log(\sqrt{n})$ viele Primzahlen kleiner als $\sqrt{n}$ gibt. Für den Sieb des Eratosthenes

müssen wir alle diese Primzahlen als mögliche Teiler von $n$ testen und das sind exponentiell viele in der Anzahl der Stellen $\log_2(n)$ der Zahl $n$ im Binärsystem. Das Problem PRIMZAHLTEST liegt aber trotzdem in $\mathcal{P}$, aufgrund des *Agrawal-Kayal-Saxena-Primtests*, der 2002 publiziert wurde (siehe [55]).

◇ HAMILTON-KREIS liegt in $\mathcal{NP}$: Wenn ein Graph eine Rundreise hat, kann man diese als „Zertifikat" für die ja-Antwort schnell überprüfen.

◇ Das Problem der LÖSBARKEIT VON POLYNOMGLEICHUNGEN IN GANZEN ZAHLEN klingt wie ein $\mathcal{NP}$-Problem, ist aber keines. Auf den ersten Blick scheint es, als müsse man als Zertifikat für die Antwort „ja" nur eine Lösung der Gleichung angeben. Mit Einsetzen und Ausrechnen ließe sich die ja-Antwort schnell prüfen. Aber: Die Lösung könnte gigantisch groß sein – viel zu viele Stellen haben zum Einsetzen und Nachrechnen. Und in der Tat: dieses Zertifikat lässt sich nicht polynomial (sogar: nicht *berechenbar*) in der Länge des Inputs beschränken, denn die kleinste Lösung einer solchen Gleichung kann im eigentlichen Wortsinne „unschätzbar" groß sein.

## Offene Fragen aus der Komplexitätstheorie

Es gibt fundamentale offene Fragen in der Komplexitätstheorie, insbesondere am Übergang zwischen den Problemklassen $\mathcal{P}$ und $\mathcal{NP}$, zum Beispiel die folgenden.

◇ $\mathcal{P}$ versus $\mathcal{NP}$: Eine der wichtigsten Fragen der Komplexitätstheorie ist, ob die beiden Komplexitätsklassen $\mathcal{P}$ und $\mathcal{NP}$ gleich sind oder nicht. Das ist eines der Clay-Millenniumsprobleme, siehe Kapitel „Mathematische Forschung", S. 43 ff.

◇ Ob HAMILTON-KREIS in co-NP liegt, ob es also im Falle von nein-Antworten ein schnell-überprüfbares Zertifikat gibt, ist nicht klar, es wird aber bezweifelt. Erst recht glaubt man nicht, dass das Problem HAMILTON-KREIS in $\mathcal{P}$ liegt, denn es ist sogar $\mathcal{NP}$-vollständig.

Wenn HAMILTON-KREIS also polynomial lösbar wäre, dann würde $\mathcal{P} = \mathcal{NP}$ gelten – und das halten nur wenige Mathematikerinnen und Mathematiker für möglich.

◇ Beim Problem GRAPHEN-ISOMORPHIE besteht der *Input* aus zwei Graphen mit $n$ Knoten und *Output* ist die Antwort ja/nein auf die Frage, ob die Knoten der beiden Graphen so umnummeriert werden können, dass sie dadurch gleich werden. Das Problem liegt in $\mathcal{NP}$, denn im Falle einer ja-Antwort kann als Zertifikat eine Knotennummerierung für jeden der Graphen verwendet werden, die die beiden Graphen identifiziert, und das ist dann leicht zu überprüfen. Ein brauchbares Zertifikat für die nein-Antwort ist nicht bekannt. Es ist auch weder bekannt, ob das Problem in $\mathcal{P}$ liegt, noch, ob es $\mathcal{NP}$-vollständig ist. (Es gibt Experten, die ihr Geld darauf setzen würden, dass GRAPHEN-ISOMORPHIE nicht in $\mathcal{P}$ liegt, aber trotzdem nicht $\mathcal{NP}$-vollständig ist.)

◇ FAKTORISIERUNG hält man für schwer: Man glaubt, dass das Problem nicht polynomial lösbar ist, vielleicht sogar $\mathcal{NP}$-schwer – also mindestens so schwer wie alle Probleme in $\mathcal{NP}$. Bewiesen ist das aber auch nicht.

Alle diese Fragen nach effektiver Berechenbarkeit beziehen sich auf das klassische Modell von Computern und Turing-Maschinen. Die Situation verändert sich substanziell, wenn wir Quantencomputer ins Spiel bringen. So hat Peter Shor 1994 ein Verfahren beschrieben [460], mit dem man auf einem Quantencomputer FAKTORISIERUNG in Polynomzeit durchführen kann – und damit sehr viel schneller, als das mit den besten bekannten Algorithmen für klassische Computer möglich ist. Und FAKTORISIERUNG ist ein wichtiges Problem, auch weil das weit verbreitete RSA-Verschlüsselungsverfahren leicht zu entschlüsseln ist, wenn man große Zahlen faktorisieren kann.

Die technische Realisierung von großen Quantencomputern ist bisher noch eine riesige Herausforderung, aber sie ist in Arbeit. Quantencomputer werden in absehbarer Zukunft wohl auch für eine breite Anwenderschaft zur Verfügung stehen. Schon jetzt werden daher nicht nur Alternativen für Verschlüsselungsalgorithmen entwickelt, die nicht auf der Komplexität von FAKTORISIERUNG beruhen: der Einzug der Quantencomputer wird wohl insgesamt die Theorie der Algorithmen, die Komplexitätstheorie und das wissenschaftliche Rechnen deutlich verändern.

# VARIATIONEN: ALGORITHMEN UND KOMPLEXITÄT

## Algorithmen in der Geschichte

Beschreibungen von mathematischen Algorithmen gibt es seit Jahrtausenden. In der frühen Mathematik, dokumentiert zum Beispiel auf Tontafeln aus Mesopotamien, werden verschiedentlich Aufgaben vorgerechnet, an denen vermutlich Schüler (damals wohl keine Schülerinnen) lernen sollten, ähnliche Aufgaben nach demselben Muster zu lösen. Man kann das als Handlungsanweisungen lesen, ausformuliert am konkreten Beispiel.

Euklid wird in seiner Darstellung etwas allgemeiner: Er vermittelt zum Beispiel den heute nach ihm benannten Algorithmus (siehe Kapitel „Primzahlen", S. 155 ff.) in Proposition 2 in Buch VII der Elemente nicht mehr am Zahlenbeispiel, sondern mit allgemeinen Variablen (oder genauer als Längen von fiktiven Strecken).

In den ersten eineinhalb Jahrtausenden nach Euklid wurden zum Beispiel Algorithmen gesucht, um kubische und höhere Gleichungen zu lösen. In China löste man lineare Gleichungssysteme mit einem Verfahren, das dem „Gauß'schen Algorithmus" aus dem Abendland des 19. Jahrhunderts sehr ähnlich war. Und arabische Mathematiker lernten aus Indien Methoden, um die Korrektheit von Rechnungen schnell zu überprüfen (etwa mit der berühmten Neunerprobe, die schon bei Abū Ǧaʿfar Muḥammad b. Mūsā al-Ḫwārizmī auftaucht [212, 539]).

Das Stellenwertsystem, wohl im 6. und 7. Jahrhundert n. Chr. in Indien entwickelt, bot große Vorteile beim Rechnen – es ließ etwa Algorithmen zum schriftlichen Addieren und Subtrahieren zu. Rasant verbreitete es sich entlang von Handelswegen nach Europa, aber vor allem auf die Arabische Halbinsel, nach Bagdad, allerdings nur unter einer kleinen Elite; unter Kaufleuten und Händlern rechnete man weiter mit Fingern oder Zählbrettern. In Bagdad kamen dem Mathematiker al-Ḫwārizmī wohl Abschriften indischer Texte über das Stellenwertsystem in die Finger. Sicher ist, dass er selbst ein Büchlein über das Rechnen mit indischen Zahlen verfasste, das in lateinischer Übersetzung sogar bis heute überlebt hat.

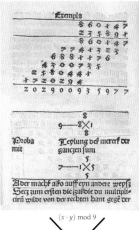

Die Neunerprobe zum Aufdecken von Rechenfehlern bei Multiplikationen oder Additionen war im Abendland im 15. Jahrhundert bekannt; oben eine Seite aus Johannes Widmanns *Behende un hübsche Rechnung auff allen Kauffmanschafften* von 1489. Man vergleicht $(a + b) \bmod 9$ mit $((a \bmod 9) + (b \bmod 9)) \bmod 9$ bzw. $(a \cdot b) \bmod 9$ mit $((a \bmod 9) \cdot (b \bmod 9)) \bmod 9$. In Widmanns Beispiel wird die Multiplikation der Zahlen 860147 und 235891 geprüft, indem $860147 \bmod 9 = 8$, $235891 \bmod 9 = 1$ und $860147 \cdot 235891 \bmod 9 = 8$ berechnet werden, was mit $8 \cdot 1 = 8$ übereinstimmt. Im Prinzip kann man statt 9 jede Zahl nehmen – im Beispiel zeigt Widmann die Probe mit 7 – Rechnungen modulo 9 sind jedoch besonders einfach. Widmann ist der erste, der die heute üblichen Zeichen + und − im Druck verwendet.

Diese lateinischen Abschriften beginnen nicht selten mit den Worten „Dixit Alchoarizmi", also: „al-Ḥwārizmī sprach", weshalb viele Jahrhunderte hindurch das Rechnen nach indischer Methode selbst als „Algorithmus" bezeichnet wurde [104, 167]. Allmählich wurden aus einem Buch *„des* Algorismus" Bücher *über* den Algorithmus bzw. Algorithmen – ein neuer mathematischer Begriff war geboren.

## Der Weg zum programmierbaren Rechner

Der Barock war die Blütezeit der Apparate: Uhrmacher und Instrumentenbauer konstruierten schreibende Puppen, mechanische Vögel – und Rechenmaschinen. 1623 konstruierte Wilhelm Schickard eine erste Rechenmaschine für vier Grundrechenarten, es folgen Blaise Pascal und Gottfried Wilhelm Leibniz mit weiteren, ausgefeilteren Maschinen (mehr dazu im Kapitel „Rechnen", S. 367 ff.).

Diese Maschinen konnten mehr oder minder zuverlässig und genau rechnen, aber sie konnten keine Programm-Schleifen durchlaufen oder „wenn-dann"-Bedingungen testen, von der Behandlung von Variablen ganz zu schweigen. Sie konnten nur Grundrechenarten durchführen. Die Algorithmen dafür waren fest in Zahnrädern, Schubstangen und Staffelwalzen aus Messing und Eisen „kodiert".

Das änderte sich erst, als der Erfinder Joseph Marie Jacquard im 18. Jahrhundert einen neuen Webstuhl entwickelte, der Muster weben konnte, die zuvor in Lochkarten kodiert worden waren. Jacquard wurde mit dieser Erfindung nicht nur reich, er inspirierte damit auch den Computerpionier Charles Babbage. Dessen Vater, ein Bankier, konnte seinen Sohn mit genügend Geld für ein Leben als Privatier versorgen, und so konnte Babbage sich seinen vielen Interessen widmen: Er studierte Mathematik in Cambridge und hielt dort später zeitweise den Lucasischen Lehrstuhl für Mathematik inne (nach Isaac Newton und vor Paul Dirac und Stephen Hawking), beschäftigte sich aber auch mit Meteorologie, Statistik, Geologie, Kryptologie, Astronomie, Schachspielen und segelte ausgiebig mit Freunden. Vor allem aber war Babbage ein Erfinder und Tüftler. Viele Jahre lang entwickelte er Rechenmaschinen. Den

Augusta Ada Lovelace (1815–1852) ist in ihrer Bedeutung für die Mathematik und Informatikgeschichte sehr umstritten. Sie war Tochter von Lord Byron, einem romantischen Dichter, und der durchsetzungsstarken Anne Isabella Byron, die sich einen Monat nach der Geburt ihrer Tochter von ihrem Ehemann trennte. Unter anderem, um die Gefahr romantischer Spinnereien nicht aufkeimen zu lassen, ließ die mathematisch interessierte Anne Isabella – die ihrerseits vom Logiker Augustus De Morgan unterrichtet worden war – ihre Tochter mathematisch erziehen. Mit 17 Jahren lernte Lovelace Charles Babbage kennen und begann sich mit der *Analytical Engine* zu beschäftigen. Lovelace war wohl ein Mensch auf der Suche nach Extremen, hin- und her getrieben zwischen ihrer mathematischen Arbeit, Partys und gesellschaftlichem Repräsentieren und dem Wettspiel, Opium und Alkohol. 1852 starb sie an Krebs. [291]

Anfang machte seine Difference Engine, eine Rechenmaschine, die Werte von Polynom-Funktionen tabellieren sollte. (Siehe Kapitel „Rechnen", S. 367 ff.)

1833 traf er auf einer Party Augusta Ada Byron, die zwei Jahre später William King heiratete. Der wurde kurz darauf Earl of Lovelace, und Ada King so zur Countess of Lovelace. Ada Lovelace war mathematisch interessiert und besuchte Babbage mit ihrer Mutter nur wenige Wochen nach ihrer Hochzeit in dessen Werkstatt; Babbage begann Lovelace in Mathematik zu unterrichten, gemeinsam mit der gelehrten Mary Somerville. Mit Lovelace plante Babbage ab 1834 eine Analytical Engine, die im Gegensatz zur *Difference Engine* programmierbar sein sollte.

Im August 1840 wurde Babbage dann nach Italien eingeladen, zum zweiten Wissenschaftskongress Italiens, um in einer Vorlesungsreihe die *Analytical Engine* vorzustellen. Unter den Zuhörern saß auch der Mathematiker Luigi Federico Menabrea, der anschließend eine Zusammenfassung des Vortrags auf französisch schrieb – den ersten öffentlich zugänglichen Aufsatz über die Maschine. Den übersetzte Lovelace zunächst ohne Babbages Wissen ins Englische. Als begeisterte Amateurin [175] hängte sie den 24 Seiten von Menabrea weitere 40 aus eigener Feder an, auf denen sie unter anderem beschrieb, wie man mit einer *Analytical Engine* die Bernoulli-Zahlen berechnen könnte – in gewissem Sinne das erste Computerprogramm, geschrieben für einen Computer, der bis heute nie gebaut wurde. Lovelace stellte fest:

> Es ist interessant zu beobachten, dass selbst ein so komplizierter Fall wie die Berechnung der Bernoulli-Zahlen in einem Punkt dennoch eine bemerkenswerte Einfachheit aufweist: während des Vorganges der Berechnung von Millionen solcher Zahlen muss in den Plänen keine Veränderung vorgenommen werden. [322]

Was die Maschine angeht, gab Lovelace einen geradezu prophetischen Ausblick:

> Sie wird wohl einen *indirekten* oder umgekehrten Einfluss auf die Wissenschaft selbst haben [...]. Indem man nämlich die Wahrheiten und Formeln der Analysis aufteilt und kombiniert, so dass sie den mechanischen Kombinationen der Engine einfacher und rascher zugänglich werden, werden die Beziehungen und die Natur so vieler Themen in dieser Wissenschaft notwendiger Weise

„Die *Analytical Engine* erhebt nicht den Anspruch, etwas neu erzeugen zu wollen. Sie kann tun, was immer wir ihr befehlen. Sie kann der Analysis folgen, aber es steht nicht in ihrer Macht, irgendwelche analytische Beziehungen oder Wahrheiten zu antizipieren. Ihre Aufgabe besteht darin, uns dabei zu assistieren, wenn wir etwas verfügbar machen, womit wir bereits wohlvertraut sind." – Ada Lovelace in [322, Note G]

*Bernoulli-Zahlen*
Die Bernoulli-Zahlen kann man auf viele Arten definieren; eine Möglichkeit bietet die Rekursionsformel $B_0 := 1$ und

$$B_n = -\frac{1}{n+1} \sum_{k=0}^{n-1} \binom{n+1}{k} B_k$$

für $n > 0$. Diese Zahlen

$$1, -\tfrac{1}{2}, \tfrac{1}{6}, 0, -\tfrac{1}{30}, 0, \tfrac{1}{42}, \dots$$

wurden – etwas anders – in der *Ars Conjectandi* von Jacob Bernoulli definiert und tauchen seitdem überall in der Mathematik auf, zum Beispiel im Zusammenhang mit der Riemann'schen Zeta-Funktion oder der Approximation verschiedener trigonometrischer Funktionen durch Taylor-Reihen.

in ein ganz neues Licht getaucht und viel eingehender untersucht werden. [322]

So visionär Ada Lovelace war, sie ahnte sicher nicht, wie weit die Maschinen in die Wissenschaft eindringen werden: Tatsächlich wird das 20. Jahrhundert Algorithmen nicht mehr nur als Mittel zum Zweck begreifen, sondern zum Untersuchungsgegenstand selbst machen.

## Turing und die Komplexität

Im September 1930 hatte Kurt Gödel auf der „Zweiten Tagung für Erkenntnislehre der exakten Wissenschaften" in Königsberg einen Stein ins Rollen gebracht, und zwar mit seinen Unvollständigkeitssätzen, die er 1931 im Aufsatz „Über formal unentscheidbare Sätze der Principia Mathematica und verwandter Systeme I" in den *Monatsheften für Mathematik und Physik* publizierte [181]. (Der geplante zweite Teil erschien nie.) Dieser Aufsatz fiel wenige Jahre später einem jungen und hochbegabten Studenten in die Hände, aus dem ein ungeheuer vielseitiger und kreativer Mathematiker werden sollte – Alan Turing.

Schon als Schüler hatte Turing eine Erfindung nach der anderen gemacht, von gelber Wandfarbe bis zum selbst gebauten Füller, befüllt mit selbst gemixter Tinte; als Jugendlicher interessierte er sich unter anderem für Einsteins Relativitätstheorie und fasste Literatur zum Thema für seine Mutter kurz zusammen [504]. 1931, als Gödel seine Unvollständigkeitssätze publizierte, nahm Turing ein Mathematikstudium am King's College in Cambridge auf. Neben dem Studium faszinierte ihn Quantenmechanik, aber auch Logik und die Grundlagen der Mathematik; er las beispielsweise 1933 die *Einführung in die mathematische Philosophie* des Logik-Altmeisters Bertrand Russell. Im folgenden Jahr besuchte er ein Seminar zu Grundlagen der Mathematik und stieß so auf Gödels Arbeit. 1936, ein Jahr nach seiner Dissertation, veröffentlichte Turing seine erste Forschungsarbeit, „On computable numbers with an application to the Entscheidungsproblem". Sie enthielt sozusagen eine Neuformulierung von Gödels Arbeit; dazu hatte Turing ein neues Hilfsmittel erfunden, eine Idealisierung, die der Mathematik

Alan Turing (1912–1954) war nicht nur Begründer der Komplexitätstheorie sondern hat auch noch in ganz anderen Gebieten der Mathematik sehr spannende Ergebnisse gefunden. Er hat einige Zeit in Princeton verbracht hatte, beschäftigte sich nach dem Krieg mit der Konstruktion von Computern, wie wir sie heute kennen, der (Neuro-)Biologie und Sport – er war zum Beispiel ein Weltklasse-Läufer, der 1947 einen Marathon in zwei Stunden, 46 Minuten und drei Sekunden lief, was nur etwa 20 Minuten über dem damaligen Weltrekord lag. 1952 wurde er der Homosexualität angeklagt und zu einer „medizinischen Behandlung" durch Östrogenspritzen verurteilt. Zwei Jahre später starb er an einem vergifteten Apfel; es wird vermutet, dass er sich selbst getötet hat. Alan Turing ist die Hauptfigur im Film „The Imitation Game – Ein streng geheimes Leben", mit einem Fokus auf seine Leistungen beim Knacken des Enigma-Codes während des zweiten Weltkriegs in Bletchley Park.

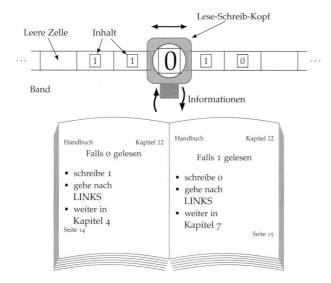

Das Prinzip der Turing-Maschine: Ein unendlich langes Band, eingeteilt in Zellen, ist in einem (endlichen) Teilstück mit Zahlen beschrieben, der Eingabe (also dem Input) – zum Beispiel mit Nullen und Einsen. Ein Schreib-Lesekopf fährt an dem Band hin- und her. Er liest den Inhalt einer Zelle. Das weitere Vorgehen entscheidet die Maschine anhand eines (endlichen) Programms, das man sich wie ein Handbuch vorstellen kann, unterteilt in Kapitel. In jedem Kapitel wird aufgelistet, was passieren soll, wenn die Maschine soeben auf einem Feld mit Null, Eins oder einem leeren Feld gelandet ist: Was sie in das Feld schreiben soll, ob sich anschließend der Kopf um eine Zelle nach links oder rechts bewegen soll und in welchem Kapitel die nächsten Anweisungen zu finden sind. Sobald der Kopf stoppt, steht auf dem Band der gesuchte Output.

ein ganz neues Arbeitsfeld erschließen sollte: Die (später so benannte) Turing-Maschine.

In dieser Arbeit zeigte Turing, dass es unentscheidbar ist, ob eine gegebene Turing-Maschine mit vorgegebenem Input irgendwann zum Ende kommt. Das heißt also, dass es keinen Algorithmus gibt, der für jeden Algorithmus und einen beliebigen Input entscheidet, ob der Algorithmus irgendwann ein Ende erreichen und deshalb anhalten wird (obwohl das für viele Algorithmen, also für viele Turing-Maschinen, sehr einfach ist). Das ist das sogenannte Halteproblem – das erste und die Quelle aller unentscheidbaren Probleme.

Dafür zeigte er, dass Turing-Maschinen nur abzählbar viele Zahlen berechnen können. Weil es aber überabzählbar viele (reelle) Zahlen gibt, sind die meisten reellen Zahlen *nicht berechenbar* – es gibt für solche Zahlen also keinen Algorithmus, der für jedes vorgegebene $n$ terminiert und die ersten $n$ Dezimalstellen ausgibt.

Die Turing-Maschine wurde zum mathematischen Modell für Algorithmen schlechthin. Sie standardisierte die Beschreibung von Algorithmen, und genau darin besteht im Kern die Leistung dieses Beitrags von Turing. Jahrtausende lang hatten die Menschen Algorithmen erfunden, ohne zu wissen, was das

Eine Turingmaschine aus Legobausteinen, konstruiert von Michael Jünger, Universität Köln. Hier ist die Maschine als „Fleißiger Bieber" tätig, soll also mit nur wenigen Zuständen (also einem „dünnen Handbuch") auf einem Band voll Nullen möglichst viele Einsen schreiben *und schließlich anhalten*; die Einsen (hier weiß) müssen am Ende nicht in einer Reihe stehen. Dieser Fleißige Bieber hat mit vier Zuständen 13 Einsen auf das „Band" geschrieben und dafür 96 Schritte gebraucht [523]. (Foto: Daniel R. Schmidt, Universität Köln)

eigentlich war – Turing hatte dem Begriff des Algorithmus eine mathematische Grundlage gegeben. Algorithmen wurden damit analysier- und vergleichbar. Man konnte erstmals daran gehen, sie zu sortieren und zu strukturieren. Das eröffnete ein ganz neues Forschungsfeld.

## $P$ versus $NP$

In den 1960er Jahren entwickelte der Kanadier Jack Edmonds die Idee, Algorithmen zu klassifizieren, indem man „misst", wie lange eine Turing-Maschine im schlimmsten Fall braucht, um sie durchzuführen. Edmonds verglich dafür die Länge des *Inputs* – also die Anzahl der Zeichen, die vor dem Start der Berechnung auf das Band der Maschine geschrieben werden und die die Instanz des Problems beschreiben – mit der Anzahl der Schritte, die der Schreib- und Lesekopf macht. Edmonds fand: Wenn die Laufzeit als Funktion der Eingabegröße nicht schneller als eine Polynomfunktion wächst, dann sollte man das als einen vertretbaren Zeitaufwand ansehen – der Begriff des „polynomialen Algorithmus" war geboren.

   Dazu inspiriert hat ihn unter anderem ein Problem, von dem er überraschender Weise zeigen konnte, dass es sich in polynomialer Zeit lösen lässt: Die Suche nach einem möglichst großen Matching in einem Graphen. 1963 entdeckte er einen polynomialen Algorithmus, den er später den „Knospen-Schrumpf-Algorithmus" (blossom shrink algorithm) nannte, weil dabei Teile des zu betrachtenden Graphen – die „Knospen" – zu Knoten

Jack Edmonds (*1934) ist eine schillernde Figur. Seine Karriere begann der Kanadier als ein Außenseiter, der seinen eigenen Weg in die Mathematik suchte. Zeitweise studierte er auch französische Literatur und war als Spieleerfinder tätig. Aufblühen konnte er erst, als er nach seinem Abschluss in Mathematik 1959 eine Stelle in der Abteilung Operations Research am National Bureau of Standards bekam. Edmonds erwies sich als ungeheuer kreativ, was das Finden von Algorithmen für Probleme aus der Kombinatorik anging. 1969 erhielt er eine Professur an der University of Waterloo, wo er dann fast 30 Jahre lang lehrte. Seine ungewöhnlichen Lebenserinnerungen hat er in einem Interview zusammengefasst, unter dem Titel *A glimpse of heaven* [316].

zusammengeschrumpft wurden. Noch 30 Jahre danach war seine Begeisterung zu spüren, als er sich an diese Entdeckung erinnerte:

> Ich sitze da in meinem Büro bei diesem Workshop. [...] Ich zeichnete diese Pfade und ..., oh, oh, am nächsten Tag sollte ich einen Vortrag [...] halten. Die Leute auf dem Workshop wechselten sich natürlich ab, um Vorträge zu halten. So saß ich da und so, Hilfe, Hilfe, ... Verdammt! Du schrumpfst sie, du schrumpfst sie! Und ... und ... ich hatte diesen guten Algorithmus. Ich hatte diesen Poly-Zeit Algorithmus, ich hatte all das Werkzeug, das ich brauchte. Ich hatte diese Technik, als Waffe. Und so hielt ich diesen – Gott, wie ich schwebte – Vortrag. [...] Hier ist ein gelöstes ganzzahliges Programm. Das war mein erster flüchtiger Blick in den Himmel. [316]

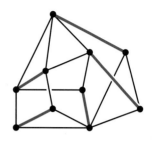

Die blauen Kanten bilden ein sogenanntes *Matching* in dem Graphen: Es gibt keine zwei blauen Kanten, die in einem gemeinsamen Knoten zusammenstoßen. In diesem Fall ist das Matching sogar *perfekt*, weil jeder Knoten von einer Kante aus dem Matching erreicht wird.

Natürlich stellte sich da sofort die Frage: Kann man für alle, auch die schwer erscheinenden, Probleme „schnelle" Algorithmen finden, oder ist das für einige Probleme prinzipiell unmöglich?

Diese Frage formalisierte ein junger Professor für Mathematik an der Universität von Toronto, Stephen Cook, am 4. Mai 1971 auf einem Informatik-Kongress, dem dritten Annual ACM Symposium on Theory of Computing in Shaker Heights, Ohio. Seine Kernidee war die Definition von Problemklassen: Zum einen definierte er formal die Klasse der Entscheidungsprobleme $\mathcal{P}$, die sich in polynomialer Zeit lösen lassen – zum Beispiel die Frage, ob ein Graph ein Matching einer gewissen Mindestgröße enthält. Zum anderen kam die Klasse $\mathcal{NP}$ dazu: Das ist die Klasse der Entscheidungsprobleme, bei denen man zumindest die Ja-Antwort an Hand einer gegebenen Lösung in polynomialer Zeit verifizieren kann.

Entscheidungsprobleme lassen sich in ihrer Schwierigkeit vergleichen, wenn man ein Problem mit Hilfe eines Algorithmus für ein anderes Problem lösen kann. Der Hilfsalgorithmus, der den Algorithmus für das zweite Problem für das erste nutzbar macht, muss dafür in polynomialer Zeit laufen; dann spricht man von einer *polynomialen Reduktion von Problemen*. Wenn sich ein Problem $L$ in polynomialer Zeit auf ein Problem $L'$ reduzieren lässt, dann fasst man $L'$ als mindestens so schwer wie $L$ auf. Ein Problem wird als $\mathcal{NP}$-schwer bezeichnet, wenn es mindestens so schwer wie alle Probleme aus $\mathcal{NP}$ ist.

Cook definierte noch eine Unterklasse der $\mathcal{NP}$-schweren Probleme, die $\mathcal{NP}$-vollständigen Probleme. Das sind also Entscheidungsprobleme in $\mathcal{NP}$, auf die man jedes andere Problem in $\mathcal{NP}$ polynomial reduzieren kann. Es stellt sich heraus, dass sie alle gleichwertig zum Problem SAT sind, dem Problem, für logische Formeln zu entscheiden, ob sie erfüllbar sind, also für irgendeinen Input den Wert „wahr" ergeben: Man kann jedes $\mathcal{NP}$-vollständige Problem in polynomialer Zeit in jedes andere $\mathcal{NP}$-vollständige Problem „übersetzen". Hat man also einen schnellen Algorithmus für irgendein $\mathcal{NP}$-vollständiges Problem, dann hat man einen schnellen Algorithmus für alle.

Das klassische Beispiel für ein $\mathcal{NP}$-vollständiges Problem ist – neben SAT – HAMILTON-KREIS, also das Problem, in einem Graphen zu entscheiden, ob es eine Rundreise gibt, die jeden Knoten genau einmal besucht.

Das eng verwandte Problem des Handlungsreisenden, das TRAVELING_SALESMAN Problem, sozusagen die Optimierungsversion von HAMILTON-KREIS, hat verschiedene Anwendungen: Stellen wir uns zum Beispiel vor, wir wollen mit einem Laser automatisiert Mikrochips auf Leiterplatten befestigen, durch gezieltes Erwärmen verschiedener Kontaktstellen. Der Laser muss sich also von einer Kontaktstelle zur anderen bewegen und folgt dabei einer Lösung dieses Traveling Salesman Problems: In welcher Reihenfolge kommt der Laser am schnellsten zu jedem Kontaktpunkt und ist am Ende wieder am Ausgangspunkt? Realistische Instanzen des Problems sind oft sehr schwer oder sogar unmöglich auszurechnen. Wenn durch neue Algorithmen und bessere Lösungen dieses Problems auch

Heute gibt es eine Unzahl von Komplexitätsklassen. Die Macher der Webseite „Complexity Zoo" (complexityzoo.net/Complexity_Zoo), stellen – mit etwas Ironie – Hunderte von Problemklassen und deren Definitionen und Zusammenhänge dar und horten sie wie exotische Tierarten in einem Tierpark.

1954 gelang es George Dantzig, Ray Fulkerson und Selmer Johnson eine kürzeste Route durch 49 Städte zu finden – ihr Paper hieß *Solution of a Large-Scale Traveling-Salesman Problem* und griff einen Wettbewerb aus der Zeitschrift Newsweek auf. (Mehr zur Geschichte in [96].) Seither wurden die Algorithmen zur Lösung von TSPs sehr viel weiter entwickelt. Die derzeit größte *optimale* Lösung ist eine Route durch 85 900 Punkte, die den Weg eines Lasers beschreibt – ein Problem aus der Chip-Herstellung. Gefunden wurde sie 2006, ihre Optimalität wurde 2009 bewiesen [18]. (Bild: Bill Cook)

nur 1 bis 2 Prozent der Arbeitszeit eingespart werden können, kann das mittelbar schon gute Auswirkungen auf den Aktienkurs des Unternehmens haben.

Bis heute kennt man keinen polynomial schnellen Algorithmus zur Lösung allgemeiner Traveling Salesman Probleme. Die Suche ist eng verquickt mit dem Millennium-Problem „$\mathcal{P}$ versus $\mathcal{NP}$". Könnte man nämlich zeigen, dass HAMILTON-KREIS in $\mathcal{P}$ liegt, dann würde $\mathcal{P} = \mathcal{NP}$ folgen, weil HAMILTON-KREIS $\mathcal{NP}$-vollständig ist. Alternativ kann man versuchen, zu zeigen, dass HAMILTON-KREIS nicht in $\mathcal{P}$ liegt. Übrigens glauben die wenigsten Wissenschaftlerinnen und Wissenschaftler, dass $\mathcal{P} = \mathcal{NP}$ ist und die meisten würden sich deshalb wohl auf die zweite Alternative konzentrieren: 2002 startete

William I. Gasarch von der University of Maryland eine Meinungsumfrage unter Kollegen – 61 der Befragten glauben, dass man keine Algorithmen mit polynomialer Laufzeit für $\mathcal{NP}$-vollständige Probleme finden kann, nur neun waren vom Gegenteil überzeugt; 22 enthielten sich der Meinung und acht waren einer Meinung, die man als entschiedenes „Jein" deuten kann: Ihrer Ansicht nach wird sich das Problem auf die eine oder andere Weise als unentscheidbar herausstellen.

## $\mathcal{P}$, $\mathcal{NP}$ und drei Missverständnisse

Oft wird an die Intuition appelliert und die Einteilung in „polynomial lösbar" und „in polynomialer Zeit überprüfbar" als eine Unterscheidung in „leichte" und „schwere" Probleme dargestellt. Doch dabei kommt es häufig zu gewissen Missverständnissen.

*Erstes Missverständnis.*   „$\mathcal{NP}$-schwere Probleme sind nicht lösbar." Doch, klar: Meistens braucht die Lösung von schweren Problemen länger als die Berechnung einer Lösung eines

Das Problem des Handlungsreisenden hat seinen Ursprung im 19. Jahrhundert: 1832 stellte der anonyme Autor des Buches *Der Handlungsreisende – wie er sein soll und was er zu thun hat, um Aufträge zu erhalten und eines glücklichen Erfolgs in seinen Geschäften gewiß zu sein* die Frage, wie eine kürzeste Rundroute durch eine gegebene Menge von Städten aussieht, wenn kein Weg zweimal bereist werden soll. Heute können auch sehr große Instanzen fast optimal gelöst werden. Das Bild zeigt einen Ausschnitt aus dem derzeitigen Weltrekord, einer Tour durch 1 904 711 Städte der Welt, die im Mai 2013 vom dänischen Mathematiker Keld Helsgaun errechnet wurde. Sie ist höchstens 0,0474 % länger als das Optimum. (Bild: Keld Helsgaun/Bill Cook)

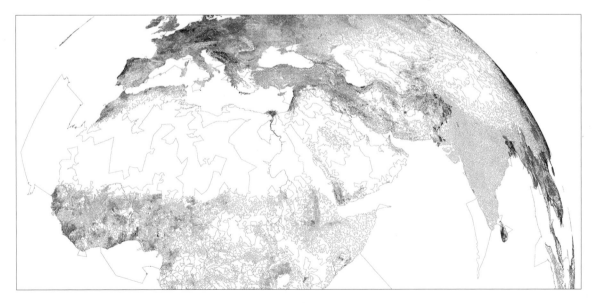

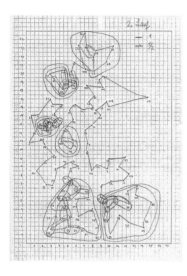

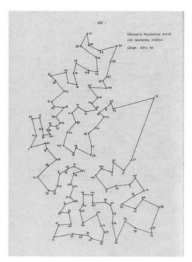

Der Optimierer Martin Grötschel promovierte 1977 mit einer Arbeit über das Traveling Salesman Problem. In wochenlanger Arbeit bestimmte er eine kürzeste Rundreise durch 120 Städte, wobei er neue Klassen von TSP-Ungleichungen entdeckte (mehr in [548]).

Links die Kopie einer Seite aus Grötschels Notizbuch, rechts die fertige Tour aus der Dissertation. (Bilder: M. Grötschel)

Problems in $\mathcal{P}$. Doch das TSP ist ein gutes Beispiel dafür, wie viel dennoch durch die Entwicklung guter Algorithmen machbar ist.

Das hat übrigens gar nicht so viel damit zu tun, dass Computer immer schneller werden. Das „Mooresche Gesetz", benannt nach dem Physiker Gordon Moore, besagt als Faustregel: Die Anzahl der Transistoren in den Computerchips verdoppelt sich alle 2 Jahre. Diese Regel stimmt, zumindest ungefähr, immer noch, obwohl das Wachstum in den letzten Jahren etwas langsamer geworden ist. Doch die Algorithmen werden um ein Vielfaches schneller.

Der Mathematiker Bob Bixby, der mit Optimierungssoftware unternehmerisch ausgesprochen erfolgreich war, berichtet über ein Experiment in diesem Zusammenhang: Er nahm sich einmal ein Problem aus der Produktionsplanung her und rechnete hoch, wie lange es auf einem PC aus dem Jahre 1988 gedauert hätte, das Problem zu lösen. Ergebnis: 82 Jahre. Dasselbe Problem war 15 Jahre später auf einem PC in nur einer Minute geknackt. Beschleunigungsfaktor: 43 Millionen. Die Prozessorgeschwindigkeit aber wurde im selben Zeitraum nur um einen Faktor von 1000 gesteigert, so Bixby. Für den Rest macht er die besseren Algorithmen in der Optimierungssoftware verantwortlich.

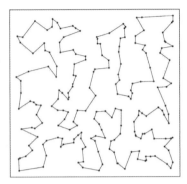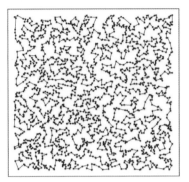

Die Bilder zeigen zwei „Landkarten", links mit 200 und rechts mit 2000 Knoten („Städten"). Mit Hilfe des TSP-Lösers *Concorde* wurde jeweils ein kürzester Rundflug durch diese Knoten berechnet, wobei der Abstand zwischen zwei Punkten nach der euklidischen Metrik („Luftentfernung") berechnet wird. Für das linke Bild brauchte ein PC knapp zwei Sekunden, für das rechte etwa 20 Minuten.

*Zweites Missverständnis.* „$\mathcal{NP}$-schwer heißt immer: lange Rechenzeit." Selbst wenn ein Problem in der Problemklasse $\mathcal{NP}$ ist, kann es passieren, dass viele Instanzen des Problems (also sozusagen konkrete Zahlenbeispiele) schnell lösbar sind. Oft ist es auch so, dass man gar nicht die exakte Lösung, das Optimum braucht – 98 % reichen auch. Ein Beispiel sind Navigationssysteme für Autos: Die berechnen Wege und Rundrouten in aller Regel nicht exakt, sondern mit geschickten Heuristiken. Die Kunst ist, akzeptable Routen möglichst schnell auf den Bildschirm zu bringen.

*Drittes Missverständnis.* „Geschwindigkeit ist alles." Tatsächlich ist die Anzahl der Rechenschritte in der Praxis gar nicht allein entscheidend – wichtig ist zum Beispiel auch die *numerische Stabilität*, also die Frage, wie anfällig ein Algorithmus für Rundungsfehler bei den Rechenschritten ist, siehe das Kapitel „Rechnen", S. 367 ff. (Stichwort: Fehlerfortpflanzung).

## Eine Liste wichtiger Algorithmen

Anfang 2000 starteten die Informatiker Jack Dongarra von der University of Tennessee und Francis Sullivan vom IDA Center for Computing Sciences in Bowie, Maryland, ein interessantes Vorhaben. Für die Januar/Februar-Ausgabe der Zeitschrift *Computing in Science & Engineering* blickten sie gemeinsam auf die Entwicklung der Algorithmen im 20. Jahrhundert zurück –

und widmeten die ganze Ausgabe der Zeitschrift einer Liste
der zehn wichtigsten Algorithmen der vergangenen hundert
Jahre. Dongarra und Sullivan entschieden sich in [129] für die
folgenden Algorithmen:

1. Metropolis-Algorithmus und Monte-Carlo-Methoden
2. Simplex-Algorithmus
3. Krylov-Unterraum-Verfahren
4. Householder-Verfahren
5. Fortran-Compiler
6. QR-Zerlegung
7. Quicksort
8. Schnelle Fourier-Transformation
9. Ferguson-Forcade-Algorithmus (und Algorithmen, die daraus entstanden sind)
10. Schnelle Multipol-Methode

Viele dieser „Algorithmen" sind eigentlich Sammelbezeich-
nungen für ganze Familien von Algorithmen oder bezeichnen
Methoden, die im Laufe der Zeit immer wieder weiterentwickelt und variiert wurden.

Die ältesten Wurzeln haben vermutlich die Monte-Carlo-
Methoden, Algorithmen, die mit einer gewissen Wahrscheinlichkeit das richtige Ergebnis liefern oder bei wiederholter
Anwendung im Erwartungswert das gewünschte Ergebnis liefern. Ein berühmter Monte-Carlo-Algorithmus ist die Näherung
der Zahl $\pi$ mit Hilfe des Buffonschen Nadelexperiments, wie
es bereits 1733 Georges-Louis Leclerc de Buffon vorgeschlagen hat (siehe auch das Kapitel „Zufall – Wahrscheinlichkeiten – Statistik", S. 277 ff.). Der probabilistische Primzahltest
von Gary Miller und Michael Rabin ist im Prinzip ein Monte-
Carlo-Algoritmus für ein Entscheidungsproblem. Monte-Carlo-
Methoden werden auch gerne für Simulationen in Physik und
Chemie verwendet. Eine typische Anwendung ist zum Beispiel
die Simulation der Magnetisierung eines Ferromagneten mit
dem sogenannten Ising-Modell.

Die Metropolis-Methode steht damit in engem Zusammenhang. Sie wurde Mitte der 1940er Jahre von John von
Neumann, Nicholas Metropolis und Stan Ulam und anderen
entwickelt; 1949 veröffentlichten Ulam und Metropolis einen

Aufsatz [341] dazu und vier Jahre später wurde das veröffentlicht, was heute als Metropolis-Hastings-Methode bekannt ist
[342]. Mit der Metropolis-Methode kann man (unter gewissen
Voraussetzungen) eine Folge von Stichproben aus einer beliebigen komplizierten Zufallsverteilung generieren.

Die schnelle Fourier-Transformation (auf Englisch „Fast
Fourier Transformation" und daher die Abkürzung FFT) stellt
zum Beispiel das Kernstück der mp3-Kodierung dar; Daniel
Rockmore überschrieb seinen zugehörigen Artikel in *Computing in Science & Engineering* mit *The FFT: An Algorithm the
Whole Family Can Use*. Bei der Fourier-Transformation geht es
darum, Funktionen als eine kontinuierliche Überlagerung von
Schwingungen darzustellen. Das heißt, man kann (bestimmte) Funktionen aus zwei Blickwinkeln betrachten: einerseits
als Funktion in der Zeit, andererseits als ein Objekt in einem
Raum von Schwingungen. Die Fourier-Transformation springt
genau zwischen diesen beiden Blickwinkeln hin und her. Die
„schnelle Fourier-Transformation" ist ein Sammelbegriff für
eine Familie schneller Algorithmen, die dieses Hin- und Her-
schalten für Überlagerungen diskreter Mengen von Funktionen
berechnen.

Der kürzeste Algorithmus in der Liste ist dagegen wohl
Quicksort, ein Algorithmus zum schnellen Sortieren von Zah-
lenlisten. Erfunden wurde er 1962 von Tony Hoare, einem
britischen Computerwissenschaftler [240]. Die Idee ist simpel:
Wähle in der Liste ein beliebiges Element $a$ aus, das sogenannte Pivot-Element, und teile die Liste damit nun in zwei Teile:
Einen Teil, der alle Elemente enthält, die kleiner als $a$ sind und
einen Teil, in dem die größeren Elemente stehen. Ist man damit fertig, werden die beiden Teile – jeder für sich – bearbeitet,
wieder mit demselben Algorithmus.

Quicksort braucht am längsten, wenn wir bei der zufälligen Wahl der Elemente aus den Listen $B$ und $D$ jedes Mal das
größte oder kleinste Element erwischen. Dann müssen wir (gut
geschätzt) fast jedes Element mit jedem anderen vergleichen,
um die Liste zu sortieren. Daraus folgt, dass die Laufzeit im
schlimmsten Fall quadratisch mit der Länge der Liste wächst
(was bei langen Listen schon nicht mehr gut ist). Im Erwartungswert benötigt Quicksort aber deutlich weniger Vergleiche

```
Funktion quicksort(A, p)
    initiierte Listen B, C, D
    für alle a ∈ A tue
        wenn a < p dann
            | füge a der Liste B hinzu
        sonst wenn a = p dann
            | füge a der Liste C hinzu
        sonst
            | füge a der Liste D hinzu
        Ende
    Ende
    wenn B mehr als ein Element enthält dann
        | Wähle zufällig ein Element b aus B
        | B' ← quicksort(B, b)
    Ende
    wenn D mehr als ein Element enthält dann
        | Wähle zufällig ein Element d aus D
        | D' ← quicksort(D, d)
    Ende
    A' ← (B', C, D')
    zurück A'
Ende
```

Der Kern von *Quicksort* ist diese Funktion, die aus einer Liste $A$ und einem zufällig gewählten Element $p$ aus dieser Liste eine sortierte Liste $A'$ erzeugt, und sich dabei selbst rekursiv aufruft.

zwischen Elementen der Liste, nämlich nur in der Größenordnung von $n \log(n)$ viele. Das ist Bestzeit für einen Sortieralgorithmus, und zwar beweisbar!

Das Simplex-Verfahren ist vermutlich der wirtschaftlich wichtigste Algorithmus in der Liste. Diese Methode wurde 1947 von George Dantzig entwickelt, zur Lösung linearer Programme (mehr zur Geschichte in [110]). Ein lineares Programm hat mit Programmieren nichts zu tun – Dantzig arbeitete damals für das Pentagon und versuchte mit dem Begriff die Sprache der Militärs aufzugreifen, die bei ihren Planungen viel von *programs* sprachen.

Tatsächlich geht es um die Lösung von Optimierungsproblemen: Gegeben ist ein lineares Funktional, also eine Abbildung $f\colon \mathbb{R}^n \to \mathbb{R}, x \mapsto ax$, die in eine bestimmte Richtung die „Höhe" misst. Dieses Funktional soll maximiert werden: Man sucht also einen Punkt $x$, der aus $f(x)$ möglichst viel heraus holt – allerdings unter einer Bedingung: Die Kandidaten für $x$ dürfen nur aus einer gewissen Teilmenge von $\mathbb{R}^n$ stammen, einem konvexen Polyeder. Das kann man sich als ein Stück des Raumes vorstellen, das durch ebene Schnitte (im Hochdimensionalen: Hyperebenen) vom übrigen Raum abgetrennt wird. Das

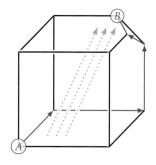

Die Idee hinter dem Simplex-Verfahren, hier in drei Dimensionen: Man wandert von einer Startecke $A$ aus entlang von Kanten eines konvexen Polyeders, bis zu einer optimalen Ecke $B$, die das Optimierungsfunktional maximiert. (Dessen „Richtung" ist hier durch die gestrichelten blauen Pfeile angedeutet.)

Simplex-Verfahren wandert nun Ecken des Polyeders ab, immer entlang von Kanten, entlang derer das Funktional ansteigt, bis es eine Ecke erreicht, die $f(x)$ optimiert.

So weit verbreitet das Simplex-Verfahren ist, es gehört gar nicht zu den schnellsten Algorithmen zum Lösen linearer Programme, zumindest im Sinne der Komplexitätstheorie. Es löst lineare Programme im Allgemeinen nicht in polynomialer Zeit; schon früh wurden Problem-Instanzen gefunden, bei denen es sehr lange braucht. Diese Beispiele sind jedoch recht speziell: In der Praxisanwendung erweist sich das Simplex-Verfahren meist als flott.

Leonid Khachiyan zeigte zudem 1979, dass man mit einem anderen Algorithmus, der Ellipsoid-Methode, theoretisch lineare Programme in polynomialer Zeit lösen kann. Für die Praxis ist die Ellipsoid-Methode, die nur mit extremer Langzahlarithmetik korrekt eingesetzt werden kann, nicht geeignet. Erst seit 1984 kennt man kennt Algorithmen, sogenannte Innere-Punkte-Verfahren, die lineare Programme auch praktisch in polynomialer Zeit lösen können: Das erste solche Verfahren wurde von Narendra B. Karmarkar vorgestellt. Dennoch erfreut sich das Simplex-Verfahren immer noch großer Beliebtheit.

Die obige Top-Ten-Liste könnte man um viele weitere wichtige Algorithmen erweitern. Es fehlen zum Beispiel graphentheoretische Algorithmen – etwa Algorithmen zum Clustern (Kategorisieren) von Punkten – oder Algorithmen zur Berechnung von Netzwerkflüssen, die in der Telekommunikation essentiell sind, wenn man wissen will, wie viele Daten durch ein gegebenes Kabel- oder Funknetz laufen können und wie man das Netzwerk auslegen muss, damit es auch bei Ausfall von Verbindungen nutzbar bleibt. In der Liste fehlen auch Algorithmen aus der Kodierungstheorie: Methoden, mit denen Computerdaten geschickt gepackt und entpackt werden, so dass man zum Beispiel möglichst wenige Bits zum Speichern benötigt oder die Daten auch nach Übertragungsfehlern rekonstruieren kann.

Und in der Praxis sieht es ohnedies nochmal anders aus. Hat man Glück, dann kann man das zu lösende Problem in eine andere Frage überführen, von der man schon weiß, dass und wie man sie mit Hilfe von Algorithmen berechnen kann. Beispiele dafür sind der sogenannte „Google-Algorithmus",

*Rehabilitation des Simplex-Verfahrens* 2010 erhielt Daniel Spielman den Nevanlinna-Preis der International Mathematical Union (IMU), eine Art Fields-Medaille in der Informatik, für seine Arbeiten zur *Smoothed Analysis*. Dabei geht es darum, das Simplex-Verfahren – das in der Realität seine Tauglichkeit ja täglich unter Beweis stellt und nur theoretisch, bei einigen künstlich konstruierten Problemen schlecht arbeitet – „realistischer" zu bewerten.

auch Page-Rank genannt (siehe dazu [343]), oder der weniger
bekannte HITS-Algorithmus (*Hyperlink-Induced Topic Search*)
von Jon Kleinberg. Beide Algorithmen bewerten auf etwas unterschiedliche Weise Webseiten aufgrund der Links, die auf
sie zeigen oder die von ihnen wegführen. Im Maschinenraum
arbeiten jedoch beide mit Methoden zur Berechnung von Ei-
genwerten großer, strukturierter Matrizen.

Oft sind moderne Algorithmen aber viel mehr als allein-
stehende Apparate; sie sind eher so etwas wie ganze Analyse-
Institute. Sie werden aus mehreren, manchmal Dutzenden
Algorithmen-Abteilungen zusammengesetzt, um die vielen
nötigen Teilaufgaben zu erledigen. Fast immer müssen Daten
sortiert werden, nicht selten sind Teile auch mit Optimierungen
beschäftigt, etwa in linearen Programmen oder mit Gradientenverfahren, mitunter braucht man auch Klassifizierungen, und
manchmal lassen sich die Aufgaben auch so aufteilen, dass ein
Teil der Algorithmen gleichzeitig arbeiten kann (Parallelisierung).

Sehr oft werden die Verfahren zeitlich in zwei Phasen aufgeteilt: Man optimiert mit Algorithmus A erst die Parameter
von Algorithmus B („Lernphase"), und berechnet dann mit B
die eigentliche Aufgabe, mitunter sogar im dauernden Wechsel-
spiel. Eine solche Parameter-Optimierung nutzen zum Beispiel
fast alle Methoden aus dem Maschinellen Lernen, zum Beispiel die aktuell vor allem für Bild- und Spracherkennung sehr
populären Künstlichen Neuronalen Netze, wo anhand von Trainingsdaten mit Hilfe von Gradientenverfahren die Parameter
(Koeffizienten) eines neuronalen Netzes berechnet werden.

Dieser zweistufige Ansatz klingt einfach, entpuppt sich aber
in Umsetzung und Bewertung oft als ganz schön komplex.
Denn: Wie gut ein Groß-Algorithmus arbeitet, hängt am Ende nicht nur vom Zusammenwirken seiner Teil-Algorithmen
ab, sondern vor allem auch von der Art der Trainingsdaten.
Nicht selten liefert ein Algorithmus auf Trainingsdaten perfekte
Ergebnisse und arbeitet hinterher schlecht, weil er viel zu gut
angepasst wurde („Overfitting"). Daher wird heute in der Praxis die klassische mathematische Analyse der Algorithmen oft
durch eine statistische Analyse und geschickte Auswahl der
Trainingsdaten ergänzt.

## PARTITUREN

◇ Christoph Drösser, *Total berechenbar? Wenn Algorithmen für uns entscheiden*, Hanser (2016).

Algorithmen überall: ein interessantes und sehr zugängliches Buch.

◇ Sebastian Stiller, *Planet der Algorithmen. Ein Reiseführer*, Knaus (2015).

Sehr rasant geschrieben, von einem Professor an der TU Braunschweig.

◇ Berthold Vöcking et al., *Taschenbuch der Algorithmen*, Springer (2008).

Ein wunderbares Buch, um die Welt der Algorithmen auf vergleichsweise einfachem Niveau zu entdecken. Macht Lust, selbst zu forschen.

◇ Gottfried Wolmeringer, *Coding for Fun – IT-Geschichte zum Nachprogrammieren*, Galileo Press (2008).

Informatikgeschichte – also Algorithmen-Geschichte – zum Selbernachmachen: Empfohlen!

◇ Andrew Hodges, *Alan Turing. The Enigma*, Simon & Schuster (1983).

Mustergültige Biographie eines herausragenden Wissenschaftlers mit kinoreifer Biographie.

## ETÜDEN

◇ Wenn Sie Lust auf Algorithmen bekommen haben und mehr Beispiele kennen lernen möchten, schauen Sie doch auf der Webseite idea-instructions.com vorbei. Dort finden Sie bildhafte Darstellungen von Algorithmen, die von den Bauanleitungen eines schwedischen Möbelhauses inspiriert sind.

◇ Wählen Sie weitere Algorithmen aus der Liste von Sullivan und Dongarra und versuchen Sie zu verstehen, worum es geht. Wo werden die Algorithmen verwendet? Wie funktionieren sie? Gibt es besonders „böse" Instanzen, bei denen die Laufzeit der Algorithmen deutlich ansteigt?

◇ Wie können Sie den Wochentag berechnen, der zu einer Datumsangabe gehört? Zum Beispiel: Welcher Wochentag war der 19. Mai 1963? Das lässt sich als Algorithmus formulieren! Wie kann der Algorithmus für andere Kalender angepasst werden? Zum Beispiel auf den julianischen Kalender oder auf einen Mondkalender wie den islamischen Kalender.

◇ Gauß wurde einem breiten Publikum dadurch bekannt, dass er einen Algorithmus angegeben hat, um den Ostertermin zu berechnen. Wie funktioniert die Gauß'sche Osterformel? Wie kann diese Formel auf andere Kalender angepasst werden? In einem Mondkalender sollte sie ja einfacher sein, oder?

◇ Versuchen Sie selbst, die Folge der Bernoulli-Zahlen „so weit wie möglich" selbst zu berechnen. Finden Sie ein besseres Verfahren als die angegebene Rekursion? Was passiert, wenn Sie da mit Dezimalzahlen und Rundefehlern rechnen? Stimmt es, dass die Bernoulli-Zahlen immer kleiner werden?

◇ Immer wieder werden Beweisversuche für $P = NP$ oder auch für $P \neq NP$ vorgelegt. Auch darauf bezieht sich der Blog von Scott Aaronson [1] aus dem Jahr 2008, und bietet uns Kriterien für die Einschätzung an. Versuchen Sie dazu die Ankündigung von Norbert Blum 2017 und die Geschichte der Bewertung seines Versuchs nachzuvollziehen; dafür können Sie [43] als Ausgangspunkt verwenden. Über [261] stoßen Sie auf einen anderen Beweisversuch.

◇ Alle reden über Neuronale Netze. Aber wie funktionieren sie? Was wird beim Training optimiert? Warum funktionieren Neuronale Netze oft nur mit einer gewissen Wahrscheinlichkeit gut?

◇ Welche Algorithmen verwenden Sie im Alltag?

# Mathematik in der Öffentlichkeit

*„Was ist Mathematik?" haben wir in den ersten Kapiteln gefragt, und untersucht, was die Fachwelt für Mathematik hält. In diesem letzten Kapitel geht es nun darum, was Laien über Mathematik denken.*
*Wir sehen uns einige Quellen an, aus denen sich Vorstellungen und Stereotype über Mathematik speisen: Schulen, Medien, Pressestellen und PR-Arbeit. Zusammen genommen erzeugen sie ein komplexes Geflecht aus Ursachen und Wirkungen – und ein sehr vielfältiges Bild von Mathematik.*

© Der/die Autor(en) 2022
A. Loos et al., *Panorama der Mathematik*,
https://doi.org/10.1007/978-3-662-54873-8_15

## THEMA: MATHEMATIK IN DER ÖFFENTLICHKEIT

### Das Bild der Mathematik

Mathematik polarisiert. Die einen lieben sie, die anderen hassen sie, kaum einer steht ihr neutral gegenüber. Dieser Befund ist vielfach belegt, relativiert sich allerdings mit der Frage, was der sprichwörtliche „Mensch auf der Straße" eigentlich meint, wenn er über Mathematik spricht, welche Vorstellungen er sich von Mathematik macht, welche Bilder ihm in den Kopf kommen.

Mathematik ist ein Schulfach, und zwar in allen Schularten und Schulstufen. Die Vorstellungen davon, was Mathematik ist, werden deshalb bei den meisten Menschen vor allem in der Schule geprägt. Sie beziehen sich dadurch weitgehend auf Zahlen, elementares Rechnen und auf Elementargeometrie – kurz gesagt: Bruchrechnung, quadratische Gleichungen und „der Pythagoras" bestimmen das Bild.

### Mathematik I–III

Jede Diskussion über das Bild der Mathematik – und damit auch die Werbung für und Vermittlung von Mathematik – muss daher mit der Frage „Was ist Mathematik?" beginnen. Deshalb bestimmt sie auch den ersten Teil dieses Buches (und das gesamte Buch versucht, eine Antwort zu geben). Wir versuchen ein wenig System in diese Frage zu bringen, indem wir wesentliche Hauptaspekte von Mathematik unterscheiden:

*Mathematik I* ist das Alltagswissen aus der Mathematik – also das Grundwissen an Logik, Rechnen und Geometrie, Wahrscheinlichkeit und Statistik, das *im Alltag gebraucht* wird. (Ein großer Teil davon wird schon in dem Rechenbüchlein von Adam Ries von 1522 erklärt; nur die Wahrscheinlichkeitsrechnung kam erst später.)

*Mathematik II* ist Mathematik als gewaltige Kulturleistung, die sich über Jahrtausende entwickelt hat, von den Anfängen in der Steinzeit über die klassische griechische Mathematik und die frühen Fortschritte im indo-arabischen Raum bis in die Neuzeit – etwas, das *jedem bewusst sein sollte*. Dazu gehören im Laufe der Mathematikgeschichte auch die Sicherung der Grundlagen der Mathematik, etwa für die Analysis durch Weierstraß im 19. Jahrhundert; oder die Entwicklung von Begriffen und Theorien, die dann wiederum bereitstanden als Hilfsmittel zur Formulierung von physikalischen Theorien wie Quantentheorie und Relativitätstheorie; aber auch die Lösung von großen Problemen als Gemeinschaftsleistung, teilweise erst nach Jahrhunderten oder auch Jahrtausenden, etwa die Unmöglichkeitsbeweise für die klassischen griechischen Probleme der Winkeldreiteilung, Würfelverdopplung und Quadratur des Kreises in der zweiten Hälfte des 19. Jahrhunderts und der Beweis für „Fermats letztem Satz" nach mehr als 350 Jahren durch Wiles und Taylor.

*Mathematik III* ist die Mathematik als aktuelle Wissenschaft, wie sie nur über ein Studium zugänglich ist. Diese ist in vielen Bereichen sehr abstrakt und braucht zum Verständnis viel Einarbeitungszeit und Ausbildung. Sie ist aber gleichzeitig die Grundlage und wesentliche Komponente für alle Bereiche der modernen Naturwissenschaft, Wirtschaft und Industrie. Es geht hier also um *Mathematik, die alle betrifft* und von der unser Wohlstand abhängt. Dabei verbergen sich die mathematischen Methoden in vielen spektakulären Bereichen moderner technischer Entwicklungen unter der Oberfläche – man bekommt sozusagen die Mathematik nicht zu sehen. Kaum ein Industriebereich wird als „mathematische Industrie" gesehen, obwohl Mathematik oft der entscheidende Kern ist – etwa in der Finanzindustrie oder in der Logistik. Besonders augenfällig ist das bei den modernen Methoden der Visualisierung für Filme und Computerspiele.

## Mathematik in der Schule

Welche Mathematik sollte in der Schule gelehrt werden (und wie)? Diese Frage stand im 19. Jahrhundert im Zentrum einer großen Kontroverse: Auf der einen Seite des Streits standen damals die Verteidiger der traditionellen deutschen Gymnasialbildung, die Mathematik als Teil der Kultur, mathematisches Denken und Argumentieren als Teil der Allgemeinbildung und als Denkschulung sahen (was sich übrigens auf Platon zurückführen lässt) und *deshalb* breit unterrichtet haben wollten. Auf der anderen Seite standen die Verfechter des Realgymnasiums mit einem Lehrplan, der eher an Bedürfnissen von Wirtschaft und Industrie ausgerichtet sein sollte. Auf der einen Seite also Axiomatik und klassische Beweise à la Euklid, auf der anderen das Rechnen und der Umgang mit Logarithmentafeln.

Nach vielen weiteren Wellen und Moden, die über die Schulen hinweggegangen sind (am drastischsten vielleicht mit der Einführung der *Mengenlehre* in den 1970er Jahren) ist der Kampf offenbar auch heute noch nicht ausgestanden, wie man an aktuellen Kontroversen um die Verwendung von Taschenrechnern/Computern und die Kompetenzorientierung im Mathematikunterricht sehen kann.

Wir glauben, dass Mathematik als Fach nur dann lebendig sein kann, wenn sie in ihrer Vielfalt dargestellt und unterrichtet wird: Das Rechnen als Alltagsfähigkeit, die Kulturleistung der Mathematik als Teil der intellektuellen Weltgeschichte, und die Heranführung an die mathematischen Methoden, die technische Innovationen von heute und morgen möglich machen: All das ist Teil dessen, was Mathematik ist und kann. All das muss auch in der Schule vermittelt, gelehrt und illustriert werden.

## Mathematik in den Medien

Man würde sich wünschen, dass auch in den Medien (stärker) sichtbar wird, dass Mathematik eine aktuelle Wissenschaft ist, in der große Probleme nicht nur gestellt und bearbeitet, sondern auch gelöst werden.

Nur vereinzelt finden aber mathematische Fortschritte und Durchbrüche ihren Weg in die tagesaktuelle Presse, in Radio und Fernsehen. Dies liegt an vielfältigen Problemen und Einschränkungen im aktuellen Wissenschaftsjournalismus (die hier nicht Thema sein können). Es liegt aber natürlich auch daran, dass sich vieles, das in der Wissenschaft als substanzieller Fortschritt gilt, nicht für die Öffentlichkeit eignet. Nur selten ergibt sich der glückliche Zufall, dass ein substanzieller Fortschritt an einem mathematischen Problem, das man leicht zumindest skizzieren oder plausibel machen kann, mit Bildern oder Illustrationen zusammentreffen, was zusammen eine Zeitungsmeldung oder einen Radiobeitrag auslösen kann. Daher ist das Bild, das die Medien über die Fortschritte der Mathematik wiedergeben können, notwendigerweise ausschnitthaft und keinesfalls in irgendeiner Art vollständig – und es unterliegt Verzerrungen. Trotzdem sind die vereinzelten Meldungen und Berichte wertvoll, weil sie zeigen, dass Forschung stattfindet.

Gleichzeitig stehen auch immer wieder die Akteure im Mittelpunkt des Interesses, also die Mathematikerinnen und Mathematiker, denen der Fortschritt gelingt: Damit haben Menschen wie Maryam Mirzakhani, Grigori Perelman, Terence Tao oder Andrew Wiles eine gewisse Berühmtheit erlangt. Andere, wie Cédric Villani, leisten einen wesentlichen Beitrag zum öffentlichen Bild der Wissenschaft, indem sie fesselnd aus ihrer Arbeit berichten (wie in „Das lebendige Theorem" von Villani) und durch ihre Persönlichkeit und ihr Auftreten beeindrucken.

Sehr langsam verschiebt sich dabei wohl auch das öffentliche Image des „Mathematikers". Noch 2008 wurde von Mendick et al. konstatiert, dass „Schülerinnen und Schüler und selbst Mathe-Studentinnen und -Studenten die Mathematiker als ältere, weiße Männer aus der Mittelklasse sehen, das sind sowohl Rollen von Macht als auch Rollen, die sich aus verbreiteten Bildern der Popkultur, nämlich Zwanghaftigkeit, Strebertum, Wahnsinn und mangelnder sozialer Kompetenz, speisen" [338]. Dieses Klischee-Bild ist wohl immer noch weit verbreitet und wird sich nur langsam verändern. Dazu leisten auch Kino-Figuren wie das exzentrische, schizophrene Genie John Nash in *A Beautiful Mind – Genie und Wahnsinn* (2001), der schwule und nicht minder geniale Code-Knacker Alan Turing in *The Imitation Game – Ein streng geheimes Leben* (2014) oder der ebenfalls geniale Außenseiter Srinivasa Ramanujan in *Die Poesie des Unendlichen* (2015) ihre Beiträge. Das Bild / Klischee vom Mathematiker ist aber von großer Bedeutung, weil es die Rollenmodelle liefert, wenn sich Schülerinnen und Schüler auf dem Weg zum Studium die Frage stellen, ob sie Mathematikerin oder Mathematiker werden wollen.

## Werbung für die Mathematik?

Während sich die Mathematik als lebendige Wissenschaft (also „Mathematik III") rasant entwickelt und daher die Rolle der Mathematik für die moderne Welt eine ganz andere sein muss als vor einigen Jahrzehnten, verändert sich das Bild der Mathematik in der Schule, weitgehend durch „Mathematik I" bestimmt, sehr langsam. Dazu trägt auch die schon 1908 von Felix Klein diagnostizierte „Doppelte Diskontinuität" in der Lehramtsausbildung bei: Die Mathematik an der Hochschule wird von vielen Lehramts-Studierenden als unzugängliche, fremde Welt wahrgenommen, die erfolgreich „durchtunnelt" wird, so dass dieselben Studierenden danach als Lehrerinnen und Lehrer wieder die Mathematik lehren (und das Bild der Mathematik vermitteln), das ihnen selbst als Schülerin oder Schüler vermittelt wurde.

Die Wissenschaft und Schlüsseltechnologie Mathematik – und ebenso die Mathematik als Lehrfach – können nur dann die motivierten und begabten Studentinnen und Studenten packen und zum Mitmachen bewegen, wenn schon in der Schule ein umfassendes Bild von den drei Aspekten der Mathematik vermittelt wurde. Dazu soll auch dieses Buch (und wünschenswerterweise eine entsprechende Vorlesung im Mathematik-Bachelorstudium) beitragen.

Gleichzeitig ist Mathematik ein schwieriges Fach (als Wissenschaft und als Schulfach). Daher brauchen alle, die sich der Herausforderung stellen, Ermutigung und Rückenstärkung. Das vielfach öffentlich (auch von Prominenten) zur Schau gestellte Bekenntnis „In Mathe war ich immer schlecht!" ist da sicher nicht produktiv.

Die Mathematik braucht also Werbung, um für das Fach (und für ihr Studium) zu interessieren und zu begeistern. Die Werbung muss gleichzeitig die Breite des Faches in seinen vielfältigen Komponenten darstellen: Mathematik als Denkschule, als Kulturleistung, als Kunst, als Rätselsport und so weiter.

Eine wichtige Erkenntnis ist dabei der Satz „Wer sich verteidigt, ist ein Loser" aus dem Konzeptpapier für das Jahr der Mathematik 2008 in Deutschland: Aus einer Verteidigungshaltung heraus kann eine erfolgreiche Vermittlung nicht gelingen. Es sind also positive Botschaften und Einladungen gefragt: Im Mathematikjahr führte das zu dem Slogan „Du kannst mehr Mathe, als Du denkst!"

In der Tat gibt es ein sehr breites Interesse an Mathematik – abzulesen am Erfolg von Büchern wie „Der Zahlenteufel" von Enzensberger (1997), „Fermats letzter Satz" von Singh (1997) und „Der Mathematik-Verführer" von Drösser (2008); oder am Zulauf von Mathematik-Museen und -Ausstellungen wie dem *Mathematikum* in Gießen, dem *Arithmeum* in Bonn, *ix-quadrat* in Garching bei München und *inspirata* in Dresden; oder auch dem IMAGINARY-Projekt, das vom Mathematischen Forschungsinstitut Oberwolfach initiiert wurde und jetzt in Ausstellungen zum Selbermachen weltweit präsent ist. Auch das Interesse an mathematischen Knobelaufgaben wie Sudokus ist ungebrochen – insofern ist Mathematik „Trendsport".

## VARIATIONEN: MATHEMATIK IN DER ÖFFENTLICHKEIT

### Mathematik in der Schule

Es gibt sehr gute Gründe dafür, warum die Schulmathematik sich seit Jahrhunderten eher auf den ersten Aspekt Mathematik I, also die Rechenfähigkeiten und die im Alltag anwendbare Mathematik, konzentriert – was wiederum wichtig für das Bild von Mathematik in der Öffentlichkeit ist. Doch selbst in diesem Fokus auf Rechnen und Anwendungen unterliegt der Schulunterricht Moden.

In den vergangenen zwei Jahrhunderten, in denen das Schulwesen in Deutschland unter staatlicher Aufsicht geordnet und standardisiert wurde, wurden die Lehrpläne für Mathematik immer wieder umgeworfen und durch Neuerungen angereichert – und mitunter schon wenige Jahre später wieder „entschlackt" und bereinigt. Wir wollen im Folgenden einen sehr groben Überblick über die (im Detail sehr komplizierten) Wandlungen des Mathematikunterrichts geben. (Mehr zum Beispiel in [194] speziell zum Geometrieunterricht, oder in [253] aus Sicht von Abiturarbeiten.)

1802 wurde das Schulsystem in Frankreich einer Reform durch Napoleon unterzogen, was indirekt auch auf das Preußische Schulwesen Einfluss haben sollte. „In den Lyceen sollen vorrangig Mathematik und Latein unterrichtet werden", bestimmte Napoleon [537] – doch tatsächlich lag der Schwerpunkt der Ausbildung auf Geisteswissenschaften: Von sieben Jahren Gymnasium widmeten sich höchstens drei der Mathematik, Lehrermangel in Mathematik war die Regel. Dabei waren Mathematiker durchaus gefragt: für militärische Aufgaben und Ingenieurleistungen benötigte der Staat sie dringend.

In Preußen sah es ähnlich schlecht für die Mathematik aus [453]. Obwohl durchaus als wichtig angesehen, wies der Lehrplan – soweit er überhaupt existierte – der Mathematik keinen allzu hohen Stellenwert zu; unterrichtet wurden vornehmlich alte Sprachen. In Mathematik ging es vor allem um klassische Geometrie (also im Wesentlichen um Lehrsätze, die schon im antiken Griechenland bekannt waren), Mechanik (die Fallgesetze zum Beispiel) und das Lösen von Gleichungen.

Als 1788 in Preußen Reifezeugnisse eingeführt werden, wurde darin nur ein „Urtheil über bisherige Aufführung" und „Fleiß" ausgewiesen, sowie Prüfungsergebnisse in alten und neuen Sprachen und in Geschichte. Mathematikkenntnisse waren nicht gefordert – und abgesehen davon waren die Zeugnisse auch erst einige Jahrzehnte später Zugangsvoraussetzung für einen Universitätsbesuch.

1808 wurde Wilhelm von Humboldt, der noch ein Jahr zuvor als Gesandter in Rom gearbeitet hatte, überraschend zum Direktor der Sektion für Kultus und Unterricht im Preußischen Innenministerium ernannt. Nur ein Jahr später stieß er Bildungsreformen an, die das preußische Bildungssystem in den folgenden Jahrzehnten tief prägen sollten. Drei Schwerpunkte sollten die Bildung auszeichnen: Sprachen, Geschichte und Mathematik – und letztere gehörte für Humboldt zur Allgemeinbildung:

> Der Mathematiker, der Naturforscher, der Künstler, ja oft selbst der Philosoph beginnen nicht nur jetzt gewöhnlich ihr Geschäft, ohne seine eigentliche Natur zu kennen und es in seiner Vollständigkeit zu übersehen, sondern auch nur wenige erheben sich selbst späterhin zu diesem höheren Standpunkt und dieser allgemeineren Uebersicht,

schrieb er in seiner kurzen und fragmentarisch gebliebenen *Theorie der Bildung des Menschen* [249]. Im Zuge der Humboldtschen Bildungsreformen wurde ein Lehramtsexamen eingeführt, mit dem Lehrer Kenntnisse in alten Sprachen, Geschichte und Mathematik nachweisen mussten – und damit stand Preußen in Sachen Mathematik vergleichsweise gut da.

Doch das aufstrebende Bürgertum wollte mehr. Es bildeten sich Gewerbeschulen, Realschulen, Realgymnasien – Schulen, die anders als Gymnasien weniger Wert auf Catull und Horaz und dafür mehr auf kaufmännisches Rechnen und das Lösen von Gleichungen legten. Diese Schulen hatten nicht nur in Preußen einen schweren Stand – 1816 wurden in Bayern etwa die Realinstitute ganz aufgelöst. An den klassischen Gymnasien gab es in Bayern zu dieser Zeit gerade mal eine Wochenstunde Mathematik [449].

Erst ab 1882 konnte man in Preußen mit einem Abitur von einer Oberrealschule auch studieren; diese Schulen wurden

damit den Gymnasien Humboldtscher Prägung gleichgestellt.
Doch fast gleichzeitig wurde der Mathematikunterricht wieder beschnitten: Infinitesimalrechnung, soweit sie überhaupt
unterrichtet wurde, wurde aus dem Lehrkanon gestrichen.

Wieder waren Reformen nötig – und die Schlüsselfigur hier
wurde Felix Klein, der 1872 als Professor an die Universität
Erlangen berufen wurde. Er war ein hochbegabter Geometer
und Algebraiker, wurde schon mit 19 Jahren promoviert und
habilitierte sich im Alter von 22 Jahren. Doch von Anfang an
lag ihm auch die Schulbildung am Herzen – vielleicht aufgrund
der eigenen Erfahrungen am humanistischen Gymnasium in
Düsseldorf:

> Meinem früh erwachten Interesse nach der naturwissenschaftlichen Seite hin konnte diese rein philologische Erziehung so gut
> wie garnichts bieten, zumal der mathematische Unterricht, dem
> ich mit besonderer Leichtigkeit folgte, einen streng formalen Charakter trug. Ein freundliches Geschick gab mir aber durch meinen
> Freund und Klassengenossen Wilhelm Ruer die fehlende naturwissenschaftliche Anregung. In der Apotheke seines Vaters erhielt
> ich auf meine unermüdlichen Fragen stets freundliche Belehrung,
> die durch zahlreiche Exkursionen belebt wurde [...]. Entsprechende Anregung nach abstrakter Seite bot sich mir in der kleinen
> Sternwarte der Stadt Düsseldorf. [274]

Klein widmete seine Antrittsvorlesung in Erlangen der Idee der
„Einheit aller Wissenschaft", wie er es nennt:

> Daher gehören auch humanistische und mathematisch-naturwissenschaftliche Bildung zusammen und dürfen nicht in Gegensatz
> gebracht werden. Andererseits ist neben der reinen auch die angewandte Mathematik zu pflegen, um den Zusammenhang mit
> den angrenzenden Wissensgebieten wie Physik und Technik zu
> wahren. Ferner muß in der Mathematik neben den logischen
> Fähigkeiten die Anschauung als gleichberechtigter Faktor und
> überhaupt die mathematische Phantasie und die aus ihr entspringende Selbsttätigkeit entwickelt werden. Schließlich hat die
> Universität auch den vorbereitenden Unterricht in den Schulen
> zu beachten und daher besonderes Gewicht auf die Ausbildung
> der Lehramtskandidaten zu legen, wobei die Einrichtungen der
> technischen Hochschulen in mancher Beziehung als vorbildlich
> betrachtet werden können. [274]

Und er bedauerte ein Phänomen, das er doppelte Diskontinuität tauft:

Der junge Student sieht sich am Beginn seines Studiums vor Probleme gestellt, an denen ihn nichts mehr erinnert, womit er sich bisher beschäftigt hat, und natürlich vergisst er daher alle diese Dinge rasch und gründlich. Tritt er aber nach Absolvierung des Studiums ins Lehramt über, so muss er eben diese herkömmliche Elementarmathematik schulmäßig unterrichten, und da er diese Aufgabe kaum selbstständig mit seiner Hochschulmathematik in Zusammenhang bringen kann, so nimmt er bald die alte Unterrichtstradition wieder auf, und das Hochschulstudium bleibt ihm nur eine mehr oder minder angenehme Erinnerung, die auf seinen Unterricht keinen Einfluß hat. [273]

Klein entwickelte eine Reihe von praktischen Forderungen für die Ausbildung an der Universität:

◊ Regelmäßige Elementarvorlesungen sowie Spezialvorlesungen für ein kleineres, wissenschaftlich interessiertes Publikum, mit Übungen und Seminarbetrieb;
◊ Kurse in darstellender Geometrie mit Betonung des zeichnerischen Könnens;
◊ Einrichtung von Lesezimmern mit Präsenzbibliothek und Modellsammlung.

In den folgenden Jahren wurde er nicht nur als Forscher und Lehrer bekannt, sondern auch als Wissenschaftsmanager und Bildungsreformer, sowohl von Hochschulen als auch Schulen. 1882 erlitt er einen Nervenzusammenbruch aufgrund der großen Arbeitslast, ein „vollständiges Zusammenklappen", wie er es selbst nannte [276]. Doch er erholte sich weitgehend, wurde nach Göttingen berufen und führte dort 1892 Kurse für Oberlehrer in den Osterferien ein, bei denen er über unterschiedliche Themen aus der Mathematik vortrug. Ab 1904 arbeitete Klein auch an Lehrplänen mit, als die Infinitesimalrechnung (wieder) eingeführt werden sollte. Seine Arbeit mündete 1905 in die berühmten Meraner Vorschläge, die bei der Jahrestagung der Gesellschaft Deutscher Naturforscher und Ärzte und der Deutschen Mathematiker-Vereinigung in Meran vorgestellt wurden.

In Preußen wurde Kleins Programm 1925 umgesetzt und es war – mit Unterbrechungen in der Nazizeit, wo der Schwerpunkt wieder auf Elementarmathematik gelegt wurde – bis in die 1950er Jahre bestimmend.

*[Handschriftliches Manuskript, Seite 1:]*

Einleitung.

*[Handschriftliches Manuskript, Seite 2]*

Der erste Teil von Kleins *Elementarmathematik vom höheren Standpunkte aus* – einer Vorlesung vor allem für Lehrer – wurde 1908 von Teubner als Manuskript von Ernst Hellinger, einem Mitarbeiter Kleins, reproduziert.

Der nächste tiefe Einschnitt kam 1957: Die Sowjetunion brachte den ersten Satelliten ins All. Das Piepsen von Sputnik, das man sogar über Radio empfangen konnte, weckte auch die Bildungsreformerinnen und -reformer im Kalten Krieg aus ihrem Schlummer: Wenn der Osten zu solchen Leistungen fähig war und der Westen nicht, dann lag offenbar auch die westliche Schulbildung im Argen. Die Lösung erhoffte man sich von der Mengenlehre. Schülerinnen und Schüler sollten mit ihrer Hilfe die Axiomatik und Strukturen der modernen Mathematik in drei Stufen erkennen: enaktiv (also durch Handeln, etwa das Sortieren von Elementen in Mengen), ikonisch (also durch Umsetzung in Bilder, etwa Mengendiagramme) und symbolisch (also durch Formelschreibweise).

Unter dem Stichwort New Math hielt so zunächst in den USA, dann ab den 1960er Jahren auch in Deutschland, die Mengenlehre Einzug in der Schule. Doch schon bald nach

Einführung wurde Kritik laut, die schließlich im Buch *Why Johnny Can't Add: the Failure of the New Math* von Morris Kline mündete [280]. Kernpunkt: Der Aufbau der Mathematik von Axiomen bis in die feinsten Verästelungen entspricht nicht den pädagogischen Bedürfnissen. Wer sich erst jahrelang mit Grundlagen abmüht, lernt zu spät das, was die Schule eben auch vermitteln soll: Rechnen von Dreisatz bis Dreieck, Gleichungen lösen, mathematisches Alltagshandwerk. Heute wird dieses Bildungsexperiment der „New Math" als weitgehend gescheitert angesehen.

Dem Sputnik-Schock folgten weitere Schocks, die weitere Bildreformen nach sich zogen: Unternehmensberaterinnen und -berater von McKinsey sagten 1997 einen „War for Talent" voraus, einen zukünftigen Mangel an jungen Kräften aufgrund des Pillenknicks und einen entsprechenden Krieg der Konzerne um Köpfe [210] – vor allem in den Naturwissenschaften. Wenige Jahre später folgte der sogenannte PISA-Schock in Deutschland. Das *Programme for International Student Assessment*, eine seit 2000 von der *Organisation for Economic Co-operation and Development* (OECD) durchgeführte Studie, und die seit 1995 durchgeführte *Trends in International Mathematics and Science Study* der *International Association for the Evaluation of Educational Achievement* (IEA) wiesen beide in dieselbe Richtung: Deutsche Schülerinnen und Schüler lagen in den Mathematik-Leistungen eher im Mittelfeld, waren gut im Rechnen (sogenannten „Kalkül-orientierten Aufgaben"), aber mittelmäßig bis schlecht im Problemlösen. Die Folge waren neue Lehrplanreformen. Heute werden mathematische Anwendungen und das Verständnis von Textaufgaben in den Vordergrund gerückt, die Vermittlung von *Kompetenzen* gilt als das große Ziel. Inhaltlich spielen Stochastik und Wahrscheinlichkeitsrechnung eine immer größere Rolle in den Schulen, außerdem Daten und Messungen.

Nur am grundsätzlichen Zustand, dass nämlich viele Akteure von der Schulmathematik Vieles – und vor allem sehr Unterschiedliches – fordern, ändert sich über die Jahrhunderte nichts.

## Mathematik in der Öffentlichkeit

Die meisten Menschen kommen zum ersten Mal in der Schule mit Mathematik in Berührung. Viele ahnen wohl, dass zwischen Schulmathematik und Mathematik Unterschiede bestehen – man verwechselt ja auch nicht Deutsch als Schulfach mit dem Schreiben von Romanen oder einem Germanistik-Studium. Doch mit den vielen Facetten der Aspekte Mathematik II (Kulturleistung) und III (Wissenschaft) kommen sie trotzdem nie in Kontakt.

Die Schulmathematik erweckt in der Regel den Eindruck, alles sei erforscht und gelöst; offene Fragen oder Probleme aus der Mathematik werden kaum angesprochen. Dazu kommt, dass sie das Rechnen besonders betont, als Fertigkeit, die besonders im Alltag gefragt ist.

Das spiegelt sich im öffentlichen Bild der Mathematik wieder, das aus Sicht vieler Menschen, die sich mit der Wissenschaft beschäftigen, ein Zerrbild ist: Mathematik wird zum Rechenfach, zur Zahlenwissenschaft, in der man mit Rezepten Probleme löst, und in der es eigentlich nichts gibt, was nicht berechnet werden kann – zur Not nimmt man komplizierte Rezepte, die Algorithmen heißen, und Computer zu Hilfe. Unsere Erfahrung in der Öffentlichkeitsarbeit zeigt, dass es viele Menschen erstaunt, dass es noch offene Fragen in der Mathematik gibt. Dabei gibt sogar offene Probleme, die man mit Schulwissen darstellen kann. Kennen Sie eins? (Siehe das Kapitel „Zahlenbereiche", S. 181 ff. und das Collatz-Problem auf der nächsten Seite.)

Beim Vergleich der relativ hohen Studienabbrecherquoten in Mathematik mit den relativ niedrigen Abbruchquoten in Betriebswirtschaftslehre, Jura, Humanmedizin, Psychologie oder Politologie – Wissenschaften, die an der Schule nicht oder kaum gelehrt werden – drängt sich die Frage auf, ob das Bild der Mathematik, das in der Schule vermittelt wird, einen viel zu kleinen und einseitigen Ausschnitt zeigt, und damit in die Irre führt – und die Falschen zum Studium motiviert. Vielleicht ist es für die Studienentscheidung problematischer, ein durch die Schule schief vorgeformtes Bild von Mathematik mit sich herumzutragen, anstatt in der

Schule gar nicht mit einer Disziplin in Kontakt gekommen zu
sein?

*Mathematik für Nerds?*    Dazu kommt, dass Mathematik ein
stark polarisierendes Fach ist. Zu- bzw. Abneigung zu Rechnen und Mathematik spalten die Bevölkerung – das zeigen
viele Studien. Hans-Georg Weigand, Professor für Mathematik-
didaktik an der Universität Würzburg und langjähriger Vorsitzender der Gesellschaft für Didaktik der Mathematik fasst die
Lage in [321] so zusammen: „Umfragen zeigen: Mathematik
ist gleichzeitig das unbeliebteste und das beliebteste Schulfach. Mathematik polarisiert wie kein anderes Fach." Er teilt
die Schülerinnen und Schüler basierend auf ihrem Verhältnis

Das $(3x + 1)$-Problem, auch als
Collatz-Problem oder Ulam-Problem
bekannt, entzieht sich bisher jeder
Lösung, aber es ist ganz leicht zu
erklären. Grundlage ist folgender
Algorithmus, der auf natürliche
Zahlen $x$ angewendet wird: Falls $x$
gerade ist, ist der Output $x/2$; ist
$x$ ungerade, gibt der Algorithmus
$3x + 1$ aus. Die Frage ist: Kommt man
durch wiederholte Anwendung des
Algorithmus mit jedem Startwert
zum rot markierten Zykel $1 \rightarrow 4 \rightarrow$
$2 \rightarrow 1$?

Das Problem wurde wohl zuerst
1937 von Lothar Collatz aufgebracht.
Paul Erdős hat auf das Collatz-
Problem einen Preis von 500 Dollar
ausgesetzt; er war skeptisch, ob
das Problem je gelöst werden wird.
Umfangreiche Informationen findet
man in [295]. 2019 hat Terence Tao
einen Fortschritt angekündigt: Er
kann zeigen, dass – asymptotisch
betrachtet – „fast alle" Zahlen $x$ bei
einem Wert landen, der deutlich
kleiner als $x$ ist [490].

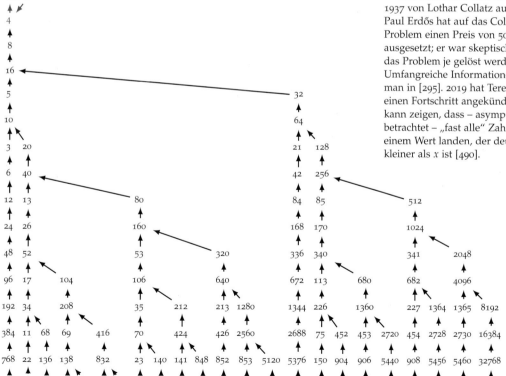

zum Schulfach Mathematik im Wesentlichen in drei Gruppen ein. „Da gibt es zum einen Schüler, die keine Probleme damit haben, dass man in der Schulmathematik mit wenigen vorgegebenen Regeln und Grundprinzipien auskommt, wenn man sie nur konsequent anwendet." Wer etwa die Regeln der Bruchrechnung verinnerlicht hat, der kann mit Brüchen rechnen – und Einsen absahnen, ohne sich grundsätzlich und selbstmotiviert mit den Inhalten auseinanderzusetzen. „Dann gibt es eine Gruppe von Schülern, die schätzen das, was man Schönheit der Mathematik nennt", so Weigand. „Die knobeln gerne und schätzen Probleme im überschaubaren Raum der Mathematik." Die dritte Gruppe von Schülern, die Weigand ausmacht, „sieht in den Symbolen und der speziellen mathematischen Sprache nur willkürliche Regeln ohne Bezug zur Lebenswelt. Diesen Schülern werden Fehler nachgewiesen, und sie wissen gar nicht, was sie falsch gemacht haben."

Diese Einteilung scheint sich jenseits der Schule fortzusetzen. Ein Team um Heather Mendick, eine britische Didaktikerin an der Brunel University in London, hat vor einigen Jahren eingehend das Image der Mathematik (in Großbritannien) untersucht [145, 338]. Den Autorinnen ging es besonders darum, herauszufinden, wie sich das in Medien vermittelte Bild von Mathematik unter Jugendlichen niederschlägt – wobei sie ausdrücklich nicht von einer direkten Kausalität ausgehen. Allerdings sei Mathematik „zugleich unsichtbar und allgegenwärtig in der Pop-Kultur", stellen die Autorinnen in [145] fest. Ein Viertel der Befragten hätte auf die Frage, wo Mathematik in Filmen, Serien, Zeitschriften, Büchern etc. eine Rolle spiele, nichts antworten können. Die übrigen konnten indes mindestens ein Beispiel aufführen, vor allem Edutainment in der BBC, Hollywood-Filme bzw. Serien, Bestseller und Musik. Fallen Ihnen Beispiele ein?

Gleichzeitig stellen die Autorinnen fest, dass das Bild von Mathematik mit starken Klischees behaftet ist:

> Oft wird Mathematik in der Populärkultur als geheime Sprache dargestellt, womöglich auch als Code, der schwierig zu „knacken" ist. Diese Art von Mathematik wird oft mit Mathematikern in Verbindung gebracht, die als obsessiv, verrückt oder mindestens als exzentrisch dargestellt werden. [145]

„Daß aber ein Mathematiker, aus dem Hexengewirre seiner Formeln heraus, zur Anschauung der Natur käme und Sinn und Verstand, unabhängig, wie ein gesunder Mensch brauche, werd ich wohl nicht erleben." – Johann Wolfgang von Goethe an Carl Friedrich Zelter, 17. Mai 1829

Otto vermarktete 2012 ein T-Shirt-Motiv, das heftige Medienreaktionen hervorrief und schließlich aus dem Sortiment genommen wurde. Das entsprechende T-Shirt für Jungen, „Mathe-Allergiker", blieb unbeachtet und war weiter erhältlich. Die andere Seite zeigt das T-Shirt nicht: In Umfragen gilt Mathematik in Wirklichkeit regelmäßig als eines der beliebtesten Schulfächer, allerdings mit breiter Streuung [200]. (Abbildung: Otto.de)

Offenkundig ist den Jugendlichen zwar oft klar, dass Schul-Mathematik, Medien-Mathe und „echte Mathematik" unterschiedliche Dinge sind, es fehlt ihnen aber wohl eine klare Vorstellung davon, was Mathematik jenseits von Schule und Kino konkret sein könnte und wozu sie nützt. In anderen Fächern ist das anders: In Deutsch und Englisch ist die Frage nach dem, was man außerhalb des Schulgebäudes damit anstellt, schon für Schülerinnen und Schüler viel einfacher und klarer zu beantworten als in der Mathematik, bei der sich zeitlebens Laien schwer tun, sie aus dem Schulkontext zu befreien.

Da bleibt einzig das Nerd-Image aus der Pop-Kultur: Mathematiker seien männlich, alt, grauhaarig und kurzsichtig – sagen die Antworten in Mendicks Befragungen. Mathematiker seien eben die Typen, die ihre Brille mit Klebeband reparieren, mehr am Fach als an Menschen interessiert und außerdem leicht bis mittelschwer autistisch sind.

Man beachte, dass ein Teil der Jugendlichen – besonders die männlichen – „Geeks" und „Nerds" nicht negativ einstuft, sondern sogar als cool. Die Spaltung in Mathe-Freunde und -Feinde setzt sich hier offenkundig fort: Wer Mathematik positiv sieht, identifiziert sich wohl auch tendenziell eher mit nerdigen Figuren auf der Kinoleinwand, von Will Hunting aus *Good Will Hunting – Der gute Will Hunting* über John Nash aus *A Beautiful Mind – Genie und Wahnsinn* bis zum Chaos-Theoretiker und Mathematiker Ian Malcolm aus *Jurassic Park*. Für die anderen sind solche Figuren nur eine Bestätigung, dass Mathe eben nur etwas für Geeks und Nerds ist.

Ähnlich zwiegespalten sind auch die Stereotype der Jugendlichen im Detail [145]:

◇ Mathematik wird gerne auf Zahlen reduziert: Mathematik ist eine Menge von Methoden, und oft besteht sie nur aus Zahlen und dem Umgang mit diesen.

◇ Sie wird mystifiziert: Mathematik ist ein dunkles Geheimnis, oft unverständlich dargestellt.

◇ Mathematik ist ästhetischer Genuss, oft verbunden mit Mustern und Natur.

◇ Mathematik wird als Marker für die Intelligenz einer Person gesehen.

Ende 2013 machte das Magazin ZEIT *Schule & Familie* mit einem Artikel über das *Hassfach Mathe* auf. Im Heft heißt der Artikel dann *Wurzelbehandlung, bitte*, und wird zu einer Klage über die angeblich mangelhafte Schulmathematik. Schnelldiagnose: „Dem deutschen Mathematikunterricht mangelt es an Lebensnähe, Spielfreude, kurz: an Anschaulichkeit." (Titelfoto: Sabine Büttner)

◇ Mathematik wird absolut angesehen, sie liefert einen sicheren Weg zu einer Lösung und/oder zu definitiven Antworten – die aber bisweilen auch bedeutungslos sein können.

◇ Mathematik ist ein Werkzeug für den Alltag, auch ein wichtiges Werkzeug, um Kriege zu gewinnen oder Verbrechen zu bekämpfen.

Womöglich hat die Darstellung der Mathematik als Mysterium eine lange Vorgeschichte, die auch vom Geniekult der Romantik aus dem Anfang des 19. Jahrhunderts und dessen Ausläufern genährt wurde und wird.

*Breites Interesse an Mathematik?*    Man muss die Studien allerdings genau lesen. Dass Mathematik als Nerd-Fach gilt und sich Jungen mit Nerds eher identifizieren, heißt zum Beispiel nicht, dass Mathe ein Fach für Jungen ist. In vielen Studien werden Mathematik, Physik und Chemie in einen Topf geworfen und Sprachen in einen anderen – und da scheinen Schülerinnen und Schüler viel differenzierter zu sein als manche Studiendesignerinnen und -designer. Englisch etwa mögen Jungen wie Mädchen, und ebenso können die Vorlieben für Biologie und Mathematik – ganz anders als die Physik – nicht klar einem Geschlecht zugeordnet werden [426].

Insgesamt scheint – da sind die Studien ziemlich einig – Mathematik auch ein recht beliebtes Fach zu sein. Fast immer findet sich Mathematik unter den drei Top-Fächern, die also am häufigsten als Lieblingsfach genannt werden, zusammen mit Deutsch und Englisch. Dass sie gleichzeitig oft auch als schwer

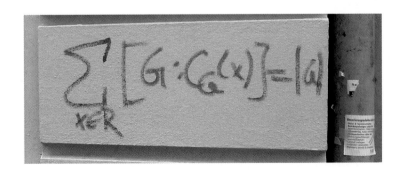

Ein algebraisches Graffito an einer Hauswand im Berliner Stadtteil Friedrichshain. Es handelt sich um einen Satz von George Pólya aus der Algebra (Gruppentheorie).

gilt, scheint kein Widerspruch zu sein. Obendrein gilt sie als wichtig, vor allem für das künftige Berufsleben, ebenfalls etwa gleichrangig mit Englisch und Deutsch [200, 481].

Während in den PISA-Studien lange für Deutschland ein vergleichsweise geringer Lernerfolg für das Fach nachgewiesen werden konnte [122], behaupten die Befragten (Lehrkräfte, Eltern, Schüler) in [255] zu mehr als 90 Prozent, dass Mathematik nicht nur etwas für Begabte sei.

Einen Überblick über verschiedene Studien und deren Ergebnisse bieten Ludwig Haag und Thomas Götz, die die Images von Schulfächern verglichen haben; ihre Studie trägt den bezeichnenden Titel *Mathe ist schwierig und Deutsch aktuell: Vergleichende Studie zur Charakterisierung von Schulfächern aus Schülersicht* [200].

Und wie sieht es außerhalb der Schulen aus? Hier ist ein durchaus wachsendes Interesse an Mathematik-Themen zu verzeichnen. 2014 fasste ein Spiegel-Autor die Lage auf dem populären Mathematik-Buchmarkt so zusammen:

> Falls es so etwas wie ein Rennen gab zwischen Mathematikern und Geisteswissenschaftlern, so haben die Mathematiker gewonnen. Und auch noch auf einem Gebiet, auf dem doch eigentlich die Geisteswissenschaftler regieren wollten – im Koordinatensystem der Gesellschaft. Mathematiker durchdringen und formen die moderne Gesellschaft stärker als alle Essayisten, Soziologen und Orientalisten zusammen. [247]

Die Ursachen sind vielfältig: Möglicherweise trägt dazu die stärkere Medienarbeit für mathematische Wissenschaften im Allgemeinen und für die Mathematik im Besonderen bei – in Deutschland insbesondere nach dem Jahr der Mathematik 2008, als die Deutsche Mathematiker-Vereinigung ein Medienbüro einrichtete. Womöglich sind es auch Diskussionen um die angebliche „Macht der Algorithmen", um die Auswertung von Privatdaten unter dem Schlagwort „Big Data" oder um Verschlüsselung, die die Wissenschaft Mathematik zu einem relevanten Kernthema machen, um das man in aktuellen Debatten nicht herum kommt.

So landete auf der Spiegel-Bestsellerliste in den vergangenen Jahren eine ganze Reihe von populären Mathematik-Büchern, die sich recht sachlich mit der Materie auseinandersetzen.

*Einige Mathe-Bestseller der vergangenen Jahre*

◇ Ian Stewart, *Die wunderbare Welt der Mathematik* (Piper, 2007)
◇ Albrecht Beutelspacher, Marcus Wagner, *Wie man durch eine Postkarte steigt* (Herder, 2008)
◇ Christoph Drösser, *Der Mathematikverführer* (Rowohlt, 2008)
◇ Albrecht Beutelspacher, *Beutelspachers kleines Mathematikum* (C.H. Beck, 2010)
◇ Günter M. Ziegler, *Darf ich Zahlen? Geschichten aus der Mathematik* (Piper, 2010)
◇ Gerd Bosbach, Jens Jürgen Korff, *Lügen mit Zahlen* (Heyne, 2011)
◇ Christoph Drösser, *Der Logikverführer* (Rowohlt, 2012)
◇ Holger Dambeck, *Je mehr Löcher, desto weniger Käse* (KiWi, 2012)
◇ Holger Dambeck, *Nullen machen Einsen groß* (KiWi, 2013)
◇ Rudolf Taschner, *Die Zahl, die aus der Kälte kam* (Hanser, 2013)
◇ Simon Singh *Homers letzter Satz* (Hanser, 2013)
◇ Cédric Villani, *Das lebendige Theorem* (S. Fischer, 2013)
◇ Daniel Tammet, *Die Poesie der Primzahlen* (Hanser, 2014)
◇ Ian Stewart, *Welt-Formeln* (Rowohlt, 2014)
◇ Max Tegmark *Unser mathematisches Universum* (Ullstein, 2015)
◇ Arthur Benjamin, *Mathe-Magie für Durchblicker* (Heyne, 2016)
◇ Margot Lee Shetterly, *Hidden Figures – Unerkannte Heldinnen* (HarperCollins, 2017)
◇ Holger Dambeck, *Kommen drei Logiker in eine Bar …* (KiWi, 2017)
◇ Bernhard Neff, *Legen 5 Soldaten in 2 Stunden 300 Quadratmeter Stolperdraht* (Riva, 2019)
◇ Hannah Fry, *Hello World* (C.H. Beck, 2019)
◇ Albrecht Beutelspacher, *Null, unendlich und die wilde 13* (C.H. Beck, 2020)

Im Jahr der Mathematik 2008 veranstaltete die Stiftung Rechnen, gegründet von comdirect bank AG und Börse Stuttgart, und das Nachhilfeinstitut bettermarks in Zusammenarbeit mit dem Umfrageinstitut forsa eine Umfrage zum Stellenwert von Rechnen in Deutschland. Vielleicht am meisten überraschte dieses Ergebnis: Fast 70 Prozent der erwachsenen Bevölkerung in Deutschland glauben, dass das Fach Mathematik nur wenigen Menschen Spaß macht und 64 Prozent bezweifeln, dass Rechnen vielen Menschen Spaß macht – allerdings gehört Mathematik für etwa 30 % Prozent der Schülerinnen und Schüler und 40 % der Erwachsenen zu den Schulfächern, die ihnen Freude bereiten bzw. bereitet haben. Und 65 % der Erwachsenen behaupteten gar, sie selbst hätten durchaus Spaß am Rechnen [481]. Selbst- und Fremdbild scheinen hier also deutlich auseinanderzuklaffen.

*Breitensport Mathematik*    Tatsächlich scheinen viele Menschen Freude an Mathematik zu haben. Knapp eine Million Schülerinnen und Schüler von 11 800 Schulen nahmen 2019 am Schülerwettbewerb Känguru der Mathematik teil. Die Online-Adventskalender von DMV und MATHEON, der inzwischen von der Mathe im Leben gGmbH und dem Berliner Exzellenzcluster MATH+ organisiert wird, hatten 2021 knapp 200 000 Teilnehmer, mehrheitlich Schülerinnen und Schüler, die in der Vorweihnachtszeit abends Mathematik-Rätsel lösen (siehe Kapitel „Was ist Mathematik?", S. 3 ff.).

Logische Spiele und Mathematik-Rätsel sind seit Jahrtausenden beliebt. Schon im Papyrus Rhind, einem der wichtigsten Dokumente ägyptischer Rechenkunst von etwa 1600 v. Chr., das 1858 vom schottischen Ägyptologen Alexander Henry Rhind gekauft wurde und nach dessen Tod an das Britische Museum kam, finden sich Aufgaben, die wie unterhaltsame Knobelaufgaben klingen – und über die folgenden Jahrhunderte immer wieder aufgegriffen wurden [465], etwa von Alkuin von York [466]. Beispiel:

> Es gibt sieben Häuser, in jedem leben sieben Katzen, jede dieser Katzen frisst sieben Mäuse, jede dieser Mäuse hätte sieben Ähren Dinkel gefressen; und jede Ähre hätte 7 Heqat Korn hervorgebracht. Wie viel Korn wurde verschont? [19, S. 32]

Rubik's Cube begeisterte seit seiner Erfindung 1974 ein Millionenpublikum, auch durch seine mathematische Tiefe. Es gibt inzwischen eine Vielzahl von Variationen, etwa als Würfel mit $4^3$ Unterwürfeln oder in Tetraeder-Form.

Berühmt wurden auch die *Récreations mathematiques* von 1624. Niemand weiß, wer dieses Buch geschrieben hat, siehe [204]. Sicher ist, dass die Rätselsammlung schnell in viele Sprachen übersetzt wurde und im 17. Jahrhundert unter den Intellektuellen in ganz Europa weite Verbreitung fand. In diesem Buch findet sich die erste gedruckte Anwendung des Schubfachprinzips.

In den folgenden Jahrhunderten kamen besonders kombinatorische Rätsel zu einer Blüte. Berühmt wurde etwa „Kirkmans Schulmädchenproblem", das der mathematisch höchst beschlagene Pfarrer Thomas Penyngton Kirkman um 1850 bekannt machte [272]: 15 Schulmädchen gehen sieben Tage die Woche in fünf Dreierreihen nach Hause. Kann man sie jeden Tag so umsortieren, dass sich keine zwei Mädchen zweimal in einer Dreierreihe begegnen? Heute fällt diese Aufgabe in die Untersuchung von sogenannten *Block-Designs*, eine Brücke zwischen Kombinatorik und (endlichen) Geometrien.

Auch die im 19. Jahrhundert wachsende Graphentheorie lieferte Stoff für Rätsel: 1857 entwickelte etwa der irische Mathematiker William Hamilton eine Art Spiel: Ein Reisender soll auf einem gewissen Graphen 20 Städte durchlaufen und wieder am Ausgangspunkt ankommen, ohne einen Knoten mehrfach zu durchlaufen. Hamilton wählte einen besonderen Graphen, der dadurch entstand, dass er sozusagen das Drahtmodell eines Dodekaeders flach drückte. Heute nennt man Rundtouren

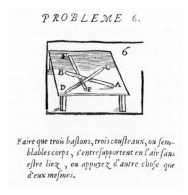

Aufgabe 6 aus den *Récreations Mathématiques*. Es geht darum, drei Stäbe so anzuordnen, dass sie stehen und sich dabei gegenseitig stützen.

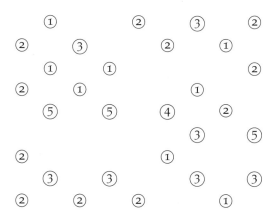

Ein modernes Rätsel aus der Graphentheorie, ein Hashiwokakero. Benachbarte Knoten sind mit horizontalen und vertikalen Kanten zu verbinden; zwischen zwei Knoten dürfen maximal zwei Kanten verlaufen. Die Zahlen geben an, wie viele Kanten von dem jeweiligen Knoten insgesamt ausgehen sollen. Die Kanten dürfen sich nicht schneiden und das Ergebnis muss ein zusammenhängender Graph sein.

durch Graphen, die jeden Knoten genau einmal besuchen und dabei jede Kante höchstens einmal benutzen, Hamilton-Kreise (siehe auch Kapitel „Algorithmen und Komplexität", S. 395 ff.).

Ende des 19. Jahrhunderts wurden die *Mathematical Recreations and Essays of Past and Presence Times* [28] von W. W. Rouse Ball zu einem Bestseller der englischsprachigen Knobelliteratur – die zweite Auflage erschien schon sechs Monate nach der ersten. In den 1970er Jahren wurde diese Sammlung von dem Geometer und Algebraiker H. S. M. Coxeter weiter bearbeitet und neu herausgegeben.

Als einer der kreativsten Erfinder mathematischer Spiele im 20. Jahrhundert gilt John Horton Conway. Er dachte sich zahlreiche Knobeleien aus, etwa das folgende Problem: Welche Graphen kann man so zeichnen, dass jedes Paar von Kanten entweder in einem gemeinsamen Knoten zusammenläuft oder sich schneidet – aber niemals beides zugleich? Solche Zeichnungen von Graphen taufte Conway Thrackles – und es ist ein offenes Problem der Graphentheorie, ob es Thrackles mit *mehr* Kanten als Knoten gibt.

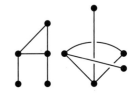

Ein Graph und rechts daneben ein Thrackle dieses Graphen

Conway wurde auch zu einem wichtigen Stichwortgeber für den wohl wichtigsten und einflussreichsten Popularisierer von Mathematik des 20. Jahrhunderts: Martin Gardner, der von sich selbst behauptete: „Ich bin grundsätzlich nur ein Journalist. Ich schreibe bloß darüber, was andere Leute auf diesem Gebiet tun." [7]. Gardner begeisterte von den 1950er Jahren an mit seinen zahlreichen Büchern und Kolumnen für den *Scientific American* Hunderttausende Leserinnen und Lesern.

## Werbung für Mathematik

Am 11. März 1908 hielt Aurel Voss einen öffentlichen Vortrag vor der Königlichen Bayerischen Akademie der Wissenschaften. Im Publikum: Bildungsbürger. Auf dem Podium: Ein namhafter Mathematiker, der sich unter anderem mit der Differentialgeometrie von Flächen und theoretischer Mechanik auskannte. 1886 war Voss zum Mitglied der Bayerischen Akademie der Wissenschaften gewählt worden, 1898 zum Vorsitzenden der acht Jahre jungen Deutschen Mathematiker-Vereinigung.

Mathematik: „Davon verdorrt die Seele" – Gustave Flaubert [165].

Flaubert sammelte sein Leben lang gesellschaftsfähige Sottisen und gemeinhin akzptierte Vorurteile, um sich darüber lustig zu machen.

Nun trat er an, um gegen Vorurteile zu kämpfen, in einer Rede *Über das Wesen der Mathematik* – und zementierte sie zunächst: „Die Mathematik ist noch immer die unpopulärste aller Wissenschaften!", stellte Voss fest, und tröstete sich selbst: „Allerdings gehört es zum Wesen jeder wahren Wissenschaft, unpopulär zu sein."

Voss, der 16 Jahre lang Professor an verschiedenen Technischen Hochschulen war, bevor er Professor für Mathematik an der Universität Würzburg wurde, warb vor allem mit der Anwendung von Mathematik in vielen Lebenslagen:

> Was wäre der Ingenieur ohne diese Wissenschaft, die ihm einzig und allein ermöglicht, im voraus die Brauchbarkeit und den Effekt seiner Konstruktionen zu beurteilen, der Geodät, ohne dessen Hilfe unsere meilenweiten Tunnelführungen durch ganze Gebirgsmassive hindurch unausführbar wären! [...] Diese kurzen Bemerkungen dürften hinreichen, um die Behauptung zu begründen, daß unsere ganze gegenwärtige Kultur, sowie sie auf der geistigen Durchdringung und Dienstbarmachung der Natur beruht, ihre eigentliche Grundlage in den mathematischen Wissenschaften findet. [516]

Voss sieht zwei Gründe für die angebliche Unpopularität der Mathematik: zum einen das Problem, dass aktuelle Forschung schwer zu vermitteln sei; zum anderen habe, so Voss, der mathematische Schulunterricht „seit längerem eine ziemlich abgeschlossene Gestalt erhalten, welche, wenn auch vielleicht vorzüglich geeignet zur logischen Durchbildung und zur Erwerbung praktischer Kenntnisse, keine Vorstellung von der Tiefe der Anschauung gibt, welche seit dem 18. Jahrhundert die mathematischen Forschungen charakterisiert."

Zu Voss' Zeit ist das Verhältnis von Wissenschaft und Öffentlichkeit im Umbruch: Das Deutsche Museum in München wurde 1903 gegründet und 1906 eröffnet. 1888 eröffnete in Berlin die Urania, um einem breiten Publikum neue wissenschaftliche Erkenntnisse und Erfindungen vorzustellen (an die Mathematik wagte man sich hier allerdings erst 100 Jahre später) und im Jahr danach eröffnete Kaiser Wilhelm II. den prachtvollen Museumstempel des Naturkundemuseum in Berlin, weil die 1810 gegründeten naturwissenschaftlichen Sammlungen aus allen Nähten platzten.

Ein Blick in den Saal der Geometrie von Dycks Ausstellung von 1893 (Foto: Deutsches Museum München)

Während die Astronomie als „Außenseiter- und Amateurfach" eine Jahrzehnte lange Tradition der Popularisierung und Öffentlichkeitsarbeit pflegte (ein Vorsprung, der bis heute zu spüren ist), begann die Mathematik erst jetzt das Bildungsbürgertum zu entdecken.

Einige Mathematiker begannen auf die Öffentlichkeit zuzugehen. Walther von Dyck, einer der Doktorsöhne von Felix Klein, organisierte eine große Mathematik-Ausstellung: 110 Aussteller aus Belgien, Deutschland, Frankreich, Italien, den Niederlanden, Norwegen, Österreich-Ungarn, Russland, Schweiz und den USA beteiligten sich [218]. Zu sehen geben sollte es Rechenmaschinen und andere mathematische Apparate: harmonische Analysatoren, Planimeter und Integratoren, aber auch Gipsmodelle von algebraischen Flächen. 1893, ein Jahr später als geplant, wurde sie an der TH München eröffnet und war ein Riesenerfolg. Ein Teil der Ausstellung wanderte anschließend in die Mathematik-Ausstellung des Deutschen Museums und von Dyck wurde damit betraut, den mathematischen Teil der deutschen Unterrichtsausstellung auf der Weltausstellung 1893 in Chicago zu organiseren. (Gleichzeitig fand 1893 auch der Internationale Mathematiker-Kongress in

Chicago statt, auf dem Felix Klein eine tragende Rolle spielte und einen Vortrag über *The present state of Mathematics* [275] hielt.)

Zeitsprung: Mehr als hundert Jahre später, im Jahre 2008, feierte die Mathematik in Deutschland das Wissenschaftsjahr der Mathematik. Ab dem Jahr 2000 hatte das Bundesministerium für Bildung und Forschung in Zusammenarbeit mit verschiedenen Wissenschaftsorganisationen jährliche PR-Kampagnen ausgerichtet, um die Bevölkerung für einzelne Wissenschaften und Wissensfelder zu interessieren.

In Bezug auf Öffentlichkeitsarbeit ist seit den Tagen von Felix Klein, Aurel Voss und Walther von Dyck einiges geschehen: In Deutschland bemühte sich Albrecht Beutelspacher, Mathematikprofessor in Gießen, mit zahlreichen Büchern um eine Popularisierung der Mathematik. Ehrhard Behrends und Martin Aigner, beide Mathematiker an der Freien Universität Berlin, hatten 1990 die ersten Mathematik-Vorträge für Laien an der Berliner Urania initiiert. Später entwickelte Behrends daraus auch eine Zeitungskolumne für *Die Welt*.

1999 wurde das erste Mathematik-Museum in Deutschland eröffnet, das Arithmeum in Bonn. Es ist aus einer gewaltigen Sammlung von Rechenmaschinen und -Büchern, die der Mathematiker Bernhard Korte dem Land Nordrhein-Westfalen übereignet hatte, hervorgegangen. Drei Jahre später eröffnete Beutelspacher in Gießen das Mathematikum, ein weiteres großes Mathematikmuseum mit zahlreichen Hands-On-Exponaten, das sich besonders an ein junges Publikum wendet und im Moment rund 150 000 Besucher pro Jahr zählt.

Andererseits: Verglichen mit anderen Wissenschaften hatte die Mathematik immer noch nachzuholen. Während die Deutsche Physikalische Gesellschaft im Jahr 2000 (dem „Jahr der Physik") begann, eine Pressearbeit einzuführen, besaß die DMV noch 2008 keine offizielle Pressestelle. Für die Medien in Deutschland gab es überhaupt keinen zentralen Ansprechpartner in Sachen Mathematik. Das änderte sich erst mit dem Jahr der Mathematik.

Spannend war aber besonders eine inhaltliche Kehrtwende, die die wissenschaftliche Community bei der Konzeption des Jahres einschlug: Anders als Voss versuchte man nicht zu

Das Logo des Jahres der Mathematik mit dem Claim: „Mathematik – Alles, was zählt". Die begleitende Plakatkampagne arbeitete mit dem Slogan „Du kannst mehr Mathe, als du denkst."

Deutschlands erstes Mathematikmuseum: Das *Arithmeum* im Herzen Bonns. Das Museum zählt pro Jahr etwa 35 000 Besucher. (Foto: Ina Prinz / Arithmeum)

klagen, sondern zu aktivieren. „Du kannst mehr Mathe, als du denkst", hieß der Slogan des Jahres auf Plakaten und Flyern. Dahinter steckte die einfache Idee: Wer sich verteidigt und klagt, der startet von vornherein mit dem Image eines Verlierers. Dagegen sollte von Beginn an ein positives Bild von Mathematik vermittelt werden, das dazu ermuntert, Mathematik zu entdecken – und zwar nicht getrieben von einem schlechten Gewissen, wie bei Voss. Sondern aus Freude an der Wissenschaft.

## Partituren

◇ Aurel Voss, *Über das Wesen der Mathematik; Rede, gehalten am 11. März 1908 in der öffentlichen Sitzung der Königlich Bayerischen Akademie der Wissenschaften*, Teubner (1908).

Ein historisches Dokument – sehr defensiv. Es gehöre zum Wesen der Mathematik, unpopulär zu sein.

◇ Peter Weingart, Patricia Schulz (Hrsg.), *Wissen – Nachricht – Sensation. Zur Kommunikation zwischen Wissenschaft, Öffentlichkeit und Medien*, Weilerswist Velbrück (2014)

Wissenschaftskommunikation aus der Perspektive der Soziologie.

◇ Vasco Alexander Schmidt, *„Mathematik von außen betrachtet" (Interview mit dem ZEIT-Redakteur Gero von Randow)*, Mitteilungen der DMV (1) **5**, März 1997, 11–15

Der ZEIT-Redakteur Gero von Randow, Sohn des Mathematikers Thomas von Randow, der als Zweistein in der ZEIT Rätsel stellte, war der erste Träger des Medienpreises der Deutschen Mathematiker-Vereinigung.

◇ Andreas Loos, *Medien, Mathematik und Missverständnisse*, Jahresbericht der DMV **109**, Special Issue, 9–18 (2007)

Grundsätzliche Überlegungen zur Präsentation von Mathematik in der Öffentlichkeit, aus einer Journalisten-Perspektive, im Vorfeld des Jahrs der Mathematik 2008.

## Etüden

◇ Welche Magazine und Zeitungen bringen mathematische Themen? Wählen Sie einige Artikel aus jüngerer Zeit aus und analysieren Sie: Wie wird die Mathematik „verkauft", was wird also als Motivation für den Artikel dargestellt? Welches Image hat die Mathematik in den Artikeln? Orientieren sie sich an der Sache oder an Personen?

◇ Planen Sie eine Werbekampagne für Mathematik. Wen sprechen Sie an? Wie tun Sie es? Wer könnte Ihre Kampagne finanzieren?

◇ Wie macht man einen Podcast über Mathematik? Wen inter-
  viewen Sie? Wie stellen Sie welche Themen dar? Kann man
  Mathematik hörbar machen?

◇ Gibt es „Heldinnen" und „Helden" in der Mathematik?
  Wenn man Held wird damit, dass man ganz große Probleme
  löst, deren Lösungen kaum verständlich zu machen sind,
  wie kann man trotzdem vermitteln, dass das bedeutende
  Leistungen sind?

◇ Wenn Sie Mathematik vermitteln, konzentrieren Sie sich
  dann auf das Erklären, auf das Erzählen, oder auf das Mo-
  tivieren? Wie passen diese Komponenten zusammen, wie
  mischt man sie am besten ab?

◇ Was ist Mathematik? Mit dieser Frage haben wir dieses Buch
  begonnen. Versuchen Sie, jetzt eine Antwort zusammenzufassen!

# Literaturverzeichnis

[1]    Scott Aaronson, Ten signs a claimed mathematical breakthrough
       is wrong. Blog post, January 5th, 2008, www.scottaaronson.com/
       blog/?p=304.

[2]    Edwin Abbott Abbott, *Flatland: A Romance of Many Dimensions*.
       London: Seeley, 1884.

[3]    Milton Abramowitz and Irene Stegun, *Handbook of Mathemat-
       ical Functions with Formulas, Graphs, and Mathematical Tables*.
       10th printing with corrections 1972; reprinted also by Dover
       Publications. United States Department of Commerce, National
       Bureau of Standards (NBS), 1964.

[4]    Amir D. Aczel, *Descartes's Secret Notebook: A True Tale of Mathe-
       matics, Mysticism, and the Quest to Understand the Universe*. New
       York: Broadway Books, 2006.

[5]    Adolf Adam, 15.1. The Kepler-Schickart calculating machine.
       *Vistas in Astronomy* 18 (1975), 881–886. http://www.sciencedirect.
       com/science/article/pii/008366567590183X.

[6]    Martin Aigner und Günter M. Ziegler, *Das BUCH der Beweise*.
       5. Aufl. Heidelberg: Springer, 2018.

[7]    Donald J. Albers, The Martin Gardner interview. www.cambridgeblog.
       org/2008/10/the-martin-gardner-interview-part-5/. 2008.

[8]    Donald J. Albers and Gerald L. Alexanderson, eds., *Mathematical
       People. Profiles and Interviews*. Boston, MA: Birkhäuser, 1985.

[9]    James W. Alexander, Topological invariants of knots and links.
       *Transactions of the American Mathematical Society* 30.2 (1928), 275–
       306.

[10]   James Waddell Alexander and Garland Baird Briggs, On types of
       knotted curves. *Annals of Mathematics* 28 (1927), 562–586.

[11]   Gerald L. Alexanderson and Lester H. Lange, George Pólya.
       *Bulletin of the London Mathematical Society* 19.6 (1987), 559–608.

[12]   Nota Alon and Joel H. Spencer, *The Probabilistic Method*. 4th ed.
       Hoboken, NJ: John Wiley & Sons, 2016.

© Der/die Herausgeber bzw. der/die Autor(en) 2022
A. Loos et al., *Panorama der Mathematik*,
https://doi.org/10.1007/978-3-662-54873-8

[13]  Claudi Alsina and Roger B. Nelsen, *Math Made Visual. Creating Images for Understanding Mathematics*. Washington, DC: The Mathematical Association of America (MAA), 2006.

[14]  Claudi Alsina and Roger B. Nelsen, *When Less is More. Visualizing Basic Inequalities*. Washington, DC: The Mathematical Association of America (MAA), 2009.

[15]  Heinz-Wilhelm Alten, Menso Folkerts, Karl-Heinz Schlote, Alireza Djafari Naini, Hartmut Schlosser und Hans Wußing, *4000 Jahre Algebra*. Berlin: Springer, 2008.

[16]  George E. Andrews, Richard Askey, and Ranjan Roy, *Special Functions*. Vol. 71. Encyclopedia of Mathematics and its Applications. Cambridge: Cambridge University Press, 1999.

[17]  Kenneth Appel and Wolfgang Haken, Every planar map is four colorable. *Bulletin of the AMS* 82.5 (1976), 711–712.

[18]  David L. Applegate, Robert E. Bixby, Vašek Chvàtal, William Cook, Daniel G. Espinoza, Marcos Goycoolea, and Keld Helsgaun, Certification of an optimal TSP tour through 85,900 cities. *Operations Research Letters* 37.1 (2009), 11–15.

[19]  Raymond Clare Archibald, History of mathematics before the seventeenth century. *The American Mathematical Monthly* 56.1 Part 2 (1949), 7–34.

[20]  Archimedes von Syrakus, *Admirandi Archimedis Syracusani monumenta omnia mathematica*. Hrsg. von Francesco Maurolico. Palermo: Cillenio Esperio, 1685.

[21]  Aristoteles, *Physik*. Übersetzt und mit Anmerkungen begleitet von Christian Hermann Weiße. Leipzig: Johann Ambrosius Barth, 1829.

[22]  Emil Artin, Theorie der Zöpfe. *Abhandlungen aus dem Mathematischen Seminar der Universität Hamburg* 4.1 (1925), 47–72.

[23]  Jeremy Avigad, Kevin Donnelly, David Gray, and Paul Raff, A formally verified proof of the prime number theorem. *ACM Transactions on Computational Logic* 9.1 (Dec. 2007). Article 2.

[24]  Robert L. Baber, *The Language of Mathematics: Utilizing Math in Practice*. Hoboken, NJ: Wiley, 2011.

[25]  Francis Bacon, *Of the Proficience and Advancement of Learning, Divine and Human*. Oxford: Leon Lichfield, 1605.

[26]  John C. Baez, Insanely long proofs. Blog entry, johncarlosbaez. wordpress.com/2012/10/19/. Oct. 2012.

[27]  David H. Bailey, Jonathan Borwein, Peter Borwein, and Simon Plouffe, The quest for pi. *Mathematical Intelligencer* 19.1 (1997), 50–56.

[28]  Walter William Rouse Ball, *Mathematical Recreations and Essays*. London: Macmillan and Co (AMS), 1892.

[29]   Stefan Banach et Alfred Tarski, Sur la décomposition des en-
       sembles de points en parties respectivement congruentes. *Funda-
       menta Mathematicae* 6 (1924), 244–277.

[30]   Jack Barone and Albert Novikoff, A history of the axiomatic
       formulation of probability from Borel to Kolmogorov: Part I.
       *Archive for History of Exact Sciences* 18.2 (1978), 123–190.

[31]   Bill Barton, *The Language of Mathematics. Telling Mathematical
       Tales.* New York: Springer, 2008.

[32]   Thomas Bedürftig und Roman Murawski, *Philosophie der Mathe-
       matik.* Berlin: de Gruyter, 2012.

[33]   Michael Beeson, Julien Narboux, and Freek Wiedijk, Proof-
       checking Euclid. *Annals of Mathematics and Artificial Intelligence*
       85.2 (2019), 213–257.

[34]   Ehrhard Behrends, Escher über die Schulter gesehen – eine
       Einladung. In: Π & Co. Hrsg. von Ehrhard Behrends, Peter
       Gritzmann und Günter M. Ziegler. 2. Aufl. Berlin, Heidelberg:
       Springer, 2016, S. 350–371.

[35]   Ehrhard Behrends, *Introduction to Markov Chains.* Wiesbaden:
       Vieweg, 2000.

[36]   Camilla Persson Benbow and Julian C. Stanley, Sex differences in
       mathematical ability: Fact or artifact? *Science New Series* 210.4475
       (1980), 1262–1264.

[37]   John Lennard Berggren, Peter Borwein, and Jonathan Borwein,
       eds., *Pi: A Source Book.* 3rd ed. New York, NY: Springer, 2004.

[38]   Birgit Bergmann und Moritz Epple, Hrsg., *Jüdische Mathematiker
       in der deutschsprachigen akademischen Kultur.* Heidelberg: Springer,
       2009.

[39]   Johann Bernoulli, *Opera Omnia 1714–1726.* Bd. 2. Lausanne und
       Genf: Marc-Michael Bousquet & Socii, 1742.

[40]   Johann Bernoulli, Solution du problème proposé par M. Jacques
       Bernoulli dans les Actes de Leipsic sur les Isoperimètres. In:
       *Histoire de L'Académie Royale des Sciences.* 1706, p. 235–245.

[41]   Michael V. Berry and Jonathan P. Keating, The Riemann zeroes
       and eigenvalue asymptotics. *SIAM Review* 41.2 (1999), 236–266.

[42]   Norman L. Biggs, E. Keith Lloyd, and Robin J. Wilson, *Graph
       Theory 1736–1936.* 2nd ed. Oxford: Oxford University Press, 1998.

[43]   Manon Bishoff, Der Angriff auf das größte Problem der Informa-
       tik ist gescheitert. www.spektrum.de, 1. September. 2017.

[44]   Erret Bishop, Schizophrenia in contemporary mathematics. In:
       *Erret Bishop: Reflections on Him and His Research.* Ed. by Murray
       Rosenblatt. Vol. 39. AMS Contemporary Mathematics Series.
       Providence, RI: American Mathematical Society, 1985, pp. 1–32.

[45]  Mark Blacklock, The emergence of the fourth dimension: a cultural history of higher space, 1869–1909. PhD thesis. University of London, Birkbeck College, 2013.

[46]  Christian Blatter, Über Kurven konstanter Breite. *Elemente der Mathematik* 36.5 (1981), 105–115.

[47]  Otto Blumenthal, Lebensgeschichte. In: *David Hilbert – Gesammelte Abhandlungen – Dritter Band*. Hrsg. von David Hilbert. Berlin: Springer, 1935, S. 388–429.

[48]  Kent D. Boklan and John H. Conway, Expect at most one billionth of a new Fermat prime. *Intelligencer* 39.1 (2017), 3–5.

[49]  Vladimir G. Boltianskii, *Hilbert's Third Problem*. Ed. by Richard A. Silverman. Washington, DC: V. H. Winston & Sons, 1978.

[50]  Bernard Bolzano, *Paradoxien des Unendlichen*. Hrsg. von Franz Přihonsky. Leipzig: C. H. Reclam, 1851.

[51]  Bernard Bolzano, *Rein analytischer Beweis des Lehrsatzes, daß zwischen je zwey Werthen, die ein entgegengesetztes Resultat gewähren, wenigstens eine reelle Wurzel der Gleichung liege*. Prag: Gottlieb Haase, 1817.

[52]  Alicia Boole Stott, On models of three-dimensional sections of regular hypersolids in space of four dimensions. *Report of the British Association for the Advancement of Science* 77 (1907), 460–461.

[53]  Alicia Boole Stott and Pieter H. Schoute, On the sections of a block of eightcells by a space rotating about a plane. *Verhandelingen der Koninklijke Akademie van Wetenschappen le Amsterdam* 9.7 (1908). 25 pages.

[54]  Armand Borel, Mathematics: Art and science. *Mathematical Intelligencer* 5.4 (1983). (Pauli-Vorlesung „Mathematik: Kunst und Wissenschaft", ETH Zürich 1982; zunächst auf Deutsch veröffentlicht von der C. F. v. Siemens-Stiftung, Themenreihe XXXIII), 9–17.

[55]  Folkmar Bornemann, Ein Durchbruch für „Jedermann". *Mitteilungen der DMV* 10.4 (2002), 14–21.

[56]  Jonathan Borwein und Keith J. Devlin, *Experimentelle Mathematik*. Springer, 2011.

[57]  Jonathan Borwein and Keith J. Devlin, *The Computer as Crucible*. Boca Raton, FL: A. K. Peters, 2009.

[58]  Peter Borwein, The amazing number $\pi$. *Nieuw Archief voor Wiskunde* 1 (2000), 254–258.

[59]  Peter Borwein, Stephen Choi, Brendan Rooney, and Andrea Weirathmueller, eds., *The Riemann Hypothesis. A Resource for the Afficionado and Virtuoso Alike*. New York: Springer, 2007.

[60]  Ilja Nikolajewitsch Bronstein und Konstantin Adolfowitsch Se-
      mendjajew, *Handbuch der Mathematik*. Zunächst auf Russisch pu-
      bliziert (Moskau 1945), erste deutschsprachige Auflage bei B. G.
      Teubner (Leipzig 1958), aktuell auf Deutsch weiterentwickelt in
      zwei unterschiedlichen Versionen und immer neuen Auflagen.
      Heidelberg und Haan: Springer und Europa Lehrmittel.

[61]  Luitzen E. J. Brouwer, Beweis der Invarianz der Dimensionen-
      zahl. *Mathematische Annalen* 70.2 (1911), 161–165.

[62]  Luitzen E. J. Brouwer, *Brouwer's Cambridge Lectures on Intuition-
      ism*. Ed. by Dirk van Dahlen. Cambridge: Cambridge University
      Press, 1981.

[63]  Luitzen E. J. Brouwer, Über den natürlichen Dimensionsbegriff.
      *Journal für die Reine und Angewandte Mathematik* 142 (1913), 146–
      152.

[64]  Felix E. Browder, ed., *Mathematical Developments Arising from
      Hilbert Problems*. Vol. 28. Proceedings of Symposia in Pure Math-
      ematics 1. Providence, RI: American Mathematical Society, 1976.

[65]  Claude P. Bruter, ed., *Mathematics and Art. Mathematical Visualiza-
      tion in Art and Education*. Berlin: Springer, 2002.

[66]  Claude P. Bruter, ed., *Mathematics and Modern Art*. Berlin:
      Springer, 2012.

[67]  R. Creighton Buck, Sherlock Holmes in Babylon. *The American
      Mathematical Monthly* 87.5 (1980), 335–345.

[68]  Oliver Byrne, *The Elements of Euclid in Living Color*. Ed. by Werner
      Oechslin. Köln: Taschen, 2010.

[69]  Florian Cajori, *A History of Mathematical Notations. Vol. I: No-
      tations in Elementary Mathematics*. London: The Open Court
      Publishing Company, 1928.

[70]  Florian Cajori, *A History of Mathematical Notations. Vol. II: No-
      tations Mainly in Higher Mathematics*. London: The Open Court
      Publishing Company, 1929.

[71]  Florian Cajori, Mathematical signs of equality. *Isis* 5.1 (1923),
      116–125.

[72]  Marco Cannone and Susan Friedlander, Navier: blow up and
      collapse. *Notices of the AMS* 50.1 (2003), 7–13.

[73]  Georg Cantor, Beiträge zur Begründung der transfiniten Men-
      genlehre (Erster Artikel). *Mathematische Annalen* 46.4 (1895), 481–
      512.

[74]  Georg Cantor, Beiträge zur Begründung der transfiniten Men-
      genlehre (Zweiter Artikel). *Mathematische Annalen* 49.2 (1897),
      207–246.

[75]  Georg Cantor, *Briefe*. Hrsg. von Herbert Meschkowski und
      Winfried Nilson. Berlin: Springer, 1991.

[76]   Georg Cantor, Ein Beitrag zur Mannigfaltigkeitslehre. *Journal für die Reine und Angewandte Mathematik* 84 (1877), 242–259.

[77]   Georg Cantor, Über endliche lineare Punktmannichfaltigkeiten V. *Mathematische Annalen* 21.4 (1883), 545–591.

[78]   Georg Cantor, Ueber die Ausdehnung eines Satzes aus der Theorie der trigonometrischen Reihen. *Mathematische Annalen* 5.1 (1872), 123–132.

[79]   Girolamo Cardano, *Ars Magna or The Rules of Algebra*. Ed. by T. Richard Witmer. New York, NY: Dover Publications, 1968.

[80]   Robert D. Carmichael, Note on a new number theory function. *Bulletin of the AMS* 16 (1910), 232–238.

[81]   Paul de Faget de Casteljau, De Casteljau's autobiography: my time at Citroën. *Computer Aided Geometric Design* 16 (1999), 583–586.

[82]   Augustin Louis Cauchy, *Cours d'analyse: Algebraische Analysis*. Berlin: Springer, 1885.

[83]   Eduard Čech, Contribution à la théorie de la dimension. *Časopis Pro Pěstování Matematiky a Fysiky* 62 (1933), 277–291.

[84]   Jean-Luc Chabert, Un demi-siecle de fractales: 1870–1920. *Historia Mathematica* 17.4 (1990), 339–365.

[85]   David V. Chudnovsky and Gregory V. Chudnovsky, Approximations and complex multiplication according to Ramanujan. In: *Pi: A Source Book*. Ed. by John Lennard Berggren, Peter Borwein, and Jonathan Borwein. 3rd ed. New York, NY: Springer, 2004, pp. 596–622.

[86]   David V. Chudnovsky and Gregory V. Chudnovsky, The computation of classical constants. *Proceedings of the National Academy of Sciences of the United States of America* 86.21 (1989), 8178–8182.

[87]   Alonzo Church, *Introduction to Mathematical Logic*. Revised and enlarged. Princeton, NJ: Princeton University Press, 1956.

[88]   Vašek Chvàtal, *Linear Programming*. New York, NY: W. H. Freeman and Company, 1983.

[89]   Henry Cohn and Noam Elkies, New upper bounds on sphere packings I. *Annals of Mathematics* 157.2 (2003), 689–714.

[90]   Alain Connes, Gholamreza B. Khosrovshahi, and Masoud Khalkhali, An interview with Alain Connes. 45 pages, freewebs.com/cvdegosson/connes-interview.pdf. Dec. 2005.

[91]   J. Brian Conrey, The Riemann hypothesis. *Notices of the AMS* 50.3 (2003), 341–353.

[92]   John H. Conway, FRACTRAN: a simple universal programming language for arithmetic. In: *Open Problems in Communication and Computation*. Ed. by Thomas M. Cover and B. Gopinath. New York, NY: Springer, 1987, pp. 4–26.

[93]    John H. Conway, *On Numbers and Games*. Second edition: A. K. Peters, Wellesley, MA, 2001. London: Academic Press, 1976.

[94]    John H. Conway and Neil J. A. Sloane, *Sphere Packings, Lattices and Groups*. 3rd ed. New York, NY: Springer, 1999.

[95]    Jill Cook, *Ice Age Art*. London: The British Museum Press, 2013.

[96]    William Cook, Fifty-plus years of combinatorial integer programming. In: *50 Years of Integer Programming 1958–2008*. Ed. by Michael Jünger, Thomas M. Liebling, Denis Naddef, George L. Nemhauser, William R. Pulleyblank, Gerhard Reinelt, Giovanni Rinaldi, and Laurence A. Wolsey. Berlin: Springer, 2010, pp. 387–430.

[97]    William Andrew Coppel, J. B. Fourier – On the occasion of his two hundredth birthday. *The American Mathematical Monthly* 76.5 (1969), 468–483.

[98]    Richard Courant, Mathematics in the modern world. *Scientific American* (1964), 19–27.

[99]    Richard Courant, Variational methods for the solution of problems of equilibrium and vibrations. *Bulletin of the AMS* 49.1 (1943), 1–23.

[100]   Richard Courant, Kurt Friedrichs und Hans Lewy, Über die partiellen Differenzengleichungen der mathematischen Physik. *Mathematische Annalen* 100.1 (1928), 32–74.

[101]   Richard Courant und Herbert Robbins, *Was ist Mathematik?* 5. Aufl. Berlin: Springer, 2010.

[102]   John J. Coy, Dennis P. Townsend, and Erwin V. Zaretksy, *Gearing*. Tech. rep. NASA Reference Publication 1152. NASA/AVSCOM, 1985.

[103]   Peter R. Cromwell, Celtic knotwork: mathematical art. *Mathematical Intelligencer* 15.1 (1993), 36–47.

[104]   John N. Crossley and Alan S. Henry, Thus spake al-K̲h̲wārizmī: A translation of the text of Cambridge University library ms. ii.vi.5. *Historia Mathematica* 17.2 (1990), 103–131.

[105]   Michael J. Crowe, Ten "laws" concering patterns of change in the history of mathematics. *Historia Mathematica* 2.3 (1975), 161–166.

[106]   Michael J. Crowe, Ten misconceptions about mathematics and its history. In: *History and Philosophy of Modern Mathematics*. Ed. by William Aspray and Philip Kitcher. Vol. 11. Minnesota Studies in Philosophy of Science. Minneapolis, MN: University of Minnesota Press, 1988, pp. 260–277.

[107]   George Csicsery, I want to be a mathematician. a conversation with Paul Halmos. DVD, The Mathematical Association of America (MAA). Washington, DC, 2009.

[108]    Jean-Baptiste le Rond D'Alembert, Dimension. In: *Encyclopédie ou dictionnaire raisonné des sciences, des arts et métiers*. T. 4. Briasson, 1754, p. 1009–1010.

[109]    Jean-Baptiste le Rond D'Alembert, Négatif. In: *Encyclopédie ou dictionnaire raisonné des sciences, des arts et métiers*. Sous la dir. Denis Diderot. T. 11. Paris: Briasson, 1765, p. 72–74.

[110]    George Dantzig, Linear programming. *Operations Research* 50.1 (2002), 42–47.

[111]    Joseph Warren Dauben, Georg Cantor and pope Leo XIII: Mathematics, theology, and the infinite. *Journal of the History of Ideas* 38.1 (1977), 85–108.

[112]    Roy O. Davies, Some remarks on the Kakeya problem. *Mathematical Proceedings of the Cambridge Philosophical Society* 69.3 (1971), 417–421.

[113]    C. Bryan Dawson, The Lake Wobegon paradox. *The Mathematical Intelligencer* 42.4 (2020), 30–32.

[114]    Richard Dedekind, Bernhard Riemann's Lebenslauf. In: *Bernhard Riemann's gesammelte mathematische Werke und wissenschaftlicher Nachlass*. Hrsg. von Richard Dedekind und Wilhelm Weber. Leipzig: Teubner, 1876, S. 507–526.

[115]    Richard Dedekind, *Gesammelte mathematische Werke*. Hrsg. von Robert Fricke, Emmy Noether und Öystein Ore. Bd. 3. Braunschweig: Vieweg, 1932.

[116]    Richard Dedekind, *Stetigkeit und irrationale Zahlen*. Braunschweig: Vieweg, 1872.

[117]    Richard Dedekind, *Was sind und was sollen die Zahlen?* Braunschweig: Vieweg, 1888.

[118]    Richard Dedekind, *Was sind und was sollen die Zahlen?* 2. Aufl. Braunschweig: Vieweg, 1893.

[119]    Oliver Deiser, *Reelle Zahlen – Das klassische Kontinuum und die natürlichen Folgen*. 2. Aufl. Berlin: Springer, 2008.

[120]    René Descartes, *Discours de la Methode plus La Dioptrique, Les Meteores et La Geometrie*. Leyden: Ian Maire, 1637.

[121]    Peter Deuflhard et al., eds., MATHEON – *Mathematics for Key Technologies*. Vol. 1. EMS Series in Industrial and Applied Mathematics. Zürich: EMS Publishing House, 2014.

[122]    Deutsches PISA-Konsortium, *PISA 2000: Basiskompetenzen von Schülerinnen und Schülern im internationalen Vergleich*. Hrsg. von Jürgen Baumert, Eckhard Klieme, Michael Neubrand, Manfred Prenzel, Ulrich Schiefele, Wolfgang Schneider, Petra Stanat, Klaus-Jürgen Tillmann und Manfred Weiß. Opladen: Leske + Budrich, 2001.

[123]   Keith J. Devlin, *Muster der Mathematik. Ordnungsgesetze des Geistes und der Natur*. 2. Aufl. Heidelberg: Spektrum Akademischer Verlag, 2002.

[124]   Keith J. Devlin, *Pascal, Fermat und die Berechnung des Glücks. Eine Reise in die Geschichte der Mathematik*. München: C. H. Beck, 2009.

[125]   Proclus Diadochus, *Proclus: A commentary on the first book of Euclid's Elements*. Ed. by Glenn R. Morrow. Princeton, NJ: Princeton University Press, 1992.

[126]   Miriam Dieter, Studienabbruch und Studienfachwechsel in der Mathematik: Quantitative Bezifferung und empirische Untersuchung von Bedingungsfaktoren. Doktorarbeit. Universität Duisburg-Essen, 2012.

[127]   Jean A. Dieudonné, The work of Nicolas Bourbaki. *The American Mathematical Monthly* 77.2 (1970), 134–145.

[128]   Paul A. M. Dirac, *The Principles of Quantum Mechanics*. 2nd ed. Oxford: Oxford University Press, 1935.

[129]   J. Dongarra and F. Sullivan, Guest editors' introduction to the top 10 algorithms. *Computing in Science Engineering* 2.1 (2000), 22–23.

[130]   Jean-Luc Dorier, A general outline of the genesis of vector space theory. *Historia Mathematica* 22.3 (1995), 227–261.

[131]   B. Dragovich, A. Yu. Khrennikov, S. V. Kozyrev, I. V. Volovich, and E. I. Zelenov, p-Adic mathematical physics: the first 30 years. *p-Adic Numbers, Ultrametric Analysis, and Applications* 9.2 (2017), 87–121.

[132]   Christoph Drösser, *Der Mathematik-Verführer. Zahlenspiele für alle Lebenslagen*. Reinbek bei Hamburg: Rowohlt, 2008.

[133]   Adrian W. Dudek, An explicit result for primes between cubes. *Functiones et Approximatio* 55.2 (2016), 177–197.

[134]   Edward Dunne and Klaus Hulek, Mathematics Subject Classification 2020. *Notices of the AMS* 67.3 (2020), 410–411.

[135]   Rick Durrett, *Probability: Theory and Examples*. 4th ed. Edition 4.1: services.math.duke.edu / ~rtd / PTE / PTE4_1.pdf. Cambridge: Cambridge University Press, 2010.

[136]   Freeman Dyson, Birds and frogs. *Notices of the AMS* 56.2 (2009). Deutsche Übersetzung: Vögel und Frösche, *Mitteilungen der DMV*, 28(1):30–43, 2020, 212–223.

[137]   Charles Henry Edwards, *The Historical Development of the Calculus*. New York, NY: Springer, 1979.

[138]   Harold M. Edwards, Galois for 21st-century readers. *Notices of the AMS* 59.7 (2012), 912–923.

[139]   Harold M. Edwards, Kronecker's algorithmic mathematics. *Mathematical Intelligencer* 31.2 (2009), 11–14.

[140]   Harold M. Edwards, Postscript to "The background of Kummer's proof". *Archive for History of Exact Sciences* 17.4 (1977), 381–394.

[141]   Harold M. Edwards, *Riemann's Zeta Function*. New York, NY: Academic Press, 1974.

[142]   Artur Ekert, Complex and unpredictable Cardano. *International Journal of Theoretical Physics* 47.8 (2008), 2101–2119.

[143]   Christian Elsholtz, Unconditional prime-representing functions, following Mills. *The American Mathematical Monthly* 127.7 (2020), 639–642.

[144]   Arthur Engel, *Problem-Solving Strategies*. Problem Books in Mathematics. Heidelberg: Springer, 1998.

[145]   Debbie Epstein, Heather Mendick, and Marie-Pierre Moreau, Imagining the mathematician: young people talking about popular representations of maths. *Discourse: Studies in Cultural Politics of Education* 31.1 (2010), 45–60.

[146]   Paul Erdős, Child prodigies. *Mathematics Competitions* 8.1 (1995), 7–15.

[147]   Paul Erdős, Extremal problems in number theory. *Proceedings of Symposia in Pure Mathematics* 8 (1965), 181–189.

[148]   Paul Erdős, Some remarks on the theory of graphs. *Bulletin of the AMS* 53.4 (1947).

[149]   Maurits Cornelis Escher, *The Magic of M. C. Escher*. With a preface by W. F. Veldhuysen and an introduction by J. L. Locher. London: Thames & Hudson, 2000.

[150]   Euklid, *Euclid's Elements of Geometry*. Ed. by Johan Ludvig Heiberg and Richard Fitzpatrick. Greek text by J. L. Heiberg. Print On Demand, 2007.

[151]   Euklid, *Euclidis Megarensis Mathematici Clarissimi Elementorum Geometricorum Lib. XV*. Basel: Johannes Hervagius, 1537.

[152]   Leonhard Euler, De numeris amicabilibus. *Nova acta eruditorum* (1747). Wieder abgedruckt in Opera Omnia Series 1, Bd. 14, S. 217–244, 267–269.

[153]   Leonhard Euler, De seriebus divergentibus. *Novi Commentarii academiae scientiarum Petropolitanae* 5 (1760), 205–237.

[154]   Leonhard Euler, *Institutiones calculi differentialis cum eius usu in analysi finitorum ac doctrina serierum*. Academiae imperialis scientiarum Petropolitanae, 1755.

[155]   Leonhard Euler, *Introductio in Analysin Infinitorum*. Lausanne: Marcus-Michael Bousquet, 1748.

[156]   Leonhard Euler, Solutio problematis ad geometriam situs pertinentis. *Commentarii academiae scientiarum Petropolitanae* 8 (1741). Wieder abgedruckt in Opera Omnia Series 1, Band 7, S. 1–10, 128–140.

[157]   Leonhard Euler, Variae observationes circa series infinitas. *Commentarii academiae scientiarum Petropolitanae* 9 (1744), 160–188.

[158]   Leonhard Euler, *Vollständige Anleitung zur Differential-Rechnung*. Berlin und Libau: Lagarde und Friedrich, 1790.

[159]   William Ewald and Wilfried Sieg, eds., *David Hilbert's Lectures on the Foundations of Arithmetic and Logic, 1917–1933*. Berlin: Springer, 2013.

[160]   Pasquale Joseph Federico, *Descartes on Polyhedra. A Study of the "De Solidorum Elementis"*. Vol. 4. Sources in the History of Mathematics and Physical Sciences. New York: Springer-Verlag, 1982.

[161]   Richard W. Feldmann Jr., The Cardano-Tartaglia dispute. *The Mathematics Teacher* 54.3 (1961), 160–163.

[162]   Alice Fialowski, Joachim Hilgert, Bent Œrsted, and Vladimir Salnikov, Discoveries, not inventions – Interview with Ernest Borisovich Vinberg. *EMS Newsletter* (Dec. 2016), 31–34.

[163]   Ronald A. Fisher, *The Design of Experiments*. Edinburgh: Oliver & Boyd, 1935.

[164]   Joan Fisher Box, *R. A. Fisher: The Life of a Scientist*. New York: Wiley, 1978.

[165]   Gustave Flaubert, *Wörterbuch der Gemeinplätze*. Frankfurt am Main: Insel Verlag, 1991.

[166]   Menso Folkerts, Euclid in medieval Europe. In: *The Development of Mathematics in Medieval Europe. The Arabs, Euclid, Regiomontanus*. Vol. CS811. Variorum Collected Studies Series. pp. 1–64, in volume without consecutive page numbers. Adlershot: Ashgate Publishing, 2006.

[167]   Menso Folkerts und Paul Kunitzsch, Hrsg., *Die älteste lateinische Schrift über das indische Rechnen nach al-Hwārizmī*. München: Verlag der Bayerischen Akademie der Wissenschaften, 1997.

[168]   Joseph Fourier, *Theorie analytique de la chaleur*. Paris: Firmin Didot, 1822.

[169]   David Fowler and Eleanor Robson, Square root approximations in old Babylonian mathematics: YBC 7289 in context. *Historia Mathematica* 25.4 (1998), 366–378.

[170]   Adolf Fraenkel, *Einleitung in die Mengenlehre – eine elementare Einführung in das Reich des Unendlichgroßen*. Berlin: Springer, 1923.

[171]   Karen François and Jean Paul Van Bendegem, Revolutions in mathematics. More than thirty years after Crowe's "Ten Laws". A new interpretation. In: *PhiMSAMP. Philosophy of Mathematics: Sociological Aspects and Mathematical Practice*. Ed. by Benedict Löwe and Thomas Müller. Vol. 11. London: College Publications, 2010.

[172]   Tony Freeth, Decoding an ancient computer. *Scientific American* 301.6 (Dec. 2009).

[173]  Edward Frenkel, A day in the life of a mathematician. *Labor* 2 (2013), 64–71.

[174]  Rudolf Fritsch, The transcendence of $\pi$ has been known for about a century – but who was the man who discovered it? *Results in Mathematics* 70.2 (1984), 165–183.

[175]  John Fuegi and Jo Francis, Lovelace & Babbage and the creation of the 1843 "Notes". *IEEE Annals of the History of Computing* 25.4 (2003), 16–26.

[176]  Galileo Galilei, *Unterredungen und mathematische Demonstrationen über zwei neue Wissenszweige, die Mechanik und Fallgesetze betreffend*. Hrsg. von Arthur von Oettingen. Leipzig: Verlag von Wilhelm Engelmann, 1891.

[177]  Évariste Galois, Oeuvres Mathématiques. *Journal de Mathématiques Pures et Appliquées, 1ére série* 11 (1846), 381–444.

[178]  Michael R. Garey and David S. Johnson, *Computers and Intractability. A Guide to the Theory of NP-Completeness*. San Francisco: W. H. Freeman, 1979.

[179]  Robert Gast, Das Ende der Fünfeck-Saga. *Spektrum – Die Woche* 28 (2017). www.spektrum.de/news/beweis-beendet-suche-nach-fuenfecken/1481717, 41–47.

[180]  Carl Friedrich Gauß, Theoria motus corporum coelestium in sectionibus conicis solem ambientium. In: *Gesammelte Werke Band VI*. Göttingen: Königliche Gesellschaft der Wissenschaften, 1874, S. 53–60.

[181]  Kurt Gödel, Über formal unentscheidbare Sätze der Principia Mathematica und verwandter Systeme, I. *Monatshefte für Mathematik und Physik* 38.1 (1931), 173–198.

[182]  Oded Goldreich, Pseudorandomness. *Notices of the AMS* 46.10 (1999), 1209–1216.

[183]  Larry J. Goldstein, A history of the prime number theorem. *The American Mathematical Monthly* 80.6 (1973), 599–615.

[184]  Larry J. Goldstein, Correction to "A history of the prime number theorem". *The American Mathematical Monthly* 80.10 (1973), 1115.

[185]  Georges Gonthier, Formal proof – the four color theorem. *Notices of the AMS* 55.11 (2008), 1382–1393.

[186]  Enrique A. González-Velasco, Connections in mathematical analysis: the case of Fourier series. *The American Mathematical Monthly* 99.5 (1992), 427–441.

[187]  Prakash Gorroochurn, Thirteen correct solutions to the "problem of points" and their histories. *Mathematical Intelligencer* 36.3 (2014), 56–64.

[188]  Victor Geoffrey Alan Goss, Application of analytical geometry to the form of gear teeth. *Resonance* (Sept. 2013), 817–831.

[189]   Fernando Q. Gouvêa, *p-adic Numbers. An Introduction*. 2nd ed.
        Universitext. Berlin, Heidelberg: Springer, 1997.

[190]   Fernando Q. Gouvêa, Was Cantor surprised? *The American
        Mathematical Monthly* 118.3 (2011), 198–209.

[191]   Timothy Gowers, Is massively collaborative mathematics pos-
        sible? Blog entry, gowers.wordpress.com / 2009 / 01 / 27 /. Jan.
        2009.

[192]   Timothy Gowers, ed., *The Princeton Companion to Mathematics*.
        Princeton, NJ: Princeton University Press, 2008.

[193]   Ivor Grattan-Guiness, Joseph Fourier and the revolution in
        physics. *Journal of the Institute of Mathematics and its Applications* 5
        (1969), 230–253.

[194]   Günther Graumann, Konzeptionen und Ziele des Geometrie-
        unterrichts im 19. und 20. Jahrhundert. In: *Der Wandel im Lehren
        und Lernen von Mathematik und Naturwissenschaften*. Hrsg. von L.
        Jäkel. Schriftenreihe der Pädagogischen Hochschule Heidelberg.
        Weinheim: Dt. Studien-Verlag, 1994, S. 130–137.

[195]   Hans-Martin Greuel, Reinhold Remmert und Gerhard Rupprecht,
        Hrsg., *Mathematik – Motor der Wirtschaft*. Heidelberg: Springer,
        2008.

[196]   Jonathan L. Gross and Thomas W. Tucker, A celtic framework for
        knots and links. *Discrete & Computational Geometry* 46.1 (2011),
        86–99.

[197]   Dietmar Guderian, *Mathematik in der Kunst der letzten dreißig
        Jahre*. Paris: Edition Galerie Lahumière, 1990.

[198]   Siegmund Günther, *Geschichte des mathematischen Unterrichts im
        deutschen Mittelalter bis zum Jahre 1525*. Berlin: A. Hofmann &
        Comp., 1887.

[199]   Richard K. Guy, The decline and fall of Zarankiewicz's theorem.
        In: *Proof Techniques in Graph Theory (Proc. Second Ann Arbor Graph
        Theory Conf., Ann Arbor, Mich., 1968)*. New York, NY: Academic
        Press, 1969, pp. 63–69.

[200]   Ludwig Haag und Thomas Götz, Mathe ist schwierig und
        Deutsch aktuell: Vergleichende Studie zur Charakterisierung
        von Schulfächern aus Schülersicht. *Psychologie in Erziehung und
        Unterricht* 59 (2012), 32–46.

[201]   Jean Nicolas Pierre Hachette, *(Premier) Supplement à la geometrie
        descriptive*. Paris: J. Klostermann fils, 1812.

[202]   Jean Nicolas Pierre Hachette, *Traité de géométrie descriptive compre-
        nant les applications de cette géométrie aux ombres, à la perspective et à
        la stéréometrie*. 2ᵉ éd. Paris: Corby, 1828.

[203]   Jacques Hadamard, *An Essay on the Psychology of Invention in the
        Mathematical Field*. Princeton, NJ: Princeton University Press,
        1945.

[204]  Albrecht Haeffer, Récréations mathématiques (1624), A study on its authorship, sources and influence. *Gibecière* 1.2 (2006), 77–167.

[205]  Thomas C. Hales, Formal proof. *Notices of the AMS* 55.11 (2008), 1370–1380.

[206]  Thomas C. Hales, The flyspeck project fact sheet. Version February 2017, github.com/flyspeck. 2014.

[207]  Thomas C. Hales, The Jordan curve theorem, formally and informally. *The American Mathematical Monthly* 114.10 (2007), 882–894.

[208]  Thomas C. Hales et al., A formal proof of the Kepler conjecture. *Forum of Mathematics, Pi* 5.e2 (2017). 29 pages.

[209]  Paul R. Halmos, Applied mathematics is bad mathematics. In: *Mathematics Tomorrow*. Ed. by Lynn Arthur Steen. New York, NY: Springer, 1981, pp. 9–20.

[210]  Helen Handfield-Jones, Beth Axelrod, and Ed Michaels, *The War for Talent*. Boston, MA: Harvard Business School Press, 2001.

[211]  Agnes Handwerk and Harrie Willems, *Wolfgang Doeblin. A Mathematician Rediscovered*. Springer VideoMATH. DVD. Berlin Heidelberg: Springer, 2007.

[212]  Hermann Hankel, *Zur Geschichte der Mathematik in Alterthum und Mittelalter*. Leipzig: Teubner, 1874.

[213]  Samuel Hansen, Error Spotted, actually errors spotted. www.acmescience.com/tag/rsj-reddy/. July 2012.

[214]  Godfrey H. Hardy, *A Mathematician's Apology*. Cambridge: Cambridge University Press, 1941.

[215]  Godfrey H. Hardy, Mathematical proof. *Mind* 38.149 (1929), 1–25.

[216]  Victor Harnik, Infinitesimals from Leibniz to Robinson. Time to bring them back to school. *Mathematical Intelligencer* 8.2 (1986), 41–47, 63.

[217]  John Harrison, Formalizing an analytic proof of the Prime Number Theorem. *Journal of Automated Reasoning* 43 (2009), 243–261.

[218]  Ulf Hashagen, *Walther von Dyck (1856–1934) – Mathematik, Technik und Wissenschaftsorganisation an der TH München*. Wiesbaden: Franz Steiner Verlag, 2003.

[219]  Joel Hass and Tahl Nowik, Unknot diagrams requiring a quadratic number of Reidemeister moves to untangle. *Discrete & Computational Geometry* 44.1 (2010), 91–95.

[220]  Helmut Hasse, Erich Hecke, Max Deuring und Emanuel Sperner, Hrsg., *Encyklopädie der mathematischen Wissenschaften mit Einschluß ihrer Anwendungen*. Leipzig: B. G. Teubner Verlag, 1939–1959.

[221]  Johan Håstad, Russell Impagliazzo, Leonid A. Levin, and Michael Luby, A pseudorandom generator from any one-way function. *SIAM Journal of Computation* 28.4 (1999), 1364–1396.

[222] Felix Hausdorff, Dimension und äußeres Maß. *Mathematische Annalen* 79.1 (1919), 157–179.

[223] Susumu Hayashi, David Hilbert's mathematical notebooks. www.shayashi.jp/HistoryOfFOM/HilbertNotebookProjectHomepage/. June 2006.

[224] Thomas L. Heath, ed., *The Method of Archimedes, Recently Discovered by Heiberg; a Supplement to the Works of Archimedes, 1897.* Cambridge: Cambridge University Press, 1912.

[225] Oliver Heaviside, On operators in physical mathematics. *Proceedings of the Royal Society of London* 52 (1893).

[226] Peter Hellekalek, Good random number generators are (not so) easy to find. *Mathematics in Computers in Simulation* 46.5–6 (1998), 485–505.

[227] Kurt Hensel, Über eine neue Begründung der Theorie der algebraischen Zahlen. *Jahresbericht der Deutschen Mathematiker-Vereinigung* 6.3 (1897), 83–88.

[228] Heron, *Heronis Alexandrini opera quae supersunt omnia Vol. III (Rationes Dimetiendi et Commentatio Dioptria).* Hrsg. von Hermann Schöne. Leipzig: Teubner, 1903.

[229] Reuben Hersh, Fresh breezes in the philosophy of mathematics. *The American Mathematical Monthly* 102.7 (1995), 589–594.

[230] Ulrich Heublein und Johanna Richter, Die Entwicklung der Studienabbruchquoten in Deutschland. *DZHW Brief* 3 (2020).

[231] Ulrich Heublein und Andrä Wolter, Studienabbruch in Deutschland. Definition, Häufigkeit, Ursachen, Maßnahmen. *Zeitschrift für Pädagogik* 57.2 (2011), 214–236.

[232] Harro Heuser, *Lehrbuch der Analysis, Teil 1.* 17. Mathematische Leitfäden. Wiesbaden: Vieweg+Teubner Verlag, 2009.

[233] Harro Heuser, *Unendlichkeiten. Nachrichten aus dem Grand Canyon des Geistes.* Wiesbaden: Teubner, 2008.

[234] Nicholas J. Higham, ed., *The Princeton Companion to Applied Mathematics.* Princeton, NJ: Princeton University Press, 2015.

[235] David Hilbert, Mathematische Probleme. *Nachrichten von der Gesellschaft der Wissenschaften zu Göttingen, Mathematisch-Physikalische Klasse* (1900).

[236] David Hilbert, Neubegründung der Mathematik, Erste Mitteilung. *Abhandlungen aus dem Mathematischen Seminar der Universität Hamburg* 1 (1922), 157–177.

[237] David Hilbert, Über das Unendliche. *Mathematische Annalen* 95 (1926), 161–190.

[238] David Hilbert, Ueber die stetige Abbildung einer Linie auf ein Flächenstück. *Mathematische Annalen* 38.3 (1891), 459–460.

[239] David Hilbert und Wilhelm Ackermann, *Grundzüge der theoretischen Logik.* Berlin: Springer, 1928.

[240]   C. Antony R. Hoare, Quicksort. *The Computer Journal* 5.1 (1962), 10–15.

[241]   Friedrich Hoffstadt, *Gothisches ABC-Buch*. Frankfurt am Main: Schmerber, 1840.

[242]   Joseph Ehrenfried Hofmann, Über zahlentheoretische Methoden Fermats und Eulers, ihre Zusammenhänge und ihre Bedeutung. *Archive for History of Exact Sciences* 1.2 (1960), 122–159.

[243]   Karl Heinrich Hofmann, Commutative diagrams in the fine arts. *Notices of the AMS* 49.6 (2002), 663–668.

[244]   Karl Heinrich Hofmann, Die Ästhetik von Formeln. Bernar Venets Wandbilder. *Mitteilungen der DMV* 9.3 (2001), 27–32.

[245]   Heinz Hopf, Über die Abbildungen der dreidimensionalen Sphäre auf die Kugelfläche. *Mathematische Annalen* 104.1 (1931), 637–665.

[246]   Brian Hopkins and Robin J. Wilson, The truth about Königsberg. *The College Mathematics Journal* 35.3 (2004), 198–207.

[247]   Ralf Hoppe, Der Mann, der Pi war. *Spiegel* 9 (2014), 104–106.

[248]   Jim Hoste, Morwen Thistlethwaite, and Jeff Weeks, The first 1,701,936 knots. *Mathematical Intelligencer* 20.4 (1998), 33–48.

[249]   Wilhelm von Humboldt, Theorie der Bildung des Menschen. In: *Werke in fünf Bänden I – Schriften zur Anthropologie und Geschichte*. Hrsg. von Klaus Giel und Andreas Flitner. Stuttgart: J. G. Cotta, 1960, S. 234–240.

[250]   Bruce J. Hunt, Oliver Heaviside. *Physics Today* (Nov. 2012), 48–54.

[251]   Witold Hurewicz and Henry Wallman, *Dimension Theory*. Princeton, NJ: Princeton University Press, 1948.

[252]   Albert Edward Ingham, On the difference between consecutive primes. *The Quarterly Journal of Mathematics, Oxford Series* 8.1 (1937), 255–266.

[253]   Gerhard Isenberg, Abiturarbeiten im Fach Mathematik im Wandel der Zeiten – eine mathematikdidaktische Analyse. Zulassungsarbeit. Universität Siegen, 2006.

[254]   Allyn Jackson, Comme appelé du néant – as if summoned from the void: The life of Alexandre Grothendieck. *Notices of the AMS* 51.9 (2004), 1038–1056.

[255]   Doris Jäger-Flor und Reinhold S. Jäger, *Bildungsbarometer zum Thema „Mathematik". Ergebnisse, Bewertungen und Perspektiven*. Landau: VEP Verlag Empirische Pädagogik, 2008.

[256]   Hans Niels Jahnke, Cantor's cardinal and ordinal infinities: an epistemological and didactic view. *Educational Studies in Mathematics* 48 (2001), 175–197.

[257]   Hans Niels Jahnke, Hrsg., *Geschichte der Analysis*. Heidelberg: Spektrum Akademischer Verlag, 2009.

[258]   John H. Jaroma and Kamaliya N. Reddy, Classical and Alternative Approaches to the Mersenne and Fermat Numbers. *The American Mathematical Monthly* 114.8 (2007), 677–687.

[259]   Dale M. Johnson, The problem of the invariance of dimension in the growth of modern topology, Part I. *Archive for History of Exact Sciences* 20.2 (1979), 97–188.

[260]   Dale M. Johnson, The problem of the invariance of dimension in the growth of modern topology, Part II. *Archive for History of Exact Sciences* 25.2–3 (1981), 85–266.

[261]   Mandar Juvekar, David E. Narváez, and Melissa Welsh, On Arroyo-Figueroa's proof that P $\neq$ NP. Preprint, March 2021, 5 pages, arXiv:2103.15246.

[262]   William Kahan. Persönliche E-Mail an Andreas Loos. 2013.

[263]   Jonathan M. Kane and Janet E. Mertz, Debunking myths about gender and mathematics performance. *Notices of the AMS* 59.1 (2012), 10–21.

[264]   Immanuel Kant, *Critik der reinen Vernunft*. 2. Aufl. Riga: Johann Friedrich Hartknoch, 1787.

[265]   Robert Kaplan, *Die Geschichte der Null*. Frankfurt: Campus, 1999.

[266]   Nicholas M. Katz and John Tate, Bernard Dwork (1923–1998). *Notices of the AMS* 46.3 (1999), 338–343.

[267]   Bernd Kawohl and Christof Weber, Meissner's mysterious bodies. *Mathematical Intelligencer* 33.3 (2011), 94–101.

[268]   H. Jerome Keisler, *Elementary Calculus. An Infinitesimal Approach*. 2nd ed. Boston, MA: Prindle, Weber, & Schmidt, 1986.

[269]   Johannes Kepler, *De Stella Nova in pede serpentarii*. Prag: Paul Sessius, 1606.

[270]   Johannes Kepler, *Dissertatio cum nuncio sidereo nuper ad mortales misso a Galilaeo Galilaeo*. Prag: Daniel Sedesanus, 1610.

[271]   Christian Kiesow, Visualität in der Mathematik. In: *Visuelles Wissen und Bilder des Sozialen*. Hrsg. von Petra Lucht, Lisa-Marian Schmidt und René Tuma. Wissen, Kommunikation und Gesellschaft. Wiesbaden: Springer Fachmedien, 2013, S. 249–263.

[272]   Thomas P. Kirkman, On a problem in combinations. *The Cambridge and Dublin Mathematical Journal* 2 (1847), 191–204.

[273]   Felix Klein, *Elementarmathematik vom höheren Standpunkte aus. Teil I: Arithmetik, Algebra, Analysis. Vorlesung gehalten im Wintersemester 1907–08*. Leipzig: Teubner, 1908.

[274]   Felix Klein, Selbstbiographie. *Mitteilungen des Universitätsbundes Göttingen*. Göttinger Professoren – Lebensbilder von eigener Hand 5.1 (1923).

[275]   Felix Klein, The present state of mathematics. In: *Mathematical Papers Read at the International Mathematical Congress, Chicago 1896*. Ed. by E. Hastings Moore, Oskar Bolza, Heinrich Maschke, and Henry S. White. Macmillan and Co (AMS), 1896, 133–135.

[276]   Felix Klein, Vorläufiges aus Erlangen, München und Leipzig. In: *Handschriftlicher Nachlass*. Hrsg. von Konrad Jacobs. Erlangen: Mathematisches Institut der Friedrich Alexander Universität, 1977.

[277]   Felix Klein, *Vorträge über den mathematischen Unterricht an den höheren Schulen, Teil 1*. Hrsg. von Rudolf Schimmack. Leipzig: Teubner, 1907.

[278]   Felix Klein, Heinrich Weber und Wilhelm Franz Meyer, Hrsg., *Encyklopädie der mathematischen Wissenschaften mit Einschluß ihrer Anwendungen*. Leipzig: B. G. Teubner Verlag, 1898–1935.

[279]   Israel Kleiner, Evolution of the function concept: a brief survey. *The College Mathematics Journal* 20.4 (1989), 282–300.

[280]   Morris Kline, *Why Johnny Can't Add: The Failure of the New Math*. New York, NY: St. Martin's Press, 1973.

[281]   Adolph Kneser, Leopold Kronecker. Rede, gehalten bei der Hundertjahrfeier seines Geburtstages in der Berliner Mathematischen Gesellschaft am 19. Dezember 1923. *Jahresbericht der Deutschen Mathematiker-Vereinigung* 33 (1925), 210–228.

[282]   Eberhard Knobloch, Galileo and Leibniz: different approaches to infinity. *Archive for History of Exact Sciences* 54.2 (1999), 87–99.

[283]   Eberhard Knobloch, On the origin of error theory. In: *Historia de la Probabilidad y la estadística (III)*. Ed. by Fernando M. Garcia Tomé. Madrid: Delta, 2006, pp. 95–116.

[284]   Eberhard Knobloch, Von Riemann zu Lebesgue – zur Entwicklung der Integrationstheorie. *Historia Mathematica* 10.3 (1983), 318–343.

[285]   Donald E. Knuth, Random numbers. In: *The Art of Computer Programming*. 2nd ed. Vol. 2. Reading, MA: Addison-Wesley, 1981, pp. 1–177.

[286]   Donald E. Knuth, *Surreal Numbers. How Two Ex-Students Turned on to Pure Mathematics and Found Total Happiness*. Deutsche Ausgabe: *Insel der Zahlen. Eine zahlentheoretische Genesis im Dialog*, Vieweg, Braunschweig 1979. Reading, MA: Addison-Wesley, 1974.

[287]   Donald E. Knuth, Two thousand years of combinatorics. In: *Combinatorics: Ancient and Modern*. Ed. by Robin Wilson and John J. Watkins. Oxford: Oxford University Press, 2013, pp. 7–37.

[288]   Theodor Kober, *Lenkbares Luftschiff*. Berlin: E. S. Mittler, 1894.

[289]   Neal Koblitz, *p-adic Numbers, p-adic Analysis, and Zeta-Functions*. New York, NY: Springer, 1984.

[290]   Maxim Kontsevich and Don Zagier, Periods. In: *Mathematics Unlimited – 2001 and Beyond*. Ed. by Björn Engquist and Wilfried Schmid. Berlin: Springer, 2001, pp. 771–808.

[291]   Sybille Krämer, *Ada Lovelace – Die Pionierin der Computertechnik und ihre Nachfolgerinnen*. Paderborn: Verlag Wilhelm Fink, 2015.

[292]   Ulrich Krengel, Von der Bestimmung von Planetenbahnen zur modernen Statistik: Carl Friedrich Gauß – Werk und Wirkung. *Mathematische Semesterberichte* 53.1 (2006), 1–16.

[293]   Ernst Eduard Kummer, Öffentliche Sitzung zur Feier des Leibnizischen Jahrestages. *Monatsberichte der Königlich Preußischen Akademie der Wissenschaften zu Berlin* 1867 (1868), 387–395.

[294]   Marc Lackenby, A polynomial upper bound on Reidemeister moves. *Annals of Mathematics* 182 (2015), 491–564.

[295]   Jeffrey C. Lagarias, *The Ultimate Challenge. The $3x + 1$ problem*. Providence, RI: American Mathematical Society, 2010.

[296]   Joseph-Louis Lagrange, *Théorie des fonctions analytiques*. Paris: L'Imprimerie de la République, 1797.

[297]   Anselm Lambert, Mathematik und/oder Mathe (in der Schule) – ein Vorschlag zur Unterscheidung. *Der Mathematikunterricht* 66.2 (2020), 3–15.

[298]   Johann Heinrich Lambert, *Beyträge zum Gebrauche der Mathematik und deren Anwendung*. Berlin: Verlag des Buchladens der Königl. Realschule, 1765.

[299]   Leslie Lamport, How to write a proof. *The American Mathematical Monthly* 102.7 (1995), 600–608.

[300]   Edmund Landau, Gelöste und ungelöste Probleme aus der Theorie der Primzahlverteilung und der Riemannschen Zetafunktion. In: *Proceedings of the Fifth International Congress of Mathematicians (Cambridge, 22–28 August 1912), Vol. I*. London: Cambridge University Press, 1913, S. 93–108.

[301]   Pierre-Simon Laplace, *Théorie Analytique des Probabilités*. 3$^e$ éd. Paris: Courcier, 1820.

[302]   Reinhard Laubenbacher and David Pengelley, *Mathematical Expeditions: Chronicles by the Explorers*. New York: Springer, 1998.

[303]   Detlef Laugwitz und Curt Schmieden, Eine Erweiterung der Infinitesimalrechnung. *Mathematische Zeitschrift* 69 (1958), 1–39.

[304]   Marlene Lauter und Hans-Georg Weigand, Hrsg., *Ausgerechnet ... Mathematik und Konkrete Kunst (Katalog zur gleichnamigen Ausstellung im Museum im Kulturspeicher Würzburg)*. Baunach: Spurbuchverlag, 2007.

[305]   Henri Lebesgue, Sur la non-applicabilité de deux domaines appartenant respectivement à des espaces à $n$ et $n + p$ dimensions. *Mathematische Annalen* 70 (1911), 166–168.

[306] Maurice Lecat, *Erreurs de mathématiciens des origines à nos jours*. Brüssel: Castaigne, 1935.

[307] Comte de Buffon Georges-Louis Marie Leclerc, Essais d'Arithmétique morale. In: *Ouevres completes Tome Dixième (Histoire naturelle, générale et particulière)*. Paris, 1778, p. 67–216.

[308] Solomon Lefschetz, A page of mathematical autobiography. *Bulletin of the AMS* 74 (1968), 854–879.

[309] Derrick H. Lehmer, An extended theory of Lucas' functions. *Annals of Mathematics* 31.3 (1930), 419–448.

[310] Derrick H. Lehmer, Mathematical methods in large-scale computing units. In: *Proceedings of a Second Symposium on Large-Scale Digital Calculating Machinery*. The Annals of the Computation Laboratory of Harvard University. Cambridge: Harvard University Press, 1951.

[311] Gottfried Wilhelm Leibniz, *Die philosophischen Schriften*. Bd. VII. Berlin: Weidmannsche Buchhandlung, 1890.

[312] Gottfried Wilhelm Leibniz, Nova methodus pro maximis et minimis. In: *Acta Eruditorum*. Leipzig: C. Gunther, 1684, S. 467–473.

[313] Franz Lemmermeyer, Jacobi and Kummer's ideal numbers. *Abhandlungen aus dem Mathematischen Seminar der Universität Hamburg* 79.2 (2009), 165–187.

[314] Franz Lemmermeyer, Proofs of the quadratic reciprocity law. www.rzuser.uni-heidelberg.de/~hb3/rchrono.html.

[315] Franz Lemmermeyer, *Reciprocity Laws. From Euler to Eisenstein*. Berlin: Springer, 2000.

[316] Jan Karel Lenstra, Alexander H. G. Rinnooy Kan, and Alexander Schrijver, eds., *History of Mathematical Programming. A Collection of Personal Reminiscences*. Amsterdam: North-Holland, 1991.

[317] Artur M. Lesk, The unreasonable effectiveness of mathematics in molecular biology. *Mathematical Intelligencer* 22.2 (2000), 28–37.

[318] Thomas Leybourn, *The mathematical questions proposed in the Ladies' Diary (Band 1–4)*. London: Mawman, 1817.

[319] Ferdinand Lindemann, Über die Zahl $\pi$. *Mathematische Annalen* 20.2 (1882), 213–225.

[320] John E. Littlewood, *Littlewood's Miscellany*. Cambridge: Cambridge University Press, 1986.

[321] Andreas Loos, Freaks und Vorurteile. *Bild der Wissenschaft* (18. März 2008). www.wissenschaft.de/allgemein/freaks-und-vorurteile/.

[322] Ada Augusta Lovelace and Luigi Federico Menabrea, Sketch of the analytical engine invented by Charles Babbage with notes upon the memoir by the translator. *Taylor's Scientific Memoirs* III (1843), 666–731.

[323]  Edouard Lucas, *Récréations Mathematiques*. T. 2. Paris: Gauthier-Villars et fils, 1883.

[324]  Edouard Lucas, Sur la théorie des nombres premiers. *Atti della Reale Accademia di Scienze di Torino* XI (1876), 928–937.

[325]  Saunders Mac Lane, *Categories for the Working Mathematician*. 2nd ed. Vol. 5. Graduate Texts in Mathematics. New York: Springer, 1978.

[326]  Cyrus Colton MacDuffee, The *p*-adic numbers of Hensel. *The American Mathematical Monthly* 45.8 (1938), 500–508.

[327]  Michael Sean Mahoney, *The Mathematical Career of Pierre de Fermat*. Princeton, NJ: Princeton University Press, 1973.

[328]  Paolo Mancosu, *Philosophy of Mathematics and Mathematical Practice in the Seventeenth Century*. New York and Oxford: Oxford University Press, 1996.

[329]  Benoît B. Mandelbrot, *Form, Chance and Dimension*. San Francisco: Freeman, 1977.

[330]  Benoît B. Mandelbrot, *The Fractal Geometry of Nature*. San Francisco: Freeman, 1983.

[331]  Yuri I. Manin, Good proofs are proofs that make us wiser. In: *Mathematics as Metaphor*. Providence, RI: American Mathematical Society, 2000, pp. 207–215.

[332]  Jiří Matoušek, *Lectures on Discrete Geometry*. Vol. 212. Graduate Texts in Math. New York: Springer-Verlag, 2002.

[333]  Benjamin Matschke, A survey on the square peg problem. *Notices of the AMS* 61.4 (2014), 346–352.

[334]  Makoto Matsumoto and Takuji Nishimura, Mersenne twister. a 623-dimensionally equidistributed uniform pseudorandom number generator. *ACM Transactions on Modeling and Computer Simulation* 8 (1998), 3–30.

[335]  Martin Mattheis, Felix Kleins Gedanken zur Reform des mathematischen Unterrichtswesens vor 1900. *Der Mathematikunterricht* 46.3 (2000), 41–61.

[336]  R. Daniel Mauldin, ed., *The Scottish Book. Mathematics from The Scottish Café, with Selected Problems from The New Scottish Book*. Second. Basel: Birkhäuser, 2015.

[337]  Herbert Mehrtens, T. S. Kuhn's theories and mathematics: A discussion paper on the "new historiography" of mathematics. *Historia Mathematica* 3.3 (1976), 297–320.

[338]  Heather Mendick, Debbie Epstein, and Marie-Pierre Moreau, Mathematical images and identities: education, entertainment, social justice (end of award report). *UK Data Archive Study Number 6097* (2007).

[339]   Charles Méray, Remarques sur la nature des quantités définies par la condition de servir de limites à des variables données. *Revue des Sociétés savantes, Sciences mathématiques, physiques et naturelles* 2.4 (1869), 280–289.

[340]   Dieter Mertens, Zur Entstehung der Entasis griechischer Säulen. *Saarbrücker Studien zur Archäologie und alten Geschichte* 3 (1988), 307–318.

[341]   Nicholas Metropolis and S. Ulam, The Monte Carlo method. *Journal of the American Statistical Association* 44.247 (1949), 335–341.

[342]   Nicholas Metropolis and Stanisław Ulam, A property of randomness of an arithmetical function. *The American Mathematical Monthly* 60.4 (1953), 252–253.

[343]   Carl D. Meyer and Amy N. Langville, *Google's PageRank and Beyond: The Science of Search Engine Rankings*. Princeton, NJ: Princeton University Press, 2012.

[344]   William Harold Mills, A prime-representing function. *Bulletin of the AMS* 53 (1947), 604.

[345]   Robert Minio, An interview with Michael Atiyah. *Mathematical Intelligencer* 6.1 (1984), 9–19.

[346]   August Ferdinand Möbius, *Der barycentrische Calcul, ein neues Hülfsmittel zur analytischen Behandlung der Geometrie dargestellt und insbesondere auf die Bildung neuer Classen von Aufgaben und die Entwicklung mehrerer Eigenschaften der Kegelschnitte angewendet*. Leipzig: Johann Ambrosius Barth, 1827.

[347]   Paul Julius Möbius, *Ueber die Anlage zur Mathematik*. Leipzig: Johann Ambrosius Barth, 1900.

[348]   Gregory H. Moore, The axiomatization of Linear Algebra: 1875–1940. *Historia Mathematica* 22.3 (1995), 262–303.

[349]   Florin-Stefan Morar, Reinventing machines: the transmission history of the Leibniz calculator. *The British Journal for the History of Science* 48.1 (2014), 1–24.

[350]   David Mumford, Why I am a platonist. *EMS Newsletter* (Dec. 2008), 24–30.

[351]   Vicente Muñoz and Ulf Persson, Interviews with three Fields medalists (Andrei Okounkov, Terence Tao, and Wendelin Werner). *Notices of the AMS* 54.3 (2007), 405–410.

[352]   Roman Murawski, Reverse Mathematik und ihre Bedeutung. *Mathematische Semesterberichte* 40.2 (1993), 105–113.

[353]   Steve Nadis, Mathematicians open a new front on an ancient number problem. *Quanta Magazine (https://www.quantamagazine.org)* (Sept. 2020).

[354]   Paul J. Nahin, *Oliver Heaviside*. Baltimore: The John Hopkins University Press, 1988.

[355] Roger B. Nelsen, *Proofs Without Words. Exercises in Visual Thinking*. Washington, DC: The Mathematical Association of America (MAA), 1993.

[356] Roger B. Nelsen, *Proofs Without Words. II. More Exercises in Visual Thinking*. Washington, DC: The Mathematical Association of America (MAA), 2000.

[357] Eugen Netto, *Die vier Gauß'schen Beweise für die Zerlegung ganzer algebraischer Functionen in reelle Factoren ersten und zweiten Grades (1799–1849)*. Leipzig: Wilhelm Engelmann, 1890.

[358] John von Neumann, Various techniques used in connection with random digits. *National Bureau of Standards Applied Mathematics Series* 12 (1951), 36–38.

[359] John von Neumann, Zur Einführung der transfiniten Zahlen. *Acta Litterarum ac Scientiarum (Szeged)* 1 (1923), 199–208.

[360] Jörg Neunhäuserer, *Einführung in die Philosophie der Mathematik*. Berlin: Springer Spektrum, 2019.

[361] Donald J. Newman, Simple analytic proof of the prime number theorem. *The American Mathematical Monthly* 87.8 (1980), 693–696.

[362] Jason Scott Nicholson, A perspective on Wigner's "unreasonable effectiveness of mathematics". *The American Mathematical Monthly* 59.1 (2012), 38–42.

[363] Gustav Niemann und Hans Winter, *Maschinenelemente. Band 2: Getriebe allgemein, Zahnradgetriebe – Grundlagen, Stirnradgetriebe*. Berlin: Springer, 2003.

[364] Martin A. Nordgaard, Sidelights on the Cardan-Tartaglia controversy. *National Math. Magazine* 12.7 (1938), 327–346.

[365] Piergiorgio Odifreddi, *The Mathematical Century: The 30 Greatest Problems of the Last 100 Years*. Princeton, NJ: Princeton University Press, 2006.

[366] Andrew Odlyzko, The $10^{22}$-nd zero of the Riemann zeta function. In: *Dynamical, Spectral, and Arithmetic Zeta Functions*. Ed. by Machiel van Frankenhuysen and Michel L. Lapidus. Contemporary Mathematics No. 290. Providence, RI: American Mathematical Society, 2001, pp. 139–144.

[367] Martin Ohm, *Versuch eines vollkommen consequenten Systems der Mathematik*. Berlin: Riemann, 1822–1852.

[368] Wilhelm Olbers, Ueber die Durchsichtigkeit des Weltraums. *Astronomisches Jahrbuch* 1826 (1826), 110–121.

[369] Rosine G. Van Oss, D'Alembert and the fourth dimension. *Historia Mathematica* 10 (1983).

[370] Blaise Pascal, Traité du triangle arithmétique. In: *Œuvres complètes (Tome second)*. Sous la dir. Charles Lahure. Paris: L. Hachette, 1858, p. 415–423.

[371] Giuseppe Peano, *Arithmetices Principia. Nova Methodo Exposita.* Turin: Fratres Bocca, 1889.

[372] Giuseppe Peano, Sur une corbe, qui remplit toute une aire plane. *Mathematische Annalen* 36.1 (1890), 157–160.

[373] Karl Pearson, On the criterion, that a given system of deviations from the probable in the case of a correlated system of variables is such that it can be reasonably supposed to have arisen from random sampling. *Philosophical Magazine, V. Series* 50 (1900), 157–175.

[374] Heinz-Otto Peitgen, Hartmut Jürgens, and Dietmar Saupe, *Fractals for the Classroom – Part One: Introduction to Fractals and Chaos.* New York, NY: Springer, 1991.

[375] Heinz-Otto Peitgen, Hartmut Jürgens, and Dietmar Saupe, *Fractals for the Classroom – Part Two: Complex Systems and Mandelbrot Set.* New York, NY: Springer, 1992.

[376] Heinz-Otto Peitgen and Peter H. Richter, *The Beauty of Fractals.* Heidelberg: Springer, 1986.

[377] David Pengelley, Pascal's Treatise On the Arithmetical Triangle: Mathematical Induction, Combinations, the Binomial Theorem and Fermat's Theorem. In: *Resources for Teaching Discrete Mathematics. Classroom Projects, History Modules, and Articles.* Ed. by Brian Hopkins. Washington, DC: The Mathematical Association of America (MAA), 2009, pp. 185–196.

[378] Christian A. F. Peters, Hrsg., *Briefwechsel zwischen C. F. Gauss und H. C. Schumacher, Band 2.* Altona: Gustav Esch, 1860.

[379] Hans-Joachim Petsche, *Graßmann.* Basel: Birkhäuser, 2005.

[380] Leonardo von Pisa, *Scritti di Leonardo Pisano.* Vol. 1 (Liber Abaci). Roma: Baldassare Boncompagni, 1857.

[381] Plato, *Theaeitetos.* Oxford: Oxford University Press, 1903.

[382] Henri Poincaré, *Dernières Penseés.* Paris: Ernest Flammarion, 1917.

[383] Henri Poincaré, La Logique et l'intuition dans la science mathematique et dans l'enseignement. *L'Enseignement et Mathématique* 1 (1899), 157–162.

[384] Henri Poincaré, La relativité de l'espace. *L'année psychologique* 13 (1906), 1–17.

[385] Henri Poincaré, Pourquoi l'espace a trois dimensions. *Revue de métaphysique et de morale* 20.4 (1912), 483–504.

[386] Henri Poincaré, *Science and Method.* Translated from the French by Francis Maitland. With a preface by Bertrand Russell. Dover Publications, Inc., Mineola, NY, 2003, p. 288.

[387] Henri Poincaré, *The Value of Science (Science and Hypothesis, The Value of Science, Science and Method).* New York, NY: The Science Press, 1913.

[388]   Henri Poincaré, *The Value of Science: Essential Writings of Henri Poincare*. New York, NY: The Science Press, 2001.

[389]   Henri Poincaré, Über Transfinite Zahlen. In: *Sechs Vorträge über ausgewählte Gegenstände aus der reinen Mathematik und mathematischen Physik*. Leipzig: Teubner, 1910, S. 43–48.

[390]   John Polkinghorne, Mathematical reality. In: *Meaning in Mathematics*. Ed. by John Polkinghorne. Oxford: Oxford University Press, 2011, pp. 27–34.

[391]   Irene Polo-Blanco, Alicia Boole Stott, a geometer in higher dimension. *Historia Mathematica* 35.2 (2008), 123–139.

[392]   Irene Polo-Blanco and Jon Gonzalez-Sanchez, Four-dimensional polytopes: Alicia Boole Stott's algorithm. *Mathematical Intelligencer* 32.3 (2010), 1–6.

[393]   George Pólya, *How To Solve It. A New Aspect of Mathematical Method*. Expanded Princeton Science Library Edition, with a new foreword by John H. Conway, 2004. Princeton, NJ: Princeton University Press, 1945.

[394]   George Pólya, *Mathematical Discovery. On Understanding, Learning, and Teaching Problem Solving*. Vol. 1. New York, NY: John Wiley & Sons, 1962.

[395]   George Pólya, *Mathematical Discovery. On Understanding, Learning, and Teaching Problem Solving*. Vol. 2. New York, NY: John Wiley & Sons, 1965.

[396]   George Pólya, *Mathematics and Plausible Reasoning. Volume I. Induction and Analogy in Mathematics*. Princeton, NJ: Princeton University Press, 1954.

[397]   George Pólya, *Mathematics and Plausible Reasoning. Volume II. Patterns of Plausible Inference*. Princeton, NJ: Princeton University Press, 1954.

[398]   George Pólya, Über den zentralen Grenzwertsatz der Wahrscheinlichkeitsrechnung und das Momentenproblem. *Mathematische Zeitschrift* 8 (1920), 171–181.

[399]   George Pólya, Über eine Aufgabe der Wahrscheinlichkeitsrechnung betreffend die Irrfahrt im Straßennetz. *Mathematische Annalen* 84.1 (1921), 149–160.

[400]   George Pólya und Gábor Szegö, *Aufgaben und Lehrsätze aus der Analysis. 1. Band: Reihen. Integralrechnung. Funktionentheorie. 2. Band: Funktionentheorie. Nullstellen. Polynome. Determinanten. Zahlentheorie*. Dritte. Bd. 20. Grundlehren der mathematischen Wissenschaften. Berlin: Springer, 1964.

[401]   Christoph Pöppe, Die Integration des Zufalls. *Spektrum der Wissenschaft* 9 (2006), 106–109.

[402]   Carl J. Posy, Brouwer versus Hilbert: 1907–1928. *Science in Context* 11.2 (1998), 291–325.

[403] Carl J. Posy, Intuition and infinity: a Kantian theme with echoes in the foundations of mathematics. *Royal Institute of Philosophy Supplement* 63 (2008), 165–193.

[404] Helmut Pottmann, Sigrid Brell-Cokcan, and Johannes Wallner, Discrete surfaces for architectural design. In: *Curve and Surface Design: Avignon 2006*. Brentwood: Nashboro Press, 2007, pp. 213–234.

[405] Adolphe Quetelet, *Sur l'homme et le développement de ses facultés, ou essai de physique sociale* (Deux tomes). Paris: Bachelier, 1835.

[406] Ivo Radloff, Évariste Galois: principles and applications. *Historia Mathematica* 29.2 (2002), 114–137.

[407] Srinivasa Ramanujan, Modular equations and approximations to $\pi$. *The Quarterly Journal of Pure and Applied Mathematics* 45 (1914), 350–372.

[408] Michaël Rao, Exhaustive search of convex pentagons which tile the plane. Preprint, 16 pages, August 2017; arXiv:1708.00274.

[409] Ulf von Rauchhaupt, Farben für Euklid. *Mitteilungen der DMV* 19 (2011), 36–39.

[410] Ulf von Rauchhaupt, Im Meer der Normalität. *Frankfurter Allgemeine Sonntagszeitung* (2020). Nr. 44, 1. November 2020, S. 58.

[411] Martin Raussen and Christian Skau, Interview with Michael Atiyah and Isadore Singer. *Notices of the AMS* 52.2 (2005), 223–231.

[412] Ulf Rehmann, ed., *Encyclopedia of Mathematics*. Open access resource at www.encyclopediaofmath.org. Springer and EMS, 2014.

[413] Constance Reid, *Hilbert*. Berlin: Springer, 1970.

[414] Constance Reid, *Richard Courant 1888–1972*. Berlin: Springer, 1979.

[415] Kurt Reidemeister, Elementare Begründung der Knotentheorie. *Abhandlungen aus dem Mathematischen Seminar der Universität Hamburg* 5.1 (1926), 24–32.

[416] Kurt Reidemeister, Knoten und Gruppen. *Abhandlungen aus dem Mathematischen Seminar der Universität Hamburg* 5.1 (1926), 7–23.

[417] Karl Reinhardt, Über die Zerlegung der Ebene in Polygone. Dissertation, 85 Seiten; Druck von Robert Noske, Borna-Leipzig. Diss. Universität Frankfurt, 1918.

[418] Bernhard Riemann, Über die Hypothesen, welche der Geometrie zugrunde liegen. *Abhandlungen der Königlichen Gesellschaft der Wissenschaften zu Göttingen* 13 (1868). Habilitationsschrift, Göttingen 1854, emis.de/classics/Riemann.

[419] Bernhard Riemann, Ueber die Anzahl der Primzahlen unter einer gegebenen Größe. *Monatsberichte der Königlich Preußischen Akademie der Wissenschaften zu Berlin* 1859 (1860), 671–680.

[420] Herbert Robbins, Some aspects of the sequential design of experiments. *Bulletin of the AMS* 58 (1952), 527–535.

[421] Siobhan Roberts, *Genius at Play: The Curious Mind of John Horton Conway*. New York: Bloomsbury, 2015.

[422] Neil Robertson, Daniel P. Sanders, Paul D. Seymour, and Robin Thomas, The four-colour theorem. *Journal of Combinatorial Theory, Series B* 70.1 (1997), 2–44.

[423] Abraham Robinson, Non-standard analysis. *Proceedings of the Koninklijke Nederlandse Akademie van Wetenschappen, Ser. A* 64 (1961), 432–440.

[424] Eleanor Robson, Neither Sherlock Holmes nor Babylon: A reassessment of Plimpton 322. *Historia Mathematica* 28.3 (2001), 167–206.

[425] Eleanor Robson, Words and pictures: New light on Plimpton 322. *The American Mathematical Monthly* 109.2 (2002), 105–120.

[426] Henrike Roisch, Geschlechtsspezifische Interessengebiete und Interessenpräferenzen. In: *Geschlechterverhältnisse in der Schule*. Opladen: Leske + Budrich, 2003, S. 123–150.

[427] Peter Roquette, History of valuation theory, I. In: *Valuation Theory and Its Applications. Volume I. Proceedings of the International Conference and Workshop, University of Saskatchewan, Saskatoon, Canada, July 28–August 11, 1999*. Providence, RI: American Mathematical Society, 2002, pp. 291–355.

[428] Gian-Carlo Rota, *Indiscrete Thoughts*. Boston, MA: Birkhäuser, 1997.

[429] Gian-Carlo Rota, Ten lessons I wish I had been taught. In: *Indiscrete Thoughts*. Boston, MA: Birkhäuser, 1997, pp. 195–203.

[430] Tony Rothman, Genius and biographers: the fictionalization of Evariste Galois. *The American Mathematical Monthly* 89.2 (1982), 84–106.

[431] David Rowe, Debating Grassmann's mathematics: Schlegel vs. Klein. *Mathematical Intelligencer* 32.1 (2010), 41–48.

[432] David Rowe, Hermann Weyl, the reluctant revolutionary. *Mathematical Intelligencer* 25.1 (2003), 61–70.

[433] Ariel Rubinstein, A worldwide guide for coffee places where you can not only work but also think! Version February 2017, arielrubinstein.tau.ac.il.

[434] Bertrand Russell, Mathematics and the metaphysicians. In: *Mysticism and Logic and other Essays*. London: Taylor Garnett Evans & Co. Ltd, 1910, pp. 74–96.

[435] Yoram Sagher, Counting the rationals. *The American Mathematical Monthly* 96.9 (1989), 823.

[436] Filip Saidak, A new proof of Euclid's theorem. *The American Mathematical Monthly* 113.10 (2006), 937–938.

[437]  Ken Saito, Doubling the cube: a new interpretation of its significance for early Greek geometry. *Historia Mathematica* 22.2 (1995), 119–137.

[438]  C. Edward Sandifer, *How Euler Dit It*. Washington, DC: The Mathematical Association of America (MAA), 2007.

[439]  Marcus du Sautoy, *Die Musik der Primzahlen: Auf den Spuren des größten Rätsels der Mathematik*. München: C. H. Beck, 2006.

[440]  Winfried Scharlau, *Wer ist Alexander Grothendieck? Anarchie, Mathematik, Spiritualität, Einsamkeit. Eine Biographie. Teil 1: Anarchie*. Norderstedt: Books on Demand, 2011.

[441]  Winfried Scharlau, *Wer ist Alexander Grothendieck? Anarchie, Mathematik, Spiritualität, Einsamkeit. Eine Biographie. Teil 3: Spiritualität*. Norderstedt: Books on Demand, 2010.

[442]  Winfried Scharlau, Who is Alexander Grothendieck? *Notices of the AMS* 55.8 (2008), 930–941.

[443]  Dierk Schleicher, Hausdorff dimension. It's properties and it's surprises. *The American Mathematical Monthly* 114.6 (2007), 509–528.

[444]  Dierk Schleicher and Michael Stoll, An introduction to conway's games and numbers. *Moscow Math. J.* 6.2 (2006), 359–388.

[445]  Lowell Schoenfeld, Sharper bounds for the Chebyshev functions $\Theta(x)$ and $\Psi(x)$. II. *Mathematics of Computation* 30.134 (1976), 337–360.

[446]  Arthur Moritz Schoenflies, Die Krisis in Cantor's mathematischem Schaffen. *Acta Mathematica* 50 (1927), 1–23.

[447]  Peter Scholze and Jakob Stix, Why abc is still a conjecture. Preprint, 10 pages, website "March 2018 Discussions on IUTeich" by Shinichi Mochizuki, www.kurims.kyoto-u.ac.jp/~motizuki/IUTch-discussions-2018-03.html. May 2018.

[448]  Alfred Schreiber, *Lob des Fünfecks. Mathematisch angehauchte Gedichte*. Wiesbaden: Springer Vieweg, 2012.

[449]  Gert Schubring, Der Aufbruch zum „funktionalen Denken": Geschichte des Mathematikunterrichts im Kaiserreich. *NTM International Journal of History & Ethics of Natural Sciences, Technology & Medicine* 15.1 (2007), 1–17.

[450]  Gert Schubring, Felix Kleins Gutachten zur Schulkonferenz 1900: Initiativen für den Systemzusammenhang von Schule und Hochschule, von Curriculum und Studium. *Der Mathematikunterricht* 46.3 (2000), 62–76.

[451]  Kurt Schütte und Bartel Leendert van der Waerden, Das Problem der dreizehn Kugeln. *Mathematische Annalen* 125.1 (1953), 325–334.

[452]   Laurent Schwartz, Généralisation de la notion de fonction,
        de derivation, de transformation de Fourier et applications
        mathématiques et physiques. *Annales de l'Université de Grenoble
        (Nouveau Série). Section des Sciences Mathématiques et Physiques* 21
        (1945), 57–74.

[453]   Paul Schwartz, *Die Gelehrtenschulen Preußens unter dem Oberschul-
        kollegium (1787–1806) und das Abiturexamen, Band 1–3.* Monumen-
        ta Germaniae Paedagogica. Berlin: Weidmann, 1911.

[454]   Hermann Amandus Schwarz, Sur une définition erronée de l'aire
        d'une surface courbe. In: *Cours de M. Hermite professé pendant le 2$^e$
        semestre 1881-82.* Paris: Librairie scientifique A. Hermann, 1883,
        p. 35–37.

[455]   Marjorie Senechal, Hardy as mentor. *Mathematical Intelligencer*
        29.1 (2007), 16–23.

[456]   Marjorie Senechal, The continuing silence of Bourbaki – An
        interview with Pierre Cartier, June 18, 1997. *Mathematical Intelli-
        gencer* 20.1 (1998), 22–28.

[457]   Stephen Senn, Tee for three: of infusions and inferences and milk
        in first. *Significance* 9.6 (2012), 30–33.

[458]   Glenn Shafer and Vladimir Vovk, The sources of Kolmogorov's
        Grundbegriffe. *Statistical Science* 21.1 (2006), 70–98.

[459]   Shailesh A. Shirali, The Bhaskara-Aryabhata approximation to
        the sine function. *Mathematics Magazine* 84.2 (2011), 98–107.

[460]   Peter W. Shor, Algorithms for quantum computation: discrete
        logarithms and factoring. In: *Proceedings 35th Annual Symposium
        on Foundations of Computer Science.* IEEE Computer Society Press,
        1994, pp. 124–134.

[461]   Edgar H. Sibley, Random number generators: good ones are
        hard to find. *Communications of the ACM* 31.10 (1988), 1192–1201.

[462]   Karl Sigmund, John Dawson und Kurt Mühlberger, *Kurt Gödel:
        Das Album – The Album.* Wiesbaden: Vieweg, 2006.

[463]   Simon Singh, *Fermats letzter Satz.* München: Hanser, 1998.

[464]   Simon Singh, *Homers letzter Satz: Die Simpsons und die Mathematik.*
        München: Hanser, 2013.

[465]   David Singmaster, The history of some of Alcuin's propositions.
        In: *Karl der Große und sein Nachwirken. 1200 Jahre Kultur und
        Wissenschaft in Europa. Band 2: Mathematisches Wissen.* Turnhout:
        Brepols, 1998, S. 11–29.

[466]   David Singmaster and John Hadley, Problems to sharpen the
        young. *The Mathematical Gazette* 76.475 (1992), 102–126.

[467]   Neil J. A. Sloane, The online encyclopedia of integer sequences.
        *Notices of the AMS* 65.9 (2018), 1062–1074.

[468]   Steve Smale, Mathematical problems for the next century. *Mathe-
        matical Intelligencer* 20.2 (1998), 7–15.

[469]    Frank Smithies, Cauchy's conception of rigour in analysis. *Archive for History of Exact Sciences* 36.1 (1986), 41–61.

[470]    Thomas Sonar, Die Bändigung des Unendlichen. Richard Dedekind und die Geburt der Mengenlehre. In: *Gedenkschrift für Richard Dedekind*. Hrsg. von Heiko Harborth, Maria Heuer, Harald Löwe, Rainer Löwen und Thomas Sonar. IHK Braunschweig, 2007, S. 85–98.

[471]    Detlef D. Spalt, Curt Schmieden's non-standard analysis – a method of dissolving the standard paradoxes of analysis. *Centaurus* 43.3–4 (2001), 137–175.

[472]    Detlef D. Spalt, Welche Funktionsbegriffe gab Leonhard Euler? *Historia Mathematica* 38.4 (2011), 485–505.

[473]    Statistisches Bundesamt Wiesbaden, Bildung und Kultur, Erfolgsquoten, Berechnung für die Studienanfängerjahrgänge 2007 bis 2011. April 2021, 15 Seiten, destatis.de. 2021.

[474]    Statistisches Bundesamt Wiesbaden, Bildungsstand der Bevölkerung. Ausgabe 2007. Oktober 2007, 35 Seiten, destatis.de.

[475]    Statistisches Bundesamt Wiesbaden, Bildungsstand der Bevölkerung. Ausgabe 2011. Januar 2012, 87 Seiten, destatis.de.

[476]    Statistisches Bundesamt Wiesbaden, Bildungsstand der Bevölkerung. Ausgabe 2016. November 2016, 161 Seiten, destatis.de.

[477]    Statistisches Bundesamt Wiesbaden, Fachserie 1 Reihe 4.1.2: Bevölkerung und Erwerbstätigkeit. Beruf, Ausbildung und Arbeitsbedingungen der Erwerbstätigen in Deutschland. 2015. November 2016, 215 Seiten, destatis.de.

[478]    Jacqueline Stedall, *Mathematics Emerging. A Sourcebook 1540–1900*. Oxford: Oxford University Press, 2008.

[479]    Klaus Steffen, Chaos, Fraktale und das Bild der Mathematik in der Öffentlichkeit. *Mitteilungen der DMV* 2.1 (1994), 25–40.

[480]    Ralf Stephan, Prove or disprove. 100 conjectures from the OEIS. Preprint, 12 pages, arXiv:0409509. Nov. 2004.

[481]    Stiftung Rechnen, Rechnen in Deutschland. Eine Studie der Stiftung Rechnen und bettermarks, 30 Seiten, cms.stiftungrechnen. de/projekte/projektarchiv/93-studie-rechnen-in-deutschland. Dez. 2009.

[482]    Stiftung Rechnung, Satzung. Version Februar 2017, 7 Seiten, stiftungrechnen.de. 2009.

[483]    Stephen M. Stigler, Gauss and the invention of least squares. *Annals of Statistics* 9 (1981), 465–474.

[484]    Stephen M. Stigler, *The History of Statistics. The Measurement of Uncertainty before 1900*. Cambridge, MA: Harvard University Press, 1986.

[485]    Constantin Stikas and Yanis Bitsakis, *Antikythera Mechanism – The Book*. Athen: Constantin Stikas, 2014.

[486]    John Stillwell, Galois theory for beginners. *The American Mathematical Monthly* 101.1 (1994), 22–27.

[487]    James Joseph Sylvester, A plea for the mathematician. *Nature* (Dec. 1869), 237–239.

[488]    John Synowiec, Distributions: the evolution of a mathematical theory. *Historia Mathematica* 10.2 (1983), 149–183.

[489]    George G. Szpiro, *Die Keplersche Vermutung*. Berlin: Springer, 2011.

[490]    Terence Tao, Almost all orbits of the Collatz map attain almost bounded values. Preprint, 48 pages, arXiv:1909.03562. Sept. 2019.

[491]    Terence Tao, Interview. Clay Mathematics Institute Annual Report 2003, http://www.claymath.org/library/annual_report/ar2003/03report_insides-opt.pdf.

[492]    Terence Tao, *Solving Mathematical Problems*. Oxford: Oxford University Press, 2006.

[493]    Terence Tao, Struktur und Zufälligkeit der Primzahlen. In: *Eine Einladung in die Mathematik. Einblicke in aktuelle Forschung*. Hrsg. von Dierk Schleicher und Malte Lackmann. Heidelberg: Springer Spektrum, 2013, S. 1–8.

[494]    Vladimir Aleksandrovich Tashkinov, Three-regular parts of four-regular graphs. *Mathematical Notes of the Academy of Sciences of the USSR* 36.2 (1984), 239–259.

[495]    William P. Thurston, Three dimensional manifolds, Kleinian groups and hyperbolic geometry. *Bulletin of the AMS* 6.3 (1982), 357–379.

[496]    Fridtjof Toenniessen, *Das Geheimnis der transzendenten Zahlen*. Heidelberg: Springer, 2010.

[497]    Otto Toeplitz, a) Über Integralgleichungen b) Über einige Aufgaben aus der Analysis Situs. In: *Band 1: Vorträge und Sitzungsprotokolle*. Verhandlungen der Schweizerischen Naturforschenden Gesellschaft (94. Jahresversammlung in Solothurn). Aarau: Sauerländer und Co, 1911, S. 197.

[498]    Klaus Tøndering, Surreal numbers – an introduction. Preprint 2013, Version 1.7 2019, 51 pages, www.tondering.dk/download/sur16.pdf.

[499]    Günter Törner und Miriam Dieter, Zahlen rund um die Mathematik. Preprint Nr. SM-DU-716, June 2010, 76 pages, uni-due.de/mathematik/agtoerner/zahlen_rund_um_die_mathematik.shtml.

[500]    Evangelista Torricelli, *Opera Geometrica Evangelistae Torricelli*. Florenz: Amator Massa & Laurentius de Landis, 1644.

[501]    Nick Trefethen, A hundred-dollar, hundred-digit challenge. *SIAM News* 35.1 (Jan. 2002).

[502]    Pál Turán, A note of welcome. *Journal of Graph Theory* 1 (1977), 7–9.

[503]   Alan M. Turing, On computable numbers, with an application to the Entscheidungsproblem. *Proceedings of the London Mathematical Society*. 2 42 (1936), 230–265.

[504]   Sara Turing, *Alan M. Turing*. Centenary edition. With a foreword by Martin Davis and an afterword by John Turing. Cambridge: Cambridge University Press, 2012.

[505]   Peter Ullrich, Weierstraß' Vorlesung zur „Einleitung in die Theorie der analytischen Funktionen". *Archive for History of Exact Sciences* 40.2 (1989), 143–172.

[506]   Balthasar van Der Pol, An electro-mechanical investigation of the Riemann zeta function in the critical strip. *Bulletin of the AMS* 53.10 (1947), 976–981.

[507]   Umesh V. Vazirani and Vijay V. Vazirani, Trapdoor pseudo-random number generators, with applications to protocol design. In: *24th Annual Symposium on Foundations of Computer Science*. Nov. 1983, pp. 23–30.

[508]   Daniel J. Velleman, Monthly gems. *The American Mathematical Monthly* 121.2 (2014), 164.

[509]   Vladimir Velminski, Hrsg., *Leonhard Euler. Die Geburt der Graphen-theorie*. Berlin: Kulturverlag Kadmos, 2009.

[510]   Cédric Villani, *Das lebendige Theorem*. Frankfurt am Main: S. Fischer, 2013.

[511]   Jack E. Volder, The birth of Cordic. *Journal of VLSI Signal Processing* 25 (2000), 101–105.

[512]   Jack E. Volder, The CORDIC computing technique. In: *Proceedings of the Western Joint Computer Conference*. New York, NY: The Institute of Radio Engineers, 1959, pp. 257–261.

[513]   Jack E. Volder, The CORDIC trigonometric computing technique. *IRE Transactions on Electronic Computers* EC-8.3 (1959), 330–334.

[514]   Klaus Volkert, *Das Undenkbare denken. Die Rezeption der nicht-euklidischen Geometrie im deutschsprachigen Raum (1860–1900)*. Heidelberg: Springer Spektrum, 2013.

[515]   Klaus Volkert, From Legendre to Minkowski – the history of mathematical space in the 19th century. Lecture, 29 pages, web.archive.org/web/20110926190418/http://www.uni-koeln.de/minkowski/contributions/From_Legendre_to_Minkowski_Volkert_K.pdf. Sept. 2008.

[516]   Aurel Voss, *Über das Wesen der Mathematik; Rede, gehalten am 11. März 1908 in der öffentlichen Sitzung der Königlich Bayerischen Akademie der Wissenschaften*. Leipzig: Teubner, 1908.

[517]   John Wallis, *A Treatise of Algebra Both Historical and Practical*. London: John Playford, 1685.

[518]   W. Sartorius von Waltershausen, *Gauss zum Gedächtnis*. Leipzig: S. Hirzel, 1856.

[519] Pierre Laurent Wantzel, Recherches sur les moyens de reconnaître si un Problème de Géométrie peut se résoudre avec la règle et le compas. *Journal de Mathématiques Pures et Appliquées, 1ére série* 1.2 (1836), 366–372.

[520] Leonard M. Wapner, *Aus 1 mach 2. Wie Mathematiker Kugeln verdoppeln.* Heidelberg: Spektrum Akademischer Verlag, 2008.

[521] Heinrich Weber, Leopold Kronecker. *Jahresbericht der Deutschen Mathematiker-Vereinigung* 2 (1892), 5–31.

[522] André Weil, The future of mathematics. *The American Mathematical Monthly* 57.5 (1950), 295–306.

[523] Boris Weimann, K. Casper und W. Fenzl, Untersuchungen über haltende Programme für Turing-Maschinen mit 2 Zeichen und bis zu 5 Befehlen. In: *Gesellschaft für Informatik e. V. 2. Jahrestagung. Karlsruhe, 2.–4. Oktober 1972.* Berlin: Springer, 1973, S. 72–81.

[524] Eric W. Weisstein, MathWorld – a Wolfram web resource. mathworld.wolfram.com.

[525] David Wells, Are these the most beautiful? *Mathematical Intelligencer* 12.3 (1990), 37–41. ISSN: 0343-6993.

[526] David Wells, Which is the most beautiful? *Mathematical Intelligencer* 10.4 (1988), 30–31.

[527] Hermann Weyl, *Philosophie der Mathematik und Naturwissenschaft.* Siebte. München: Oldenbourg, 2000.

[528] Hermann Weyl, Über die neue Grundlagenkrise der Mathematik. *Mathematische Zeitschrift* 10 (1921), 39–79.

[529] John Myles White, *Bandit Algorithms for Website Optimization.* O'Reilly Media, Inc., 2013.

[530] Alfred N. Whitehead, Mathematics as an element in the history of thought. In: *The World of Mathematics.* Ed. by James R. Newman. Vol. 1. New York: Simon & Schuster, 1956.

[531] Karen Whitehead and Donald Teets, The discovery of Ceres: how Gauss became famous. *Mathematics Magazine* 72.2 (1999), 83–91.

[532] Agnes Arvai Wieschenberg, Making mathematics: the coffee connection. *College Teaching* 47.3 (1999), 101–105.

[533] Eugene Wigner, The unreasonable effectiveness of mathematics. *Communications in Pure and Applied Mathematics* 13.1 (1960), 1–14.

[534] Raymond Louis Wilder, *Evolution of Mathematical Concepts: An Elementary Study.* New York, NY: John Wiley & Sons, 1968.

[535] Raymond Louis Wilder, *Mathematics as a Cultural System.* Oxford: Pergamon Press, 1981.

[536] Raymond Louis Wilder, The origin and growth of mathematical concepts. *Bulletin of the AMS* 59.5 (1953), 423–448.

[537] L. Pearce Williams, Science, education and Napoleon I. *Isis* 47.4 (1956), 369–382.

[538]   Frank Williamson Jr., Richard Courant and the finite element
        method: A further look. *Historia Mathematica* 7.4 (1980), 369–378.

[539]   Hans Wußing, *6000 Jahre Mathematik. Band I: Von den Anfängen bis
        Leibniz und Newton*. Heidelberg: Springer, 2008.

[540]   Hans Wußing, *6000 Jahre Mathematik. Band II: Von Euler bis zur
        Gegenwart*. Heidelberg: Springer, 2009.

[541]   Hans Wußing, *Carl Friedrich Gauß – Biographie und Dokumente*.
        6. Aufl. Leipzig: Edition am Gutenbergplatz, 2011.

[542]   Andrew C. Yao, Theory and application of trapdoor functions.
        In: *Proceedings of the 23rd Annual Symposium on Foundations of
        Computer Science*. SFCS '82. 1982, pp. 80–91.

[543]   Lam Lay Yong and Tian Se Ang, *Fleeting Footsteps: Tracing the
        Conception of Arithmetic and Algebra in Ancient China*. New Jersey:
        World Scientific, 2004.

[544]   Ferdinand von Zach, Über einen zwischen Mars und Jupi-
        ter längst vermutheten nun wahrscheinlich entdeckten neuen
        Hauptplaneten unseres Sonnen-Systems. *Monatliche Correspon-
        denz zur Beförderung der Erd- und Himmelskunde* 3.6 (Juni 1801),
        592–623.

[545]   Don Zagier, Die ersten 50 Millionen Primzahlen. *Elemente der
        Mathematik* 15 (1977). Beiheft, 24 Seiten.

[546]   Don Zagier, Newman's short proof of the prime number theo-
        rem. *The American Mathematical Monthly* 104.8 (1997), 705–708.

[547]   Li-Min Zhang, Every 4-regular simple graph contains a 3-regular
        subgraph. *Journal of Changsha Railway Institute* 1 (1985), 130–154.

[548]   Günter M. Ziegler, *Mathematik – das ist doch keine Kunst!* Mün-
        chen: Knaus, 2013.

[549]   Günter M. Ziegler, Roughly fifty-fifty? In: *50 Visions of Mathe-
        matics*. Ed. by Sam Parc. Oxford: Oxford University Press, 2014,
        pp. 188–189.

[550]   Günter M. Ziegler und Rupert Klein, Wetter und Klima, Gleich-
        gewichte und Katastrophen. Notizen aus der MATHEON-Lounge.
        *Mitteilungen der DMV* 13.4 (2005), 229–233.

[551]   Günter M. Ziegler and Florian Pfender, Kissing numbers, sphere
        packings, and some unexpected proofs. *Notices of the AMS* 51.8
        (2004), 873–883.

# Personenverzeichnis

© Der/die Herausgeber bzw. der/die Autor(en) 2022
A. Loos et al., *Panorama der Mathematik*,
https://doi.org/10.1007/978-3-662-54873-8

# Sachverzeichnis

© Der/die Herausgeber bzw. der/die Autor(en) 2022
A. Loos et al., *Panorama der Mathematik*,
https://doi.org/10.1007/978-3-662-54873-8

Printed by Wilco bv, the Netherlands